适合基础薄弱考生使用

# 高等数学
# 通关习题册
## （试题册）

主编 ◎ 李畅通
副主编 ◎ 李娜 王唯良 车彩丽

西安交通大学出版社
XI'AN JIAOTONG UNIVERSITY PRESS

图书在版编目(CIP)数据

高等数学通关习题册 / 李畅通主编. —西安：西安交通大学出版社,2023.9(2025.3重印)
ISBN 978-7-5693-3433-3

Ⅰ.①高… Ⅱ.①李… Ⅲ.①高等数学-高等学校-习题集 Ⅳ.①O13-44

中国国家版本馆CIP数据核字(2023)第175640号

| | |
|---|---|
| 书　　名 | 高等数学通关习题册<br>GAODENG SUXUE TONGGUAN XITI CE |
| 主　　编 | 李畅通 |
| 策划编辑 | 祝翠华 |
| 责任编辑 | 刘莉萍　赵化冰 |
| 责任校对 | 韦鸽鸽 |
| 封面设计 | 吕嘉良 |
| 出版发行 | 西安交通大学出版社<br>(西安市兴庆南路1号　邮政编码710048) |
| 网　　址 | http://www.xjtupress.com |
| 电　　话 | (029)82668357　82667874(市场营销中心)<br>(029)82668315(总编办) |
| 传　　真 | (029)82668280 |
| 印　　刷 | 陕西思维印务有限公司 |
| 开　　本 | 787 mm×1092 mm　1/16　　印张　30.75　　字数　692千字 |
| 版次印次 | 2023年9月第1版　2025年3月第4次印刷 |
| 书　　号 | ISBN 978-7-5693-3433-3 |
| 定　　价 | 90.60元 |

如发现印装质量问题,请与本社市场营销中心联系。
订购热线:(029)82665248　(029)85667874
投稿热线:(029)82665249
读者信箱:2773567125@qq.com

**版权所有　侵权必究**

# 前言

全国硕士研究生招生考试数学考试是为高等院校和科研院所招收工学、经济学、管理学硕士研究生而设置的考试科目,要求考生比较系统地理解数学的基本概念和基本理论,掌握数学的基本方法,具备抽象思维能力、逻辑推理能力、空间想象能力、运算能力和综合运用所学知识分析问题和解决问题的能力。根据工学、经济学、管理学各学科和专业对硕士研究生入学所应具备的数学知识和能力的不同要求,硕士研究生招生考试数学试卷分为数学(一)、数学(二)和数学(三)3 种,各卷种满分均为 150 分,其中数学(一)和数学(三)的考试内容包括高等数学、线性代数和概率论与数理统计,数学(二)的考试内容仅为高等数学和线性代数,高等数学因其综合性强、难度大和分值高等特点,是数学考试的重头戏。

《高等数学通关习题册》一书由编写团队依据数十年的考研辅导及阅卷经验,结合历年考研数学真题和必考知识点,汲取多本国内考研数学优秀图书之精华编写而成,本书具有以下特色。

第一,习题紧扣大纲。习题的编选对应最新考研数学大纲指定考点进行,本书以夯实基础为主,加入与考研真题难度相当的精编习题辅助,并配合少量难度较高的题目来打开考生的思路和眼界。习题的设置难易结合,重点突出,能够满足不同层次考生的需求。

第二,习题覆盖面广。作者精心挑选和编写了 800 多道高质量习题,从基础题到综合题难度分阶、层层递进,能够帮助考生快速掌握考研数学的知识点和命题思路,从而实现复习、巩固、提高三位一体。

第三,习题综合性强。本书着重阐述知识点的相互联系,重视基本理论的交叉应用和复杂运算能力的提高,循序渐进地帮助考生掌握解题技巧,从而提高考生解题的综合分析能力。

第四,习题解析详实。本书习题的解答均十分详细,对重要知识点进行了深入细致的剖析,一题多解,归纳总结拓宽思维,力求使考生能够最大程度掌握考研数学的重点和难点,并熟练运用解答客观题的方法与技巧。

一本好的考研辅导书能够帮助考生在复习的道路上披荆斩棘,达到事半功倍的效果,考生在做题时要勤思考、多对比,夯实基础,从而对考研数学的命题特点和规律有自己的见解,希望本书能为考生的复习备考带来帮助。

本书编写过程中,参考了大量国内同类优秀图书,谨向有关作者表示衷心的感谢。由于作者水平有限,书中疏漏、错误之处在所难免,恳请读者批评指正。

编者

2024 年 3 月

扫码查勘误

# 目录 Contents

- **第一章 函数、极限与连续** ............................................. 1
  - 第一节 函数 ............................................. 1
  - 第二节 极限 ............................................. 5
  - 第三节 函数的连续性与间断点 ............................................. 27

- **第二章 一元函数微分学** ............................................. 32
  - 第一节 导数与微分 ............................................. 32
  - 第二节 微分中值定理 ............................................. 46
  - 第三节 导数的应用 ............................................. 56

- **第三章 一元函数积分学** ............................................. 66
  - 第一节 不定积分 ............................................. 66
  - 第二节 定积分 ............................................. 87
  - 第三节 广义积分 ............................................. 104
  - 第四节 定积分的应用 ............................................. 107

- **第四章 常微分方程** ............................................. 111
  - 第一节 微分方程的基本概念 ............................................. 111
  - 第二节 可分离变量与齐次方程 ............................................. 112
  - 第三节 一阶线性方程与伯努利方程 ............................................. 116
  - 第四节 可降阶的高阶方程（数学一、数学二） ............................................. 121
  - 第五节 高阶线性微分方程 ............................................. 122
  - 第六节 二阶常系数齐次线性微分方程 ............................................. 123
  - 第七节 二阶常系数非齐次线性微分方程 ............................................. 125

第八节　欧拉方程(仅数学一) ································· 132

## 第五章　多元函数微分学 ································· 133

第一节　多元函数的基本概念 ································· 133

第二节　偏导数 ································· 138

第三节　全微分 ································· 142

第四节　多元复合函数及隐函数的求导 ································· 146

第五节　多元函数的极值与最值 ································· 156

## 第六章　二重积分 ································· 163

## 第七章　无穷级数 ································· 177

第一节　常数项级数的概念和性质 ································· 177

第二节　求常数项级数的审敛法 ································· 179

第三节　幂级数 ································· 194

第四节　函数展开成幂级数 ································· 200

## 第八章　仅数学一考查内容 ································· 205

第一节　傅里叶级数 ································· 205

第二节　向量及其运算 ································· 208

第三节　空间解析几何 ································· 210

第四节　多元函数微分学在几何上的应用 ································· 220

第五节　三重积分及其应用 ································· 223

第六节　第一类曲线积分 ································· 234

第七节　第二类曲线积分 ································· 236

第八节　第一类曲面积分 ································· 248

第九节　第二类曲面积分 ································· 252

第十节　斯托克斯公式 ································· 259

# 第一章 函数、极限与连续

## 第一节 函数

### 一、基础篇

**1** 下列函数 $f(x)$ 是奇函数的为( ).

A. $f(x) = \ln\dfrac{1-x}{1+x}$  B. $f(x) = \dfrac{3^x + 3^{-x}}{2}$

C. $f(x) = \sin x + x^2 + x + 1$  D. $f(x) = x^3 \sin 3x$

**2** 设函数 $f(x)$,$g(x)$ 与 $h(x)$ 均为定义在 $(-\infty,+\infty)$ 内的非零函数,且 $g(x)$ 为奇函数,$h(x)$ 为偶函数,则( ).

A. $f[g(x)]$ 必为奇函数  B. $g[f(x)]$ 必为奇函数

C. $f[h(x)]$ 必为偶函数  D. $h[f(x)]$ 必为偶函数

**3** 设 $[x]$ 表示不超过 $x$ 的最大整数,则 $y = x - [x]$ 是( ).

A. 无界函数  B. 单调函数  C. 偶函数  D. 周期函数

**4** 设函数 $f(x)$ 与 $g(x)$ 分别是定义在 $(-\infty,+\infty)$ 上的严格递增函数与严格递减函数,则下列选项正确的是(　　).

A. $f[g(x)]$ 是严格递增函数　　　　B. $f[g(x)]$ 是严格递减函数

C. $f(x)g(x)$ 是严格递减函数　　　　D. $f(x)g(x)$ 是严格递增函数

**5** 求下列函数的定义域.

(1) $y = \dfrac{1}{\ln(1-x^2)} + \sqrt{x+1}$.

(2) 设 $f(x)$ 的定义域为 $D \in [-a, a]\ (a > 0)$,求函数 $f(x^2-1)$ 的定义域.

**6** 求函数 $y = \sin x\ \left(\dfrac{\pi}{2} \leqslant x \leqslant \dfrac{3\pi}{2}\right)$ 的反函数.

**7** 求下列复合函数的表达式.

(1) 设 $f(e^x+1)=x$，求 $f(x)$.

(2) 设 $f\left(x+\dfrac{1}{x}\right)=x^2+\dfrac{1}{x^2}$，求 $f(x)$.

(3) 已知存在不同的参数 $m,n$，使 $f(x)$ 满足方程：$mf(x)+nf\left(-\dfrac{1}{x}\right)=x^2$，求 $f(x)$.

**8** 已知函数 $f(x+l)=-f(x)$，$x\in(-\infty,+\infty)$ 且 $l>0$，证明：$f(x)$ 为周期函数并求其周期.

**9** 已知函数 $y = f(x)$ 是 R 上的奇函数,当 $x \geqslant 0$ 时,$f(x) = 3^x - 1$,求 $f(x)$ 的表达式.

答题区

纠错笔记

**10** 设 $f(x) = \begin{cases} e^x, & x < 1 \\ x, & x \geqslant 1 \end{cases}$,$g(x) = \begin{cases} x+2, & x < 0 \\ x^2 - 1, & x \geqslant 0 \end{cases}$,求 $f[g(x)]$.

答题区

纠错笔记

## 二、提高篇

**1** 函数 $y = \sin \dfrac{\pi x}{2(1+x^2)}$ 的值域是( ).

    A. $[-1, 1]$      B. $\left[-\dfrac{\sqrt{2}}{2}, \dfrac{\sqrt{2}}{2}\right]$      C. $[0, 1]$      D. $\left[-\dfrac{1}{2}, \dfrac{1}{2}\right]$

答题区

纠错笔记

**2** 函数 $f(x) = |x\sin x| \ln(x + \sqrt{1+x^2})$ 是( ).

    A. 有界函数      B. 单调函数      C. 周期函数      D. 奇函数

答题区

纠错笔记

**3** 设 $f_1(x) = \dfrac{x}{\sqrt{1+ax^2}}(a>0)$，$f_2(x) = f_1[f_1(x)]$，$f_k(x) = f_1[f_{k-1}(x)]$（$k=2,3,4,\cdots$），当 $n>2$ 时，求 $f_n(x)$ 的表达式.

**答题区**

**纠错笔记**

**4** 设 $f\left(\dfrac{x+1}{2x-1}\right) = 2f(x) + x$，求 $f(x)$.

**答题区**

**纠错笔记**

# 第二节　极限

## 一、基础篇

**1** 若 $\lim\limits_{x\to 2} f(x) = 4$，则（　　）.

　　A. $f(2) = 4$　　　　　　　　B. $f(2) \neq 4$

　　C. $x \in \overset{\circ}{U}(2)$ 时，$f(x) < 4$　　D. $x \in \overset{\circ}{U}(2)$ 时，$3 < f(x) < 5$

**答题区**

**纠错笔记**

**2** 关于函数的极限,下列说法正确的是( ).

A. 若 $\lim\limits_{x \to x_0} f(x)$ 存在,但 $\lim\limits_{x \to x_0} g(x)$ 不存在,则 $\lim\limits_{x \to x_0}[f(x) + g(x)]$ 不存在

B. 若 $\lim\limits_{x \to x_0} f(x)$ 和 $\lim\limits_{x \to x_0} g(x)$ 都不存在,则 $\lim\limits_{x \to x_0}[f(x) + g(x)]$ 不存在

C. 若 $\lim\limits_{x \to x_0} f(x)$ 存在,但 $\lim\limits_{x \to x_0} g(x)$ 不存在,则 $\lim\limits_{x \to x_0} f(x) \cdot g(x)$ 不存在

D. 若 $\lim\limits_{x \to x_0} f(x)$ 存在,但是 $\lim\limits_{x \to x_0} g(x)$ 不存在,则 $\lim\limits_{x \to x_0} f(x) \cdot g(x)$ 存在

答题区

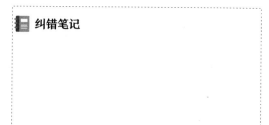

纠错笔记

**3** 设对任意实数 $n$,总有 $y_n \leqslant x_n \leqslant z_n$,且 $\lim\limits_{n \to \infty}(z_n - y_n) = 0$,则 $\lim\limits_{n \to \infty} x_n$ ( ).

A. 存在且等于 0  　　　　B. 存在但不一定等于 0

C. 一定不存在  　　　　D. 不一定存在

答题区

纠错笔记

**4** 极限 $\lim\limits_{x \to 1} \dfrac{\ln x}{x-1} e^{\frac{1}{x-1}}$ 为( ).

A. 2　　　　B. 0　　　　C. $\infty$　　　　D. 不存在,也不为 $\infty$

答题区

纠错笔记

**5** 设 $f(x)=2^x+3^x-2$,则当 $x\to 0$ 时,有( ).

　　A. $f(x)$ 与 $x$ 是等价无穷小　　B. $f(x)$ 与 $x$ 同阶但非等价无穷小

　　C. $f(x)$ 是比 $x$ 高阶的无穷小　　D. $f(x)$ 是比 $x$ 低阶的无穷小

**6** 已知正整数 $m,n$,当 $x\to 0$ 时,下列式子中错误的是( ).

　　A. $o(x^m)+o(x^m)=o(x^m)$　　B. $o(x^m)-o(x^m)=o(x^m)$

　　C. $x^m\cdot o(x^n)=o(x^{m+n})$　　D. $o(x^m)+o(x^n)=o(x^n)$

**7** 当 $x\to 0^+$ 时,无穷小 $\alpha_1=3^{\sqrt[3]{x}}-1-\sin x$,$\alpha_2=\tan[\sin(\arctan x)]$,$\alpha_3=\ln(\cos x)+x^3$,$\alpha_4=\tan x-\sin x$ 的阶从低到高的正确排列是( ).

　　A. $\alpha_1,\alpha_2,\alpha_3,\alpha_4$　　B. $\alpha_1,\alpha_3,\alpha_2,\alpha_4$

　　C. $\alpha_4,\alpha_2,\alpha_3,\alpha_1$　　D. $\alpha_4,\alpha_3,\alpha_2,\alpha_1$

**8** 若当 $x \to x_0$ 时,$\alpha(x)$ 和 $\beta(x)$ 都是无穷小,则当 $x \to x_0$ 时,下列表达式中不一定是无穷小的是( ).

A. $|\alpha(x)|+|\beta(x)|$  B. $\alpha^2(x)+\beta^2(x)$

C. $\ln[1+\alpha(x)\cdot\beta(x)]$  D. $\dfrac{\alpha^2(x)}{\beta(x)}$

**9** 已知曲线 $y = \dfrac{1+e^{-x^2}}{1-e^{-x^2}}$,则该曲线( ).

A. 没有渐近线  B. 仅有水平渐近线

C. 仅有铅直渐近线  D. 既有水平渐近线又有铅直渐近线

**10** 当 $x > 0$ 时,曲线 $y = x\sin\dfrac{1}{x}$ ( ).

A. 有且仅有水平渐近线

B. 有且仅有铅直渐近线

C. 既有水平渐近线,又有铅直渐近线

D. 既无水平渐近线,又无铅直渐近线

**11** 下列曲线有渐近线的是( ).

A. $y = x + \sin x$　　　　B. $y = x^2 + \sin x$

C. $y = x + \sin \dfrac{1}{x}$　　　D. $y = x^2 + \sin \dfrac{1}{x}$

 答题区　　　　　　　　　　　 纠错笔记

**12** 求下列函数极限.

(1) $\lim\limits_{x \to 1}\left(\dfrac{3}{1-x^3} - \dfrac{1}{1-x}\right)$.

 答题区　　　　　　　　　　　 纠错笔记

(2) $\lim\limits_{x \to 1} \dfrac{\sqrt{3x+1}-2}{x-1}$.

 答题区　　　　　　　　　　　 纠错笔记

(3) $\lim\limits_{x \to \infty} \dfrac{4x^3+1}{x^3+x^2+2}$.

 答题区　　　　　　　　　　　 纠错笔记

(4) $\lim\limits_{x\to\infty}\dfrac{4x+1}{x^3+x^2+2}.$

(5) $\lim\limits_{x\to-\infty}\dfrac{4x-3}{\sqrt{x^2+1}}.$

(6) $\lim\limits_{x\to\infty}\dfrac{(2x+5)^{50}}{(2x+1)^{30}(x+3)^{20}}.$

(7) $\lim\limits_{x\to 1}\dfrac{\sqrt{4-3x}-\sqrt{x}}{x^2+x-2}.$

(8) $\lim\limits_{x \to -\infty} (\sqrt{x^2+x} - \sqrt{x^2-3x})$.

(9) $\lim\limits_{x \to a^+} \dfrac{\sqrt{x}-\sqrt{a}+\sqrt{x-a}}{\sqrt{x^2-a^2}}$,其中 $a \geqslant 0$.

(10) $\lim\limits_{x \to +\infty} (\sqrt{x^2+x} - \sqrt{x^2-x})$.

**13** 求下列函数极限.

(1) $\lim\limits_{x \to \infty} \left(\dfrac{2x+3}{2x+1}\right)^{x+1}$.

(2) $\lim\limits_{x \to 0}(1+3x)^{\frac{2}{\sin x}}$.

(3) $\lim\limits_{x \to 0}(\cos x)^{\frac{1}{x^2}}$.

(4) $\lim\limits_{x \to \frac{\pi}{2}}(\sin x)^{\tan x}$.

**14** 求下列数列极限.

(1) $\lim\limits_{n \to \infty}\sum\limits_{k=1}^{n}\dfrac{k}{n^2+k}$.

(2) $\lim\limits_{n\to\infty} \sqrt[n]{1^n + 2^n + \cdots + 10^n}$.

**15** (1) 设 $a_1 = 2, a_{n+1} = \dfrac{1}{2}\left(a_n + \dfrac{1}{a_n}\right)(n=1,2,3,\cdots)$,证明:数列 $\{a_n\}$ 收敛,并求其极限.

(2) 设 $0 < x_1 < 3, x_{n+1} = \sqrt{x_n(3-x_n)}\,(n=1,2,\cdots)$,证明:数列 $\{x_n\}$ 收敛,并求其极限.

**16** 求下列数列极限.

(1) $\lim\limits_{n\to\infty}(\sqrt{n+2}-\sqrt{n})\sqrt{n-1}$.

(2) $\lim\limits_{n\to\infty}\dfrac{(-1)^n+3^n}{2^n+3^n}$.

**答题区**

**纠错笔记**

(3) $\lim\limits_{n\to\infty}\left(\dfrac{2n+1}{2n+3}\right)^n$.

**答题区**

**纠错笔记**

(4) $\lim\limits_{n\to\infty}\dfrac{a^n-1}{a^n+2}$.

**答题区**

**纠错笔记**

(5) $\lim\limits_{n\to\infty}2^n\sin\dfrac{x}{2^n}$.

**答题区**

**纠错笔记**

**17** 用适当的方法求下列极限.

(1) $\lim\limits_{x\to\infty} \dfrac{x-1}{x^2+1} \sin \dfrac{x^2+1}{x-1}$.

(2) $\lim\limits_{x\to\pi} \dfrac{\sin x}{x-\pi}$.

(3) $\lim\limits_{x\to 0} \dfrac{e^x - e^{-x}}{1-\cos\sqrt{x}}$.

(4) $\lim\limits_{x\to 0} \dfrac{x - x\cos x}{\sin x - \tan x}$.

(5) $\lim\limits_{x\to 0}\dfrac{e^x - e^{\sin x}}{x - \sin x}$.

**答题区**

**纠错笔记**

(6) $\lim\limits_{x\to 0}\dfrac{\sqrt{1+x\sin x}-1}{e^{x^2}-1}$.

**答题区**

**纠错笔记**

(7) $\lim\limits_{x\to 0}\dfrac{1}{x^2}\ln\dfrac{\tan x}{\sin x}$.

**答题区**

**纠错笔记**

(8) $\lim\limits_{x\to 0}\dfrac{\sqrt{1+\tan x}-\sqrt{1+\sin x}}{x\sqrt{1+\sin^2 x}-x}$.

**答题区**

**纠错笔记**

(9) $\lim\limits_{x\to 0}\dfrac{\sin(x^n)}{(\sin x)^m}$ ($n$, $m$ 为正整数).

(10) $\lim\limits_{x\to 0}\dfrac{\ln(\cos x)}{x^2}$.

(11) $\lim\limits_{x\to 0}\dfrac{\sqrt{x+1}-x-1}{x}$.

(12) $\lim\limits_{x\to 1}\dfrac{\sqrt[3]{x}-1}{\sqrt[4]{x}-1}$.

(13) $\lim\limits_{x \to a} \dfrac{\sin x - \sin a}{x - a}$.

答题区

(14) $\lim\limits_{x \to 0} \dfrac{\sin 5x - \sin 3x}{\sin 2x}$.

答题区

(15) $\lim\limits_{x \to 1} \left[ \dfrac{x-1}{x^2 + x - 2} + \sin(1 - x) \right]$.

答题区

(16) $\lim\limits_{x \to \infty} \dfrac{1 + 2|x|}{1 + x} \arctan x$.

答题区

(17) $\lim\limits_{x \to +\infty} \dfrac{\sqrt[4]{5x^7+x-11}-\sin^{\frac{7}{4}}x+8}{\sqrt[4]{13x^7+x^6}}$.

**答题区**

**纠错笔记**

(18) $\lim\limits_{x \to 0}(\cos x)^{\frac{1}{\ln(1+x^2)}}$.

**答题区**

**纠错笔记**

(19) $\lim\limits_{x \to 0}(1-3\sin x)^{\frac{2}{x}}$.

**答题区**

**纠错笔记**

(20) $\lim\limits_{x \to 0}\dfrac{e^x-e^{\sin x}}{2x\cos x-\sin 2x}$.

**答题区**

**纠错笔记**

(21) $\lim\limits_{x\to\infty}\dfrac{x+\sin x}{x}$.

**18** 若 $\lim\limits_{x\to 0}\dfrac{\sin x}{e^x-a}(\cos x-b)=5$，求 $a,b$.

**19** 已知 $\lim\limits_{x\to\infty}\left(\dfrac{x^3}{x^2+1}-ax-b\right)=2$，试求常数 $a,b$.

**20** 设 $f(x)=2x^2+3+4x\lim\limits_{x\to 1}f(x)$，若式中 $\lim\limits_{x\to 1}f(x)$ 存在，求 $f(x)$.

**21** 求 $a$ 的值,使函数 $f(x)=\begin{cases} e^x, & x<0 \\ a+x, & x\geqslant 0 \end{cases}$ 在 $x=0$ 处的极限存在.

**答题区**

**纠错笔记**

**22** 设 $\lim\limits_{x\to 0}\dfrac{\sqrt{1+f(x)\tan x}-1}{e^{2x}-1}=3$,求 $\lim\limits_{x\to 0}f(x)$.

**答题区**

**纠错笔记**

## 二、提高篇

**1** 设三个数列 $\{a_n\},\{b_n\},\{c_n\}$ 均为非负数列,且 $\lim\limits_{n\to\infty}a_n=0$,$\lim\limits_{n\to\infty}b_n=1$,$\lim\limits_{n\to\infty}c_n=\infty$,则必有( ).

A. $\forall n\in N^+, a_n<b_n$　　　　　　B. $\forall n\in N^+, b_n<c_n$

C. $\lim\limits_{n\to\infty}a_nc_n$ 不存在　　　　　　D. $\lim\limits_{n\to\infty}b_nc_n$ 不存在

**答题区**

**纠错笔记**

**2** 设函数 $f(x)$ 在 $(-\infty,+\infty)$ 内单调有界，$\{x_n\}$ 为数列，下列命题正确的是( ).

A. 若 $\{x_n\}$ 收敛,则 $\{f(x_n)\}$ 收敛  　　B. 若 $\{x_n\}$ 单调,则 $\{f(x_n)\}$ 收敛

C. 若 $\{f(x_n)\}$ 收敛,则 $\{x_n\}$ 收敛  　　D. 若 $\{f(x_n)\}$ 单调,则 $\{x_n\}$ 收敛

**3** 函数 $f(x) = x\sin^2 x$ 是( ).

A. 当 $x\to\infty$ 时的无穷大  　　B. 在 $(-\infty,+\infty)$ 内有界

C. 在 $(-\infty,+\infty)$ 内无界  　　D. 当 $x\to\infty$ 时的无穷小

**4** 设 $f(x) = \begin{cases} \dfrac{x^2+2x+b}{x^3-1}, & x \neq 1 \\ a, & x=1 \end{cases}$, $\lim\limits_{x\to 1}f(x) = A$,则以下结果正确的是( ).

A. $a=4, b=-3, A=4$  　　B. $a=4, A=4, b$ 可取任意实数

C. $b=-3, A=\dfrac{4}{3}, a$ 可取任意实数  　　D. $a, b, A$ 都可能取任意实数

**5** 若 $\lim\limits_{x\to 0}\dfrac{\tan x+\sin x\cdot f(x)}{x^3}=0$，则 $\lim\limits_{x\to 0}\dfrac{1+f(x)}{\ln\cos x}=(\quad)$.

A. 0　　　　　　B. 1　　　　　　C. $-1$　　　　　　D. $\infty$

**6** 曲线 $y=\mathrm{e}^{\frac{1}{x^2}}\arctan\dfrac{x^2+x+1}{(x+1)(x-2)}$ 有（　　）条渐近线.

A. 1　　　　　　B. 2　　　　　　C. 3　　　　　　D. 4

**7** 曲线 $y=x+\sqrt{x^2-x+1}$（　　）.

A. 没有渐近线　　　　　　　　B. 有一条水平渐近线和一条斜渐近线

C. 有一条铅直渐近线　　　　　D. 有两条水平渐近线

**8** $\lim\limits_{x\to 0}\dfrac{3\sin x+x^2\cos\dfrac{1}{x}}{(1+\cos x)\ln(1+x)}=$ _____ .

**9** $\lim\limits_{x \to -\infty} \dfrac{x+1}{\sqrt{x^2-x+1}+\sqrt{x^2+x+1}} = $ _____ .

**10** $\lim\limits_{x \to 0} \dfrac{1}{x^3}\left[\left(\dfrac{2+\cos x}{3}\right)^x - 1\right] = $ _____ .

**11** $\lim\limits_{x \to 0} \dfrac{\sqrt{1+2x}+\sqrt{1-2x}-2}{x^2} = $ _____ .

**12** $\lim\limits_{x \to -\infty}\left(\sqrt{x^2+2x+\sin x}+x+2\right) = $ _____ .

**13** $\lim\limits_{n\to\infty}\dfrac{(n+1)^{n+1}}{n^n}\sin\dfrac{1}{n}$.

**14** $\lim\limits_{n\to\infty}\sin(\pi\sqrt{n^2+1})$.

**15** $\lim\limits_{n\to\infty}\left[\dfrac{\cos\dfrac{\pi}{4n}}{n}+\dfrac{\cos\dfrac{3\pi}{4n}}{n}+\cdots+\dfrac{\cos\dfrac{(2n-1)\pi}{4n}}{n}\right]$.

**16** $\lim\limits_{x\to 0}\left(\dfrac{1}{\sin^2 x}-\dfrac{\cos^2 x}{x^2}\right)$.

**17** $\lim\limits_{x \to 0^+} \dfrac{(1+x)^{\frac{1}{x}} - e}{1 - \cos\sqrt{x}}$.

**18** 按要求解答下列各题.

(1) 设 $x_1 = 1, x_2 = 1 + \dfrac{x_1}{1+x_1}, \cdots, x_n = 1 + \dfrac{x_{n-1}}{1+x_{n-1}}$,证明:数列 $\{x_n\}$ 收敛,并求其极限.

(2) 设 $0 < x_1 < \pi, x_{n+1} = \sin x_n (n = 1, 2, \cdots)$,证明:数列 $\{x_n\}$ 收敛,并求其极限.

**19** 求解下列各题.

(1) 已知 $\lim\limits_{x \to +\infty} (5x - \sqrt{ax^2 - bx + c}) = 2$,求 $a$ 与 $b$ 的值.

（2）已知 $\lim\limits_{x\to 0}\left[1+x+\dfrac{f(x)}{x}\right]^{\frac{1}{x}}=\mathrm{e}^3$，求 $\lim\limits_{x\to 0}\dfrac{f(x)}{x^2}$.

**答题区**

**纠错笔记**

（3）求曲线 $f(x)=\begin{cases}\dfrac{\ln x^2}{x+2}, & x\leqslant -1\\ \mathrm{e}^{-\frac{1}{x}}, & -1<x<0\\ x\sin x, & x\geqslant 0\end{cases}$ 的渐近线.

**答题区**

**纠错笔记**

## 第三节　函数的连续性与间断点

### 一、基础篇

**1** 设 $f(x)=\begin{cases}x\sin\dfrac{1}{x}, & x>0\\ a+x^2, & x\leqslant 0\end{cases}$，要使 $f(x)$ 在 $(-\infty,+\infty)$ 内连续，求 $a$ 的值.

**答题区**

**纠错笔记**

**2** 求下列函数的间断点,并判断间断点的类型.

(1) $f(x) = \dfrac{x-1}{x^2-1}$.

(2) $f(x) = \dfrac{e^{\frac{1}{x}}-1}{e^{\frac{1}{x}}+1}$.

(3) $f(x) = \lim\limits_{n\to\infty} \dfrac{1-x^{2n}}{1+x^{2n}}x$.

(4) $f(x) = [x]$.

(5) $f(x) = \dfrac{1}{1 - e^{\frac{x}{1-x}}}$.

**3** 证明:方程在 $x^3 - 4x^2 + 1 = 0$ 在区间 $(0,1)$ 内至少存在一个根.

**4** 证明:方程 $x = a\sin x + b(a>0, b>0)$ 至少有一个正根,且不超过 $a+b$.

# 二、提高篇

**1** 设函数 $f(x)$ 与 $g(x)$ 在 $(-\infty, +\infty)$ 内都有定义,$f(x)$ 连续,$g(x)$ 有间断点,且 $f(x) \neq 0$,则下列函数中必有间断点的是( ).

  A. $g[f(x)]$    B. $f[g(x)]$    C. $[g(x)]^2$    D. $\dfrac{g(x) + f(x)}{[f(x)]^2}$

**2** 函数 $f(x) = \dfrac{x - x^3}{\sin\pi(x-1)}$ 的可去间断点的个数为（　　）.

　A. 1　　　　　　B. 2　　　　　　C. 3　　　　　　D. 无穷多个

**答题区**

**纠错笔记**

**3** 设函数 $f(x) = \dfrac{x}{a + e^{bx}}$ 在区间 $(-\infty, +\infty)$ 内连续，且 $\lim\limits_{x \to -\infty} f(x) = 0$，则常数 $a, b$ 满足（　　）.

　A. $a < 0, b < 0$　　　　　　B. $a > 0, b > 0$

　C. $a \leqslant 0, b > 0$　　　　　　D. $a \geqslant 0, b < 0$

**答题区**

**纠错笔记**

**4** 求下列函数的间断点，并判断间断点的类型.

　(1) $f(x) = \dfrac{x^2 - x}{x^2 - 1}\sqrt{1 + \dfrac{1}{x^2}}$.

**答题区**

**纠错笔记**

　(2) $f(x) = \lim\limits_{n \to \infty} \dfrac{x^{2n-1} - 1}{x^{2n} + 1}$.

**答题区**

**纠错笔记**

**5** 设 $f(x) = \lim\limits_{n \to \infty} \dfrac{x^{2n-1} + ax^2 + bx}{x^{2n} + 1}$ 在 $(-\infty, +\infty)$ 上连续,试确定常数 $a, b$ 的值.

**6** 求极限 $\lim\limits_{t \to x} \left(\dfrac{\sin t}{\sin x}\right)^{\frac{x(x+\pi)}{\sin t - \sin x}}$,记此极限为 $f(x)$,求函数 $f(x)$ 的间断点并指出其类型.

**7** 证明:若 $f(x)$ 在 $(-\infty, +\infty)$ 内连续,且 $\lim\limits_{x \to \infty} f(x)$ 存在,则 $f(x)$ 在 $(-\infty, +\infty)$ 内必有界.

# 第二章 一元函数微分学

## 第一节 导数与微分

**1** 设函数 $f(x) = x(x+1)(x+2)\cdots(x+2023)$，则 $f'(0) = (\quad)$.

A. 0      B. 2023      C. 2023!      D. 不存在

答题区

纠错笔记

**2** 设函数 $f(x)$ 在 $x = a$ 的某个邻域内有定义，且 $f(a) = 0$，则 $f(x)$ 在 $x = a$ 处可导的一个充分条件是(  ).

A. $\lim\limits_{n \to +\infty} nf\left(a + \dfrac{2}{n}\right)$ 存在      B. $\lim\limits_{h \to 0} \dfrac{f(a+2h) - f(a+h)}{h}$ 存在

C. $\lim\limits_{h \to 0} \dfrac{f(a+h) - f(a-h)}{2h}$ 存在      D. $\lim\limits_{h \to 0} \dfrac{f(a - \sinh)}{h}$ 存在

答题区

纠错笔记

**3** 设函数 $f(x)$ 在 $x = 0$ 的某个邻域内有定义，则"$\lim\limits_{x \to x_0} f'(x)$ 存在且等于 $A$"是"$f'(x_0)$ 存在等于 $A$"的(  ).

A. 充分而非必要条件      B. 必要而非充分条件

C. 充要条件      D. 既非充分也非必要条件

答题区

纠错笔记

**4** 设函数 $f(x)=\begin{cases} x^3, & x\leqslant 1 \\ x^2, & x>1 \end{cases}$，则 $f(x)$ 在 $x=1$ 处的（　　）.

A. 左、右导数都存在　　　　　　B. 左导数存在，右导数不存在

C. 左导数不存在，右导数存在　　D. 左、右导数都不存在

**答题区**

**纠错笔记**

**5** 已知 $\dfrac{\mathrm{d}}{\mathrm{d}x}\left[f\left(\dfrac{1}{x^2}\right)\right]=x$，则 $f'(2)=$ ＿＿＿＿＿＿＿．

**答题区**

**纠错笔记**

**6** 若函数 $g(x)=\begin{cases} 2\sin x+x^2\cos\dfrac{1}{x}, & x\neq 0 \\ 0, & x=0 \end{cases}$，又 $f(x)$ 在 $x=0$ 处可导且 $f'(0)=1$，则 $\dfrac{\mathrm{d}}{\mathrm{d}x}\{f[g(x)]\}\Big|_{x=0}=$ ＿＿＿＿＿＿＿．

**答题区**

**纠错笔记**

**7** 函数 $y=f(x)$ 由 $\sin(xy)+\ln(y-x)=x$ 确定，则 $\lim\limits_{n\to\infty}n\left[f\left(\dfrac{1}{n}\right)-1\right]=$ ＿＿＿＿＿＿＿．

**答题区**

**纠错笔记**

**8** 设函数 $y = \cos x \cdot \ln(1+x^2)$,则 $y^{(5)}(0) =$ _____ .

**答题区**

**纠错笔记**

**9** 若函数 $y = x\ln x$,则 $y^{(n)}(1) =$ _____ .

**答题区**

**纠错笔记**

**10** 函数若 $f(x) = \dfrac{1-x}{1+x}$,则 $f^{(n)}(0) =$ _____ .

**答题区**

**纠错笔记**

**11** 两曲线 $y = \dfrac{1}{x}$ 与 $y = ax^2 + b$ 在点 $\left(2, \dfrac{1}{2}\right)$ 处相切,则 $a =$ _____ , $b =$ _____ .

**答题区**

**纠错笔记**

**12** 已知平面曲线 $C$ 的极坐标方程为 $r = 3 - 2\sin\theta$，则 $C$ 上对应点 $\theta = \dfrac{\pi}{6}$ 处的切线方程是 _____ .

**答题区**

**纠错笔记**

**13** 设函数 $f(x)$ 可导，对于 $y = f(x^3)$，当自变量 $x$ 在 $x = 1$ 处取得增量 $\Delta x = -0.01$ 时，相应的函数增量 $\Delta y$ 的线性主部为 $0.1$，则 $f'(1) =$ _____ .

**答题区**

**纠错笔记**

**14** 设函数 $y = f(x)$ 的图形如图 2-1 所示，试确定图(1)、(2)、(3)、(4)中点 $(x_0, f(x_0))$ 处的 $\Delta y, \mathrm{d}y$ 及 $\Delta y - \mathrm{d}y$ 的正负.

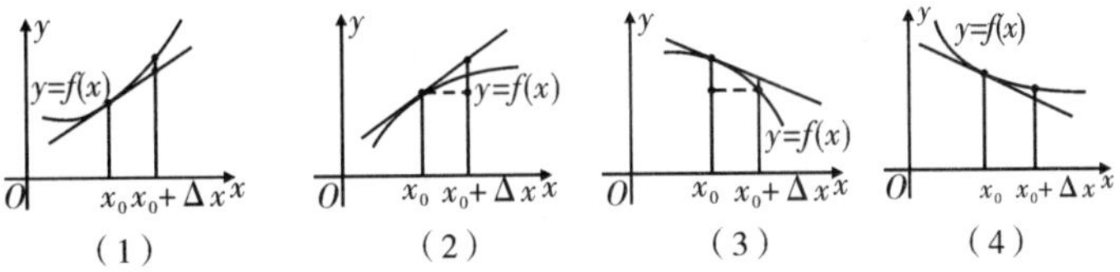

(1)　　(2)　　(3)　　(4)

图 2-1

**答题区**

**纠错笔记**

**15** 设函数 $f(x) = \begin{cases} x^2 + \sin x + 2, & x \leqslant 0 \\ a\tan x + b, & x > 0 \end{cases}$,求使 $f(x)$ 在 $x=0$ 处可导的 $a$ 和 $b$ 的值.

✎ 答题区

📓 纠错笔记

**16** 设 $f(0) = 1, f'(0) = -2$,求 $\lim\limits_{x \to 0} \dfrac{f(x)\cos x - 1}{x}$.

✎ 答题区

📓 纠错笔记

**17** 求下列函数的导数.

(1) $y = x\sin x + \cos x$.

✎ 答题区

📓 纠错笔记

(2) $y = x^2 \ln x \cdot \cos x$.

✎ 答题区

📓 纠错笔记

(3) $y = \dfrac{\arctan x}{x}$.

✎ 答题区

📓 纠错笔记

**18** 求下列函数的导数.

(1) $y = \tan(x^3)$.

(2) $y = \arctan(e^{2x})$.

(3) $y = \arcsin\sqrt{\dfrac{1-x}{1+x}}$.

(4) $y = \ln(1 + e^{x^2})$.

(5) $y = \ln[\ln(\ln x)]$.

(6) $y = \sqrt{x + \sqrt{x}}$.

(7) $y = \ln(\sec x + \tan x)$.

(8) $y = \ln(x + \sqrt{1+x^2})$.

(9) $y = e^{f(x)} \cdot f(e^x)$,其中 $f(x)$ 可导.

**19** 已知 $f(x)$ 为单调可微函数，$f(x)$ 与 $h(x)$ 互为反函数，且 $f(1)=2, f'(1)=\sqrt{5}, f'(2)=6$，求 $h'(2)$.

**20** 设 $x=g(y)$ 是 $y=\ln x+\arctan x$ 的反函数，求 $g'\left(\dfrac{\pi}{4}\right)$.

**21** 求下列函数的导数.

(1) $y=\sqrt{x\ln x\sqrt{1-\sin x}}$.

(2) $y=\left(\dfrac{x}{1+x}\right)^x$.

(3) $y = (\sin x)^{\cos x}$.

**22** 求下列函数的导数.

(1) $y = 1 - xe^y$.

(2) $xy = e^{x+y}$.

**23** 设函数 $y = y(x)$ 是由方程 $xe^{f(y)} = e^y$ 确定的,其中 $f(x)$ 具有二阶导数且 $f'(x) \neq 1$,求 $\dfrac{d^2 y}{dx^2}$.

**24** 设函数 $y = y(x)$ 由 $\begin{cases} x = \arctan t \\ y = \ln(1+t^2) \end{cases}$ 确定,求 $\dfrac{d^2 y}{d x^2}$.

**25** 求函数 $y = \dfrac{1}{x(x-1)}$ 的 $n$ 阶导数的一般表达式.

**26** 求函数 $y = (x^2 + x + 1)e^{2x}$ 的 $n$ 阶导数.

**27** 证明:双曲线 $xy = a^2$ 上任一点处的切线与两坐标轴构成的三角形的面积都等于 $2a^2$.

**28** 已知 $f'(\sin x) = \dfrac{1}{2-\cos^2 x}$，$y = f\left(\dfrac{x+1}{x-1}\right)$，求 $\mathrm{d}y$．

答题区

纠错笔记

## 二、提高篇

**1** 设函数 $f(x)$ 对任意 $x$ 均满足 $2f(x) - f(x+1) = 0$，且 $f'(0) = -1$，则（　　）．

A. $f(x)$ 在 $x=1$ 处不可导

B. $f(x)$ 在 $x=1$ 处可导，且 $f'(1) = 2$

C. $f(x)$ 在 $x=1$ 处可导，且 $f'(1) = -1$

D. $f(x)$ 在 $x=1$ 处可导，且 $f'(1) = -2$

答题区

纠错笔记

**2** 函数 $f(x) = (x^2-1)|x^3-x|$ 的不可导的点的个数是（　　）．

A. 3　　　　B. 2　　　　C. 1　　　　D. 0

答题区

纠错笔记

**3** 设函数 $f(x) = (x-1)^2|x-1|$，则使 $f^{(n)}(1)$ 存在的最高阶导数 $n$ 为（　　）．

A. 0　　　　B. 1　　　　C. 2　　　　D. 3

答题区

纠错笔记

**4** 设函数 $f(x) = (x^{2016}-1)\arctan\dfrac{2(x^2+1)}{x^3+2x^2+1}$,则 $f'(1) =$ _____.

**5** 设 $f(x)$ 是可导函数,且 $f'(x) = \dfrac{1}{\sqrt{1+x^2}}$, $f(0) = 4$, $y = g(x)$ 是 $f(x)$ 的反函数,则 $g'(4) =$ _____.

**6** 设 $f(0) > 0$, $f'(0) = 2f(0)$,则 $\lim\limits_{n\to\infty} \ln\left[\dfrac{f\left(\frac{1}{n}\right)}{f(0)}\right]^n =$ _____.

**7** 设函数 $f(x)$ 在 $x = 0$ 处可导,且 $f(0) = 0$,求下列极限.

(1) $\lim\limits_{h\to 0} \dfrac{1}{h} f[\ln(1-h)]$.

(2) $\lim\limits_{h\to 0}\dfrac{1}{h^2}f(\sqrt{1+h^2}-1)$.

(3) $\lim\limits_{h\to 0}\dfrac{1}{h^2}f(\tan h-\sin h)$.

(4) $\lim\limits_{h\to 0}\dfrac{1}{h}[f(2h)-f(h)]$.

**8** 设 $\lim\limits_{x\to a}\dfrac{f(x)-b}{x-a}=A$,求 $\lim\limits_{x\to a}\dfrac{\sin f(x)-\sin b}{x-a}$.

**9** 设 $f(x) = \lim\limits_{t \to -\infty} \dfrac{\sin x}{1 + x^2 + e^{tx}}$，讨论 $f(x)$ 的可导性.

**10** 设 $f(x) = \begin{cases} \dfrac{g(x) - e^{-x}}{x}, & x \neq 0 \\ 0, & x = 0 \end{cases}$，其中 $g(x)$ 在 $x = 0$ 处具有二阶导数，且 $g(0) = 1$，$g'(0) = -1$.

(1) 求 $f'(x)$；

(2) 讨论 $f'(x)$ 在 $x = 0$ 处的连续性.

**11** 设 $f(x)$ 为周期为 5 的连续函数，它在 $x = 0$ 的某个邻域内满足 $f(1 + \sin x) - 3f(1 - \sin x) = 8x + o(x)$，其中 $o(x)$ 是当 $x \to 0$ 时比 $x$ 高阶的无穷小量，且 $f(x)$ 在 $x = 1$ 处可导，求曲线 $y = f(x)$ 在点 $(6, f(6))$ 处的切线方程.

**12** 设 $y = \arctan x$.

(1) 证明 $(1 + x^2)y'' + 2xy' = 0$；

(2) 求 $y^{(n)}(0)$.

## 第二节 微分中值定理

### 一、基础篇

**1** 不用求出函数 $f(x)=(x-1)(x-2)(x-3)(x-4)$ 的导数,说明方程 $f'(x)=0$ 有几个实根,并指出它们所在的区间.

**2** 设方程 $a_0 x^n + a_1 x^{n-1} + \cdots + a_{n-1} x = 0$ 有一个正根 $x_0$.

证明:方程 $a_0 n x^{n-1} + a_1(n-1) x^{n-2} + \cdots + a_{n-1} = 0$ 必有一个小于 $x_0$ 的正根.

**3** 若函数 $f(x)$ 在 $(a,b)$ 内具有二阶导数且 $f(x_1)=f(x_2)=f(x_3)$,其中 $a<x_1<x_2<x_3<b$.证明:在 $(x_1,x_3)$ 内至少有一点 $\xi$,使得 $f''(\xi)=0$.

**4** 若函数 $f(x)$ 在 $[a,b]$ 上连续,在 $(a,b)$ 内可导 $(a>0)$. 证明:在 $(a,b)$ 内方程 $2x[f(b)-f(a)]=(b^2-a^2)f'(x)$ 至少存在一个根.

 答题区

**5** 已知函数 $f(x)$ 在 $[0,1]$ 上连续,在 $(0,1)$ 内可导,且 $f(0)=1, f(1)=\dfrac{1}{4}$. 证明:在 $(0,1)$ 内至少有一点 $\xi$,使得 $(1+\xi)^3 f'(\xi)=-2$.

 答题区

**6** 设函数 $f(x), g(x)$ 在 $[a,b]$ 上连续,在 $(a,b)$ 内可导,且 $f(a)=f(b)=0$. 证明:至少存在一点 $\xi \in (a,b)$,使 $f'(\xi)+f(\xi)g'(\xi)=0$.

 答题区

**7** 设函数 $f(x)$ 在 $[0,n]$ 上连续,在 $(0,n)$ 内可导,且 $f(0)+f(1)+\cdots+f(n-1)=n$, $f(n)=1$. 试证:必存在 $\xi \in (0,n)$,使得 $f'(\xi)=0$.

答题区

**8** 函数 $f(x)$ 在 $[a,b]$ 上连续,在 $(a,b)$ 内可导. 证明:在 $(a,b)$ 内至少存在一点 $\xi$,使得 $\dfrac{bf(b)-af(a)}{b-a}=\xi f'(\xi)+f(\xi)$.

**9** 求证:$\arctan x+\operatorname{arccot} x=\dfrac{\pi}{2}(-\infty<x<+\infty)$.

**10** 设 $f(x),g(x)$ 在 $[a,b]$ 上连续,在 $(a,b)$ 内可导,证明:区间 $(a,b)$ 内存在一点 $\xi$,使 $\begin{vmatrix} f(a) & f(b) \\ g(a) & g(b) \end{vmatrix}=(b-a)\begin{vmatrix} f(a) & f'(\xi) \\ g(a) & g'(\xi) \end{vmatrix}$.

**11** 设 $f(x)$ 在闭区间 $[0,1]$ 上连续,在开区间 $(0,1)$ 内可导,且 $f(0)=0,f(1)=\dfrac{1}{n}$. 证明:存在不同的参数 $\xi,\eta\in(0,1)$,使得 $f'(\xi)+f'(\eta)=\xi^{n-1}+\eta^{n-1}$.

**12** 设 $f(x)$ 在 $[a,b]$ 上连续 $(b>a>0)$，在 $(a,b)$ 内可导．证明：存在一点 $\xi \in (a,b)$，使得
$$f(b)-f(a)=\xi f'(\xi)\ln\frac{b}{a}.$$

**13** 设 $f(x)$ 在 $[a,b]$ 上连续，在 $(a,b)$ 内可导，$0<a<b$．试证：$\exists \xi,\eta \in (a,b)$ 使 $f'(\xi)=\dfrac{a^2+b^2+ab}{3\eta^2}f'(\eta)$．

**14** 求下列函数的极限．

(1) $\lim\limits_{x\to 0}\dfrac{x-\sin x}{x^3}$．

(2) $\lim\limits_{x\to 0}\dfrac{\tan x-x}{x^3}$．

(3) $\lim\limits_{x\to 0}\dfrac{\arctan x - x}{x^3}$.

**答题区**

**纠错笔记**

(4) $\lim\limits_{x\to 0}\dfrac{x-\ln(1+x)}{x^2}$.

**答题区**

**纠错笔记**

(5) $\lim\limits_{x\to 0}\dfrac{e^x-1-x}{x^2}$.

**答题区**

**纠错笔记**

(6) $\lim\limits_{x\to +\infty}\dfrac{x^\mu}{e^{\alpha x}}(\alpha>0)$.

**答题区**

**纠错笔记**

(7) $\lim\limits_{x\to+\infty}\dfrac{e^x+e^{-x}}{e^x-e^{-x}}$.

**答题区**

**纠错笔记**

(8) 已知 $f''(x_0)$ 存在，求 $\lim\limits_{x\to 0}\dfrac{f(x_0+x)-2f(x_0)+f(x_0-x)}{x^2}$.

**答题区**

**纠错笔记**

**15** 求下列函数的极限.

(1) $\lim\limits_{x\to 0}\left[\dfrac{1}{x}-\dfrac{1}{\ln(1+x)}\right]$.

**答题区**

**纠错笔记**

(2) $\lim\limits_{x\to 0^+}x^\alpha\ln x\ (\alpha>0)$.

**答题区**

**纠错笔记**

**16** 求下列函数的极限.

(1) $\lim\limits_{x\to 0}\left[2-\dfrac{\ln(1+x)}{x}\right]^{\frac{1}{x}}$.

(2) $\lim\limits_{x\to 0}\left(\dfrac{\cos 2x}{\cos x}\right)^{\frac{1}{x\sin x}}$.

(3) $\lim\limits_{x\to 0}\left(\dfrac{a_1^x+a_2^x+\cdots+a_n^x}{n}\right)^{\frac{1}{x}}, 1\neq a_i\in \mathbf{R}^+, i=1,2,\cdots,n, n\geqslant 2$.

(4) $\lim\limits_{x\to +\infty}\left(x+\sqrt{1+x^2}\right)^{\frac{1}{x}}$.

(5) $\lim\limits_{x\to 0^+}\left(\dfrac{1}{x}\right)^{\tan x}$.

**答题区**

**纠错笔记**

(6) $\lim\limits_{x\to 0^+} x^{\sin x}$.

**答题区**

**纠错笔记**

## 二、提高篇

**1** 设 $f(x)$ 在区间 $(a,b)$ 内可导,则下列命题正确的是( ).

A. 若 $f(x)$ 在区间 $(a,b)$ 内有界,则 $f'(x)$ 在 $(a,b)$ 内有界

B. 若 $f'(x)$ 在区间 $(a,b)$ 内有界,则 $f(x)$ 在 $(a,b)$ 内有界

C. 若 $f(x)$ 在区间 $(a,b)$ 内有界,则 $f'(x)$ 在 $(a,b)$ 内无界

D. 若 $f'(x)$ 在区间 $(a,b)$ 内有界,则 $f(x)$ 在 $(a,b)$ 内无界

**答题区**

**纠错笔记**

**2** 设函数 $f(x)$ 在 $x=0$ 处存在三阶导数,且 $\lim\limits_{x\to 0}\dfrac{f(x)}{x\ln\cos x}=1$,则 $f'''(0)=($ ).

A. $0$  B. $-1$  C. $2$  D. $-3$

**答题区**

**纠错笔记**

**3** 已知 $f(x)$ 在 $[0,1]$ 上连续,在 $(0,1)$ 内可导,且 $f(1)=1,f(0)=0$. 证明:在 $(0,1)$ 内至少有一点 $\xi$,使得 $e^{\xi^2}[2\xi f(\xi)+f'(\xi)]=e$.

**4** 设函数 $f(x)$ 在 $[a,b]$ 内具有二阶连续导数,$f(a)=f(b)=0$,$f'_+(a)f'_-(b)>0$. 证明:$\exists \xi \in (a,b), \eta \in (a,b)$ 使 $f(\xi)=0, f''(\eta)=0$.

**5** 设 $y=f(x)$ 在 $(-1,1)$ 内具有二阶连续导数且 $f''(x) \neq 0$. 试证:

(1) 对于 $(-1,1)$ 内的任意不为 $0$ 的变量 $x$,存在唯一的 $\theta(x) \in (0,1)$,使 $f(x)=f(0)+xf'[\theta(x)x]$ 成立;

(2) $\lim\limits_{x \to 0} \theta(x) = \dfrac{1}{2}$.

**6** 设 $f(x)$ 在 $[0,1]$ 上连续,在 $(0,1)$ 内可导,且 $f(0)=0, f(1)=1$. 证明:存在 $\xi, \eta \in (0,1), \xi \neq \eta$,使得 $\dfrac{1}{f'(\xi)}+\dfrac{1}{f'(\eta)}=2$.

**7** 设 $f(x)$ 在 $[a,b]$ 上连续,在 $(a,b)$ 内取得最大值,且 $|f''(x)| \leqslant M$. 证明:$|f'(a)| + |f'(b)| \leqslant M(b-a)$.

> 答题区

> 纠错笔记

**8** 设函数 $f(x)$ 在 $[0,1]$ 上二阶可导,且 $f(0) = f(1)$,$|f''(x)| \leqslant M$. 证明:$|f'(x)| \leqslant \dfrac{M}{2}$.

> 答题区

> 纠错笔记

**9** 设函数 $f(x)$ 在闭区间 $[-1,1]$ 上具有三阶连续导数,且 $f(-1) = -1, f(1) = 1, f'(0) = 0$. 证明:在开区间 $(-1,1)$ 内至少存在一点 $\xi$,使 $f'''(\xi) = 6$.

> 答题区

> 纠错笔记

**10** 设 $f(x)$ 在 $(a,b)$ 内二阶可导,且 $f''(x) > 0$. 证明:对于 $(a,b)$ 内任意两点 $x_1, x_2$,及 $0 \leqslant t \leqslant 1$,有 $f[(1-t)x_1 + tx_2] < (1-t)f(x_1) + tf(x_2)$.

> 答题区

> 纠错笔记

## 第三节 导数的应用

**1** 设函数 $f(x)$ 在 $(-\infty,+\infty)$ 内连续,其二阶导函数 $f''(x)$ 的图形如图 2-2 所示,则曲线 $y=f(x)$ 的拐点个数为(    ).

A. 0  B. 1
C. 2  D. 3

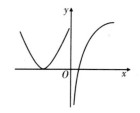

图 2-2

**2** 设 $f(x)=f(-x)$,且在 $(0,+\infty)$ 内二阶可导,$f'(x)>0$,$f''(x)<0$,则 $f(x)$ 在 $(-\infty,0)$ 内的单调性和图形的凹凸性是(    ).

A. 单调增,凸   B. 单调减,凸   C. 单调增,凹   D. 单调减,凹

**3** 设函数 $f(x)=2x+3\sqrt[3]{x^2}$,则(    ).

A. 只有极大值,没有极小值
B. 在 $x=-1$ 处取极大值,$x=0$ 处取极小值
C. 只有极小值,没有极大值
D. 在 $x=-1$ 处取极小值,$x=0$ 处取极大值

**4** 设 $f(x)$，$g(x)$ 是恒大于零的可导函数，且 $f'(x)g(x)-f(x)g'(x)<0$，则当 $a<x<b$ 时，以下选项中成立的是（　　）.

A. $f(x)g(b)>f(b)g(x)$  B. $f(x)g(a)>f(a)g(x)$

C. $f(x)g(x)>f(b)g(b)$  D. $f(x)g(x)>f(a)g(a)$

**5** 设 $f(x)$ 满足 $f''(x)+[f'(x)]^2=e^x-1$，$f'(0)=0$，则（　　）.

A. $x=0$ 是 $f(x)$ 的极小值点

B. $x=0$ 是 $f(x)$ 的极大值点

C. $(0,f(0))$ 是曲线 $y=f(x)$ 的拐点

D. $x=0$ 不是 $f(x)$ 的极值点，点 $(0,f(0))$ 也不是曲线 $y=f(x)$ 的拐点

**6** 曲线 $y=(x-1)^2(x-3)^2$ 的拐点个数为（　　）.

A. 1　　　　　B. 2　　　　　C. 3　　　　　D. 4

**7** 当 $x \to 0$ 时，$x - \sin x \cos x \cos 2x$ 与 $cx^k$ 为等价无穷小，求参数 $c, k$.

**8** 求极限 $\lim\limits_{x \to 0} \dfrac{\cos x - e^{-\frac{x^2}{2}} + \dfrac{x^4}{12}}{x^6}$.

**9** 求函数 $f(x) = \ln x$ 按 $(x-2)$ 的幂展开的带有佩亚诺型余项的 $n$ 阶泰勒公式.

**10** 求 $y = 2x^3 - 6x^2 - 18x - 7$ 的单调区间.

**11** 求 $y = \sqrt[3]{(2x-a)(a-x)^2}$ $(a>0)$ 的单调区间.

**12** 求函数 $y = \ln(x^2+1)$ 的凹凸区间和拐点.

**13** 设函数 $f(x)$ 在 $x = x_0$ 的某邻域内具有三阶连续导数. 如果 $f'(x_0) = 0, f''(x_0) = 0, f'''(x_0) \neq 0$, 试问 $x = x_0$ 是否为极值点? $(x_0, f(x_0))$ 是否为拐点? 为什么?

**14** 证明: $x\ln x + y\ln y > (x+y)\ln\dfrac{x+y}{2}$ $(x>0, y>0, x \neq y)$.

**15** 求函数 $f(x) = x^4 - 2x^2 + 5$ 在 $[-2, 2]$ 上的最大值与最小值.

**16** 证明：当 $x > 0$ 时，$1 + \dfrac{1}{2}x > \sqrt{1+x}$.

**17** 证明：当 $0 < x < \dfrac{\pi}{2}$ 时，$\sin x + \tan x > 2x$.

**18** 证明：当 $x > 0$ 时，$\ln^2(1+x) < \dfrac{x^2}{1+x}$.

**19** 证明:当 $0 < x < \dfrac{\pi}{2}$ 时,$\dfrac{2}{\pi}x < \sin x < x$.

**20** 证明:方程 $\ln x = \dfrac{x}{e} - 2\sqrt{2}$ 在 $(0, +\infty)$ 内有且只有两个不同的实根.

**21** 讨论方程 $\ln x - ax = 0 (a > 0)$ 在 $(0, +\infty)$ 内实根的个数.

**22** 设 $x_1 > 0$,$x_{n+1} = \ln(x_n + 1)(n = 1, 2, \cdots)$,求

(1) $\lim\limits_{n \to \infty}\left(\dfrac{1}{x_n} - \dfrac{1}{x_{n+1}}\right)$;

(2) $\lim\limits_{n \to \infty}\left(\dfrac{x_n}{x_{n+1}}\right)^{\frac{1}{x_n}}$.

**23** 设可导函数 $y = y(x)$ 是由方程 $2y^3 - 2y^2 + 2xy - x^2 = 1$ 确定的,求函数 $y = y(x)$ 的极值.

## 二、提高篇

**1** 设函数 $f(x)$, $g(x)$ 具有二阶导数,且 $g''(x) < 0$. 若 $g(x_0) = a$ 是 $g(x)$ 的极大值,则 $f[g(x)]$ 在 $x_0$ 取极大值的一个充分条件是( ).

A. $f'(a) < 0$   B. $f'(a) > 0$   C. $f''(a) < 0$   D. $f''(a) > 0$

**2** 设 $f(x)$ 满足 $xf''(x) + 3x[f'(x)]^2 = \arctan x$ , $f'(x_0) = 0$,则( ).

A. $x = x_0$ 是 $f(x)$ 的极小值点

B. $x = x_0$ 是 $f(x)$ 的极大值点

C. 曲线 $y = f(x)$ 在点 $(x_0, f(x_0))$ 左侧邻近是凹的,右侧邻近是凸的

D. 曲线 $y = f(x)$ 在点 $(x_0, f(x_0))$ 左侧邻近是凸的,右侧邻近是凹的

**3** 设 $y = y(x)$ 二阶可导，且 $\dfrac{dy}{dx} = (4-y)y^a (a > 0)$，若 $y = y(x)$ 的一个拐点是 $(x_0, 3)$，则 $a =$ _____.

✐ 答题区

🗒 纠错笔记

**4** 求下列函数的极限.

(1) $\lim\limits_{n \to \infty} n^2 \left( \arctan \dfrac{1}{n} - \arctan \dfrac{1}{n+1} \right)$.

✐ 答题区

🗒 纠错笔记

(2) $\lim\limits_{x \to 0^+} \dfrac{x^x - (\tan x)^x}{\arcsin x \cdot (\sqrt{1 + 3x^2} - 1)}$.

✐ 答题区

🗒 纠错笔记

(3) $\lim\limits_{x \to 1} \dfrac{x - x^x}{1 - x + \ln x}$.

✐ 答题区

🗒 纠错笔记

(4) $\lim\limits_{x \to 0} \dfrac{1 + \dfrac{1}{2}x^2 - \sqrt{1+x^2}}{(\cos x - e^{x^2})\sin x^2}$.

**5** 确定常数 $A, B, C$ 的值，使 $e^x(1 + Bx + Cx^2) = 1 + Ax + o(x^3)(x \to 0)$.

**6** 设 $0 < a < b$，证明：不等式 $\dfrac{2a}{a^2 + b^2} \leqslant \dfrac{\ln b - \ln a}{b - a} \leqslant \dfrac{1}{\sqrt{ab}}$.

**7** 证明：当 $x > 0$ 时，$\left(1 + \dfrac{1}{x}\right)^x (1+x)^{\frac{1}{x}} \leqslant 4$.

**8** 设 $f(x)$ 在 $[a,+\infty)$ 上二阶可导,且 $f(a)>0, f'(a)<0$. 当 $x>a$ 时, $f''(x)<0$. 证明:存在唯一的 $\xi\in(a,+\infty)$,使得 $f(\xi)=0$.

**9** 求方程 $k\arctan x - x = 0$ 不同实根的个数,其中 $k$ 为参数.

**10** 设函数 $y=y(x)$ 由参数方程 $\begin{cases} x = \dfrac{1}{3}t^3 + t + \dfrac{1}{3} \\ y = \dfrac{1}{3}t^3 - t + \dfrac{1}{3} \end{cases}$ 所确定,试求 $y=y(x)$ 的极值和曲线 $y=y(x)$ 的凹凸区间及拐点.

# 第三章 一元函数积分学

## 第一节 不定积分

### 一、基础篇

**1** 设 $f'(\cos^2 x) = \sin^2 x$,且 $f(0) = 0$,则 $f(x) = ($   $)$.

A. $\cos x + \dfrac{1}{2}\cos^2 x$     B. $\cos^2 x - \dfrac{1}{2}\cos^4 x$

C. $x + \dfrac{1}{2}x^2$     D. $x - \dfrac{1}{2}x^2$

**2** 设 $f(x) = \begin{cases} \cos x, & x \geqslant 0 \\ x^2, & x < 0 \end{cases}$,$g(x) = \begin{cases} x\sin\dfrac{1}{x}, & x \neq 0 \\ 0, & x = 0 \end{cases}$,那么在区间 $(-1, 1)$ 内 $($   $)$.

A. $f(x)$ 与 $g(x)$ 都存在原函数

B. $f(x)$ 与 $g(x)$ 都不存在原函数

C. $f(x)$ 存在原函数,$g(x)$ 不存在原函数

D. $f(x)$ 不存在原函数,$g(x)$ 存在原函数

**3** 设 $f(x)$ 具有连续导函数，$C$ 是任意常数，求下列不定积分.

(1) $\int f'(x)\,dx = $ _____ .

**答题区**

**纠错笔记**

(2) $\int df(x) = $ _____ .

**答题区**

**纠错笔记**

(3) $\dfrac{d}{dx}\left[\int f(x)\,dx\right] = $ _____ .

**答题区**

**纠错笔记**

(4) $d\left[\int f(x)\,dx\right] = $ _____ .

**答题区**

**纠错笔记**

**4** 设 $f(x)$ 的导函数为 $\sin x$,求 $f(x)$ 的全体原函数.

**答题区**

**纠错笔记**

**5** 一曲线通过点 $(e^2, 3)$,且在任意点处的切线的斜率都等于该点的横坐标的倒数,求此曲线的方程.

**答题区**

**纠错笔记**

**6** 求不定积分 $\int \max\{1, x^2\} dx$.

**答题区**

**纠错笔记**

**7** 求下列不定积分.

(1) $\int \left(\sqrt[3]{x} - \dfrac{1}{\sqrt{x}}\right)\left(\sqrt{x} + \dfrac{1}{\sqrt[3]{x}}\right) dx$.

**答题区**

**纠错笔记**

(2) $\int \dfrac{x^2}{1+x^2}\mathrm{d}x$ .

 答题区

纠错笔记

(3) $\int \dfrac{\mathrm{e}^{2x}-1}{\mathrm{e}^x-1}\mathrm{d}x$ .

 答题区

纠错笔记

(4) $\int 3^x \mathrm{e}^x \mathrm{d}x$ .

 答题区

纠错笔记

(5) $\int \cot^2 x \mathrm{d}x$ .

答题区

纠错笔记

(6) $\int \cos^2 \dfrac{x}{2} \mathrm{d}x$.

**答题区**

(7) $\int \dfrac{1}{1+\cos 2x} \mathrm{d}x$.

**答题区**

(8) $\int \sin^4 x \mathrm{d}x$.

**答题区**

(9) $\int \left( \sqrt{\dfrac{1-x}{1+x}} + \sqrt{\dfrac{1+x}{1-x}} \right) \mathrm{d}x$.

**答题区**

**8** 求下列不定积分.

(1) $\displaystyle\int \frac{1}{\sqrt[3]{5-3x}}\,dx$.

*答题区*

*纠错笔记*

(2) $\displaystyle\int \frac{x\,dx}{\sqrt{2-3x^2}}$.

*答题区*

*纠错笔记*

(3) $\displaystyle\int \frac{x^9}{\sqrt{2-x^{20}}}\,dx$.

*答题区*

*纠错笔记*

(4) $\displaystyle\int \frac{\cos\sqrt{t}}{\sqrt{t}}\,dt$.

*答题区*

*纠错笔记*

(5) $\int \dfrac{\mathrm{d}x}{x\ln x\ln\ln x}.$

答题区

纠错笔记

(6) $\int \dfrac{\mathrm{d}x}{\mathrm{e}^x + \mathrm{e}^{-x}}.$

答题区

纠错笔记

(7) $\int \tan^{10} x \sec^2 x \mathrm{d}x.$

答题区

纠错笔记

(8) $\int \tan^3 x \sec x \mathrm{d}x.$

答题区

纠错笔记

(9) $\int \sin 2x \cos 3x \, dx$.

**答题区**

(10) $\int \cos^5 x \, dx$.

**答题区**

(11) $\int \dfrac{dx}{(\arcsin x)^2 \sqrt{1-x^2}}$.

**答题区**

(12) $\int \dfrac{\arctan \sqrt{x}}{\sqrt{x}(1+x)} \, dx$.

**答题区**

**9** 求下列不定积分.

(1) $\int \dfrac{\mathrm{d}x}{1+\sqrt{1-x^2}}$.

 答题区

(2) $\int \dfrac{\sqrt{x^2-9}}{x}\mathrm{d}x$.

 答题区

(3) $\int \dfrac{x+1}{x^2\sqrt{x^2-1}}\mathrm{d}x$.

 答题区

(4) $\int \dfrac{\mathrm{d}x}{\sqrt{(x^2+1)^3}}$.

 答题区

(5) $\int \sqrt{5-4x-x^2}\,dx$.

**答题区**

**10** 求下列不定积分.

(1) $\int \arcsin x\,dx$.

**答题区**

(2) $\int x^2 \arctan x\,dx$.

**答题区**

(3) $\int e^{-2x}\sin\dfrac{x}{2}\,dx$.

**答题区**

(4) $\int x \tan^2 x \, dx$.

(5) $\int \ln(1+x^2) \, dx$.

(6) $\int x \ln(x-1) \, dx$.

(7) $\int \dfrac{\ln^2 x}{x^2} \, dx$.

(8) $\int \dfrac{\ln\ln x}{x} dx$.

 答题区

 答题区

(9) $\int \cos\ln x \, dx$.

**11** 若 $f(x)$ 的一个原函数是 $e^{-x^2}$，求 $\int x f'(x) dx$.

 答题区

**12** 已知 $f(x) = \dfrac{e^x}{x}$，求 $\int x f''(x) dx$.

 答题区

**13** 求下列不定积分.

(1) $\int \dfrac{x+1}{x^2+x+1}\mathrm{d}x$.

(2) $\int \dfrac{1}{(x-1)^2(x^2+1)}\mathrm{d}x$.

(3) $\int \dfrac{x\mathrm{d}x}{(x+2)(x+3)^2}$.

(4) $\int \dfrac{x^5+x^4-8}{x^3-x}\mathrm{d}x$.

(5) $\int \dfrac{3}{x^3+1}\mathrm{d}x$.

(6) $\int \dfrac{x+1}{(x-1)^3}\mathrm{d}x$.

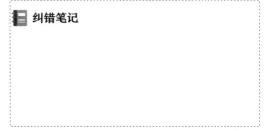

**14** 求下列不定积分.

(1) $\int \dfrac{\mathrm{d}x}{3+\sin^2 x}$.

(2) $\int \dfrac{\mathrm{d}x}{1+\tan x}$.

答题区

纠错笔记

(3) $\int \dfrac{1}{4+5\sin x}dx$.

 答题区

■ 纠错笔记

(4) $\int \dfrac{dx}{3+\cos x}$.

 答题区

■ 纠错笔记

(5) $\int \dfrac{dx}{3\sin x + 4\cos x}$.

 答题区

■ 纠错笔记

(6) $\int \dfrac{\cos x}{2\sin x + 3\cos x}dx$.

答题区

■ 纠错笔记

(7) $\int \dfrac{7\cos x - 3\sin x}{5\cos x + 2\sin x} dx$.

**答题区**

**纠错笔记**

**15** 求下列不定积分.

(1) $\int \dfrac{1}{(2x^2+1)\sqrt{1+x^2}} dx$.

**答题区**

**纠错笔记**

(2) $\int \dfrac{1}{\sqrt{3+2x}+\sqrt{2x-1}} dx$.

**答题区**

**纠错笔记**

## 二、提高篇

**1** 积分 $\int \dfrac{x e^x}{(1+x)^2} dx = ($ ).

A. $-\dfrac{e^x}{1+x} + C$      B. $-\dfrac{e^x}{(1+x)^2} + C$

C. $\dfrac{e^x}{1+x} + C$      D. $\dfrac{e^x}{(1+x)^2} + C$

**答题区**

**纠错笔记**

**2** 若 $f(x)$ 为单调函数,且 $\int f(x)\,\mathrm{d}x = F(x) + C$,则 $\int f^{-1}(x)\,\mathrm{d}x =$ _____.

**3** 求下列不定积分.

(1) $\int \dfrac{x\,\mathrm{d}x}{(4-5x)^2}$.

(2) $\int \dfrac{1}{1-x^2} \ln \dfrac{1+x}{1-x}\,\mathrm{d}x$.

(3) $\int \dfrac{x\,\mathrm{d}x}{x^8-1}$.

(4) $\int \dfrac{x^2+1}{x\sqrt{x^4+1}}\mathrm{d}x.$

**答题区**

**纠错笔记**

(5) $\int \dfrac{x^2}{1+x^2}\arctan x\,\mathrm{d}x.$

**答题区**

**纠错笔记**

(6) $\int x^3(\ln x)^2\,\mathrm{d}x.$

**答题区**

**纠错笔记**

**4** 设 $f(x^2-1)=\ln\dfrac{x^2}{x^2-2}$,且 $f[\varphi(x)]=\ln x$,求 $\int \varphi(x)\mathrm{d}x.$

**答题区**

**纠错笔记**

**5** 求不定积分 $\int \dfrac{x^3 \arccos x}{\sqrt{1-x^2}} \mathrm{d}x$.

**6** 求不定积分 $\int \dfrac{x \mathrm{e}^{\arctan x}}{(1+x^2)^{\frac{3}{2}}} \mathrm{d}x$

**7** 求不定积分 $\int \mathrm{e}^{2x}(1+\tan x)^2 \mathrm{d}x$.

**8** 求不定积分 $\int \mathrm{e}^x \left(\dfrac{1-x}{1+x^2}\right)^2 \mathrm{d}x$.

**9** 求不定积分 $\int e^x \dfrac{1+\sin x}{1+\cos x}dx$.

**10** 求不定积分 $\int \dfrac{\arctan e^{\frac{x}{2}}}{e^{\frac{x}{2}}(1+e^x)}dx$.

**11** 求不定积分 $\int \dfrac{xe^x}{\sqrt{1+e^x}}dx$.

**12** 计算 $I=\int \dfrac{dx}{\sqrt[3]{(x+1)^2(x-1)^4}}$.

**13** 求不定积分 $\int \dfrac{\sqrt{x^2+2x+2}}{x}\mathrm{d}x$.

**答题区**

**纠错笔记**

**14** 求不定积分 $\int \dfrac{\mathrm{d}x}{1+\sqrt{x}+\sqrt{1+x}}$.

**答题区**

**纠错笔记**

**15** 计算 $I = \int \ln\left(1+\dfrac{\sqrt{1+x}}{\sqrt{x}}\right)\mathrm{d}x\;(x>0)$.

**答题区**

**纠错笔记**

**16** 设 $F(x)$ 是 $f(x)$ 的一个原函数,当 $x \geqslant 0$ 时,$f(x)F(x) = \sin^2 2x$,且 $F(0) = 1$,$F(x) \geqslant 0$,求 $f(x)$.

**答题区**

**纠错笔记**

## 第二节　定积分

### 一、基础篇

**1** 设 $f(x)$ 在 $[a,b]$ 上非负,在 $(a,b)$ 内 $f'(x)<0$ , $f''(x)>0$ . $I_1=\dfrac{b-a}{2}[f(a)+f(b)]$ ,

$I_2=\int_a^b f(x)\mathrm{d}x$ , $I_3=(b-a)f(b)$ ,则 $I_1,I_2,I_3$ 的大小关系是( 　　 ).

  A. $I_1\leqslant I_2\leqslant I_3$       B. $I_2\leqslant I_3\leqslant I_1$

  C. $I_1\leqslant I_3\leqslant I_2$       D. $I_3\leqslant I_2\leqslant I_1$

答题区

纠错笔记

**2** 设 $I_1=\int_0^{\frac{\pi}{2}}\dfrac{\sin x}{x}\mathrm{d}x$ , $I_2=\int_0^{\frac{\pi}{2}}\dfrac{x}{\sin x}\mathrm{d}x$ ,则下列式子正确的是( 　　 ).

  A. $I_1>I_2>1$       B. $1>I_1>I_2$

  C. $I_2>I_1>1$       D. $1>I_2>I_1$

答题区

纠错笔记

**3** 已知 $f(x)=\begin{cases}x^2, & 0\leqslant x\leqslant 1\\ 2-x, & 1<x\leqslant 2\end{cases}$ ,设 $F(x)=\int_0^x f(t)\mathrm{d}t,0\leqslant x\leqslant 2$ ,则 $F(x)=($ 　　 ).

  A. $\begin{cases}\dfrac{x^3}{3}, & 0\leqslant x\leqslant 1\\ \dfrac{1}{3}+2x-\dfrac{x^2}{2}, & 1<x\leqslant 2\end{cases}$   B. $\begin{cases}\dfrac{x^3}{3}, & 0\leqslant x\leqslant 1\\ -\dfrac{7}{6}+2x-\dfrac{x^2}{2}, & 1<x\leqslant 2\end{cases}$

  C. $\begin{cases}\dfrac{x^3}{3}, & 0\leqslant x\leqslant 1\\ \dfrac{x^3}{3}+2x-\dfrac{x^2}{2}, & 1<x\leqslant 2\end{cases}$   D. $\begin{cases}\dfrac{x^3}{3}, & 0\leqslant x\leqslant 1\\ 2x-\dfrac{x^2}{2}, & 1<x\leqslant 2\end{cases}$

答题区

纠错笔记

**4** 设 $f(x)$ 在 $(-\infty,+\infty)$ 内连续且严格单调增加，$f(0)=0$，常数 $n$ 为正奇数，设 $F(x) = \dfrac{1}{x}\int_0^x t^n f(t)\mathrm{d}t$，则下列叙述正确的是（　　）.

A. $F(x)$ 在 $(-\infty,0)$ 内严格单调增加，在 $(0,+\infty)$ 内严格单调增加

B. $F(x)$ 在 $(-\infty,0)$ 内严格单调增加，在 $(0,+\infty)$ 内严格单调减少

C. $F(x)$ 在 $(-\infty,0)$ 内严格单调减少，在 $(0,+\infty)$ 内严格单调减少

D. $F(x)$ 在 $(-\infty,0)$ 内严格单调减少，在 $(0,+\infty)$ 内严格单调增加

 答题区

纠错笔记

**5** 设函数 $f(x)$ 连续，则 $\dfrac{\mathrm{d}}{\mathrm{d}x}\int_0^x tf(x^2-t^2)\mathrm{d}t = (\quad)$.

A. $xf(x^2)$　　B. $-xf(x^2)$　　C. $2xf(x^2)$　　D. $-2xf(x^2)$

 答题区

纠错笔记

**6** 设 $f(x) = \int_0^{\sin x}\sin t^2\mathrm{d}t$，$g(x) = x^3+x^4$，则当 $x\to 0$ 时，$f(x)$ 是 $g(x)$ 的（　　）.

A. 等价无穷小　　　　　　　B. 同阶但非等价无穷小

C. 高阶无穷小　　　　　　　D. 低阶无穷小

 答题区

纠错笔记

设 $M = \int_{-\frac{\pi}{2}}^{\frac{\pi}{2}} \frac{\sin x}{1+x^2} \cos^4 x \mathrm{d}x$, $N = \int_{-\frac{\pi}{2}}^{\frac{\pi}{2}} (\sin^3 x + \cos^4 x) \mathrm{d}x$, $P = \int_{-\frac{\pi}{2}}^{\frac{\pi}{2}} (x^2 \sin^3 x - \cos^4 x) \mathrm{d}x$,
则有（　　）.

A. $N < P < M$  　　　　B. $M < P < N$

C. $N < M < P$  　　　　D. $P < M < N$

 设 $M = \int_{-1}^{1} \left( \frac{\sin x}{1+x^6} + x^2 \right) \mathrm{d}x$, $N = \int_{-\frac{\pi}{4}}^{\frac{\pi}{4}} \left[ \frac{\sin^4 x + \ln(x+\sqrt{x^2+1})}{1+x^2} \right] \mathrm{d}x$,

$P = \int_{-1}^{1} (\tan^2 x + \mathrm{e}^x \cos x - \mathrm{e}^{-x} \cos x) \mathrm{d}x$，则正确的结论是（　　）.

A. $P > N > M$  　　　　B. $N > P > M$

C. $N > M > P$  　　　　D. $P > M > N$

 设 $f(x)$ 是连续函数，$F(x)$ 是 $f(x)$ 的原函数，则下列叙述正确的是（　　）.

A. 当 $f(x)$ 是奇函数时，$F(x)$ 必是偶函数

B. 当 $f(x)$ 是偶函数时，$F(x)$ 必是奇函数

C. 当 $f(x)$ 是周期函数时，$F(x)$ 必是周期函数

D. 当 $f(x)$ 是单调增加函数时，$F(x)$ 必是单调增加函数

**10** 估计积分 $\int_{-1}^{3} \dfrac{x}{x^2+1} dx$ 的值.

**11** 设 $f(x)$ 是区间 $[a,b]$ 上的非负连续函数,且 $\int_a^b f(x)dx = 0$,证明:在区间 $[a,b]$ 上,$f(x) \equiv 0$.

**12** 设 $f(x)$ 在区间 $[0,1]$ 上可微,且满足条件 $f(1) = 2\int_0^{\frac{1}{2}} xf(x)dx$.证明:存在 $\xi \in (0,1)$,使 $f(\xi) + \xi f'(\xi) = 0$.

**13** 设 $f(x) = \begin{cases} \sin x, & 0 \leqslant x \leqslant \dfrac{\pi}{2} \\ 1, & \dfrac{\pi}{2} < x \leqslant \pi \end{cases}$,求 $\Phi(x) = \int_0^x f(t)dt$,并讨论 $\Phi(x)$ 在区间 $[0,\pi]$ 上的连续性.

**14** 设 $f(x)$ 在 $[a,b]$ 上连续,在 $(a,b)$ 内可导,且 $f'(x)<0$, $F(x)=\dfrac{1}{x-a}\int_a^x f(t)\mathrm{d}t$. 证明:在 $(a,b)$ 内有 $F'(x)\leqslant 0$ 成立.

**15** 若函数 $f(x)$ 满足 $\int_0^x tf(2x-t)\mathrm{d}t=\mathrm{e}^x-1$,且 $f(1)=1$,求 $\int_1^2 f(x)\mathrm{d}x$.

**16** 设函数 $f(x)$ 在 $[a,b]$ 上取正值且连续,证明:对任意 $\lambda\in(0,1)$,在 $[a,b]$ 上存在一点 $\xi$,使 $\int_a^\xi f(x)\mathrm{d}x=\lambda\int_a^b f(x)\mathrm{d}x$.

**17** 求下列极限.

(1) $\lim\limits_{x\to 0}\dfrac{1}{x^3}\int_0^x\left(\dfrac{\sin t}{t}-1\right)\mathrm{d}t$.

(2) $\lim\limits_{x\to 0}\dfrac{\left[\int_0^x \ln(1+t)\,dt\right]^2}{x^4}$.

(3) $\lim\limits_{x\to 0}\dfrac{x^2-\int_0^{x^2}\cos t^2\,dt}{x^{10}}$.

**18** 设常数 $T>0$，$f(x)$ 是以 $T$ 为周期的连续周期函数. 证明：函数 $G(x)=T\int_0^x f(t)\,dt - x\int_0^T f(t)\,dt$ 是以 $T$ 为周期的周期函数.

**19** 设 $f(x)$ 是周期为 $T$ 的连续函数，证明：$\lim\limits_{x\to +\infty}\dfrac{1}{x}\int_0^x f(t)\,dt=\dfrac{1}{T}\int_0^T f(t)\,dt$.

**20** 已知函数 $f(x)$ 连续，且 $f(x) = x - \int_0^1 f(x)\mathrm{d}x$，求函数 $f(x)$.

**答题区**

**纠错笔记**

**21** 计算下列定积分.

(1) $\int_0^1 x\sqrt{3-2x}\,\mathrm{d}x$.

**答题区**

**纠错笔记**

(2) $\int_{-2}^2 (|x|+x)\mathrm{e}^{-|x|}\,\mathrm{d}x$.

**答题区**

**纠错笔记**

**22** (1) 设 $f(x) = \begin{cases} 1+x^2, & x<0 \\ \mathrm{e}^x, & x\geqslant 0 \end{cases}$，求 $\int_1^3 f(x-2)\,\mathrm{d}x$.

**答题区**

**纠错笔记**

(2) 设 $f(x) = \begin{cases} \sin x, & x \leqslant \dfrac{\pi}{2} \\ x - \dfrac{\pi}{2}, & x > \dfrac{\pi}{2} \end{cases}$,求 $\displaystyle\int_0^x tf(x-t)\,\mathrm{d}t$.

**答题区**

**纠错笔记**

**23** 计算下列定积分.

(1) $\displaystyle\int_{\frac{\pi}{4}}^{\frac{\pi}{3}} \dfrac{1}{\sin^2 x \cos^2 x}\,\mathrm{d}x$.

**答题区**

**纠错笔记**

(2) $\displaystyle\int_0^{2\pi} \sqrt{\dfrac{1-\cos 2x}{2}}\,\mathrm{d}x$.

**答题区**

**纠错笔记**

(3) $\displaystyle\int_{-\frac{\pi}{4}}^{\frac{\pi}{4}} \dfrac{1}{1+\sin x}\,\mathrm{d}x$.

**答题区**

**纠错笔记**

(4) $\int_0^1 \dfrac{1}{e^x + e^{-x}} dx$.

**答题区**

**纠错笔记**

(5) $\int_0^3 e^{|2-x|} dx$.

**答题区**

**纠错笔记**

(6) $\int_0^1 |x-t| x\, dx$.

**答题区**

**纠错笔记**

**24** 求积分 $\int_0^{\frac{\pi}{2}} \dfrac{1}{1+\tan^n x} dx$.

**答题区**

**纠错笔记**

**25** 设函数 $f(x)$ 为连续函数，证明：$\int_0^\pi x f(\sin x)\mathrm{d}x = \dfrac{\pi}{2}\int_0^\pi f(\sin x)\mathrm{d}x$ . 并利用此结果计算积分 $\int_0^\pi \dfrac{x\sin x}{1+\cos^2 x}\mathrm{d}x$ .

**26** 计算下列定积分.

(1) $\int_0^1 x\ln(1+x)\mathrm{d}x$ .

(2) $\int_0^{\frac{\pi}{4}} \dfrac{x}{1+\cos 2x}\mathrm{d}x$ .

(3) $\int_0^{\frac{\pi}{4}} x\tan x \sec^2 x \mathrm{d}x$ .

**27** 设 $f''(x)$ 在 $[a,b]$ 上连续，且 $f(0)=0, f(2)=4, f'(2)=2$，求 $\int_0^1 xf''(2x)\mathrm{d}x$.

**答题区**

**纠错笔记**

**28** 设 $f(x)$ 在 $[0,\pi]$ 上具有二阶连续导数，$f(\pi)=2$，且 $\int_0^\pi [f(x)+f''(x)]\sin x\mathrm{d}x=5$，求 $f(0)$.

**答题区**

**纠错笔记**

**29** 已知 $f(x)=\int_1^x \dfrac{\ln(t+1)}{t}\mathrm{d}t$，求 $\int_0^1 \dfrac{f(x)}{\sqrt{x}}\mathrm{d}x$.

**答题区**

**纠错笔记**

**30** 求下列极限.

(1) $\lim\limits_{n\to\infty} \dfrac{1}{n}\left(\dfrac{1}{\sqrt{n^2+1}}+\dfrac{2}{\sqrt{n^2+4}}+\cdots+\dfrac{n}{\sqrt{n^2+n^2}}\right)$.

**答题区**

**纠错笔记**

(2) $\lim\limits_{n\to\infty} \dfrac{1}{n}\left(\sin\dfrac{\pi}{n}+\sin\dfrac{2\pi}{2}+\cdots+\sin\dfrac{n-1}{n}\pi\right)$.

**答题区**

**纠错笔记**

## 二、提高篇

**1** 设函数 $f(x)$ 与 $g(x)$ 在区间 $(-\infty, +\infty)$ 内均可导,且 $f(x) < g(x)$,则必有(  ).

A. $f(-x) > g(-x)$    B. $f'(x) < g'(x)$

C. $\lim\limits_{x \to x_0} f(x) < \lim\limits_{x \to x_0} g(x)$    D. $\int_0^x f(t)dt < \int_0^x g(t)dt$

答题区

纠错笔记

**2** 设函数 $f(x)$ 连续,则下列函数中,必为偶函数的是(  ).

A. $\int_0^x f(t^2)dt$    B. $\int_0^x f^2(t)dt$

C. $\int_0^x t[f(t) - f(-t)]dt$    D. $\int_0^x t[f(t) + f(-t)]dt$

答题区

纠错笔记

**3** 设函数 $f(x) = \begin{cases} x, & 0 \leqslant x < 1 \\ x^{-\frac{1}{3}}, & -1 \leqslant x < 0 \end{cases}$,$F(x) = \int_{-1}^x f(t)dt$,则 $F(x)$ 在区间 $(-1,1)$ 内(  ).

A. 仅有一个第一类间断点    B. 仅有一个第二类间断点

C. 连续,但在 $x = 0$ 处不可导    D. 可导

答题区

纠错笔记

**4** 极限 $\lim\limits_{n\to\infty}\int_n^{n+p}\dfrac{\sin x}{x}dx=$ _____.

**5** 极限 $\lim\limits_{n\to\infty}\int_0^1(1-x^2)^n dx=$ _____.

**6** 极限 $\lim\limits_{x\to+\infty}\dfrac{\int_1^x[t^2(e^{\frac{1}{t}}-1)-t]dt}{x^2\ln\left(1+\dfrac{1}{x}\right)}=$ _____.

**7** 设函数 $S(x)=\int_0^x|\cos t|\,dt$.

(1) 当 $n$ 为正整数，且 $n\pi\leqslant x<(n+1)\pi$ 时，证明：$2n\leqslant S(x)<2(n+1)$；

(2) 求 $\lim\limits_{x\to+\infty}\dfrac{S(x)}{x}$.

**8** 设 $f(x)$ 在 $x=0$ 的某个邻域内连续,$f(0) \neq 0$,求 $\lim\limits_{x \to 0} \dfrac{\int_0^x (x-t)f(t)\,\mathrm{d}t}{x \int_0^x f(x-t)\,\mathrm{d}t}$.

**9** 设函数 $f(x)$ 可导,且 $f(0)=0$,$F(x)=\int_0^x t^{n-1} f(x^n - t^n)\,\mathrm{d}t$,求 $\lim\limits_{x \to 0} \dfrac{F(x)}{x^{2n}}$.

**10** 设 $f(x)$ 在 $[1,+\infty)$ 上连续,且 $f(x)>0$,求 $F(x)=\int_1^x \left[\left(\dfrac{2}{x}+\ln x\right) - \left(\dfrac{2}{t}+\ln t\right)\right]f(t)\,\mathrm{d}t\,(x \geqslant 1)$ 的极小值.

**11** 求积分 $\int_0^1 \dfrac{\ln(1+x)}{1+x^2}\,\mathrm{d}x$.

**12** 利用递推公式计算反常积分 $I_n = \int_0^1 \ln^n x \, dx$.

**13** 设连续非负函数满足 $f(x)f(-x) = 1(-\infty < x < +\infty)$，求 $I = \int_{-\frac{\pi}{2}}^{\frac{\pi}{2}} \frac{\cos x}{1+f(x)} dx$.

**14** 设 $f(x)$，$g(x)$ 在区间 $[-a, a](a > 0)$ 上连续，$g(x)$ 为偶函数，且 $f(x)$ 满足条件 $f(x) + f(-x) = A$（$A$ 为常数）.

(1) 证明：$\int_{-a}^{a} f(x)g(x) dx = A \int_0^a g(x) dx$.

(2) 利用(1)的结论计算定积分 $\int_{-\frac{\pi}{2}}^{\frac{\pi}{2}} |\sin x| \arctan e^x \, dx$.

**15** 计算 $\int_0^{\pi} f(x) dx$，其中 $f(x) = \int_0^x \frac{\sin t}{\pi - t} dt$.

**16** 已知 $\int_0^{+\infty} \dfrac{\sin x}{x} dx = \dfrac{\pi}{2}$，求

(1) $\int_0^{+\infty} \dfrac{\sin x \cos x}{x} dx$.

(2) $\int_0^{+\infty} \dfrac{\sin^2 x}{x^2} dx$.

**17** 证明：$\dfrac{1}{2} \ln^2 x - \int_1^x \dfrac{\ln t}{1+t} dt = \int_1^{\frac{1}{x}} \dfrac{\ln t}{1+t} dt \, (x > 0)$.

**18** 设 $f(x)$ 在 $[0,1]$ 上连续且单调递减，又设 $f(x) > 0$，证明：对于满足 $0 < \alpha < \beta < 1$ 的 $\alpha$ 和 $\beta$，恒有 $\beta \int_0^\alpha f(x) dx > \alpha \int_0^\beta f(x) dx$.

**19** 设 $f(x)$ 在区间 $\left[0, \dfrac{\pi}{4}\right]$ 上是单调、可导函数，且满足 $\int_0^{f(x)} f^{-1}(t) dt = \int_0^x t \dfrac{\cos t - \sin t}{\sin t + \cos t} dt$，其中 $f^{-1}$ 是 $f$ 的反函数，求 $f(x)$.

**20** 设 $f(x)$ 在区间 $[a,b]$ 上连续，$f(x),g(x)$ 在区间 $[a,b]$ 上可积且不变号. 证明：至少存在一点 $\xi \in [a,b]$，使等式 $\int_a^b f(x)g(x)\mathrm{d}x = f(\xi)\int_a^b g(x)\mathrm{d}x$ 成立.

**21** 设函数 $f(x)$ 在 $[a,b]$ 上连续且单调递增，证明：$\int_a^b xf(x)\mathrm{d}x > \dfrac{a+b}{2}\int_a^b f(x)\mathrm{d}x$.

**22** 设函数 $f(x)$ 在区间 $[-a,a](a>0)$ 上具有二阶连续导数，$f(0)=0$.

(1) 写出 $f(x)$ 的带拉格朗日余项的一阶麦克劳林公式；

(2) 证明：在 $[-a,a]$ 内至少存在一点 $\eta$，使得 $a^3 f''(\eta) = 3\int_{-a}^a f(x)\mathrm{d}x$.

**23** 函数 $f(x)$ 在 $[0,+\infty)$ 上可导，$f(0)=1$，且满足等式 $f'(x)+f(x)-\dfrac{1}{x+1}\int_0^x f(t)\mathrm{d}t = 0$.

(1) 求导数 $f'(x)$；

(2) 证明：当 $x \geqslant 0$ 时，不等式 $\mathrm{e}^{-x} \leqslant f(x) \leqslant 1$ 成立.

## 第三节 广义积分

**1** 积分 $\int_0^1 x\ln^2 x\,dx$ 是( ).

　　A. 定积分且值为 $\dfrac{1}{3}$　　　　B. 定积分且值为 $\dfrac{1}{4}$

　　C. 反常积分且发散　　　　D. 反常积分且值为 $\dfrac{1}{4}$

答题区

纠错笔记

**2** 下列积分发散的是( ).

　　A. $\int_0^{+\infty} x\mathrm{e}^{-x^2}\,dx$　　　　B. $\int_0^1 x^2\ln^2 x\,dx$

　　C. $\int_{\mathrm{e}}^{+\infty} \dfrac{1}{x(\ln\sqrt{x})^2}\,dx$　　　　D. $\int_0^{\frac{\pi}{2}} \dfrac{1}{\sqrt{\cos x}\sin x}\,dx$

答题区

纠错笔记

**3** 下列反常积分收敛的是( ).

　　A. $\int_1^{+\infty} \dfrac{dx}{\sqrt{x^2-1}}$　　　　B. $\int_1^{+\infty} \dfrac{dx}{\sqrt{x(x-1)}}$

　　C. $\int_1^{+\infty} \dfrac{dx}{x^2\sqrt{x^2-1}}$　　　　D. $\int_1^{+\infty} \dfrac{dx}{x(x^2-1)}$

答题区

纠错笔记

**4** 判定下列各反常积分的收敛性,若收敛,则计算反常积分的值.

(1) $\int_{-\infty}^{+\infty} \sin x \, dx$.

答题区

纠错笔记

(2) $\int_{\frac{2}{\pi}}^{+\infty} \frac{1}{x^2} \cdot \sin \frac{1}{x} dx$.

答题区

纠错笔记

(3) $\int_{1}^{+\infty} \frac{\ln x}{x^2} dx$.

答题区

纠错笔记

(4) $\int_{1}^{+\infty} \frac{\arctan x}{x^2} dx$.

答题区

纠错笔记

(5) $\int_1^{+\infty} \dfrac{1}{x\sqrt{1+2x^4+2x^8}}\,dx$.

**答题区**

**纠错笔记**

**5** 已知 $\lim\limits_{x\to\infty}\left(\dfrac{x+a}{x-a}\right)^x = \int_{-\infty}^a t e^{2t}\,dt$，求 $a$ 的值.

**答题区**

**纠错笔记**

**6** 计算 $\int_0^1 \dfrac{x^2\arcsin x}{\sqrt{1-x^2}}\,dx$.

**答题区**

**纠错笔记**

**7** 计算 $\int_{\frac{1}{2}}^1 \dfrac{\arcsin\sqrt{x}}{\sqrt{x(1-x)}}\,dx$.

**答题区**

**纠错笔记**

**8** 计算 $\int_{\frac{1}{2}}^{\frac{3}{2}} \frac{1}{\sqrt{|x-x^2|}} dx$.

**9** 已知广义积分 $\int_{2}^{+\infty} \frac{1}{x(\ln x)^k} dx$，当 $k$ 为何值时，积分收敛？当 $k$ 为何值时，积分发散？当 $k$ 为何值时，积分取得最小值？

**10** 试求 $a, b$ 的值，使得 $\int_{1}^{+\infty} \left[ \frac{2x^2 + bx + a}{x(2x+a)} - 1 \right] dx = 1$ 成立.

## 第四节　定积分的应用

**1** 求由抛物线 $y^2 = 2x$ 与直线 $2x + y - 2 = 0$ 所围成的图形的面积.

**2** 求由摆线 $x=a(t-\sin t), y=a(1-\cos t)$ 的一拱($0\leqslant t\leqslant 2\pi$)与横轴所围成的图形的面积.

**3** 求由曲线 $r=3\cos\theta$ 及 $r=1+\cos\theta$ 所围成的图形的公共部分的面积.

**4** 已知曲线 $L:\begin{cases}x=f(t)\\y=\cos t\end{cases}\left(0\leqslant t<\dfrac{\pi}{2}\right)$,其中函数 $f(t)$ 具有连续导数,且 $f(0)=0$,$f(t)>0\left(0<t<\dfrac{\pi}{2}\right)$.若曲线 $L$ 的切线与 $x$ 轴的交点到切点的距离恒为1,求函数 $f(t)$ 的表达式,并求此曲线 $L$ 与 $x$ 轴和 $y$ 轴所围成的无边界的区域的面积.

**5** 计算由摆线 $x=a(t-\sin t), y=a(1-\cos t)$ 的一拱($0\leqslant t\leqslant 2\pi$)和直线 $y=0$ 所围成的图形分别绕 $x$ 轴、$y$ 轴旋转而成的旋转体的体积.

**6** 求由曲线 $(x-2)^2+y^2 \leqslant 1$ 绕 $y$ 轴旋转而成的旋转体的体积.

**答题区**

**纠错笔记**

**7** 过坐标原点作曲线 $y=\ln x$ 的切线,该切线与曲线 $y=\ln x$ 及 $x$ 轴围成平面图形 $D$.
(1) 求 $D$ 的面积 $A$;
(2) 求由 $D$ 绕直线 $x_0=e$ 旋转一周所得旋转体的体积 $V$.

**答题区**

**纠错笔记**

**8** (数学一、数学二)过原点作曲线 $y=\sqrt{x-1}$ 的切线,求由此曲线、切线及 $x$ 轴围成的平面图形绕 $x$ 轴旋转而成的旋转体的表面积.

**答题区**

**纠错笔记**

**9** (数学一、数学二)证明:曲线 $y=\sin x$ 的一个周期的弧长等于椭圆 $2x^2+y^2=2$ 的周长.

**答题区**

**纠错笔记**

**10** （数学一、数学二）设星形线方程为 $\begin{cases} x = a\cos^3 t \\ y = a\sin^3 t \end{cases} (a > 0)$，求：

(1) 由星形线所围成的图形的面积；

(2) 星形线的长度.

**11** （数学一、数学二）计算曲线 $x = \int_1^t \dfrac{\cos\theta}{\theta} d\theta, y = \int_1^t \dfrac{\sin\theta}{\theta} d\theta$ 自原点到与具有铅直的切线最近点的弧长.

**12** 曲线 $C$ 的方程为 $y = f(x)$，点 $(3,2)$ 是曲线 $C$ 的一个拐点，直线 $l_1$ 与 $l_2$ 分别是曲线 $C$ 在点 $(0,0)$ 与 $(3,2)$ 处的切线，其交点为 $(2,4)$. 设函数 $f(x)$ 具有三阶连续导数，计算定积分 $\int_0^3 (x^2 + x) f'''(x) dx$.

# 第四章 常微分方程

## 第一节 微分方程的基本概念

### 一、基础篇

**1** 验证下列各题所给出的隐函数是微分方程的解.

(1) $x^2 - xy + y^2 = C, (x-2y)y' = 2x - y$.

(2) $\int_0^y e^{-\frac{t^2}{2}} dt + x = 1, y'' = y(y')^2$.

**2** 已知曲线族 $y = C_1 \sin 2x + C_2 \cos 2x$,求它相应的微分方程(其中 $C_1, C_2$ 均为常数).

## 第二节　可分离变量与齐次方程

### 一、基础篇

**1** 求下列微分方程的通解.

(1) $\sqrt{1-x^2}\, y' = \sqrt{1-y^2}$.

**答题区**

**纠错笔记**

(2) $\sec^2 x \cdot \tan y \, dx + \sec^2 y \cdot \tan x \, dy = 0$.

**答题区**

**纠错笔记**

(3) $\dfrac{dy}{dx} - 3xy = xy^2$.

**答题区**

**纠错笔记**

(4) $(2^{x+y} - 2^x)dx + (2^{x+y} + 2^y)dy = 0$.

**答题区**

**纠错笔记**

**2** 求下列微分方程的特解.

(1) $xy' + y = y^2$, $y\big|_{x=1} = \dfrac{1}{2}$.

📝 答题区

📓 纠错笔记

(2) $y^2 dx + (x+1) dy = 0$, $y(0) = 1$.

📝 答题区

📓 纠错笔记

**3** 求下列微分方程的通解.

(1) $y' = \dfrac{y}{x} + \tan\dfrac{y}{x}$.

📝 答题区

📓 纠错笔记

(2) $(1 + e^{-\frac{x}{y}}) y dx + (y - x) dy = 0$.

📝 答题区

📓 纠错笔记

(3) $(x^3+y^3)dx - 3xy^2 dy = 0$.

**答题区**

**4** 求下列微分方程的特解.

(1) $\dfrac{dy}{dx} = \dfrac{xy}{x^2-y^2}$, $y|_{x=0}=1$.

**答题区**

(2) $y' = \dfrac{x}{y} + \dfrac{y}{x}$, $y|_{x=1}=2$.

**答题区**

**5** 求一曲线,使由其任意一点的切线、过切点且平行于 $y$ 轴的直线和 $x$ 轴所围成的三角形的面积等于常数 $a^2$.

**答题区**

**6** 已知可导函数 $f(x)$ 满足 $\int_1^x \dfrac{f(t)}{f^2(t)+1}\mathrm{d}t = f(x)-1$，求 $f(x)$ 满足的表达式.

 答题区

纠错笔记

## 二、提高篇

**1** 求初值问题 $\begin{cases}(y^2-3x^2)\mathrm{d}y+2xy\mathrm{d}x=0\\ y\big|_{x=0}=1\end{cases}$ 的解.

 答题区

 纠错笔记

**2** 已知 $y=y(x)$ 在 $x$ 处的增量 $\Delta y = \dfrac{y\Delta x}{1+x^2}+o(\Delta x)$，且 $y(0)=\pi$，求 $y(1)$，其中 $\Delta x \to 0$ 时，$o(\Delta x)$ 是 $\Delta x$ 的高阶无穷小.

 答题区

 纠错笔记

**3** 设 $f(x)$ 可微，且满足 $f(x+y)=\dfrac{f(x)+f(y)}{1-f(x)f(y)}$，$f'(0)=1$，求 $f(x)$.

 答题区

 纠错笔记

## 第三节 一阶线性方程与伯努利方程

### 一、基础篇

**1** 求下列微分方程的通解.

(1) $y' - \dfrac{y}{x} = x^2$.

答题区

纠错笔记

(2) $(x^2-1)y' + 2xy - \cos x = 0$.

答题区

纠错笔记

(3) $(x+1)y' - ny = (1+x)^{n+1}\sin x$.

答题区

纠错笔记

**2** 求下列微分方程的通解.

(1) $y\ln y\,dx + (x-\ln y)dy = 0$.

答题区

纠错笔记

(2) $y' = \dfrac{y}{2(\ln y - x)}$.

**答题区**

**纠错笔记**

(3) $\dfrac{\mathrm{d}y}{\mathrm{d}x} = \dfrac{y^2+1}{y^4-2xy}$.

**答题区**

**纠错笔记**

**3** 求微分方程 $y' + \dfrac{y}{x} = \dfrac{\sin x}{x}$, $y|_{x=\pi} = 1$ 的特解.

**答题区**

**纠错笔记**

**4** 设 $y = \mathrm{e}^{-x}$ 是方程 $xy' + p(x)y = x$ 的一个解,求满足条件 $y(\ln 2) = 1$ 的特解.

**答题区**

**纠错笔记**

**5** （数一）求下列伯努利方程的通解.

(1) $y' + \dfrac{y}{x} = x^2 y^6$.

(2) $y' = y^4 \cos x + y\tan x$.

## 二、提高篇

**1** 设 $y_1, y_2$ 是一阶线性非齐次微分方程 $y' + P(x)y = Q(x)$ 的两个特解，若常数 $\lambda, \mu$ 使 $\lambda y_1 + \mu y_2$ 是该方程的解，$\lambda y_1 - \mu y_2$ 是该方程对应的齐次方程的解，则（　　）.

A. $\lambda = \dfrac{1}{2}, \mu = \dfrac{1}{2}$ 　　　　B. $\lambda = -\dfrac{1}{2}, \mu = -\dfrac{1}{2}$

C. $\lambda = \dfrac{2}{3}, \mu = \dfrac{1}{3}$ 　　　　D. $\lambda = \dfrac{2}{3}, \mu = \dfrac{2}{3}$

**2** 求微分方程 $y' = \dfrac{y^2}{y^2 + 2xy - x}$ 的通解.

**3** 求 $y\mathrm{d}x - (x + \sqrt{x^2 + y^2})\mathrm{d}y = 0 \ (y > 0)$ 的通解.

**答题区**

**纠错笔记**

**4** 设可导函数 $\varphi(x)$ 满足方程 $\varphi(x)\cos x + 2\int_0^x \varphi(t)\sin t\,\mathrm{d}t = x + 1$,求 $\varphi(x)$.

**答题区**

**纠错笔记**

**5** 设 $f(x)$ 有连续导数,且 $f(a+b) = e^a f(b) + e^{2b} f(a)$,$f'(0) = e$,其中 $a,b$ 为任意常数,求 $f(x)$.

**答题区**

**纠错笔记**

**6** 已知 $f(x)$ 为正的连续函数,且 $f(x) = 2\int_0^x f(t)\mathrm{d}t + \int_0^1 t f^2(t)\mathrm{d}t$,求 $f(x)$.

**答题区**

**纠错笔记**

**7** 已知连接点 $O(0,0)$ 与点 $Q(1,1)$ 的一条凸曲线弧 $\overparen{OQ}$，对于其上任意一点 $P(x,y)$，由曲线弧 $\overparen{OP}$ 与直线段 $\overline{OP}$ 围成的图形面积为 $x^2$，求曲线弧 $\overparen{OQ}$ 的方程.

**8** 求微分方程 $\dfrac{\mathrm{d}y}{\mathrm{d}x}=(4x+y+1)^2$ 的通解.

**9** 求微分方程 $\dfrac{\mathrm{d}y}{\mathrm{d}x}=\dfrac{2x-y+5}{x+y+1}$ 的通解.

**10** 一容器在开始时有 100 升水，其中含净盐 10 千克，然后以每分钟 3 升的速度注入清水，同时又以每分钟 2 升的速度将冲淡的溶液放出，容器中装有搅拌器使容器的溶液保持均匀. 求注水开始 1 小时后溶液中的含盐量.

**11** 已知高温物体置于低温介质中,任一时刻该物体温度对时间的变化率与该时刻物体和介质的温差成正比,现将一初始温度为 120 ℃ 的物体在 20 ℃ 的恒温介质中冷却,30min 后该物体降至 30 ℃,若要将该物体的温度继续降至 21 ℃,还需冷却多长时间?

## 第四节 可降阶的高阶方程(数学一、数学二)

### 一、基础篇

**1** 求下列方程的通解.

(1) $y'' = y' + x$.

(2) $y'' = \dfrac{2xy'}{x^2+1}$.

(3) $yy'' - 2y'^2 = 0$.

**2** 求下列方程的特解.

(1) $y'' = y'^2, y|_{x=0} = 0, y'|_{x=0} = -1$.

> 答题区

> 纠错笔记

(2) $y'' + 2xy' = e^{-x^2}, y|_{x=0} = 0, y'|_{x=0} = 0$.

> 答题区

> 纠错笔记

**3** 求 $y'' = x$ 的经过 $(0,1)$ 且与直线 $y = \dfrac{x}{2} + 1$ 相切的积分曲线.

> 答题区

> 纠错笔记

## 第五节　高阶线性微分方程

### 一、基础篇

**1** 设 $y_1, y_2, y_3$ 均为方程 $y'' + a_1(x)y' + a_2(x)y = f(x)$ 的三个线性无关的解,$C_1, C_2$ 为任意常数,则方程的通解为(　　).

A. $C_1 y_1 + C_2 y_2 + y_3$  
B. $C_1 y_1 + C_2 y_2 - (C_1 + C_2) y_3$  
C. $C_1 (y_1 - y_3) + C_2 (y_2 + y_3) + y_3$  
D. $C_1 (y_1 - y_3) + C_2 (y_2 - y_3) + y_1$

> 答题区

> 纠错笔记

**2** 已知二阶线性微分方程 $y'' + P(x)y' + Q(x)y = f(x)$ 的三个特解 $y_1 = x$，$y_2 = x^2$，$y_3 = e^{3x}$，试求此方程满足 $y(0) = 0$，$y'(0) = 3$ 的特解.

✎ 答题区

📋 纠错笔记

## 第六节　二阶常系数齐次线性微分方程

### 一、基础篇

**1** 求下列微分方程的通解.

(1) $y'' + y' - 2y = 0$.

✎ 答题区

📋 纠错笔记

(2) $y'' + 6y' + 13y = 0$.

✎ 答题区

📋 纠错笔记

(3) $y'' + 4y' + 4y = 0$.

✎ 答题区

📋 纠错笔记

**2** 求下列微分方程的特解.

(1) $y'' - 4y' + 3y = 0$, $y|_{x=0} = 6$, $y'|_{x=0} = 10$.

**答题区**

**纠错笔记**

(2) $y'' + 25y = 0$, $y|_{x=0} = 2$, $y'|_{x=0} = 5$.

**答题区**

**纠错笔记**

(3) $y'' - 4y' + 13y = 0$, $y|_{x=0} = 2$, $y'|_{x=0} = 3$.

**答题区**

**纠错笔记**

**3** 在下列微分方程中,以 $y = C_1 e^x + C_2 \cos 2x + C_3 \sin 2x$（$C_1, C_2, C_3$ 为任意常数）为通解的是（　　）.

A. $y''' + y'' - 4y' - 4y = 0$  
B. $y''' + y'' + 4y' + 4y = 0$  
C. $y''' - y'' - 4y' + 4y = 0$  
D. $y''' - y'' + 4y' - 4y = 0$

**答题区**

**纠错笔记**

**4** 已知 $y_1 = xe^x$ 与 $y_2 = e^x\cos x$ 是首项系数为 1 的 $n$ 阶常系数线性齐次微分方程的两个特解,则最小的 $n$ 为(　　).

　　A. 2　　　　　B. 3　　　　　C. 4　　　　　D. 5

**5** 已知一个 4 阶常系数齐次微分方程的 4 个线性无关的解为 $y_1 = e^x, y_2 = xe^x, y_3 = \cos 2x$, $y_4 = 4\sin 2x$,则该 4 阶微分方程为_____,其通解为_____.

## 第七节　二阶常系数非齐次线性微分方程

### 一、基础篇

**1** 微分方程 $y'' + 3y' + 2y = 2(1 - e^{-x})$ 有特解形式(　　),其中 $a, b, c, d$ 均为常数.

　　A. $a + be^{-x}$

　　B. $(ax + b) + ce^{-x}$

　　C. $a + bxe^{-x}$

　　D. $(ax + b) + (cx + d)e^{-x}$

**2** 微分方程 $y'' + 4y = x^2 + \sin^2 x$ 的特解形式为（　　）.

A. $y^* = ax^2 + bx + c + x(A\sin 2x + B\cos 2x)$

B. $y^* = x(ax^2 + bx + c + A\sin 2x + B\cos 2x)$

C. $y^* = ax^2 + bx + c + A\sin^2 x$

D. $y^* = ax^2 + bx + c + A\cos x$

✎ 答题区

📋 纠错笔记

**3** 设 $y = \dfrac{1}{2}e^{2x} + \left(x - \dfrac{1}{3}\right)e^x$ 是二阶常系数非齐次线性微分方程 $y'' + ay' + by = ce^x$ 的一个特解，则（　　）.

A. $a = -3, b = 2, c = -1$　　　　B. $a = 3, b = 2, c = -1$

C. $a = -3, b = 2, c = 1$　　　　　D. $a = 3, b = 2, c = 1$

✎ 答题区

📋 纠错笔记

**4** 设 $y_1 = x, y_2 = x + e^{2x}, y_3 = x + xe^{2x}$ 是二阶线性常系数非齐次方程的特解，则该方程为_____．其通解为_____．

✎ 答题区

📋 纠错笔记

**5** 求下列微分方程的通解.

(1) $y'' + 3y' + 2y = 3xe^{-x}$.

**答题区**

纠错笔记

(2) $y'' - y = \sin^2 x$.

**答题区**

纠错笔记

(3) $y'' - 4y = e^{2x}$.

**答题区**

纠错笔记

**6** 求下列微分方程的特解.

(1) $y'' + 4y' + 4y = e^{ax}$.

**答题区**

纠错笔记

(2) $y'' + y = x + \cos x$.

**答题区**

**纠错笔记**

**7** 求微分方程 $\begin{cases} y'' + y + \sin 2x = 0 \\ y(\pi) = 1 \\ y'(\pi) = 1 \end{cases}$ 的特解.

**答题区**

**纠错笔记**

**8** 设连续函数 $f(x)$ 满足 $f(x) = e^x + \int_0^x (t-x) f(t) \mathrm{d}t$,求 $f(x)$.

**答题区**

**纠错笔记**

**9** 已知 $y_1 = \cos 2x - \dfrac{1}{4} x \cos 2x$,$y_2 = \sin 2x - \dfrac{1}{4} x \cos 2x$ 是 2 阶常系数非齐次微分方程的 2 个解,求该方程并求通解.

**答题区**

**纠错笔记**

**10** 未知方程为 4 阶常系数齐次线性方程,有 2 个特解 $y_1 = xe^x, y_2 = \sin 2x$,求该方程的通解.

## 二、提高篇

**1** 求微分方程 $y'' + 2y' + 2y = 2e^{-x}\cos^2\dfrac{x}{2}$ 的通解.

**2** 求微分方程 $y'' - 4y = |x|$ 在 $[-1,1]$ 上的通解.

**3** 求微分方程 $\begin{cases} y'' - 3y' + 2y = 2e^x \\ \lim\limits_{x\to 0}\dfrac{y(x)}{x} = 1 \end{cases}$ 的特解.

**4** 设方程 $y'' + p(x)y' + q(x)y = f(x)$ 的三个解分别为 $y_1 = x, y_2 = e^x, y_3 = e^{2x}$,求此方程满足初始条件 $y(0) = 1, y'(0) = 3$ 的特解.

**5** 设二阶常微分方程 $y'' + \alpha y' + \beta y = \gamma e^x$ 的一个解为 $y = e^{2x} + (1+x)e^x$. 试确定常数 $\alpha, \beta, \gamma$,并求出它的通解.

**6** 设 $f(x) = e^{2x} + \int_0^x t f(x-t) \mathrm{d}t$,求 $f(x)$.

**7** 已知曲线 $y = y(x)$ 上原点处的切线垂直于直线 $x + 2y - 1 = 0$,且 $y(x)$ 满足微分方程 $y'' - 2y' + 5y = e^x \cos 2x$,求此曲线方程.

**8** 设函数 $y=y(x)$ 在 $(-\infty,+\infty)$ 内具有二阶导数,且 $y'(x)\neq 0$,试将 $x$ 关于 $y$ 的二阶微分方程 $\dfrac{d^2x}{dy^2}+(y+\sin x)\left(\dfrac{dx}{dy}\right)^3=0$ 变换成 $y$ 关于 $x$ 的二阶微分方程,并求在初始条件 $y(0)=0, y'(0)=\dfrac{3}{2}$ 下变换后的方程的特解.

 答题区

 纠错笔记

**9** 利用 $y=\dfrac{u}{\cos x}$ 将方程 $y''\cos x-2y'\sin x+3y\cos x=e^x$ 化简,并求出原方程的通解.

 答题区

 纠错笔记

**10** 验证 $y_1=x+1, y_2=e^x+1$ 是微分方程 $(x-1)y''-xy'+y=1$ 的解,并求其通解.

答题区

纠错笔记

**11** 设 $f(x)$ 二阶可导,且以 $2\pi$ 为周期,满足 $f(x)+2f'(x+\pi)=\sin x$,求 $f(x)$.

 答题区

 纠错笔记

**12** 已知 $y'' + p(x)y' = f(x)$ 有一个解为 $\dfrac{1}{x}$，对应齐次方程有一特解 $x^2$，试求：

(1) $p(x), f(x)$ 的表达式；

(2) 该微分方程的通解．

**13** 已知 $y = e^x$ 是方程 $xy'' + (x-2)y' + (2-2x)y = 0$ 的一个解，求其通解．

## 第八节 欧拉方程（仅数学一）

**1** 求下列微分方程的通解．

(1) $x^3 y''' - x^2 y'' + 2xy' - 2y = x^3$．

(2) $y'' - \dfrac{y'}{x} + \dfrac{y}{x^2} = \dfrac{2}{x}$．

# 第五章　多元函数微分学

## 第一节　多元函数的基本概念

### 一、基础篇

**1** 设 $f(x,y) = \dfrac{xy}{x^2+y}$，则 $f\left(xy, \dfrac{x}{y}\right) = $ _____．

**答题区**

**纠错笔记**

**2** 求下列函数的定义域．

(1) $z = \dfrac{1}{\sqrt{x+y}} + \dfrac{1}{\sqrt{x-y}}$．

**答题区**

**纠错笔记**

(2) $z = \dfrac{\sqrt{4x-y^2}}{\ln(1-x^2-y^2)}$．

**答题区**

**纠错笔记**

**3** 设 $f(x,y) = \dfrac{y}{1+xy} - \dfrac{1-y\sin\dfrac{\pi x}{y}}{\arctan x}, x>0, y>0$，求：

(1) $g(x) = \lim\limits_{y\to +\infty} f(x,y)$.

**答题区**

**纠错笔记**

(2) $\lim\limits_{x\to 0^+} g(x)$.

**答题区**

**纠错笔记**

**4** 判断下列极限是否存在.

(1) $\lim\limits_{\substack{x\to 0\\ y\to 0}} \dfrac{xy}{x+y}$.

**答题区**

**纠错笔记**

(2) $\lim\limits_{\substack{x\to 0\\ y\to 0}} \dfrac{x-y}{x+y}$.

**答题区**

**纠错笔记**

(3) $\lim\limits_{\substack{x\to 0\\ y\to 0}} \dfrac{x^2 y}{x^4+y^2}$.

**答题区**

**纠错笔记**

**5** 求下列函数的极限.

(1) $\lim\limits_{\substack{x\to\infty \\ y\to 5}} \left(1+\dfrac{1}{x}\right)^{\frac{x^2}{x+y}}$.

# 答题区

# 纠错笔记

(2) $\lim\limits_{\substack{x\to 0 \\ y\to 0}} \dfrac{\sqrt{x^2y^2+1}-1}{x^2+y^2}$.

# 答题区

# 纠错笔记

(3) $\lim\limits_{\substack{x\to 0 \\ y\to 0}} \dfrac{xy\mathrm{e}^x}{4-\sqrt{16+xy}}$.

# 答题区

# 纠错笔记

(4) $\lim\limits_{\substack{x\to 0 \\ y\to 0}} \dfrac{1-\cos(x^2+y^2)}{(x^2+y^2)x^2y^2}$.

# 答题区

# 纠错笔记

(5) $\lim\limits_{\substack{x\to\infty\\y\to 1}}\left(1+\dfrac{2y}{x}\right)^{xy}$.

**答题区**

**纠错笔记**

(6) $\lim\limits_{\substack{x\to 0\\y\to 0}}\dfrac{\sin(x^2 y)}{x^2+y^2}$.

**答题区**

**纠错笔记**

**6** 设 $f(x,y)=\begin{cases}\dfrac{xy}{\sqrt{x^2+y^2}}, & (x,y)\neq(0,0)\\ 0, & (x,y)=(0,0)\end{cases}$,证明:$\lim\limits_{\substack{x\to 0\\y\to 0}}f(x,y)=0$.

**答题区**

**纠错笔记**

**7** 讨论函数 $f(x,y)=\begin{cases}\dfrac{x^3+y^3}{x^2+y^2}, & x^2+y^2\neq 0\\ 0, & x^2+y^2=0\end{cases}$ 在点$(0,0)$处的连续性.

**答题区**

**纠错笔记**

## 二、提高篇

**1** 判断下列极限是否存在.

(1) $\lim\limits_{\substack{x\to 0\\y\to 0}}\dfrac{x^2y^2}{x^2y^2+(x-y)^2}$.

**答题区**

**纠错笔记**

(2) $\lim\limits_{\substack{x\to 0\\y\to 0}}\dfrac{x^3+xy^2}{x^2-xy+y^2}$.

**答题区**

**纠错笔记**

(3) $f(x,y)=\begin{cases}xy\dfrac{x^2-y^2}{x^2+y^2}, & (x,y)\neq(0,0)\\ 0, & (x,y)=(0,0)\end{cases}$, $\lim\limits_{(x,y)\to(0,0)}f(x,y)$.

**答题区**

**纠错笔记**

## 第二节 偏导数

### 一、基础篇

**1** 函数 $f(x,y) = \begin{cases} \sqrt{x^2+y^2}, & x^2+y^2 \neq 0 \\ -1, & x^2+y^2 = 0 \end{cases}$,在点 $(0,0)$ 处( ).

A. 连续,且偏导数存在  B. 连续,但偏导数不存在

C. 极限存在,偏导数存在  D. 极限存在,但不连续,偏导数也不存在

**2** 设 $z = f(x,y) = \sqrt{|xy|}$,求 $f_x(0,0), f_y(0,0)$.

**3** 设 $f(x,y) = \begin{cases} \dfrac{x^2 y}{x^4+y^2}, & x^2+y^2 \neq 0 \\ 0, & x^2+y^2 = 0 \end{cases}$,求 $f(x,y)$ 的偏导数.

**4** $z = \arcsin \dfrac{x}{\sqrt{x^2+y^2}}$，求 $\dfrac{\partial z}{\partial x}, \dfrac{\partial z}{\partial y}$.

**答题区**

**纠错笔记**

**5** 求 $u = \left(\dfrac{x}{y}\right)^z$ 的偏导数.

**答题区**

**纠错笔记**

**6** 求函数 $u = e^{xy}\cos yz$ 的偏导数.

**答题区**

**纠错笔记**

**7** 求下列函数的偏导数.

(1) $F(x,y) = \displaystyle\int_{3y}^{2x} \dfrac{\sin t}{t} dt$，求 $F_x, F_y$.

**答题区**

**纠错笔记**

(2) $F(x,y) = x\int_y^x e^{-3t^2} dt$,求 $\dfrac{\partial^2 F}{\partial x \partial y}$.

**8** 求函数 $z = e^{x+2y}$ 的二阶偏导数及 $\dfrac{\partial^3 z}{\partial y \partial x^2}$.

**9** 设 $z = \dfrac{1}{x}f(xy) + yf(x+y)$,其中 $f$ 具有连续的导数,$z'_x, z'_y$.

**10** 设 $z = xy + xF(u), u = \dfrac{y}{x}$,其中 $F$ 具有连续的导数,证明:$x\dfrac{\partial z}{\partial x} + y\dfrac{\partial z}{\partial y} = z + xy$.

**11** 设 $z = y + F(x^2 - y^2)$，其中 $F$ 具有连续的导数，证明：$y\dfrac{\partial z}{\partial x} + x\dfrac{\partial z}{\partial y} = x$.

**12** 证明：函数 $u = \dfrac{1}{r}$ 满足方程 $\dfrac{\partial^2 u}{\partial x^2} + \dfrac{\partial^2 u}{\partial y^2} + \dfrac{\partial^2 u}{\partial z^2} = 0$，其中 $r = \sqrt{x^2 + y^2 + z^2}$.

## 二、提高篇

**1** 二元函数 $f(x,y)$ 在点 $(x_0, y_0)$ 处两个偏导数 $f_x(x_0, y_0)$、$f_y(x_0, y_0)$ 存在是 $f(x,y)$ 在该点连续的（　　）.

A. 充分条件而非必要条件　　B. 必要条件而非充分条件

C. 充分必要条件　　D. 既非充分条件又非必要条件

**2** 若函数 $z = f(x,y)$ 满足 $\dfrac{\partial^2 z}{\partial y^2} = 2$，且 $f(x,1) = x+2$，$f'_y(x,1) = x+1$，则 $f(x,y) = （　　）$.

A. $y^2 + (x-1)y - 2$　　B. $y^2 + (x+1)y + 2$

C. $y^2 + (x-1)y + 2$　　D. $y^2 + (x+1)y - 2$

**3** 设 $z=f(x,y)$ 满足 $\dfrac{\partial^2 z}{\partial x \partial y}=x+y$,且 $f(x,0)=x$,$f(0,y)=y^2$,则 $f(x,y)=$ _____.

**答题区**

**纠错笔记**

**4** 设 $f(x,y)=\begin{cases} \dfrac{x^3 y-xy^3}{x^2+y^2}, & x^2+y^2 \neq 0 \\ 0, & x^2+y^2=0 \end{cases}$,求 $f_{xy}(0,0)$ 和 $f_{yx}(0,0)$.

**答题区**

**纠错笔记**

## 第三节　全微分

### 一、基础篇

**1** 函数 $f(x,y)$ 在点 $(x_0,y_0)$ 处的 $f'_x(x_0,y_0)$ 和 $f'_y(x_0,y_0)$ 值都存在,则(　　).

A. $\lim\limits_{\substack{x \to x_0 \\ y \to y_0}} f(x,y)$ 存在

B. $\lim\limits_{x \to x_0} f(x,y_0)$ 和 $\lim\limits_{y \to y_0} f(x_0,y)$ 都存在

C. $f(x,y)$ 在点 $(x_0,y_0)$ 处连续

D. $f(x,y)$ 在点 $(x_0,y_0)$ 处可微

**答题区**

**纠错笔记**

**2** 函数 $f(x,y) = \sqrt[3]{x^2 y}$ 在点 $(0,0)$ 处( ).

A. 不连续  B. 连续但偏导数不存在

C. 连续,偏导数存在,但不可微  D. 可微

**3** 考虑二元函数 $f(x,y)$ 的四条性质:

(1) $f(x,y)$ 在点 $(x_0,y_0)$ 处连续;(2) $f(x,y)$ 在点 $(x_0,y_0)$ 处的一阶偏导数连续;

(3) $f(x,y)$ 在点 $(x_0,y_0)$ 处可微;(4) $f(x,y)$ 在点 $(x_0,y_0)$ 处的一阶偏导数存在,

则有( ).

A. (2)⇒(3)⇒(1)  B. (3)⇒(2)⇒(1)

C. (3)⇒(4)⇒(1)  D. (3)⇒(1)⇒(4)

**4** 设函数 $f(x,y)$ 点 $(0,0)$ 的某个邻域内有定义,且 $\lim\limits_{\substack{x\to 0 \\ y\to 0}} \dfrac{f(x,y)-(x^2+y^2)}{\sqrt{x^2+y^2}} = 1$,则函数 $f(x,y)$ 在点 $(0,0)$ 处( ).

A. 不连续  B. 偏导数不存在

C. 偏导数存在,但不可微  D. 可微

**5** 设函数 $f(x,y) = \begin{cases} \dfrac{x^2 y}{x^2+y^2}, & x^2+y^2 \neq 0 \\ 0, & x^2+y^2 = 0 \end{cases}$,则在点 $(0,0)$ 处函数 $f(x,y)$ (　　).

A. 不连续　　　　　　　　　　　B. 连续,但偏导数不存在

C. 连续且偏导数存在,但不可微　　D. 可微

**答题区**

**纠错笔记**

**6** 讨论函数 $f(x,y) = \begin{cases} (x^2+y^2)\sin\dfrac{1}{x^2+y^2}, & (x,y) \neq (0,0) \\ 0, & (x,y) = (0,0) \end{cases}$ 在点 $(0,0)$ 处的可微性.

**答题区**

**纠错笔记**

**7** 判断 $f(x,y) = \begin{cases} \dfrac{xy}{\sqrt[3]{x^2+y^2}}, & (x,y) \neq (0,0) \\ 0, & (x,y) = (0,0) \end{cases}$ 在原点处是否可微.

**答题区**

**纠错笔记**

**8** $u = \sqrt[z]{\dfrac{x}{y}}$,求 $\mathrm{d}u \big|_{(1,1,1)}$.

**答题区**

**纠错笔记**

**9** 求 $u = \left(\dfrac{x}{y}\right)^z$ 的全微分.

☙ 答题区

📓 纠错笔记

**10** 设 $z = x^2 + 3xy - y^2$, $x$ 从 2 变到 2.05, $y$ 从 3 变到 2.96, 计算 $\Delta z, dz$.

☙ 答题区

📓 纠错笔记

## 二、提高篇

**1** 如果 $f(x,y)$ 在 $(0,0)$ 处连续,那么下列命题正确的是(　　).

A. 若极限 $\lim\limits_{\substack{x \to 0 \\ y \to 0}} \dfrac{f(x,y)}{|x|+|y|}$ 存在,则 $f(x,y)$ 在 $(0,0)$ 处可微

B. 若极限 $\lim\limits_{\substack{x \to 0 \\ y \to 0}} \dfrac{f(x,y)}{x^2+y^2}$ 存在,则 $f(x,y)$ 在 $(0,0)$ 处可微

C. 若 $f(x,y)$ 在 $(0,0)$ 处可微,则极限 $\lim\limits_{\substack{x \to 0 \\ y \to 0}} \dfrac{f(x,y)}{|x|+|y|}$ 存在

D. 若 $f(x,y)$ 在 $(0,0)$ 处可微,则极限 $\lim\limits_{\substack{x \to 0 \\ y \to 0}} \dfrac{f(x,y)}{x^2+y^2}$ 存在

☙ 答题区

📓 纠错笔记

**2** 设 $(ax^2y^2-2xy^2)dx+(2x^3y+bx^2y+1)dy$ 为函数 $f(x,y)$ 的全微分,则 $a=$ _____, $b=$ _____.

**3** 设函数 $f(x,y)=\begin{cases} xy\sin\dfrac{1}{\sqrt{x^2+y^2}}, & x^2+y^2\neq 0 \\ 0, & x^2+y^2=0 \end{cases}$,求证:

(1) 偏导数 $f_x(0,0),f_y(0,0)$ 存在;

(2) 偏导函数 $f_x(x,y),f_y(x,y)$ 在点 $(0,0)$ 处不连续;

(3) 函数 $f(x,y)$ 在点 $(0,0)$ 处可微.

## 第四节　多元复合函数及隐函数的求导

### 一、基础篇

**1** 设函数 $f(u,v)$ 满足 $f\left(x+y,\dfrac{y}{x}\right)=x^2-y^2$,则 $\left.\dfrac{\partial f}{\partial u}\right|_{\substack{u=1\\v=1}}$ 与 $\left.\dfrac{\partial f}{\partial v}\right|_{\substack{u=1\\v=1}}$ 依次是(　　).

A. $\dfrac{1}{2},0$ 　　　 B. $0,\dfrac{1}{2}$ 　　　 C. $-\dfrac{1}{2},0$ 　　　 D. $0,-\dfrac{1}{2}$

**2** 若函数 $f$, $g$ 均可微,设 $z = f[xy, \ln x + g(xy)]$,则 $x\dfrac{\partial z}{\partial x} - y\dfrac{\partial z}{\partial y} = ($   $)$.

A. $f_1'$    B. $f_2'$    C. 0    D. 1

**3** 设 $z = e^u \sin v, u = xy, v = x + y$,求 $\dfrac{\partial z}{\partial x}, \dfrac{\partial z}{\partial y}$.

**4** 设 $z = u^2 \ln v, u = \dfrac{x}{y}, v = 3x - 2y$,求 $\dfrac{\partial z}{\partial x}, \dfrac{\partial z}{\partial y}$.

**5** 设 $z = xyf\left(\dfrac{x}{y}, \dfrac{y}{x}\right)$,其中 $f$ 具有连续的偏导数,求 $\dfrac{\partial z}{\partial x}$.

**6** 设 $z = f(x^2 - y^2, e^{xy})$，其中 $f$ 具有连续的偏导数，求 $\dfrac{\partial z}{\partial x}, \dfrac{\partial z}{\partial y}$.

**7** 设 $u = f(x, xy, xyz)$，其中 $f$ 具有连续的偏导数，求 $\dfrac{\partial u}{\partial x}, \dfrac{\partial u}{\partial y}, \dfrac{\partial u}{\partial z}$.

**8** 设 $w = f(x+y+z, xyz)$，且 $f$ 具有二阶连续偏导数，求 $\dfrac{\partial w}{\partial x}, \dfrac{\partial^2 w}{\partial x \partial z}$.

**9** 设 $z = f\left(xy, \dfrac{x}{y}\right) + g\left(\dfrac{y}{x}\right)$，其中 $f, g$ 有连续二阶偏导数，求 $\dfrac{\partial^2 z}{\partial x \partial y}$.

**10** 设 $z = f(x^2 - y^2, e^{xy})$,其中 $f$ 具有连续二阶偏导数,求 $\dfrac{\partial z}{\partial x}, \dfrac{\partial z}{\partial y}, \dfrac{\partial^2 z}{\partial x \partial y}$.

**11** 设 $z = x\varphi(x+y) + y\psi(x+y)$,其中 $\varphi, \psi$ 有二阶连续导数,证明:$\dfrac{\partial^2 z}{\partial x^2} - 2\dfrac{\partial^2 z}{\partial x \partial y} + \dfrac{\partial^2 z}{\partial y^2} = 0$.

**12** 设 $f(u)$ 具有二阶连续导数,且 $z = f(e^x \sin y)$ 满足方程 $\dfrac{\partial^2 z}{\partial x^2} + \dfrac{\partial^2 z}{\partial y^2} = z e^{2x}$,试求 $f(u)$.

**13** 设 $2\sin(x + 2y - 3z) = x + 2y - 3z$,证明:$\dfrac{\partial z}{\partial x} + \dfrac{\partial z}{\partial y} = 1$.

**14** 已知 $z = z(x,y)$ 由方程 $x + y + z + xyz = 3$ 所确定,求 $\dfrac{\partial z}{\partial x}, \dfrac{\partial z}{\partial y}$.

**15** 函数 $f\left(\dfrac{z}{x}, \dfrac{y}{z}\right) = 0$ 确定 $z = z(x,y)$,$f$ 有连续的一阶偏导数,求 $\dfrac{\partial z}{\partial x}, \dfrac{\partial z}{\partial y}$.

**16** 设 $z^3 - 3xyz = a^3$,求 $\dfrac{\partial^2 z}{\partial x \partial y}$.

**17** 设 $z + \ln z - \displaystyle\int_y^x e^{-t^2} dt = 0$,求 $\dfrac{\partial^2 z}{\partial x \partial y}$.

**18** 设 $\begin{cases} x = -u^2 + v + z \\ y = u + vz \end{cases}$,求 $\dfrac{\partial u}{\partial x}, \dfrac{\partial v}{\partial x}, \dfrac{\partial u}{\partial z}$.

**答题区**

**纠错笔记**

**19** 设 $\begin{cases} z = x^2 + y^2 \\ x^2 + 2y^2 + 3z^2 = 20 \end{cases}$,求 $\dfrac{\mathrm{d}y}{\mathrm{d}x}, \dfrac{\mathrm{d}z}{\mathrm{d}x}, \dfrac{\mathrm{d}^2 z}{\mathrm{d}x^2}$.

**答题区**

**纠错笔记**

**20** 设 $u = f(x,y,z)$ 有连续的一阶偏导数,又函数 $y = y(x), z = z(x)$ 分别由下列两式确定:$\mathrm{e}^{xy} - xy = 2, \mathrm{e}^x = \displaystyle\int_0^{x-z} \dfrac{\sin t}{t} \mathrm{d}t$,求 $\dfrac{\mathrm{d}u}{\mathrm{d}x}$.

**答题区**

**21** $\begin{cases} x^2 + y^2 - uv = 0 \\ xy - u^2 + v^2 = 0 \end{cases}$,求 $\dfrac{\partial u}{\partial x}, \dfrac{\partial v}{\partial x}, \dfrac{\partial u}{\partial y}, \dfrac{\partial v}{\partial y}$.

**答题区**

**22** 设 $y=f(x,t)$，而 $t$ 是方程 $F(x,y,t)=0$ 所确定的 $x,y$ 的函数，其中 $f,F$ 都具有一阶连续偏导数，证明：$\dfrac{\mathrm{d}y}{\mathrm{d}x}=\dfrac{\dfrac{\partial f}{\partial x}\dfrac{\partial F}{\partial t}-\dfrac{\partial f}{\partial t}\dfrac{\partial F}{\partial x}}{\dfrac{\partial f}{\partial t}\dfrac{\partial F}{\partial y}+\dfrac{\partial F}{\partial t}}$.

 答题区

**23** $z^x=y^z$，求 $\mathrm{d}z$.

答题区

**24** 若函数 $z=z(x,y)$ 由方程 $\mathrm{e}^{x+2y+3z}+xyz=1$ 确定，求 $\mathrm{d}z\big|_{(0,0)}$.

 答题区

**25** 设 $u=f(x,y,z)$ 具有一阶连续的偏导数，$z=z(x,y)$ 由方程 $x\mathrm{e}^x-y\mathrm{e}^y=z\mathrm{e}^z$ 确定，求 $\mathrm{d}u$.

答题区

## 二、提高篇

**1** 设函数 $u(x,y) = \varphi(x+y) + \varphi(x-y) + \int_{x-y}^{x+y} \psi(t)\mathrm{d}t$，其中函数 $\varphi$ 具有二阶导数，$\psi$ 具有一阶导数，则必有（　　）.

A. $\dfrac{\partial^2 u}{\partial x^2} = -\dfrac{\partial^2 u}{\partial y^2}$ 　　　　B. $\dfrac{\partial^2 u}{\partial x^2} = \dfrac{\partial^2 u}{\partial y^2}$

C. $\dfrac{\partial^2 u}{\partial x \partial y} = \dfrac{\partial^2 u}{\partial y^2}$ 　　　　D. $\dfrac{\partial^2 u}{\partial x \partial y} = \dfrac{\partial^2 u}{\partial x^2}$

**2** 设函数 $u = u(x,y)$ 满足方程 $\dfrac{\partial^2 u}{\partial x^2} - \dfrac{\partial^2 u}{\partial y^2} = 0$ 及条件 $u(x,2x) = x$，$u'_x(x,2x) = x^2$，其中 $u = u(x,y)$ 具有二阶连续偏导数，则 $u''_{xx}(x,2x) = $（　　）.

A. $\dfrac{4x}{3}$ 　　　B. $-\dfrac{4x}{3}$ 　　　C. $\dfrac{3x}{4}$ 　　　D. $-\dfrac{3x}{4}$

**3** 设 $f(x,y,z)$ 是 $k$ 次齐次函数，即 $f(tx,ty,tz) = t^k f(x,y,z)$，其中 $\lambda$ 为某一常数，$f(x,y,z)$ 可微，则下列结论中正确的是（　　）.

A. $x\dfrac{\partial f}{\partial x} + y\dfrac{\partial f}{\partial y} + z\dfrac{\partial f}{\partial z} = k^\lambda f(x,y,z)$ 　　B. $x\dfrac{\partial f}{\partial x} + y\dfrac{\partial f}{\partial y} + z\dfrac{\partial f}{\partial z} = \lambda^k f(x,y,z)$

C. $x\dfrac{\partial f}{\partial x} + y\dfrac{\partial f}{\partial y} + z\dfrac{\partial f}{\partial z} = kf(x,y,z)$ 　　D. $x\dfrac{\partial f}{\partial x} + y\dfrac{\partial f}{\partial y} + z\dfrac{\partial f}{\partial z} = f(x,y,z)$

**4** 设函数 $z = f[xy, yg(x)]$，其中 $f$ 具有二阶连续偏导数，函数 $g(x)$ 可导且在 $x=1$ 处取得极值 $g(1) = 1$，求 $\left.\dfrac{\partial^2 z}{\partial x \partial y}\right|_{(1,1)}$.

**5** 设函数 $f(u)$ 具有二阶连续导数，$z = f(e^x \cos y)$ 满足 $\dfrac{\partial^2 z}{\partial x^2} + \dfrac{\partial^2 z}{\partial y^2} = (4z + e^x \cos y)e^{2x}$. 若 $f(0) = 0, f'(0) = 0$，求 $f(u)$ 的表达式.

**6** 设函数 $f(u)$ 在 $(0, +\infty)$ 内具有二阶导数，且 $z = f(\sqrt{x^2 + y^2})$ 满足等式 $\dfrac{\partial^2 z}{\partial x^2} + \dfrac{\partial^2 z}{\partial y^2} = 0$，

(1) 验证 $f''(u) + \dfrac{f'(u)}{u} = 0$.

(2) 若 $f(1) = 0$，$f'(1) = 1$，求函数 $f(u)$ 的表达式.

**7** 已知函数 $f(x,y)$ 满足 $\dfrac{\partial f}{\partial y} = 2(y+1)$，且 $f(y,y) = (y+1)^2 - (2-y)\ln y$，求由曲线 $f(x,y) = 0$ 的图形绕直线 $y = -1$ 旋转所成的旋转体的体积.

**8** 设 $y = g(x,z)$，$z = z(x,y)$ 由方程 $f(x-z, xy) = 0$ 所确定，其中 $f, g$ 具有一阶连续的偏导数，求 $\dfrac{\mathrm{d}z}{\mathrm{d}x}$.

**9** 设函数 $f(u)$ 有连续的一阶导数，$f(2) = 1$，且函数 $z = xf\left(\dfrac{y}{x}\right) + yf\left(\dfrac{y}{x}\right)$ 满足 $\dfrac{\partial z}{\partial x} + \dfrac{\partial z}{\partial y} = \dfrac{y}{x} - \left(\dfrac{y}{x}\right)^3$ $(x>0, y>0)$，求 $z$ 的表达式.

**10** 设变换 $\begin{cases} u = x - 2y \\ v = x + ay \end{cases}$ 将方程 $6\dfrac{\partial^2 z}{\partial x^2} + \dfrac{\partial^2 z}{\partial x \partial y} - \dfrac{\partial^2 z}{\partial y^2} = 0$ 化简为 $\dfrac{\partial^2 z}{\partial u \partial v} = 0$，求常数 $a$.

## 第五节　多元函数的极值与最值

### 一、基础篇

**1.** 设可微函数 $f(x,y)$ 在点 $(x_0,y_0)$ 处取得极小值,则下列结论正确的是(　　).

A. $f(x_0,y)$ 在 $y=y_0$ 处的导数大于零　　B. $f(x_0,y)$ 在 $y=y_0$ 处的导数等于零

C. $f(x_0,y)$ 在 $y=y_0$ 处的导数小于零　　D. $f(x_0,y)$ 在 $y=y_0$ 处的导数不存在

 答题区

 纠错笔记

**2.** 已知函数 $z=f(x,y)$ 在点 $(0,0)$ 处连续,且 $\lim\limits_{\substack{x\to 0\\y\to 0}}\dfrac{f(x,y)}{\sin(x^2+y^2)}=-1$,则(　　).

A. $f'_x(0,0)$ 不存在　　B. $f'_x(0,0)$ 存在,但不等于零

C. $f(x,y)$ 在点 $(0,0)$ 处取得极小值　　D. $f(x,y)$ 在点 $(0,0)$ 处取得极大值

 答题区

 纠错笔记

**3.** 设 $f(x,y)$ 和 $\varphi(x,y)$ 均为可微函数,且 $\varphi'_y(x,y)\neq 0$,已知 $(x_0,y_0)$ 是 $f(x,y)$ 在约束条件 $\varphi(x,y)=0$ 下的一个极值点,则下列选项中正确的是(　　).

A. 若 $f'_x(x_0,y_0)=0$,则 $f'_y(x_0,y_0)=0$　　B. 若 $f'_x(x_0,y_0)=0$,则 $f'_y(x_0,y_0)\neq 0$

C. 若 $f'_x(x_0,y_0)\neq 0$,则 $f'_y(x_0,y_0)=0$　　D. 若 $f'_y(x_0,y_0)\neq 0$,则 $f'_y(x_0,y_0)\neq 0$

答题区

纠错笔记

**4** 二元函数 $z = f(x,y) = x^2 y(4-x-y)$ 在由直线 $x+y=6$，$x$ 轴和 $y$ 轴所围成的闭区域 $D$ 上的极值等于_____，最大值等于_____，最小值等于_____.

**答题区**

**纠错笔记**

**5** 求由方程 $x^2 + y^2 + z^2 - 2x + 2y - 4z - 10 = 0$ 确定的函数 $z = f(x,y)$ 的极值.

**答题区**

**纠错笔记**

**6** 求函数 $z = x^2 - xy + y^2 - 2x + y$ 的极值.

**答题区**

**纠错笔记**

**7** 求二元函数 $f(x,y) = x^2(2+y^2) + y\ln y$ 的极值.

**答题区**

**纠错笔记**

**8** 求 $f(x,y) = xe - \dfrac{x^2+y^2}{2}$ 的极值.

答题区

纠错笔记

**9** 已知函数 $f(x,y)$ 满足 $f''_{xy}(x,y) = 2(y+1)e^x$, $f'_x(x,0) = (x+1)e^x$, $f(0,y) = y^2 + 2y$, 求 $f(x,y)$ 的极值.

答题区

纠错笔记

**10** 抛物线 $y = x^2$ 到直线 $x - y - 2 = 0$ 之间的最短距离.

答题区

纠错笔记

**11** 已知正数 $x, y, z$ 的和为 $12$, 求使得 $u = x^3 y^2 z$ 最大时 $x, y, z$ 的值.

答题区

纠错笔记

**12** 将周长为 $2p$ 的矩形绕它的一边旋转构成圆柱体,问矩形的边长各为多少时,才可使圆柱体的体积最大?

**13** 已知函数 $z=f(x,y)$ 的全微分 $\mathrm{d}z = 2x\mathrm{d}x - 2y\mathrm{d}y$,且 $f(1,1)=2$,求 $f(x,y)$ 在椭圆域 $D = \left\{(x,y)\,\bigg|\, x^2 + \dfrac{y^2}{4} \leqslant 1\right\}$ 上的最大值和最小值.

**14** (数学三)某企业为生产甲、乙两种型号的产品,投入的固定成本为 $10000$(万元),设该企业生产甲、乙两种产品的产量分别为 $x$(件)和 $y$(件),且这两种产品的边际成本分别为 $20 + \dfrac{x}{2}$(万元/件)与 $6+y$(万元/件).

(1) 求生产甲、乙两种产品的总成本函数 $C(x,y)$(万元).

(2) 当总产量为 50 件时,甲、乙两种产品的产量各为多少时,可使总成本最小?并求最小成本.

（3）求总产量为 50 件且总成本最小时甲产品的边际成本，并解释其经济意义．

**答题区**

**纠错笔记**

## 二、提高篇

**1** 设二元函数 $F(x,y)$ 具有二阶连续偏导数，且 $F(x_0,y_0)=0$，$F'_x(x_0,y_0)=0$，$F'_y(x_0,y_0)>0$．若一元函数 $y=y(x)$ 是由方程 $F(x,y)=0$ 所确定的在点 $(x_0,y_0)$ 附近的隐函数，则 $x_0$ 是函数 $y=y(x)$ 的极小值点的一个充分条件是（　　）．

A. $F''_{xx}(x_0,y_0)>0$ 　　　　B. $F''_{xx}(x_0,y_0)<0$

C. $F''_{yy}(x_0,y_0)>0$ 　　　　D. $F''_{yy}(x_0,y_0)<0$

**答题区**

**纠错笔记**

**2** 设 $f(x,y)$ 在有界闭区域 $D$ 上有二阶连续偏导数，且 $\dfrac{\partial^2 f}{\partial x^2}+\dfrac{\partial^2 f}{\partial y^2}=0$，$\dfrac{\partial^2 f}{\partial x \partial y}\neq 0$，则（　　）．

A. $f(x,y)$ 在 $D$ 的内部取得最值

B. $f(x,y)$ 在 $D$ 的边界取得最大值与最小值

C. $f(x,y)$ 在 $D$ 的内部取最大值，在 $D$ 的边界上取最小值

D. $f(x,y)$ 在 $D$ 的内部取最小值，在 $D$ 的边界上取最大值

**答题区**

**纠错笔记**

**3** 已知函数 $f(x,y)$ 在点 $(0,0)$ 的某个邻域内连续,且 $\lim\limits_{\substack{x\to 0 \\ y\to 0}} \dfrac{f(x,y)-xy}{(x^2+y^2)^2}=1$,则( ).

A. 点 $(0,0)$ 不是 $f(x,y)$ 的极值点

B. 点 $(0,0)$ 是 $f(x,y)$ 的极大值点

C. 点 $(0,0)$ 是 $f(x,y)$ 的极小值点

D. 根据所给条件无法判断点 $(0,0)$ 是否为 $f(x,y)$ 的极值点

**4** 求函数 $z=x^4+y^4-x^2-2xy-y^2$ 的极值.

**5** 设 $z=z(x,y)$ 是由 $x^2-6xy+10y^2-2yz-z^2+18=0$ 确定的函数,求 $z=z(x,y)$ 的极值点和极值.

**6** 设函数 $f(x,y)$ 在 $(0,0)$ 处连续,且 $\lim\limits_{\substack{x\to 0 \\ y\to 0}} \dfrac{f(x,y)-1}{\mathrm{e}^{x^2+y^2}-1}=2$.

(1) 求 $\dfrac{\partial f(0,0)}{\partial x},\dfrac{\partial f(0,0)}{\partial y}$ 并讨论它们在点 $(0,0)$ 处是否可微,若可微则求出 $\mathrm{d}f(x,y)\big|_{(0,0)}$ 的值;

(2)证明：$f(x,y)$ 在点 $(0,0)$ 处取极小值.

**7** 将长度为 $a$ 的细杆砍为 3 段，试问如何砍能使这 3 段长度之积最大.

**8** 已知长方体的表面积为 $1500\text{cm}^2$，全部棱长之和为 $200\text{cm}$，求该长方体体积的最大值和最小值.

# 第六章 二重积分

## 一、基础篇

**1** 设 $I_1 = \iint\limits_{x^2+y^2 \leqslant 1} (x^2+y^2) dxdy$,$I_2 = \iint\limits_{|x|+|y| \leqslant 1} 2|xy| dxdy$,$I_3 = \iint\limits_{|x|+|y| \leqslant 1} (x^2+y^2) dxdy$,则( ).

A. $I_1 < I_2 < I_3$ B. $I_2 < I_3 < I_1$

C. $I_3 < I_1 < I_2$ D. $I_3 < I_2 < I_1$

**2** 设 $I_1 = \iint\limits_D (x+y)^3 dxdy$,$I_2 = \iint\limits_D \cos x^2 \sin y^2 dxdy$,$I_3 = \iint\limits_D [e^{-(x^2+y^2)} - 1] dxdy$,其中 $D = \{(x,y) \mid x^2+y^2 \leqslant 1\}$,则( ).

A. $I_3 < I_2 < I_1$ B. $I_3 < I_1 < I_2$

C. $I_2 < I_3 < I_1$ D. $I_1 < I_2 < I_3$

**3** 交换积分次序,则累次积分 $\int_0^2 dx \int_0^{x^2} f(x,y) dy = ($     $)$.

A. $\int_0^4 dy \int_{\sqrt{y}}^2 f(x,y) dx$        B. $\int_0^4 dy \int_0^{\sqrt{y}} f(x,y) dx$

C. $\int_0^4 dy \int_{y^2}^2 f(x,y) dx$        D. $\int_0^4 dy \int_2^{\sqrt{y}} f(x,y) dx$

✎ 答题区

📓 纠错笔记

**4** 设函数 $f(u)$ 连续,区域 $D = \{(x,y) \mid x^2 + y^2 \leq 2y\}$,则 $\iint_D f(xy) dx dy = ($     $)$.

A. $\int_{-1}^1 dx \int_{-\sqrt{1-x^2}}^{\sqrt{1-x^2}} f(xy) dy$        B. $2\int_0^2 dy \int_0^{\sqrt{2y-y^2}} f(xy) dx$

C. $\int_0^\pi d\theta \int_0^{2\sin\theta} f(r^2 \sin\theta \cos\theta) dr$        D. $\int_0^\pi d\theta \int_0^{2\sin\theta} f(r^2 \sin\theta \cos\theta) r dr$

✎ 答题区

📓 纠错笔记

**5** 累次积分 $\int_0^{\frac{\pi}{2}} d\theta \int_0^{\cos\theta} f(\rho\cos\theta, \rho\sin\theta) \rho d\rho$ 可以写成(     ).

A. $\int_0^1 dy \int_0^{\sqrt{y-y^2}} f(x,y) dx$        B. $\int_0^1 dy \int_0^{\sqrt{1-y^2}} f(x,y) dx$

C. $\int_0^1 dx \int_0^1 f(x,y) dy$        D. $\int_0^1 dx \int_0^{\sqrt{x-x^2}} f(x,y) dy$

✎ 答题区

📓 纠错笔记

设 $D_k$ 是圆域 $D = \{(x,y) \mid x^2 + y^2 \leqslant 1\}$ 的第 $k$ 象限的部分，记 $I_k = \iint\limits_{D_k}(y-x)\mathrm{d}x\mathrm{d}y$，则（　　）.

A. $I_1 > 0$　　　　B. $I_2 > 0$　　　　C. $I_3 > 0$　　　　D. $I_4 > 0$

 设 $D$ 是第一象限内由曲线 $2xy = 1$，$4xy = 1$ 与直线 $y = x$，$y = \sqrt{3}\,x$ 所围成的平面区域，函数 $f(x,y)$ 在 $D$ 上连续，则 $\iint\limits_{D} f(x,y)\mathrm{d}x\mathrm{d}y = (\quad)$.

A. $\int_{\frac{\pi}{4}}^{\frac{\pi}{3}} \mathrm{d}\theta \int_{\frac{1}{2\sin 2\theta}}^{\frac{1}{\sin 2\theta}} f(\rho\cos\theta, \rho\sin\theta)\rho\mathrm{d}\rho$

B. $\int_{\frac{\pi}{4}}^{\frac{\pi}{3}} \mathrm{d}\theta \int_{\frac{1}{\sqrt{2\sin 2\theta}}}^{\frac{1}{\sqrt{\sin 2\theta}}} f(\rho\cos\theta, \rho\sin\theta)\rho\mathrm{d}\rho$

C. $\int_{\frac{\pi}{4}}^{\frac{\pi}{3}} \mathrm{d}\theta \int_{\frac{1}{2\sin 2\theta}}^{\frac{1}{\sin 2\theta}} f(\rho\cos\theta, \rho\sin\theta)\mathrm{d}\rho$

D. $\int_{\frac{\pi}{4}}^{\frac{\pi}{3}} \mathrm{d}\theta \int_{\frac{1}{\sqrt{2\sin 2\theta}}}^{\frac{1}{\sqrt{\sin 2\theta}}} f(\rho\cos\theta, \rho\sin\theta)\mathrm{d}\rho$

 设平面区域 $D = \{(x,y) \mid x^2 + y^2 \leqslant 1, y \geqslant 0\}$，$D_1 = \{(x,y) \mid x^2 + y^2 \leqslant 1, x \geqslant 0, y \geqslant 0\}$，则（　　）.

A. $\iint\limits_{D} x\mathrm{d}x\mathrm{d}y = 2\iint\limits_{D_1} x\mathrm{d}x\mathrm{d}y$

B. $\iint\limits_{D} xy\mathrm{d}x\mathrm{d}y = 2\iint\limits_{D_1} xy\mathrm{d}x\mathrm{d}y$

C. $\iint\limits_{D} |x|\mathrm{d}x\mathrm{d}y = 2\iint\limits_{D_1} x\mathrm{d}x\mathrm{d}y$

D. $\iint\limits_{D}(x+y)\mathrm{d}x\mathrm{d}y = 2\iint\limits_{D_1}(x+y)\mathrm{d}x\mathrm{d}y$

**9** 设 $f(x,y)$ 连续，且 $f(x,y) = xy + \iint_D f(u,v)\mathrm{d}u\mathrm{d}v$，其中 $D$ 是由 $y=0$，$y=x^2$，$x=1$ 所围成的区域，则 $f(x,y) = ($  $)$．

A. $xy$  B. $2xy$  C. $xy + \dfrac{1}{8}$  D. $xy + 1$

**10** 设 $f(x)$ 为连续函数，$F(t) = \int_1^t \mathrm{d}y \int_y^t f(x)\mathrm{d}x$，则 $F'(2) = ($  $)$．

A. $2f(2)$  B. $f(2)$  C. $-f(2)$  D. $0$

**11** 设函数 $f(x,y)$ 在 $D_r = \{(x,y) \mid x^2 + y^2 \leqslant r^2\}$ 上连续，且 $f(0,0) = 2$，那么 $\lim\limits_{r \to 0} \dfrac{\iint_{D_r} f(x,y)\mathrm{d}x\mathrm{d}y}{r^2} = \underline{\qquad}$．

**12** 计算积分 $\int_0^2 \mathrm{d}y \int_y^2 \sqrt{x^2 - y^2}\,\mathrm{d}x = \underline{\qquad}$．

**13** 计算积分 $\iint\limits_{D} \sin x \cos y \, dx dy$，其中 $D$ 是由 $y=x, y=0, x=\dfrac{\pi}{2}$ 所围成的三角形区域.

**答题区**

**纠错笔记**

**14** 设平面区域 $D$ 由直线 $x=3y, y=3x$ 及 $x+y=8$ 所围成，计算 $\iint\limits_{D} x^2 \, dx dy$.

**答题区**

**纠错笔记**

**15** 计算积分 $\iint\limits_{D} y \, dx dy$，其中 $D$ 由 $x^2+y^2 \leqslant 1, y \geqslant 0$ 确定.

**答题区**

**纠错笔记**

**16** 计算积分 $\iint\limits_{D} xy\cos(xy^2) \, dx dy$，其中 $D$ 是由不等式 $0 \leqslant x \leqslant \dfrac{\pi}{2}, 0 \leqslant y \leqslant 2$ 所确定的长方形区域.

**答题区**

**纠错笔记**

**17** 计算 $\iint\limits_{D}\dfrac{x^2}{y^2}dxdy$，其中 $D$ 由 $y\leqslant x$，$1\leqslant xy,x\leqslant 2$ 所确定.

**答题区**

**纠错笔记**

**18** 计算二重积分 $\iint\limits_{D}(\sqrt{x^2+y^2}-xy)dxdy$，其中 $D$ 为 $x^2+y^2\leqslant 1$.

**答题区**

**纠错笔记**

**19** 求 $\iint\limits_{D}(1-x^2-y^2)dxdy$，$D$ 是 $y=x,y=0,x^2+y^2=1$ 在第一象限内所围成的区域.

**答题区**

**纠错笔记**

**20** 计算积分 $\iint\limits_{D}yd\sigma$，其中 $D$ 是由不等式 $x^2+y^2\leqslant 4, x^2+y^2\geqslant 2x, y\geqslant 0, x\geqslant 0$ 所确定的区域.

**答题区**

**纠错笔记**

**21** 计算 $I = \iint\limits_{D} \sin\sqrt{x^2+y^2}\,dxdy$,其中 $D$ 是以原点为中心、分别以 $\pi$ 与 $2\pi$ 为半径的两个同心圆之间的部分.

✎ **答题区**

📖 **纠错笔记**

**22** 计算二重积分 $\iint\limits_{D} \ln(1+x^2+y^2)\,dxdy$,其中 $D$ 是单位圆域 $x^2+y^2 \leqslant 1$.

✎ **答题区**

📖 **纠错笔记**

**23** 设积分区域 $D = \{(x,y) \mid x^2+y^2 \leqslant 4y\}$,计算二重积分 $\iint\limits_{D} x^2 y\,dxdy$.

✎ **答题区**

📖 **纠错笔记**

**24** 计算二重积分 $\iint\limits_{D} x\,dxdy$,其中 $D$ 是由不等式 $x \leqslant y \leqslant \sqrt{2x-x^2}$ 所确定的区域.

✎ **答题区**

📖 **纠错笔记**

**25** 设 $D$ 是由直线 $y = \dfrac{1}{\sqrt{3}}x$ 与 $y = \sqrt{3}x$ 在第一象限内所围成的无界区域，计算二重积分 $\iint\limits_{D} \sqrt{x^2+y^2}\, e^{-(x^2+y^2)}\, dxdy$.

**答题区**

**纠错笔记**

**26** 设平面区域 $D = \{(x,y) \mid 1 \leqslant x^2+y^2 \leqslant 4, x \geqslant 0, y \geqslant 0\}$. 计算 $\iint\limits_{D} \dfrac{x\sin(\pi\sqrt{x^2+y^2})}{x+y}\, dxdy$.

**答题区**

**纠错笔记**

**27** 设 $f(x)$ 为区间 $[a,b]$ 上的连续函数，证明：对任意 $x \in (a,b)$，都有 $\int_a^b dx \int_a^x f(y)\, dy = \int_a^b f(x)(b-x)\, dx$.

**答题区**

**纠错笔记**

**28** 设 $D = \{(x,y) \mid -1 < x < 1, 0 < y < 2\}$，计算二重积分 $\iint\limits_{D} \sqrt{|y-x^2|}\, dxdy$.

**答题区**

**纠错笔记**

## 二、提高篇

**1** 设 $f(x)$ 是连续函数,则 $\int_0^1 dy \int_{-\sqrt{1-y^2}}^{1-y} f(x,y) dy = ($ $)$.

A. $\int_0^1 dx \int_0^{x-1} f(x,y) dy + \int_{-1}^0 dx \int_0^{\sqrt{1-x^2}} f(x,y) dy$

B. $\int_0^1 dx \int_0^{1-x} f(x,y) dy + \int_{-1}^0 dx \int_{-\sqrt{1-x^2}}^0 f(x,y) dy$

C. $\int_0^{\frac{\pi}{2}} d\theta \int_0^{\frac{1}{\cos\theta+\sin\theta}} f(r\cos\theta, r\sin\theta) dr + \int_{\frac{\pi}{2}}^{\pi} d\theta \int_0^{\frac{1}{\cos\theta+\sin\theta}} f(r\cos\theta, r\sin\theta) dr$

D. $\int_0^{\frac{\pi}{2}} d\theta \int_0^{\frac{1}{\cos\theta+\sin\theta}} f(r\cos\theta, r\sin\theta) r dr + \int_{\frac{\pi}{2}}^{\pi} d\theta \int_0^1 f(r\cos\theta, r\sin\theta) r dr$

✎ 答题区

📔 纠错笔记

**2** 设 $x = \rho\cos\theta$, $y = \rho\sin\theta$,则极坐标系 $(\rho,\theta)$ 中的累次积分 $\int_0^{\frac{\pi}{2}} d\theta \int_{\frac{1}{\cos\theta+\sin\theta}}^1 f(r\cos\theta, r\sin\theta) dr$ 可化为直角坐标系 $(x,y)$ 中的累次积分 ( ).

A. $\int_0^1 dx \int_{1-x}^{\sqrt{1-x^2}} f(x,y) dy$

B. $\int_0^1 dx \int_{1-x}^{\sqrt{1-x^2}} \frac{f(x,y)}{\sqrt{x^2+y^2}} dy$

C. $\int_0^1 dx \int_x^{\sqrt{1-x^2}} f(x,y) dy$

D. $\int_0^1 dx \int_x^{\sqrt{1-x^2}} \frac{f(x,y)}{\sqrt{x^2+y^2}} dy$

✎ 答题区

📔 纠错笔记

**3** 如图 6-1 所示，正方形 $\{(x,y) \mid |x| \leqslant 1, |y| \leqslant 1\}$ 被其对角线划分为四个区域 $D_k(k=1,2,3,4)$，$I_k = \iint\limits_{D_k} y\cos x \mathrm{d}x\mathrm{d}y$，则 $\max\limits_{k=1,2,3,4}\{I_k\} = $ (    ).

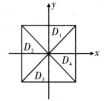

A. $I_1$        B. $I_2$

C. $I_3$        D. $I_4$

图 6-1

**4** 设区域 $D = \{(x,y) \mid x^2+y^2 \leqslant 4, x \geqslant 0, y \geqslant 0\}$，$f(x)$ 为 $D$ 的正值连续函数，$a,b$ 为常数，则 $\iint\limits_D \dfrac{a\sqrt{f(x)}+b\sqrt{f(y)}}{\sqrt{f(x)}+\sqrt{f(y)}}\mathrm{d}x\mathrm{d}y = $ (    ).

A. $ab\pi$   B. $\dfrac{ab}{2}\pi$   C. $(a+b)\pi$   D. $\dfrac{a+b}{2}\pi$

**5** 设 $I_1 = \iint\limits_D \dfrac{x+y}{4}\mathrm{d}x\mathrm{d}y$，$I_2 = \iint\limits_D \sqrt{\dfrac{x+y}{4}}\mathrm{d}x\mathrm{d}y$，$I_3 = \iint\limits_D \sqrt[3]{\dfrac{x+y}{4}}\mathrm{d}x\mathrm{d}y$，且 $D = \{(x,y) \mid (x-1)^2+(y-1)^2 \leqslant 2\}$，则(    ).

A. $I_1 < I_2 < I_3$      B. $I_2 < I_3 < I_1$

C. $I_3 < I_1 < I_2$      D. $I_3 < I_2 < I_1$

**6** 设 $f(u)$ 是可微函数,且 $f(0) = 0$,则 $\lim\limits_{t \to 0^+} \dfrac{1}{\pi t^3} \iint\limits_{x^2+y^2 \leqslant t^2} f(\sqrt{x^2+y^2})\mathrm{d}x\mathrm{d}y = ($    $)$.

    A. $f'(0)$      B. $\dfrac{2}{3}f'(0)$      C. $-\dfrac{2}{3}f'(0)$      D. $f(0)$

**7** 设积分区域 $D = \{(x,y) \mid -1 \leqslant x \leqslant 1, -1 \leqslant y \leqslant 1\}$,则 $\iint\limits_{D} |x+y| \mathrm{d}x\mathrm{d}y = ($    $)$.

    A. $\dfrac{2}{3}$      B. $\dfrac{4}{3}$      C. $\dfrac{8}{3}$      D. $\dfrac{10}{3}$

**8** 设积分区域 $D = \{(x,y) \mid x^2+y^2 \geqslant x, |x| \leqslant 1, |y| \leqslant 1\}$,则 $\iint\limits_{D} |xy| \mathrm{d}x\mathrm{d}y = $ _____ .

**9** 设 $D$ 是由曲线 $y = \mathrm{e}^x - 1$ 与直线 $y = x$ 在第一象限内围成的无界区域,则 $\iint\limits_{D} y\mathrm{e}^{-4x}\mathrm{d}x\mathrm{d}y = $ _____ .

**10** 设区域 $D = \{(x,y) \mid |x|+|y| \leq 1\}$,则二重积分 $I = \iint\limits_{D}(1-x)(1-y)(1-|x|-|y|)\mathrm{d}x\mathrm{d}y = $ _____.

**11** 设 $f(t)$ 为连续函数,$D$ 为由 $y = x^3$,$y = 1$,$x = -1$ 所围成的区域,则 $\iint\limits_{D} xyf(x^2+y^2)\mathrm{d}x\mathrm{d}y = $ _____.

**12** 设区域 $D = \{(x,y) \mid x^2 + y^2 \leq \pi\}$,计算 $\iint\limits_{D} \mathrm{e}^{-(x^2+y^2-\pi)}\sin(x^2+y^2)\mathrm{d}x\mathrm{d}y$.

**13** 设 $f(x,y) = \begin{cases} \mathrm{e}^{-(x+y)}, & x > 0, y > 0 \\ 0, & \text{其他} \end{cases}$,求 $I = \iint\limits_{D} f(x,y)\mathrm{d}x\mathrm{d}y$,其中 $D$ 是由 $x+y = 1$,$x+y = 2$,$y = 0$ 和 $y = 3$ 所围成的闭区域.

**14** 计算 $I = \iint\limits_{D} |x^2 + y^2 - 2| \, dxdy$，其中 $D$ 为圆形闭区域 $x^2 + y^2 \leqslant 3$．

答题区

纠错笔记

**15** 设闭区域 $D = \{(x, y) \mid x^2 + y^2 \leqslant y, x \geqslant 0\}$，$f(x, y)$ 为 $D$ 上的连续函数，且 $f(x, y) = \sqrt{1 - x^2 - y^2} - \dfrac{8}{\pi} \iint\limits_{D} f(u, v) \, dudv$，求 $f(x, y)$．

答题区

纠错笔记

**16** 计算二重积分 $I = \iint\limits_{D} (x + y) \, dxdy$，其中 $D: x^2 + y^2 \leqslant x + y$．

答题区

纠错笔记

**17** 设积分区域 $D = \{(x, y) \mid 0 \leqslant x \leqslant 1, 0 \leqslant y \leqslant 1\}$，计算 $\iint\limits_{D} \dfrac{1}{(1 + x^2 + y^2)^{\frac{3}{2}}} \, dxdy$．

答题区

纠错笔记

**18** 已知函数 $f(x,y)$ 具有二阶连续偏导数，且 $f(1,y)=0, f(x,1)=0$，$\iint\limits_{D} f(x,y)\mathrm{d}x\mathrm{d}y = a$，其中 $D = \{(x,y) \mid 0 \leqslant x \leqslant 1, 0 \leqslant y \leqslant 1\}$，计算二重积分 $I = \iint\limits_{D} xy f''_{xy}(x,y)\mathrm{d}x\mathrm{d}y$.

✎ 答题区

📓 纠错笔记

**19** 设二元函数 $f(x,y) = \begin{cases} x^2, & |x|+|y| \leqslant 1 \\ \dfrac{1}{\sqrt{x^2+y^2}}, & 1 \leqslant |x|+|y| \leqslant 2 \end{cases}$，计算二重积分 $\iint\limits_{D} f(x,y)\mathrm{d}\sigma$，其中 $D = \{(x,y) \mid |x|+|y| \leqslant 2\}$.

✎ 答题区

📓 纠错笔记

# 第七章  无穷级数

## 第一节  常数项级数的概念和性质

### 一、基础篇

**1** 判断下列级数的收敛性.

(1) $\sum_{n=1}^{\infty}(\sqrt{n+1}-\sqrt{n})$.

(2) $\sum_{n=1}^{\infty}\dfrac{1}{n+3}$.

(3) $\sum_{n=1}^{\infty}\ln\dfrac{n}{n+1}$.

(4) $\sum_{n=1}^{\infty} (-1)^n \times 2$.

✎ 答题区

📖 纠错笔记

(5) $\sum_{n=1}^{\infty} \frac{n+1}{n}$.

✎ 答题区

📖 纠错笔记

(6) $\sum_{n=0}^{\infty} \frac{(-1)^n n}{2n+1}$.

✎ 答题区

📖 纠错笔记

**2** 判别下列级数的收敛性. 若收敛,则求其和.

(1) $\sum_{n=1}^{\infty} \left( \frac{1}{2^n} + \frac{1}{3^n} \right)$.

✎ 答题区

📖 纠错笔记

(2) $\sum_{n=1}^{\infty} \frac{1}{n(n+1)(n+2)}$.

✎ 答题区

📖 纠错笔记

(3) $\sum_{n=1}^{\infty} n\sin\dfrac{\pi}{2n}$.

(4) $\sum_{n=0}^{\infty} \cos\dfrac{n\pi}{2}$.

## 第二节　求常数项级数的审敛法

### 一、基础篇

**1** 设 $a_n = (-1)^{n-1}\dfrac{1}{\sqrt{n}}$ $(n=1,2,\cdots)$，则下列级数收敛的是(　　).

A. $\sum_{n=1}^{\infty}(-1)^{n-1}a_n$　　　　B. $\sum_{n=1}^{\infty}a_n^2$

C. $\sum_{n=1}^{\infty}(a_{n+1}+a_n)$　　　　D. $\sum_{n=1}^{\infty}a_n a_{n+1}$

**2** 若级数 $\sum\limits_{n=1}^{\infty} a_n$ 发散，则必有（    ）.

A. $\sum\limits_{n=1}^{\infty}(-1)^{n-1}a_n$ 发散

B. $\lim\limits_{n\to\infty}(a_1+a_2+\cdots+a_n)=\infty$

C. $\lim\limits_{n\to\infty}a_n=0$

D. $\lim\limits_{n\to\infty}(|a_1|+|a_2|+\cdots+|a_n|)=\infty$

答题区

纠错笔记

**3** 设 $a$ 为常数，则级数 $\sum\limits_{n=1}^{\infty}\left[\dfrac{\sin na}{n^2}-\dfrac{1}{\sqrt{n}}\right]$（    ）.

A. 绝对收敛

B. 条件收敛

C. 发散

D. 收敛性与 $a$ 的取值有关

答题区

纠错笔记

**4** 判断下列正项级数的敛散性.

(1) $\sum\limits_{n=1}^{\infty}\dfrac{2^n n!}{n^n}$.

答题区

纠错笔记

(2) $\sum\limits_{n=1}^{\infty}\left(\dfrac{2n+1}{3n-2}\right)^{2n+1}$.

答题区

纠错笔记

(3) $\sum_{n=1}^{\infty} 2^n \sin \dfrac{\pi}{3^n}$.

 答题区

 纠错笔记

(4) $\sum_{n=1}^{\infty} \dfrac{1}{\ln(n+1)}$.

答题区

纠错笔记

(5) $\sum_{n=1}^{\infty} \dfrac{(2n-1)!!}{3^n \cdot n!}$.

 答题区

 纠错笔记

(6) $\sum_{n=1}^{\infty} \dfrac{2n+1}{n^{\frac{5}{2}} + n^2 + 1}$.

 答题区

 纠错笔记

(7) $\sum_{n=1}^{\infty} \dfrac{1}{\sqrt{n(n^2+5)}}$.

**答题区**

**纠错笔记**

(8) $\sum_{n=1}^{\infty} \dfrac{1}{1+a^n}\,(a>0)$.

**答题区**

**纠错笔记**

(9) $\sum_{n=1}^{\infty} \dfrac{n+1}{2n^4-1}$.

**答题区**

**纠错笔记**

(10) $\sum_{n=1}^{\infty} \dfrac{3^n}{n\times 2^n}$.

**答题区**

**纠错笔记**

(11) $\sum_{n=1}^{\infty} \dfrac{3 \times 5 \times 7 \times \cdots \times (2n+1)}{4 \times 7 \times 10 \times \cdots \times (3n+1)}$.

**答题区**

**纠错笔记**

(12) $\sum_{n=1}^{\infty} \dfrac{(n!)^2}{2^{n^2}}$.

**答题区**

**纠错笔记**

(13) $\sum_{n=1}^{\infty} \sin \dfrac{1}{n^2}$.

**答题区**

**纠错笔记**

(14) $\sum_{n=1}^{\infty} \dfrac{n \cos^2 \dfrac{n\pi}{3}}{2^n}$.

**答题区**

**纠错笔记**

(15) $\sum_{n=1}^{\infty}\left(\frac{1}{n}-\ln\frac{n+1}{n}\right)$.

(16) $\sum_{n=1}^{\infty}\frac{1}{n^2-\ln n}$.

(17) $\sum_{n=1}^{\infty}\frac{1!+2!+\cdots+n!}{(2n)!}$.

(18) $\sum_{n=1}^{\infty}\frac{x^n}{(1+x)(1+x^2)\cdots(1+x^n)}\ (x>0)$.

**5** 判断下列交错级数的敛散性,若收敛,则进一步判断级数是绝对收敛还是条件收敛.

(1) $\sum_{n=1}^{\infty} (-1)^n \left(1 - \cos \frac{1}{n}\right)$.

(2) $\sum_{n=1}^{\infty} (-1)^{n-1} \left(\frac{n^2}{3^n} + \frac{1}{\sqrt{n}}\right)$.

(3) $\sum_{n=1}^{\infty} \frac{n^2 \cos n}{3^n}$.

(4) $\sum_{n=1}^{\infty} (-1)^{n-1} \frac{1}{\sqrt{n - \ln n}}$.

**6** 设数列 $\{a_n\}$ 为单调增加的有界正数列,证明:级数 $\sum_{n=2}^{\infty}\left(1-\dfrac{a_n}{a_{n+1}}\right)$ 收敛.

## 二、提高篇

**1** 下列各选项中正确的是(    ).

A. 若 $\sum_{n=1}^{\infty} u_n^2$ 和 $\sum_{n=1}^{\infty} v_n^2$ 都收敛,则 $\sum_{n=1}^{\infty}(u_n+v_n)^2$ 收敛

B. 若 $\sum_{n=1}^{\infty}|u_n v_n|$ 收敛,则 $\sum_{n=1}^{\infty} u_n^2$ 和 $\sum_{n=1}^{\infty} v_n^2$ 都收敛

C. 若正项级数 $\sum_{n=1}^{\infty} u_n$ 发散,则 $u_n \geqslant \dfrac{1}{n}$

D. 若级数 $\sum_{n=1}^{\infty} u_n$ 收敛,且 $u_n \geqslant v_n (n=1,2,3,\cdots)$,则级数 $\sum_{n=1}^{\infty} v_n$ 收敛

**2** 设 $0 \leqslant u_n \leqslant \dfrac{1}{n}(n=1,2,\cdots)$,则下列级数中必定收敛的是(    ).

A. $\sum_{n=1}^{\infty} u_n$   B. $\sum_{n=1}^{\infty}(-1)^n u_n$

C. $\sum_{n=1}^{\infty} \sqrt{u_n}$   D. $\sum_{n=1}^{\infty}(-1)^n u_n^2$

**3** 设 $\sum_{n=1}^{\infty} u_n$ 为正项级数,则下列结论中正确的是( ).

A. 若 $\lim\limits_{n\to\infty} nu_n = 0$,则级数 $\sum_{n=1}^{\infty} u_n$ 收敛

B. 若存在非零常数 $\lambda$,使得 $\lim\limits_{n\to\infty} nu_n = \lambda$,则级数 $\sum_{n=1}^{\infty} u_n$ 发散

C. 若级数 $\sum_{n=1}^{\infty} u_n$ 收敛,则 $\lim\limits_{n\to\infty} n^2 u_n = 0$

D. 若级数 $\sum_{n=1}^{\infty} u_n$ 发散,则存在非零常数 $\lambda$,使得 $\lim\limits_{n\to\infty} nu_n = \lambda$

✎ 答题区

📓 纠错笔记

**4** 设 $\{u_n\}$ 为正项数列,则下列选项中正确的是( ).

A. 若 $u_n > u_{n+1}$,则 $\sum_{n=1}^{\infty} (-1)^{n-1} u_n$ 收敛

B. 若 $\sum_{n=1}^{\infty} (-1)^{n-1} u_n$ 收敛,则 $u_n > u_{n+1}$

C. 若 $\sum_{n=1}^{\infty} u_n$ 收敛,则存在常数 $p > 1$,使 $\lim\limits_{n\to\infty} n^p u_n$ 存在

D. 若存在常数 $p > 1$,使 $\lim\limits_{n\to\infty} n^p u_n$ 存在,则 $\sum_{n=1}^{\infty} u_n$ 收敛

✎ 答题区

📓 纠错笔记

**5** 若级数 $\sum_{n=1}^{\infty} u_n$ 收敛,则级数( ).

A. $\sum_{n=1}^{\infty} |u_n|$ 收敛

B. $\sum_{n=1}^{\infty} (-1)^n u_n$ 收敛

C. $\sum_{n=1}^{\infty} u_n \cdot u_{n+1}$ 收敛

D. $\sum_{n=1}^{\infty} \dfrac{u_n + u_{n+1}}{2}$ 收敛

✎ 答题区

📓 纠错笔记

**6** 设级数 $\sum_{n=1}^{\infty} u_n$ 收敛,则以下级数必收敛的为( ).

A. $\sum_{n=1}^{\infty} (-1)^n \cdot \dfrac{u_n}{n}$　　　　B. $\sum_{n=1}^{\infty} u_n^2$

C. $\sum_{n=1}^{\infty} (u_{2n-1} - u_{2n})$　　　　D. $\sum_{n=1}^{\infty} (u_n + u_{n+1})$

 答题区

📔 纠错笔记

**7** 设 $u_n \geqslant 0$, $n = 1, 2, \cdots$, 且 $\sum_{n=1}^{\infty} (-1)^{n-1} u_n$ 条件收敛,则下列结论正确的是( ).

A. $\sum_{n=1}^{\infty} u_{2n-1}$ 收敛, $\sum_{n=1}^{\infty} u_{2n}$ 发散　　　　B. $\sum_{n=1}^{\infty} u_{2n-1}$ 与 $\sum_{n=1}^{\infty} u_{2n}$ 发散

C. $\sum_{n=1}^{\infty} u_{2n-1}$ 发散, $\sum_{n=1}^{\infty} u_{2n}$ 收敛　　　　D. $\sum_{n=1}^{\infty} u_{2n-1}$ 与 $\sum_{n=1}^{\infty} u_{2n}$ 收敛

 答题区

📔 纠错笔记

**8** 设 $u_n \neq 0$ ($n = 1, 2, 3, \cdots$), 且 $\lim\limits_{n\to\infty} \dfrac{n}{u_n} = 1$, 则级数 $\sum_{n=1}^{\infty} (-1)^{n+1} \left( \dfrac{1}{u_n} + \dfrac{1}{u_{n+1}} \right)$ ( ).

A. 发散　　　　B. 绝对收敛

C. 条件收敛　　　　D. 收敛性根据所给条件不能判定

 答题区

📔 纠错笔记

**9** 设 $p_n = \dfrac{u_n + |u_n|}{2}$，$q_n = \dfrac{u_n - |u_n|}{2}$，$n = 1, 2, 3, \cdots$，则下列命题正确的是（　　）.

A. 若 $\sum\limits_{n=1}^{\infty} u_n$ 条件收敛，则 $\sum\limits_{n=1}^{\infty} p_n$ 与 $\sum\limits_{n=1}^{\infty} q_n$ 都收敛.

B. 若 $\sum\limits_{n=1}^{\infty} u_n$ 绝对收敛，则 $\sum\limits_{n=1}^{\infty} p_n$ 与 $\sum\limits_{n=1}^{\infty} q_n$ 都收敛.

C. 若 $\sum\limits_{n=1}^{\infty} u_n$ 条件收敛，则 $\sum\limits_{n=1}^{\infty} p_n$ 与 $\sum\limits_{n=1}^{\infty} q_n$ 敛散性均不确定.

D. 若 $\sum\limits_{n=1}^{\infty} u_n$ 绝对收敛，则 $\sum\limits_{n=1}^{\infty} p_n$ 与 $\sum\limits_{n=1}^{\infty} q_n$ 敛散性均不确定.

**10** 设 $u_n > 0 (n = 1, 2, \cdots)$ 且 $\sum\limits_{n=1}^{\infty} u_n$ 收敛，常数 $\lambda \in \left(0, \dfrac{\pi}{2}\right)$，则级数 $\sum\limits_{n=1}^{\infty} (-1)^n \left(n \tan \dfrac{\lambda}{n}\right) u_{2n}$（　　）.

A. 绝对收敛　　　　B. 条件收敛　　　　C. 发散　　　　D. 敛散性与 $\lambda$ 有关

**11** 设级数 $\sum\limits_{n=1}^{\infty} a^{\ln \frac{1}{n}} (a > 0)$，当_____时，级数收敛；当_____时，级数发散.

**12** 设 $\sum_{n=1}^{\infty}(-1)^{n-1}u_n=2$，$\sum_{n=1}^{\infty}u_n=6$，又 $v_n=3u_{2n-1}-u_{2n}$，则 $\sum_{n=1}^{\infty}v_n=$ _____．

**13** 判断下列级数的敛散性．

(1) $\sum_{n=2}^{\infty}\left(\dfrac{1}{\sqrt{n-1}}-\dfrac{1}{\sqrt{n}}-\dfrac{1}{n}\right)$．

(2) $\sum_{n=1}^{\infty}(\sqrt{n+1}-\sqrt{n})^p \ln\left(1+\dfrac{1}{n}\right)\ (p>0)$．

(3) $\sum_{n=1}^{\infty}\left(\dfrac{1}{n}-\sin\dfrac{1}{n}\right)$．

(4) $\sum_{n=1}^{\infty} \left(1 - \frac{\ln n}{n}\right)^n$.

**答题区**

**纠错笔记**

(5) $\sum_{n=1}^{\infty} \left(n^{\frac{1}{n^2+1}} - 1\right)$.

**答题区**

**纠错笔记**

**14** 正项数列 $\{a_n\}$ 单调减少，且 $\sum_{n=1}^{\infty} (-1)^n a_n$ 发散，讨论 $\sum_{n=1}^{\infty} \left(\frac{1}{a_n + 1}\right)^n$ 是否收敛.

**答题区**

**纠错笔记**

**15** 判断下列级数的敛散性. 若级数收敛则进一步判断是条件收敛还是绝对收敛.

(1) $\sum_{n=1}^{\infty} \sin(\pi \sqrt{n^2 + a^2})$.

**答题区**

**纠错笔记**

(2) $\sum_{n=2}^{\infty} \frac{(-1)^n}{\sqrt{n}+(-1)^n}$.

**答题区**

**纠错笔记**

**16** 判断级数 $\sum_{n=2}^{\infty} \frac{(-1)^n}{\sqrt{n+(-1)^n}}$ 的敛散性.

**答题区**

**纠错笔记**

**17** 讨论级数 $1 - \frac{1}{2^\alpha} + \frac{1}{3} - \frac{1}{4^\alpha} + \cdots + \frac{1}{2n-1} - \frac{1}{(2n)^\alpha} + \cdots (\alpha > 0)$ 的敛散性.

**答题区**

**纠错笔记**

**18** 讨论级数 $a - \frac{b}{2} + \frac{a}{3} - \frac{b}{4} + \cdots + \frac{a}{2n-1} - \frac{b}{2n} + \cdots (a, b > 0)$ 的敛散性.

**答题区**

**纠错笔记**

**19** 讨论级数 $\sum_{n=1}^{\infty}\left(\sqrt[n]{a}-\sqrt{1+\frac{1}{n}}\right)$ $(a>0)$ 的敛散性.

**20** 设 $a_1=2$,$a_{n+1}=\frac{1}{2}\left(a_n+\frac{1}{a_n}\right)$. 证明:

(1) $\lim\limits_{n\to\infty}a_n$ 存在;

(2) 级数 $\sum\limits_{n=1}^{\infty}\left(\dfrac{a_n}{a_{n+1}}-1\right)$ 收敛.

**21** 设 $a_n=\int_0^{\frac{\pi}{4}}\tan^n x\,\mathrm{d}x$.

(1) 求 $\sum\limits_{n=1}^{\infty}\dfrac{1}{n}(a_n+a_{n+2})$ 的值;

(2) 试证:对任意常数 $\lambda>0$,级数 $\sum\limits_{n=1}^{\infty}\dfrac{a_n}{n^\lambda}$ 收敛.

**22** 设函数 $\varphi(x)$ 在 $(-\infty,+\infty)$ 上连续,周期为 1,且 $\int_0^1 \varphi(x)dx = 0$,函数 $f(x)$ 在 $[0,1]$ 上有连续导数,设 $a_n = \int_0^1 f(x)\varphi(nx)dx$,求证:级数 $\sum_{n=1}^{\infty} a_n^2$ 收敛.

**23** 设数列 $\{a_n\}$,$\{b_n\}$ 满足 $0 < a_n < \frac{\pi}{2}$,$0 < b_n < \frac{\pi}{2}$,$\cos a_n - a_n = \cos b_n$ 且级数 $\sum_{n=1}^{\infty} b_n$ 收敛. 证明:

(1) $\lim\limits_{n \to \infty} a_n = 0$;

(2) 级数 $\sum_{n=1}^{\infty} \dfrac{a_n}{b_n}$ 收敛.

## 第三节　幂级数

### 一、基础篇

**1** 已知幂级数 $\sum\limits_{n=0}^{\infty} a_n(x-3)^n$ 在 $x=0$ 处收敛,在 $x=6$ 处发散,则幂级数的收敛域为_____.

**2.** 已知幂级数 $\sum_{n=0}^{\infty} a_n (x+2)^n$ 在 $x=0$ 处收敛,在 $x=-4$ 处发散,则幂级数 $\sum_{n=0}^{\infty} a_n (x-3)^n$ 的收敛域为 _____.

**3** 求下列幂级数的收敛域.

(1) $\sum_{n=1}^{\infty} n x^n$.

(2) $\sum_{n=0}^{\infty} \dfrac{n!}{n^n} x^n$.

(3) $\sum_{n=1}^{\infty} \dfrac{x^n}{2^n \times n^2}$.

(4) $\sum_{n=0}^{\infty} (-1)^n \dfrac{x^{2n+1}}{2n+1}$.

(5) $\sum_{n=1}^{\infty} \dfrac{(x+2)^n}{2^n \times n}$.

(6) $\sum_{n=0}^{\infty} \dfrac{2^n}{n} (x-1)^n$.

(7) $\sum_{n=1}^{\infty} (-1)^{n-1} \dfrac{\ln(n+1)}{n} (x+1)^n$.

(8) $\sum_{n=1}^{\infty} \dfrac{n}{2^n+(-3)^n} x^{2n-1}$.

(9) $\sum_{n=1}^{\infty} \dfrac{(-1)^{n-1} x^{2n+1}}{n(2n-1)}$.

**4** 求下列幂级数的和函数.

(1) $\sum_{n=1}^{\infty} \dfrac{(-1)^{n-1}}{2n-1} x^{2n}$.

(2) $\sum_{n=1}^{\infty} \dfrac{n^2+1}{n} x^n$.

**5** 求幂级数 $\sum\limits_{n=1}^{\infty}\left(\dfrac{1}{2n+1}-1\right)x^{2n}$ 在区间 $(-1,1)$ 内的和函数 $S(x)$.

**6** 求下列数项级数的和.

(1) $\sum\limits_{n=1}^{\infty}\dfrac{n}{(n+1)!}$.

(2) $\sum\limits_{n=1}^{\infty}\dfrac{(-1)^{n-1}}{2n-1}$.

**7** 求级数 $\sum\limits_{n=0}^{\infty}(-1)^n\dfrac{1}{2^n}(n^2-n+1)$ 的和.

## 二、提高篇

**1.** 设幂级数 $\sum_{n=1}^{\infty} a_n x^n$ 与 $\sum_{n=1}^{\infty} b_n x^n$ 的收敛半径分别为 $\frac{\sqrt{5}}{3}$ 和 $\frac{1}{3}$,则幂级数 $\sum_{n=1}^{\infty} \frac{a_n^2}{b_n^2} x^n$ 的收敛半径为( ).

A. 5　　　　　B. $\frac{\sqrt{5}}{3}$　　　　　C. $\frac{1}{3}$　　　　　D. $\frac{1}{5}$

**2.** 若幂级数 $\sum_{n=1}^{\infty} a^{n^2} x^n (a>0)$ 的收敛域为 $(-\infty, +\infty)$,则 $a$ 应满足 ＿＿＿＿＿．

**3.** 求级数 $\sum_{n=1}^{\infty} \frac{x^n}{a^n + b^n} (a>0, b>0)$ 的收敛区间．

**4.** 求幂级数 $\sum_{n=0}^{\infty} (n+1)(n+3) x^n$ 的收敛域、和函数．

5. 求幂级数 $\sum_{n=0}^{\infty} \dfrac{n^2+1}{2^n n!} x^n$ 的和函数.

6. 求幂级数 $\sum_{n=0}^{\infty} \dfrac{4n^2+4n+3}{2n+1} x^{2n}$ 的收敛域及和函数.

7. 求极限 $\lim\limits_{n\to\infty}\left(\dfrac{3}{2\times 1}+\dfrac{5}{2^2\times 2!}+\dfrac{7}{2^3\times 3!}+\cdots+\dfrac{2n+1}{2^n\times n!}\right)$.

## 第四节　函数展开成幂级数

### 一、基础篇

1. 将下列函数展开成 $x$ 的幂级数.

(1) $\cos^2 \dfrac{x}{2}$.

(2) $\dfrac{1}{2}(e^x - e^{-x})$.

 答题区

 纠错笔记

(3) $3^x$.

 答题区

 纠错笔记

(4) $\dfrac{x^2}{1+x^2}$.

 答题区

 纠错笔记

(5) $\ln(1+x-2x^2)$.

答题区

纠错笔记

(6) $\dfrac{1}{(x-1)(x-2)}$.

答题区

纠错笔记

(7) $\int_0^x \dfrac{\sin t}{t}\mathrm{d}t$.

答题区

纠错笔记

(8) $\int_0^x \mathrm{e}^{t^2}\mathrm{d}t$.

答题区

纠错笔记

(9) $\dfrac{x}{2+x-x^2}$.

答题区

纠错笔记

(10) $\dfrac{1}{(1+x)^2}$.

答题区

纠错笔记

2. 将下列函数在指定点处展开成幂级数,并求其收敛区间.

(1) $\dfrac{1}{3-x}$,在 $x_0 = 1$ 处.

 答题区

纠错笔记

(2) $\cos x$,在 $x_0 = \dfrac{\pi}{3}$ 处.

 答题区

纠错笔记

(3) $e^x$,在 $x_0 = 1$ 处.

答题区

纠错笔记

(4) $\dfrac{1}{x^2}$,在 $x_0 = 3$ 处.

 答题区

纠错笔记

## 二、提高篇

**1.** 将级数 $\sum_{n=1}^{\infty} \dfrac{(-1)^{n-1}}{(2n-1)!\, 2^{2n-2}} x^{2n-1}$ 的和函数展开成 $x-1$ 的幂级数.

**答题区**

**纠错笔记**

**2.** 将 $f(x) = x\arctan x - \ln\sqrt{1+x^2}$ 展开成 $x$ 的幂级数.

**答题区**

**纠错笔记**

# 第八章 仅数学一考查内容

## 第一节 傅里叶级数

### 一、基础篇

**1** 设 $f(x) = \left|x - \dfrac{1}{2}\right|(0 \leqslant x < 1)$，$b_n = 2\int_0^1 f(x)\sin n\pi x \mathrm{d}x (n=1,2,\cdots)$，令 $s(x) = \sum\limits_{n=1}^{\infty} b_n \sin n\pi x$，则 $s\left(-\dfrac{9}{4}\right) = (\quad)$.

A. $\dfrac{3}{4}$ B. $\dfrac{1}{4}$ C. $-\dfrac{1}{4}$ D. $-\dfrac{3}{4}$

**2** 设 $f(x) = \begin{cases} x, & 0 \leqslant x \leqslant \dfrac{1}{2} \\ 2-2x, & \dfrac{1}{2} < x < 1 \end{cases}$，$s(x) = \dfrac{a_0}{2} + \sum\limits_{n=1}^{\infty} a_n \cos n\pi x, -\infty < x < +\infty$，其中 $a_n = 2\int_0^1 f(x)\cos n\pi x \mathrm{d}x \ (n=1,2,\cdots)$，则 $s\left(-\dfrac{5}{2}\right) = (\quad)$.

A. $\dfrac{1}{2}$ B. $-\dfrac{1}{2}$ C. $\dfrac{3}{4}$ D. $-\dfrac{3}{4}$

**3** 设 $f(x)$ 是周期为 2 的周期函数,它在区间 $(-1,1]$ 上定义为 $f(x) = \begin{cases} 2, & -1 < x \leqslant 0 \\ x^2, & 0 < x \leqslant 1 \end{cases}$,则 $f(x)$ 的傅里叶级数在 $x = 1$ 处收敛于_____.

**4** 设函数展开成傅里叶级数为 $x^2 = \sum_{n=0}^{\infty} a_n \cos nx \ (-\pi \leqslant x \leqslant \pi)$,则 $a_2 = $ _____.

**5** 将函数 $f(x) = 2 + |x| \ (-1 \leqslant x \leqslant 1)$ 展成以 2 为周期的傅里叶级数,并由此求级数 $\sum_{n=1}^{\infty} \frac{1}{n^2}$ 的和.

**6** 将函数 $f(x) = x - 1 \ (0 \leqslant x \leqslant 2)$ 展开成周期为 4 的余弦级数.

**7** 设 $f(x)$ 是周期为 2 的函数,它在 $(-1,1]$ 上的表达式为 $f(x) = \begin{cases} 2, -1 < x \leqslant 0 \\ x^3, 0 < x \leqslant 1 \end{cases}$,写出 $f(x)$ 的傅里叶级数在 $[-1,1]$ 上的和函数 $s(x)$ 的表达式,并求 $s(4), s\left(-\frac{3}{2}\right)$.

## 二、提高篇

**1** 已知函数 $f(x) = x^2 (0 < x < 2\pi)$ 是周期为 $2\pi$ 的周期函数,

(1) 求 $f(x)$ 的傅里叶级数.

答题区

纠错笔记

(2) 证明:$\sum_{n=1}^{\infty} \frac{1}{n^2} = \frac{\pi^2}{6}$.

答题区

纠错笔记

(3) 求积分 $\int_0^1 \frac{\ln(1+x)}{x} dx$ 的值.

答题区

纠错笔记

**2** 将函数 $f(x) = 1 - x^2 (0 \leqslant x \leqslant \pi)$ 展开成余弦形式的傅里叶级数,并求 $\sum_{n=1}^{\infty} \frac{(-1)^{n+1}}{n^2}$ 的和.

答题区

纠错笔记

## 第二节 向量及其运算

**1** 若 $a \cdot b = a \cdot c$，则下列结论正确的是( ).

A. $b = c$　　　　　　　　　　B. $a \perp b$ 且 $a \perp c$

C. $a = 0$ 或 $b = c$　　　　　D. $a \perp (b - c)$

**2** 已知 $a, b, c$ 是单位向量，且 $a + b + c = 0$，那么 $a \cdot b + b \cdot c + c \cdot a = ($ 　　 $)$.

A. $-\dfrac{3}{2}$　　　　B. $-1$　　　　C. $1$　　　　D. $\dfrac{3}{2}$

**3** 已知 $|a| = 1$，$|b| = \sqrt{2}$，且 $a$ 与 $b$ 之间的夹角是 $\dfrac{\pi}{4}$，则 $|a + b| = ($ 　　 $)$.

A. $1$　　　　B. $1 + \sqrt{2}$　　　　C. $2$　　　　D. $\sqrt{5}$

**4** 若 $a = (1, 2, 4)$，$b = (1, 0, 1)$，则 $a \cdot b = $ _____.

**5** 若 $|a|=3$, $|b|=4$, 且 $a \perp b$, 则 $|(a+b) \times (a-b)| = $ _____.

**6** 若 $|a|=13$, $|b|=19$, 且 $|a+b|=24$, 则 $|a-b|=$ _____.

**7** 设向量 $a, b, c \neq 0$, 若 $a = b \times c$, $b = c \times a$, $c = a \times b$, 则 $|a|+|b|+|c| = $ _____.

**8** 已知 $|a|=1$, $|b|=4$, $|c|=5$, 且 $a+b+c=0$, 求 $a \times b + b \times c + c \times a$ 的值.

**9** 已知 $|a \cdot b|=3$, $|a \times b|=4$, 求 $|a| \cdot |b|$.

**10** 设 $a=(2,-3,2), b=(-1,1,2), c=(1,0,3)$，求 $(a\times b)\cdot c$.

**11** 已知向量 $a=(1,1,1), b=(1,0,1)$，求向量 $a$ 在 $b$ 上的投影.

**12** 已知 $a,b$ 均为非零向量，且 $|b|=1, (\widehat{a,b})=\dfrac{\pi}{4}$，求 $\lim\limits_{x\to 0}\dfrac{|a+xb|-|a|}{x}$.

## 第三节 空间解析几何

**1** 已知空间三个平面 $\pi_1: x+2y-z+1=0, \pi_2: x+y-2z+1=0, \pi_3: 4x+5y-7z+4=0$，则三个平面的位置关系是（ ）．

A. 通过同一直线　　　　　　　　B. 不通过同一直线且两两不平行

C. 有一个公共点　　　　　　　　D. 无公共交点

已知直线 $L_1: \dfrac{x-1}{1} = \dfrac{y-5}{-2} = \dfrac{z+8}{1}$ 与直线 $L_2: \begin{cases} x-y=0 \\ 2y=z=3 \end{cases}$, 则 $L_1$ 与 $L_2$ 的夹角为( ).

A. $\dfrac{\pi}{6}$      B. $\dfrac{\pi}{4}$      C. $\dfrac{\pi}{3}$      D. $\dfrac{\pi}{2}$

 设直线 $L: \begin{cases} x+3y+2z+1=0 \\ 2x-y-10z=3 \end{cases}$ 及平面 $\pi: 4x-2y+z-2=0$, 则直线 $L$ ( ).

A. 平行于 $\pi$      B. 在 $\pi$ 上      C. 垂直于 $\pi$      D. 与 $\pi$ 斜交

 直线 $L_1: \dfrac{x}{1} = \dfrac{y-5}{2} = \dfrac{z-2}{1}$ 与 $L_2: \dfrac{x-2}{3} = \dfrac{y-4}{1} = \dfrac{z-2}{1}$ 的位置关系是( ).

A. 相交      B. 平行不重合      C. 重合      D. 异面

设矩阵 $\begin{bmatrix} a_1 & b_1 & c_1 \\ a_2 & b_2 & c_2 \\ a_3 & b_3 & c_3 \end{bmatrix}$ 是满秩的, 则直线 $\dfrac{x-a_3}{a_1-a_2} = \dfrac{y-b_3}{b_1-b_2} = \dfrac{z-c_3}{c_1-c_2}$ 与直线 $\dfrac{x-a_1}{a_2-a_3} = \dfrac{y-b_1}{b_2-b_3} = \dfrac{z-c_1}{c_2-c_3}$ ( ).

A. 相交于一点      B. 重合      C. 平行但不重合      D. 异面

**6** 直线 $L: \dfrac{x-2}{2} = \dfrac{y-1}{1} = \dfrac{z-3}{1}$ 与平面 $\pi: x - y + 2z + 4 = 0$ 的夹角是( ).

A. $\pi$  B. $\dfrac{\pi}{3}$  C. $\dfrac{\pi}{6}$  D. $\dfrac{\pi}{2}$

 答题区

 纠错笔记

**7** 曲线 $\Gamma: \begin{cases} \dfrac{x^2}{16} + \dfrac{y^2}{4} - \dfrac{z^2}{5} = 1 \\ x - 2z + 3 = 0 \end{cases}$ 在 $xOy$ 平面上的投影曲线方程是( ).

A. $x^2 + 20y^2 - 24x - 116 = 0$

B. $4y^2 + 4z^2 - 12z - 7 = 0$

C. $\begin{cases} x^2 + 20y^2 - 24x - 116 = 0 \\ z = 0 \end{cases}$

D. $\begin{cases} 4y^2 + 4z^2 - 12z - 7 = 0 \\ z = 0 \end{cases}$

答题区

纠错笔记

**8** 将 $xOz$ 坐标面上的抛物线 $z^2 = 4x$ 绕 $x$ 轴旋转一周,所生成的旋转曲面的方程为 _____.

答题区

纠错笔记

**9** 将 $xOy$ 坐标面的圆 $x^2+y^2=4$ 绕 $x$ 轴旋转一周,所生成的旋转曲面的方程为_____.

**10** 以曲线 $\begin{cases} z^2=x^2+y^2 \\ x+z=1 \end{cases}$ 为准线,母线平行于 $z$ 轴的柱面方程是_____.

**11** 由直线 $L: \dfrac{x-3}{2}=\dfrac{y-1}{3}=z+1$ 绕直线 $L_1: \begin{cases} x=2 \\ y=3 \end{cases}$ 旋转一圈所生成的曲面方程是_____.

**12** 一动点 $P$ 到定点 $A(-4,0,0)$ 的距离是它到点 $B(2,0,0)$ 的距离的两倍,求该动点的轨迹方程.

**13** 求球面 $x^2+y^2+z^2=4$ 与平面 $x+z=1$ 的交线在 $xOy$ 面上的投影方程.

**14** 求螺旋线 $\begin{cases} x=2\cos\theta \\ y=2\sin\theta \\ z=3\theta \end{cases}$ 在三个坐标面上的投影曲线的直角坐标方程.

**15** 求过 $(1,-1,1)$,$(3,1,-3)$ 和 $(0,1,2)$ 三点的平面方程.

**16** 求经过点 $P(1,-2,0)$ 且与直线 $\dfrac{x-1}{1}=\dfrac{y-1}{1}=\dfrac{z-1}{0}$ 和 $\dfrac{x}{1}=\dfrac{y}{-1}=\dfrac{z+1}{0}$ 都平行的平面的方程.

**17** 求同时通过点 $A(0,0,0)$ 和直线 $\dfrac{x-3}{2}=\dfrac{y+4}{1}=\dfrac{z-4}{1}$ 的平面的方程.

**18** 求过点 $(-3,2,5)$ 且与两平面 $x-4z=3$ 和 $3x-y+z=1$ 均平行的直线方程.

**19** 求点 $(1,2,1)$ 到平面 $x+2y+2z-10=0$ 的距离.

**20** 化直线 $\begin{cases} x-y+z=2 \\ 2x+y+z=5 \end{cases}$ 为对称式方程和参数方程.

**21** 求过点 $(2,0,3)$ 且与直线 $\begin{cases} x-2y+4z=7 \\ 3x+5y-2z=-1 \end{cases}$ 垂直的平面方程.

答题区

纠错笔记

**22** 求直线 $L: \begin{cases} 2x-3y+z=0 \\ 3x-y-z-8=0 \end{cases}$ 在平面 $\Pi: 2x-y+z=1$ 上的投影直线方程.

答题区

纠错笔记

**23** 确定 $\lambda$ 的值,使直线 $L: \begin{cases} 2x+y-1=0 \\ x+z-2=0 \end{cases}$ 与平面 $\Pi: x+\lambda y-z=1$ 平行,并求直线 $L$ 与平面 $\Pi$ 之间的距离.

答题区

纠错笔记

**24** 求球面 $x^2+2y^2+3z^2=36$ 在点 $(1,2,3)$ 处的切平面和法线方程.

答题区

纠错笔记

**25** 求曲线 $\begin{cases} x^2 + y^2 + z^2 - 3x = 0 \\ 2x - 3y + 5z - 4 = 0 \end{cases}$ 在点 $(1,1,1)$ 处的切线和法平面.

**26** 求函数 $f(x,y) = x^2 - xy + y^2$ 在点 $(1,1)$ 处沿与 $x$ 轴方向夹角为 $\alpha$ 的方向射线 $l$ 的方向导数,并求在怎样的方向上此方向导数有:最大值,最小值,等于零.

**27** 设 $n$ 是曲面 $2x^2 + 3y^2 + z^2 = 6$ 在点 $P(1,1,1)$ 处指向外侧的法向量,求函数 $u = \dfrac{\sqrt{6x^2 + 8y^2}}{z}$ 在 $P$ 点处沿方向 $\boldsymbol{n}$ 的方向导数.

**28** 求过点 $P(-1,0,4)$ 且与平面 $3x - 4y + z + 10 = 0$ 平行,又与直线 $L: \dfrac{x+1}{1} = \dfrac{y-3}{1} = \dfrac{z}{2}$ 相交的直线方程.

**29** 求过 $z$ 轴且与平面 $2x+y-\sqrt{5}z-7=0$ 的夹角为 $\dfrac{\pi}{3}$ 的平面方程.

答题区

纠错笔记

**30** 求过直线 $L:\dfrac{x-1}{2}=\dfrac{y+2}{-3}=\dfrac{z-2}{2}$ 且垂直于平面 $\pi:3x+2y-z-5=0$ 的平面方程.

答题区

纠错笔记

**31** 求过点 $P(2,1,3)$ 且与直线 $L:\dfrac{x+1}{3}=\dfrac{y-1}{2}=\dfrac{z}{-1}$ 垂直相交的直线方程.

答题区

纠错笔记

**32** 求过点 $P(-3,5,9)$ 且与直线 $L_1:\begin{cases}y=3x+5\\z=2x-3\end{cases}$ 和直线 $L_2:\begin{cases}y=4x-7\\z=5x+10\end{cases}$ 相交的直线 $L$ 的方程.

答题区

纠错笔记

**33** 已知两异面直线 $L_1\begin{cases}x=3z-1\\y=2z-3\end{cases}, L_2\begin{cases}y=2x-5\\z=7x+2\end{cases}$. 试求：(1) $L_1$ 与 $L_2$ 的公垂线方程.

✍ 答题区

📖 纠错笔记

(2) $L_1$ 与 $L_2$ 之间的距离.

✍ 答题区

📖 纠错笔记

**34** (1) 求直线 $L: \dfrac{x-1}{1}=\dfrac{y}{1}=\dfrac{z-1}{-1}$ 在平面 $\pi: x-y+2z-1=0$ 上的投影直线 $L_0$ 的方程.

✍ 答题区

📖 纠错笔记

(2) 求 $L_0$ 绕 $y$ 轴旋转一周所成曲面的方程.

✍ 答题区

📖 纠错笔记

## 第四节　多元函数微分学在几何上的应用

**1** 平面 $x-y+z=0$ 与曲面 $z=x^2+y^2$ 的交线在点 $(1,1,2)$ 处的切线方程为 _____．

**2** 由曲线 $\begin{cases} 3x^2+2y^2=12 \\ z=0 \end{cases}$ 绕 $y$ 轴旋转一周得到的旋转面在点 $(0,\sqrt{3},\sqrt{2})$ 处的指向外侧的单位法向量为 _____．

**3** 设函数 $u(x,y,z)=1+\dfrac{x^2}{6}+\dfrac{y^2}{12}+\dfrac{z^2}{18}$，单位向量 $\boldsymbol{n}=\dfrac{1}{\sqrt{3}}(1,1,1)$，则 $\left.\dfrac{\partial u}{\partial \boldsymbol{n}}\right|_{(1,2,3)}=$ _____．

**4** $\left.\operatorname{grad}\left(xy+\dfrac{z}{y}\right)\right|_{(2,1,1)}=$ _____．

**5** 函数 $u = \ln(x^2 + y^2 + z^2)$ 在点 $M(1, 2, -2)$ 处的梯度 $\text{grad}\, u\,|_M =$ _____.

**答题区**

**纠错笔记**

**6** 函数 $u = \ln(x + \sqrt{y^2 + z^2})$ 在点 $A(1, 0, 1)$ 处沿点 $A$ 指向点 $B(3, -2, 2)$ 方向的方向导数为 _____.

**答题区**

**纠错笔记**

**7** 函数 $f(x, y, z) = \dfrac{x - z}{y + z}$ 在点 $(-1, 1, 3)$ 处取值减少最快的方向上的单位向量是 _____.

**答题区**

**纠错笔记**

**8** 证明:函数 $z = f(x, y) = \sqrt{x^2 + y^2}$ 在点 $(0, 0)$ 处沿任意方向的方向导数都存在,但 $z_x(0, 0), z_y(0, 0)$ 不存在.

**答题区**

**纠错笔记**

**9** 在右半平面内向量 $A(x,y) = 2xy(x^4+y^2)^\lambda i - x^2(x^4+y^2)^\lambda j$ 是二元函数 $u(x,y)$ 的梯度,试求参数 $\lambda$ 和 $u(x,y)$.

**10** 求过直线 $\begin{cases} x+2y+z-1=0 \\ x-y-2z+3=0 \end{cases}$ 且与曲线 $\begin{cases} x^2+y^2=\dfrac{1}{2}z^2 \\ x+y+2z=4 \end{cases}$ 在点 $(1,-1,2)$ 处的切线平行的平面方程.

**11** 讨论 $f(x,y) = \begin{cases} x, & y=0 \\ y, & x=0 \\ \sqrt[4]{x^2+y^2}, & xy \neq 0 \end{cases}$ 在点 $(0,0)$ 处的连续性、偏导数以及方向导数的存在性.

**12** 在椭球面 $2x^2+2y^2+z^2=1$ 上求一点,使得函数 $u=x^2+y^2+z^2$ 在该点处沿方向 $l=(1,-1,0)$ 的方向导数最大.

**13** 已知函数 $f(x,y) = x + y + xy$，曲线 $C: x^2 + y^2 + xy = 3$，求 $f(x,y)$ 在曲线 $C$ 上的最大方向导数.

**14** 已知曲线 $C: \begin{cases} x^2 + y^2 - 2z^2 = 0 \\ x + y + 3z = 5 \end{cases}$，求曲线 $C$ 距离 $xOy$ 面最远的点和最近的点.

**15** 抛物面 $z = x^2 + y^2$ 被平面 $x + y + z = 1$ 截成一椭圆，求原点到这个椭圆的最长与最短距离.

## 第五节 三重积分及其应用

**1** 设空间区域 $\Omega_1: x^2 + y^2 + z^2 \leqslant R^2, z \geqslant 0; \Omega_2: x^2 + y^2 + z^2 \leqslant R^2, x \geqslant 0, y \geqslant 0, z \geqslant 0$，则（　　）.

A. $\iiint\limits_{\Omega_1} x \, \mathrm{d}v = 4 \iiint\limits_{\Omega_2} x \, \mathrm{d}v$  

B. $\iiint\limits_{\Omega_1} y \, \mathrm{d}v = 4 \iiint\limits_{\Omega_2} y \, \mathrm{d}v$

C. $\iiint\limits_{\Omega_1} z \, \mathrm{d}v = 4 \iiint\limits_{\Omega_2} z \, \mathrm{d}v$  

D. $\iiint\limits_{\Omega_1} xyz \, \mathrm{d}v = 4 \iiint\limits_{\Omega_2} xyz \, \mathrm{d}v$

**2** 设 $\Omega: z \geqslant \sqrt{3(x^2+y^2)}, x^2+y^2+z^2 \leqslant 1$，则 $\iiint\limits_{\Omega} z^2 \mathrm{d}V = ($ ）.

A. $\int_0^{2\pi} \mathrm{d}\theta \int_0^{\frac{\pi}{3}} \sin\varphi \cos^2\varphi \mathrm{d}\varphi \int_0^1 r^4 \mathrm{d}r$  B. $\int_0^{2\pi} \mathrm{d}\theta \int_0^{\frac{\pi}{6}} \sin\varphi \cos^2\varphi \mathrm{d}\varphi \int_0^1 r^4 \mathrm{d}r$

C. $\int_0^{2\pi} \mathrm{d}\theta \int_0^{\frac{\pi}{3}} \sin\varphi\cos\varphi \mathrm{d}\varphi \int_0^1 r^4 \mathrm{d}r$  D. $\int_0^{2\pi} \mathrm{d}\theta \int_0^{\frac{\pi}{6}} \sin\varphi\cos\varphi \mathrm{d}\varphi \int_0^1 r^4 \mathrm{d}r$.

**3** 设 $f(x,y,z)$ 是连续函数，$I(R) = \iiint\limits_{x^2+y^2+z^2 \leqslant R^2} f(x,y,z) \mathrm{d}V$，则当 $R \to 0$ 时，下面说法正确的是（　）.

A. $I(R)$ 是 $R$ 的一阶无穷小  B. $I(R)$ 是 $R$ 的二阶无穷小

C. $I(R)$ 是 $R$ 的三阶无穷小  D. $I(R)$ 至少是 $R$ 的三阶无穷小

**4** 设 $\Omega: x^2+y^2+z^2 \leqslant 1, z \geqslant 0$，则 $\iiint\limits_{\Omega}(\mathrm{e}^x+\mathrm{e}^y+\mathrm{e}^z)\mathrm{d}V = ($ ）.

A. $\iiint\limits_{\Omega} 3\mathrm{e}^x \mathrm{d}V$  B. $\iiint\limits_{\Omega}(2\mathrm{e}^x+\mathrm{e}^z)\mathrm{d}V$

C. $\iiint\limits_{\Omega}(2\mathrm{e}^z+\mathrm{e}^y)\mathrm{d}V$  D. $\iiint\limits_{\Omega} 3\mathrm{e}^z \mathrm{d}V$

**5** 设 $\Omega$ 是由 $x^2+y^2=4$ 与 $z=\sqrt{x^2+y^2}$ 围成的空间区域,则 $\iiint\limits_{\Omega}(x^2+y^2)\mathrm{d}V=$ (    ).

A. $\int_0^{2\pi}\mathrm{d}\theta\int_0^2\mathrm{d}r\int_r^2 4r\mathrm{d}z$

B. $\int_0^{2\pi}\mathrm{d}\theta\int_0^2\mathrm{d}r\int_r^2 r^3\mathrm{d}z$

C. $\int_0^{2\pi}\mathrm{d}\theta\int_0^2\mathrm{d}r\int_0^r r^3\mathrm{d}z$

D. $\int_0^{2\pi}\mathrm{d}\theta\int_0^2\mathrm{d}r\int_0^2 r^3\mathrm{d}z$

**6** 求 $\iiint\limits_{\Omega}(x+y+z)\mathrm{d}x\mathrm{d}y\mathrm{d}z$,其中 $\Omega$ 是由平面 $x=0,y=0,z=0$ 和 $x+y+z=1$ 围成的四面体.

**7** 利用直角坐标化三重积分 $I=\iiint\limits_{\Omega}f(x,y,z)\mathrm{d}x\mathrm{d}y\mathrm{d}z$ 为三次积分,

(1) $\Omega$ 是由 $z=xy,x+y=1,z=0$ 围成的闭区域.

(2) 区域 $\Omega$ 由曲面 $z=x^2+y^2+1$、平面 $x+y=4$ 及三个坐标面围成.

（3）其中积分区域 $\Omega$ 为由曲面 $z = x^2 + 2y^2$ 及 $z = 2 - x^2$ 所围成的闭区域.

**8** 计算三重积分 $\iiint_\Omega z \, dv$，$\Omega: \sqrt{x^2 + y^2} \leqslant z \leqslant 1$.

**9** 计算 $I = \iiint_\Omega z\sqrt{x^2 + y^2} \, dxdydz$，其中 $\Omega$ 是由圆柱面 $x^2 + y^2 - 2x = 0$，平面 $z = 0$ 和 $z = a \, (a > 0)$ 围成的区域在第一象限的部分.

**10** 计算 $\iiint_\Omega (x^2 + y^2 + z^2) \, dxdydz$，其中 $\Omega$ 为由 $z = \sqrt{x^2 + y^2}$ 和 $x^2 + y^2 + z^2 = R^2$ 所围成的立体.

**11** 计算三重积分 $I = \iiint_\Omega (x^2 + y^2)\mathrm{d}x\mathrm{d}y\mathrm{d}z$,其中 $\Omega$ 是由 $z = \sqrt{b^2 - x^2 - y^2}$ 及 $z = \sqrt{a^2 - x^2 - y^2}\,(0 < a < b), z = 0$ 围成的区域.

**12** 设 $f(x)$ 在 $x = 0$ 点处可导,且 $f(x) = 0$,$\Omega: x^2 + y^2 + z^2 \leqslant t^2$,计算 $\lim\limits_{t \to 0^+} \dfrac{1}{t^4} \iiint_\Omega f(\sqrt{x^2 + y^2 + z^2})\mathrm{d}x\mathrm{d}y\mathrm{d}z$.

**13** 计算 $I = \iiint_\Omega z\mathrm{d}x\mathrm{d}y\mathrm{d}z$,其中 $\Omega$ 为半球体 $x^2 + y^2 + z^2 \leqslant 1, z \geqslant 0$.

**14** 计算 $I = \iiint_\Omega x^2 z\mathrm{d}v$,其中 $\Omega$ 是由 $x^2 + y^2 + z^2 = 2(z > 0)$ 及 $z = x^2 + y^2$ 所围成的闭区域.

**15** 计算 $I = \int_{-2}^{2} dx \int_{-\sqrt{4-x^2}}^{\sqrt{4-x^2}} dy \int_{0}^{\sqrt{4-x^2-y^2}} z^2 \sqrt{x^2+y^2+z^2} \, dz$.

**答题区**

**纠错笔记**

**16** 计算 $I = \iiint_{\Omega} (y^4 \sin x + z) dv$,其中,$\Omega: x^2+y^2+z^2 \leqslant 2Rz$.

**答题区**

**纠错笔记**

**17** 计算 $\iiint_{\Omega} (x+y+z^2) dv$,其中 $\Omega$ 由 $x^2+y^2-z^2=1, z=H, z=-H(H>0)$ 所围成.

**答题区**

**纠错笔记**

**18** 计算 $I = \iiint_{\Omega} z \, dx dy dz$,其中 $\Omega$ 是由球面 $x^2+y^2+z^2=4$ 与抛物面 $x^2+y^2=3z$ 所围成的立体.

**答题区**

**纠错笔记**

**19** 求由曲面 $x^2+y^2+z^2\leqslant 2a^2$ 与 $z\geqslant\sqrt{x^2+y^2}$ 所围成的立体的体积.

**20** 计算双曲抛物面 $z=xy$ 被柱面 $x^2+y^2=R^2$ 所截出部分的面积.

**21** 求圆锥 $z=\sqrt{x^2+y^2}$ 被圆柱体 $x^2+y^2\leqslant 2x$ 所截出部分的面积.

**22** 求密度均匀的上半椭球体的重心.

**23** 设 $\Omega=\{(x,y,z)\mid x^2+y^2\leqslant z\leqslant 1\}$,求 $\Omega$ 的形心的竖坐标 $\bar{z}$.

**24** 求均匀圆盘 $D$ 对其直径的转动惯量.

✎ 答题区

📒 纠错笔记

**25** 已知面密度为 $\mu$、半径为 $R$ 的圆形薄片 $x^2+y^2\leqslant R^2, z=0$,求它对位于点 $M_0(0,0,a)(a>0)$ 处的单位质量质点的引力.

✎ 答题区

📒 纠错笔记

## 二、提高篇

**1** 设 $\Omega=\{(x,y,z)\mid x^2+y^2+z^2\leqslant 1, z\geqslant 0\}$,则 $\iiint\limits_{\Omega}(2x^2+3y^2+5z^2)\mathrm{d}v=$ _____.

✎ 答题区

📒 纠错笔记

**2** 计算三重积分 $\iiint\limits_{\Omega}\left(\dfrac{x^2}{a^2}+\dfrac{y^2}{b^2}+\dfrac{z^2}{c^2}\right)\mathrm{d}x\mathrm{d}y\mathrm{d}z$,其中 $\Omega$ 是由椭球面 $\dfrac{x^2}{a^2}+\dfrac{y^2}{b^2}+\dfrac{z^2}{c^2}=1$ 所围成的空间闭区域.

✎ 答题区

📒 纠错笔记

**3** 计算 $I = \iiint\limits_{\Omega} (x+2y+3z)^2 \mathrm{d}x\mathrm{d}y\mathrm{d}z$，其中 $\Omega$ 为半球体 $x^2+y^2+z^2 \leqslant 1, z \geqslant 0$.

✎ 答题区    📓 纠错笔记

**4** 计算 $I = \iiint\limits_{\Omega} z\mathrm{d}v$，其中 $\Omega$ 是由柱面 $y^2+z^2=1$、平面 $y=x$、$z=0$ 及 $x=0$ 所围成的在第一象限内的闭区域.

✎ 答题区    📓 纠错笔记

**5** 计算 $\iiint\limits_{\Omega} |z-\sqrt{x^2+y^2}| \mathrm{d}x\mathrm{d}y\mathrm{d}z$，其中 $\Omega$ 由平面 $z=0$、$z=1$ 及曲面 $x^2+y^2=2$ 所围成.

✎ 答题区    📓 纠错笔记

**6** 设函数 $f(x)$ 连续且恒大于零，$F(t) = \dfrac{\iiint\limits_{\Omega(t)} f(x^2+y^2+z^2)\mathrm{d}v}{\iint\limits_{D(t)} f(x^2+y^2)\mathrm{d}\sigma}$，$G(t) = \dfrac{\iint\limits_{D(t)} f(x^2+y^2)\mathrm{d}\sigma}{\int_{-t}^{t} f(x^2)\mathrm{d}x}$，

其中 $\Omega(t) = \{(x,y,z) \mid x^2+y^2+z^2 \leqslant t^2\}$，$D(t) = \{(x,y) \mid x^2+y^2 \leqslant t^2\}$.

(1) 讨论 $F(t)$ 在区间 $(0,+\infty)$ 内的单调性.

✎ 答题区    📓 纠错笔记

（2）证明：当 $t>0$ 时，$F(t)>\dfrac{2}{\pi}G(t)$.

**7** 求球面 $x^2+y^2+z^2=a^2$ 含在圆柱体 $x^2+y^2=ax$ 内的部分的面积.

**8** 求由曲面 $y^2=2x+4$，$x+z=1$，$z=0$ 所围成立体的体积.

**9** 计算三重积分 $\iiint\limits_{\Omega} y\sqrt{1-x^2}\,dxdydz$，其中 $\Omega$ 由曲面 $y=-\sqrt{1-x^2-z^2}$，$x^2+z^2=1$ 和 $y=1$ 所围成.

**10** 计算 $\iiint_\Omega 2z dv$,其中 $\Omega$ 是由球面 $x^2+y^2+z^2=1$,$x^2+y^2+z^2=4$ 与锥面 $z^2=x^2+y^2$ 所围成的位于 $z\geqslant 0$ 部分的闭区域(如图 8-1 所示).

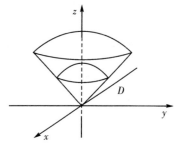

图 8-1

✎ 答题区

📓 纠错笔记

**11** 计算 $I=\iiint_\Omega (x^2+y^2)dxdydz$,其中 $\Omega$ 是由曲线 $y^2=2z,x=0$ 绕 $z$ 轴旋转一周而成的曲面与两平面 $z=2,z=8$ 所围成的立体.

✎ 答题区

📓 纠错笔记

**12** 求圆柱面 $y^2+z^2=4$ 在第一象限中被平面 $x=0$,$x=2y$,$y=1$ 所截下部分的曲面面积.

✎ 答题区

📓 纠错笔记

**13** 设一均匀薄片形状为闭区域 $D$,$D$ 由半圆 $y = \sqrt{4-x^2}$,圆 $x^2 + (y-1)^2 = 1$ 及 $x$ 轴围成,求薄片的重心.

**14** 求均匀长方体关于它自身的一条棱的转动惯量.

## 第六节 第一类曲线积分

**1** 计算 $\int_L e^{\sqrt{x^2+y^2}} dS$,其中 $L$ 为圆周 $x^2 + y^2 = a^2$ 与直线 $y = x$ 及 $x$ 轴在第一象限内围成的扇形区域的整个边界.

**2** 计算 $\int_L \sqrt{x^2+y^2} dS$,其中 $L$ 为圆周 $x^2 + y^2 = ax(a > 0)$.

**3** 计算 $\int_L |xy|\,\mathrm{d}S$,其中 $L$ 为圆周 $x^2+y^2=a^2$.

 答题区

纠错笔记

**4** 计算 $\int_\Gamma \dfrac{\mathrm{d}S}{x^2+y^2+z^2}$,其中 $L$ 为曲线 $x=\mathrm{e}^t\cos t, y=\mathrm{e}^t\sin t, z=\mathrm{e}^t$ 上对应于从 $t=0$ 到 $t=2$ 的一段弧.

 答题区

 纠错笔记

**5** 已知曲线 $L:y=x^2(0\leqslant x\leqslant \sqrt{2})$,计算 $\int_L x\,\mathrm{d}S$.

 答题区

 纠错笔记

**6** 已知 $L$ 为椭圆 $\dfrac{x^2}{4}+\dfrac{y^2}{3}=1$,其周长为 $a$,求 $\oint_L (2xy+3x^2+4y^2)\,\mathrm{d}S$.

 答题区

纠错笔记

**7** 求 $I = \int_L |y| dS$，其中 $L: (x^2+y^2)^2 = a^2(x^2-y^2)$．

**8** 求 $I = \int_\Gamma x^2 dS$，其中 $\Gamma: \begin{cases} x^2+y^2+z^2 = a^2 \\ x+y+z = 0 \end{cases} (a>0)$．

# 第七节　第二类曲线积分

## 一、基础篇

**1** 设曲线 $L$ 是区域 $D$ 的正向边界，则 $D$ 的面积是（　　）．

A. $\oint_L x dy - y dx$　　　　　　B. $\oint_L x dy + y dx$

C. $\dfrac{1}{2}\oint_L x dy - y dx$　　　　　D. $\dfrac{1}{2}\oint_L x dy + y dx$

**2** 设曲面积分 $\int_L [f(x) - e^x]\sin y \, dx - f(x)\cos y \, dy$ 与路径无关,其中 $f(x)$ 具有一阶连续导数,且 $f(0) = 0$,则 $f(x) = ($   $)$.

A. $\dfrac{e^{-x} - e^x}{2}$    B. $\dfrac{e^x - e^{-x}}{2}$

C. $\dfrac{e^x + e^{-x}}{2} - 1$    D. $1 - \dfrac{e^x + e^{-x}}{2}$

**答题区**    **纠错笔记**

**3** 已知曲线 $L$ 的方程为 $y = 1 - |x|$ $(x \in [-1,1])$,起点是 $(-1,0)$,终点是 $(1,0)$,则曲线积分 $\int_L xy \, dx + x^2 \, dy = $ _____.

**答题区**    **纠错笔记**

**4** 计算 $\int_L xy \, dx + (y - x) \, dy$,其中 $L$ 如图 8-2 所示.

(1) $L_1$ 为抛物线 $y = x^2$ 上从 $O(0,0)$ 到 $A(1,1)$ 的一段弧;
(2) $L_2$ 为抛物线 $x = y^2$ 上从 $O(0,0)$ 到 $A(1,1)$ 的一段弧;
(3) $L_3$ 为圆 $(x-1)^2 + y^2 = 1$ 上从 $O(0,0)$ 到 $A(1,1)$ 的一段弧;
(4) $L_4$ 为有向折线 $\overline{OAB}$,此处 $O, B, A$ 依次是点 $(0,0), (1,0), (1,1)$.

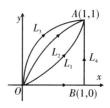

图 8-2

**答题区**    **纠错笔记**

**5** 计算曲线积分 $\int_L \sin 2x \, dx + 2(x^2-1) y \, dy$，其中 $L$ 是曲线 $y = \sin x$ 上从点 $(0,0)$ 到点 $(\pi, 0)$ 的一段.

**6** 计算 $\int_L y \, dx - x^2 \, dy$，其中 $L$ 是由点 $A(-1,1)$ 沿曲线 $y = x^2$ 到点 $B(1,1)$，然后再沿直线 $x + y = 2$ 到点 $C(0,2)$ 所形成的路径.

**7** 计算 $\oint_L (2xy - 2y) \, dx + (x^2 - 4x) \, dy$，其中 $L$ 为正向圆周 $x^2 + y^2 = 9$.

**8** 计算 $\int_L (-2xy e^{-x^2}) \, dx + (e^{-x^2} + mx) \, dy$，其中 $L$ 为点 $O(0,0)$ 沿曲线 $y = \sqrt{2x - x^2}$ 到点 $B(1,1)$ 所形成的路径.

**9** 设 $L: x^2 + y^2 = R^2$，求：

(1) $I_1 = \int_L (x^2 + y^2) \mathrm{d}S$.

**答题区**

**纠错笔记**

(2) $I_2 = \int_L (x^2 + y^2) \mathrm{d}x$，逆向.

**答题区**

**纠错笔记**

(3) $I_3 = \iint\limits_{D: x^2 + y^2 \leqslant R^2} (x^2 + y^2) \mathrm{d}\sigma$.

**答题区**

**纠错笔记**

**10** 证明：$\int_L (2xy - y^4 + 3)\mathrm{d}x + (x^2 - 4xy^3)\mathrm{d}y$ 在 $xOy$ 坐标面内与路径无关，并计算 $\int_{(1,0)}^{(2,1)} (2xy - y^4 + 3)\mathrm{d}x + (x^2 - 4xy^3)\mathrm{d}y$.

**答题区**

**纠错笔记**

**11** 计算 $\int_L (2xy^3 - y^2\cos x)dx + (1 - 2y\sin x + 3x^2y^2)dy$,其中 $L$ 为抛物线 $2x = \pi y^2$ 上由点 $(0,0)$ 到点 $\left(\dfrac{\pi}{2}, 1\right)$ 的一段弧.

**12** 计算 $\oint_L (3e^{x^2} + 2y)dx - (x - 4\sin y^2)dy$,其中 $L$ 是正向椭圆 $\dfrac{x^2}{a^2} + \dfrac{y^2}{b^2} = 1$.

**13** 计算 $\int_L (e^x \sin y - y)dx + (e^x \cos y - 1)dy$,其中 $L$ 是由点 $A(a, 0)$ 经上半圆周 $y = \sqrt{ax - x^2}$ 到 $O$ 的一段弧.

**14** 计算 $\int_{L^+}(1+ye^x)dx+(x+e^x)dy$,其中 $L^+$ 是沿椭圆 $\dfrac{x^2}{a^2}+\dfrac{y^2}{b^2}=1$ 上半周从点 $A(a,0)$ 到点 $B(-a,0)$ 的一段弧,如图 8-3 所示.

图 8-3

**答题区**

**纠错笔记**

**15** 已知 $L$ 是第一象限中从点 $(0,0)$ 沿圆周 $x^2+y^2=2x$ 到点 $(2,0)$,再沿圆周 $x^2+y^2=4$ 到点 $(0,2)$ 的曲线段,计算曲线积分 $J=\int_L 3x^2y dx+(x^3+x-2y)dy$.

**答题区**

**纠错笔记**

**16** 计算 $\oint_L \dfrac{(x+y)dy+(y-x)dy}{x^2+y^2}$,其中 $L$ 是圆 $x^2+y^2=a^2$ 的正向边界.

**答题区**

**纠错笔记**

**17** 已知 $\varphi(x)$ 具有一阶连续的导数，且 $\varphi(0)=1$，设 $[y^2+xy+\varphi(x)y]\mathrm{d}x+[\varphi(x)+2xy]\mathrm{d}y=0$ 为全微分方程，求 $\varphi(x)$ 及此全微分方程的通解.

**18** 求由星形线 $x=a\cos^3 t, y=a\sin^3 t(0\leqslant t\leqslant 2\pi)$ 所围图形的面积.

**19** 如图 8-4 所示，一个单位质点在引力 $\boldsymbol{F}=-\dfrac{\boldsymbol{r}}{r^3}$ ($\boldsymbol{r}$ 是向径，$r=|\boldsymbol{r}|$) 的作用下沿曲线 $r=2\sin\theta$，由对应于 $\theta=\dfrac{\pi}{2}$ 的位置 $A$ 运动到对应于 $\theta=\dfrac{\pi}{4}$ 的位置 $B$，求引力做的功.

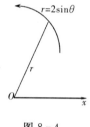

图 8-4

**20** 计算 $I=\oint_L \dfrac{x\mathrm{d}y-y\mathrm{d}x}{4x^2+y^2}$，$L$ 是以 $(1,0)$ 为圆心、$R(R\neq 1)$ 为半径的半个圆周，方向为逆时针方向.

**21** 确定 $a$ 的值,使曲线积分 $I = \int_A^B (x^4 + 4xy^a)\mathrm{d}x + (6x^{a-1}y^2 - 5y^4)\mathrm{d}y$ 与路径无关,并求 $A$, $B$ 分别为 $(0,0),(1,2)$ 时曲线积分的值.

✍ 答题区

📓 纠错笔记

**22** 判断 $(\mathrm{e}^y + x)\mathrm{d}x + (x\mathrm{e}^y - 2y)\mathrm{d}y$ 是否为全微分,若是则求其一个原函数.

✍ 答题区

📓 纠错笔记

## 二、提高篇

**1** 设 $f(x)$ 具有一阶连续导数,则 $\int_{(0,0)}^{(1,2)} f(x+y)\mathrm{d}x + f(x+y)\mathrm{d}y = ($  $)$.

  A. $\int_0^3 f(x)\mathrm{d}x$　　　　　　B. $\int_0^1 f(x)\mathrm{d}x$

  C. $f(3) - f(1)$　　　　　　D. $0$

✍ 答题区

📓 纠错笔记

**2** 设 $L_1: x^2+y^2=1$，$L_2: x^2+y^2=2$，$L_3: x^2+2y^2=2$，$L_4: 2x^2+y^2=2$ 为 4 条逆时针方向的平面曲线，记 $I_i = \oint_{L_i} \left(y+\dfrac{y^3}{6}\right)dx + \left(2x-\dfrac{x^3}{3}\right)dy (i=1,2,3,4)$，则 $\max\{I_1, I_2, I_3, I_4\} = ($    $)$.

A. $I_1$        B. $I_2$        C. $I_3$        D. $I_4$

 答题区    📖 纠错笔记

**3** 求 $I = \displaystyle\int_L \dfrac{y^2}{\sqrt{R^2+x^2}}dx + [4x+2y\ln(x+\sqrt{R^2+x^2})]dy$，其中 $L: x^2+y^2=R^2$ $(y \geqslant 0)$，沿着由 $A(-R,0)$ 到 $B(R,0)$ 的方向.

 答题区    📖 纠错笔记

**4** 已知曲线 $L$ 的方程为 $\begin{cases} z = \sqrt{2-x^2-y^2} \\ z = x \end{cases}$，起点为 $A(0,\sqrt{2},0)$，终点为 $B(0,-\sqrt{2},0)$，计算曲线积分 $I = \displaystyle\int_L (y+z)dx + (z^2-x^2+y)dy + (x^2+y^2)dz$.

答题区    📖 纠错笔记

**5** 计算 $I = \oint_L \dfrac{y\mathrm{d}x - (x-1)\mathrm{d}y}{(x-1)^2 + y^2}$,其中 $L: |x| + |y| = 2$,方向为正向.

**6** 计算 $I = \displaystyle\int_L \mathrm{e}^y \mathrm{d}x - (\cos y - x\mathrm{e}^y)\mathrm{d}y$,其中 $L$ 是首先由 $A(-1,1)$ 沿曲线 $y = x^2$ 到点 $O(0,0)$,然后沿直线到点 $B(2,0)$,最后沿圆弧 $y = \sqrt{4-x^2}$ 到点 $C(0,2)$ 的路径.

**7** 计算积分 $I = \displaystyle\int_L \dfrac{(x-y)\mathrm{d}x + (x+y)\mathrm{d}y}{x^2 + y^2}$,其中 $L$ 为 $y = 2 - 2x^2$ 上从点 $(-1,0)$ 到点 $(1,0)$ 的一段弧.

**8** 试证：$\iint\limits_{D}\left(\dfrac{\partial^2 f}{\partial x^2}+\dfrac{\partial^2 f}{\partial y^2}\right)\mathrm{d}x\mathrm{d}y=\oint_{L}\dfrac{\partial f}{\partial \boldsymbol{n}}\mathrm{d}S$，其中 $L$ 是围成区域 $D$ 的闭曲线，$\dfrac{\partial f}{\partial \boldsymbol{n}}$ 表示函数 $f(x,y)$ 在曲线 $L$ 上的点 $M(x,y)$ 处沿 $L$ 的外法线方向 $\boldsymbol{n}$ 的方向导数．

**9** 设函数 $f(x)$ 在 $(-\infty,+\infty)$ 内具有一阶连续导数，$L$ 是上半平面 $(y>0)$ 内的有向光滑曲线，其起点为 $(a,b)$，终点为 $(c,d)$，记 $I=\displaystyle\int_{L}\dfrac{1}{y}[1+y^2 f(xy)]\mathrm{d}x+\dfrac{x}{y^2}[y^2 f(xy)-1]\mathrm{d}y$．

(1) 证明：曲线积分 $I$ 与路径 $L$ 无关．

(2) 当 $ab=cd$ 时，求 $I$ 的值．

**10** 如图 8-5 所示，平面区域 $D = \{(x,y) \mid 0 \leqslant x \leqslant \pi, 0 \leqslant y \leqslant \pi\}$，$L$ 为 $D$ 的正向边界．试证：

(1) $\oint_L x\mathrm{e}^{\sin y}\mathrm{d}y - y\mathrm{e}^{-\sin x}\mathrm{d}x = \oint_L x\mathrm{e}^{-\sin y}\mathrm{d}y - y\mathrm{e}^{\sin x}\mathrm{d}x$．

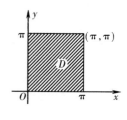

图 8-5

(2) $\oint_L x\mathrm{e}^{\sin y}\mathrm{d}y - y\mathrm{e}^{-\sin x}\mathrm{d}x \geqslant 2\pi^2$．

**11** 设在上半平面 $D = \{(x,y) \mid y > 0\}$ 内，函数 $f(x,y)$ 有连续偏导数，且对任意 $t > 0$ 都有 $f(tx, ty) = t^{-2}f(x,y)$，证明：对 $D$ 内任意分段光滑的有向简单闭曲线 $L$，都有 $\oint_L yf(x,y)\mathrm{d}x - xf(x,y)\mathrm{d}y = 0$．

## 第八节 第一类曲面积分

### 一、基础篇

**1** 设 $S: x^2+y^2+z^2=a^2(z\geqslant 0)$，$S_1$ 为 $S$ 在第一象限中的部分，则有（　　）．

A. $\iint\limits_{S} x\,\mathrm{d}S = 4\iint\limits_{S_1} x\,\mathrm{d}S$ 

B. $\iint\limits_{S} y\,\mathrm{d}s = 4\iint\limits_{S_1} y\,\mathrm{d}S$

C. $\iint\limits_{S} z\,\mathrm{d}s = 4\iint\limits_{S_1} z\,\mathrm{d}S$ 

D. $\iint\limits_{S} xyz\,\mathrm{d}S = 4\iint\limits_{S_1} xyz\,\mathrm{d}S$

**2** 设 $S$ 是平面 $\dfrac{x}{2}+\dfrac{y}{3}+\dfrac{z}{4}=1$ 在第一象限内的部分，则 $\iint\limits_{S}\left(2x+\dfrac{4}{3}y+z\right)\mathrm{d}S = $ _____．

**3** 设 $\Sigma = \{(x,y,z) \mid x+y+z=1, x\geqslant 0, y\geqslant 0, z\geqslant 0\}$，则 $\iint\limits_{\Sigma} y^2\,\mathrm{d}S = $ _____．

**4** 设 $\Sigma$ 为抛物面 $z = 2 - x^2 - y^2$ 在 $xOy$ 面上方的部分,则曲面积分 $\iint\limits_{\Sigma}(x^2+y^2)\mathrm{d}S =$ _____.

📝 答题区

📒 纠错笔记

**5** 计算 $\iint\limits_{\Sigma}(x+y+z)\mathrm{d}S$,其中 $\Sigma$ 为平面 $y+z=5$ 被柱面 $x^2+y^2=25$ 所截得的部分.

📝 答题区

📒 纠错笔记

**6** 计算积分 $\iint\limits_{\Sigma}(x+y-2z)^2\mathrm{d}S$,其中 $\Sigma$ 为球面 $x^2+y^2+z^2=4$.

📝 答题区

📒 纠错笔记

**7** 计算 $\iint\limits_{\Sigma}|xyz|\mathrm{d}S$,其中 $\Sigma$ 为抛物面 $z=x^2+y^2(0\leqslant z\leqslant 1)$.

📝 答题区

📒 纠错笔记

**8** 设曲面 $\Sigma$ 是由柱面 $x^2 + y^2 = 9, z = 0, z = 3$ 所围成的区域的整个边界曲面，计算 $\iint\limits_{\Sigma}(x^2 + y^2)\mathrm{d}S$.

## 二、提高篇

**1** 设 $\Sigma: |x| + |y| + |z| = 1$，则 $\iint\limits_{\Sigma}(x + |y|)\mathrm{d}S = $ _____.

**2** 计算 $\iint\limits_{\Sigma} \dfrac{1}{x^2 + y^2 + z^2}\mathrm{d}S$，其中 $\Sigma$ 是介于平面 $z = 0, z = H$ 之间的圆柱面 $x^2 + y^2 = R^2$.

**3** 计算 $I = \oiint\limits_{\Sigma}(x^2 + y^2)\mathrm{d}S$，其中 $\Sigma$ 是球面 $x^2 + y^2 + z^2 = 2(x + y + z)$.

**4** 计算 $\iint_\Sigma (xy+yz+zx)\mathrm{d}S$，其中 $\Sigma$ 为 $z=\sqrt{x^2+y^2}$ 被柱面 $x^2+y^2=2ax$ 所截得的部分.

**5** 计算积分 $A=\iint_\Sigma (y^2z^2+z^2x^2+x^2y^2)\mathrm{d}S$，其中 $\Sigma$ 为锥面 $z^2=k^2(x^2+y^2)(k>0)$ 被曲面 $x^2+y^2=2ax$ 截下的上半部分的一片曲面.

**6** 设 $P$ 为椭球面 $S: x^2+y^2+z^2-yz=1$ 上的动点，若 $S$ 在点 $P$ 处的切平面与 $xOy$ 面垂直，求点 $P$ 的轨迹 $C$，并计算曲面积分 $I=\iint_\Sigma \dfrac{(x+\sqrt{3})|y-2z|}{\sqrt{4+y^2+z^2-4yz}}\mathrm{d}S$，其中 $\Sigma$ 为椭球面 $S$ 位于曲线 $C$ 上方的部分.

**7** 设 $h(x,y,z)$ 表示由原点到椭球面 $\Sigma: \dfrac{x^2}{a^2}+\dfrac{y^2}{b^2}+\dfrac{z^2}{c^2}=1$ 上过点 $P(x,y,z)$ 处的切平面的垂直距离，计算 $I=\iint_\Sigma h(x,y,z)\mathrm{d}S$.

## 第九节　第二类曲面积分

**1** 设 $\Sigma$ 为球面 $x^2+y^2+z^2=1$ 的上半部分的上侧,则下列式子错误的是(　　).

A. $\iint\limits_{\Sigma} x^2 \mathrm{d}y\mathrm{d}z = 0$　　　　　　B. $\iint\limits_{\Sigma} y \mathrm{d}y\mathrm{d}z = 0$

C. $\iint\limits_{\Sigma} x \mathrm{d}y\mathrm{d}z = 0$　　　　　　D. $\iint\limits_{\Sigma} y^2 \mathrm{d}y\mathrm{d}z = 0$

**2** $\Sigma$ 是球面 $x^2+y^2+z^2=R^2$ 的下半部分的下侧,则 $\iint\limits_{\Sigma} x^2 y^2 z \mathrm{d}x\mathrm{d}y = ($　　$)$.

A. $0$　　　B. $\dfrac{2}{105}\pi R^7$　　　C. $\dfrac{1}{105}\pi R^7$　　　D. $\dfrac{2}{105}\pi R^5$

**3** 设流体的流速 $\boldsymbol{A}=(x^2+y^2)\boldsymbol{i}+(z-1)\boldsymbol{k}$,$\Sigma$ 为锥面 $z=\sqrt{x^2+y^2}\,(0\leqslant z\leqslant 1)$ 的下侧,则流体穿过曲面 $\Sigma$ 的流量是(　　).

A. $\dfrac{\pi}{4}$　　　B. $\dfrac{\pi}{3}$　　　C. $\dfrac{\pi}{2}$　　　D. $\pi$

**4** 设曲面 $\Sigma$ 为 $z = x^2 + y^2 (0 \leqslant z \leqslant 1)$ 取下侧，则 $I = \iint\limits_{\Sigma} y^3 \mathrm{d}z\mathrm{d}x + (y+z)\mathrm{d}x\mathrm{d}y = $ _____.

✍ 答题区

📓 纠错笔记

**5** 计算 $\iint\limits_{\Sigma}(x+z^2)\mathrm{d}y\mathrm{d}z - z\mathrm{d}x\mathrm{d}y$，其中 $\Sigma$ 为旋转抛物面 $z = \dfrac{1}{4}(x^2+y^2)\ (0 \leqslant z \leqslant 2)$ 取下侧.

✍ 答题区

📓 纠错笔记

**6** 已知 $\Sigma: z = \sqrt{1-x^2-y^2}$，$\gamma$ 是其外法线，$\gamma$ 与 $z$ 轴正向夹角成锐角，计算 $I = \iint\limits_{\Sigma} z^2 \cos\gamma \mathrm{d}S$.

✍ 答题区

📓 纠错笔记

**7** 计算 $\iint\limits_{\Sigma} x\mathrm{d}y\mathrm{d}z + xy\mathrm{d}z\mathrm{d}x + xz\mathrm{d}x\mathrm{d}y$，$\Sigma$ 是平面 $3x+2y+z=6$ 在第一象限内部分的上侧.

✍ 答题区

📓 纠错笔记

**8** 计算 $\oiint_{\Sigma} x^2 \mathrm{d}y\mathrm{d}z + y^2 \mathrm{d}z\mathrm{d}x + z^2 \mathrm{d}x\mathrm{d}y$,其中 $\Sigma$ 是 $0 \leqslant x \leqslant a, 0 \leqslant y \leqslant b, 0 \leqslant z \leqslant c$ 的外侧.

✎ 答题区

📖 纠错笔记

**9** $\oiint_{\Sigma} x^2 yz^2 \mathrm{d}y\mathrm{d}z - xy^2 z^2 \mathrm{d}z\mathrm{d}x + z(1+xyz) \mathrm{d}x\mathrm{d}y$,其中 $\Sigma$ 为 $z = a^2 - x^2 - y^2, z = 0$ 所围成的闭区域 $\Omega$ 的边界曲面的外侧.

✎ 答题区

📖 纠错笔记

**10** 计算曲面积分 $\iint_{\Sigma} xz^2 \mathrm{d}y\mathrm{d}z + (x^2 y - z^3) \mathrm{d}z\mathrm{d}x + (2xy + zy^2) \mathrm{d}x\mathrm{d}y$,其中 $\Sigma$ 为上半球体 $0 \leqslant z \leqslant \sqrt{a^2 - x^2 - y^2}$ 的表面的外侧.

✎ 答题区

📖 纠错笔记

**11** 求向量场 $\boldsymbol{A} = (2x + 3z)\boldsymbol{i} - (xz + y)\boldsymbol{j} + (y^2 + 2z)\boldsymbol{k}$ 穿过球面 $\Sigma: (x-3)^2 + (y+1)^2 + (z-2)^2 = 9$ 的外侧的通量.

✎ 答题区

📖 纠错笔记

**12** 计算 $I = \iint\limits_{\Sigma}(x+1)^2 \mathrm{d}x\mathrm{d}z$，其中 $\Sigma$ 为右半球面 $x^2+y^2+z^2=R^2(y\geqslant 0)$ 的右外侧.

**13** 计算 $I = \iint\limits_{\Sigma} z^2 \mathrm{d}x\mathrm{d}y + x^2 \mathrm{d}y\mathrm{d}z + y^2 \mathrm{d}z\mathrm{d}x$，其中 $\Sigma$ 是平面 $x+y+z=1$ 被三个坐标面所截部分的上侧.

**14** 计算 $I = \oiint\limits_{\Sigma} yz\mathrm{d}x\mathrm{d}y + zx\mathrm{d}y\mathrm{d}z + xy\mathrm{d}z\mathrm{d}x$，其中 $\Sigma$ 是由圆柱面 $x^2+y^2=R^2(x\geqslant 0,y\geqslant 0)$，平面 $z=0$，$z=H$ 及三个坐标面所构成的闭曲面的外侧表面（如图 8-6 所示）.

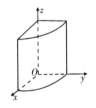

图 8-6

**15** 求 $\iint_{\Sigma} xy^2 \mathrm{d}y\mathrm{d}z + y(z^2+xz)\mathrm{d}z\mathrm{d}x + z(x^2+1)\mathrm{d}x\mathrm{d}y$，其中 $\Sigma$ 是上半球面 $x^2+y^2+z^2=R^2$ 的上侧.

答题区

纠错笔记

**16** 计算曲面积分 $I = \iint_{\Sigma}(y-z)\mathrm{d}y\mathrm{d}z + (z-x)\mathrm{d}z\mathrm{d}x + (x-y)\mathrm{d}x\mathrm{d}y$，其中 $\Sigma$ 是 $z^2 = x^2 + y^2 (0 \leqslant z \leqslant h)$ 的下侧.

答题区

纠错笔记

**17** 计算曲面积分 $I = \oiint_{\Sigma} \dfrac{x\mathrm{d}y\mathrm{d}z + y\mathrm{d}z\mathrm{d}x + z\mathrm{d}x\mathrm{d}y}{(x^2+y^2+z^2)^{\frac{3}{2}}}$，其中 $\Sigma$ 是曲面 $2x^2+2y^2+z^2=4$ 的外侧.

答题区

纠错笔记

**18** 求面密度为 $\rho(x,y,z) = x$ 的曲面壳 $\Sigma$ 的质量，$\Sigma$ 是圆柱面 $x^2+z^2=4$ 被平面 $x=0, x=1, y=0$ 及 $y=4$ 所截得的位于第一象限的部分.

答题区

纠错笔记

## 二、提高篇

**1** 设 $\Sigma$ 为球面 $x^2+y^2+z^2=R^2$，则以下选项中正确的是（　　）.

A. $\iint\limits_{\Sigma} x^2 \mathrm{d}S = 0, \iint\limits_{\Sigma} x^2 \mathrm{d}y\mathrm{d}z = 0$　　　　B. $\iint\limits_{\Sigma} x \mathrm{d}S = 0, \iint\limits_{\Sigma} x^2 \mathrm{d}y\mathrm{d}z = 0$

C. $\iint\limits_{\Sigma} x \mathrm{d}S = 0, \iint\limits_{\Sigma} x \mathrm{d}y\mathrm{d}z = 0$　　　　D. $\iint\limits_{\Sigma} xy \mathrm{d}S = 0, \iint\limits_{\Sigma} y \mathrm{d}z\mathrm{d}x = 0$

答题区

纠错笔记

**2** 计算 $I = \iint\limits_{\Sigma} y^{\frac{1}{3}} x^6 \mathrm{d}y\mathrm{d}z + x^{\frac{1}{3}} y^5 \mathrm{d}z\mathrm{d}x + z^2 \mathrm{d}x\mathrm{d}y$，

其中 $\Sigma$ 是曲面 $z = x^2+y^2$ 被平面 $z=1$ 所截的有限部分的外侧（如图 8-7 所示）.

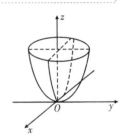

图 8-7

答题区

纠错笔记

**3** 求 $I = \iint\limits_{\Sigma} \dfrac{ax\mathrm{d}y\mathrm{d}z + (a+z)^2 \mathrm{d}x\mathrm{d}y}{(x^2+y^2+z^2)^{\frac{1}{2}}}$，其中 $\Sigma$ 为下半球面 $\Sigma: z = -\sqrt{a^2-x^2-y^2}$ 的上侧，$a$ 为大于零的常数.

答题区

纠错笔记

**4** 计算曲面积分 $I = \iint\limits_{\Sigma} xz\,dydz + 2zy\,dzdx + 3xy\,dxdy$，其中 $\Sigma$ 为曲面 $z = 1 - x^2 - \dfrac{y^2}{4}(0 \leqslant z \leqslant 1)$ 的上侧.

**答题区**

**纠错笔记**

**5** 设 $\Sigma$ 是以 $L$ 为边界的光滑曲面，试求可微函数 $\varphi(x)$，使曲面积分 $\iint\limits_{\Sigma} (1-x^2)\varphi(x)\,dydz + 4xy\varphi(x)\,dzdx + 4xz\,dxdy$ 与曲面 $\Sigma$ 的形状无关.

**答题区**

**纠错笔记**

**6** 求面密度为 1 的均匀锥面 $\Sigma: z = \sqrt{x^2 + y^2}\,(0 \leqslant z \leqslant 2)$ 对直线 $L: x = y = z$ 的转动惯量.

**答题区**

**纠错笔记**

**7** 求 $\boldsymbol{V} = y(x-z)\boldsymbol{i} + x^2\boldsymbol{j} + (y^2 + xz)\boldsymbol{k}$ 沿有向曲面 $\Sigma$ 对坐标的曲面积分，其中 $\Sigma$ 是边长为 $a$ 的正立方体的外表面.

**答题区**

**纠错笔记**

**8** 计算 $\iint\limits_{\Sigma} \text{rot}\boldsymbol{F} \cdot \boldsymbol{n} \,\mathrm{d}S$，其中 $\boldsymbol{F} = (x-z)\boldsymbol{i} + (x^3 + yz)\boldsymbol{j} - 3xy^2\boldsymbol{k}$，$\Sigma$ 是抛物面 $z = 4 - x^2 - y^2$ 在 $xOy$ 平面上方的部分，$\boldsymbol{n}$ 是 $\Sigma$ 的上侧的单位法向量.

**9** 已知流体的流速为 $\boldsymbol{v} = xz^2\boldsymbol{i} + yx^2\boldsymbol{j} + zy^2\boldsymbol{k}$，流体的密度为 $\mu = 1$. 求流体在单位时间内流出曲面 $\Sigma: x^2 + y^2 + z^2 = 2z$ 的流量和沿曲线 $\Gamma: x^2 + y^2 + z^2 = 2z$，$z = 1$ 的环流量（从 $z$ 轴的正向看为逆时针方向）.

# 第十节　斯托克斯公式

**1** 设 $L$ 是柱面方程 $x^2 + y^2 = 1$ 与平面 $z = x + y$ 的交线，从 $z$ 轴正向往 $z$ 轴负向看去为逆时针方向，则曲线积分 $\oint_L xz\,\mathrm{d}x + x\,\mathrm{d}y + \dfrac{y^2}{2}\,\mathrm{d}z = $ ＿＿＿＿＿＿ .

**2** 计算积分 $I = \oint_\Gamma xy\,dx + y^2\,dy + z\,dz$，其中 $\Gamma$ 为抛物面 $2-z = x^2 + y^2$ 被平面 $z = 1$ 截下的一块光滑曲面的边界线.

**3** 计算曲线积分 $I = \oint_\Gamma x^2\,dx + 4xy^3\,dy + y^2x\,dz$，其中 $\Gamma$ 是平面 $z = y$ 上的矩形曲线，若从 $z$ 轴的正向看去，为顺时针方向.

**4** $\Gamma$ 为柱面 $x^2 + y^2 = 2y$ 与平面 $y = z$ 的交线，从 $z$ 轴正向看为顺时针，计算 $I = \oint_\Gamma y^2\,dx + xy\,dy + xz\,dz$.

**5** 利用斯托克斯公式计算 $\int_\Gamma y\mathrm{d}x + z\mathrm{d}y + x\mathrm{d}z$，$\Gamma$ 是圆周 $\begin{cases} x^2+y^2+z^2 = a^2 \\ x+y+z = 0 \end{cases}$，从 $z$ 轴正向看 $\Gamma$ 为逆时针.

**6** 利用斯托克斯公式计算 $\int_\Gamma (y-z)\mathrm{d}x + (z-x)\mathrm{d}y + (x-y)\mathrm{d}z$，其中 $\Gamma$ 是椭圆 $x^2+y^2 = a^2, \dfrac{x}{a}+\dfrac{z}{b}=1(a>0,b>0)$，从 $z$ 轴正向看 $\Gamma$ 为逆时针方向.

**7** 利用斯托克斯公式计算 $\int_\Gamma y^2\mathrm{d}x + z^2\mathrm{d}y + x^2\mathrm{d}z$，其中 $\Gamma:\begin{cases} x^2+y^2+z^2 = a^2 \\ x^2+y^2 = ax \end{cases}(z\geqslant 0, a>0)$ 从 $z$ 轴正向看 $\Gamma$ 为逆时针方向.

**8** 设 $A = (2y, 3x, z^2)$，$\Sigma: x^2 + y^2 + z^2 = 4$，$n$ 为 $\Sigma$ 的外法向量，计算 $I = \oiint_{\Sigma} \text{rot} A \cdot n \, dS$.

**9** 设 $A = e^{xy} i + \cos(xy) j + \cos(xz^2) k$，求 $\text{div} A$.

**10** 已知 $r = \sqrt{x^2 + y^2 + z^2}$，求 $\text{div}(\text{grad} r), \text{rot}(\text{grad} r)$.

适合基础薄弱考生使用

# 高等数学
# 通关习题册
## （解析册）

主编 ⊙ 李畅通
副主编 ⊙ 李娜 王唯良 车彩丽

西安交通大学出版社

# 目录 Contents

- **第一章　函数、极限与连续** ········································ 1
  - 第一节　函数 ···················································· 1
  - 第二节　极限 ···················································· 4
  - 第三节　函数的连续性与间断点 ···································· 15

- **第二章　一元函数微分学** ········································ 20
  - 第一节　导数与微分 ·············································· 20
  - 第二节　微分中值定理 ············································ 30
  - 第三节　导数的应用 ·············································· 39

- **第三章　一元函数积分学** ········································ 51
  - 第一节　不定积分 ················································ 51
  - 第二节　定积分 ·················································· 67
  - 第三节　广义积分 ················································ 81
  - 第四节　定积分的应用 ············································ 87

- **第四章　常微分方程** ············································ 91
  - 第一节　微分方程的基本概念 ······································ 91
  - 第二节　可分离变量与齐次方程 ···································· 91
  - 第三节　一阶线性方程与伯努利方程 ································ 94
  - 第四节　可降阶的高阶方程（数学一、数学二） ······················ 97
  - 第五节　高阶线性微分方程 ········································ 99
  - 第六节　二阶常系数齐次线性微分方程 ······························ 99
  - 第七节　二阶常系数非齐次线性微分方程 ···························· 100

第八节　欧拉方程(仅数学一) ································· 106

## 第五章　多元函数微分学 ································· 107

　　第一节　多元函数的基本概念 ································· 107

　　第二节　偏导数 ································· 110

　　第三节　全微分 ································· 113

　　第四节　多元复合函数及隐函数的求导 ································· 116

　　第五节　多元函数的极值与最值 ································· 125

## 第六章　二重积分 ································· 134

## 第七章　无穷级数 ································· 146

　　第一节　常数项级数的概念和性质 ································· 146

　　第二节　求常数项级数的审敛法 ································· 147

　　第三节　幂级数 ································· 159

　　第四节　函数展开成幂级数 ································· 166

## 第八章　仅数学一考查内容 ································· 169

　　第一节　傅里叶级数 ································· 169

　　第二节　向量及其运算 ································· 172

　　第三节　空间解析几何 ································· 173

　　第四节　多元函数微分学在几何上的应用 ································· 181

　　第五节　三重积分及其应用 ································· 184

　　第六节　第一类曲线积分 ································· 194

　　第七节　第二类曲线积分 ································· 195

　　第八节　第一类曲面积分 ································· 203

　　第九节　第二类曲面积分 ································· 208

　　第十节　斯托克斯公式 ································· 218

# 第一章 函数、极限与连续

## 第一节 函数

### 一、基础篇

**1.** 答案 A 【解答】对于 A 项,因为函数 $f(x) = \ln\dfrac{1-x}{1+x}$ 的定义域为 $(-1,1)$,且 $f(-x) = \ln\dfrac{1+x}{1-x} = -\ln\dfrac{1-x}{1+x} = -f(x)$,所以 $f(x)$ 为奇函数,故应选 A.

对于 B 项,因为函数 $f(x) = \dfrac{3^x + 3^{-x}}{2}$ 的定义域为 $(-\infty, +\infty)$,且 $f(-x) = \dfrac{3^{-x} + 3^x}{2} = f(x)$,所以 $f(x)$ 为偶函数.

对于 C 项,因为 $f(-x) = \sin(-x) + (-x)^2 + (-x) + 1 = -\sin x + x^2 - x + 1$,所以存在 $x \in (-\infty, +\infty)$,使得 $f(-x) \neq f(x), f(-x) \neq -f(x)$,故 $f(x)$ 既非奇函数也非偶函数.

对于 D 项,因为对于任意实数 $x$,均有 $f(-x) = (-x)^3 \sin 3(-x) = x^3 \sin 3x = f(x)$,所以 $f(x)$ 是偶函数.

**2.** 答案 C 【解答】因为对于任意的 $x \in (-\infty, +\infty)$,有 $f[h(-x)] = f[h(x)]$ 成立,所以 $f[h(x)]$ 必为偶函数,故应选 C.

本题也可以采用排除法.注意到 $f(x)$ 的性质不明确,因而不能判断 $f[g(-x)] = -f[g(x)]$ 是否成立,即 $f[g(x)]$ 是否为奇函数,故不能选 A.类似地,可以判定也不能选 B,D.

**3.** 答案 D 【解答】由取整函数的定义得,当 $k \leq x < k+1$ 时,有
$$y = x - [x] = x - k,$$
由函数的图像知 $y = x - [x]$ 为周期函数,最小正周期为 1,故应选 D.

**4.** 答案 B 【解答】方法一 因为 $g(x)$ 在 $(-\infty, +\infty)$ 上是严格递减函数,所以对于任意的 $x_1, x_2 (x_1 < x_2)$,有 $g(x_1) > g(x_2)$.根据 $f(x)$ 在 $(-\infty, +\infty)$ 上是严格递增函数,有 $f[g(x_1)] > f[g(x_2)]$,即 $f[g(x)]$ 是严格递减函数.因此应选 B.

方法二 令 $f(x) = x, g(x) = -x$,显然函数 $f(x)$ 与 $g(x)$ 分别是定义在 $(-\infty, +\infty)$ 上的严格递增函数与严格递减函数. $f[g(x)] = -x$ 在 $(-\infty, +\infty)$ 是单调递减函数, $f(x)g(x) = -x^2$ 在 $(-\infty, +\infty)$ 上不是单调函数.故应选 B.

**5.**【解答】(1) 要使得函数 $f(x)$ 有意义,只要同时满足
$$\begin{cases} \ln(1-x^2) \neq 0 \\ 1-x^2 > 0 \\ x+1 \geq 0 \end{cases}, 解得 \begin{cases} x \neq 0 \\ -1 < x < 1, 即 -1 < x < 0 \text{ 或 } 0 < x < 1. \\ x \geq -1 \end{cases}$$

即函数 $f(x)$ 的定义域为 $(-1,0) \cup (0,1)$.

(2) 求函数 $f(x^2-1)$ 的定义域即求 $-a \leqslant x^2-1 \leqslant a$ 时 $x$ 的取值,则有 $1-a \leqslant x^2 \leqslant 1+a$.

当 $a \geqslant 1$ 时,$1-a \leqslant 0$,则 $x^2 \leqslant a+1$,解得 $-\sqrt{1+a} \leqslant x \leqslant \sqrt{a+1}$;

当 $0 < a < 1$ 时,$1-a > 0$,得 $\sqrt{1-a} \leqslant |x| \leqslant \sqrt{1+a}$,

故 $\sqrt{1-a} \leqslant x \leqslant \sqrt{1+a}$ 或 $-\sqrt{1+a} \leqslant x \leqslant -\sqrt{1-a}$.

6.【解答】根据诱导公式,有

$$y = \sin x = \sin(\pi - x), -\frac{\pi}{2} \leqslant \pi - x \leqslant \frac{\pi}{2}.$$

所以反函数为 $x = \pi - \arcsin y$. 即 $y = \pi - \arcsin x, x \in [-1,1]$.

7.【解答】(1) 设 $e^x + 1 = t$,则 $x = \ln(t-1)$,记 $f(t) = \ln(t-1)$,即 $f(x) = \ln(x-1)$.

(2) 因为 $f\left(x + \dfrac{1}{x}\right) = x^2 + \dfrac{1}{x^2} = \left(x + \dfrac{1}{x}\right)^2 - 2$,所以 $f(x) = x^2 - 2$.

(3) 令 $t = -\dfrac{1}{x}$,则 $x = -\dfrac{1}{t}$,于是原方程变为

$$nf(t) + mf\left(-\dfrac{1}{t}\right) = \dfrac{1}{t^2}.$$

根据函数与自变量的记号无关的特点,得

$$\begin{cases} mf(x) + nf\left(-\dfrac{1}{x}\right) = x^2 \\ nf(x) + mf\left(-\dfrac{1}{x}\right) = \dfrac{1}{x^2} \end{cases},$$

于是 $f(x) = \dfrac{1}{m^2 - n^2}\left(mx^2 - n\dfrac{1}{x^2}\right)$.

8.【解答】对任意 $x \in (-\infty, +\infty)$,有 $f(x+l) = -f(x)$,则

$$f(x+2l) = f(x+l+l) = -f(x+l) = f(x).$$

由函数周期性的定义知,$f(x)$ 为周期函数,且周期为 $2l$.

9.【解答】因为 $f(x)$ 是 R 上的奇函数,所以 $f(-x) = -f(x)$,即 $f(x) = -f(-x)$.

当 $x < 0$ 时,$-x > 0$,则 $f(x) = -f(-x) = -(3^{-x} - 1) = 1 - 3^{-x}$,

所以 $f(x) = \begin{cases} 3^x - 1, x \geqslant 0 \\ 1 - 3^{-x}, x < 0 \end{cases}$.

10.【分析】求 $f[g(x)]$ 时,由外层函数 $f(x)$ 写出复合函数的表达式,并同时写出中间变量(内层函数)的取值范围;然后由内层函数,即 $g(x)$ 的分段表达式,过渡到自变量的变化范围,得到分段表达式.

【解答】$f[g(x)] = \begin{cases} e^{g(x)}, g(x) < 1 \\ g(x), g(x) \geqslant 1 \end{cases} = \begin{cases} e^{x+2}, x+2 < 1, x < 0 \\ e^{x^2-1}, x^2-1 < 1, x \geqslant 0 \\ x+2, x+2 \geqslant 1, x < 0 \\ x^2-1, x^2-1 \geqslant 1, x \geqslant 0 \end{cases} = \begin{cases} e^{x+2}, x < -1 \\ x+2, -1 \leqslant x < 0 \\ e^{x^2-1}, 0 \leqslant x < \sqrt{2} \\ x^2-1, x \geqslant \sqrt{2} \end{cases}.$

## 二、提高篇

**1.** 答案 B 【解答】当 $x \geqslant 0$ 时，$1+x^2 \geqslant 2x$，则 $0 \leqslant \dfrac{\pi x}{2(1+x^2)} \leqslant \dfrac{\pi x}{2 \times 2x} = \dfrac{\pi}{4}$，所以 $0 \leqslant$

$\sin \dfrac{\pi x}{2(1+x^2)} \leqslant \sin \dfrac{\pi}{4} = \dfrac{\sqrt{2}}{2}$.

当 $x < 0$ 时，$1+x^2 \geqslant -2x$，则 $-\dfrac{\pi}{4} = -\dfrac{\pi x}{2 \times 2x} \leqslant \dfrac{\pi x}{2(1+x^2)} < 0$，所以 $0 > \sin \dfrac{\pi x}{2(1+x^2)} \geqslant$

$\sin\left(-\dfrac{\pi}{4}\right) = -\dfrac{\sqrt{2}}{2}$，

所以 $\sin \dfrac{\pi x}{2(1+x^2)}$ 的值域为 $\left[-\dfrac{\sqrt{2}}{2}, \dfrac{\sqrt{2}}{2}\right]$. 故应选 B.

**2.** 答案 D 【解答】函数 $f(x)$ 的定义域为 $(-\infty, +\infty)$，且

$f(-x) = |(-x)\sin(-x)| \ln(-x + \sqrt{1+x^2}) = |x \sin x| \ln \dfrac{1}{x+\sqrt{1+x^2}} = -f(x)$，

因此，$f(x)$ 为奇函数，故应选 D.

**3.** 【分析】正确理解函数的记号和含义，利用归纳法求出函数表达式.

【解答】由已知

$$f_2(x) = f_1[f_1(x)] = \dfrac{f_1(x)}{\sqrt{1+a[f_1(x)]^2}} = \dfrac{\dfrac{x}{\sqrt{1+ax^2}}}{\sqrt{1+a\left(\dfrac{x}{\sqrt{1+ax^2}}\right)^2}} = \dfrac{x}{\sqrt{1+2ax^2}},$$

如果 $f_k(x) = \dfrac{x}{\sqrt{1+kax^2}}$，那么

$$f_{k+1}(x) = f_1[f_k(x)] = \dfrac{f_k(x)}{\sqrt{1+a[f_k(x)]^2}} = \dfrac{\dfrac{x}{\sqrt{1+kax^2}}}{\sqrt{1+a\left[\dfrac{x}{\sqrt{1+kax^2}}\right]^2}} = \dfrac{x}{\sqrt{1+(k+1)ax^2}},$$

因此，对于任意自然数 $n$，有 $f_n(x) = \dfrac{x}{\sqrt{1+nax^2}}$.

**4.** 【解答】令 $t = \dfrac{x+1}{2x-1}$，则 $x = \dfrac{t+1}{2t-1}$，$f(t) = 2f\left(\dfrac{t+1}{2t-1}\right) + \dfrac{t+1}{2t-1}$，

所以 $f(x) = 2f\left(\dfrac{x+1}{2x-1}\right) + \dfrac{x+1}{2x-1} = 2[2f(x)+x] + \dfrac{x+1}{2x-1}$，

化简得 $f(x) = \dfrac{4x^2 - x + 1}{3(1-2x)}$.

## 第二节　极　限

### 一、基础篇

1. **答案** D　【解答】函数在某点的极限存在情况与该点的函数值无关,由极限的局部有界性知 D 是正确选项.

2. **答案** A　【解答】由函数极限的四则运算法则可知：两个极限都存在,其和的极限也存在；一个极限存在一个极限不存在,则其和的极限不存在；两个极限都不存在,则无法确定其和的极限是否存在；一个极限存在一个极限不存在,则无法确定其积的极限是否存在.故选 A.

3. **答案** D　【解答】取 $y_n = x_n = z_n = n$,显然有 $y_n \leqslant x_n \leqslant z_n$,且 $\lim\limits_{x \to \infty}(z_n - y_n) = 0$,但是 $\lim\limits_{n \to \infty} x_n = \lim\limits_{n \to \infty} n = \infty$,可排除 A、B.

   取 $y_n = x_n = z_n = 1$,则有 $y_n \leqslant x_n \leqslant z_n$,且 $\lim\limits_{x \to \infty}(z_n - y_n) = 0$,但 $\lim\limits_{n \to \infty} x_n = 1$,可排除 C.

   综上所述,应选 D.

4. **答案** D　【解答】由于

$$\lim_{x \to 1^-} \frac{\ln x}{x-1} \mathrm{e}^{\frac{1}{x-1}} = \lim_{x \to 1^-} \frac{\ln(1+x-1)}{x-1} \mathrm{e}^{\frac{1}{x-1}} = \lim_{x \to 1^-} \mathrm{e}^{\frac{1}{x-1}} = 0,$$

$$\lim_{x \to 1^+} \frac{\ln x}{x-1} \mathrm{e}^{\frac{1}{x-1}} = \lim_{x \to 1^+} \frac{\ln(1+x-1)}{x-1} \mathrm{e}^{\frac{1}{x-1}} = \lim_{x \to 1^+} \mathrm{e}^{\frac{1}{x-1}} = +\infty,$$

因此, $\lim\limits_{x \to 1} \frac{x^2-1}{x-1} \mathrm{e}^{\frac{1}{x-1}}$ 不存在,也不是 $\infty$,应选 D.

5. **答案** B　【解答】因为 $\lim\limits_{x \to 0} \frac{f(x)}{x} = \lim\limits_{x \to 0} \frac{2^x + 3^x - 2}{x} = \lim\limits_{x \to 0} \frac{2^x - 1}{x} + \lim\limits_{x \to 0} \frac{3^x - 1}{x}$,

令 $2^x - 1 = t, 3^x - 1 = u$,则 $\lim\limits_{x \to 0} \frac{f(x)}{x} = \ln 2 \lim\limits_{t \to 0} \frac{t}{\ln(1+t)} + \ln 3 \lim\limits_{u \to 0} \frac{u}{\ln(1+u)} = \ln 2 + \ln 3$,

所以 $f(x)$ 与 $x$ 同阶但非等价无穷小,故应选 B.

6. **答案** D　【解答】由于 $\lim\limits_{x \to 0} \frac{o(x^m) + o(x^m)}{x^m} = \lim\limits_{x \to 0} \left[ \frac{o(x^m)}{x^m} + \frac{o(x^m)}{x^m} \right] = 0 + 0 = 0,$

$$\lim_{x \to 0} \frac{o(x^m) - o(x^m)}{x^m} = \lim_{x \to 0} \left[ \frac{o(x^m)}{x^m} - \frac{o(x^m)}{x^m} \right] = 0 - 0 = 0,$$

$$\lim_{x \to 0} \frac{x^m \cdot o(x^n)}{x^{m+n}} = \lim_{x \to 0} \frac{o(x^n)}{x^n} = 0,$$

可知 A,B,C 都是正确的,D 是错误的,故选 D. 事实上, $o(x^m) + o(x^n) = o(x^{\min\{m,n\}})$.

7. **答案** A　【解答】当 $x \to 0^+$ 时,由 $3^{\sqrt[3]{x}} - 1 \sim x^{\frac{1}{3}} \ln 3$,可得 $\alpha_1 = 3^{\sqrt[3]{x}} - 1 - \sin x \sim x^{\frac{1}{3}} \ln 3$.

当 $x \to 0^+$ 时, $\alpha_2 = \tan[\sin(\arctan x)] \sim \sin(\arctan x) \sim \arctan x \sim x$.

当 $x \to 0^+$ 时,由 $\ln(\cos x) = \ln[1 + (\cos x - 1)] \sim \cos x - 1 \sim -\frac{1}{2} x^2$.

可得 $\alpha_3 = \ln(\cos x) + x^3 \sim -\frac{1}{2}x^2$,

当 $x \to 0^+$ 时,$\alpha_4 = \tan x - \sin x = \tan x(1 - \cos x) \sim x \times \frac{1}{2}x^2 = \frac{1}{2}x^3$,

所以,正确的排列顺序为 $\alpha_1, \alpha_2, \alpha_3, \alpha_4$, 应选 A.

8. [答案] D 【解答】当 $x \to x_0$ 时,$\alpha(x)$ 和 $\beta(x)$ 都是无穷小,那么根据四则运算可得到 $|\alpha(x)| + |\beta(x)|$、$\alpha^2(x) + \beta^2(x)$、$\ln[1 + \alpha(x) \cdot \beta(x)]$ 都是 $x \to x_0$ 时的无穷小. 因此排除 A,B,C.

9. [答案] D 【解答】因为 $\lim\limits_{x \to \infty} \frac{1 + e^{-x^2}}{1 - e^{-x^2}} = 1$,$\lim\limits_{x \to 0} \frac{1 + e^{-x^2}}{1 - e^{-x^2}} = \infty$,所以曲线既有水平渐近线又有铅直渐近线,故选 D.

10. [答案] A 【解答】因为 $\lim\limits_{x \to \infty} x \sin\frac{1}{x} = \lim\limits_{x \to \infty} \frac{\sin\frac{1}{x}}{\frac{1}{x}} = 1$,$\lim\limits_{x \to 0} x \sin\frac{1}{x} = 0$,

所以曲线 $y = x \sin\frac{1}{x}$ 只有水平渐近线. 故选 A.

11. [答案] C 【解答】因为

$$\lim\limits_{x \to \infty} \frac{y}{x} = \lim\limits_{x \to \infty} \left(\frac{x + \sin\frac{1}{x}}{x}\right) = \lim\limits_{x \to \infty} \left(1 + \frac{1}{x} \sin\frac{1}{x}\right) = 1,$$

$$\lim\limits_{x \to \infty} (y - x) = \lim\limits_{x \to \infty} \sin\frac{1}{x} = 0,$$

所以 $y = x + \sin\frac{1}{x}$ 有斜渐近线 $y = x$. 应该选 C.

12. 【解答】(1) $\lim\limits_{x \to 1} \left(\frac{3}{1-x^3} - \frac{1}{1-x}\right) = \lim\limits_{x \to 1} \frac{3 - (1 + x + x^2)}{1 - x^3} = \lim\limits_{x \to 1} \frac{(1-x)(2+x)}{(1-x)(1+x+x^2)}$

$= \lim\limits_{x \to 1} \frac{2+x}{1+x+x^2} = 1$.

(2) $\lim\limits_{x \to 1} \frac{\sqrt{3x+1} - 2}{x - 1} = \lim\limits_{x \to 1} \frac{(\sqrt{3x+1})^2 - 2^2}{(x-1)(\sqrt{3x+1} + 2)} = \lim\limits_{x \to 1} \frac{3x - 3}{(x-1)(\sqrt{3x+1} + 2)} = \frac{3}{4}$.

(3) $\lim\limits_{x \to \infty} \frac{4x^3 + 1}{x^3 + x^2 + 2} = 4$.

(4) $\lim\limits_{x \to \infty} \frac{4x + 1}{x^3 + x^2 + 2} = 0$.

(5) $\lim\limits_{x \to -\infty} \frac{4x - 3}{\sqrt{x^2 + 1}} \xrightarrow{x = -t} \lim\limits_{t \to +\infty} \frac{-4t - 3}{\sqrt{t^2 + 1}} = -4$ ("抓大头").

(6) $\lim\limits_{x \to \infty} \frac{(2x+5)^{50}}{(2x+1)^{30}(x+3)^{20}} = \lim\limits_{x \to \infty} \frac{2^{50}}{2^{30}} = 2^{20}$.

(7) $\lim\limits_{x \to 1} \frac{\sqrt{4-3x} - \sqrt{x}}{x^2 + x - 2} = \lim\limits_{x \to 1} \frac{(4-3x) - x}{(x-1)(x+2)(\sqrt{4-3x} + \sqrt{x})}$

$$= \lim_{x \to 1} \frac{-4}{(x+2)(\sqrt{1-3x}+\sqrt{x})} = -\frac{2}{3}.$$

(8) $\lim\limits_{x \to -\infty}(\sqrt{x^2+x}-\sqrt{x^2-3x}) = \lim\limits_{x \to -\infty}\dfrac{4x}{\sqrt{x^2+x}+\sqrt{x^2-3x}} = -2.$

(9) $\lim\limits_{x \to a^+}\dfrac{\sqrt{x}-\sqrt{a}+\sqrt{x-a}}{\sqrt{x^2-a^2}} = \lim\limits_{x \to a^+}\dfrac{\sqrt{x}-\sqrt{a}}{\sqrt{x^2-a^2}} + \lim\limits_{x \to a^+}\dfrac{\sqrt{x-a}}{\sqrt{x^2-a^2}}$

$$= \lim_{x \to a^+}\dfrac{x-a}{\sqrt{x^2-a^2}(\sqrt{x}+\sqrt{a})} + \lim_{x \to a^+}\dfrac{1}{\sqrt{x+a}}$$

$$= \lim_{x \to a^+}\dfrac{\sqrt{x-a}}{\sqrt{x+a}(\sqrt{x}+\sqrt{a})} + \lim_{x \to a^+}\dfrac{1}{\sqrt{x+a}} = \dfrac{1}{\sqrt{2a}}.$$

(10) $\lim\limits_{x \to +\infty}(\sqrt{x^2+x}-\sqrt{x^2-x}) = \lim\limits_{x \to +\infty}\dfrac{(\sqrt{x^2+x}-\sqrt{x^2-x})(\sqrt{x^2+x}+\sqrt{x^2-x})}{\sqrt{x^2+x}+\sqrt{x^2-x}}$

$$= \lim_{x \to +\infty}\dfrac{2x}{\sqrt{x^2+x}+\sqrt{x^2-x}}$$

$$= \lim_{x \to +\infty}\dfrac{2}{\sqrt{1+\dfrac{1}{x}}+\sqrt{1-\dfrac{1}{x}}} = 1.$$

13.【解答】(1) $\lim\limits_{x \to \infty}\left(\dfrac{2x+3}{2x+1}\right)^{x+1} = \lim\limits_{x \to \infty}\left(1+\dfrac{2}{2x+1}\right)^{\frac{2x+1}{2}\times\frac{2}{2x+1}\times(x+1)} = e^{\lim\limits_{x \to \infty}\frac{2(x+1)}{2x+1}} = e.$

(2) $\lim\limits_{x \to 0}(1+3x)^{\frac{2}{\sin x}} = \lim\limits_{x \to 0}(1+3x)^{\frac{1}{3x}\times\frac{3x}{1}\times\frac{2}{\sin x}} = e^{\lim\limits_{x \to 0}\frac{6x}{\sin x}} = e^6.$

(3) $\lim\limits_{x \to 0}(\cos x)^{\frac{1}{x^2}} = \lim\limits_{x \to 0}(1+\cos x-1)^{\frac{1}{\cos x-1}\cdot\frac{\cos x-1}{x^2}} = e^{\lim\limits_{x \to 0}\frac{\cos x-1}{x^2}} = e^{\frac{-\frac{1}{2}x^2}{x^2}} = e^{-\frac{1}{2}}.$

(4) $\lim\limits_{x \to \frac{\pi}{2}}(\sin x)^{\tan x} = \lim\limits_{x \to \frac{\pi}{2}}[1+(\sin x-1)]^{\frac{1}{\sin x-1}\cdot(\sin x-1)\cdot\tan x},$

因为 $\lim\limits_{x \to \frac{\pi}{2}}(\sin x-1)\cdot\tan x = \lim\limits_{x \to \frac{\pi}{2}}\dfrac{\sin x(\sin x-1)}{\cos x} = \lim\limits_{x \to \frac{\pi}{2}}\dfrac{\sin x(\sin^2 x-1)}{\cos x(\sin x+1)}$

$$= -\lim_{x \to \frac{\pi}{2}}\dfrac{\sin x\cos x}{\sin x+1} = 0,$$

所以 $\lim\limits_{x \to \frac{\pi}{2}}(\sin x)^{\tan x} = e^0 = 1.$

14.【解答】(1) 因为 $\dfrac{k}{n^2+n} \leqslant \dfrac{n}{n^2+k} \leqslant \dfrac{k}{n^2+1}$ $(k = 1, 2, \cdots)$,

所以 $\dfrac{n(n+1)}{2(n^2+n)} < \dfrac{1}{n^2+1} + \dfrac{2}{n^2+2} + \cdots + \dfrac{n}{n^2+n} < \dfrac{n(n+1)}{2(n^2+1)}$,

又因为 $\lim\limits_{n \to \infty}\dfrac{n(n+1)}{2(n^2+n)} = \dfrac{1}{2} = \lim\limits_{n \to \infty}\dfrac{n(n+1)}{2(n^2+1)}$,

所以 $\lim\limits_{n \to \infty}\left(\dfrac{1}{n^2+1} + \dfrac{2}{n^2+2} + \cdots + \dfrac{n}{n^2+n}\right) = \dfrac{1}{2}.$

(2) 因为 $\sqrt[n]{10^n} \leqslant \sqrt[n]{1^n+2^n+\cdots+10^n} \leqslant \sqrt[n]{10\times 10^n}$,又

$$\lim_{n\to\infty} \sqrt[n]{10^n} = \lim_{n\to\infty} \sqrt[n]{10 \times 10^n} = 10, 由夹逼定理可知,$$

$$\lim_{n\to\infty} \sqrt[n]{1^n + 2^2 + \cdots + 10^n} = 10.$$

15.【解答】(1) 显然,数列 $\{a_n\}$ 为正项数列,由基本不等式得

$$a_{n+1} = \frac{1}{2}\left(a_n + \frac{1}{a_n}\right) \geqslant \frac{1}{2} \times 2\sqrt{a_n \times \frac{1}{a_n}} = 1,$$

所以数列 $\{a_n\}$ 有下界. 而

$$\frac{a_{n+1}}{a_n} = \frac{\frac{1}{2}\left(a_n + \frac{1}{a_n}\right)}{a_n} = \frac{1}{2}\left(1 + \frac{1}{a_n^2}\right) \leqslant \frac{1}{2} \times (1+1) = 1,$$

故数列 $\{a_n\}$ 单调递减,由单调有界定理知数列 $\{a_n\}$ 必收敛.

设 $\lim\limits_{n\to\infty} a_n = A$,对等式 $a_{n+1} = \frac{1}{2}\left(a_n + \frac{1}{a_n}\right)$ 两边取极限,则 $A = \frac{1}{2}\left(A + \frac{1}{A}\right)$,解得 $A = 1$,所以 $\lim\limits_{n\to\infty} a_n = 1$.

(2) 先证明数列有界.

由 $0 < x_1 < 3$ 可知 $x_1 > 0, 3 - x_1 > 0$,因此

$$0 < x_2 = \sqrt{x_1(3-x_1)} \leqslant \frac{x_1 + 3 - x_1}{2} = \frac{3}{2},$$

即 $0 < x_2 \leqslant \frac{3}{2}$.

假设当 $n > 1$ 时,$0 < x_n \leqslant \frac{3}{2}$,

$$0 < x_{n+1} = \sqrt{x_n(3-x_n)} \leqslant \frac{x_n + 3 - x_n}{2} = \frac{3}{2},$$

即当 $n > 1$ 时,有 $0 < x_{n+1} \leqslant \frac{3}{2}$.

由归纳法原理,对于任意自然数 $n$,当 $n > 1$ 时,$0 < x_n \leqslant \frac{3}{2}$,所以数列 $\{x_n\}$ 有界.

再证明当 $n > 1$ 时,数列 $\{x_n\}$ 单调递增.

由于当 $n > 1$ 时,$0 < x_n \leqslant \frac{3}{2}$,所以当 $n > 1$ 时,

$$x_{n+1} - x_n = \sqrt{x_n(3-x_n)} - x_n = \frac{3x_n - x_n^2 - x_n^2}{\sqrt{x_n(3-x_n)} + x_n} = \frac{x_n(3-2x_n)}{\sqrt{x_n(3-x_n)} + x_n} \geqslant 0,$$

即 $x_{n+1} \geqslant x_n$. 所以当 $n > 1$ 时,数列 $\{x_n\}$ 单调递增.

由单调有界准则知数列 $\{x_n\}$ 极限存在. 设 $\lim\limits_{n\to\infty} x_n = a$,则对 $x_{n+1} = \sqrt{x_n(3-x_n)}$ 两端取极限得 $a = \sqrt{a(3-a)}$,解得 $a = \frac{3}{2}(a = 0$ 舍去$)$,所以 $\lim\limits_{n\to\infty} x_n = \frac{3}{2}$.

16.【解答】(1) $\lim\limits_{n\to\infty} (\sqrt{n+2} - \sqrt{n})\sqrt{n-1} = \lim\limits_{n\to\infty} \frac{2\sqrt{n-1}}{\sqrt{n+2} + \sqrt{n}} = 1.$ (分子有理化)

(2) $\lim\limits_{n\to\infty}\dfrac{(-1)^n+3^n}{2^n+3^n}=\lim\limits_{n\to\infty}\dfrac{\left(-\dfrac{1}{3}\right)^n+1}{\left(\dfrac{2}{3}\right)^n+1}=1$ . ("抓大头")

(3) $\lim\limits_{n\to\infty}\left(\dfrac{2n+1}{2n+3}\right)^n=\lim\limits_{n\to\infty}\left(1-\dfrac{2}{2n+3}\right)^{-\frac{2n+3}{2}\cdot\frac{-2}{2n+3}\cdot n}=\mathrm{e}^{\lim\limits_{n\to\infty}\frac{-2n}{2n+3}}=\mathrm{e}^{-1}$ . (第二类重要极限)

(4) 当 $|a|>1$ 时, $\lim\limits_{n\to\infty}a^n=\infty$ , 则 $\lim\limits_{n\to\infty}\dfrac{a^n-1}{a^n+2}=1$ .

当 $|a|<1$ 时, $\lim\limits_{n\to\infty}a^n=0$ , 则 $\lim\limits_{n\to\infty}\dfrac{a^n-1}{a^n+2}=\dfrac{0-1}{0+2}=-\dfrac{1}{2}$ .

当 $a=1$ 时, $\lim\limits_{n\to\infty}\dfrac{a^n-1}{a^n+2}=\dfrac{1-1}{1+2}=0$ .

当 $a=-1$ 时, $\lim\limits_{n\to\infty}\dfrac{a^n-1}{a^n+2}=\begin{cases}\dfrac{1-1}{1+2}=0, & n=2k\\ \dfrac{-1-1}{-1+2}=-2, & n=2k+1\end{cases}$ , 故极限不存在.

(5) $\lim\limits_{n\to\infty}2^n\sin\dfrac{x}{2^n}=\lim\limits_{n\to\infty}\dfrac{\sin\dfrac{x}{2^n}}{\dfrac{x}{2^n}}\cdot x=x$ .

**17.**【解答】(1) 因为 $\lim\limits_{x\to\infty}\dfrac{x-1}{x^2+1}=0$ , 且 $\left|\sin\dfrac{x^2+1}{x-1}\right|\leqslant 1$ , 所以 $\lim\limits_{x\to\infty}\dfrac{x-1}{x^2+1}\sin\dfrac{x^2+1}{x-1}=0$ .

(2) $\lim\limits_{x\to\pi}\dfrac{\sin x}{x-\pi}=\lim\limits_{x\to\pi}\dfrac{\sin(\pi-x)}{x-\pi}=-\lim\limits_{x\to\pi}\dfrac{\sin(x-\pi)}{x-\pi}=-1$ .

(3) $\lim\limits_{x\to 0}\dfrac{\mathrm{e}^x-\mathrm{e}^{-x}}{1-\cos\sqrt{x}}=\lim\limits_{x\to 0}\dfrac{\mathrm{e}^{-x}(\mathrm{e}^{2x}-1)}{\dfrac{1}{2}x}=2\lim\limits_{x\to 0}\dfrac{\mathrm{e}^{2x}-1}{x}=2\lim\limits_{x\to 0}\dfrac{2x}{x}=4$ .

(4) $\lim\limits_{x\to 0}\dfrac{x-x\cos x}{\sin x-\tan x}=\lim\limits_{x\to 0}\dfrac{x(1-\cos x)}{\tan x(\cos x-1)}=-1$ .

(5) $\lim\limits_{x\to 0}\dfrac{\mathrm{e}^x-\mathrm{e}^{\sin x}}{x-\sin x}=\lim\limits_{x\to 0}\dfrac{\mathrm{e}^{\sin x}(\mathrm{e}^{x-\sin x}-1)}{x-\sin x}=\lim\limits_{x\to 0}\dfrac{\mathrm{e}^{\sin x}(x-\sin x)}{x-\sin x}=\lim\limits_{x\to 0}\mathrm{e}^{\sin x}=1$ .

(6) $\lim\limits_{x\to 0}\dfrac{\sqrt{1+x\sin x}-1}{\mathrm{e}^{x^2}-1}=\lim\limits_{x\to 0}\dfrac{\dfrac{1}{2}x\sin x}{x^2}=\dfrac{1}{2}$ .

(7) $\lim\limits_{x\to 0}\dfrac{1}{x^2}\ln\dfrac{\tan x}{\sin x}=\lim\limits_{x\to 0}\dfrac{1}{x^2}\ln\left(1+\dfrac{\tan x-\sin x}{\sin x}\right)=\lim\limits_{x\to 0}\dfrac{1}{x^2}\cdot\dfrac{\tan x-\sin x}{\sin x}=\lim\limits_{x\to 0}\dfrac{\tan x(1-\cos x)}{x^3}=\dfrac{1}{2}$ .

(8) $\lim\limits_{x\to 0}\dfrac{\sqrt{1+\tan x}-\sqrt{1+\sin x}}{x\sqrt{1+\sin^2 x}-x}=\lim\limits_{x\to 0}\dfrac{\sqrt{1+\tan x}-\sqrt{1+\sin x}}{x(\sqrt{1+\sin^2 x}-1)}$

$=\lim\limits_{x\to 0}\dfrac{\sqrt{1+\tan x}-\sqrt{1+\sin x}}{x\times\dfrac{1}{2}\sin^2 x}=2\lim\limits_{x\to 0}\dfrac{\tan x-\sin x}{x^3}\cdot\dfrac{1}{\sqrt{1+\tan x}+\sqrt{1+\sin x}}$

$=2\lim\limits_{x\to 0}\dfrac{\tan x(1-\cos x)}{x^3}\times\dfrac{1}{2}=\lim\limits_{x\to 0}\dfrac{\tan x\times\dfrac{1}{2}x^2}{x^3}=\dfrac{1}{2}$ .

(9) $\lim\limits_{x\to 0}\dfrac{\sin(x^n)}{(\sin x)^m}=\lim\limits_{x\to 0}\dfrac{x^n}{x^m}=\begin{cases}1, & n=m\\ 0, & n>m\\ \infty, & n<m\end{cases}$.

(10) $\lim\limits_{x\to 0}\dfrac{\ln(\cos x)}{x^2}=\lim\limits_{x\to 0}\dfrac{\ln(1+\cos x-1)}{x^2}=\lim\limits_{x\to 0}\dfrac{\cos x-1}{x^2}=\lim\limits_{x\to 0}\dfrac{-\dfrac{1}{2}x^2}{x^2}=-\dfrac{1}{2}$.

(11) $\lim\limits_{x\to 0}\dfrac{\sqrt{x+1}-x-1}{x}=\lim\limits_{x\to 0}\dfrac{\sqrt{x+1}-1}{x}-1=\lim\limits_{x\to 0}\dfrac{\dfrac{1}{2}x}{x}-1=-\dfrac{1}{2}$.

(12) $\lim\limits_{x\to 1}\dfrac{\sqrt[3]{x}-1}{\sqrt[4]{x}-1}=\lim\limits_{x\to 1}\dfrac{(x-1)(\sqrt[4]{x}+1)(\sqrt{x}+1)}{(x-1)(\sqrt[3]{x^2}+\sqrt[3]{x}+1)}=\lim\limits_{x\to 1}\dfrac{(\sqrt[4]{x}+1)(\sqrt{x}+1)}{(\sqrt[3]{x^2}+\sqrt[3]{x}+1)}=\dfrac{4}{3}$.

(13) $\lim\limits_{x\to a}\dfrac{\sin x-\sin a}{x-a}=\lim\limits_{x\to a}\dfrac{2\cos\dfrac{x+a}{2}\sin\dfrac{x-a}{2}}{x-a}$

$=\lim\limits_{x\to a}\cos\dfrac{x+a}{2}\cdot\lim\limits_{x\to a}\dfrac{\sin\dfrac{x-a}{2}}{\dfrac{x-a}{2}}=\cos\dfrac{a+a}{2}\times 1=\cos a$.

(14) 方法一  $\lim\limits_{x\to 0}\dfrac{\sin 5x-\sin 3x}{\sin 2x}=\lim\limits_{x\to 0}\left[\dfrac{\sin 5x}{5x}\times\dfrac{2x}{\sin 2x}\times\dfrac{5}{2}-\dfrac{\sin 3x}{3x}\times\dfrac{2x}{\sin 2x}\times\dfrac{3}{2}\right]=\dfrac{5}{2}-\dfrac{3}{2}=1$.

方法二  原式 $=\lim\limits_{x\to 0}\dfrac{2\cos\dfrac{5x+3x}{2}\sin\dfrac{5x-3x}{2}}{\sin 2x}=\lim\limits_{x\to 0}\dfrac{2\cos 4x\sin x}{2\sin x\cos x}=\lim\limits_{x\to 0}\dfrac{2\cos 4x}{2\cos x}=1$.

方法三  $\lim\limits_{x\to 0}\dfrac{\sin 5x-\sin 3x}{\sin 2x}=\lim\limits_{x\to 0}\dfrac{\sin 5x}{\sin 2x}-\lim\limits_{x\to 0}\dfrac{\sin 3x}{\sin 2x}=\lim\limits_{x\to 0}\dfrac{5x}{2x}-\lim\limits_{x\to 0}\dfrac{3x}{2x}=1$.

(15) $\lim\limits_{x\to 1}\left[\dfrac{x-1}{x^2+x-2}+\sin(1-x)\right]=\lim\limits_{x\to 1}\dfrac{x-1}{x^2+x-2}+\lim\limits_{x\to 1}\sin(1-x)=\dfrac{1}{3}$.

(16) 令 $f(x)=\dfrac{1+2|x|}{1+x}\arctan x$，则 $\lim\limits_{x\to+\infty}f(x)=\lim\limits_{x\to+\infty}\dfrac{1+2|x|}{1+x}\arctan x=2\times\dfrac{\pi}{2}=\pi$，

$\lim\limits_{x\to-\infty}f(x)=\lim\limits_{x\to-\infty}\dfrac{1+2|x|}{1+x}\arctan x=(-2)\times\left(-\dfrac{\pi}{2}\right)=\pi$，

所以 $\lim\limits_{x\to\infty}\dfrac{1+2|x|}{1+x}\arctan x=\pi$.

(17) $\lim\limits_{x\to+\infty}\dfrac{\sqrt[4]{5x^7+x-11}-\sin^{\frac{7}{4}}x+8}{\sqrt[4]{13x^7+x^6}}=\lim\limits_{x\to+\infty}\dfrac{\sqrt[4]{5x^7}}{\sqrt[4]{13x^7}}=\sqrt[4]{\dfrac{5}{13}}$.

(18) $\lim\limits_{x\to 0}(\cos x)^{\frac{1}{\ln(1+x^2)}}=\lim\limits_{x\to 0}(1+\cos x-1)^{\frac{1}{\cos x-1}\cdot\frac{\cos x-1}{\ln(1+x^2)}}$

$=\lim\limits_{x\to 0}\left[(1+\cos x-1)^{\frac{1}{\cos x-1}}\right]^{\frac{\cos x-1}{\ln(1+x^2)}}=\mathrm{e}^{\lim\limits_{x\to 0}\frac{-\frac{1}{2}x^2}{x^2}}=\mathrm{e}^{-\frac{1}{2}}$.

(19) $\lim\limits_{x\to 0}(1-3\sin x)^{\frac{2}{x}}=\lim\limits_{x\to 0}(1-3\sin x)^{\frac{1}{-3\sin x}\cdot\frac{-6\sin x}{x}}=\lim\limits_{x\to 0}\left[(1-3\sin x)^{\frac{1}{-3\sin x}}\right]^{\frac{-6\sin x}{x}}=\mathrm{e}^{-6}$.

(20) $\lim\limits_{x\to 0}\dfrac{\mathrm{e}^x-\mathrm{e}^{\sin x}}{2x\cos x-\sin 2x}=\lim\limits_{x\to 0}\mathrm{e}^{\sin x}\cdot\dfrac{\mathrm{e}^{x-\sin x}-1}{2\cos x\cdot(x-\sin x)}=\dfrac{1}{2}\lim\limits_{x\to 0}\dfrac{x-\sin x}{x-\sin x}=\dfrac{1}{2}$.

(21) $\lim\limits_{x\to\infty}\dfrac{x+\sin x}{x}=\lim\limits_{x\to\infty}\left(1+\dfrac{1}{x}\sin x\right)=1$．

**18.**【解答】由 $\lim\limits_{x\to 0}\dfrac{\sin x}{\mathrm{e}^x-a}(\cos x-b)=5$ 及 $\lim\limits_{x\to 0}\sin x(\cos x-b)=0$，可得 $\lim\limits_{x\to 0}(\mathrm{e}^x-a)=0$，从而 $a=\lim\limits_{x\to 0}\mathrm{e}^x=1$．又

$$\lim\limits_{x\to 0}\dfrac{\sin x}{\mathrm{e}^x-a}(\cos x-b)=\lim\limits_{x\to 0}\dfrac{\sin x}{\mathrm{e}^x-1}(\cos x-b)=\lim\limits_{x\to 0}\dfrac{x}{x}(\cos x-b)=1-b,$$

由已知 $1-b=5$，即 $b=-4$．

**19.**【解答】由已知条件,得

$$\lim\limits_{x\to\infty}\left(\dfrac{x^3}{x^2+1}-ax-b\right)=\lim\limits_{x\to\infty}\dfrac{(1-a)x^3-bx^2-ax-b}{x^2+1}$$

$$=\lim\limits_{x\to\infty}\dfrac{(1-a)x-b-\dfrac{a}{x}-\dfrac{b}{x^2}}{1+\dfrac{1}{x^2}},$$

从而 $\lim\limits_{x\to\infty}\left(\dfrac{x^3}{x^2+1}-ax-b\right)=2$ 的充分必要条件为 $\begin{cases}1-a=0\\-b=2\end{cases}$,

解得 $a=1,b=-2$．

**20.**【解答】因为 $\lim\limits_{x\to 1}f(x)$ 存在，即该极限为常数，所以可设 $\lim\limits_{x\to 1}f(x)=A$，则有 $f(x)=2x^2+3+4xA$，两端求极限，得到 $A=5+4A$，即 $A=-\dfrac{5}{3}$，所以 $f(x)=2x^2-\dfrac{20}{3}x+3$．

**21.**【解答】因为 $\lim\limits_{x\to 0^-}f(x)=\lim\limits_{x\to 0^-}\mathrm{e}^x=\mathrm{e}^0=1$，$\lim\limits_{x\to 0^+}f(x)=\lim\limits_{x\to 0^+}(a+x)=a$，所以当 $a=1$ 时，$\lim\limits_{x\to 0}f(x)=1$．

**22.**【解析】若 $\lim\dfrac{f(x)}{g(x)}$ 存在，且 $\lim g(x)=0$，可知 $\lim f(x)=0$，确定出 $f(x)\tan x$ 的极限为 0，再利用等价替换化简分子求出极限．

【解答】由题设及 $\lim\limits_{x\to 0}(\mathrm{e}^{2x}-1)=0$，得 $\lim\limits_{x\to 0}\sqrt{1+f(x)\tan x}-1=0$，故 $\lim\limits_{x\to 0}f(x)\tan x=0$，

所以 $\lim\limits_{x\to 0}\dfrac{\sqrt{1+f(x)\tan x}-1}{\mathrm{e}^{2x}-1}=\lim\limits_{x\to 0}\dfrac{\dfrac{1}{2}f(x)\tan x}{2x}=3$，于是 $\lim\limits_{x\to 0}f(x)=12$．

## 二、提高篇

**1.**【答案】D 【解答】由数列极限保号性的条件知 A,B 两项在特定情况下才成立，故 A,B 均不选．C 中的极限是 $0\times\infty$ 型未定式，其极限可能存在也可能不存在，故 C 项不选，D 是正确选项．

**2.**【答案】B 【解答】因为 $f(x)$ 在 $(-\infty,+\infty)$ 内单调有界，且 $\{x_n\}$ 单调，所以 $\{f(x_n)\}$ 单调且有界．故 $\{f(x_n)\}$ 一定存在极限，故选 B．

**3.**【答案】C 【解答】方法一　由于当 $x\to\infty$ 时，$f(x)$ 中含有"$\infty$"因子 $x$，但无确定的零因子，因而 $f(x)$ 无界，故选 C．

**方法二** 分别取 $x = 2n\pi$ 和 $x = 2n\pi + \dfrac{\pi}{2}$，则当 $n \to \infty$ 时，有

$$\lim_{n \to \infty} f(2n\pi) = \lim_{n \to \infty} 2n\pi \sin^2(2n\pi) = \lim_{n \to \infty} 0 = 0,$$

$$\lim_{n \to \infty} f\left(2n\pi + \dfrac{\pi}{2}\right) = \lim_{n \to \infty} \left(2n\pi + \dfrac{\pi}{2}\right) \sin^2\left(2n\pi + \dfrac{\pi}{2}\right) = \lim_{n \to \infty} \left(2n\pi + \dfrac{\pi}{2}\right) = +\infty,$$

由此可见，$f(x)$ 在 $(-\infty, +\infty)$ 内无界，但当 $x \to \infty$ 时，$f(x)$ 不是无穷大，故而选 C.

4. **答案** C 【解答】由于 $\lim\limits_{x \to 1} f(x) = \lim\limits_{x \to 1} \dfrac{x^2 + 2x + b}{x^3 - 1} = A$，$\lim\limits_{x \to 1}(x^3 - 1) = 0$，

因此 $\lim\limits_{x \to 1}(x^2 + 2x + b) = 3 + b = 0$，

即 $b = -3$，进而

$$A = \lim_{x \to 1} f(x) = \lim_{x \to 1} \dfrac{x^2 + 2x + b}{x^3 - 1} = \lim_{x \to 1} \dfrac{x^2 + 2x - 3}{(x-1)(x^2 + x + 1)} = \lim_{x \to 1} \dfrac{x + 3}{x^2 + x + 1} = \dfrac{4}{3},$$

$a$ 可取任意实数．因此选 C.

5. **答案** B 【解答】

$$\lim_{x \to 0} \dfrac{1 + f(x)}{\ln\cos x} = \lim_{x \to 0} \dfrac{1 + f(x)}{\cos x - 1} = -2 \lim_{x \to 0} \dfrac{\sin x + \sin x \cdot f(x)}{x^2 \sin x}$$

$$= -2 \lim_{x \to 0} \dfrac{\sin x - \tan x + \tan x + \sin x \cdot f(x)}{x^3}$$

$$= -2 \lim_{x \to 0} \dfrac{-\dfrac{1}{2} x^3}{x^3} = 1.$$

6. **答案** B 【解答】函数 $y = e^{\frac{1}{x^2}} \arctan \dfrac{x^2 + x + 1}{(x+1)(x-2)}$ 的间断点为 $x = 0, x = -1, x = 2$．因为

$$\lim_{x \to 0} y = \lim_{x \to 0} e^{\frac{1}{x^2}} \arctan \dfrac{x^2 + x + 1}{(x+1)(x-2)} = \infty,$$

$$\lim_{x \to -1} y = \lim_{x \to -1} e^{\frac{1}{x^2}} \arctan \dfrac{x^2 + x + 1}{(x+1)(x-2)}, 存在,$$

$$\lim_{x \to 2} y = \lim_{x \to 2} e^{\frac{1}{x^2}} \arctan \dfrac{x^2 + x + 1}{(x+1)(x-2)}, 存在,$$

故而曲线仅有一条铅直渐近线．

又因为 $\lim\limits_{x \to \infty} y = \lim\limits_{x \to 0} e^{\frac{1}{x^2}} \arctan \dfrac{x^2 + x + 1}{(x+1)(x-2)} = \dfrac{\pi}{4}$，

所以曲线有一条水平渐近线．

因此，曲线仅有两条渐近线，从而选 B.

7. **答案** B 【解答】因为 $\lim\limits_{x \to +\infty} \dfrac{x + \sqrt{x^2 - x + 1}}{x} = 2$，$\lim\limits_{x \to +\infty} [f(x) - 2x] = -\dfrac{1}{2}$，所以有斜渐近线 $y = 2x - \dfrac{1}{2}$.

因为 $\lim\limits_{x \to -\infty}(x + \sqrt{x^2 - x + 1}) = \dfrac{1}{2}$，所以有水平渐近线 $y = \dfrac{1}{2}$．故应选 B.

8. **答案** $\dfrac{3}{2}$  【解答】注意到 $1+\cos x \to 2$ $(x\to 0)$，$\ln(1+x) \sim x$ $(x\to 0)$，于是

$$\lim_{x\to 0}\dfrac{3\sin x + x^2\cos\dfrac{1}{x}}{(1+\cos x)\ln(1+x)} = \dfrac{1}{2}\lim_{x\to 0}\dfrac{3\sin x + x^2\cos\dfrac{1}{x}}{x}$$

$$= \dfrac{1}{2}\left(\lim_{x\to 0}\dfrac{3\sin x}{x} + \lim_{x\to 0}x\cos\dfrac{1}{x}\right) = \dfrac{3}{2}.$$

9. **答案** $-\dfrac{1}{2}$  【解答】$\lim\limits_{x\to-\infty}\dfrac{x+1}{\sqrt{x^2-x+1}+\sqrt{x^2+x+1}} = \lim\limits_{x\to-\infty}\dfrac{x\left(1+\dfrac{1}{x}\right)}{|x|\left(\sqrt{1-\dfrac{1}{x}+\dfrac{1}{x^2}}+\sqrt{1+\dfrac{1}{x}+\dfrac{1}{x^2}}\right)}$

$$= \lim_{x\to-\infty}\dfrac{1+\dfrac{1}{x}}{-\left(\sqrt{1-\dfrac{1}{x}+\dfrac{1}{x^2}}+\sqrt{1+\dfrac{1}{x}+\dfrac{1}{x^2}}\right)} = -\dfrac{1}{2}.$$

10. **答案** $-\dfrac{1}{6}$  【解答】$\lim\limits_{x\to 0}\dfrac{1}{x^3}\left[\left(\dfrac{2+\cos x}{3}\right)^x - 1\right] = \lim\limits_{x\to 0}\dfrac{e^{x\ln\left(\dfrac{2+\cos x}{3}\right)}-1}{x^3} = \lim\limits_{x\to 0}\dfrac{e^{x\ln\left(1-\dfrac{1-\cos x}{3}\right)}-1}{x^3}$

$$= \lim_{x\to 0}\dfrac{x\cdot\ln\left(1-\dfrac{1-\cos x}{3}\right)}{x^3} = \lim_{x\to 0}\dfrac{-x\cdot\dfrac{1-\cos x}{3}}{x^3}$$

$$= \dfrac{1}{3}\lim_{x\to 0}\dfrac{-x\cdot\dfrac{1}{2}x^2}{x^3} = -\dfrac{1}{6}.$$

11. **答案** $-1$  【解答】$\lim\limits_{x\to 0}\dfrac{\sqrt{1+2x}+\sqrt{1-2x}-2}{x^2}$

$$= \lim_{x\to 0}\dfrac{(\sqrt{1+2x}+\sqrt{1-2x})^2-4}{x^2}\cdot\dfrac{1}{\sqrt{1+2x}+\sqrt{1-2x}+2}$$

$$= \dfrac{1}{4}\lim_{x\to 0}\dfrac{(1+2x)+2\sqrt{1+2x}\sqrt{1-2x}+(1-2x)-4}{x^2}$$

$$= \dfrac{1}{2}\lim_{x\to 0}\dfrac{\sqrt{1-4x^2}-1}{x^2} = \dfrac{1}{2}\lim_{x\to 0}\dfrac{\dfrac{1}{2}(-4x)^2}{x^2} = -1.$$

12. **答案** $1$  【解答】$\lim\limits_{x\to-\infty}(\sqrt{x^2+2x+\sin x}+x+2)$

$$= \lim_{x\to-\infty}\left(|x|\sqrt{1+\dfrac{2}{x}+\dfrac{1}{x^2}\sin x}+x\right)+2$$

$$= -\lim_{x\to-\infty}x\left\{\left[1+\left(\dfrac{2}{x}+\dfrac{1}{x^2}\sin x\right)\right]^{\frac{1}{2}}-1\right\}+2$$

$$= -\lim_{x\to-\infty}\left[x\times\dfrac{1}{2}\left(\dfrac{2}{x}+\dfrac{1}{x^2}\sin x\right)\right]+2$$

$$= -1+2 = 1.$$

13. 【解答】$\lim\limits_{n\to\infty}\dfrac{(n+1)^{n+1}}{n^n}\cdot\sin\dfrac{1}{n}$

$$= \lim_{x \to \infty} \frac{(n+1)^{n+1}}{n^n} \cdot \frac{1}{n}$$

$$= \lim_{x \to \infty} \left(1 + \frac{1}{n}\right)^n \left(1 + \frac{1}{n}\right) = e.$$

**14.【解答】**因为 $\sin(\pi \sqrt{n^2+1}) = (-1)^n \sin(\pi \sqrt{n^2+1} - n\pi) = (-1)^n \sin\left(\frac{1}{\sqrt{n^2+1}+n}\right)\pi$,

所以

$$\lim_{n \to \infty} \sin(\pi \sqrt{n^2+1}) = \lim_{n \to \infty} (-1)^n \sin\left(\frac{1}{\sqrt{n^2+1}+n}\right)\pi = 0.$$

**15.【解答】**由于

$$\cos \frac{\pi}{4n} + \cos \frac{3\pi}{4n} + \cdots + \cos \frac{(2n-1)\pi}{4n}$$

$$= \frac{1}{2\sin \frac{\pi}{4n}} \left[ 2\sin \frac{\pi}{4n} \cdot \cos \frac{\pi}{4n} + 2\sin \frac{\pi}{4n} \cdot \cos \frac{3\pi}{4n} + \cdots + 2\sin \frac{\pi}{4n} \cos \frac{(2n-1)\pi}{4n} \right]$$

$$= \frac{1}{2\sin \frac{\pi}{4n}} \left[ \sin \frac{2\pi}{4n} + \sin \frac{4\pi}{4n} - \sin \frac{2\pi}{4n} + \cdots + \sin \frac{2n\pi}{4n} - \sin \frac{(2n-2)\pi}{4n} \right]$$

$$= \frac{1}{2\sin \frac{\pi}{4n}} \cdot \sin \frac{\pi}{2} = \frac{1}{2\sin \frac{\pi}{4n}},$$

所以

$$\lim_{n \to \infty} \left[ \frac{\cos \frac{\pi}{4n}}{n} + \frac{\cos \frac{3\pi}{4n}}{n} + \cdots + \frac{\cos \frac{(2n-1)\pi}{4n}}{n} \right] = \lim_{n \to \infty} \frac{\frac{\pi}{4n}}{\sin \frac{\pi}{4n}} \cdot \frac{2}{\pi} = \frac{2}{\pi}.$$

**16.【解答】** $\lim_{x \to 0} \left(\frac{1}{\sin^2 x} - \frac{\cos^2 x}{x^2}\right) = \lim_{x \to 0} \frac{x^2 - \sin^2 x \cos^2 x}{x^2 \sin^2 x}$

$$= \lim_{x \to 0} \frac{(x - \sin x \cos x)(x + \sin x \cos x)}{x^4} = \lim_{x \to 0} \frac{x - \frac{1}{2}\sin 2x}{x^3} \cdot \frac{x + \frac{1}{2}\sin 2x}{x}$$

$$= 2 \times \frac{1}{2} \lim_{x \to 0} \frac{2x - \sin 2x}{x^3} = \lim_{x \to 0} \frac{\frac{1}{6} \times (2x)^3}{x^3} = \frac{4}{3}.$$

**17.【解答】** $\lim_{x \to 0^+} \frac{(1+x)^{\frac{1}{x}} - e}{1 - \cos \sqrt{x}} = \lim_{x \to 0^+} \frac{e^{\frac{1}{x}\ln(1+x)} - e}{\frac{1}{2}x} = 2e \lim_{x \to 0^+} \frac{e^{\frac{1}{x}\ln(1+x)-1} - 1}{x}.$

注意到 $\lim_{x \to 0} \left[\frac{1}{x}\ln(1+x) - 1\right] = 0$,所以 $e^{\frac{1}{x}\ln(1+x)-1} - 1 \sim \frac{1}{x}\ln(1+x) - 1 (x \to 0)$,

$\ln(1+x) - x \sim -\frac{1}{2}x^2 (x \to 0)$,于是

$$\lim_{x \to 0^+} \frac{(1+x)^{\frac{1}{x}} - e}{1 - \cos \sqrt{x}} = 2e \lim_{x \to 0^+} \frac{\frac{1}{x}\ln(1+x) - 1}{x} = 2e \lim_{x \to 0^+} \frac{\ln(1+x) - x}{x^2}$$

$$= 2\mathrm{e} \lim_{x \to 0^+} \frac{-\frac{1}{2}x^2}{x^2} = -\mathrm{e}.$$

**18.【解答】**(1) 显然 $\{x_n\}$ 为正项数列,则 $0 < \frac{x_{n-1}}{1+x_{n-1}} < 1$,因此 $1 < 1 + \frac{x_{n-1}}{1+x_{n-1}} < 2$,即数列 $\{x_n\}$ 有界.

假设 $x_n > x_{n-1}$,则 $x_{n+1} - x_n = \left(1 + \frac{x_n}{1+x_n}\right) - \left(1 + \frac{x_{n-1}}{1+x_{n-1}}\right) = \frac{x_n - x_{n-1}}{(1+x_n)(1+x_{n-1})} > 0$,即 $x_{n+1} > x_n$. 由数学归纳法可知数列 $\{x_n\}$ 单调增加,因此数列 $\{x_n\}$ 单调增加有上界,故数列 $\{x_n\}$ 必收敛.

设 $\lim_{n \to \infty} x_n = a$,则对 $x_n = 1 + \frac{x_{n-1}}{1+x_{n-1}}$ 两边同时取极限,可得 $a = 1 + \frac{a}{1+a}$,得 $a = \frac{1 \pm \sqrt{5}}{2}$,因为 $\{x_n\}$ 为正项数列,所以 $\lim_{n \to \infty} x_n = \frac{1+\sqrt{5}}{2}$.

(2) 若 $0 < x_1 < \pi$,则 $0 < x_2 = \sin x_1 \leqslant 1 < \pi$. 假设 $0 < x_k < \pi$,那么可推知 $0 < x_{k+1} = \sin x_k \leqslant 1 < \pi$,因此对一切自然数 $n$,$0 < x_{n+1} = \sin x_n < \pi$ 成立. 故数列 $\{x_n\}$ 有界.

又因为当 $x > 0$ 时,$\sin x < x$,所以 $\frac{x_{n+1}}{x_n} = \frac{\sin x_n}{x_n} < 1$,即 $x_{n+1} < x_n$,也就是数列 $\{x_n\}$ 是单调减少数列.

根据单调有界原理可知极限 $\lim_{n \to \infty} x_n$ 存在,不妨设 $\lim_{n \to \infty} x_n = a$,等式 $x_{n+1} = \sin x_n$ 两端同时取 $n \to \infty$,得 $a = \sin a$,解得 $a = 0$,即 $\lim_{n \to \infty} x_n = 0$.

**19.【解答】**(1) **方法一** 因为

$$\lim_{x \to +\infty}(5x - \sqrt{ax^2 - bx + c}) = \lim_{x \to +\infty} \frac{25x^2 - (ax^2 - bx + c)}{5x + \sqrt{ax^2 - bx + c}}$$

$$= \lim_{x \to +\infty} \frac{(25-a)x^2 + bx - c}{5x + \sqrt{ax^2 - bx + c}} = \lim_{x \to +\infty} \frac{(25-a)x + b - \frac{c}{x}}{5 + \sqrt{a - \frac{b}{x} + \frac{c}{x^2}}},$$

所以当 $a \neq 25$ 时,$\lim_{x \to +\infty}(5x - \sqrt{ax^2 - bx + c}) = \infty$.

要使 $\lim_{x \to +\infty}(5x - \sqrt{ax^2 - bx + c}) = 2$,则要满足 $25 - a = 0, \frac{b}{5+\sqrt{a}} = 2$,解得 $a = 25, b = 20$.

**方法二** 因为 $\lim_{x \to +\infty}(5x - \sqrt{ax^2 - bx + c}) = 2$,所以

$$\lim_{x \to +\infty} \frac{5x - \sqrt{ax^2 - bx + c}}{x} = \lim_{x \to +\infty}(5x - \sqrt{ax^2 - bx + c}) \cdot \frac{1}{x} = 0,$$

又 $\lim_{x \to +\infty} \frac{5x - \sqrt{ax^2 - bx + c}}{x} = \lim_{x \to +\infty}\left(5 - \sqrt{a - b \cdot \frac{1}{x} + \frac{c}{x^2}}\right) = 5 - \sqrt{a}$,

所以 $5 - \sqrt{a} = 0$,解得 $a = 25$.

又 $$\lim_{x\to+\infty}(5x-\sqrt{ax^2-bx+c})=\lim_{x\to+\infty}\frac{25x^2-(25x^2-bx+c)}{5x+\sqrt{25x^2-bx+c}}$$

$$=\lim_{x\to+\infty}\frac{b-\dfrac{c}{x}}{5+\sqrt{25-\dfrac{b}{x}+\dfrac{c}{x^2}}}=\frac{b}{10},$$

所以 $\dfrac{b}{10}=2$,解得 $b=20$. 综上所述, $a=25,b=20$.

(2) **方法一**  由已知条件得

$$\lim_{x\to 0}\left[1+x+\frac{f(x)}{x}\right]^{\frac{1}{x}}=\lim_{x\to 0}e^{\frac{1}{x}\ln\left[1+x+\frac{f(x)}{x}\right]}=e^3,$$

从而 $$\lim_{x\to 0}\frac{1}{x}\ln\left[1+x+\frac{f(x)}{x}\right]=3.$$

由极限与无穷小之间的关系,得

$$\frac{1}{x}\ln\left[1+x+\frac{f(x)}{x}\right]=3+\alpha,\text{其中}\lim_{x\to 0}\alpha=0,$$

于是 $$\frac{f(x)}{x}=e^{(3+\alpha)x}-1-x,$$

从而 $$\lim_{x\to 0}\frac{f(x)}{x^2}=\lim_{x\to 0}\frac{e^{(3+\alpha)x}-1-x}{x}=\lim_{x\to 0}\left[\frac{e^{(3+\alpha)x}-1}{x}-1\right]=\lim_{x\to 0}\left[\frac{(3+\alpha)x}{x}-1\right]=2.$$

**方法二**

由 $\lim\limits_{x\to 0}\dfrac{1}{x}\ln\left[1+x+\dfrac{f(x)}{x}\right]=3$ 得 $\lim\limits_{x\to 0}\ln\left[1+x+\dfrac{f(x)}{x}\right]=0$,进而 $\lim\limits_{x\to 0}\left[x+\dfrac{f(x)}{x}\right]=0$,

于是 $3=\lim\limits_{x\to 0}\dfrac{1}{x}\ln\left[1+x+\dfrac{f(x)}{x}\right]=\lim\limits_{x\to 0}\dfrac{x+\dfrac{f(x)}{x}}{x}=\lim\limits_{x\to 0}\left[1+\dfrac{f(x)}{x^2}\right]=1+\lim\limits_{x\to 0}\dfrac{f(x)}{x^2},$

故而 $\lim\limits_{x\to 0}\dfrac{f(x)}{x^2}=2.$

(3) $\lim\limits_{x\to-\infty}\dfrac{\ln x^2}{x+2}=0$,$\lim\limits_{x\to 0^-}y=+\infty$,$\lim\limits_{x\to-2}y=-\infty$,$\lim\limits_{x\to-\infty}\dfrac{y}{x}=0$,$\lim\limits_{x\to+\infty}\dfrac{y}{x}$ 不存在,则曲线不可能存在斜渐近线.

所以,水平渐近线为 $y=0$;铅垂渐近线为 $x=0,x=-2$.

# 第三节  函数的连续性与间断点

## 一、基础篇

**1.【解答】** 由 $f(x)$ 在 $(-\infty,+\infty)$ 内连续,可知 $f(x)$ 在 $x=0$ 处连续,即 $\lim\limits_{x\to 0^-}f(x)=\lim\limits_{x\to 0^+}f(x)=f(0)=a$. 因为 $\lim\limits_{x\to 0^+}f(x)=\lim\limits_{x\to 0^+}x\sin\dfrac{1}{x}=0$,所以 $a=0$.

**2.【解答】**(1) $f(x)=\dfrac{x-1}{x^2-1}$ 的间断点为 $x=1,-1$.

因为 $\lim\limits_{x\to 1}f(x)=\lim\limits_{x\to 1}\dfrac{x-1}{x^2-1}=\lim\limits_{x\to 1}\dfrac{1}{1+x}=\dfrac{1}{2}$，所以 $x=1$ 是函数 $f(x)$ 的可去间断点.

因为 $\lim\limits_{x\to -1}f(x)=\lim\limits_{x\to -1}\dfrac{x-1}{x^2-1}=\lim\limits_{x\to -1}\dfrac{1}{1+x}=\infty$，所以 $x=-1$ 是函数 $f(x)$ 的无穷间断点.

(2) $f(x)=\dfrac{e^{\frac{1}{x}}-1}{e^{\frac{1}{x}}+1}$ 的间断点为 $x=0$.

当 $x\to 0^-$ 时，$\dfrac{1}{x}\to -\infty$，$e^{\frac{1}{x}}\to 0$，所以 $\lim\limits_{x\to 0^-}f(x)=-1$；

当 $x\to 0^+$ 时，$\dfrac{1}{x}\to +\infty$，$e^{\frac{1}{x}}\to +\infty$，所以 $\lim\limits_{x\to 0^+}f(x)=1$，

所以 $x=0$ 是函数 $f(x)$ 的跳跃间断点.

(3) $f(x)=\lim\limits_{n\to\infty}\dfrac{1-x^{2n}}{1+x^{2n}}x=\begin{cases}-x,&|x|>1\\0,&|x|=1\\x,&|x|<1\end{cases}$.

在分段点 $x=-1$ 处，$\lim\limits_{x\to -1^-}f(x)=\lim\limits_{x\to -1^-}(-x)=1$，$\lim\limits_{x\to -1^+}f(x)=\lim\limits_{x\to -1^+}x=-1$，则 $x=-1$ 是函数的跳跃间断点.

在分段点 $x=1$ 处，$\lim\limits_{x\to 1^-}f(x)=\lim\limits_{x\to 1^-}x=1$，$\lim\limits_{x\to 1^+}f(x)=\lim\limits_{x\to 1^+}(-x)=-1$，则 $x=1$ 是函数的跳跃间断点.

(4) 对任意的 $x$，存在 $n$ 使得 $n\leqslant x<n+1$（$n$ 为整数），有 $[x]=n$，因此
$$\lim\limits_{x\to n^-}[x]=n-1,\quad \lim\limits_{x\to n^+}[x]=n,$$
所以在整数点上函数 $f(x)$ 的左、右极限不相等，从而整数点都是函数 $f(x)=[x]$ 的跳跃间断点.

(5) $f(x)=\dfrac{1}{1-e^{\frac{x}{1-x}}}$ 的间断点为 $x=0,1$.

当 $x\to 0$ 时，$e^{\frac{x}{1-x}}\to 1$，$\dfrac{1}{1-e^{\frac{x}{1-x}}}\to\infty$，则 $x=0$ 是函数 $f(x)$ 的无穷间断点.

当 $x\to 1^-$ 时，$\dfrac{x}{1-x}\to +\infty$，$e^{\frac{x}{1-x}}\to +\infty$，$\dfrac{1}{1-e^{\frac{x}{1-x}}}\to 0$；

而当 $x\to 1^+$ 时，$\dfrac{x}{1-x}\to -\infty$，$e^{\frac{x}{1-x}}\to 0$，$\dfrac{1}{1-e^{\frac{x}{1-x}}}\to 1$，

所以 $x=1$ 是函数 $f(x)$ 的跳跃间断点.

3.【证明】 令 $f(x)=x^3-4x^2+1$，则 $f(x)$ 在 $[0,1]$ 上连续，又 $f(0)=1>0$，$f(1)=-2<0$，由零点定理可知，至少存在一个 $\xi\in(0,1)$，使得 $f(\xi)=0$，即 $\xi^3-4\xi^2+1=0$. 所以方程 $x^3-4x^2+1=0$ 在区间 $(0,1)$ 内至少存在一个根.

4.【证明】 设 $f(x)=x-a\sin x-b$，由已知可得 $\dfrac{1}{a}x-\dfrac{b}{a}=\sin x$，即
$$-1\leqslant\dfrac{1}{a}x-\dfrac{b}{a}\leqslant 1.$$

因为 $a>0, b>0$,所以 $b-a \leqslant x \leqslant a+b$.

由于, $f(b-a) = b-a-a\sin(a-b)-b = -a[1+\sin(b-a)] \leqslant 0$,

$f(a+b) = a+b-a\sin(a+b)-b = a[1-\sin(a+b)] \geqslant 0$.

当 $b-a>0$ 时,至少存在一个正根 $\xi \in (b-a, a+b)$,使 $f(\xi)=0$.

当 $b-a \leqslant 0$ 时,不妨只考察 $[0, a+b]$,因为 $[0, a+b] \subset [b-a, a+b]$,且 $f(0) = -b < 0$, $f(a+b) \geqslant 0$,所以至少存在一个正根 $\xi \in (0, a+b)$,使 $f(\xi)=0$.

因此,方程 $x = a\sin x + b (a>0, b>0)$ 至少有一个正根,且不超过 $a+b$.

## 二、提高篇

1. **答案** D  **【解答】方法一(推证法)**.

   令 $w(x) = f(x) + g(x)$,则 $w(x)$ 必有间断点. 否则,根据连续函数的四则运算,有 $g(x) = w(x) - f(x)$ 在 $(-\infty, +\infty)$ 连续,这与已知条件 $g(x)$ 有间断点矛盾,故 $w(x)$ 必有间断点.

   再令 $u(x) = \dfrac{w(x)}{[f(x)]^2}$,则 $u(x) = \dfrac{w(x)}{[f(x)]^2}$ 必有间断点. 否则,由连续函数的四则运算,有 $w(x) = u(x)[f(x)]^2$ 连续,与已证结论矛盾,故 $u(x)$ 必有间断点. 因此,应选 D.

   **方法二(排除法)**.

   令 $g(x) = \begin{cases} 1, & x \geqslant 0 \\ -1, & x < 0 \end{cases}$,显然 $g(x)$ 在 $x=0$ 处间断. 再令 $f(x) = x^2$,且 $f(x)$ 在 $(-\infty, +\infty)$ 内连续,而 $g[f(x)] \equiv 1$,$f[g(x)] \equiv 1$,$[g(x)]^2 \equiv 1$ 都在 $(-\infty, +\infty)$ 无间断点. 于是 A,B,C 都不是符合题意的选项. 故只能选 D.

2. **答案** C  **【解答】**函数 $f(x) = \dfrac{x-x^3}{\sin\pi(x-1)}$ 的间断点即为分母等于零的点,即 $x=0, \pm 1, \pm 2, \pm 3, \cdots$. 而当 $x = \pm 2, \pm 3, \cdots$ 时,分子不等于零,即 $x = \pm 2, \pm 3, \cdots$ 为函数 $f(x)$ 的无穷间断点,所以只需判断 $x = 0, \pm 1$ 是否为可去间断点即可.

   在 $x=1$ 处,

   $$\lim_{x \to 1} f(x) = \lim_{x \to 1} \frac{x-x^3}{\sin\pi(x-1)} = -\lim_{x \to 1} \frac{x(x-1)(x+1)}{\pi(x-1)} = -\frac{2}{\pi},$$

   故 $x=1$ 是 $f(x)$ 的可去间断点.

   在 $x=-1$ 处,

   $$\lim_{x \to -1} f(x) = \lim_{x \to -1} \frac{x-x^3}{\sin\pi(x-1)} = \lim_{t \to 0} \frac{t-1-(t-1)^3}{\sin\pi(t-2)} = \lim_{t \to 0} \frac{t-t^3+3t^2-3t}{\sin\pi t}$$
   $$= \lim_{t \to 0} \frac{t-t^3-3t^2-3t}{\pi t} = \frac{-2}{\pi},$$

   故 $x=-1$ 是 $f(x)$ 的可去间断点.

   同理,$x=0$ 也是 $f(x)$ 的可去间断点.

   综上所述,函数 $f(x)$ 有 3 个可去间断点,应选 C.

3. 【答案】D 【解答】由于 $f(x)$ 连续，得到 $a+e^{bx} \neq 0$. 又因为 $e^{bx} > 0$，故 $a \geqslant 0$，又由于 $\lim\limits_{x \to -\infty} f(x) = 0$ 得到 $b < 0$，故应选 D.

4. 【解答】(1) $f(x) = \dfrac{x^2-x}{x^2-1}\sqrt{1+\dfrac{1}{x^2}}$ 有间断点 $x=0, \pm 1$. 又

$$f(x) = \dfrac{x}{|x|} \cdot \dfrac{x-1}{x-1} \cdot \dfrac{1}{x+1}\sqrt{1+x^2}.$$

因为 $\lim\limits_{x \to 0^+} f(x) = 1, \lim\limits_{x \to 0^-} f(x) = -1$，所以 $x = 0$ 为函数的跳跃间断点.

因为 $\lim\limits_{x \to 1} f(x) = \dfrac{\sqrt{2}}{2}$，所以 $x = 1$ 为函数的可去间断点.

因为 $\lim\limits_{x \to -1} f(x) = \infty$，所以 $x = -1$ 为函数的无穷间断点.

(2) 因为

$$f(x) = \lim_{n \to \infty} \dfrac{x^{2n-1}-1}{x^{2n}+1} = \begin{cases} -1, & |x| < 1 \\ 0, & x = 1 \\ \dfrac{1}{x}, & |x| > 1 \\ -1, & x = -1 \end{cases},$$

所以函数 $f(x)$ 有间断点 $x = 1$；$x = -1$ 为连续点，

因为 $\lim\limits_{x \to 1^+} f(x) = \lim\limits_{x \to 1^+} 1 = 1$，$\lim\limits_{x \to 1^-} f(x) = \lim\limits_{x \to 1^-}(-1) = -1$，所以 $x = 1$ 为函数的第一类间断点.

因为 $\lim\limits_{x \to -1^+} f(x) = \lim\limits_{x \to -1^+}(-1) = -1$，$\lim\limits_{x \to -1^-} f(x) = -1$，所以 $x = -1$ 为连续点.

5. 【解答】因为极限表达式中含有 $x^{2n}, x^{2n-1}$，所以应分 $|x| > 1, |x| < 1, |x| = 1$ 三种情况讨论.

当 $|x| > 1$ 时，$f(x) = \lim\limits_{x \to \infty} \dfrac{x^{2n-1}+ax^2+bx}{x^{2n}+1} = \lim\limits_{x \to \infty} \dfrac{1+ax^{-2n+3}+bx^{-2n+2}}{1+x^{-2n}} = \dfrac{1}{x}$.

当 $|x| < 1$ 时，$f(x) = \lim\limits_{x \to \infty} \dfrac{x^{2n-1}+ax^2+bx}{x^{2n}+1} = ax^2+bx$.

当 $x = 1$ 时，$f(x) = \lim\limits_{x \to \infty} \dfrac{x^{2n-1}+ax^2+bx}{x^{2n}+1} = \dfrac{1}{2}(1+a+b)$；

当 $x = -1$ 时，$f(x) = \lim\limits_{x \to \infty} \dfrac{x^{2n-1}+ax^2+bx}{x^{2n}+1} = \dfrac{1}{2}(-1+a-b)$，

因此，

$$f(x) = \begin{cases} \dfrac{1}{x}, & |x| > 1 \\ ax^2+bx, & |x| < 1 \\ \dfrac{1}{2}(1+a+b), & x = 1 \\ \dfrac{1}{2}(-1+a-b), & x = -1 \end{cases}.$$

若 $f(x)$ 在 $x = -1$ 处连续，则 $-1 = \dfrac{1}{2}(-1+a-b) = a-b$，即 $a-b = -1$.

若 $f(x)$ 在 $x=1$ 处连续，则 $1=\dfrac{1}{2}(1+a-b)=a+b$，即 $a+b=1$.

由 $\begin{cases} a-b=-1 \\ a+b=1 \end{cases}$，得 $a=0, b=1$.

**6.【解答】** 因为当 $f(x)>0$ 时，$\varphi(x)^{g(x)}=\mathrm{e}^{g(x)\ln\varphi(x)}$，且当 $x\to 0$ 时，$\ln(1+x)\sim x$，

所以
$$f(x)=\lim_{t\to x}\left(\dfrac{\sin t}{\sin x}\right)^{\frac{x(x+\pi)}{\sin t-\sin x}}=\lim_{t\to x}\mathrm{e}^{\frac{x(x+\pi)}{\sin t-\sin x}\cdot\ln\frac{\sin t}{\sin x}}=\mathrm{e}^{\lim\limits_{t\to x}\frac{x(x+\pi)}{\sin t-\sin x}\cdot\ln\frac{\sin t}{\sin x}}$$
$$=\mathrm{e}^{\lim\limits_{t\to x}\frac{x(x+\pi)}{\sin t-\sin x}\cdot\ln\left(1+\frac{\sin t-\sin x}{\sin x}\right)}=\mathrm{e}^{\lim\limits_{t\to x}\frac{x(x+\pi)}{\sin t-\sin x}\cdot\frac{\sin t-\sin x}{\sin x}}=\mathrm{e}^{\frac{x(x+\pi)}{\sin x}},$$

即 $f(x)=\mathrm{e}^{\frac{x(x+\pi)}{\sin x}}$.

又因为
$$\lim_{x\to 0}f(x)=\lim_{x\to 0}\mathrm{e}^{\frac{x(x+\pi)}{\sin x}}=\mathrm{e}^{\pi},$$

所以 $x=0$ 是函数 $f(x)$ 的第一类（或可去）间断点；同理 $x=-\pi$ 是函数 $f(x)$ 的第一类（或可去）间断点；$x=k\pi$ $(k=1,\pm 2,\cdots)$ 是函数 $f(x)$ 的第二类（无穷）间断点.

**7.【证明】** 设 $\lim\limits_{x\to\infty}f(x)=A$，由函数极限的定义，取 $\varepsilon=1$，则存在 $X>0$，当 $|x|>X$ 时，恒有 $|f(x)-A|<1$ 成立，由此可得当 $|x|>X$ 时，$|f(x)|<|A|+1$. 又因为 $f(x)$ 在 $(-\infty,+\infty)$ 内连续，所以 $f(x)$ 在 $[-X,+X]$ 上连续，根据闭区间上连续函数的有界定理，必存在 $M_1>0$，使得当 $|x|\leqslant X$ 时，$|f(x)|<M_1$.

令 $M=\max\{M_1,|A|+1\}$，则对于任意实数 $x$，有 $|f(x)|<M$ 成立，所以 $f(x)$ 在 $(-\infty,+\infty)$ 内有界.

# 第二章　一元函数微分学

## 第一节　导数与微分

### 一、基础篇

1. **答案** C　**【解析】** 求函数给定点处的导数值,可以考虑使用导数定义法.

   **【解答】** 由导数定义可知:$f'(0) = \lim\limits_{x \to 0} \dfrac{f(x) - f(0)}{x}$
   $$= \lim\limits_{x \to 0} \dfrac{x(x+1)(x+2)\cdots(x+2023)}{x} = 2023!.$$

2. **答案** D　**【解析】** 函数在一点处不可导的两种常见情况:①函数在该点处不连续,②函数图像在该点处出现"尖角". 对于这种类型的题目,可以先考虑构造反例,排除错误选项.

   **【解答】** 不失一般性,不妨假设 $a = 0$,

   对于选项 A,考虑函数 $f(x) = \begin{cases} 0, & x \in \mathbf{Q} \\ 1, x \in \mathbf{R} - \mathbf{Q} \end{cases}$,显然 $f(x)$ 在 $x = 0$ 处不连续,因此 $f(x)$ 在 $x = 0$ 处不可导,但 $\lim\limits_{n \to +\infty} nf\left(a + \dfrac{2}{n}\right) = 0$,故排除选项 A.

   对于选项 B,考虑函数 $f(x) = \begin{cases} -1, & x < 0 \\ 0, & x = 0 \\ 1, & x > 0 \end{cases}$,显然 $f(x)$ 在 $x = 0$ 处不连续,因此 $f(x)$ 在 $x = 0$ 处不可导,但 $\lim\limits_{h \to 0} \dfrac{f(a + 2h) - f(a + h)}{h} = 0$,故排除选项 B.

   对于选项 C,考虑函数 $f(x) = |x|$,显然 $y = f(x)$ 在 $x = 0$ 处出现"尖角",因此 $f(x)$ 在 $x = 0$ 处不可导,但 $\lim\limits_{h \to 0} \dfrac{f(a + h) - f(a - h)}{2h} = 0$,故排除选项 C.

   对于选项 D,由于
   $$\lim\limits_{h \to 0} \dfrac{f(a - \sin h)}{h} = \lim\limits_{h \to 0} \dfrac{f(a - \sin h) - f(a)}{-\sin h} \cdot \dfrac{-\sin h}{h},$$
   令 $\Delta x = -\sin h$,则 $\lim\limits_{h \to 0} \dfrac{f(a - \sin h)}{h} = \lim\limits_{\Delta x \to 0} \dfrac{f(a + \Delta x) - f(a)}{\Delta x}.$

   如果此极限存在,则由导数定义可知,函数 $f(x)$ 在 $x = a$ 处可导,也就是该极限存在是函数在 $x = a$ 处可导的充要条件. 因此选 D.

3. **答案** D　**【解析】** "$\lim\limits_{x \to x_0} f'(x)$ 存在且等于 $A$"描述的是 $f(x)$ 的导函数 $f'(x)$ 随自变量变化

时 ($x \to x_0$) 取值的"稳定性"(极限为 $A$),而此时 $f'(x_0)$ 是否存在,也未可知;而" $f'(x_0)$ 存在等于 $A$ "描述的是曲线 $y = f(x)$ 在点 $(x_0, f(x_0))$ 处光滑,且在该点处切线斜率为 $A$,但在该点附近,曲线是否光滑也未可知. 故选 D.

【解答】对于选项 A,考虑函数 $f(x) = \begin{cases} 1, & x \neq 0 \\ 0, & x = 0 \end{cases}$,则 $f'(x) = \begin{cases} 0, & x \neq 0 \\ 不存在, & x = 0 \end{cases}$,故 $\lim\limits_{x \to 0} f'(x) = 0$,但是 $f'(0)$ 不存在. 所以排除选项 A.

对于选项 B,考虑函数 $f(x) = \begin{cases} x^2 \sin \dfrac{1}{x}, & x \neq 0 \\ 0, & x = 0 \end{cases}$,则

$$f'(0) = \lim_{x \to 0} \frac{f(x) - f(0)}{x - 0} = \lim_{x \to 0} x \sin \frac{1}{x} = 0,$$

进而,$f'(x) = \begin{cases} 2x \sin \dfrac{1}{x} - \cos \dfrac{1}{x}, & x \neq 0 \\ 0, & x = 0 \end{cases}$,显然,$\lim\limits_{x \to 0} f'(x) = \lim\limits_{x \to 0} \left(2x \sin \dfrac{1}{x} - \cos \dfrac{1}{x}\right)$ 不存在,所以排除选项 B. 本题选 D.

4. 答案 A 【解析】 讨论分段函数在分界点处的可导性(连续性或极限),宜利用定义或单侧导(单侧连续或单侧极限)求解.

【解答】由于 $f'_-(1) = \lim\limits_{x \to 1^-} \dfrac{f(x) - f(1)}{x - 1} = \lim\limits_{x \to 1^-} \dfrac{x^3 - 1}{x - 1} = \lim\limits_{x \to 1^-} \dfrac{(x-1)(x^2 + x + 1)}{x - 1} = 3,$

$$f'_+(1) = \lim_{x \to 1^+} \frac{f(x) - f(1)}{x - 1} = \lim_{x \to 1^+} \frac{x^2 - 1}{x - 1} = 2,$$

故 $f(x)$ 在 $x = 1$ 处的左、右导数均存在,但不相等,故选 A.

5. 答案 $-\dfrac{1}{8}$ 【解析】 由于题干提供了复合函数导函数的方程,可以考虑将此关系具体化,然后代入具体自变量值.

【解答】由于 $\dfrac{\mathrm{d}}{\mathrm{d}x}\left[f\left(\dfrac{1}{x^2}\right)\right] = -f'\left(\dfrac{1}{x^2}\right) \cdot \dfrac{2}{x^3}$,由已知条件可得 $-f'\left(\dfrac{1}{x^2}\right) \cdot \dfrac{2}{x^3} = x$,

故 $f'\left(\dfrac{1}{x^2}\right) = -\dfrac{x^4}{2}$.

令 $x^2 = \dfrac{1}{2}$,于是 $f'(2) = -\dfrac{1}{8}$.

6. 答案 2 【解答】由导数定义可知 $g'(0) = \lim\limits_{x \to 0} \dfrac{g(x) - g(0)}{x - 0} = \lim\limits_{x \to 0} \dfrac{2\sin x + x^2 \cos \dfrac{1}{x}}{x} = 2$,

由复合函数的求导法则,得 $\dfrac{\mathrm{d}}{\mathrm{d}x}\{f[g(x)]\}\bigg|_{x=0} = f'[g(0)]g'(0) = f'(0)g'(0) = 2$.

7. 答案 1 【解答】由题设:$\sin[xf(x)] + \ln[f(x) - x] = x$,       (2.1)

方程(2.1)两边对 $x$ 求导,得 $\cos[xf(x)] \cdot [f(x) + xf'(x)] + \dfrac{f'(x) - 1}{f(x) - x} = 1$,      (2.2)

将 $x = 0, y = 1$ 分别代入(2.1)式和(2.2)式,可得 $f(0) = 1, f'(0) = 1$,于是

$$\lim_{n\to\infty} n\left[f\left(\frac{1}{n}\right)-1\right] = \lim_{n\to\infty} \frac{f\left(\frac{1}{n}\right)-f(0)}{\frac{1}{n}-0} = f'(0) = 1.$$

8. 【答案】0　【解析】求函数在给定点处高阶导数值的常见方法：

　　**方法一**　根据可导函数的奇偶性：若 $f(x)$ 是可导的奇（偶）函数，则 $f'(x)$ 是偶（奇）函数.

　　此时，若 $f^{(n)}(x)$ 为奇函数，且在 $x=0$ 处有定义，则 $f^{(n)}(0)=0$.

　　**方法二**　泰勒公式法.

　　**方法三**　构建递推式.

　　**方法四**　求高阶导函数，代入给定点的值.

　　【解答】由于 $y=\cos x\cdot\ln(1+x^2)$ 为偶函数，故 $y^{(5)}(x)$ 为奇函数，于是 $y^{(5)}(0)=0$.

9. 【答案】$y^{(n)}(1)=\begin{cases}0, & n=0\\ 1, & n=1\\ (-1)^n(n-2)!, & n\geq 2\end{cases}$.

　　【解答】$y'=1+\ln x, y''=\frac{1}{x}, y^{(n)}=(y'')^{(n-2)}=(-1)^{n-2}(n-2)!\frac{1}{x^{n-1}}(n\geq 2)$，

即 $y^{(n)}=\begin{cases}x\ln x, & n=0\\ \ln x+1, & n=1\\ (-1)^n(n-2)!\frac{1}{x^{n-1}}, & n\geq 2\end{cases}$，于是 $y^{(n)}(1)=\begin{cases}0, & n=0\\ 1, & n=1\\ (-1)^n(n-2)!, & n\geq 2\end{cases}$.

10. 【答案】$(-1)^n\times 2\times n!$　【解答】由题设有 $f(x)=\frac{1-x}{1+x}=\frac{2}{1+x}-1$，故

$$f^{(n)}(x)=2\times(-1)^n n!\frac{1}{(1+x)^{n+1}}, n\in\mathbf{N}.$$

于是 $f^{(n)}(0)=2\times(-1)^n n!, n\in\mathbf{N}$.

11. 【答案】$-\frac{1}{16}, \frac{3}{4}$.　【解析】若曲线 $y=f(x)$ 与 $y=g(x)$ 在点 $(x_0,y_0)$ 处相切，则 $f(x_0)=y_0=g(x_0)$，且 $f'(x_0)=g'(x_0)$.

　　【解答】由题设有 $\begin{cases}\frac{1}{x}\big|_{x=2}=\frac{1}{2}=(ax^2+b)\big|_{x=2}=4a+b\\ -\frac{1}{4}=-\frac{1}{x^2}\big|_{x=2}=2xa\big|_{x=2}=4a\end{cases}$，即 $\begin{cases}4a+b=\frac{1}{2}\\ 4a=-\frac{1}{4}\end{cases}$，解之可得

$a=-\frac{1}{16}, b=\frac{3}{4}$.

12. 【答案】$y-1=-\frac{\sqrt{3}}{5}(x-\sqrt{3})$　【解答】由直角坐标系与极坐标系的关系可得曲线 $C$ 的参数方程 $\begin{cases}x=(3-2\sin\theta)\cos\theta\\ y=(3-2\sin\theta)\sin\theta\end{cases}$，

曲线 $C$ 上对应 $\theta = \dfrac{\pi}{6}$ 的点为 $(\sqrt{3}, 1)$.

由于 $\dfrac{dy}{dx}\bigg|_{x=\sqrt{3}} = \dfrac{y'(\theta)}{x'(\theta)}\bigg|_{\theta=\frac{\pi}{6}} = \dfrac{-\sin 2\theta + (3 - 2\sin\theta)\cos\theta}{-2\cos^2\theta + (3 - 2\sin\theta)\sin\theta}\bigg|_{\theta=\frac{\pi}{6}} = -\dfrac{\sqrt{3}}{5}$,

故所求切线方程为 $y - 1 = -\dfrac{\sqrt{3}}{5}(x - \sqrt{3})$.

13. 【答案】$-\dfrac{10}{3}$　【解答】由微分的定义可知,函数 $f(x)$ 在 $x_0$ 处的增量 $\Delta y$ 的线性主部即为函数 $f(x)$ 在该点处的微分 $dy|_{x=x_0} = f'(x_0)\Delta x$.

由题设得, $0.1 = y'|_{x=1} \cdot \Delta x = [f'(x^3) \cdot 3x^2]|_{x=1} \times (-0.01) = -3f'(1) \times 0.01$,

故 $f'(1) = -\dfrac{10}{3}$.

14. 【解答】(1) $\Delta y > 0, dy > 0, \Delta y - dy > 0$.　　(2) $\Delta y > 0, dy > 0, \Delta y - dy < 0$.
　　　　(3) $\Delta y < 0, dy < 0, \Delta y - dy < 0$.　　(4) $\Delta y < 0, dy < 0, \Delta y - dy > 0$.

15. 【解答】　因为 $f(x)$ 在 $x = 0$ 处可导,则 $f(x)$ 在 $x = 0$ 处必连续,

于是 $f(0) = 2 = \lim\limits_{x \to 0^+} f(x) = \lim\limits_{x \to 0^+}(a\tan x + b) = b$,故 $b = 2$.

又 $f'_-(0) = \lim\limits_{x \to 0^-} \dfrac{f(x) - f(0)}{x - 0} = \lim\limits_{x \to 0^-} \dfrac{x^2 + \sin x + 2 - 2}{x} = 1$,

$f'_+(0) = \lim\limits_{x \to 0^+} \dfrac{f(x) - f(0)}{x - 0} = \lim\limits_{x \to 0^+} \dfrac{a\tan x + 2 - 2}{x} = a$,

由 $f'_+(0) = f'_-(0)$ 得 $a = 1$,所以 $a = 1$, $b = 2$.

16. 【解析】已知函数可导,可以求解特殊增量结构的极限. 此种题型的核心过程就是凑"增量比结构".

【解答】注意到:

$\lim\limits_{x \to 0} \dfrac{f(x)\cos x - 1}{x} = \lim\limits_{x \to 0} \dfrac{f(x)\cos x - \cos x + \cos x - 1}{x} = \lim\limits_{x \to 0}\left[\dfrac{f(x)\cos x - \cos x}{x} + \dfrac{\cos x - 1}{x}\right]$,

由于 $\lim\limits_{x \to 0} \dfrac{f(x)\cos x - \cos x}{x} = \lim\limits_{x \to 0} \dfrac{\cos x [f(x) - 1]}{x} = \lim\limits_{x \to 0} \dfrac{f(x) - f(0)}{x} = f'(0) = -2$,

$\lim\limits_{x \to 0} \dfrac{\cos x - 1}{x} = \lim\limits_{x \to 0} \dfrac{-\dfrac{1}{2}x^2}{x} = 0$,

所以 $\lim\limits_{x \to 0} \dfrac{f(x)\cos x - 1}{x} = -2 + 0 = -2$.

17. 【解答】(1) $y' = \sin x + x\cos x - \sin x = x\cos x$.

(2) $y' = (x^2)' \ln x \cdot \cos x + x^2 (\ln x)' \cos x + x^2 \ln x (\cos x)'$

$= 2x\ln x \cos x + x^2 \dfrac{1}{x}\cos x + x^2 \ln x(-\sin x)$

$= 2x\ln x\cos x + x\cos x - x^2 \ln x \sin x$.

(3) $y' = \dfrac{x\dfrac{1}{1+x^2} - \arctan x}{x^2} = \dfrac{x - (1+x^2)\arctan x}{x^2(1+x^2)}$.

18.【解答】(1) $y' = [\tan(x^3)]' = \sec^2(x^3) \cdot (x^3)' = 3x^2 \sec^2(x^3)$.

(2) $y' = \dfrac{1}{1+(e^{2x})^2} \cdot (e^{2x})' = \dfrac{2e^{2x}}{1+e^{4x}}$.

(3) $y' = \dfrac{1}{\sqrt{1-\dfrac{1-x}{1+x}}} \cdot \dfrac{1}{2\sqrt{\dfrac{1-x}{1+x}}} \left(\dfrac{1-x}{1+x}\right)' = -\dfrac{1}{(1+x)\sqrt{2x(1-x)}}$.

(4) $y' = \dfrac{1}{1+e^{x^2}} \cdot (1+e^{x^2})' = \dfrac{1}{1+e^{x^2}} \cdot e^{x^2} \cdot 2x = \dfrac{2xe^{x^2}}{1+e^{x^2}}$.

(5) $y' = \dfrac{1}{\ln(\ln x)} \cdot [\ln(\ln x)]' = \dfrac{1}{\ln(\ln x)} \cdot \dfrac{1}{\ln x} \cdot (\ln x)'$
$= \dfrac{1}{\ln(\ln x)} \cdot \dfrac{1}{\ln x} \cdot \dfrac{1}{x} = \dfrac{1}{x \ln x \cdot \ln(\ln x)}$.

(6) $y' = \dfrac{1}{2\sqrt{x+\sqrt{x}}} \cdot (x+\sqrt{x})' = \dfrac{1}{2\sqrt{x+\sqrt{x}}} \cdot \left(1+\dfrac{1}{2\sqrt{x}}\right) = \dfrac{2\sqrt{x}+1}{4\sqrt{x} \cdot \sqrt{x+\sqrt{x}}}$.

(7) $y' = \dfrac{1}{\sec x + \tan x} \cdot (\sec x + \tan x)' = \dfrac{\sec x \tan x + \sec^2 x}{\sec x + \tan x} = \sec x$.

(8) $y' = \dfrac{1}{x+\sqrt{1+x^2}} \cdot (x+\sqrt{1+x^2})' = \dfrac{1}{x+\sqrt{1+x^2}} \cdot \left[1 + \dfrac{1}{2\sqrt{1+x^2}}(1+x^2)'\right]$
$= \dfrac{1}{x+\sqrt{1+x^2}} \cdot \left(1 + \dfrac{1}{2\sqrt{1+x^2}} \times 2x\right) = \dfrac{1}{\sqrt{1+x^2}}$.

(9) $y' = e^{f(x)} \cdot f'(x) \cdot f(e^x) + e^{f(x)} \cdot f'(e^x) \cdot e^x$.

19.【解析】关于反函数求导问题,常用方法如下.

**方法一** 由函数与其反函数复合性质 $f[f^{-1}(x)] = x (x \in R_f)$,或 $f^{-1}[f(x)] = x (x \in D_f)$,利用复合函数求导法则构建导函数关系式,进而求解.

**方法二** 若函数 $x = f(y)$ 的反函数为 $y = h(x)$,由反函数求导公式,有
$$y = h'(x) = \dfrac{dy}{dx} = \dfrac{1}{\dfrac{dx}{dy}} = \dfrac{1}{f'(y)}\bigg|_{y=h(x)}.$$

虽然方法一与方法二本质相同,但表述上各有特色.

【解答】**方法一** 因为 $f(x)$ 与 $h(x)$ 互为反函数,所以 $h(f(x)) = x$,该式两边同时对 $x$ 求导得
$$h'[f(x)]f'(x) = 1. \tag{2.3}$$

注意到 $f(1) = 2, f'(1) = \sqrt{5}$,在(2.3)式中令 $x = 1$,则
$$1 = h'[f(x)]f'(x)\big|_{x=1} = h'(f(1))f'(1) = \sqrt{5}h'(2),$$

解得 $h'(2) = \dfrac{1}{\sqrt{5}}$.

**方法二** 记函数 $y = h(x)$ 的反函数为 $x = f(y)$,由题设可知,当 $x = 2$ 时,$y = 1$,

于是 $h'(2) = \dfrac{dy}{dx}\bigg|_{x=2} = \dfrac{1}{\dfrac{dx}{dy}}\bigg|_{y=1} = \dfrac{1}{f'(y)}\bigg|_{y=1} = \dfrac{1}{f'(1)} = \dfrac{1}{\sqrt{5}}$.

20.【解答】当 $x=1$ 时，$y=f(1)=\dfrac{\pi}{4}$，而 $\left.\dfrac{\mathrm{d}y}{\mathrm{d}x}\right|_{x=1}=f'(1)=\left.\dfrac{1}{x}+\dfrac{1}{1+x^2}\right|_{x=1}=\dfrac{3}{2}$，

故 $g'\left(\dfrac{\pi}{4}\right)=\left.\dfrac{\mathrm{d}x}{\mathrm{d}y}\right|_{y=\frac{\pi}{4}}=\left.\dfrac{1}{\frac{\mathrm{d}y}{\mathrm{d}x}}\right|_{x=1}=\dfrac{1}{\frac{3}{2}}=\dfrac{2}{3}$.

21.【解答】(1) 函数两边取对数，可得

$$\ln y=\dfrac{1}{2}\ln\left(x\ln x\sqrt{1-\sin x}\right)=\dfrac{1}{2}\left[\ln x+\ln\ln x+\dfrac{1}{2}\ln(1-\sin x)\right],$$

上式两边对 $x$ 求导数，得 $\dfrac{y'}{y}=\dfrac{1}{2}\left[\dfrac{1}{x}+\dfrac{1}{x\ln x}-\dfrac{\cos x}{2(1-\sin x)}\right]$，

故 $y'=\sqrt{x\ln x}\sqrt{1-\sin x}\left[\dfrac{1}{2x}+\dfrac{1}{2x\ln x}-\dfrac{\cos x}{4(1-\sin x)}\right]$.

(2) 函数两边取对数，可得 $\ln y=x\ln\dfrac{x}{1+x}=x\ln x-x\ln(1+x)$，

上式两边对 $x$ 求导数，得 $\dfrac{y'}{y}=\ln x+1-\ln(x+1)-\dfrac{x}{1+x}$，

整理可得 $y'=\left(\dfrac{x}{1+x}\right)^x\left(\ln\dfrac{x}{x+1}+\dfrac{1}{1+x}\right)$.

(3) 函数两边取对数，可得 $\ln y=\cos x\cdot\ln(\sin x)$，

上式两边对 $x$ 求导，可得 $\dfrac{y'}{y}=-\sin x\cdot\ln\sin x+\cos x\dfrac{\cos x}{\sin x}$，

故 $y'=(\sin x)^{\cos x}(-\sin x\ln\sin x+\cos x\cot x)$.

22.【解答】(1) 由题设得 $y(x)=1-x\mathrm{e}^{y(x)}$，方程两边对 $x$ 求导得 $y'(x)=-\mathrm{e}^{y(x)}-x\mathrm{e}^{y(x)}y'(x)$，

解之可得 $y'(x)=-\dfrac{\mathrm{e}^y}{1+x\mathrm{e}^y}$.

(2) 由题设得 $xy(x)=\mathrm{e}^{x+y(x)}$.

方法一　方程两边对 $x$ 求导，得 $y(x)+xy'(x)=\mathrm{e}^{x+y(x)}[1+y'(x)]$，解得 $y'=\dfrac{\mathrm{e}^{x+y}-y}{x-\mathrm{e}^{x+y}}$.

方法二　方程两边取对数，得 $\ln x+\ln y(x)=x+y(x)$，

上式两边对 $x$ 求导，得 $\dfrac{1}{x}+\dfrac{y'(x)}{y(x)}=1+y'(x)$，解之可得 $y'=\dfrac{1-\dfrac{1}{x}}{\dfrac{1}{y}-1}=\dfrac{xy-y}{x-xy}=\dfrac{\mathrm{e}^{x+y}-y}{x-\mathrm{e}^{x+y}}$.

23.【解答】由题设得 $x\mathrm{e}^{f[y(x)]}=\mathrm{e}^{y(x)}$，方程两端取对数可得 $\ln x+f[y(x)]=y(x)$，

上式方程两端对 $x$ 求导数，得 $\dfrac{1}{x}+f'[y(x)]y'(x)=y'(x)$，

解得 $y'(x)=\dfrac{1}{x\{1-f'[y(x)]\}}$.

上式两端再对 $x$ 求导，得

$$y''=-\dfrac{1}{x^2[1-f'(y)]^2}\{1-f'(y)+x[-f''(y)]\cdot y'\}$$

$$=-\frac{1-f'(y)-xf''(y)\dfrac{1}{x[1-f'(y)]}}{x^2[1-f'(y)]^2}=\frac{f''(y)-[1-f'(y)]^2}{x^2[1-f'(y)]^3}.$$

**24.**【解答】$\dfrac{\mathrm{d}y}{\mathrm{d}x}=\dfrac{\mathrm{d}y/\mathrm{d}t}{\mathrm{d}x/\mathrm{d}t}=\dfrac{\dfrac{2t}{1+t^2}}{\dfrac{1}{1+t^2}}=2t,$

$$\frac{\mathrm{d}^2y}{\mathrm{d}x^2}=\frac{\mathrm{d}\left(\dfrac{\mathrm{d}y}{\mathrm{d}x}\right)}{\mathrm{d}x}=\frac{\mathrm{d}\left(\dfrac{\mathrm{d}y}{\mathrm{d}x}\right)/\mathrm{d}t}{\mathrm{d}x/\mathrm{d}t}=\frac{2}{\dfrac{1}{1+t^2}}=2(1+t^2).$$

**25.**【解析】高阶导函数的求法.

**方法一** 利用定义及数学归纳法.

**方法二** 莱布尼茨公式：$[f(x)g(x)]^{(n)}=\sum\limits_{k=0}^{n}C_n^k f^{(k)}(x)g^{(n-k)}(x).$

莱布尼茨公式要求：

（1）两个函数相乘类型求高阶导；（2）两个函数高阶导易求；（3）结果项数可控.
在实际求高阶导函数时,了解一些常见结果,譬如,

$$[(ax+b)^{-1}]^{(n)}=(-1)^n\cdot n!a^n\frac{1}{(ax+b)^{n+1}},n\in\mathbf{N},$$

$$[\sin(ax+b)]^{(n)}=a^n\sin(ax+b+\frac{\pi}{2}n),n\in\mathbf{N}.$$

【解答】注意到 $y=\dfrac{1}{x(x-1)}=\dfrac{1}{x-1}-\dfrac{1}{x}$,及

$$\left(\frac{1}{x-1}\right)^{(n)}=(-1)^n n!\frac{1}{(x-1)^{n+1}},\left(\frac{1}{x}\right)^{(n)}=(-1)^n n!\frac{1}{x^{n+1}},$$

故 $y^{(n)}=(-1)^n n!\left[\dfrac{1}{(x-1)^{n+1}}-\dfrac{1}{x^{n+1}}\right].$

**26.**【解答】设 $f(x)=x^2+x+1,g(x)=\mathrm{e}^{2x}$,则
$f'(x)=2x+1,f''(x)=2,f^{(k)}(x)=0(k\geqslant 3),g^{(k)}(x)=2^k\mathrm{e}^{2x}(k\in\mathbf{N})$,
故当 $n\geqslant 2$ 时,

$$y^{(n)}=[f(x)g(x)]^{(n)}=\sum_{k=0}^{n}C_n^k f^{(k)}(x)g^{(n-k)}(x)$$
$$=C_n^0 f^{(0)}(x)g^{(n)}(x)+C_n^1 f'(x)g^{(n-1)}(x)+C_n^2 f''(x)g^{(n-2)}(x)$$
$$=(x^2+x+1)2^n\mathrm{e}^{2x}+n(2x+1)2^{n-1}\mathrm{e}^{2x}+n(n-1)2^{n-2}\mathrm{e}^{2x},$$

显然,$y^{(0)}=y=(x^2+x+1)\mathrm{e}^{2x},y'=[(2x+1)+2(x^2+x+1)]\mathrm{e}^{2x}=(2x^2+4x+3)\mathrm{e}^{2x}$,

因此 $y^{(n)}=(x^2+x+1)2^n\mathrm{e}^{2x}+n(2x+1)2^{n-1}\mathrm{e}^{2x}+n(n-1)2^{n-2}\mathrm{e}^{2x}(n\in\mathbf{N}).$

**27.**【解答】由 $xy=a^2$ 得 $y=\dfrac{a^2}{x}$,则 $k=y'=-\dfrac{a^2}{x^2}.$

设 $(x_0,y_0)$ 为曲线上任一点,则过该点的切线方程为 $y-y_0=-\dfrac{a^2}{x_0^2}(x-x_0).$

令 $y=0$，并注意 $x_0 y_0 = a^2$，解得 $x = \dfrac{y_0 x_0^2}{a^2} + x_0 = 2x_0$，为切线在 $x$ 轴上的截距；

令 $x=0$，并注意 $x_0 y_0 = a^2$，解得 $y = \dfrac{a^2}{x_0} + y_0 = 2y_0$，为切线在 $y$ 轴上的截距.

此切线与两坐标轴构成的三角形的面积为 $S = \dfrac{1}{2}|2x_0||2y_0| = 2|x_0 y_0| = 2a^2$.

28.【解答】由 $f'(\sin x) = \dfrac{1}{2-\cos^2 x} = \dfrac{1}{1+\sin^2 x}$，故 $f'(t) = \dfrac{1}{t^2+1}$.

令 $u = \dfrac{x+1}{x-1}(x \neq 1)$，则 $\dfrac{\mathrm{d}u}{\mathrm{d}x} = -\dfrac{2}{(x-1)^2}$，

$$\dfrac{\mathrm{d}y}{\mathrm{d}x} = \dfrac{\mathrm{d}y}{\mathrm{d}u} \cdot \dfrac{\mathrm{d}u}{\mathrm{d}x} = f'(u)\dfrac{\mathrm{d}u}{\mathrm{d}x} = \dfrac{1}{1+u^2}\left[-\dfrac{2}{(x-1)^2}\right]$$

$$= \dfrac{(x-1)^2}{2(x^2+1)}\left[-\dfrac{2}{(x-1)^2}\right] = -\dfrac{1}{1+x^2},$$

于是 $\mathrm{d}y = y'\mathrm{d}x = -\dfrac{1}{1+x^2}\mathrm{d}x$.

## 二、提高篇

1. 【答案】D 【解答】由 $2f(x) - f(x+1) = 0$ 可知 $f(x+1) = 2f(x)$，$f(1) = 2f(0)$，

故 $\quad f'(1) = \lim\limits_{x \to 0} \dfrac{f(1+x) - f(1)}{x} = \lim\limits_{x \to 0} \dfrac{2f(x) - 2f(0)}{x} = 2f'(0) = -2$，

因此选 D.

2. 【答案】C 【解答】由于 $f(x) = (x^2-1)|x^3-x|$

$$= [(x-1)|x-1|] \cdot [(x+1)|x+1|] \cdot |x|,$$

故 $f(x)$ 仅在 $x=0$ 处不可导. 因此选 C.

3. 【答案】C 【解答】由于 $f(x) = \begin{cases} (x-1)^3, & x \geq 1 \\ -(x-1)^3, & x < 1 \end{cases}$

$$f'(x) = \begin{cases} 3(x-1)^2, & x \geq 1 \\ -3(x-1)^2, & x < 1 \end{cases} = 3(x-1)|x-1|,$$

$$f''(x) = \begin{cases} 6(x-1), & x \geq 1 \\ -6(x-1), & x < 1 \end{cases} = 6|x-1|,$$

显然 $f''(x)$ 在 $x=1$ 处不可导，故 $n=2$，因此选 C.

4. 【答案】$504\pi$ 【解答】$f'(1) = \lim\limits_{x \to 1}\dfrac{f(x)-f(1)}{x-1} = \lim\limits_{x \to 1}\dfrac{(x^{2016}-1)\arctan\dfrac{2(x^2+1)}{x^3+2x^2+1}}{x-1}$

$$= \lim\limits_{x \to 1}\dfrac{x^{2016}-1}{x-1} \cdot \lim\limits_{x \to 1}\arctan\dfrac{2(x^2+1)}{x^3+2x^2+1} = 504\pi.$$

5. 【答案】1 【解答】根据反函数的求导法则，有 $g'(y) = \dfrac{\mathrm{d}x}{\mathrm{d}y} = \dfrac{1}{\dfrac{\mathrm{d}y}{\mathrm{d}x}} = \sqrt{1+x^2}$，

于是 $g'(4) = \sqrt{1+x^2}\,|_{x=0} = 1$.

6. **答案** 2  **【解答】** 由题设有 $[\ln f(x)]'\,|_{x=0} = \dfrac{f'(0)}{f(0)} = 2$,

则 $\lim\limits_{n\to\infty} \ln\left[\dfrac{f\left(\frac{1}{n}\right)}{f(0)}\right]^n = \lim\limits_{n\to\infty} \dfrac{\ln f\left(\frac{1}{n}\right) - \ln f(0)}{\frac{1}{n}} = [\ln f(x)]'\,|_{x=0} = \dfrac{f'(0)}{f(0)} = 2$.

7. **【解答】** 由已知条件可得.

(1) $\lim\limits_{h\to 0} \dfrac{1}{h} f[\ln(1-h)] = \lim\limits_{h\to 0} \dfrac{f[\ln(1-h)] - f(0)}{\ln(1-h)} \cdot \dfrac{\ln(1-h)}{h} = f'(0) \cdot (-1) = -f'(0)$.

(2) $\lim\limits_{h\to 0} \dfrac{1}{h^2} f(\sqrt{1+h^2}-1) = \lim\limits_{h\to 0} \dfrac{f(\sqrt{1+h^2}-1) - f(0)}{\sqrt{1+h^2}-1} \cdot \dfrac{\sqrt{1+h^2}-1}{h^2} = \dfrac{1}{2} f'(0)$.

(3) $\lim\limits_{h\to 0} \dfrac{1}{h^2} f(\tanh - \sinh) = \lim\limits_{h\to 0} \dfrac{f(\tanh - \sinh) - f(0)}{\tanh - \sinh} \cdot \dfrac{\tanh - \sinh}{h^2}$

$\qquad = f'(0) \lim\limits_{h\to 0} \dfrac{\sinh(1-\cosh)}{h^2 \cosh} = f'(0) \cdot 0 = 0$.

(4) $\lim\limits_{h\to 0} \dfrac{1}{h}[f(2h) - f(h)] = \lim\limits_{h\to 0}\left[2\dfrac{f(2h)-f(0)}{2h-0} - \dfrac{f(h)-f(0)}{h-0}\right] = 2f'(0) - f'(0) = f'(0)$.

8. **【解答】** $\lim\limits_{x\to a} \dfrac{\sin f(x) - \sin b}{x-a} = \lim\limits_{x\to a} \dfrac{\sin f(x) - \sin b}{f(x) - b} \cdot \dfrac{f(x)-b}{x-a} = A\cos b$.

9. **【解答】**  注意到在求极限的过程中 $x$ 是常量, 于是 $\lim\limits_{t\to -\infty} e^{tx} = \begin{cases} 0, & x > 0 \\ 1, & x = 0, \\ +\infty, & x < 0 \end{cases}$ 从而得

$$f(x) = \begin{cases} \dfrac{\sin x}{1+x^2}, & x \geqslant 0 \\ 0, & x < 0 \end{cases}.$$

显然当 $x > 0$ 或 $x < 0$ 时, 函数 $f(x)$ 可导.

当 $x = 0$ 时,

$f'_+(0) = \lim\limits_{x\to 0^+} \dfrac{f(x)-f(0)}{x-0} = \lim\limits_{x\to 0^+} \dfrac{\frac{\sin x}{1+x^2} - 0}{x} = 1, f'_-(0) = \lim\limits_{x\to 0^-}\dfrac{f(x)-f(0)}{x-0} = \lim\limits_{x\to 0^-} \dfrac{0-0}{x} = 0$,

则 $f'_+(0) \neq f'_-(0)$, 故 $f(x)$ 在 $x=0$ 处不可导.

10. **【解答】** (1) 当 $x \neq 0$ 时, $f'(x) = \dfrac{x[g'(x) + e^{-x}] - g(x) + e^{-x}}{x^2} = \dfrac{xg'(x) - g(x) + (x+1)e^{-x}}{x^2}$.

当 $x = 0$ 时,

$f'(0) = \lim\limits_{x\to 0} \dfrac{\frac{g(x) - e^{-x}}{x} - 0}{x} = \lim\limits_{x\to 0} \dfrac{g(x) - e^{-x}}{x^2} \stackrel{\frac{0}{0}}{=} \lim\limits_{x\to 0} \dfrac{g'(x) + e^{-x}}{2x}$

$\quad = \dfrac{1}{2}\lim\limits_{x\to 0}\left[\dfrac{g'(x) - g'(0)}{x} - \dfrac{e^{-x}-1}{x}\right] = \dfrac{1}{2}\lim\limits_{x\to 0} \dfrac{g'(x) - g'(0)}{x} - \dfrac{1}{2}\lim\limits_{x\to 0} \dfrac{e^{-x}-1}{x}$

$\quad = \dfrac{g''(0) - 1}{2}$,

所以 $f'(x) = \begin{cases} \dfrac{xg'(x) - g(x) + (x+1)\mathrm{e}^{-x}}{x^2}, & x \neq 0 \\ \dfrac{g''(0) - 1}{2}, & x = 0 \end{cases}.$

(2) 因为 $\lim\limits_{x \to 0} f'(x) = \lim\limits_{x \to 0} \dfrac{xg'(x) - g(x) + (x+1)\mathrm{e}^{-x}}{x^2}$

$= \lim\limits_{x \to 0} \left[ \dfrac{g'(x) - g'(0)}{x} + \dfrac{\mathrm{e}^{-x} - 1}{x} - \dfrac{g(x) - \mathrm{e}^{-x} - 2x}{x^2} \right]$

$= g''(0) - 1 - \lim\limits_{x \to 0} \left[ \dfrac{g'(x) + \mathrm{e}^{-x} - 2}{2x} \right]$

$= g''(0) - 1 - \dfrac{1}{2} \lim\limits_{x \to 0} \left[ \dfrac{g'(x) - g'(0)}{x} + \dfrac{\mathrm{e}^{-x} - 1}{x} \right]$

$= g''(0) - 1 - \dfrac{1}{2}[g''(0) - 1] = \dfrac{g''(0) - 1}{2} = f'(0),$

所以 $f'(x)$ 在 $x = 0$ 点连续.

**11.【解析】** 如果 $f(x)$ 是以 $T > 0$ 为周期的可导的周期函数,则 $f'(x)$ 也是以 $T$ 为周期的周期函数.

**【解答】** 由于 $f(x)$ 连续,在题中等式两边取 $x \to 0$ 的极限,$f(1) - 3f(1) = 0$,得 $f(1) = 0$.

$\lim\limits_{x \to 0} \dfrac{f(1 + \sin x) - 3f(1 - \sin x)}{x}$

$= \lim\limits_{x \to 0} \dfrac{f(1 + \sin x) - f(1) + 3f(1) - 3f(1 - \sin x)}{\sin x}$

$= \lim\limits_{x \to 0} \dfrac{f(1 + \sin x) - f(1)}{\sin x} + \lim\limits_{x \to 0} \dfrac{3f(1) - 3f(1 - \sin x)}{\sin x}$

$= \lim\limits_{t \to 0} \dfrac{f(1 + t) - f(1)}{t} + 3 \lim\limits_{t \to 0} \dfrac{f(1) - f(1 - t)}{t} = 4f'(1) = 8,$

因此 $f'(1) = 2$.

由于 $f(x)$ 是周期为 5 的连续函数,于是 $f(6) = f(1) = 0$,$f'(6) = f'(1) = 2$,

故曲线 $y = f(x)$ 在 $(6, f(6))$ 处的切线方程为 $y - 0 = 2(x - 6)$,即 $2x - y - 12 = 0$.

**12.【解答】**(1) 由 $y = \arctan x$ 可知 $y' = \dfrac{1}{1 + x^2}$ 或 $(1 + x^2)y' = 1$.

上式两边再对 $x$ 求导数,可得 $(1 + x^2)y'' + 2xy' = 0$.

(2) 对 $(1 + x^2)y' = 1$ 两端求 $n-1$ 阶导数,由莱布尼兹公式可得

$0 = [(1 + x^2)y']^{(n-1)} = \sum\limits_{k=0}^{n-1} C_{n-1}^k (1 + x^2)^{(k)} (y')^{(n-1-k)}$

$= (1 + x^2)y^{(n)} + (n-1)(2x)y^{(n-1)} + \dfrac{(n-1)(n-2)}{2} \times 2y^{(n-2)}, (n \geq 3),$

上式中令 $x = 0$ 可得 $y^{(n)}(0) = -(n-1)(n-2)y^{(n-2)}(0)$.

又因为 $f(0) = 0, f'(0) = 1$,所以由上述递推公式,得

$f^{(n)}(0) = \begin{cases} 0, & n = 2m \\ (-1)^m (2m)!, & n = 2m + 1 \end{cases} (m = 0, 1, 2, \cdots).$

## 第二节 微分中值定理

### 一、基础篇

**1.**【解析】费马引理和罗尔中值定理是分析函数导函数零点存在的利器!

【解答】函数 $f(x)$ 分别在 $[1,2],[2,3],[3,4]$ 上连续,分别在 $(1,2),(2,3),(3,4)$ 内可导, 且 $f(1)=f(2)=f(3)=f(4)=0$.

由罗尔中值定理:存在 $\xi_1 \in (1,2),\xi_2 \in (2,3),\xi_3 \in (3,4)$,使得 $f'(\xi_1)=f'(\xi_2)=f'(\xi_3)=0$. 又 $f'(x)$ 为三次多项式,故 $f'(x)=0$ 在 $(-\infty,+\infty)$ 上最多有三个根.

于是方程 $f'(x)=0$ 恰有三个实根,分别在区间 $(1,2),(2,3),(3,4)$ 内.

**2.**【证明】设 $F(x)=a_0 x^n + a_1 x^{n-1} + \cdots + a_{n-1} x$,

由于 $F(x)$ 在 $[0,x_0]$ 上连续,在 $(0,x_0)$ 内可导,且 $F(0)=F(x_0)=0$,

由罗尔中值定理:存在 $\xi \in (0,x_0)$,使 $F'(\xi)=0$,

即方程 $a_0 n x^{n-1} + a_1 (n-1) x^{n-2} + \cdots + a_{n-1} = 0$ 必有一个小于 $x_0$ 的正根.

**3.**【证明】由题设可知 $f(x)$ 在 $[x_1,x_2],[x_2,x_3]$ 上连续,在 $(x_1,x_2),(x_2,x_3)$ 内可导,且
$$f(x_1)=f(x_2)=f(x_3),$$

由罗尔中值定理:存在 $\xi_1 \in (x_1,x_2),\xi_2 \in (x_2,x_3)$,使得 $f'(\xi_1)=0=f'(\xi_2)$.

又 $f'(x)$ 在 $[\xi_1,\xi_2]$ 上连续,在 $(\xi_1,\xi_2)$ 内可导,

故由罗尔中值定理:存在点 $\xi \in (\xi_1,\xi_2) \subset (x_1,x_3)$,使得 $f''(\xi)=0$.

**4.**【解析】方程 $2x[f(b)-f(a)] = (b^2-a^2)f'(x)$ 在 $(a,b)$ 内存在根

$\Leftrightarrow$ 函数 $G(x)=(b^2-a^2)f'(x)-2x[f(b)-f(a)]$ 在 $(a,b)$ 内存在零点

$\Leftrightarrow$ 函数 $F(x)=(b^2-a^2)f(x)-[f(b)-f(a)]x^2$ 的导函数在 $(a,b)$ 内存在零点.

【证明】令 $F(x)=(b^2-a^2)f(x)-[f(b)-f(a)]x^2$,

显然 $F(x)$ 在 $[a,b]$ 上连续,在 $(a,b)$ 内可导,且 $F(a)=a^2 f(b) - b^2 f(a) = F(b)$,

由罗尔中值定理:存在 $\xi \in (a,b)$,使 $F'(\xi)=0$,

即方程 $2x[f(b)-f(a)] = (b^2-a^2)f'(x)$ 在 $(a,b)$ 内至少存在一个根.

**5.**【解析】$(1+\xi)^3 f'(\xi) = -2 \Leftrightarrow f'(\xi) + \dfrac{2}{(1+\xi)^3} = 0 \Leftrightarrow \left[f(x) - \dfrac{1}{(1+x)^2}\right]'\bigg|_{x=\xi} = 0$.

【证明】令 $F(x) = f(x) - \dfrac{1}{(1+x)^2}$,由题设:$F(x)$ 在 $[0,1]$ 上连续,在 $(0,1)$ 内可导,且 $F(0)=F(1)=0$.

由罗尔中值定理:存在 $\xi \in (0,1)$,使得 $F'(\xi)=0$,

即 $f'(\xi) + \dfrac{2}{(1+\xi)^3} = 0$ 或 $(1+\xi)^3 f'(\xi) = -2$.

**6.**【解析】为方便理解,将待证结论写成 $f'(x)+f(x)g'(x)=0$,于是

$$f'(x)+f(x)g'(x)=0 \Leftrightarrow \frac{f'(x)}{f(x)}+g'(x)=0 \Leftrightarrow [\ln f(x)+g(x)]'=0$$
$$\Leftrightarrow \{\ln[f(x)\mathrm{e}^{g(x)}]\}'=0 \Leftrightarrow \ln[f(x)\mathrm{e}^{g(x)}]=C_1$$
$$\Leftrightarrow f(x)\mathrm{e}^{g(x)}=\mathrm{e}^{C_1}=C.$$

显然，$F(x)=f(x)\mathrm{e}^{g(x)}$ 的导函数具有待证结论的结构．

【证明】令 $F(x)=f(x)\mathrm{e}^{g(x)}$，显然 $F(x)$ 在 $[a,b]$ 上连续，在 $(a,b)$ 内可导，且 $F(a)=F(b)=0$，于是由罗尔中值定理知至少存在一点 $\xi\in(a,b)$，使 $F'(\xi)=0$，

而 $F'(x)=[f'(x)+f(x)g'(x)]\mathrm{e}^{g(x)}$，故 $[f'(\xi)+f(\xi)g'(\xi)]\mathrm{e}^{g(\xi)}=0$，又 $\mathrm{e}^{g(\xi)}\neq 0$，

于是 $f'(\xi)+f(\xi)g'(\xi)=0$．

7.【解析】由于待证结论是导函数零点问题，故首先考虑采用罗尔中值定理进行证明．由于函数本身已经比较"简单明了"，因此本题的核心在于罗尔中值定理条件中的"支腿子"构造．

【证明】由于 $f(x)$ 在 $[0,n]$ 上连续，故 $f(x)$ 在 $[0,n-1]$ 上也连续．

由闭区间上连续函数最值定理可知：$f(x)$ 在 $[0,n-1]$ 上可取到最大值 $M$ 和最小值 $M$，此时必有 $m\leqslant f(0)\leqslant M, m\leqslant f(1)\leqslant M,\cdots,m\leqslant f(n-1)\leqslant M$，

进而 $m\leqslant \dfrac{f(0)+f(1)+\cdots+f(n-1)}{n}\leqslant M$，

由介值定理可知：存在一点 $\eta\in[0,n-1]$，使得 $f(\eta)=\dfrac{f(0)+f(1)+\cdots+f(n-1)}{n}=1$．

又 $f(x)$ 在 $[\eta,n]$ 上连续，在 $(\eta,n)$ 内可导，且 $f(\eta)=1=f(n)$，

由罗尔中值定理：存在 $\xi\in(\eta,n)\subset(0,n)$，使得 $f'(\xi)=0$．

8.【证明】令 $F(x)=xf(x)$，显然 $F(x)$ 在 $[a,b]$ 上满足拉格朗日中值定理条件．

由拉格朗日中值定理：存在 $\xi\in(a,b)$，使得 $\dfrac{F(b)-F(a)}{b-a}=F'(\xi)$，

而 $F'(\xi)=[xf'(x)+f(x)]|_{x=\xi}=\xi f'(\xi)+f(\xi)$，即得结论 $\dfrac{bf(b)-af(a)}{b-a}=\xi f'(\xi)+f(\xi)$．

9.【证明】设 $f(x)=\arctan x+\operatorname{arccot} x, x\in(-\infty,+\infty)$，则 $f'(x)=\dfrac{1}{1+x^2}+\dfrac{-1}{1+x^2}\equiv 0$，

$x\in(-\infty,+\infty)$，因此 $f(x)$ 为常数 $C$，即 $\arctan x+\operatorname{arccot} x=C$．

取 $x=1$，得 $C=f(1)=\arctan 1+\operatorname{arccot} 1=\dfrac{\pi}{2}$，所以 $\arctan x+\operatorname{arccot} x=\dfrac{\pi}{2}$．

10.【解析】(1) 二阶行列式定义 $\begin{vmatrix} a_{11} & a_{12} \\ a_{21} & a_{22} \end{vmatrix}=a_{11}a_{22}-a_{12}a_{21}$．

(2) $\begin{vmatrix} f(a) & f(b) \\ g(a) & g(b) \end{vmatrix}=(b-a)\begin{vmatrix} f(a) & f'(\xi) \\ g(a) & g'(\xi) \end{vmatrix} \Leftrightarrow \dfrac{f(a)g(b)-f(b)g(a)}{b-a}$
$=f(a)g'(\xi)-f'(\xi)g(a)$，

注意到 $[f(a)g(x)-g(a)f(x)]'|_{x=\xi}=f(a)g'(\xi)-g(a)f'(\xi)$，因此本题可以考虑用拉格朗日中值定理，或罗尔中值定理证明．

【证明】设 $F(x)=f(a)g(x)-g(a)f(x)$，则由题设知，$F(x)$ 在 $[a,b]$ 上连续，在 $(a,b)$

内可导.

由拉格朗日中值定理:存在 $\xi \in (a,b)$ 使得 $\dfrac{F(b)-F(a)}{b-a} = F'(\xi)$,

即 $\dfrac{f(a)g(b)-f(b)g(a)}{b-a} = f(a)g'(\xi)-f'(\xi)g(a)$ 或 $\begin{vmatrix} f(a) & f(b) \\ g(a) & g(b) \end{vmatrix} = (b-a)\begin{vmatrix} f(a) & f'(\xi) \\ g(a) & g'(\xi) \end{vmatrix}$.

11. 【解析】证明"双存在"命题的基本思路是先分离待证结果,造成"你打你的,我打我的"的态势. 随后各自应用中值定理,找到共同值,将两者联系起来即可. 若存在的点不相等,可以考虑选择适当的点隔开这两个点.

对于本题,有 $f'(\xi)+f'(\eta) = \xi^{n-1}+\eta^{n-1}, \xi, \eta \in (0,1), \xi \neq \eta$

$\Leftrightarrow \left[f(x)-\dfrac{1}{n}x^n\right]' \bigg|_{x=\xi} = f'(\xi)-\xi^{n-1} = -[f'(\eta)-\eta^{n-1}]$

$= -\left[f(x)-\dfrac{1}{n}x^n\right]' \bigg|_{x=\eta}, \xi, \eta \in (0,1), \xi \neq \eta.$

令 $F(x) = f(x) - \dfrac{1}{n}x^n$,由题设 $F(0) = f(0) = 0, F(1) = f(1) - \dfrac{1}{n} = 0$,假设 $x_0 \in (0,1)$,用于隔开 $\xi$ 与 $\eta$,在区间 $[0, x_0]$ 与 $[x_0, 1]$ 上分别应用拉格朗日中值定理,并令两者相等,可得

$$\dfrac{f(x_0)-\dfrac{1}{n}x_0^2 F(x_0)}{x_0} = \dfrac{F(x_0)-F(0)}{x_0} = F'(\xi) = F'(\eta) = \dfrac{F(1)-F(x_0)}{1-x_0}$$

$$= -\dfrac{f(x_0)-\dfrac{1}{n}x_0^2}{1-x_0},$$

或 $\dfrac{1}{x_0} = -\dfrac{1}{1-x_0}$, 故 $x_0 = \dfrac{1}{2}$.

【证明】令 $F(x) = f(x) - \dfrac{1}{n}x^n$,则 $F(0) = f(0) = 0$,$F(1) = f(1) - \dfrac{1}{n} = 0$,且 $F(x)$ 在闭区间 $[0,1]$ 上连续,在开区间 $(0,1)$ 内可导.

对 $F(x)$ 在 $\left[0, \dfrac{1}{2}\right], \left[\dfrac{1}{2}, 1\right]$ 上应用拉格朗日中值定理:存在 $\xi \in \left(0, \dfrac{1}{2}\right), \eta \in \left(\dfrac{1}{2}, 1\right)$,使得

$$F'(\xi) = \dfrac{F\left(\dfrac{1}{2}\right)-F(0)}{\dfrac{1}{2}} = \dfrac{F\left(\dfrac{1}{2}\right)}{\dfrac{1}{2}} \text{ 及 } F'(\eta) = \dfrac{F(1)-F\left(\dfrac{1}{2}\right)}{1-\dfrac{1}{2}} = \dfrac{-F\left(\dfrac{1}{2}\right)}{\dfrac{1}{2}}$$

于是,得 $F'(\xi)+F'(\eta) = 0$,即 $[f'(\xi)-\xi^{n-1}]+[f'(\eta)-\eta^{n-1}] = 0$,

故 $f'(\xi)+f'(\eta) = \xi^{n-1}+\eta^{n-1}$,其中 $\xi, \eta \in (0,1)$ 且 $\xi \neq \eta$.

12. 【证明】设函数 $g(x) = \ln x, x \in [a,b]$,则 $f(x), g(x)$ 在 $[a,b]$ 上连续,在 $(a,b)$ 内可导,且 $g'(x) = \dfrac{1}{x} \neq 0, x \in (a,b)$.

由柯西中值定理可得:存在 $\xi \in (a,b)$,使得

$$\frac{f(b)-f(a)}{g(b)-g(a)}=\frac{f'(\xi)}{g'(\xi)} \text{ 或 } \frac{f(b)-f(a)}{\ln b-\ln a}=\frac{f'(\xi)}{\dfrac{1}{\xi}},$$

即 $f(b)-f(a)=\xi f'(\xi)\ln\dfrac{b}{a}$.

13. 【解析】$f'(\xi)=\dfrac{a^2+b^2+ab}{3\eta^2}f'(\eta) \Leftrightarrow f'(\xi)=\dfrac{(a^2+b^2+ab)(b-a)}{b-a}\dfrac{f'(\eta)}{3\eta^2}$

$$\Leftrightarrow f'(\xi)(b-a)=(b^3-a^3)\dfrac{f'(\eta)}{(x^3)'|_{x=\eta}}.$$

【证明】令 $g(x)=x^3$，则 $f(x),g(x)$ 在 $[a,b]$ 上连续，在 $(a,b)$ 内可导，且 $g'(x)=3x^2\neq 0$，$x\in(a,b)$，

由柯西中值定理：$\exists \eta \in (a,b)$ 使得 $\dfrac{f'(\eta)}{3\eta^2}=\dfrac{f(b)-f(a)}{b^3-a^3}$ 或 $(b^3-a^3)\dfrac{f'(\eta)}{3\eta^2}=f(b)-f(a)$.

对 $f(x)$ 在 $[a,b]$ 上应用拉格朗日中值定理：$\exists \xi \in (a,b)$ 使得 $f(b)-f(a)=f'(\xi)(b-a)$，

于是 $(b^3-a^3)\dfrac{f'(\eta)}{3\eta^2}=f(b)-f(a)=f'(\xi)(b-a)$，即 $f'(\xi)=\dfrac{a^2+b^2+ab}{3\eta^2}f'(\eta)$，$\xi,\eta \in (a,b)$.

14. 【解答】(1) $\lim\limits_{x\to 0}\dfrac{x-\sin x}{x^3} \xlongequal{\text{洛必达}} \lim\limits_{x\to 0}\dfrac{1-\cos x}{3x^2} \xlongequal{\text{洛必达}} \lim\limits_{x\to 0}\dfrac{\sin x}{6x} \xlongequal{\text{洛必达}} \lim\limits_{x\to 0}\dfrac{\cos x}{6}=\dfrac{1}{6}$.

(2) $\lim\limits_{x\to 0}\dfrac{\tan x-x}{x^3} \xlongequal{\text{洛必达}} \lim\limits_{x\to 0}\dfrac{\sec^2 x-1}{3x^2}=\lim\limits_{x\to 0}\dfrac{\tan^2 x}{3x^2}=\lim\limits_{x\to 0}\dfrac{x^2}{3x^2}=\dfrac{1}{3}$.

(3) $\lim\limits_{x\to 0}\dfrac{\arctan x-x}{x^3} \xlongequal{\text{洛必达}} \lim\limits_{x\to 0}\dfrac{\dfrac{1}{1+x^2}-1}{3x^2}=\lim\limits_{x\to 0}\dfrac{-x^2}{3x^2}\cdot\dfrac{1}{1+x^2}=-\dfrac{1}{3}$.

(4) $\lim\limits_{x\to 0}\dfrac{x-\ln(1+x)}{x^2} \xlongequal{\text{洛必达}} \lim\limits_{x\to 0}\dfrac{1-\dfrac{1}{1+x}}{2x}=\lim\limits_{x\to 0}\dfrac{x}{2x}\cdot\dfrac{1}{1+x}=\dfrac{1}{2}$.

(5) $\lim\limits_{x\to 0}\dfrac{e^x-1-x}{x^2} \xlongequal{\text{洛必达}} \lim\limits_{x\to 0}\dfrac{e^x-1}{2x}=\lim\limits_{x\to 0}\dfrac{x}{2x}=\dfrac{1}{2}$.

(6) 由于 $\lim\limits_{x\to +\infty}\dfrac{1}{e^{\alpha x}}=0(\alpha>0)$，$\lim\limits_{x\to +\infty}x^\mu=\begin{cases}0,&\mu<0\\1,&\mu=0\\+\infty,&\mu>0\end{cases}$,

分情况讨论：

情形 1：若 $\mu\leqslant 0$，则 $\lim\limits_{x\to +\infty}\dfrac{x^\mu}{e^{\alpha x}}=0$.

情形 2：若 $\mu>0$，则存在 $n\in \mathbf{Z}^+$，使得 $n-1<\mu\leqslant n$，此时 $\mu-n\leqslant 0$，

于是 $\underbrace{\lim\limits_{x\to +\infty}\dfrac{x^\mu}{e^{\alpha x}}=\lim\limits_{x\to +\infty}\dfrac{\mu x^{\mu-1}}{\alpha e^{\alpha x}}=\lim\limits_{x\to +\infty}\dfrac{\mu(\mu-1)x^{\mu-2}}{\alpha^2 e^{\alpha x}}=\cdots=\lim\limits_{x\to +\infty}\dfrac{\mu(\mu-1)[\mu-(n-1)]x^{\mu-n}}{\alpha^n e^{\alpha x}}=0}_{n\text{次洛必达法则}}$,

故 $\lim\limits_{x\to +\infty}\dfrac{x^\mu}{e^{\alpha x}}=0(\forall \alpha>0)$.

(7) $\lim\limits_{x\to +\infty}\dfrac{e^x+e^{-x}}{e^x-e^{-x}}=\lim\limits_{x\to +\infty}\dfrac{1+e^{-2x}}{1-e^{-2x}}=1$.

(8) $\lim\limits_{x \to 0} \dfrac{f(x_0+x) - 2f(x_0) + f(x_0-x)}{x^2} \xrightarrow{洛必达} \lim\limits_{x \to 0} \dfrac{f'(x_0+x) - f'(x_0-x)}{2x}$

$= \dfrac{1}{2} \lim\limits_{x \to 0} \left[ \dfrac{f'(x_0+x) - f'(x_0)}{x} + \dfrac{f'(x_0-x) - f'(x_0)}{-x} \right]$

$\xrightarrow{导数定义} \dfrac{1}{2} [f''(x_0) + f''(x_0)] = f''(x_0)$.

15.【解答】(1) $\lim\limits_{x \to 0} \left[ \dfrac{1}{x} - \dfrac{1}{\ln(1+x)} \right] = \lim\limits_{x \to 0} \dfrac{\ln(1+x) - x}{x \ln(1+x)} = \lim\limits_{x \to 0} \dfrac{\ln(1+x) - x}{x^2} = -\dfrac{1}{2}$.

(2) $\lim\limits_{x \to 0^+} x^\alpha \ln x = \lim\limits_{x \to 0^+} \dfrac{\ln x}{x^{-\alpha}} \xrightarrow{洛必达} \lim\limits_{x \to 0^+} \dfrac{\frac{1}{x}}{-\alpha x^{-\alpha-1}} = -\dfrac{1}{\alpha} \lim\limits_{x \to 0^+} x^\alpha = 0$.

16.【解答】(1) $\lim\limits_{x \to 0} \left[ 2 - \dfrac{\ln(1+x)}{x} \right]^{\frac{1}{x}} = e^{\lim\limits_{x \to 0} \frac{1}{x} \ln\left\{1 + \left[1 - \frac{\ln(1+x)}{x}\right]\right\}} = e^{\lim\limits_{x \to 0} \frac{1}{x}\left[1 - \frac{\ln(1+x)}{x}\right]} = e^{\lim\limits_{x \to 0} \frac{x - \ln(1+x)}{x^2}} = e^{\frac{1}{2}}$.

(2) $\lim\limits_{x \to 0} \left( \dfrac{\cos 2x}{\cos x} \right)^{\frac{1}{x \sin x}} = e^{\lim\limits_{x \to 0} \frac{\ln\left(1 + \frac{\cos 2x - \cos x}{\cos x}\right)}{x \sin x}} = e^{\lim\limits_{x \to 0} \frac{\cos 2x - \cos x}{x^2 \cdot \cos x}} = e^{\lim\limits_{x \to 0} \frac{\cos 2x - \cos x}{x^2}} = e^{\lim\limits_{x \to 0} \frac{-2\sin 2x + \sin x}{2x}} = e^{-2 + \frac{1}{2}} = e^{-\frac{3}{2}}$.

(3) $\lim\limits_{x \to 0} \left( \dfrac{a_1^x + a_2^x + \cdots + a_n^x}{n} \right)^{\frac{1}{x}} = \lim\limits_{x \to 0} \left( 1 + \dfrac{a_1^x + a_2^x + \cdots + a_n^x - n}{n} \right)^{\frac{1}{x}}$

$= \exp\left[ \lim\limits_{x \to 0} \dfrac{1}{x} \ln\left(1 + \dfrac{a_1^x + a_2^x + \cdots + a_n^x - n}{n}\right) \right] = \exp\left( \lim\limits_{x \to 0} \dfrac{1}{x} \cdot \dfrac{a_1^x + a_2^x + \cdots + a_n^x - n}{n} \right)$

$\xrightarrow{洛必达} \exp\left[ \dfrac{1}{n} \lim\limits_{x \to 0} (a_1^x \ln a_1 + a_2^x \ln a_2 + \cdots + a_n^x \ln a_n) \right]$

$= \exp\left[ \dfrac{1}{n} (\ln a_1 + \ln a_2 + \cdots + \ln a_n) \right] = e^{\frac{1}{n} \ln(a_1 a_2 \cdots a_n)} = \sqrt[n]{a_1 a_2 \cdots a_n}$.

(4) $\lim\limits_{x \to +\infty} \left( x + \sqrt{1+x^2} \right)^{\frac{1}{x}} = \exp\left[ \lim\limits_{x \to +\infty} \dfrac{\ln(x + \sqrt{1+x^2})}{x} \right] \xrightarrow{洛必达} \exp\left( \lim\limits_{x \to +\infty} \dfrac{1}{\sqrt{1+x^2}} \right) = e^0 = 1$.

(5) $\lim\limits_{x \to 0^+} \left( \dfrac{1}{x} \right)^{\tan x} = e^{-\lim\limits_{x \to 0^+} \tan x \ln x} = e^{-\lim\limits_{x \to 0^+} x \ln x} = e^0 = 1$.

(6) $\lim\limits_{x \to 0^+} x^{\sin x} = e^{\lim\limits_{x \to 0^+} \sin x \ln x} = e^{\lim\limits_{x \to 0^+} x \ln x} = e^0 = 1$.

## 二、提高篇

1. 答案 B 【解答】方法一(直接法) 由于 $f'(x)$ 在区间 $(a,b)$ 内有界,故存在 $M > 0$,使得 $|f'(x)| \leqslant M$ 成立,$\forall x \in (a,b)$.

取 $x_0 \in (a,b)$,对 $\forall x \in (a,b), x \neq x_0$,由拉格朗日中值定理:存在 $\xi$ 介于 $x_0$ 与 $x$ 之间,使得

$$f(x) = f(x_0) + f'(\xi)(x - x_0),$$

因此 $|f(x)| \leqslant |f(x_0)| + |f'(\xi)| \cdot |x - x_0| \leqslant |f(x_0)| + M(b-a)$,$\forall x \in (a,b), x \neq x_0$,故而 $f(x)$ 在 $(a,b)$ 内有界. 因此选 B.

方法二(排除法) 函数 $f(x) = \sin \dfrac{1}{x}$ 在 $(0,1)$ 内有界,但是取 $x_n = \dfrac{1}{2n\pi}$ 时,

$$\lim_{n\to\infty} f'(x_n) = -\lim_{n\to\infty} \frac{1}{x_n^2}\cos\frac{1}{x_n} = -\lim_{n\to\infty}(2n\pi)^2\cos 2n\pi = -\infty,$$

故 $f'(x) = -\frac{1}{x^2}\cos\frac{1}{x}$ 在 $(0,1)$ 内无界. 故排除 A.

函数 $f(x) = 1$ 在 $(0,1)$ 内有界,其导函数 $f'(x) = 0$ 在 $(0,1)$ 内也有界,故而排除 C 与 D. 因此选 B.

2. **答案** D **【解答】**根据已知条件,函数 $f(x)$ 在 $x=0$ 处的带皮亚洛余项的泰勒公式为:

$$f(x) = f(0) + f'(0)x + \frac{f''(0)}{2!}x^2 + \frac{f'''(0)}{3!}x^3 + o(x^3),$$

而当 $x \to 0$ 时,$\ln\cos x = \ln[1 + (\cos x - 1)] \sim \cos x - 1 \sim -\frac{1}{2}x^2$,

于是 $1 = \lim_{x\to 0}\frac{f(x)}{x\ln\cos x} = \lim_{x\to 0}\frac{f(0) + f'(0)x + \frac{f''(0)}{2!}x^2 + \frac{f'''(0)}{3!}x^3 + o(x^3)}{-\frac{1}{2}x^3},$

因此,$f(0) = f'(0) = f''(0) = 0$,而 $f'''(0) = -3$. 故选 D.

3. **【证明】**令 $F(x) = e^{x^2}f(x) - ex$,由题设知,$F(x)$ 在 $[0,1]$ 上连续,在 $(0,1)$ 内可导,且 $F(0) = F(1) = 0$.

由罗尔中值定理:存在 $\xi \in (0,1)$,使得 $F'(\xi) = 0$,即 $e^{\xi^2}[2\xi f(\xi) + f'(\xi)] = e$.

4. **【证明】**由题意知 $f'_+(a)$ 与 $f'_-(b)$ 同号,不妨设 $f'_+(a) > 0$ 与 $f'_-(b) > 0$.

由导数的定义可得 $0 < f'_+(a) = \lim_{x\to a^+}\frac{f(x)-f(a)}{x-a} = \lim_{x\to a^+}\frac{f(x)}{x-a}$,

由函数极限的局部保号性可知:存在 $\delta_1 > 0 \left(\delta_1 < \frac{b-a}{2}\right)$,有 $\frac{f(x)}{x-a} > 0$,$\forall x \in (a, a+\delta_1)$,

又由于 $x - a > 0$,$\forall x \in (a, a+\delta_1)$,因此 $f(x) > 0$,$\forall x \in (a, a+\delta_1)$. 因此,任取 $x_1 \in (a, a+\delta_1)$,有 $f(x_1) > 0$.

同理,由 $0 < f'_-(b) = \lim_{x\to b^-}\frac{f(x)-f(b)}{x-b} = \lim_{x\to b^-}\frac{f(x)}{x-b}$,及函数极限的局部保号性:$\delta_2 > 0\left(\delta_2 < \frac{b-a}{2}\right)$,$\exists x_2 \in (b-\delta_2, b)$,使得 $f(x_2) < 0$.

由 $f(x_1) > 0, f(x_2) < 0$,根据零点定理可知:存在 $\xi \in (x_1, x_2) \subset (a,b)$,使得 $f(\xi) = 0$.

又 $f(x)$ 在 $[a,\xi],[\xi,b]$ 上连续,在 $(a,\xi),(\xi,b)$ 内可导,且 $f(a) = f(\xi) = f(b) = 0$,

由罗尔中值定理:存在点 $\xi_1 \in (a,\xi), \xi_2 \in (\xi,b)$,使得 $f'(\xi_1) = f'(\xi_2) = 0$.

由 $f'(x)$ 在 $[\xi_1,\xi_2]$ 上连续,在 $(\xi_1,\xi_2)$ 内可导且 $f'(\xi_1) = f'(\xi_2) = 0$,

由罗尔中值定理:存在点 $\exists \eta \in (\xi_1, \xi_2) \subset (a,b)$ 使 $f''(\eta) = 0$.

5. **【解析】**若不能把需要的对象解出来,就通过某种结构将其代换出来.

**【证明】**(1) 对于 $(-1,1)$ 内的任意不等于 0 的变量 $x$,由拉格朗日中值定理:存在 $\xi$ 介于 0 与 $x$ 之间,使得

$$f(x) = f(0) + xf'(\xi),$$

记 $\theta(x) = \dfrac{\xi}{x} \in (0,1)$,则有 $f(x) = f(0) + xf'[\theta(x)x]$. (2.4)

接下来证明 $\theta(x) \in (0,1)$ 的唯一性. 若 $\theta(x) \in (0,1)$ 不唯一,存在 $\bar{\theta}(x) \in (0,1)$,不妨设 $\bar{\theta}(x) \neq \theta(x)$ 使得

$$f(x) = f(0) + xf'[\bar{\theta}(x)x], \quad (2.5)$$

由(2.4)式和(2.5)式可知:$xf'[\theta(x)x] = xf'[\bar{\theta}(x)x]$,进一步 $f'[\theta(x)x] = f'[\bar{\theta}(x)x]$. 在以 $\bar{\theta}(x)x$ 与 $\theta(x)x$ 为端点的闭区间上对 $f'(x)$ 应用拉格朗日中值定理:存在 $\eta$ 介于 $\bar{\theta}(x)x$ 与 $\theta(x)x$ 之间,使得

$$f''(\eta) = \dfrac{f'[\theta(x)x] - f'[\bar{\theta}(x)x]}{\theta(x)x - \bar{\theta}(x)x} = 0,$$

这与题设 $f''(x) \neq 0$ 矛盾! 故(2.4)式中 $\theta(x) \in (0,1)$ 唯一.

(2) **方法一** 由麦克劳林公式可得:

$$f(x) = f(0) + f'(0)x + \dfrac{1}{2}f''(0)x^2 + o(x^2), x \to 0, \quad (2.6)$$

由(2.4)式及(2.6)式有 $xf'[\theta(x)x] = f(x) - f(0) = f'(0)x + \dfrac{1}{2}f''(0)x^2 + o(x^2), x \to 0$,

上式移项且两端同时除以 $x^2$ 得

$$\theta(x) \dfrac{f'[\theta(x)x] - f'(0)}{\theta(x)x} = \dfrac{1}{2}f''(0) + \dfrac{o(x)}{x}, x \to 0, \quad (2.7)$$

由题设得 $\lim\limits_{x \to 0} \dfrac{f'[\theta(x)x] - f'(0)}{\theta(x)x} = f''(0) \neq 0$,

在(2.4)式两端令 $x \to 0$,则

$$f''(0) \cdot \lim\limits_{x \to 0}\theta(x) = \lim\limits_{x \to 0}\theta(x) \cdot \lim\limits_{x \to 0} \dfrac{f'[\theta(x)x] - f'(0)}{\theta(x)x}$$

$$= \lim\limits_{x \to 0}\left[\theta(x) \dfrac{f'[\theta(x)x] - f'(0)}{\theta(x)x}\right] = \dfrac{1}{2}f''(0),$$

故 $\lim\limits_{x \to 0}\theta(x) = \dfrac{1}{2}$.

**方法二** 由(2.4)式有

$$\dfrac{f'[\theta(x)x] - f'(0)}{\theta(x)x} = \dfrac{\dfrac{f(x) - f(0)}{x} - f'(0)}{\theta(x)x} = \dfrac{1}{\theta(x)} \cdot \dfrac{f(x) - f(0) - f'(0)x}{x^2}, \quad (2.8)$$

注意到 $\lim\limits_{x \to 0} \dfrac{f'[\theta(x)x] - f'(0)}{\theta(x)x} = f''(0) \neq 0$,

及 $\lim\limits_{x \to 0} \dfrac{f(x) - f(0) - f'(0)x}{x^2} \xlongequal{洛必达} \lim\limits_{x \to 0} \dfrac{f'(x) - f'(0)}{2x} = \dfrac{1}{2}f''(0) \neq 0$,

在(2.8)式中令 $x \to 0$,可得

$$f''(0) = \lim\limits_{x \to 0} \dfrac{f'[\theta(x)x] - f'(0)}{\theta(x)x} = \lim\limits_{x \to 0}\left[\dfrac{1}{\theta(x)} \dfrac{f(x) - f(0) - f'(0)x}{x^2}\right] = \dfrac{1}{2}f''(0)\lim\limits_{x \to 0}\dfrac{1}{\theta(x)},$$

于是 $\lim\limits_{x\to 0}\theta(x)=\dfrac{1}{2}$.

**6.** 【解析】"分离"$\xi$ 与 $\eta$，然后"各算各的". 设 $x_0\in(0,1)$，在 $[0,x_0]$ 及 $[x_0,1]$ 上对 $f(x)$ 应用拉格朗日中值定理：存在 $\xi\in(0,x_0)$，$\eta\in(x_0,1)$，使得

$$f'(\xi)=\dfrac{f(x_0)-f(0)}{x_0}=\dfrac{f(x_0)}{x_0},\ f'(\eta)=\dfrac{f(1)-f(x_0)}{1-x_0}=\dfrac{1-f(x_0)}{1-x_0},$$

且满足 $2=\dfrac{1}{f'(\xi)}+\dfrac{1}{f'(\eta)}=\dfrac{x_0}{f(x_0)}+\dfrac{1-x_0}{1-f(x_0)}$ 或 $[1-2f(x_0)][f(x_0)-x_0]=0$，

因此 $f(x_0)=\dfrac{1}{2}$ 或 $f(x_0)=x_0$.

欲证明存在 $x_0\in(0,1)$，使得 $f(x_0)=x_0$，可构造函数 $g(x)=f(x)-x$，虽然题设提供条件不足，但可以证明：存在 $x_0\in(0,1)$，使得 $f(x_0)=\dfrac{1}{2}$.

【证明】令 $g(x)=f(x)-\dfrac{1}{2}$，则 $g(x)$ 在 $[0,1]$ 上连续，且

$$g(0)=f(0)-\dfrac{1}{2}=-\dfrac{1}{2}<0,\ g(1)=f(1)-\dfrac{1}{2}=\dfrac{1}{2}>0,$$

由连续函数零点定理：存在 $x_0\in(0,1)$，使得 $g(x_0)=0$，即 $f(x_0)=\dfrac{1}{2}$.

根据已知条件 $f(x)$ 在区间 $[0,x_0]$ 及 $[x_0,1]$ 上满足拉格朗日中值定理的条件，于是存在 $\xi\in(0,x_0)$，$\eta\in(x_0,1)$，使得

$$f'(\xi)=\dfrac{f(x_0)-f(0)}{x_0}=\dfrac{1}{2}\times\dfrac{1}{x_0},\ f'(\eta)=\dfrac{f(1)-f(x_0)}{1-x_0}=\dfrac{1}{2}\times\dfrac{1}{1-x_0},$$

因此 $\dfrac{1}{f'(\xi)}+\dfrac{1}{f'(\eta)}=2x_0+2(1-x_0)=2.$

**7.** 【解析】题设出现高阶导内容，考虑用泰勒中值定理. 由于 $f(x)$ 在 $[a,b]$ 上最大值点在 $(a,b)$ 内取得，故考虑将 $f'(x)$ 在该点处泰勒展开，以减少项数.

【证明】设 $c\in(a,b)$ 为 $f(x)$ 在 $[a,b]$ 上的最大值点，则 $f'(c)=0$.

由泰勒中值定理：存在 $\xi$ 介于 $c$ 与 $x$ 之间，使得 $f'(x)=f'(c)+f''(\xi)(x-c)=f''(\xi)(x-c)$，上式中分别令 $x=a$ 及 $x=b$，则

$$f'(a)=f''(\xi_1)(a-c),\ f'(b)=f''(\xi_2)(b-c),\ \text{其中}\ \xi_1\in(a,c),\xi_2\in(c,b),$$

于是 $|f'(a)|+|f'(b)|=|f''(\xi_1)(a-c)|+|f''(\xi_2)(b-c)|\leqslant M(c-a)+M(b-c)=M(b-a)$.

**8.** 【证明】由泰勒中值定理：将函数 $f(t)$ 在任意 $x\in[0,1]$ 处展开，则存在 $\xi$ 介于 $t$ 与 $x$ 之间，使得

$$f(t)=f(x)+f'(x)(t-x)+\dfrac{1}{2}f''(\xi)(t-x)^2.$$

上式中分别令 $t=0$ 及 $t=1$，有

$$f(0)=f(x)-f'(x)x+\dfrac{1}{2}f''(\xi_1)x^2\quad(0<\xi_1<x),$$

$$f(1)=f(x)+f'(x)(1-x)+\dfrac{1}{2}f''(\xi_2)(1-x)^2\quad(x<\xi_2<1),$$

于是 $f'(x) = \dfrac{1}{2}[f''(\xi_1)x^2 - f''(\xi_2)(1-x)^2]$,

故 $|f'(x)| = \left|\dfrac{1}{2}f''(\xi_1)x^2 - f''(\xi_2)(1-x)^2\right| \leqslant \dfrac{1}{2}[|f''(\xi_1)|x^2 + |f''(\xi_2)|(1-x)^2]$

$\leqslant \dfrac{M}{2}[x^2 + (1-x)^2] \leqslant \dfrac{M}{2}$.

**9.【证明】方法一** 由麦克劳林公式,对任意 $x \in [-1,1]$,存在 $\xi$ 介于 0 与 $x$ 之间,有

$$f(x) = f(0) + f'(0)x + \dfrac{f''(0)}{2}x^2 + \dfrac{f'''(\xi)}{3!}x^3 = f(0) + \dfrac{f''(0)}{2}x^2 + \dfrac{f'''(\xi)}{3!}x^3.$$

上式中分别令 $x = -1$ 与 $x = 1$,有

$$-1 = f(-1) = f(0) + \dfrac{f''(0)}{2!} - \dfrac{f'''(\xi_1)}{6}, \quad -1 < \xi_1 < 0,$$

$$1 = f(1) = f(0) + \dfrac{f''(0)}{2} + \dfrac{f'''(\xi_2)}{6}, \quad 0 < \xi_2 < 1.$$

以上两式相减得 $2 = \dfrac{1}{6}[f'''(\xi_2) + f'''(\xi_1)]$ 或 $\dfrac{1}{2}[f'''(\xi_2) + f'''(\xi_1)] = 6$.

因为 $f'''(x)$ 在 $[\xi_1,\xi_2]$ 上连续,所以 $f'''(x)$ 在 $[\xi_1,\xi_2]$ 上必存在最大值 $M$ 与最小值 $m$,故有

$$m \leqslant \dfrac{1}{2}[f'''(\xi_2) + f'''(\xi_1)] \leqslant M.$$

由闭区间上连续函数的介值定理,存在 $\xi \in [\xi_1,\xi_2] \subset (-1,1)$,使 $\dfrac{1}{2}[f'''(\xi_2) + f'''(\xi_1)] = f'''(\xi)$,即 $f'''(\xi) = 6$.

**10.【证明】方法一** 设 $x_0 = (1-t)x_1 + tx_2$,则 $f(x)$ 在点 $x = x_0$ 的二阶泰勒展开式为

$$f(x) = f(x_0) + f'(x_0)(x - x_0) + \dfrac{f''(\xi)}{2}(x - x_0)^2,$$ 其中 $\xi$ 介于 $x$ 与 $x_0$ 之间.

由于 $f''(x) > 0$,故 $f(x) > f(x_0) + f'(x_0)(x - x_0)$,

上式中分别令 $x = x_1$ 与 $x = x_2$,则

$$f(x_1) > f(x_0) + f'(x_0)(x_1 - x_0), \quad f(x_2) > f(x_0) + f'(x_0)(x_2 - x_0),$$

于是

$(1-t)f(x_1) + tf(x_2) > (1-t)[f(x_0) + f'(x_0)(x_1 - x_0)] + t[f(x_0) + f'(x_0)(x_2 - x_0)]$

$= (1-t)f(x_0) + f'(x_0)(1-t)(x_1 - x_0) + tf(x_0) + tf'(x_0)(x_2 - x_0)$

$= f(x_0) + f'(x_0)[(1-t)(x_1 - x_0) + t(x_2 - x_0)]$

$= f(x_0) = f[(1-t)x_1 + tx_2]$,

因此 $f[(1-t)x_1 + tx_2] < (1-t)f(x_1) + tf(x_2)$.

**方法二** 设 $x_0 = (1-t)x_1 + tx_2$,于是由拉格朗日中值定理,得

$f[(1-t)x_1 + tx_2] - (1-t)f(x_1) - tf(x_2)$

$= (1-t)f[(1-t)x_1 + tx_2] - (1-t)f(x_1) + tf[(1-t)x_1 + tx_2] - tf(x_2)$

$= (1-t)\{f[(1-t)x_1 + tx_2] - f(x_1)\} + t\{f[(1-t)x_1 + tx_2] - f(x_2)\}$

$= (1-t)tf'(\xi_1)(x_2 - x_1) + t(1-t)f'(\xi_2)(x_1 - x_2)$

$$= (1-t)t(x_2-x_1)[f'(\xi_1) - f'(\xi_2)]$$
$$= (1-t)t(x_2-x_1)(\xi_1-\xi_2)f''(\xi),$$

不妨设 $x_1 < x_2$,于是 $x_1 < \xi_1 < (1-t)x_1 + tx_2 < \xi < x_2$,所以 $x_2 > x_1$,$\xi_2 > \xi_1$, 由 $f''(x) > 0$,可知 $(1-t)t(x_2-x_1)(\xi_1-\xi_2)f''(\xi) < 0$. 因此
$$f[(1-t)x_1 + tx_2] < (1-t)f(x_1) + tf(x_2).$$

## 第三节　导数的应用

### 一、基础篇

1. **答案** C　**【解答】** 根据拐点的必要条件,拐点可能是 $f''(x)$ 不存在的点或在 $f''(x) \neq 0$ 的点处产生,所以有三个点可能是 $y = f(x)$ 的拐点.根据拐点的定义,即凹凸性改变的点,二阶导函数 $f''(x)$ 符号发生改变的点即为拐点.所以从题图可知,拐点个数为 2,故选 C.

2. **答案** B　**【解答】** 由 $f(x) = f(-x)$ 可知函数 $f(x)$ 为偶函数,其关于 $y$ 轴对称.
由 $f'(x) > 0$ 可知 $f(x)$ 在 $(0, +\infty)$ 内单调递增,故 $f(x)$ 在 $(-\infty, 0)$ 内单调递减.
由 $f''(x) < 0$ 以及 $f''(x)$ 为偶函数可知:$f''(x) < 0, \forall x \in (-\infty, 0)$,故 $f(x)$ 在 $(-\infty, 0)$ 内是凸函数.

3. **答案** B　**【解答】** 函数 $f(x)$ 的定义域为 $x \in (-\infty, +\infty)$,而 $f'(x) = 2 + \dfrac{2}{\sqrt[3]{x}} = \dfrac{2}{\sqrt[3]{x}}(\sqrt[3]{x} + 1)$ 的定义域为 $x \neq 0$.
令 $f'(x) = 0$,可得函数驻点 $x = -1$,及不可导点 $x = 0$,
当 $x < -1$ 或 $x > 0$ 时,$f'(x) > 0$;当 $-1 < x < 0$ 时,$f'(x) < 0$,故 $f(x)$ 在 $x = -1$ 处取极大值,在 $x = 0$ 处取极小值. 故选 B.

4. **答案** A　**【解答】** 由题设 $\left[\dfrac{f(x)}{g(x)}\right]' = \dfrac{f'(x)g(x) - f(x)g'(x)}{g^2(x)} < 0$,故函数 $F(x) = \dfrac{f(x)}{g(x)}$ 严格单调减少.
当 $a < x < b$ 时,有 $\dfrac{f(b)}{g(b)} = F(b) < F(x) = \dfrac{f(x)}{g(x)} < F(a) = \dfrac{f(a)}{g(a)}$.
因为 $f(x) > 0, g(x) > 0$,所以 $g(a)f(x) < f(a)g(x)$ 或 $f(x)g(b) > f(b)g(x)$.
故选 A.

5. **答案** C　**【解答】** 将 $x = 0$ 代入 $f''(x) + [f'(x)]^2 = e^x - 1$,得 $f''(0) = 0$.
又由 $f''(x) + [f'(x)]^2 = e^x - 1$ 得 $f''(x) = e^x - 1 - [f'(x)]^2$,
于是 $f'''(x) = e^x - 2f'(x)f''(x)$,则
$f'''(0) = 1 - 2f'(0)f''(0) = 1$,因此,$(0, f(0))$ 是曲线 $y = f(x)$ 的拐点. 故选 C.

6. **答案** B　**【解答】** 由于 $y' = 2(x-1)(x-3)^2 + 2(x-1)^2(x-3) = 4(x-1)(x-2)(x-3)$,
$y'' = 4[(x-2)(x-3) + (x-1)(x-3) + (x-1)(x-2)] = 4(3x^2 - 12x + 11)$,

令 $y''=0$, 得 $x_1=\dfrac{4+\sqrt{3}}{3}, x_2=\dfrac{4-\sqrt{3}}{3}$. 又当 $x<\dfrac{4-\sqrt{3}}{3}$ 或 $x>\dfrac{4+\sqrt{3}}{3}$ 时, $y''>0$; 当 $\dfrac{4-\sqrt{3}}{3}<x<\dfrac{4+\sqrt{3}}{3}$ 时, $y''<0$, 所以 $y''$ 分别在点 $x_1=\dfrac{4+\sqrt{3}}{3}$ 和点 $x_2=\dfrac{4-\sqrt{3}}{3}$ 的左右两侧改变符号, 因此曲线有两个拐点. 故选 B.

**7.【解答】** 化简可得 $x-\sin x\cos x\cos 2x = x - \dfrac{1}{2}\sin 2x\cos 2x = x - \dfrac{1}{4}\sin 4x$.

当 $x\to 0$ 时, $x-\sin x\cos x\cos 2x = x-\dfrac{1}{4}\sin 4x = x-\dfrac{1}{4}\left[4x-\dfrac{1}{6}\times(4x)^3+o(x^3)\right]$

$$= x-x+\dfrac{4^3}{24}x^3+o(x^3) = \dfrac{8}{3}x^3+o(x^3) \sim \dfrac{8}{3}x^3,$$

故 $c=\dfrac{8}{3}, k=3$.

**8.【解答】** 当 $x\to 0$ 时,

$$\cos x = 1-\dfrac{1}{2!}x^2+\dfrac{1}{4!}x^4+\dfrac{1}{6!}x^6+o(x^6) = 1-\dfrac{1}{2}x^2+\dfrac{1}{24}x^4-\dfrac{1}{720}x^6+o(x^6),$$

$$e^{-\frac{x^2}{2}} = 1+\left(-\dfrac{x^2}{2}\right)+\dfrac{1}{2!}\left(-\dfrac{x^2}{2}\right)^2+\dfrac{1}{3!}\left(-\dfrac{x^2}{2}\right)^3+o\left[\left(-\dfrac{x^2}{2}\right)^3\right]$$

$$= 1-\dfrac{1}{2}x^2+\dfrac{1}{8}x^4-\dfrac{1}{48}x^6+o(x^6),$$

于是

$$\cos x-e^{-\frac{x^2}{2}}+\dfrac{x^4}{12} = \left[1-\dfrac{1}{2}x^2+\dfrac{1}{24}x^4-\dfrac{1}{720}x^6+o(x^6)\right]-\left[1-\dfrac{1}{2}x^2+\dfrac{1}{8}x^4-\dfrac{1}{48}x^6+o(x^6)\right]+\dfrac{x^4}{12}$$

$$= \dfrac{7}{360}x^6+o(x^8), x\to 0,$$

故 $\lim\limits_{x\to 0}\dfrac{\cos x-e^{-\frac{x^2}{2}}+\dfrac{x^4}{12}}{x^6} = \lim\limits_{x\to 0}\dfrac{\dfrac{7}{360}x^6+o(x^6)}{x^6} = \dfrac{7}{360}$.

**9.【解答】** 方法一（直接法）

由 $f^{(n)}(x)=\begin{cases}\ln x, & n=0 \\ (-1)^{n-1}(n-1)!x^{-n}, & n\geqslant 1\end{cases}$, 可知 $f^{(n)}(2)=\begin{cases}\ln 2, & n=0 \\ (-1)^{n-1}(n-1)!\dfrac{1}{2^n}, & n\geqslant 1\end{cases}$, 故

$$\ln x = f(2)+f'(2)(x-2)+\dfrac{f''(2)}{2!}(x-2)^2+\cdots+\dfrac{f^{(n)}(2)}{n!}(x-2)^n+o[(x-2)^n]$$

$$= \ln 2+\dfrac{1}{2}(x-2)-\dfrac{1}{2\times 2^2}(x-2)^2+\dfrac{1}{3\times 2^3}(x-2)^3+\cdots+\dfrac{(-1)^{n-1}}{n\times 2^n}(x-2)^n+o[(x-2)^n], x\to 2.$$

方法二（间接法） 因为 $\ln(1+x) = x-\dfrac{1}{2}x^2+\cdots+\dfrac{(-1)^{n-1}}{n}x^n+o(x^n), x\to 0$, 所以

$$f(x) = \ln x = \ln[2+(x-2)] = \ln\left\{2\left[1+\left(\dfrac{x-2}{2}\right)\right]\right\} = \ln 2+\ln\left[1+\left(\dfrac{x-2}{2}\right)\right]$$

$$= \ln 2+\dfrac{x-2}{2}-\dfrac{1}{2}\times\left(\dfrac{x-2}{2}\right)^2+\cdots+\dfrac{(-1)^{n-1}}{n}\times\left(\dfrac{x-2}{2}\right)^n+o\left[\left(\dfrac{x-2}{2}\right)^n\right]$$

$$= \ln 2 + \frac{1}{2}(x-2) - \frac{1}{2 \times 2^2} \times (x-2)^2 + \cdots + \frac{(-1)^{n-1}}{n \times 2^n} \times (x-2)^n + o[(x-2)^n], x \to 2.$$

10.【解答】函数定义域为 $x \in (-\infty, +\infty)$，且 $y' = 6x^2 - 12x - 18 = 6(x-3)(x+1)$，

由 $y' = 0$ 得驻点 $x_1 = -1$ 与 $x_2 = 3$. 当 $x < -1$ 或 $x > 3$ 时，$y' > 0$；当 $-1 < x < 3$ 时，$y' < 0$，

因此函数在 $(-\infty, -1]$ 和 $[3, +\infty)$ 内单调增加，在 $[-1, 3]$ 内单调减少.

11.【解答】函数定义域为 $x \in (-\infty, +\infty)$，

记 $y = f(u) = \sqrt[3]{u}, u = g(x) = (2x-a)(a-x)^2 = (2x-a)(x-a)^2, a > 0, x \in (-\infty, +\infty)$，

由于 $y = f(u)$ 在 $(-\infty, +\infty)$ 内单调增加，故 $y = f[g(x)]$ 的单调性与 $u = g(x), x \in (-\infty, +\infty)$ 的单调性相同.

因为 $u' = g'(x) = 2(x-a)^2 + 2(2x-a)(x-a) = \frac{2}{3}(x-a)\left(x - \frac{2}{3}a\right)$，

所以当 $x > a$ 或 $x < \frac{2}{3}a$ 时，$g'(x) > 0$；当 $\frac{2}{3}a < x < a$ 时，$g'(x) < 0$，

显然，$u = g(x)$ 在 $\left(-\infty, \frac{2}{3}a\right]$ 和 $(a, +\infty)$ 内单调增加，在 $\left(\frac{2}{3}a, a\right]$ 内单调减少.

故函数 $y = f[g(x)] = \sqrt[3]{(2x-a)(a-x)^2}$ 在 $\left(-\infty, \frac{2}{3}a\right]$ 和 $(a, +\infty)$ 内单调增加，

在 $\left(\frac{2}{3}a, a\right]$ 内单调减少.

12.【解答】函数的定义域为 $(-\infty, +\infty)$，且

$y' = \frac{2x}{x^2+1}, y'' = 2 \times \frac{(x^2+1) - x \times 2x}{(x^2+1)^2} = -2 \times \frac{(x-1)(x+1)}{(x^2+1)^2}$，则有当 $x < -1$ 或 $x > 1$ 时，$y'' < 0$；当 $-1 < x < 1$ 时，$y'' > 0$，

故曲线在 $(-\infty, 1]$ 和 $[1, +\infty)$ 内是凸的，在 $[-1, 1]$ 内是凹的，拐点分别为 $(-1, \ln 2)$ 和 $(1, \ln 2)$.

13.【解答】不妨设 $f'''(x_0) > 0$.

**方法一** 由 $f'''(x_0) = \lim\limits_{x \to x_0} \frac{f''(x) - f''(x_0)}{x - x_0} = \lim\limits_{x \to x_0} \frac{f''(x)}{x - x_0} > 0$，及极限保号性，可知

存在 $\delta > 0$，当 $x \in (x_0 - \delta, x_0) \cup (x_0, x_0 + \delta)$ 时，$\frac{f''(x)}{x - x_0} > 0$，

故当 $x \in (x_0 - \delta, x_0)$ 时，$f''(x) < 0$；当 $x \in (x_0, x_0 + \delta)$ 时，$f''(x) > 0$，因此 $(x_0, f(x_0))$ 是 $y = f(x)$ 的拐点，且 $f'(x)$ 在 $(x_0 - \delta, x_0)$ 内单调减小，在 $(x_0, x_0 + \delta)$ 内单调增加.

由于 $f'(x_0) = 0$，故 $f'(x) > f'(x_0) = 0, x \in (x_0 - \delta, x_0) \cup (x_0, x_0 + \delta)$，

因此 $f(x)$ 在 $(x_0 - \delta, x_0 + \delta)$ 上单调增加，所以 $x = x_0$ 不是函数 $f(x)$ 的极值点.

**方法二** 由泰勒中值定理：存在 $\xi$ 介于 $x_0$ 与 $x$ 之间，使得

$$f(x) = f(x_0) + f'(x_0)(x - x_0) + \frac{1}{2!}f''(x_0)(x - x_0)^2 + \frac{1}{3!}f'''(\xi)(x - x_0)^3$$

$$= \frac{1}{3!}f'''(\xi)(x-x_0)^3,$$

由 $f'''(x)$ 的连续性,可知 $\lim\limits_{x \to x_0} f'''(x) = f'''(x_0) > 0$。由极限局部保号性可知,存在 $x_0$ 的某一邻域 $(x_0-\delta, x_0+\delta)$,当 $x \in (x_0-\delta, x_0+\delta)$ 时有 $f'''(x) > 0$,进而 $f'''(\xi) > 0$。

于是当 $x \in (x_0-\delta, x_0)$ 时,$f(x) < 0$;当 $x \in (x_0, x_0+\delta)$ 时,$f(x) > 0$,故 $x = x_0$ 不是函数 $f(x)$ 的极值点.

由泰勒中值定理:存在 $\eta$ 介于 $x_0$ 与 $x$ 之间,使得

$$f''(x) = f''(x_0) + f'''(\eta)(x-x_0) = f'''(\eta)(x-x_0),$$

同理,$f'''(\eta) > 0$。因此当 $x \in (x_0-\delta, x_0)$ 时,$f''(x) > 0$;当 $x \in (x_0, x_0+\delta)$ 时,$f''(x) > 0$,故 $(x_0, f(x_0))$ 是拐点.

14.【证明】设 $f(t) = t\ln t$,则 $f'(t) = 1 + \ln t, f''(t) = \frac{1}{t} > 0, t > 0$,

故函数 $f(t) = t\ln t$ 的图形在 $(0, +\infty)$ 内是凹的,

因此对任意 $x > 0, y > 0, x \neq y$,有

$$\frac{1}{2}(x\ln x + y\ln y) = \frac{1}{2}[f(x) + f(y)] > f\left(\frac{x+y}{2}\right) = (x+y)\ln\frac{x+y}{2},$$

即 $x\ln x + y\ln y > (x+y)\ln\frac{x+y}{2}$.

15.【解答】$f'(x) = 4x^3 - 4x = 4x(x-1)(x+1)$,

令 $f'(x) = 0$,得驻点 $x_1 = 0, x_2 = -1, x_3 = 1$,且 $f(0) = 5, f(\pm 1) = 4, f(\pm 2) = 13$,

故函数 $f(x) = x^4 - 2x^2 + 5$ 在 $[-2, 2]$ 上的最大值为 $f(\pm 2) = 13$,最小值为 $f(\pm 1) = 4$.

16.【证明】设 $f(x) = 1 + \frac{1}{2}x - \sqrt{1+x}$,则 $f(x)$ 在 $[0, +\infty)$ 内是连续的,$f(0) = 0$ 且

$$f'(x) = \frac{1}{2} - \frac{1}{2\sqrt{1+x}} = \frac{1}{2} \times \frac{\sqrt{1+x}-1}{\sqrt{1+x}} > 0,$$

故 $f(x)$ 在 $(0, +\infty)$ 内是单调增加的,从而当 $x > 0$ 时 $f(x) > f(0) = 0$,即 $1 + \frac{1}{2}x - \sqrt{1+x} > 0$,因此 $1 + \frac{1}{2}x > \sqrt{1+x}, x > 0$.

17.【证明】设 $f(x) = \sin x + \tan x - 2x$,则 $f(x)$ 在 $\left[0, \frac{\pi}{2}\right)$ 内连续,$f(0) = 0$ 且

$$f'(x) = \cos x + \sec^2 x - 2 = \frac{(\cos x - 1)[(\cos^2 x - 1) - \cos x]}{\cos^2 x},$$

由于当 $x \in \left(0, \frac{\pi}{2}\right)$ 时,$\cos x - 1 < 0$,$\cos^2 x - 1 < 0$,$-\cos x < 0$,故 $f'(x) > 0$,

于是 $f(x)$ 在 $\left(0, \frac{\pi}{2}\right)$ 内单调增加,因此当 $x \in \left(0, \frac{\pi}{2}\right)$ 时,$f(x) > f(0) = 0$,即 $\sin x + \tan x - 2x > 0$,因此 $\sin x + \tan x > 2x, 0 < x < \frac{\pi}{2}$.

18. **【证明】** 设 $f(x) = (1+x)\ln^2(1+x) - x^2$,且 $x > 0$,则 $f(0) = 0$,且
$$f'(x) = \ln^2(1+x) + 2\ln(1+x) - 2x, f'(0) = 0,$$
$$f''(x) = \frac{2}{1+x}[\ln(1+x) - x] < 0,$$

因此 $f'(x)$ 在 $[0, +\infty)$ 上单调递减,即当 $x > 0$ 时,$f'(x) < f'(0) = 0$.

又由 $f'(x) < 0(x > 0)$,可知 $f(x)$ 在 $[0, +\infty)$ 上单调递减,

所以当 $x > 0$ 时,$f(x) < f(0) = 0$,即 $(1+x)\ln^2(1+x) - x^2 < 0$,

故 $(1+x)\ln^2(1+x) < x^2, x > 0$.

19. **【证明】** 设 $f(x) = x - \sin x$. 因为 $f'(x) = 1 - \cos x > 0 \left(0 < x < \frac{\pi}{2}\right)$,

故 $f(x)$ 在区间 $\left[0, \frac{\pi}{2}\right]$ 上单调增加,于是 $f(x) > f(0) = 0, x \in \left(0, \frac{\pi}{2}\right]$,即 $x - \sin x > 0$,

因此 $\sin x < x \left(0 < x < \frac{\pi}{2}\right)$.

设 $g(x) = \sin x - \frac{2}{\pi}x, x \in \left[0, \frac{\pi}{2}\right]$,则 $g(0) = g\left(\frac{\pi}{2}\right) = 0$,且
$$g'(x) = \cos x - \frac{2}{\pi}, g''(x) = -\sin x < 0 \left(0 < x < \frac{\pi}{2}\right),$$

故曲线 $y = g(x)$ 在 $\left[0, \frac{\pi}{2}\right]$ 上是凸的,且在端点处的值均为零,

因此,在 $\left(0, \frac{\pi}{2}\right)$ 内 $g(x) > 0$,即 $\sin x > \frac{2}{\pi}x \left(0 < x < \frac{\pi}{2}\right)$.

综上所述,$\frac{2}{\pi}x < \sin x < x \left(0 < x < \frac{\pi}{2}\right)$ 得证.

20. **【证明】** 设 $f(x) = \ln x - \frac{x}{e} + 2\sqrt{2}, x \in (0, +\infty)$,则 $f'(x) = \frac{1}{x} - \frac{1}{e} = \frac{e-x}{xe}$,

于是函数的驻点为 $x = e$,$\lim\limits_{x \to 0^+} f(x) = -\infty$,$\lim\limits_{x \to +\infty} f(x) = -\infty$,$f(e) = 2\sqrt{2} > 0$.

当 $x \in (0, e)$ 时,$f'(x) > 0$,即 $f(x)$ 单调递增,且满足零点定理,因此在 $(0, e)$ 内有且只有一个根.

当 $x \in (e, +\infty)$ 时,$f'(x) < 0$,即 $f(x)$ 单调递减,且满足零点定理,因此在 $(e, +\infty)$ 内有且只有一个根.

综上所述,方程 $\ln x = \frac{x}{e} - 2\sqrt{2}$ 在 $(0, +\infty)$ 内有且只有两个不同的实根.

21. **【解答】** 设 $f(x) = \ln x - ax$,则讨论函数 $f(x) = \ln x - ax$ 零点的个数即可.

由于 $f'(x) = \frac{1}{x} - a = -\frac{a\left(x - \frac{1}{a}\right)}{x}$,当 $0 < x < \frac{1}{a}$ 时,$f'(x) > 0$;当 $x > \frac{1}{a}$ 时,$f'(x) < 0$,

故 $f(x)$ 在 $\left[0, \frac{1}{a}\right]$ 上单调增,在 $\left[\frac{1}{a}, +\infty\right)$ 上单调减,且 $f\left(\frac{1}{a}\right) = \ln\frac{1}{a} - 1 = -(\ln a + 1)$

是函数的最大值.

由 $\lim\limits_{x\to 0^+} f(x) = \lim\limits_{x\to 0^+}(\ln x - ax) = -\infty$, $\lim\limits_{x\to +\infty} f(x) = \lim\limits_{x\to +\infty}(\ln x - ax) = \lim\limits_{x\to +\infty}\left[x\left(\dfrac{\ln x}{x} - a\right)\right] = -\infty$,可得:

当 $f\left(\dfrac{1}{a}\right) < 0$,即 $a > \dfrac{1}{e}$ 时,$f(x) < f\left(\dfrac{1}{a}\right) < 0$,即 $f(x)$ 的图形在 $x$ 轴下方,函数 $f(x)$ 没有零点,故方程没有实根.

当 $f\left(\dfrac{1}{a}\right) = 0$,即 $a = \dfrac{1}{e}$ 时,$f(x)$ 的图形与 $x$ 轴只有一个交点,即方程 $\ln x = ax$ 只有唯一实根.

当 $f\left(\dfrac{1}{a}\right) > 0$,即 $\ln a < -1$,$0 < a < \dfrac{1}{e}$ 时,由 $f\left(\dfrac{1}{a}\right) > 0$,$\lim\limits_{x\to 0^+} f(x) = -\infty$ 及零点定理知,$f(x)$ 在 $\left(0, \dfrac{1}{a}\right)$ 内至少有一个零点. 又 $f(x)$ 在 $\left(0, \dfrac{1}{a}\right)$ 上单调增,所以 $f(x)$ 在 $\left(0, \dfrac{1}{a}\right)$ 内仅有一个零点,即方程 $\ln x = ax$ 在 $\left(0, \dfrac{1}{a}\right)$ 内只有一个实根. 同理,方程 $\ln x = ax$ 在 $\left(\dfrac{1}{a}, +\infty\right)$ 内也只有一个实根. 故当 $0 < a < \dfrac{1}{e}$ 时,方程恰有两个实根.

22.【解答】(1) 已知 $x_1 > 0$,设 $x_k > 0$,则 $x_{k+1} = \ln(x_k + 1) > 0$,由数学归纳法可知:对任意正整数 $n$,均有 $x_n > 0$,$n \in \mathbf{Z}^+$.

因此,数列 $\{x_n\}$ 有下界.

令 $f(x) = \ln(x+1) - x(x \geqslant 0)$,则 $f'(x) = \dfrac{1}{1+x} - 1 = \dfrac{-x}{1+x} < 0 (x > 0)$,故 $f(x)$ 在 $[0, +\infty)$ 上单调减少,

从而当 $x > 0$ 时,$f(x) < f(0) = 0$,即 $\ln(x+1) < x$. 于是,$x_{n+1} = \ln(x_n + 1) < x_n$,因此,数列 $\{x_n\}$ 单调减少.

根据单调有界准则知,$\lim\limits_{n\to\infty} x_n$ 存在. 令 $\lim\limits_{n\to\infty} x_n = a$,等式 $x_{n+1} = \ln(x_n + 1)$ 两边令 $n \to \infty$ 取极限,得 $a = \ln(a+1)$.

由函数 $f(x) = \ln(x+1) - x(x \geqslant 0)$ 的单调性知,方程 $a = \ln(a+1)$ 有唯一实根 $a = 0$,从而 $\lim\limits_{n\to\infty} x_n = 0$.

$$\lim_{n\to\infty} \dfrac{x_{n+1} - x_n}{x_n x_{n+1}} = \lim_{n\to\infty} \dfrac{\ln(1+x_n) - x_n}{x_n \ln(1+x_n)} = -\dfrac{1}{2}.$$

(2) 由(1)可知:$\lim\limits_{n\to\infty}\left(\dfrac{x_n}{x_{n+1}}\right)^{\frac{1}{x_n}} = \exp\left[\lim\limits_{n\to\infty} \dfrac{1}{x_n} \ln\left(1 + \dfrac{x_n - x_{n+1}}{x_{n+1}}\right)\right] = \exp\left[\lim\limits_{n\to\infty}\left(\dfrac{x_n - x_{n+1}}{x_n x_{n+1}}\right)\right]$

$= \exp\left[\lim\limits_{n\to\infty} \dfrac{\ln(x_n+1) - x_n}{x_n \ln(x_n+1)}\right] = \exp\left[\lim\limits_{t\to 0^+} \dfrac{\ln(t+1) - t}{t\ln(t+1)}\right]$

$= \exp\left[\lim\limits_{t\to 0^+} \dfrac{\ln(t+1) - t}{t^2}\right] = e^{\frac{1}{2}}.$

23.【解答】由题设: $2y^3(x) - 2y^2(x) + 2xy(x) - x^2 = 1$, (2.9)

由(2.9)式两端对 $x$ 求导可得 $6y^2(x)y'(x) - 4y(x)y'(x) + 2y(x) + 2xy'(x) - 2x = 0$,

或
$$[6y^2(x) - 4y(x) + 2x]y'(x) + 2[y(x) - x] = 0, \quad (2.10)$$

在(2.9)式中令 $y'(x) = 0$，代入上式得 $y(x) - x = 0$，即 $y = x$. 将其代入(2.9)式可得：
$$2x^3 - x^2 - 1 = 0 \text{ 或 } (x-1)(2x^2 + x + 1) = 0,$$
由于方程 $2x^2 + x + 1 = 0$ 无实根，故 $x = 1$ 是函数 $y = y(x)$ 的唯一驻点，此时 $y(1) = 1$，$y'(1) = 0$.

将 $x = 1$ 代入原方程得 $y^3 - y^2 + y = 1$，即 $(y-1)(y^2 + 1) = 0$，从而解得 $y = 1$.

由(2.10)式两端对 $x$ 求导，得
$$[6y^2(x) - 4y(x) + 2x]'y'(x) + [6y^2(x) - 4y(x) + 2x]y''(x) + 2[y'(x) - 1] = 0, \quad (2.11)$$
在(2.11)式中令 $x = 1$，并注意到 $y(1) = 1$，$y'(1) = 0$，可得 $(6 - 4 + 2)y''(1) - 2 = 0$，故 $y''(1) = \dfrac{1}{2} > 0$，故隐函数 $y = y(x)$ 在 $x = 1$ 处取得极小值，且极小值为 $y(1) = 1$，没有极大值.

## 二、提高篇

1. **答案** B 【解答】由已知条件得 $\{f[g(x)]\}'|_{x=x_0} = f'[g(x)]g'(x)|_{x=x_0} = f'(a)g'(x_0) = 0$，
$\{f[g(x)]\}''|_{x=x_0} = f''[g(x)][g'(x)]^2|_{x=x_0} + f'[g(x)]g''(x)|_{x=x_0} = f'(a)g''(x_0)$，
于是当 $f'(a) > 0$ 时，$\{f[g(x)]\}''|_{x=x_0} < 0$，此时 $f[g(x)]$ 在 $x_0$ 取极大值.

2. **答案** A 【解答】由于 $f(x)$ 满足 $xf''(x) + 3x[f'(x)]^2 = \arctan x$，即 $f(x)$ 具有二阶导数，又由 $f'(x_0) = 0$ 得 $x = x_0$ 是 $f(x)$ 的驻点.

将 $x = x_0$ 代入 $xf''(x) + 3x[f'(x)]^2 = \arctan x$ 可得 $x_0 f''(x_0) + 3x_0[f'(x_0)]^2 = \arctan x_0$，
即 $f''(x_0) = \dfrac{\arctan x_0}{x_0} > 0$，由极值第二判定定理可知是函数 $f(x)$ 在 $x = x_0$ 取极小值，因此选 A.

3. 【解答】由于 $y = y(x)$ 二阶可导，$(x_0, 3)$ 是拐点，则
$$y(x_0) = 3, y'(x_0) = [4 - y(x_0)]y^\alpha(x_0) = 3^\alpha,$$
$$y''(x_0) = 0 = \left\{\dfrac{\mathrm{d}}{\mathrm{d}x}[(4-y)y^\alpha]\right\}\bigg|_{x=x_0}$$
$$= -y'(x_0)y^\alpha(x_0) + [4 - y(x_0)] \cdot \alpha y^{\alpha-1}(x_0)y'(x_0)$$
$$= -3^\alpha \times 3^\alpha + \alpha 3^{\alpha-1} \times 3^\alpha = -3^{2\alpha}\left(1 - \dfrac{\alpha}{3}\right),$$
故 $\alpha = 3$.

4. 【解答】(1) **方法一** 令 $f(t) = \arctan t, t \in \left[\dfrac{1}{x+1}, \dfrac{1}{x}\right]$，由拉格朗日中值定理可得
$$\arctan \dfrac{1}{x} - \arctan \dfrac{1}{x+1} = \dfrac{1}{1+\xi^2}\left(\dfrac{1}{x} - \dfrac{1}{x+1}\right), \xi \in \left[\dfrac{1}{x+1}, \dfrac{1}{x}\right],$$
故
$$\lim_{n \to \infty} n^2 \left(\arctan \dfrac{1}{n} - \arctan \dfrac{1}{n+1}\right)$$

$$= \lim_{n \to \infty} x^2 \left(\arctan \frac{1}{x} - \arctan \frac{1}{x+1}\right)$$

$$= \lim_{x \to +\infty} x^2 \cdot \frac{1}{1+\xi^2}\left(\frac{1}{x} - \frac{1}{x+1}\right)$$

$$= \lim_{x \to +\infty} \cdot \frac{1}{1+\xi^2} \cdot \frac{x^2}{x(x+1)} = 1.$$

**方法二** $\lim\limits_{x \to +\infty} n^2\left(\arctan\dfrac{1}{n} - \arctan\dfrac{1}{n+1}\right) = \lim\limits_{x \to +\infty} x^2 \cdot \left(\arctan\dfrac{1}{x} - \arctan\dfrac{1}{x+1}\right).$

令 $\dfrac{1}{x} = t$,则 $\dfrac{1}{x+1} = \dfrac{t}{1+t}$,于是

$$\lim_{x \to +\infty} x^2 \cdot \left(\arctan\frac{1}{x} - \arctan\frac{1}{x+1}\right)$$

$$= \lim_{t \to 0^+} \frac{\arctan t - \arctan\dfrac{t}{1+t}}{t^2}$$

$$= \lim_{t \to 0^+} \frac{2t + t^2}{2t(1+t^2)\left[(1+t)^2 + t^2\right]} = 1,$$

即原式 $= 1$.

(2) 因为 $\lim\limits_{x \to 0^+} x^x = \lim\limits_{x \to 0^+} e^{x\ln x} = 1$,$\lim\limits_{x \to 0^+} (\tan x)^x = \lim\limits_{x \to 0^+} e^{x\ln(\tan x)} = 1$,故

$$\lim_{x \to 0^+} \frac{x^x - (\tan x)^x}{\arcsin x \cdot (\sqrt{1+3x^2} - 1)} = \lim_{x \to 0^+} \frac{x^x - (\tan x)^x}{x \times \frac{1}{2} \times x^3} = \frac{2}{3} \times \lim_{x \to 0^+} \frac{x^x \left[1 - \left(\frac{\tan x}{x}\right)^x\right]}{x^3}$$

$$= -\frac{2}{3} \lim_{x \to 0^+} \frac{\left(\frac{\tan x}{x}\right)^x - 1}{x^3} = -\frac{2}{3} \lim_{x \to 0^+} \frac{e^{x\ln\left(\frac{\tan x}{x}\right)} - 1}{x^3}$$

$$= -\frac{2}{3} \lim_{x \to 0^+} \frac{x\ln\left(1 + \frac{\tan x - x}{x}\right)}{x^3} = -\frac{2}{3} \lim_{x \to 0^+} \frac{x \cdot \frac{\tan x - x}{x}}{x^3} = -\frac{2}{9}.$$

(3) $\lim\limits_{x \to 1} \dfrac{x - x^x}{1 - x + \ln x} = \lim\limits_{x \to 1} \dfrac{x(1 - x^{x-1})}{1 - x + \ln x} = \lim\limits_{x \to 1} \dfrac{x\left[1 - e^{(x-1)\ln x}\right]}{1 - x + \ln x} = \lim\limits_{x \to 1} \dfrac{-(x-1)\ln x}{1 - x + \ln x}$

$\xrightarrow{\text{洛必达}} -\lim\limits_{x \to 1} \dfrac{\ln x + 1 - \dfrac{1}{x}}{-1 + \dfrac{1}{x}} = -\lim\limits_{x \to 1} \dfrac{x\ln x + x - 1}{1 - x} \xrightarrow{\text{洛必达}} \lim\limits_{x \to 1}(\ln x + 1 + 1) = 2$.

(4) 当 $x \to 0$ 时,$\sin x^2 \sim x^2$,

$$\sqrt{1+x^2} = (1+x^2)^{\frac{1}{2}} = 1 + \frac{1}{2}x^2 + \frac{\frac{1}{2} \times \left(\frac{1}{2} - 1\right)}{2 \times 1}x^4 + o(x^4)$$

$$= 1 + \frac{1}{2}x^2 - \frac{1}{8}x^4 + o(x^4),$$

$$\cos x = 1 - \frac{1}{2}x^2 + o(x^2), e^{x^2} = 1 + x^2 + o(x^2),$$

于是 $1+\dfrac{1}{2}x^2-\sqrt{1+x^2}=1+\dfrac{1}{2}x^2-\left[1+\dfrac{1}{2}x^2-\dfrac{1}{8}x^4+o(x^4)\right]=\dfrac{1}{8}x^4+o(x^4)\sim\dfrac{1}{8}x^4,$

$\cos x-\mathrm{e}^{x^2}=\left[1-\dfrac{1}{2}x^2+o(x^2)\right]-\left[1+x^2+o(x^2)\right]=-\dfrac{3}{2}x^2+o(x^2)\sim-\dfrac{3}{2}x^2,$

故 $\displaystyle\lim_{x\to 0}\dfrac{1+\dfrac{1}{2}x^2-\sqrt{1+x^2}}{(\cos x-\mathrm{e}^{x^2})\sin x^2}=\lim_{x\to 0}\dfrac{\dfrac{1}{8}x^4}{-\dfrac{3}{2}x^2\cdot x^2}=-\dfrac{1}{12}.$

**5.【解答】方法一** 由题设知 $\displaystyle\lim_{x\to 0}\dfrac{\mathrm{e}^x(1+Bx+Cx^2)-1-Ax}{x^3}=0,$

于是 $0=\displaystyle\lim_{x\to 0}\dfrac{\mathrm{e}^x(1+Bx+Cx^2)-1-Ax}{x^3}=\lim_{x\to 0}\dfrac{\mathrm{e}^x\left[(1+Bx+Cx^2)+(B+2Cx)\right]-A}{3x^2},$

故 $0=\displaystyle\lim_{x\to 0}\left[\mathrm{e}^x(1+Bx+Cx^2+B+2Cx)-A\right]=1+B-A,$

进一步,有 $0=\displaystyle\lim_{x\to 0}\dfrac{\mathrm{e}^x(1+Bx+Cx^2+B+2Cx)-A}{3x^2}$

$=\displaystyle\lim_{x\to 0}\dfrac{\mathrm{e}^x\left[(1+Bx+Cx^2+B+2Cx)+(B+2Cx+2C)\right]}{6x}$

$=\displaystyle\lim_{x\to 0}\dfrac{Cx^2+(B+4C)x+(1+2B+2C)}{6x},$

故 $0=\displaystyle\lim_{x\to 0}\left[Cx^2+(B+4C)x+(1+2B+2C)\right]=1+2B+2C,$

进而 $0=\displaystyle\lim_{x\to 0}\dfrac{Cx^2+(B+4C)x}{6x}=\dfrac{B+4C}{6},$

于是 $\begin{cases}B-A=-1\\ B+C=-\dfrac{1}{2}\\ B+4C=0\end{cases}$,解得 $\begin{cases}A=\dfrac{1}{3}\\ B=-\dfrac{2}{3}\\ C=\dfrac{1}{6}\end{cases}.$

**方法二** 由于 $\mathrm{e}^x=1+x+\dfrac{1}{2}x^2+\dfrac{1}{6}x^3+o(x^3)(x\to 0),$ 于是

$1+Ax+o(x^3)=\mathrm{e}^x(1+Bx+Cx^2)$

$=\left[1+x+\dfrac{1}{2}x^2+\dfrac{1}{6}x^3+o(x^3)\right](1+Bx+Cx^2)$

$=(1+Bx+Cx^2)+(x+Bx^2+Cx^3)+\left[\dfrac{1}{2}x^2+\dfrac{B}{2}x^3+o(x^3)\right]+\left[\dfrac{1}{6}x^3+o(x^3)\right]$

$=1+(1+B)x+\left(\dfrac{1}{2}+B+C\right)x^2+\left(\dfrac{1}{6}+\dfrac{B}{2}+C\right)x^3+o(x^3),$

故 $\begin{cases}A=1+B\\ 0=\dfrac{1}{2}+B+C\\ 0=\dfrac{1}{6}+\dfrac{B}{2}+C\end{cases}$,解得 $\begin{cases}A=\dfrac{1}{3}\\ B=-\dfrac{2}{3}\\ C=\dfrac{1}{6}\end{cases}.$

**6.**【证明】先证 $\dfrac{2a}{a^2+b^2} \leqslant \dfrac{\ln b - \ln a}{b-a}$.

**方法一** 设 $f(x) = (x^2+a^2)(\ln x - \ln a) - 2a(x-a), x \in [a, +\infty)$,由于 $f(a)=0$,且

$$f'(x) = 2x(\ln x - \ln a) + \dfrac{x^2+a^2}{x} - 2a$$

$$= 2x(\ln x - \ln a) + \dfrac{(x-a)^2}{x} > 0, x \in (a, +\infty),$$

故 $f(x)$ 在 $[a, +\infty)$ 上单调增加,

于是 $f(b) > f(a) = 0, \forall b \in (a, +\infty)$,即 $\dfrac{2a}{a^2+b^2} \leqslant \dfrac{\ln b - \ln a}{b-a}, 0 < a < b$.

**方法二** 设 $f(x) = \ln x, x \in [a, +\infty)$,由拉格朗日中值定理:存在 $\xi \in (a,b)$,使得

$$\dfrac{\ln b - \ln a}{b-a} = (\ln x)'|_{x=\xi} = \dfrac{1}{\xi},$$

由于 $a < \xi < b$,故 $\dfrac{1}{\xi} > \dfrac{1}{b} > \dfrac{2a}{a^2+b^2}$,于是 $\dfrac{2a}{a^2+b^2} \leqslant \dfrac{\ln b - \ln a}{b-a}, 0 < a < b$.

再证 $\dfrac{\ln b - \ln a}{b-a} \leqslant \dfrac{1}{\sqrt{ab}}$.

令 $g(x) = \ln x - \ln a - \dfrac{x-a}{\sqrt{ax}} = \ln x - \ln a - \dfrac{1}{\sqrt{a}}\left(\sqrt{x} - \dfrac{a}{\sqrt{x}}\right), x \in [a, +\infty)$,由于 $g(a) = 0$,且

$$g'(x) = \dfrac{1}{x} - \dfrac{1}{\sqrt{a}}\left(\dfrac{1}{2\sqrt{x}} + \dfrac{a}{2x\sqrt{x}}\right) = -\dfrac{(\sqrt{x} - \sqrt{a})^2}{2x\sqrt{ax}} < 0, x \in (a, +\infty),$$

故 $g(x)$ 在 $[a, +\infty)$ 上单调减少,

于是 $g(b) < g(a) = 0, \forall b \in (a, +\infty)$,即 $\dfrac{\ln b - \ln a}{b-a} \leqslant \dfrac{1}{\sqrt{ab}}, 0 < a < b$.

**7.**【解析】要证 $\left(1+\dfrac{1}{x}\right)^x (1+x)^{\frac{1}{x}} \leqslant 4, x > 0$,只需证 $x\ln\left(1+\dfrac{1}{x}\right) + \dfrac{1}{x}\ln(1+x) \leqslant 2\ln 2, x > 0$.

【证明】令 $f(x) = x\ln\left(1+\dfrac{1}{x}\right) + \dfrac{1}{x}\ln(1+x), x \in (0, +\infty)$,则

$$f'(x) = \ln\left(1+\dfrac{1}{x}\right) + x \cdot \dfrac{-\dfrac{1}{x^2}}{1+\dfrac{1}{x}} - \dfrac{1}{x^2}\ln(1+x) + \dfrac{1}{x} \cdot \dfrac{1}{1+x}$$

$$= \ln\left(1+\dfrac{1}{x}\right) - \dfrac{2}{x+1} - \dfrac{1}{x^2}\ln(1+x) + \dfrac{1}{x},$$

$$f''(x) = -\dfrac{1}{x^2+1} + \dfrac{2}{(x+1)^2} + \dfrac{2}{x^3}\ln(1+x) - \dfrac{1}{x^2} \cdot \dfrac{1}{1+x} - \dfrac{1}{x^2}, x \in (0, +\infty),$$

显然 $f'(1) = 0, f''(1) = 2\ln 2 - \dfrac{3}{2} < 0$,故 $x = 1$ 为函数 $f(x)$ 在 $(0, +\infty)$ 上的唯一极大值点,同时也是唯一最大值点,最大值为 $f(1) = 2\ln 2$,

因此 $x\ln\left(1+\dfrac{1}{x}\right) + \dfrac{1}{x}\ln(1+x) < 2\ln 2, x \in (0, +\infty)$,即 $\left(1+\dfrac{1}{x}\right)^x (1+x)^{\frac{1}{x}} \leqslant 4, x > 0$.

**8.【证明】** 由于 $f''(x) < 0 (x > a)$,故 $f'(x)$ 在 $[a, +\infty)$ 上单调递减,因此 $f'(x) < f'(a) < 0$, $x \in (a, +\infty)$,故 $f(x)$ 在 $[a, +\infty)$ 上单调减.

由拉格朗日定理:存在 $\eta \in (a, x)$,使得 $f(x) - f(a) = f'(\eta)(x-a) < f'(a)(x-a)$,于是 $f(x) < f(a) + f'(a)(x-a)$. 令 $f(a) + f'(a)(x-a) = 0$,可知 $x = a - \dfrac{f(a)}{f'(a)}$.

由此得 $f\left[a - \dfrac{f(a)}{f'(a)}\right] < f(a) + f'(a)\left[a - \dfrac{f(a)}{f'(a)} - a\right] = 0$.

由于 $f(a) > 0$,由零点定理及 $f(x)$ 的单调性:存在唯一的 $\xi \in \left(a, a - \dfrac{f(a)}{f'(a)}\right) \subset (a, +\infty)$,使得 $f(\xi) = 0$.

**9.【解答】** 令 $f(x) = k\arctan x - x, x \in (-\infty, +\infty)$,则 $f(0) = 0$,且

$$f'(x) = \frac{k}{1+x^2} - 1 = \frac{k-1-x^2}{1+x^2}, x \in (-\infty, +\infty).$$

当 $k - 1 < 0$,即 $k < 1$ 时,由于 $f'(x) < 0$,故 $f(x)$ 在 $(-\infty, +\infty)$ 内单调递减.

又由于 $\lim\limits_{x \to -\infty} f(x) = -\infty, \lim\limits_{x \to +\infty} f(x) = +\infty$,由零点定理及函数单调性,可知 $f(x)$ 在 $(-\infty, +\infty)$ 内有唯一零点,即方程 $k\arctan x - x = 0$ 仅有唯一实根.

当 $k - 1 = 0$,即 $k = 1$ 时,$f'(x) = \dfrac{-x^2}{1+x^2} < 0, x \in (-\infty, 0) \cup (0, +\infty)$,所以 $f(x)$ 在 $(-\infty, +\infty)$ 内单调递减. 又 $f(0) = 0$,故 $x < 0$ 时,$f(x) > 0; x > 0$ 时,$f(x) < 0$.

故 $f(x)$ 在 $(-\infty, +\infty)$ 内有唯一零点,即方程 $k\arctan x - x = 0$ 仅有唯一实根.

当 $k - 1 > 0$,即 $k > 1$ 时,$x < -\sqrt{k-1}$ 或 $x > \sqrt{k-1}$ 时,有 $f'(x) < 0$; $-\sqrt{k-1} < x < \sqrt{k-1}$ 时,有 $f'(x) > 0$.

故 $f(x)$ 在 $(-\infty, -\sqrt{k-1})$ 与 $(\sqrt{k-1}, +\infty)$ 上单调递减. 在 $(-\sqrt{k-1}, \sqrt{k-1})$ 上单调递增.

由于 $\lim\limits_{x \to -\infty} f(x) = +\infty, f(-\sqrt{k-1}) < f(0) = 0, f(\sqrt{k-1}) > f(0) = 0, \lim\limits_{x \to +\infty} f(x) = -\infty$,由零点定理及函数单调性有 $f(x)$ 在区间 $(-\infty, -\sqrt{k-1}), (-\sqrt{k-1}, \sqrt{k-1})$ 与 $(\sqrt{k-1}, +\infty)$ 内各仅有一个零点,即方程 $k\arctan x - x = 0$ 只有三个实根.

综上所述,$k \leqslant 1$ 时,方程 $k\arctan x - x = 0$ 只有一个实根. $k > 1$ 时,方程 $k\arctan x - x = 0$ 有三个实根.

**10.【解答】** 由已知条件,得 $x'(t) = t^2 + 1, y'(t) = t^2 - 1$ 则

$$\frac{\mathrm{d}y}{\mathrm{d}x} = \frac{\frac{\mathrm{d}y}{\mathrm{d}t}}{\frac{\mathrm{d}x}{\mathrm{d}t}} = \frac{t^2 - 1}{t^2 + 1} = 1 - \frac{2}{t^2 + 1}, \frac{\mathrm{d}^2 y}{\mathrm{d}x^2} = \frac{\mathrm{d}}{\mathrm{d}t}\left(\frac{\mathrm{d}y}{\mathrm{d}x}\right) \cdot \frac{1}{\frac{\mathrm{d}x}{\mathrm{d}t}} = \frac{4t}{(t^2+1)^2} \cdot \frac{1}{t^2+1} = \frac{4t}{(t^2+1)^3}.$$

令 $\dfrac{\mathrm{d}y}{\mathrm{d}x} = 0$,则 $t = \pm 1$,又 $\dfrac{\mathrm{d}x}{\mathrm{d}t} = t^2 + 1 > 0$,故

$$\left.\frac{d^2 y}{dx^2}\right|_{x=\frac{5}{3}} = \left.\frac{d^2 y}{dx^2}\right|_{t=1} = \frac{1}{2} > 0, \left.\frac{d^2 y}{dx^2}\right|_{x=-1} = \left.\frac{d^2 y}{dx^2}\right|_{t=-1} = -\frac{1}{2} < 0,$$

从而 $y(x)|_{x=\frac{5}{3}} = y(t)|_{t=1} = -\frac{1}{3}$ 是函数 $y = y(x)$ 的极小值，$y(x)|_{x=-1} = y(t)|_{t=-1} = 1$ 是函数 $y = y(x)$ 的极大值.

又 $t < 0$ 时，$\frac{d^2 y}{dx^2} < 0$；$t > 0$ 时，$\frac{d^2 y}{dx^2} > 0$，即 $x < \frac{1}{3}$ 时，$\frac{d^2 y}{dx^2} < 0$；$x > \frac{1}{3}$ 时，$\frac{d^2 y}{dx^2} > 0$，故当 $t < 0$，即 $x < \frac{1}{3}$ 时，曲线 $y = y(x)$ 是凹的；当 $t > 0$，即 $x > \frac{1}{3}$ 时，曲线 $y = y(x)$ 是凸的，点 $\left(\frac{1}{3}, \frac{1}{3}\right)$ 是拐点.

# 第三章 一元函数积分学

## 第一节 不定积分

### 一、基础篇

1. 【答案】D 【解答】由已知条件可得 $f'(\cos^2 x) = 1 - \cos^2 x$，那么 $f'(x) = 1 - x$. 因此 $f(x) = x - \frac{1}{2}x^2 + C$. 由 $f(0) = 0$ 可知 $C = 0$，故 $f(x) = x - \frac{1}{2}x^2$. 因此，应选 D.

2. 【答案】D 【解答】因为 $\lim\limits_{x \to 0^-} f(x) = 0$，$\lim\limits_{x \to 0^+} f(x) = 1$，$\lim\limits_{x \to 0} g(x) = \lim\limits_{x \to 0} x \sin\frac{1}{x} = 0 = g(0)$，即 $f(x)$ 在区间 $(-1,1)$ 内存在第一类间断点，而 $g(x)$ 在区间 $(-1,1)$ 内连续，所以在区间 $(-1,1)$ 内，$f(x)$ 不存在原函数，$g(x)$ 存在原函数. 故而选 D.

3. 【答案】(1) $f(x) + C$，其中 $C$ 为任意常数；(2) $f(x) + C$，其中 $C$ 为任意常数；(3) $f(x)$，其中 $C$ 为任意常数 ；(4) $f(x)\,\mathrm{d}x$.

   【解答】根据原函数与不定积分的概念，可得：

   (1) $\int f'(x)\,\mathrm{d}x = \int \mathrm{d}f(x) = f(x) + C$.

   (2) $\int \mathrm{d}f(x) = f(x) + C$.

   (3) $\dfrac{\mathrm{d}}{\mathrm{d}x}\left[\int f(x)\,\mathrm{d}x\right] = \dfrac{\mathrm{d}}{\mathrm{d}x}[F(x) + C] = \dfrac{\mathrm{d}F(x)}{\mathrm{d}x} = f(x)$.

   (4) $\mathrm{d}\left[\int f(x)\,\mathrm{d}x\right] = f(x)\,\mathrm{d}x$.

4. 【解答】由题意可知，$f(x) = -\cos x + C_1$，

   所以 $f(x)$ 的全体原函数为 $F(x) = -\sin x + C_1 x + C_2$，其中 $C_1, C_2$ 为任意常数.

5. 【解答】设曲线方程为 $y = f(x)$，由题意可知 $\dfrac{\mathrm{d}}{\mathrm{d}x}[f(x)] = \dfrac{1}{x}$，因此 $f(x) = \ln|x| + C$

   又点 $(\mathrm{e}^2, 3)$ 在曲线上，于是 $3 = f(\mathrm{e}^2) = \ln(\mathrm{e}^2) + C$，因此 $C = 1$，

   所以该曲线的方程为 $f(x) = \ln|x| + 1$.

6. 【解答】由于 $f(x) = \max\{1, x^2\} = \begin{cases} 1, & |x| \leqslant 1 \\ x^2, & |x| > 1 \end{cases} = \begin{cases} x^2, & x < -1 \\ 1, & -1 \leqslant x \leqslant 1, \\ x^2, & x > 1 \end{cases}$

   设 $F(x)$ 为 $f(x)$ 的原函数，则 $F(x) = \begin{cases} \dfrac{1}{3}x^3 + C_1, & x < -1 \\ x + C_2, & -1 \leqslant x \leqslant 1, \\ \dfrac{1}{3}x^3 + C_3, & x > 1 \end{cases}$ 其中 $C_1, C_2, C_3$ 均为常

数.

由于 $F(x)$ 连续,所以 $\lim\limits_{x\to -1^-}F(x)=-\dfrac{1}{3}+C_1=\lim\limits_{x\to -1^+}F(x)=C_2-1$,

$$\lim_{x\to 1^-}F(x)=C_2+1=\lim_{x\to 1^+}F(x)=\dfrac{1}{3}+C_3,$$

于是 $C_1=-\dfrac{2}{3}+C_2$,$C_3=\dfrac{2}{3}+C_2$,记 $C=C_2$,

故 $\displaystyle\int\max\{1,x^2\}\mathrm{d}x=F(x)=\begin{cases}\dfrac{1}{3}x^3-\dfrac{2}{3}+C, & x<-1\\ x+C, & |x|\leqslant 1\\ \dfrac{1}{3}x^3+\dfrac{2}{3}+C, & x>1\end{cases}$.

7.【解答】(1) $\displaystyle\int\left(\sqrt[3]{x}-\dfrac{1}{\sqrt{x}}\right)\left(\sqrt{x}+\dfrac{1}{\sqrt[3]{x}}\right)\mathrm{d}x=\int\left(x^{\frac{5}{6}}-x^{-\frac{5}{6}}\right)\mathrm{d}x=\int x^{\frac{5}{6}}\mathrm{d}x-\int x^{-\frac{5}{6}}\mathrm{d}x$
$$=\dfrac{6}{11}x^{\frac{11}{6}}-6x^{\frac{1}{6}}+C.$$

(2) $\displaystyle\int\dfrac{x^2}{1+x^2}\mathrm{d}x=\int\mathrm{d}x-\int\dfrac{1}{1+x^2}\mathrm{d}x=x-\arctan x+C.$

(3) $\displaystyle\int\dfrac{\mathrm{e}^{2x}-1}{\mathrm{e}^x-1}\mathrm{d}x=\int\dfrac{(\mathrm{e}^x-1)(\mathrm{e}^x+1)}{\mathrm{e}^x-1}\mathrm{d}x=\int(\mathrm{e}^x+1)\mathrm{d}x=\mathrm{e}^x+x+C.$

(4) $\displaystyle\int 3^x\mathrm{e}^x\mathrm{d}x=\int 3^x\mathrm{d}\mathrm{e}^x=3^x\mathrm{e}^x-\int\mathrm{e}^x\mathrm{d}3^x=(3\mathrm{e})^x-\ln 3\int\mathrm{e}^x\cdot 3^x\mathrm{d}x=\dfrac{3^x\mathrm{e}^x}{1+\ln 3}+C.$

(5) $\displaystyle\int\cot^2 x\,\mathrm{d}x=\int(\csc^2 x-1)\mathrm{d}x=-\cot x-x+C.$

(6) $\displaystyle\int\cos^2\dfrac{x}{2}\mathrm{d}x=\int\dfrac{1+\cos x}{2}\mathrm{d}x=\dfrac{1}{2}x+\dfrac{1}{2}\sin x+C.$

(7) $\displaystyle\int\dfrac{1}{1+\cos 2x}\mathrm{d}x=\int\dfrac{1}{2\cos^2 x}\mathrm{d}x=\dfrac{1}{2}\int\sec^2 x\,\mathrm{d}x=\dfrac{1}{2}\tan x+C.$

(8) 由于
$$\sin^4 x=\left(\dfrac{1-\cos 2x}{2}\right)^2=\dfrac{1}{4}(1-2\cos 2x+\cos^2 2x)=\dfrac{1}{4}-\dfrac{1}{2}\cos 2x+\dfrac{1}{4}\cos^2 2x$$
$$=\dfrac{1}{4}-\dfrac{1}{2}\cos 2x+\dfrac{1}{4}\times\dfrac{1+\cos 4x}{2}=\dfrac{3}{8}-\dfrac{1}{2}\cos 2x+\dfrac{1}{8}\cos 4x,$$

于是 $\displaystyle\int\sin^4 x\,\mathrm{d}x=\int\left(\dfrac{3}{8}-\dfrac{1}{2}\cos 2x+\dfrac{1}{8}\cos 4x\right)\mathrm{d}x=\dfrac{3}{8}x-\dfrac{1}{4}\sin 2x+\dfrac{1}{32}\sin 4x+C.$

(9) $\displaystyle\int\left(\sqrt{\dfrac{1-x}{1+x}}+\sqrt{\dfrac{1+x}{1-x}}\right)\mathrm{d}x=2\int\dfrac{1}{\sqrt{1-x^2}}\mathrm{d}x=2\arcsin x+C.$

8.【解答】(1) $\displaystyle\int\dfrac{1}{\sqrt[3]{5-3x}}\mathrm{d}x=-\dfrac{1}{3}\int\dfrac{1}{\sqrt[3]{5-3x}}\mathrm{d}(5-3x)=-\dfrac{1}{2}(5-3x)^{\frac{2}{3}}+C.$

(2) $\displaystyle\int\dfrac{x\,\mathrm{d}x}{\sqrt{2-3x^2}}=-\dfrac{1}{6}\int\dfrac{\mathrm{d}(2-3x^2)}{\sqrt{2-3x^2}}=-\dfrac{1}{6}\int(2-3x^2)^{-\frac{1}{2}}\mathrm{d}(2-3x^2)$
$$=-\dfrac{1}{3}\sqrt{2-3x^2}+C.$$

(3) $\int \dfrac{x^9}{\sqrt{2-x^{20}}} dx = \int \dfrac{1}{10} \times \dfrac{1}{\sqrt{2-x^{20}}} dx^{10} = \dfrac{1}{10} \int \dfrac{1}{\sqrt{1-\left(\dfrac{x^{10}}{\sqrt{2}}\right)^2}} d\dfrac{x^{10}}{\sqrt{2}}$

$\qquad = \dfrac{1}{10} \arcsin\left(\dfrac{x^{10}}{\sqrt{2}}\right) + C.$

(4) $\int \dfrac{\cos\sqrt{t}}{\sqrt{t}} dt = 2\int \cos\sqrt{t}\, d(\sqrt{t}) = 2\sin\sqrt{t} + C.$

(5) $\int \dfrac{dx}{x \ln x \ln\ln x} = \int \dfrac{d(\ln x)}{\ln x \ln\ln x} = \int \dfrac{d(\ln\ln x)}{\ln\ln x} = \ln|\ln\ln x| + C.$

(6) $\int \dfrac{dx}{e^x + e^{-x}} = \int \dfrac{e^x dx}{e^{2x}+1} = \int \dfrac{de^x}{1+(e^x)^2} = \arctan e^x + C.$

(7) $\int \tan^{10} x \sec^2 x\, dx = \int \tan^{10} x\, d(\tan x) = \dfrac{1}{11} \tan^{11} x + C.$

(8) $\int \tan^3 x \sec x\, dx = \int \tan^2 x \cdot \tan x \sec x\, dx = \int \tan^2 x\, d\sec x = \int (\sec^2 x - 1) d\sec x$

$\qquad = \int \sec^2 x\, d\sec x - \int d\sec x = \dfrac{1}{3} \sec^3 x - \sec x + C.$

(9) $\int \sin 2x \cos 3x\, dx = \int \dfrac{1}{2}(\sin 5x - \sin x) dx = \dfrac{1}{10} \int \sin 5x\, d5x - \dfrac{1}{2} \int \sin x\, dx$

$\qquad = -\dfrac{1}{10} \cos 5x + \dfrac{1}{2} \cos x + C.$

(10) $\int \cos^5 x\, dx = \int \cos^4 x\, d(\sin x) = \int (1-\sin^2 x)^2 d(\sin x)$

$\qquad = \int (1 - 2\sin^2 x + \sin^4 x) d(\sin x) = \sin x - \dfrac{2}{3} \sin^3 x + \dfrac{1}{5} \sin^5 x + C.$

(11) $\int \dfrac{dx}{(\arcsin x)^2 \sqrt{1-x^2}} = \int \dfrac{d\arcsin x}{(\arcsin x)^2} = -\dfrac{1}{\arcsin x} + C.$

(12) $\int \dfrac{\arctan\sqrt{x}}{\sqrt{x}(1+x)} dx = \int \dfrac{2\arctan\sqrt{x}}{1+(\sqrt{x})^2} d\sqrt{x} = \int 2\arctan\sqrt{x}\, d(\arctan\sqrt{x})$

$\qquad = (\arctan\sqrt{x})^2 + C.$

**9.【解答】**(1) 令 $x = \sin t, |t| < \dfrac{\pi}{2}$,则 $dx = \cos t\, dt$,于是

$\int \dfrac{dx}{1+\sqrt{1-x^2}} = \int \dfrac{\cos t\, dt}{1+\cos t} = \int dt - \int \dfrac{dt}{1+\cos t} = t - \int \dfrac{dt}{2\cos^2 \dfrac{t}{2}} = t - \int \sec^2 \dfrac{t}{2} d\dfrac{t}{2}$

$\qquad = t - \tan\dfrac{t}{2} + C = \arcsin x - \dfrac{x}{1+\sqrt{1-x^2}} + C$

$\qquad = \arcsin x - \dfrac{1-\sqrt{1-x^2}}{x} + C.$

(2) 令 $x = 3\sec t, t \in \left(0, \dfrac{\pi}{2}\right)$,则 $dx = 3\sec t \tan t\, dt$,于是

$$\int \frac{\sqrt{x^2-9}}{x}dx = \int \frac{3\tan t}{3\sec t}3\sec t\tan t dt = 3\int \tan^2 t dt = 3\int (\sec^2 t - 1)dt$$

$$= 3\tan t - 3t + C = \sqrt{x^2-9} - 3\arccos\frac{3}{|x|} + C.$$

注：当 $x = 3\sec x$ 时，$\cos x = \frac{3}{x}$，$\sin x = \frac{\sqrt{x^2-9}}{x}$，$\tan x = \frac{\sqrt{x^2-9}}{3}$.

(3) 令 $x = \sec t, 0 < t < \frac{\pi}{2}$，则 $dx = \sec t\tan t dt$，于是

$$\int \frac{x+1}{x^2\sqrt{x^2-1}}dx = \int \frac{1+\sec t}{\sec^2 t\tan t}\sec t\tan t dt = \int \frac{1+\sec t}{\sec t}dt = \int (\cos t + 1)dt$$

$$= t + \sin t + C = \arccos\frac{1}{x} + \frac{\sqrt{x^2-1}}{x} + C = \frac{\sqrt{x^2-1}}{x} - \arcsin\frac{1}{x} + C.$$

注：$\left(\arccos\frac{1}{x}\right)' = \left(-\arcsin\frac{1}{x}\right)'$.

(4) 令 $x = \tan t, |t| < \frac{\pi}{2}$，则 $dx = \sec^2 t dt$，于是

$$\int \frac{dx}{\sqrt{(x^2+1)^3}} = \int \frac{\sec^2 t dt}{\sec^3 t} = \int \frac{dt}{\sec t} = \int \cos t dt = \sin t + C = \frac{x}{\sqrt{1+x^2}} + C.$$

(5) 由于 $5 - 4x - x^2 = 9 - (x+2)^2$，令 $x + 2 = 3\sin t, |t| < \frac{\pi}{2}$，

则 $dx = 3\cos t dt$，于是

$$\int \sqrt{5-4x-x^2}dx = \int 9\cos^2 t dt = 9\int \frac{1+\cos 2t}{2}dt = 9\left(\frac{t}{2} + \frac{1}{4}\sin 2t\right) + C$$

$$= \frac{9}{2}\arcsin\frac{x+2}{3} + \frac{x+2}{2}\sqrt{5-4x-x^2} + C.$$

10. 【解答】(1) $\int \arcsin x dx = x\arcsin x - \int x\frac{1}{\sqrt{1-x^2}}dx = x\arcsin x + \frac{1}{2}\int \frac{1}{\sqrt{1-x^2}}d(1-x^2)$

$$= x\arcsin x + \sqrt{1-x^2} + C.$$

(2) $\int x^2 \arctan x dx = \int \arctan x d\left(\frac{x^3}{3}\right) = \frac{1}{3}x^3\arctan x - \int \frac{1}{3}x^3\frac{1}{1+x^2}dx$

$$= \frac{1}{3}x^3\arctan x - \frac{1}{3}\int \frac{x^3+x-x}{1+x^2}dx = \frac{1}{3}x^3\arctan x - \frac{1}{3}\int \left(x - \frac{x}{1+x^2}\right)dx$$

$$= \frac{1}{3}x^3\arctan x - \frac{1}{3}\int x dx + \frac{1}{3}\int \frac{x}{1+x^2}dx = \frac{1}{3}x^3\arctan x - \frac{1}{6}x^2 + \frac{1}{6}\int \frac{1}{1+x^2}d(1+x^2)$$

$$= \frac{1}{3}x^3\arctan x - \frac{1}{6}x^2 + \frac{1}{6}\ln(1+x^2) + C.$$

(3) $\int e^{-2x}\sin\frac{x}{2}dx = \int \sin\frac{x}{2}d\left(-\frac{1}{2}e^{-2x}\right) = -\frac{1}{2}e^{-2x}\sin\frac{x}{2} + \frac{1}{2}\int e^{-2x}\frac{1}{2}\cos\frac{x}{2}dx$

$$=-\frac{1}{2}e^{-2x}\sin\frac{x}{2}+\frac{1}{4}\int\cos\frac{x}{2}d\left(-\frac{1}{2}e^{-2x}\right)$$

$$=-\frac{1}{2}e^{-2x}\sin\frac{x}{2}+\frac{1}{4}\left(-\frac{1}{2}e^{-2x}\cos\frac{x}{2}-\frac{1}{4}\int e^{-2x}\sin\frac{x}{2}dx\right),$$

$$=-\frac{1}{2}e^{-2x}\sin\frac{x}{2}-\frac{1}{8}e^{-2x}\cos\frac{x}{2}-\frac{1}{16}\int e^{-2x}\sin\frac{x}{2}dx,$$

故 $$\int e^{-2x}\sin\frac{x}{2}dx = -\frac{2e^{-2x}}{17}\left(4\sin\frac{x}{2}+\cos\frac{x}{2}\right)+C.$$

(4) $\int x\tan^2 x\,dx = \int x(\sec^2 x - 1)dx = \int(x\sec^2 x - x)dx = \int x\sec^2 x\,dx - \int x\,dx$

$$= \int x\,d(\tan x) - \int x\,dx = x\tan x - \int\tan x\,dx - \frac{1}{2}x^2$$

$$= x\tan x + \ln|\cos x| - \frac{1}{2}x^2 + C.$$

(5) $\int\ln(1+x^2)dx = x\ln(1+x^2) - \int x\cdot\frac{2x}{1+x^2}dx = x\ln(1+x^2) - \int\frac{2x^2}{1+x^2}dx$

$$= x\ln(1+x^2) - \int\frac{2(x^2+1)-2}{1+x^2}dx = x\ln(1+x^2) - \int 2\,dx + 2\int\frac{dx}{1+x^2}$$

$$= x\ln(1+x^2) - 2x + 2\arctan x + C.$$

(6) $\int x\ln(x-1)dx = \int\ln(x-1)d\frac{x^2}{2} = \frac{1}{2}x^2\ln(x-1) - \frac{1}{2}\int\frac{x^2}{x-1}dx$

$$= \frac{1}{2}x^2\ln(x-1) - \frac{1}{2}\int\frac{x^2-1+1}{x-1}dx = \frac{1}{2}x^2\ln(x-1) - \frac{1}{2}\int\left(x+1+\frac{1}{x-1}\right)dx$$

$$= \frac{1}{2}x^2\ln(x-1) - \frac{1}{4}x^2 - \frac{1}{2}x - \frac{1}{2}\ln(x-1) + C.$$

(7) $\int\frac{\ln^2 x}{x^2}dx = \int\ln^2 x\,d\left(-\frac{1}{x}\right) = -\frac{1}{x}\ln^2 x + \int\frac{1}{x}\cdot 2\ln x\cdot\frac{1}{x}dx = -\frac{1}{x}\ln^2 x + 2\int\frac{\ln x}{x^2}dx$

$$= -\frac{1}{x}\ln^2 x + 2\int\ln x\,d\left(-\frac{1}{x}\right) = -\frac{1}{x}\ln^2 x - \frac{2}{x}\ln x + 2\int\frac{1}{x^2}dx$$

$$= -\frac{1}{x}\ln^2 x - \frac{2}{x}\ln x - \frac{2}{x} + C = -\frac{1}{x}(\ln^2 x + 2\ln x + 2) + C.$$

(8) $\int\frac{\ln\ln x}{x}dx = \int\ln\ln x\,d(\ln x) = \ln x\ln\ln x - \int\ln x\cdot\frac{1}{\ln x}\cdot\frac{1}{x}dx$

$$= \ln x\ln\ln x - \int\frac{1}{x}dx = \ln x\ln\ln x - \ln x + C = \ln x(\ln\ln x - 1) + C.$$

(9) $\int\cos\ln x\,dx = x\cos\ln x + \int x\sin\ln x\cdot\frac{1}{x}dx = x\cos\ln x + \int\sin\ln x\,dx$

$$= x\cos\ln x + x\sin\ln x - \int x\cos\ln x\cdot\frac{1}{x}dx$$

$$= x\cos\ln x + x\sin\ln x - \int\cos\ln x\,dx,$$

故 $\int\cos\ln x\,dx = \frac{x}{2}(\cos\ln x + \sin\ln x) + C.$

11.【解答】由题设可得 $f(x) = (e^{-x^2})' = -2xe^{-x^2}$，$\int f(x)dx = e^{-x^2} + C$，

由分部积分法可得

$$\int xf'(x)dx = \int xdf(x) = xf(x) - \int f(x)dx = x(-2xe^{-x^2}) - e^{-x^2} + C$$
$$= -(1+2x^2)e^{-x^2} + C.$$

12.【解答】由于 $\int xf''(x)dx = \int xd[f'(x)] = xf'(x) - \int f'(x)dx = xf'(x) - f(x) + C$，

由题设可得 $f(x) = \dfrac{e^x}{x}$，$f'(x) = \dfrac{xe^x - e^x}{x^2} = \dfrac{e^x(x-1)}{x^2}$，$xf'(x) = \dfrac{e^x(x-1)}{x}$，

故 $\int xf''(x)dx = \dfrac{e^x(x-1)}{x} - \dfrac{e^x}{x} + C = \dfrac{e^x(x-2)}{x} + C.$

13.【解答】(1) 因为 $d(x^2 + x + 1) = (2x+1)dx = (2x+2-1)dx = 2(x+1)dx - dx$，

所以 $(x+1)dx = \dfrac{1}{2}d(x^2+x+1) + \dfrac{1}{2}dx$，故

$$\int \dfrac{x+1}{x^2+x+1}dx = \dfrac{1}{2}\int \dfrac{d(x^2+x+1)}{x^2+x+1} + \dfrac{1}{2}\int \dfrac{1}{x^2+x+1}dx$$

$$= \dfrac{1}{2}\int \dfrac{d(x^2+x+1)}{x^2+x+1} + \dfrac{1}{2} \times \dfrac{\frac{\sqrt{3}}{2}}{\frac{3}{4}}\int \dfrac{d\frac{x+\frac{1}{2}}{\frac{\sqrt{3}}{2}}}{1+\left(\dfrac{x+\frac{1}{2}}{\frac{\sqrt{3}}{2}}\right)^2}$$

$$= \dfrac{1}{2}\ln(x^2+x+1) + \dfrac{\sqrt{3}}{3}\arctan\left(\dfrac{x+\frac{1}{2}}{\frac{\sqrt{3}}{2}}\right) + C.$$

(2) 令 $f(x) = \dfrac{1}{(x-1)^2(x^2+1)} = \dfrac{A}{x-1} + \dfrac{B}{(x-1)^2} + \dfrac{Cx+D}{x^2+1}$.

**方法一（通分-比较系数法）** 由于

$$f(x) = \dfrac{1}{(x-1)^2(x^2+1)} = \dfrac{A}{x-1} + \dfrac{B}{(x-1)^2} + \dfrac{Cx+D}{x^2+1}$$

$$= \dfrac{A(x-1)(x^2+1) + B(x^2+1) + (x-1)^2(Cx+D)}{(x-1)^2(x^2+1)}$$

$$= \dfrac{(A+C)x^3 + (-A+B+D-2C)x^2 + (A+C-2D)x + (-A+B+D)}{(x-1)^2(x^2+1)},$$

比较系数可得 $\begin{cases} A+C = 0 \\ -A+B+D-2C = 0 \\ A+C-2D = 0 \\ -A+B+D = 1 \end{cases}$，解得 $\begin{cases} A = -\dfrac{1}{2} \\ B = \dfrac{1}{2} \\ C = \dfrac{1}{2} \\ D = 0 \end{cases}$,

故 $f(x) = \dfrac{1}{(x-1)^2(x^2+1)} = -\dfrac{1}{2} \times \dfrac{1}{x-1} + \dfrac{1}{2} \times \dfrac{1}{(x-1)^2} + \dfrac{1}{2} \times \dfrac{x}{x^2+1}$,

$$\int \dfrac{1}{(x-1)^2(x^2+1)} \mathrm{d}x = -\dfrac{1}{2} \int \dfrac{1}{x-1} \mathrm{d}x + \dfrac{1}{2} \int \dfrac{1}{(x-1)^2} \mathrm{d}x + \dfrac{1}{2} \int \dfrac{x}{x^2+1} \mathrm{d}x$$

$$= -\dfrac{1}{2} \ln(x-1) - \dfrac{1}{2} \times \dfrac{1}{x-1} + \dfrac{1}{4} \ln(x^2+1) + C.$$

**方法二(特殊值法)** $f(x) = \dfrac{1}{(x-1)^2(x^2+1)} = \dfrac{A}{x-1} + \dfrac{B}{(x-1)^2} + \dfrac{Cx+D}{x^2+1}$, (3.1)

(3.1)式两边同时乘以 $(x-1)^2$，可知 $\dfrac{1}{x^2+1} = A(x-1) + B + \dfrac{Cx+D}{x^2+1}(x-1)^2$. (3.2)

在(3.2)式中，令 $x=1$，可得 $B = \dfrac{1}{2}$.

(3.2)式两边对 $x$ 求导，得 $-\dfrac{2x}{(x^2+1)^2} = A + \left(\dfrac{Cx+D}{x^2+1}\right)'(x-1)^2 + 2 \times \dfrac{Cx+D}{x^2+1}(x-1)$,

(3.3)

在(3.3)式中，令 $x=1$，可得 $A = -\dfrac{1}{2}$.

在(3.1)式中，令 $x=0$，可知

$1 = f(0) = -\dfrac{1}{2} \times \dfrac{1}{x-1}\Big|_{x=0} + \dfrac{1}{2} \times \dfrac{1}{(x-1)^2}\Big|_{x=0} + \dfrac{Cx+D}{x^2+1}\Big|_{x=0} = \dfrac{1}{2} + \dfrac{1}{2} + D$,

故 $D=0$.

在(3.1)式中令 $x=-1$，可知

$\dfrac{1}{8} = f(-1) = -\dfrac{1}{2} \times \dfrac{1}{x-1}\Big|_{x=-1} + \dfrac{1}{2} \times \dfrac{1}{(x-1)^2}\Big|_{x=-1} + \dfrac{Cx}{x^2+1}\Big|_{x=0} = \dfrac{1}{4} + \dfrac{1}{8} - \dfrac{1}{2}C$,

故 $C = \dfrac{1}{2}$,

于是 $f(x) = \dfrac{1}{(x-1)^2(x^2+1)} = -\dfrac{1}{2} \times \dfrac{1}{x-1} + \dfrac{1}{2} \times \dfrac{1}{(x-1)^2} + \dfrac{1}{2} \times \dfrac{x}{x^2+1}$,

所以

$$\int \dfrac{1}{(x-1)^2(x^2+1)} \mathrm{d}x = -\dfrac{1}{2} \int \dfrac{1}{x-1} \mathrm{d}x + \dfrac{1}{2} \int \dfrac{1}{(x-1)^2} \mathrm{d}x + \dfrac{1}{2} \int \dfrac{x}{x^2+1} \mathrm{d}x$$

$$= -\dfrac{1}{2} \ln|x-1| - \dfrac{1}{2} \times \dfrac{1}{x-1} + \dfrac{1}{4} \ln(x^2+1) + C.$$

(3) 令 $f(x) = \dfrac{x}{(x+2)(x+3)^2}$，则 $f(x) = \dfrac{x}{(x+2)(x+3)^2} = \dfrac{A}{x+2} + \dfrac{B}{x+3} + \dfrac{C}{(x+3)^2}$,

易知 $A=-2, B=2, C=3$,

于是 $f(x) = \dfrac{x}{(x+2)(x+3)^2} = -\dfrac{2}{x+2} + \dfrac{2}{x+3} + \dfrac{3}{(x+3)^2}$,

故

$$\int \dfrac{x \mathrm{d}x}{(x+2)(x+3)^2} = -\int \dfrac{2}{x+2} \mathrm{d}x + \int \dfrac{2}{x+3} \mathrm{d}x + \int \dfrac{3}{(x+3)^2} \mathrm{d}x$$

$$= -2\ln|x+2| + 2\ln|x+3| - \dfrac{3}{x+3} + C$$

$$= \ln\left(\frac{x+3}{x+2}\right)^2 - \frac{3}{x+3} + C.$$

(4) 设 $f(x) = \dfrac{x^5 + x^4 - 8}{x^3 - x}$，于是

$$f(x) = \frac{x^5 + x^4 - 8}{x^3 - x} = \frac{(x^5 - x^3) + (x^4 - x^2) + (x^3 - x) + x^2 + x - 8}{x^3 - x}$$

$$= x^2 + x + 1 + \frac{x^2 + x - 8}{x^3 - x},$$

设 $g(x) = \dfrac{x^2 + x - 8}{x^3 - x}$，则 $g(x) = \dfrac{x^2 + x - 8}{x^3 - x} = \dfrac{x^2 + x - 8}{(x-1)x(x+1)} = \dfrac{A}{x-1} + \dfrac{B}{x} + \dfrac{C}{x+1}$，

易知 $A = -3, B = 8, C = -4$，

因此 $f(x) = \dfrac{x^5 + x^4 - 8}{x^3 - x} = x^2 + x + 1 - \dfrac{3}{x-1} + \dfrac{8}{x} - \dfrac{4}{x+1}$，所以

$$\int \frac{x^5 + x^4 - 8}{x^3 - x} dx = \int \left(x^2 + x + 1 - \frac{3}{x-1} + \frac{8}{x} - \frac{4}{x+1}\right) dx$$

$$= \frac{1}{3}x^3 + \frac{1}{2}x^2 + x - 3\ln|x-1| + 8\ln|x| - 4\ln|x+1| + C.$$

(5) 令 $f(x) = \dfrac{1}{x^3 + 1}$，则 $f(x) = \dfrac{1}{x^3 + 1} = \dfrac{1}{(x+1) \cdot (x^2 - x + 1)} = \dfrac{A}{x+1} + \dfrac{Bx + C}{x^2 - x + 1}$，

易知 $A = \dfrac{1}{3}, B = -\dfrac{1}{3}, C = \dfrac{2}{3}$，

于是 $f(x) = \dfrac{1}{x^3 + 1} = \dfrac{1}{(x+1) \cdot (x^2 - x + 1)} = \dfrac{1}{3} \times \dfrac{1}{x+1} - \dfrac{1}{3} \times \dfrac{x-2}{x^2 - x + 1}$，故

$$\int \frac{3}{x^3 + 1} dx = \int \frac{1}{x+1} dx - \int \frac{x-2}{x^2 - x + 1} dx$$

$$= \int \frac{1}{x+1} dx - \frac{1}{2} \int \frac{d(x^2 - x + 1)}{x^2 - x + 1} + \frac{3}{2} \int \frac{1}{x^2 - x + 1} dx,$$

而

$$\int \frac{1}{x^2 - x + 1} dx = \int \frac{1}{\left(x - \frac{1}{2}\right)^2 + \frac{3}{4}} dx = \frac{\frac{\sqrt{3}}{2}}{\frac{3}{4}} \int \frac{d\frac{x - \frac{1}{2}}{\frac{\sqrt{3}}{2}}}{1 + \left(\frac{x - \frac{1}{2}}{\frac{\sqrt{3}}{2}}\right)^2} dx$$

$$= \frac{2}{\sqrt{3}} \arctan \frac{x - \frac{1}{2}}{\frac{\sqrt{3}}{2}} + C,$$

于是 $\displaystyle\int \frac{3}{x^3 + 1} dx = \ln|x+1| - \frac{1}{2}\ln(x^2 - x + 1) + \frac{3}{2} \times \frac{2}{\sqrt{3}} \arctan \frac{x - \frac{1}{2}}{\frac{\sqrt{3}}{2}} + C$

$$= \ln|x+1| - \frac{1}{2}\ln(x^2 - x + 1) + \sqrt{3}\arctan\frac{x - \frac{1}{2}}{\frac{\sqrt{3}}{2}} + C.$$

(6) 令 $t = x - 1$,则 $\int \dfrac{x+1}{(x-1)^3}dx = \int \dfrac{t+2}{t^3}dt = \int t^{-2}dt + 2\int t^{-3}dt$

$$= -\frac{1}{t} - \frac{1}{t^2} + C = -\frac{1}{x-1} - \frac{1}{(x-1)^2} + C.$$

**14.【解答】**(1) $\int \dfrac{dx}{3 + \sin^2 x} = \int \dfrac{\csc^2 x \, dx}{3\csc^2 x + 1} = -\int \dfrac{d\cot x}{3\cot^2 x + 4} = -\dfrac{\sqrt{3}}{6}\int \dfrac{d\left(\frac{\sqrt{3}}{2}\cot x\right)}{\left(\frac{\sqrt{3}}{2}\cot x\right)^2 + 1}$

$$= -\frac{\sqrt{3}}{6}\arctan\left(\frac{\sqrt{3}}{2}\cot x\right) + C.$$

(2) 令 $t = \tan x$,则 $x = \arctan t$, $dx = \dfrac{dt}{1+t^2}$,于是

$$\int \frac{dx}{1 + \tan x} = \int \frac{\frac{dt}{1+t^2}}{1+t} = \int \frac{dt}{(1+t)(1+t^2)}.$$

注意到 $\dfrac{1}{(1+t)(1+t^2)} = \dfrac{1}{2}\left(\dfrac{1}{1+t} - \dfrac{t-1}{1+t^2}\right) = \dfrac{1}{2}\left(\dfrac{1}{1+t} - \dfrac{t}{1+t^2} + \dfrac{1}{1+t^2}\right)$,

故 $\int \dfrac{dt}{(1+t)(1+t^2)} = \dfrac{1}{2}\left(\int \dfrac{1}{1+t}dt - \int \dfrac{t}{1+t^2}dt + \int \dfrac{1}{1+t^2}dt\right)$

$$= \frac{1}{2}\left[\ln|1+t| - \frac{1}{2}\ln(1+t^2) + \arctan t\right] + C,$$

因此 $\int \dfrac{dx}{1+\tan x} = \dfrac{1}{2}\left[\ln|1+\tan x| - \dfrac{1}{2}\ln(1+\tan^2 x) + x\right] + C.$

(3) **万能替换法** 令 $t = \tan\dfrac{x}{2}$,则 $\sin x = \dfrac{2t}{1+t^2}$, $dx = \dfrac{2}{1+t^2}dt$. 于是

$$\int \frac{1}{4 + 5\sin x}dx = \int \frac{1}{4 + 5 \times \frac{2t}{1+t^2}} \times \frac{2}{1+t^2}dt = \int \frac{1}{2t^2 + 5t + 2}dt$$

$$= \frac{1}{3}\int\left(\frac{2}{2t+1} - \frac{1}{t+2}\right)dt = \frac{1}{3}(\ln|2t+1| - \ln|t+2|) + C$$

$$= \frac{1}{3}\ln\left|2\tan\frac{x}{2} + 1\right| - \frac{1}{3}\ln\left|\tan\frac{x}{2} + 2\right| + C.$$

(4) **方法一(万能替换法)** 令 $t = \tan\dfrac{x}{2}$,则 $\cos x = \dfrac{1-t^2}{1+t^2}$, $dx = \dfrac{2dt}{1+t^2}$,于是

$$\int \frac{dx}{3 + \cos x} = \int \frac{\frac{2dt}{1+t^2}}{3 + \frac{1-t^2}{1+t^2}} = \int \frac{dt}{2+t^2} = \frac{1}{\sqrt{2}}\arctan\frac{t}{\sqrt{2}} + C = \frac{1}{\sqrt{2}}\arctan\left(\frac{1}{\sqrt{2}}\tan\frac{x}{2}\right) + C.$$

**方法二** $\int \dfrac{\mathrm{d}x}{3+\cos x} = \int \dfrac{\mathrm{d}x}{3+2\cos^2 \dfrac{x}{2}-1} = \dfrac{1}{2}\int \dfrac{\mathrm{d}x}{1+\cos^2 \dfrac{x}{2}} = \dfrac{1}{2}\int \dfrac{\sec^2 \dfrac{x}{2}}{\sec^2 \dfrac{x}{2}+1}\mathrm{d}x$

$= \int \dfrac{1}{\tan^2 \dfrac{x}{2}+2}\mathrm{d}\tan \dfrac{x}{2} = \int \dfrac{1}{\left(\tan \dfrac{x}{2}\right)^2+(\sqrt{2})^2}\mathrm{d}\tan \dfrac{x}{2} = \dfrac{1}{\sqrt{2}}\arctan\left(\dfrac{1}{\sqrt{2}}\tan \dfrac{x}{2}\right)+C.$

(5) **方法一(万能替换法)** 令 $t = \tan \dfrac{x}{2}$,则 $\sin x = \dfrac{2t}{1+t^2}$,$\cos x = \dfrac{1-t^2}{1+t^2}$,$\mathrm{d}x = \dfrac{2\mathrm{d}t}{1+t^2}$.

于是 $\int \dfrac{\mathrm{d}x}{3\sin x + 4\cos x} = \int \dfrac{1}{3 \times \dfrac{2t}{1+t^2} + 4 \times \dfrac{1-t^2}{1+t^2}} \times \dfrac{2}{1+t^2}\mathrm{d}t = \int \dfrac{2}{4+6t-4t^2}\mathrm{d}t$

$= \dfrac{1}{5}\int \left(\dfrac{2}{2t+1}+\dfrac{1}{2-t}\right)\mathrm{d}t = \dfrac{1}{5}\ln\left|\dfrac{2t+1}{2-t}\right|+C$

$= \dfrac{1}{5}\ln\left|\dfrac{2\tan \dfrac{x}{2}+1}{2-\tan \dfrac{x}{2}}\right|+C.$

**方法二(利用三角恒等式)**

$\int \dfrac{\mathrm{d}x}{3\sin x + 4\cos x} = \dfrac{1}{5}\int \dfrac{\mathrm{d}x}{\dfrac{3}{5}\sin x + \dfrac{4}{5}\cos x}\mathrm{d}x = \dfrac{1}{5}\int \dfrac{1}{\sin(x+\alpha)}\mathrm{d}(x+\alpha)$

$= \dfrac{1}{5}\ln|\csc(x+\alpha)-\cot(x+\alpha)|+C$

$= \dfrac{1}{5}\ln|\csc(x+\alpha)-\cot(x+\alpha)|+C,$

其中 $\sin\alpha = \dfrac{4}{5}$,$\cos\alpha = \dfrac{3}{5}$,$\tan\alpha = \dfrac{4}{3}$.

(6) **配对法** 令 $I = \int \dfrac{\cos x}{2\sin x + 3\cos x}\mathrm{d}x$,$J = \int \dfrac{\sin x}{2\sin x + 3\cos x}\mathrm{d}x$,则

$\begin{cases} I = \int \dfrac{\cos x \mathrm{d}x}{2\sin x + 3\cos x} = \int \dfrac{\mathrm{d}\sin x}{2\sin x + 3\cos x} \\ J = \int \dfrac{\sin x \mathrm{d}x}{2\sin x + 3\cos x} = \int \dfrac{\mathrm{d}(-\cos x)}{2\sin x + 3\cos x} \end{cases},$

于是

$\begin{cases} 3I + 2J = \int \dfrac{3\sin x + 2\cos x}{2\sin x + 3\cos x}\mathrm{d}x = \int \mathrm{d}x = x + C_1 \\ 2I - 3J = \int \dfrac{\mathrm{d}(2\sin x + 3\cos x)}{2\sin x + 3\cos x} = \ln|2\sin x + 3\cos x + C_2| \end{cases},$

解得 $I = \dfrac{1}{13}(3x + 2\ln|2\sin x + 3\cos x|)+C,$

同时可知 $J = \dfrac{1}{15}(2x - 3\ln|2\sin x + 3\cos x|)+C.$

(7) **方法一（配对法）** 令 $I = \int \dfrac{\cos x}{5\cos x + 2\sin x}\mathrm{d}x$, $J = \int \dfrac{\sin x}{5\cos x + 2\sin x}\mathrm{d}x$，则

$$\begin{cases} I = \int \dfrac{\cos x \mathrm{d}x}{5\cos x + 2\sin x} = \int \dfrac{\mathrm{d}\sin x}{5\cos x + 2\sin x} \\ J = \int \dfrac{\sin x \mathrm{d}x}{5\cos x + 2\sin x} = \int \dfrac{\mathrm{d}(-\cos x)}{5\cos x + 2\sin x} \end{cases},$$

于是 $\begin{cases} 5I + 2J = \int \dfrac{2\sin x + 5\cos x}{5\cos x + 2\sin x}\mathrm{d}x = \int \mathrm{d}x = x + C_1 \\ 2I - 5J = \int \dfrac{\mathrm{d}(5\cos x + 2\sin x)}{5\cos x + 2\sin x} = \ln|5\cos x + 2\sin x| + C_2 \end{cases}$,

$$\int \dfrac{7\cos x - 3\sin x}{5\cos x + 2\sin x}\mathrm{d}x$$
$$= 7I - 3J = \dfrac{7}{29}(5x + 2\ln|5\cos x + 2\sin x|) - \dfrac{3}{29}(2x - 5\ln|5\cos x + 2\sin x|) + C$$
$$= x + \ln|5\cos x + 2\sin x| + C.$$

**方法二** 由于本题系数比较特殊，注意到：

$$7\cos x - 3\sin x = 5\cos x + 2\sin x + (5\cos x + 2\sin x)',$$

于是 $\int \dfrac{7\cos x - 3\sin x}{5\cos x + 2\sin x}\mathrm{d}x = \int \dfrac{5\cos x + 2\sin x + (5\cos x + 2\sin x)'}{5\cos x + 2\sin x}\mathrm{d}x$

$$= \int \left[1 + \dfrac{(5\cos x + 2\sin x)'}{5\cos x + 2\sin x}\right]\mathrm{d}x = \int \mathrm{d}x + \int \dfrac{\mathrm{d}(5\cos x + 2\sin x)}{5\cos x + 2\sin x}$$

$$= \int \mathrm{d}x + \int \dfrac{\mathrm{d}(5\cos x + 2\sin x)}{5\cos x + 2\sin x} = x + \ln|5\cos x + 2\sin x| + C.$$

15.**【解答】**(1)由于被积函数中含有无理根式，因此选取适当的变量代换消去根式，即令 $x = \tan t$. 于是

$$\int \dfrac{1}{(2x^2 + 1)\sqrt{1 + x^2}}\mathrm{d}x = \int \dfrac{\sec^2 t}{(2\sec^2 t - 1)\sec t}\mathrm{d}t = \int \dfrac{\cos t}{2 - \cos^2 t}\mathrm{d}t$$

$$= \int \dfrac{1}{1 + \sin^2 t}\mathrm{d}\sin t = \arctan(\sin t) + C$$

$$\xrightarrow{t = \arctan x} \arctan \dfrac{x}{\sqrt{1 + x^2}} + C.$$

(2)由于被积函数是一个简单无理函数，因此将分母有理化，即被积函数的分母和分子同乘以根式 $\sqrt{3 + 2x} - \sqrt{2x - 1}$. 于是

$$\int \dfrac{1}{\sqrt{3 + 2x} + \sqrt{2x - 1}}\mathrm{d}x = \dfrac{1}{4}\int (3 + 2x)^{\frac{1}{2}}\mathrm{d}x - \dfrac{1}{4}\int (2x - 1)^{\frac{1}{2}}\mathrm{d}x$$

$$= \dfrac{1}{12}(3 + 2x)^{\frac{3}{2}} - \dfrac{1}{12}(2x - 1)^{\frac{3}{2}} + C.$$

## 二、提高篇

1. **答案** C

【解答】方法一　由于 $\int \dfrac{xe^x}{(1+x)^2}dx = \int \dfrac{xe^x + e^x - e^x}{(1+x)^2}dx = \int \dfrac{e^x}{1+x}dx - \int \dfrac{e^x}{(1+x)^2}dx$

$$= \int \dfrac{e^x}{1+x}dx + \int e^x d\dfrac{1}{1+x}$$

$$= \int \dfrac{e^x}{1+x}dx + \dfrac{e^x}{1+x} - \int \dfrac{e^x}{1+x}dx$$

$$= \dfrac{e^x}{1+x} + C.$$

因此,应选 C.

方法二　由于

$$\left(-\dfrac{e^x}{1+x}+C\right)' = -\dfrac{e^x(1+x)-e^x}{(1+x)^2} = -\dfrac{xe^x}{(1+x)^2},$$

$$\left[-\dfrac{e^x}{(1+x)^2}+C\right]' = -\dfrac{e^x(1+x)^2-e^x\cdot 2(1+x)}{(1+x)^4} = -\dfrac{e^x(x-1)}{(1+x)^3},$$

$$\left(\dfrac{e^x}{1+x}+C\right)' = \dfrac{xe^x}{(1+x)^2},$$

$$\left[\dfrac{e^x}{(1+x)^2}+C\right]' = \dfrac{e^x(x-1)}{(1+x)^3}.$$

因此,应选 C.

2. 【答案】$xf^{-1}(x) - F[f^{-1}(x)] + C$

【解答】由反函数的性质、换元积分法、分部积分法可得

$$\int f^{-1}(x)dx \xrightarrow{x=f(y)} \int f^{-1}[f(y)]df(y) = \int y df(y) = yf(y) - \int f(y)dy$$

$$= yf(y) - F(y) + C \xrightarrow{y=f^{-1}(x)} xf^{-1}(x) - F[f^{-1}(x)] + C.$$

3. 【解答】(1) $\int \dfrac{xdx}{(4-5x)^2} \xrightarrow{t=4-5x} \dfrac{1}{5}\int \dfrac{(4-t)\cdot\left(-\dfrac{1}{5}\right)dt}{t^2} = \dfrac{1}{25}\int\left(\dfrac{1}{t} - \dfrac{4}{t^2}\right)dt$

$$= \dfrac{1}{25}\left(\ln|t| + \dfrac{4}{t}\right) + C = \dfrac{1}{25}\left(\ln|4-5x| + \dfrac{4}{4-5x}\right) + C.$$

(2) 由于 $\int \dfrac{1}{x^2-a^2}dx = \dfrac{1}{2a}\ln\left|\dfrac{x-a}{x+a}\right| + C(a\neq 0)$,故 $\left(\ln\dfrac{1+x}{1-x}\right)' = \dfrac{2}{1-x^2}$,

于是 $\int \dfrac{1}{1-x^2}\ln\dfrac{1+x}{1-x}dx = \dfrac{1}{2}\int \ln\dfrac{1+x}{1-x}d\ln\dfrac{1+x}{1-x} = \dfrac{1}{4}\ln^2\dfrac{1+x}{1-x} + C.$

(3) $\int \dfrac{xdx}{x^8-1} = \dfrac{1}{2}\int \dfrac{dx^2}{(x^2)^4-1} \xrightarrow{t=x^2} \dfrac{1}{2}\int \dfrac{dt}{t^4-1} = \dfrac{1}{2}\int \dfrac{dt}{(t^2-1)(t^2+1)}$

$$= \dfrac{1}{4}\int\left(\dfrac{1}{t^2-1} - \dfrac{1}{t^2+1}\right)dt = \dfrac{1}{4}\left(\dfrac{1}{2}\ln\left|\dfrac{t-1}{t+1}\right| - \arctan t\right) + C$$

$$= \dfrac{1}{8}\ln\left|\dfrac{x^2-1}{x^2+1}\right| - \dfrac{1}{4}\arctan x^2 + C.$$

(4) $\int \dfrac{x^2+1}{x\sqrt{x^4+1}}dx = \dfrac{1}{2}\int \dfrac{x^2+1}{x^2\sqrt{x^4+1}}dx^2 \xrightarrow{u=x^2} \dfrac{1}{2}\int \dfrac{u+1}{u\sqrt{u^2+1}}du$

$$\xrightarrow[|t|<\frac{\pi}{2}]{u=\tan t} \frac{1}{2}\int \frac{\tan t + 1}{\tan t \cdot \sec t}\sec^2 t\,dt = \frac{1}{2}\int \frac{\tan t + 1}{\tan t}\sec t\,dt$$

$$= \frac{1}{2}\int(\csc t + \sec t)\,dt = \frac{1}{2}\ln|\sec t + \tan t| + \frac{1}{2}\ln|\csc t - \cot t| + C$$

$$= \frac{1}{2}\ln\left|\sqrt{u^2+1}+u\right| + \frac{1}{2}\ln\left|\frac{\sqrt{u^2+1}}{u} - \frac{1}{u}\right| + C$$

$$= \frac{1}{2}\ln(\sqrt{x^4+1}+x^2) + \frac{1}{2}\ln\left(\frac{\sqrt{x^4+1}-1}{x^2}\right) + C.$$

(5) $\int \frac{x^2}{1+x^2}\arctan x\,dx = \int \frac{x^2+1-1}{1+x^2}\arctan x\,dx = \int \arctan x\,dx - \int \frac{1}{1+x^2}\arctan x\,dx$

$= x\arctan x - \int \frac{x}{1+x^2}dx - \int \arctan x\,d\arctan x$

$= x\arctan x - \frac{1}{2}\ln(1+x^2) - \frac{1}{2}(\arctan x)^2 + C.$

(6) $\int x^3(\ln x)^2\,dx = \int(\ln x)^2\,d\left(\frac{1}{4}x^4\right) = \frac{1}{4}x^4(\ln x)^2 - \frac{1}{4}\int x^4 \times 2\ln x \times \frac{1}{x}dx$

$= \frac{1}{4}x^4(\ln x)^2 - \frac{1}{2}\int x^3\ln x\,dx = \frac{1}{4}x^4(\ln x)^2 - \frac{1}{8}\int \ln x\,dx^4$

$= \frac{1}{4}x^4(\ln x)^2 - \frac{1}{8}x^4\ln x + \frac{1}{8}\int x^4 \cdot \frac{1}{x}dx = \frac{1}{4}x^4(\ln x)^2 - \frac{1}{8}x^4\ln x + \frac{1}{8}\int x^3\,dx$

$= \frac{1}{4}x^4(\ln x)^2 - \frac{1}{8}x^4\ln x + \frac{1}{32}x^4 + C = \frac{1}{8}x^4\left(2\ln^2 x - \ln x + \frac{1}{4}\right) + C.$

**4.【解答】** 由于 $f(x^2-1) = \ln\frac{x^2}{x^2-2} = \ln\frac{x^2-1+1}{x^2-1-1}$, 故 $f(t) = \ln\frac{t+1}{t-1}$,

于是 $f[\varphi(x)] = \ln\frac{\varphi(x)+1}{\varphi(x)-1}$. 又由 $f[\varphi(x)] = \ln x$ 可知 $\frac{\varphi(x)+1}{\varphi(x)-1} = x$, 故 $\varphi(x) = \frac{x+1}{x-1}$.

故 $\int \varphi(x)\,dx = \int \frac{x+1}{x-1}dx = \int\left(1 + \frac{2}{x-1}\right)dx = x + 2\ln|x-1| + C.$

**5.【解答】** $\int \frac{x^3\arccos x}{\sqrt{1-x^2}}dx \xrightarrow{\arccos x = t} \int \frac{\cos^3 t \cdot t}{\sin t} \cdot (-\sin t)\,dt = -\int t\cos^3 t\,dt$

$= -\int t(1-\sin^2 t)\cos t\,dt = -\int t\cos t\,dt + \int t\sin^2 t\cos t\,dt,$

又由于

$$\int t\cos t\,dt = \int t\,d\sin t = t\sin t - \int \sin t\,dt = t\sin t + \cos t + C_1,$$

$$\int t\sin^2 t\cos t\,dt = \int t\sin^2 t\,d\sin t = \frac{1}{3}\int t\,d\sin^3 t = \frac{1}{3}t\sin^3 t - \frac{1}{3}\int \sin^3 t\,dt$$

$$= \frac{1}{3}t\sin^3 t - \frac{1}{3}\int(1-\cos^2 t)\sin t\,dt$$

$$= \frac{1}{3}t\sin^3 t - \frac{1}{3}\int \sin t\,dt + \frac{1}{3}\int \cos^2 t\sin t\,dt$$

$$= \frac{1}{3}t\sin^3 t - \frac{1}{3}\int \sin t\,dt - \frac{1}{3}\int \cos^2 t\,d\cos t$$

$$= \frac{1}{3}t\sin^3 t + \frac{1}{3}\cos t - \frac{1}{9}\cos^3 t + C_2,$$

于是

$$\int \frac{x^3 \arccos x}{\sqrt{1-x^2}} dx = -\int t\cos t \, dt + \int t\sin^2 t\cos t \, dt$$

$$= -(t\sin t + \cos t + C_1) + \left(\frac{1}{3}t\sin^3 t + \frac{1}{3}\cos t - \frac{1}{9}\cos^3 t + C_2\right)$$

$$= -t\sin t - \frac{2}{3}\cos t + \frac{1}{3}t\sin^3 t - \frac{1}{9}\cos^3 t + C$$

$$= -\arccos x \cdot \sqrt{1-x^2} - \frac{2}{3}x + \frac{1}{3}\arccos x \cdot (\sqrt{1-x^2})^3 - \frac{1}{9}x^3 + C$$

$$= -\frac{6x + x^3}{9} - \frac{2 + x^2}{3}\sqrt{1-x^2}\arccos x + C, \text{其中 } C = C_1 + C_2.$$

6.【解答】令 $x = \tan t$，则 $dx = \sec^2 t \, dt$，于是

$$\int \frac{x e^{\arctan x}}{(1+x^2)^{\frac{3}{2}}} dx = \int e^t \sin t \, dt = \frac{1}{2}e^t(\sin t - \cos t) + C = \frac{1}{2}e^{\arctan x}\frac{x-1}{\sqrt{1+x^2}} + C.$$

7.【解答】

$$\int e^{2x}(1+\tan x)^2 dx = \int e^{2x}(1 + 2\tan x + \tan^2 x) dx$$

$$= \int e^{2x}\sec^2 x \, dx + 2\int e^{2x} \cdot \tan x \, dx$$

$$= \int e^{2x} d\tan x + 2\int e^{2x} \cdot \tan x \, dx$$

$$= e^{2x}\tan x - \int \tan x \cdot e^{2x} \cdot 2 \, dx + 2\int e^{2x}\tan x \, dx$$

$$= e^{2x}\tan x + C.$$

8.【解答】

$$\int e^x \left(\frac{1-x}{1+x^2}\right)^2 dx = \int e^x \cdot \frac{1+x^2-2x}{(1+x^2)^2} dx = \int e^x \cdot \left[\frac{1}{1+x^2} - \frac{2x}{(1+x^2)^2}\right] dx$$

$$= \int e^x \cdot \frac{1}{1+x^2} dx + \int e^x d\left(\frac{1}{1+x^2}\right)$$

$$= \int \frac{e^x}{1+x^2} dx + \frac{e^x}{1+x^2} - \int \frac{e^x}{1+x^2} dx = \frac{e^x}{1+x^2} + C.$$

9.【解答】方法一　利用三角恒等式，有

$$\int e^x \frac{1+\sin x}{1+\cos x} dx = \int \left(\frac{1 + 2\sin\frac{x}{2}\cos\frac{x}{2}}{2\cos^2\frac{x}{2}}\right) e^x dx = \int \frac{e^x}{2\cos^2\frac{x}{2}} dx + \int e^x \tan\frac{x}{2} dx$$

$$= \int e^x d\tan\frac{x}{2} + \int \tan\frac{x}{2} de^x = e^x \tan\frac{x}{2} - \int \tan\frac{x}{2} de^x + \int \tan\frac{x}{2} de^x$$

$$= e^x \tan\frac{x}{2} + C.$$

方法二　被积函数的分子和分母同时乘以 $1-\cos x$，得

$$\int e^x \frac{1+\sin x}{1+\cos x} dx = \int e^x \frac{(1+\sin x)(1-\cos x)}{1-\cos^2 x} dx$$

$$= \int e^x \frac{1}{\sin^2 x} dx - \int e^x \frac{\cos x}{\sin x} dx + \int e^x \frac{1}{\sin x} dx - \int e^x \frac{\cos x}{\sin^2 x} dx$$

$$= \int e^x d(-\cot x) - \int e^x \cot x dx + \int e^x \frac{dx}{\sin x} - \int e^x d\left(-\frac{1}{\sin x}\right)$$

$$= -e^x \cot x + \int \cot x de^x - \int e^x \cot x dx + \int e^x \frac{dx}{\sin x} + \frac{e^x}{\sin x} - \int \frac{1}{\sin x} de^x$$

$$= -e^x \cot x + \frac{e^x}{\sin x} + C.$$

**方法三** 由分部积分法，得

$$\int e^x \frac{1+\sin x}{1+\cos x} dx = \frac{1+\sin x}{1+\cos x} \cdot e^x - \int e^x d\left(\frac{1+\sin x}{1+\cos x}\right)$$

$$= \frac{1+\sin x}{1+\cos x} \cdot e^x - \left[\int e^x d\left(\frac{1}{1+\cos x}\right) + \int e^x \cdot \frac{1}{1+\cos x} dx\right]$$

$$= \frac{1+\sin x}{1+\cos x} \cdot e^x - \left[e^x \left(\frac{1}{1+\cos x}\right) - \int \frac{1}{1+\cos x} e^x dx\right] - \int e^x \cdot \frac{1}{1+\cos x} dx$$

$$= \frac{1+\sin x}{1+\cos x} \cdot e^x - \frac{1}{1+\cos x} \cdot e^x + C = \frac{\sin x}{1+\cos x} \cdot e^x + C.$$

**10.【解答】** $\displaystyle\int \frac{\arctan e^{\frac{x}{2}}}{e^{\frac{x}{2}}(1+e^x)} dx = \int \frac{\arctan e^{\frac{x}{2}} \cdot e^{\frac{x}{2}}}{(e^{\frac{x}{2}})^2 [1+(e^{\frac{x}{2}})^2]} dx = 2\int \frac{\arctan e^{\frac{x}{2}}}{(e^{\frac{x}{2}})^2 [1+(e^{\frac{x}{2}})^2]} de^{\frac{x}{2}}$

$$\xrightarrow{u = e^{\frac{x}{2}}} 2\int \frac{\arctan u}{u^2(u^2+1)} du = 2\int \left(\frac{1}{u^2} - \frac{1}{u^2+1}\right) \arctan u du$$

$$= 2\int \frac{1}{u^2} \arctan u du - 2\int \frac{1}{u^2+1} \arctan u du$$

$$= -2\int \arctan u d\frac{1}{u} - 2\int \arctan u d\arctan u$$

$$= -2\frac{\arctan u}{u} + 2\int \frac{1}{u(u^2+1)} du - (\arctan u)^2,$$

显然 $\displaystyle\int \frac{1}{u(u^2+1)} du = \int \left(\frac{1}{u} - \frac{u}{u^2+1}\right) du = \ln|u| - \frac{1}{2}\ln(u^2+1) + C$，

于是 $\displaystyle\int \frac{\arctan e^{\frac{x}{2}}}{e^{\frac{x}{2}}(1+e^x)} dx \xrightarrow{u = e^{\frac{x}{2}}} -2\frac{\arctan u}{u} + 2\ln|u| - \ln(u^2+1) - (\arctan u)^2 + C$

$$= -2e^{-\frac{x}{2}} \arctan e^{\frac{x}{2}} + x - \ln(e^x+1) - \left(\arctan e^{\frac{x}{2}}\right)^2 + C.$$

**11.【解答】** 令 $\sqrt{1+e^x} = t$，则 $x = \ln(t^2-1)$，$dx = \dfrac{2t}{t^2-1}$. 于是，

$$\int \frac{xe^x}{\sqrt{1+e^x}} dx = \int \frac{(t^2-1)\ln(t^2-1)}{t} \cdot \frac{2t}{t^2-1} dt = 2\int \ln(t^2-1) dt$$

$$= 2t\ln(t^2-1) - 2\int t d\ln(t^2-1) = 2t\ln(t^2-1) - 4\int \frac{t^2}{t^2-1} dt$$

$$= 2t\ln(t^2-1) - 4\int \left(1 + \frac{1}{t^2-1}\right) dt = 2t\ln(t^2-1) - 4t - 2\int \left(\frac{1}{t-1} - \frac{1}{t+1}\right) dt$$

$$= 2t\ln(t^2-1) - 4t - 2\ln(t-1) + 2\ln(t+1) + C$$

$$= 2t\ln(t^2-1) - 4t + 2\ln\frac{t+1}{t-1} + C$$

$$= 2\sqrt{1+e^x}\cdot x - 4\sqrt{1+e^x} + 2\ln\frac{\sqrt{1+e^x}+1}{\sqrt{1+e^x}-1} + C.$$

12.【解答】$I = \int\frac{\mathrm{d}x}{\sqrt[3]{(x+1)^2(x-1)^4}} = \int\frac{1}{(x+1)(x-1)}\sqrt[3]{\frac{x+1}{x-1}}\mathrm{d}x$,

令 $t = \sqrt[3]{\frac{x+1}{x-1}}$,则 $x = \frac{t^3+1}{t^3-1}$,$\mathrm{d}x = \frac{-6t^2}{(t^3-1)^2}\mathrm{d}t$,

$$I = \int\frac{1}{(x+1)(x-1)}\sqrt[3]{\frac{x+1}{x-1}}\mathrm{d}x = \int\frac{t}{\frac{4t^3}{(t^3-1)^2}}\cdot\frac{-6t^2}{(t^3-1)^2}\mathrm{d}t$$

$$= -\frac{3}{2}\int\mathrm{d}t = -\frac{3}{2}t + C = -\frac{3}{2}\sqrt[3]{\frac{x+1}{x-1}} + C.$$

13.【解答】设 $\sqrt{x^2+2x+2} = t - x$,

则 $x = \frac{t^2-2}{2(t+1)}$,$\mathrm{d}x = \frac{t^2+2t+2}{2(t+1)^2}\mathrm{d}t$,$\sqrt{x^2+2x+2} = \frac{t^2+2t+2}{2(t+1)}$,

于是 $\int\frac{\sqrt{x^2+2x+2}}{x}\mathrm{d}x = \frac{1}{2}\int\frac{(t^2+2t+2)^2}{(t^2-2)(t+1)^2}\mathrm{d}t$

$$= \frac{1}{2}\int\left[1 + \frac{2}{t+1} - \frac{1}{(t+1)^2} - \frac{2\sqrt{2}}{t+\sqrt{2}} + \frac{2\sqrt{2}}{t-\sqrt{2}}\right]\mathrm{d}t$$

$$= \frac{t}{2} + \ln|1+t| + \frac{1}{2(t+1)} - \sqrt{2}\ln\left|\frac{t+\sqrt{2}}{t-\sqrt{2}}\right| + C_1$$

$$= \sqrt{x^2+2x+2} + \ln(x+1+\sqrt{x^2+2x+2}) - \sqrt{2}\ln\left|\frac{x+2+\sqrt{2(x^2+2x+2)}}{x}\right| + C.$$

14.【解答】方法一 对被积函数的分母进行有理化,得

$$\int\frac{\mathrm{d}x}{1+\sqrt{x}+\sqrt{1+x}} = \int\frac{(1+\sqrt{x})-\sqrt{1+x}}{(1+\sqrt{x}+\sqrt{1+x})(1+\sqrt{x}-\sqrt{1+x})}\mathrm{d}x$$

$$= \frac{1}{2}\int\left(x^{-\frac{1}{2}} + 1 - \sqrt{\frac{1+x}{x}}\right)\mathrm{d}x = \sqrt{x} + \frac{1}{2}x - \int\sqrt{1+x}\,\mathrm{d}\sqrt{x}$$

$$= \sqrt{x} + \frac{x}{2} - \frac{\sqrt{x}}{2}\sqrt{1+x} - \frac{1}{2}\ln(\sqrt{x}+\sqrt{x+1}) + C.$$

方法二 作变量代换,令 $t = \sqrt{x} + \sqrt{x+1}$,则 $\sqrt{x+1} = \frac{1}{2}\left(t-\frac{1}{t}\right)$,$\mathrm{d}x = \frac{t^4-1}{2t^3}\mathrm{d}t$,

因此

$$\int\frac{\mathrm{d}x}{1+\sqrt{x}+\sqrt{1+x}} = \frac{1}{2}\int\frac{t^4-1}{t^3(t+1)}\mathrm{d}t$$

$$= \frac{1}{2}\int\left(1 - \frac{1}{t} + \frac{1}{t^2} - \frac{1}{t^3}\right)\mathrm{d}t$$

$$= \frac{1}{2}\left(t - \ln t - \frac{1}{t} + \frac{1}{2t^2}\right) + C$$

$$= \sqrt{x} + \frac{x}{2} - \frac{\sqrt{x}}{2}\sqrt{1+x} - \frac{1}{2}\ln(\sqrt{x} + \sqrt{x+1}) + C.$$

15. **【解答】** 设 $\frac{\sqrt{1+x}}{\sqrt{x}} = t$，则 $x = \frac{1}{t^2 - 1}$.

因为 $I = \int \ln(1+t) \mathrm{d}\frac{1}{t^2 - 1} = \frac{\ln(1+t)}{t^2 - 1} - \int \frac{1}{t^2 - 1} \cdot \frac{1}{t+1} \mathrm{d}t$，

而 $\int \frac{1}{t^2-1} \cdot \frac{1}{t+1} \mathrm{d}t = \frac{1}{4}\int\left[\frac{1}{t-1} - \frac{1}{t+1} - \frac{2}{(t+1)^2}\right]\mathrm{d}t$

$$= \frac{1}{4}\ln(t-1) - \frac{1}{4}\ln(t+1) + \frac{1}{2(t+1)} + C,$$

所以 $I = \frac{\ln(1+t)}{t^2 - 1} + \frac{1}{4}\ln\frac{t+1}{t-1} - \frac{1}{2(t+1)} + C$

$$= x\ln\left(1 + \frac{\sqrt{1+x}}{\sqrt{x}}\right) + \frac{1}{4}\ln\frac{\sqrt{1+x} + \sqrt{x}}{\sqrt{1+x} - \sqrt{x}} - \frac{\sqrt{x}}{2(\sqrt{1+x} + \sqrt{x})} + C.$$

16. **【解答】** 因为 $f(x) = F'(x)$，所以对 $F'(x)F(x) = \sin^2 2x$ 两边积分，得

$$\frac{1}{2}F^2(x) = \int F'(x)F(x)\mathrm{d}x = \int \sin^2 2x \mathrm{d}x = \frac{1}{2}\int(1 - \cos 4x)\mathrm{d}x = \frac{1}{2}x - \frac{1}{8}\sin 4x + C,$$

故 $F^2(x) = x - \frac{1}{4}\sin 4x + C$，由 $F(0) = 1$，可知 $C = 1$，

于是有 $F(x) = \left(x - \frac{1}{4}\sin 4x + 1\right)^{\frac{1}{2}}$，所以 $f(x) = F'(x) = \frac{1 - \cos 4x}{2\sqrt{x - \frac{1}{4}\sin 4x + 1}}$.

## 第二节 定积分

### 一、基础篇

1. **答案** D **【解答】方法一** 取 $f(x) = x^2, a = -1, b = 0$，显然 $f(x)$ 满足题设条件，且

$I_1 = \frac{0 - (-1)}{2}[(-1)^2 + 0^2] = \frac{1}{2}, I_2 = \int_{-1}^{0} x^2 \mathrm{d}x = \frac{1}{3}, I_3 = [0 - (-1)] \times 0 = 0$，

所以 $I_3 \leqslant I_2 \leqslant I_1$，故应选 D.

**方法二** 由于 $f'(x) < 0$，所以函数 $f(x)$ 在 $[a,b]$ 上严格单调递减，即 $f(x) \geqslant f(b)$，

从而 $I_2 = \int_a^b f(x)\mathrm{d}x \geqslant \int_a^b f(b)\mathrm{d}x = (b-a)f(b) = I_3$.

又因为 $f''(x) > 0$，即曲线 $y = f(x)$ 是凹的，所以 $f(x) \leqslant f(a) + \frac{f(b) - f(a)}{b - a}(x - a)$，

进而 $I_2 = \int_a^b f(x)\mathrm{d}x \leqslant \int_a^b \left[f(a) + \frac{f(b) - f(a)}{b - a}(x - a)\right]\mathrm{d}x = \frac{b - a}{2}[f(a) + f(b)] = I_1$，

所以 $I_3 \leqslant I_2 \leqslant I_1$,故应选 D.

2. **答案** C 【解答】因为当 $x \in \left(0, \dfrac{\pi}{2}\right)$ 时,有 $\dfrac{2}{\pi}x < \sin x < x$,于是有 $\dfrac{x}{\sin x} > 1 > \dfrac{\sin x}{x} > \dfrac{2}{\pi}$,

从而 $I_2 = \displaystyle\int_0^{\frac{\pi}{2}} \dfrac{x}{\sin x} \mathrm{d}x > \int_0^{\frac{\pi}{2}} \dfrac{\sin x}{x} \mathrm{d}x = I_1 > \int_0^{\frac{\pi}{2}} \dfrac{2}{\pi} \mathrm{d}x = 1$.

因此,应选 C.

3. **答案** B 【解答】由于 $f(x)$ 是区间 $[0,2]$ 上的连续函数,根据原函数存在定理,知 $F(x) = \displaystyle\int_0^x f(t)\mathrm{d}t$ 可导,$0 \leqslant x \leqslant 2$,从而 $F(x)$ 必在分段点 $x = 1$ 处连续. 而选项 A,C,D 均在 $x = 1$ 处不连续,所以不可导,因此可以排除 A,C 和 D 选项,故而选 B.

4. **答案** D 【解答】取 $f(x) = x, n = 1$,显然 $f(x)$ 在 $(-\infty, +\infty)$ 内连续且严格单调增加,$f(0) = 0$,$n$ 为正奇数.

由于 $F(x) = \dfrac{1}{x}\displaystyle\int_0^x t^n f(t)\mathrm{d}t = \dfrac{1}{x}\int_0^x t \times t \mathrm{d}t = \dfrac{1}{x} \times \dfrac{1}{3}x^3 = \dfrac{1}{3}x^2 \;(x \neq 0)$,

即 $F(x)$ 在 $(-\infty, 0)$ 内严格单调减少,在 $(0, +\infty)$ 内严格单调增加. 因此,应选 D.

5. **答案** A 【解答】**方法一** 取 $f(x) = 1$,此时 $\dfrac{\mathrm{d}}{\mathrm{d}x}\displaystyle\int_0^x tf(x^2 - t^2)\mathrm{d}t = \dfrac{\mathrm{d}}{\mathrm{d}x}\int_0^x t\mathrm{d}x = x$,因此,应选 A.

**方法二** 由于 $\displaystyle\int_0^x tf(x^2 - t^2)\mathrm{d}t = -\dfrac{1}{2}\int_0^x f(x^2 - t^2)\mathrm{d}(x^2 - t^2) \xrightarrow{x^2 - t^2 = u} \dfrac{1}{2}\int_0^{x^2} f(u)\mathrm{d}u$,

于是 $\dfrac{\mathrm{d}}{\mathrm{d}x}\displaystyle\int_0^x tf(x^2 - t^2)\mathrm{d}t = \dfrac{\mathrm{d}}{\mathrm{d}x}\left[\dfrac{1}{2}\int_0^{x^2} f(u)\mathrm{d}u\right] = xf(x^2)$,因此,应选 A.

6. **答案** B 【解答】当 $x \to 0$ 时,$g(x) = x^3 + x^4 \sim x^3$,

由于 $\displaystyle\lim_{x \to 0}\dfrac{f(x)}{g(x)} = \lim_{x \to 0}\dfrac{\int_0^{\sin x}\sin t^2 \mathrm{d}t}{x^3} = \lim_{x \to 0}\dfrac{\sin(\sin^2 x)\cos x}{3x^2} = \lim_{x \to 0}\dfrac{\sin^2 x}{3x^2} = \dfrac{1}{3}$,

所以应选 B.

7. **答案** D 【解答】由于 $M$ 的被积函数在区间 $\left[-\dfrac{\pi}{2}, \dfrac{\pi}{2}\right]$ 上是奇函数,故 $M = 0$. 又

$$N = \int_{-\frac{\pi}{2}}^{\frac{\pi}{2}}(\sin^3 x + \cos^4 x)\mathrm{d}x = 2\int_0^{\frac{\pi}{2}}\cos^4 x \mathrm{d}x > 0,$$

$$P = \int_{-\frac{\pi}{2}}^{\frac{\pi}{2}}(x^2 \sin^3 x - \cos^4 x)\mathrm{d}x = -2\int_0^{\frac{\pi}{2}}\cos^4 x \mathrm{d}x < 0,$$

所以 $P < M < N$,故选 D.

8. **答案** D 【解答】由于 $\dfrac{\sin x}{1 + x^6}$,$\ln(x + \sqrt{x^2 + 1})$,$\mathrm{e}^x \cos x - \mathrm{e}^{-x}\cos x$ 均为奇函数,而 $x^2$,$\sin^4 x$,$\tan^2 x$ 均为偶函数,所以

$$M = \int_{-1}^{1}\left(\dfrac{\sin x}{1 + x^6} + x^2\right)\mathrm{d}x = 2\int_0^1 x^2 \mathrm{d}x,$$

$$N = \int_{-\frac{\pi}{4}}^{\frac{\pi}{4}}\left[\dfrac{\sin^4 x + \ln(x + \sqrt{x^2 + 1})}{1 + x^2}\right]\mathrm{d}x = 2\int_0^{\frac{\pi}{4}}\dfrac{\sin^4 x}{1 + x^2}\mathrm{d}x,$$

$$P = \int_{-1}^{1} (\tan^2 x + e^x \cos x - e^{-x} \cos x) \mathrm{d}x = 2\int_{0}^{1} \tan^2 x \mathrm{d}x.$$

又当 $x \in [0,1]$ 时，$\tan^2 x > x^2$；当 $x \in \left[0, \dfrac{\pi}{4}\right] \subset [0,1]$ 时，$\sin^4 x \leqslant \sin^2 x < x^2$，于是

$$\int_{0}^{1} \tan^2 x \mathrm{d}x > \int_{0}^{1} x^2 \mathrm{d}x > \int_{0}^{\frac{\pi}{4}} x^2 \mathrm{d}x > \int_{0}^{\frac{\pi}{4}} \sin^2 x \mathrm{d}x > \int_{0}^{\frac{\pi}{4}} \sin^4 x \mathrm{d}x > \int_{0}^{\frac{\pi}{4}} \dfrac{\sin^4 x}{1+x^2} \mathrm{d}x,$$

故而 $P > M > N$. 应选 D.

9. 答案 A 【解答】方法一 取 $f(x) = \cos x + 1$，则 $f(x)$ 既是偶函数又是周期函数，但 $F(x) = \sin x + x + 1$ 既不是周期函数，也不是偶函数，因而可以排除 B 和 C.

再取 $f(x) = x$，显然 $f(x)$ 是单调增加函数，但是 $F(x) = x^2 + 1$ 不是单调函数，又可排除 D.

因此，应选 A.

方法二 设 $f(x)$ 为奇函数，由于 $F(x)$ 是 $f(x)$ 的原函数，于是 $F(x) = \int_{0}^{x} f(t) + C$，而

$$F(-x) = \int_{0}^{-x} f(t) \mathrm{d}t + C \xrightarrow{-t = u} \int_{0}^{u} f(-u) \mathrm{d}(-u) + C$$

$$= -\int_{0}^{u} [-f(u)] \mathrm{d}u + C = \int_{0}^{u} f(u) \mathrm{d}u + C = F(x),$$

从而应选 A.

10. 【解答】设 $f(x) = \dfrac{x}{x^2 + 1}$，$x \in [-1, 3]$，则 $f(x)$ 在区间 $[-1, 3]$ 上连续，故 $f(x)$ 在区间 $[-1, 3]$ 上可取到最值.

又 $f'(x) = \dfrac{(x^2 + 1) - x \times 2x}{(x^2 + 1)^2} = \dfrac{1 - x^2}{(x^2 + 1)^2} = -\dfrac{(x+1)(x-1)}{(x^2+1)^2}$，可得 $f(x)$ 在 $(-1, 3)$ 内有唯一驻点 $x = 1$.

由 $f(-1) = -0.5$, $f(1) = 0.5$, $f(3) = 0.3$，可知 $-0.5 \leqslant f(x) \leqslant 0.5$，$x \in [-1, 3]$.

于是 $-2 \leqslant \int_{-1}^{3} (-0.5) \mathrm{d}x \leqslant \int_{-1}^{3} \dfrac{x}{x^2 + 1} \mathrm{d}x \leqslant \int_{-1}^{3} 0.5 \mathrm{d}x = 2$.

11. 【证明】方法一 反证法 设 $f(x)$ 在区间 $[a, b]$ 上不恒等于零，则存在一点 $x_0 \in [a, b]$，使得 $f(x_0) \neq 0$. 不妨设 $f(x_0) > 0$，$x_0 \in (a, b)$. 由于 $f(x)$ 连续，从而 $\lim\limits_{x \to x_0} f(x) = f(x_0)$，对于给定一个正数 $\varepsilon_0 = \dfrac{1}{2} f(x_0)$，存在一个正数 $\delta$，使 $U(x_0, \delta) \subset (a, b)$，有

$$|f(x) - f(x_0)| < \varepsilon_0 = \dfrac{1}{2} f(x_0), \text{ 即 } \dfrac{1}{2} f(x_0) < f(x) < \dfrac{3}{2} f(x_0),$$

所以

$$\int_{a}^{b} f(x) \mathrm{d}x = \int_{a}^{x_0 - \delta} f(x) \mathrm{d}x + \int_{x_0 - \delta}^{x_0 + \delta} f(x) \mathrm{d}x + \int_{x_0 + \delta}^{b} f(x) \mathrm{d}x$$

$$\geqslant \int_{x_0 - \delta}^{x_0 + \delta} f(x) \mathrm{d}x > \dfrac{f(x_0)}{2} \int_{x_0 - \delta}^{x_0 + \delta} \mathrm{d}x = f(x_0) \delta > 0.$$

同理，可证 $x_0 = a$ 或 $x_0 = b$，也有 $\int_{a}^{b} f(x) \mathrm{d}x > 0$. 总之，这与假设矛盾，所以在区间

$[a,b]$ 上, $f(x) \equiv 0$.

**方法二** 由于 $f(x)$ 是区间 $[a,b]$ 上的非负连续函数, $F(x) = \int_a^x f(t)dt$ 在区间 $[a,b]$ 上可导, 且 $F'(x) = f(x) \geqslant 0$, 故 $F(x)$ 在区间 $[a,b]$ 上单调不减, 那么对于任意一个 $x \in [a,b]$, 有 $F(a) \leqslant F(x) \leqslant F(b)$. 再由 $F(a) = F(b) = 0$, 可得 $F(x)$ 在区间 $[a,b]$ 上恒等于零, 故 $f(x) = F'(x) \equiv 0$.

12. 【证明】设 $F(x) = xf(x)$, 由积分中值定理可知, 存在 $\eta \in \left(0, \dfrac{1}{2}\right)$, 使 $\int_0^{\frac{1}{2}} xf(x)dx = \eta f(\eta) \times \dfrac{1}{2}$, 由 $f(1) = 2\int_0^{\frac{1}{2}} xf(x)dx$, 可知 $1 \times f(1) = \eta f(\eta)$, 从而 $F(\eta) = F(1)$.

由于 $F(x) = xf(x)$ 在 $[\eta, 1]$ 上满足罗尔定理, 所以存在 $\xi \in (\eta, 1) \subset (0, 1)$, 使得 $F'(\xi) = 0$, 即 $f(\xi) + \xi f'(\xi) = 0$.

13. 【解答】当 $0 \leqslant x \leqslant \dfrac{\pi}{2}$ 时, $\Phi(x) = \int_0^x f(t)dt = \int_0^x \sin t\, dt = 1 - \cos x$,

当 $\dfrac{\pi}{2} < x \leqslant \pi$ 时, $\Phi(x) = \int_0^x f(t)dt = \int_0^{\frac{\pi}{2}} \sin t\, dt + \int_{\frac{\pi}{2}}^x 1\, dt = 1 + x - \dfrac{\pi}{2}$,

显然, $\Phi(x)$ 在区间 $[0, \pi]$ 上处处连续.

14. 【证明】$F'(x) = \dfrac{1}{(x-a)^2}\left[(x-a)f(x) - \int_a^x f(t)dt\right] = \dfrac{1}{(x-a)^2}\int_a^x [f(x) - f(t)]dt$,

由于 $f'(x) < 0$, 所以当 $t \in [a, x]$ 时, $f(x) < f(t)$,

从而在 $(a, b)$ 内有 $F'(x) \leqslant 0$ 成立.

15. 【解答】因为

$e^x - 1 = \int_0^x tf(2x-t)dt \xrightarrow{u=2x-t} \int_{2x}^x (2x-u)f(u)(-du) = 2x\int_x^{2x} f(u)du - \int_x^{2x} uf(u)du$,

上式两边分别对 $x$ 求导数, 得

$e^x = 2\int_x^{2x} f(u)du + 2x[2f(2x) - f(x)] - [2xf(2x) \times 2 - xf(x)] = 2\int_x^{2x} f(u)du - xf(x)$,

令 $x = 1$, 可得 $\int_1^2 f(x)dx = \dfrac{e+1}{2}$.

16. 【证明】令 $F(x) = \int_a^x f(t)dt, x \in [a,b]$, 则 $m = F(a) = 0, M = F(b) = \int_a^b f(x)dx$.

因为 $f(x) \geqslant 0$, 故 $F(x)$ 单调增加.

由于 $f(x)$ 在 $[a,b]$ 上取正值且连续, 则 $\int_a^b f(x)dx > 0$, 于是 $m < \lambda\int_a^b f(x)dx < M$.

由连续函数的介值定理知, 在 $(a,b)$ 内至少存在一点 $\xi$, 使 $F(\xi) = \lambda\int_a^b f(x)dx$, 即

$$\int_a^\xi f(x)dx = \lambda\int_a^b f(x)dx.$$

17. 【解答】(1) $\lim\limits_{x\to 0}\dfrac{1}{x^3}\int_0^x\left(\dfrac{\sin t}{t} - 1\right)dt = \lim\limits_{x\to 0}\dfrac{\dfrac{\sin x}{x} - 1}{3x^2} = \lim\limits_{x\to 0}\dfrac{\sin x - x}{3x^3} = -\dfrac{1}{18}$.

(2) $\lim\limits_{x\to 0}\dfrac{\left[\int_0^x \ln(1+t)dt\right]^2}{x^4} = \lim\limits_{x\to 0}\dfrac{2\ln(1+x)\int_0^x \ln(1+t)dt}{4x^3} = \lim\limits_{x\to 0}\dfrac{x\int_0^x \ln(1+t)dt}{2x^3}$

$= \lim\limits_{x\to 0}\dfrac{\int_0^x \ln(1+t)dt}{2x^2} = \lim\limits_{x\to 0}\dfrac{\ln(1+x)}{4x} = \dfrac{1}{4}.$

(3) $\lim\limits_{x\to 0}\dfrac{x^2 - \int_0^{x^2}\cos t^2 \,dt}{x^{10}} = \lim\limits_{x\to 0}\dfrac{2x - \cos x^4 \times 2x}{10x^9} = \lim\limits_{x\to 0}\dfrac{1-\cos x^4}{5x^8}$

$= \lim\limits_{x\to 0}\dfrac{\sin x^4 \times 4x^3}{40x^7} = \dfrac{1}{10}\lim\limits_{x\to 0}\dfrac{\sin x^4}{x^4} = \dfrac{1}{10}.$

18. **【证明】**根据题设,有

$$G'(x+T) = \left[T\int_0^{x+T} f(t)dt - (x+T)\int_0^T f(t)dt\right]' = Tf(x+T) - \int_0^T f(t)dt,$$

$$G'(x) = \left[T\int_0^x f(t)dt - x\int_0^T f(t)dt\right]' = Tf(x) - \int_0^T f(t)dt,$$

当 $f(x)$ 是以 $T$ 为周期的周期函数时,$f(x+T) = f(x)$,

从而 $G'(x+T) = G'(x)$. 因而 $G(x+T) - G(x) = C$.

取 $x = 0$,得 $C = G(0+T) - G(0) = 0$,故 $G(x+T) - G(x) = 0$,

即 $G(x) = T\int_0^x f(t)dt - x\int_0^T f(t)dt$ 是以 $T$ 为周期的周期函数.

19. **【证明】**由于 $f(x)$ 是周期为 $T$ 的连续函数,故对 $\forall a \in \mathbf{R}$ 有 $\int_a^{a+T} f(x)dx = \int_0^T f(x)dx$.

又对于充分大的正数 $x$,存在自然数 $n$,使得 $nT \leqslant x \leqslant (n+1)T$. 令 $nT + r = x$,其中 $0 \leqslant r < T$,则

$$\lim_{x\to +\infty}\dfrac{1}{x}\int_0^x f(t)dt = \lim_{n\to +\infty}\dfrac{1}{nT+r}\int_0^{nT+r} f(t)dt$$

$$= \lim_{n\to +\infty}\dfrac{1}{nT+r}\left[\int_0^T f(t)dt + \int_T^{2T} f(t)dt + \cdots + \int_{(n-1)T}^{nT} f(t)dt + \int_{nT}^{nT+r} f(t)dt\right]$$

$$= \lim_{n\to +\infty}\dfrac{1}{nT+r}\left[n\int_0^T f(t)dt + \int_0^r f(t)dt\right]$$

$$= \lim_{n\to +\infty}\dfrac{n}{nT+r}\int_0^T f(t)dt + \lim_{n\to +\infty}\dfrac{1}{nT+r}\int_0^r f(t)dt$$

$$= \dfrac{1}{T}\int_0^T f(t)dt.$$

20. **【解答】**设 $\int_0^1 f(x)dx = a$,则 $f(x) = x - a$,于是

$$a = \int_0^1 f(x)dx = \int_0^1 (x-a)dx = \int_0^1 x\,dx - \int_0^1 a\,dx = \dfrac{1}{2} - a,$$

解得 $a = \dfrac{1}{4}$,所以 $f(x) = x - \dfrac{1}{4}$.

21. **【解答】**(1) 令 $\sqrt{3-2x} = t$,则

$$\int_0^1 x\sqrt{3-2x}\,dx = \int_{\sqrt{3}}^1 \frac{3-t^2}{2}\cdot t\cdot(-t)\,dt = \frac{1}{2}\int_{\sqrt{3}}^1 (t^4-3t^2)\,dt = \frac{3\sqrt{3}-2}{5}.$$

(2) $\int_{-2}^2 (|x|+x)e^{-|x|}\,dx = \int_0^2 2xe^{-x}\,dx = -2\int_0^2 x\,de^{-x}$

$$= -2xe^{-x}\Big|_0^2 + 2\int_0^2 e^{-x}\,dx = 2-\frac{6}{e^2}.$$

22.【解答】(1) 令 $t = x-2$,则

$$\int_1^3 f(x-2)\,dx = \int_{-1}^1 f(t)\,dt = \int_{-1}^0 (1+x^2)\,dx + \int_0^1 e^x\,dx$$

$$= \left(x+\frac{x^3}{3}\right)\Big|_{-1}^0 + e^x\Big|_0^1 = \frac{4}{3}+e-1 = \frac{1}{3}+e.$$

(2) $\int_0^x tf(x-t)\,dt \xrightarrow{x-t=u} \int_x^0 (x-u)f(u)\,d(-u) = x\int_0^x f(u)\,du - \int_0^x uf(u)\,du.$

当 $x \leqslant \frac{\pi}{2}$ 时,$\int_0^x tf(x-t)\,dt = x\int_0^x \sin u\,du - \int_0^x u\sin u\,du$

$$= -x\cos x + x + (u\cos u - \sin u)\Big|_0^x = x - \sin x;$$

当 $x > \frac{\pi}{2}$ 时,

$$\int_0^x tf(x-t)\,dt = x\left[\int_0^{\frac{\pi}{2}} f(u)\,du + \int_{\frac{\pi}{2}}^x f(u)\,du\right] - \left[\int_0^{\frac{\pi}{2}} uf(u)\,du + \int_{\frac{\pi}{2}}^x uf(u)\,du\right]$$

$$= x\left[\int_0^{\frac{\pi}{2}} \sin u\,du + \int_{\frac{\pi}{2}}^x \left(u-\frac{\pi}{2}\right)du\right] - \left[\int_0^{\frac{\pi}{2}} u\sin u\,du + \int_{\frac{\pi}{2}}^x u\left(u-\frac{\pi}{2}\right)du\right]$$

$$= x\left[-\cos u\Big|_0^{\frac{\pi}{2}} + \left(\frac{u^2}{2}-\frac{\pi u}{2}\right)\Big|_{\frac{\pi}{2}}^x\right] - \left[-(u\cos u - \sin u)\Big|_0^{\frac{\pi}{2}} + \left(\frac{u^3}{3}-\frac{\pi u^2}{4}\right)\Big|_{\frac{\pi}{2}}^x\right]$$

$$= -1 - \frac{1}{48}\pi^3 + \left(1+\frac{\pi^2}{8}\right)x - \frac{\pi}{4}x^2 + \frac{1}{6}x^3.$$

23.【解答】(1) 方法一 $\int_{\frac{\pi}{4}}^{\frac{\pi}{3}} \frac{1}{\sin^2 x\cos^2 x}\,dx = \int_{\frac{\pi}{4}}^{\frac{\pi}{3}} \frac{\sin^2 x + \cos^2 x}{\sin^2 x\cos^2 x}\,dx$

$$= \int_{\frac{\pi}{4}}^{\frac{\pi}{3}} \sec^2 x\,dx + \int_{\frac{\pi}{4}}^{\frac{\pi}{3}} \csc^2 x\,dx = \frac{2\sqrt{3}}{3}.$$

方法二 $\int_{\frac{\pi}{4}}^{\frac{\pi}{3}} \frac{1}{\sin^2 x\cos^2 x}\,dx = \int_{\frac{\pi}{4}}^{\frac{\pi}{3}} \csc^2 x\cdot\sec^2 x\,dx = \int_{\frac{\pi}{4}}^{\frac{\pi}{3}} \left(1+\frac{1}{\tan^2 x}\right)d\tan x$

$$= \left(\tan x - \frac{1}{\tan x}\right)\Big|_{\frac{\pi}{4}}^{\frac{\pi}{3}} = \frac{2\sqrt{3}}{3}.$$

(2) $\int_0^{2\pi} \sqrt{\frac{1-\cos 2x}{2}}\,dx = \int_0^{2\pi} |\sin x|\,dx = 2\int_0^{\pi} \sin x\,dx = 4.$

(3) $\int_{-\frac{\pi}{4}}^{\frac{\pi}{4}} \frac{1}{1+\sin x}\,dx = \int_{-\frac{\pi}{4}}^{\frac{\pi}{4}} \frac{1-\sin x}{1-\sin^2 x}\,dx = \int_{-\frac{\pi}{4}}^{\frac{\pi}{4}} \frac{1-\sin x}{\cos^2 x}\,dx$

$$= \int_{-\frac{\pi}{4}}^{\frac{\pi}{4}} \frac{1}{\cos^2 x}\,dx - \int_{-\frac{\pi}{4}}^{\frac{\pi}{4}} \frac{\sin x}{\cos^2 x}\,dx = 2.$$

(4) $\int_0^1 \dfrac{1}{e^x + e^{-x}} dx = \int_0^1 \dfrac{e^x}{1+(e^x)^2} dx = \int_0^1 \dfrac{1}{1+(e^x)^2} de^x$

$\qquad = \arctan(e^x)\Big|_0^1 = \arctan e - \dfrac{\pi}{4}.$

(5) $\int_0^3 e^{|2-x|} dx = -\int_0^2 e^{2-x} d(2-x) + \int_2^3 e^{x-2} d(x-2)$

$\qquad = -e^{2-x}\Big|_0^2 + e^{x-2}\Big|_2^3 = e^2 + e - 2.$

(6) 由于 $f(x) = |x-t|x = \begin{cases} x(x-t), & x \geqslant t \\ -x(x-t), & x < t \end{cases}, 0 \leqslant x \leqslant 1.$

当 $t \leqslant 0$ 时,$\int_0^1 |x-t|x dx = \int_0^1 (x-t)x dx = \dfrac{1}{3} - \dfrac{t}{2}$;

当 $t \geqslant 1$ 时,$\int_0^1 |x-t|x dx = \int_0^1 (t-x)x dx = \dfrac{t}{2} - \dfrac{1}{3}$;

当 $0 < t < 1$ 时,$\int_0^1 |x-t|x dx = \int_0^t (t-x)x dx + \int_t^1 (x-t)x dx = \dfrac{1}{3} - \dfrac{t}{2} + \dfrac{t^3}{3}$,

所以 $\int_0^1 |x-t|x dx = \begin{cases} \dfrac{1}{3} - \dfrac{t}{2}, & t < 0 \\ \dfrac{1}{3} - \dfrac{t}{2} + \dfrac{t^3}{3}, & 0 \leqslant t \leqslant 1 \\ \dfrac{t}{2} - \dfrac{1}{3}, & t > 1 \end{cases}.$

24.【解答】由定积分的换元积分法,得

$\int_0^{\pi/2} \dfrac{1}{1+\tan^n x} dx = \int_0^{\pi/2} \dfrac{\cos^n x}{\sin^n x + \cos^n x} dx \xrightarrow{t = \frac{\pi}{2} - x} \int_{\pi/2}^0 \dfrac{\sin^n t}{\cos^n t + \sin^n t}(-dt)$

$\qquad = \int_0^{\pi/2} \dfrac{\sin^n t}{\sin^n t + \cos^n t} dt = \int_0^{\pi/2} \dfrac{\sin^n x}{\sin^n x + \cos^n x} dx$,

因此 $\int_0^{\pi/2} \dfrac{1}{1+\tan^n x} dx = \dfrac{1}{2}\left(\int_0^{\pi/2} \dfrac{\cos^n x}{\sin^n x + \cos^n x} dx + \int_0^{\pi/2} \dfrac{\sin^n x}{\cos^n x + \sin^n x} dx\right)$

$\qquad = \dfrac{1}{2} \int_0^{\pi/2} \dfrac{\cos^n x + \sin^n x}{\sin^n x + \cos^n x} dx = \dfrac{\pi}{4}.$

25.【证明】由于等式两端的被积函数含有正弦函数,根据诱导公式引入变量代换 $x = \pi - t$,则

$\int_0^\pi x f(\sin x) dx = -\int_\pi^0 (\pi - t) f[\sin(\pi - t)] dt$

$\qquad = \int_0^\pi (\pi - t) f(\sin t) dt = \pi \int_0^\pi f(\sin t) dt - \int_0^\pi t f(\sin t) dt$,

所以 $\int_0^\pi x f(\sin x) dx = \dfrac{\pi}{2} \int_0^\pi f(\sin x) dx.$

根据以上结论,有 $\int_0^\pi \dfrac{x \sin x}{1+\cos^2 x} dx = \int_0^\pi \dfrac{x \sin x}{2 - \sin^2 x} dx = \dfrac{\pi}{2} \int_0^\pi \dfrac{\sin x}{2 - \sin^2 x} dx$

$\qquad = -\dfrac{\pi}{2} \int_0^\pi \dfrac{1}{1+\cos^2 x} d\cos x = -\dfrac{\pi}{2} \arctan(\cos x)\Big|_0^\pi = \dfrac{\pi^2}{4}.$

26.【解答】(1) $\int_0^1 x\ln(1+x)\mathrm{d}x = \frac{1}{2}\int_0^1 \ln(1+x)\mathrm{d}x^2 = \frac{1}{2}x^2\ln(1+x)\Big|_0^1 - \frac{1}{2}\int_0^1 x^2 \frac{1}{1+x}\mathrm{d}x$

$$= \frac{1}{2}\ln2 - \frac{1}{2}\int_0^1 \left(x-1+\frac{1}{1+x}\right)\mathrm{d}x = \frac{1}{4}.$$

(2) $\int_0^{\frac{\pi}{4}} \frac{x}{1+\cos2x}\mathrm{d}x = \int_0^{\frac{\pi}{4}} \frac{x}{2\cos^2 x}\mathrm{d}x = \frac{1}{2}\int_0^{\frac{\pi}{4}} x\mathrm{d}\tan x$

$$= \frac{1}{2}x\tan x\Big|_0^{\frac{\pi}{4}} - \frac{1}{2}\int_0^{\frac{\pi}{4}} \tan x\mathrm{d}x = \frac{\pi}{8} + \frac{1}{2}\ln\cos x\Big|_0^{\frac{\pi}{4}}$$

$$= \frac{\pi}{8} - \frac{\ln2}{4}.$$

(3) $\int_0^{\frac{\pi}{4}} x\tan x\sec^2 x\mathrm{d}x = \int_0^{\frac{\pi}{4}} x\tan x\mathrm{d}(\tan x) = \frac{1}{2}\int_0^{\frac{\pi}{4}} x\mathrm{d}(\tan^2 x)$

$$= \frac{1}{2}x\tan^2 x\Big|_0^{\frac{\pi}{4}} - \frac{1}{2}\int_0^{\frac{\pi}{4}} \tan^2 x\mathrm{d}x$$

$$= \frac{\pi}{8} - \frac{1}{2}\int_0^{\frac{\pi}{4}} (\sec^2 x-1)\mathrm{d}x = \frac{\pi}{4} - \frac{1}{2}.$$

27.【解答】$\int_0^1 xf''(2x)\mathrm{d}x = \frac{1}{2}\int_0^1 x\mathrm{d}f'(2x) = \frac{1}{2}xf'(2x)\Big|_0^1 - \frac{1}{2}\int_0^1 f'(2x)\mathrm{d}x$

$$= \frac{1}{2}f'(2) - \frac{1}{4}f(2x)\Big|_0^1 = 0.$$

28.【解答】由分部积分法,得

$$\int_0^\pi [f(x)+f''(x)]\sin x\mathrm{d}x = \int_0^\pi f(x)\sin x\mathrm{d}x + \int_0^\pi f''(x)\sin x\mathrm{d}x$$

$$= \int_0^\pi f(x)\sin x\mathrm{d}x + f'(x)\sin x\Big|_0^\pi - \int_0^\pi f'(x)\cos x\mathrm{d}x$$

$$= \int_0^\pi f(x)\sin x\mathrm{d}x - f(x)\cos x\Big|_0^\pi - \int_0^\pi f(x)\sin x\mathrm{d}x$$

$$= f(\pi) + f(0),$$

即 $f(\pi) + f(0) = 5$,故 $f(0) = 3$.

29.【解答】 由分部积分公式及换元积分公式,得

$$\int_0^1 \frac{f(x)}{\sqrt{x}}\mathrm{d}x = 2\int_0^1 f(x)\mathrm{d}\sqrt{x} = 2\left[\sqrt{x}f(x)\Big|_0^1 - \int_0^1 \sqrt{x}f'(x)\mathrm{d}x\right]$$

$$= 2f(1) - 2\int_0^1 \sqrt{x}\cdot\frac{\ln(x+1)}{x}\mathrm{d}x = -2\int_0^1 \frac{\ln(x+1)}{\sqrt{x}}\mathrm{d}x$$

$$\xrightarrow{\sqrt{x}=t} -4\int_0^1 \ln(t^2+1)\mathrm{d}t = -4\left[t\ln(t^2+1)\Big|_0^1 - \int_0^1 \frac{t}{1+t^2}\times 2t\mathrm{d}t\right]$$

$$= -4\ln2 + 8\int_0^1 \frac{t^2}{1+t^2}\mathrm{d}t = -4\ln2 + 8(t-\arctan t)\Big|_0^1$$

$$= -4\ln2 + 8 - 2\pi.$$

30.【解答】(1) $\lim\limits_{n\to\infty} \frac{1}{n}\left(\frac{1}{\sqrt{n^2+1}} + \frac{2}{\sqrt{n^2+4}} + \cdots + \frac{n}{\sqrt{n^2+n^2}}\right)$

$$= \lim_{n\to\infty} \frac{1}{n}\sum_{k=1}^{n} \frac{k}{\sqrt{n^2+k^2}} = \lim_{n\to\infty} \frac{1}{n}\sum_{k=1}^{n} \frac{\frac{k}{n}}{\sqrt{1+\left(\frac{k}{n}\right)^2}}$$

$$= \int_0^1 \frac{x}{\sqrt{1+x^2}} \mathrm{d}x = \sqrt{2}-1.$$

(2) $\lim_{n\to\infty} \frac{1}{n}\left(\sin\frac{\pi}{n} + \sin\frac{2\pi}{n} + \cdots + \sin\frac{n-1}{n}\pi\right)$

$$= \lim_{n\to\infty} \frac{1}{n}\sum_{k=1}^{n} \sin\frac{k\pi}{n} = \int_0^1 \sin\pi x \mathrm{d}x = \frac{2}{\pi}.$$

## 二、提高篇

**1.** 答案 C 【解答】取 $f(x)=1$,$g(x)=2$. 此时 $f(x)$ 与 $g(x)$ 在区间 $(-\infty,+\infty)$ 上满足题设条件,且当 $x<0$ 时,

$$f(-x)=1<2=g(-x), f'(x)=g'(x)=0, \int_0^x f(t)\mathrm{d}t = x > 2x = \int_0^x g(t)\mathrm{d}t,$$

故而排除 A,B 和 D. 应选 C.

事实上,函数 $f(x)$ 与 $g(x)$ 在区间 $(-\infty,+\infty)$ 内均可导,那么 $f(x)$ 与 $g(x)$ 在区间 $(-\infty,+\infty)$ 内均连续,于是 $\lim_{x\to x_0}f(x)=f(x_0)$,$\lim_{x\to x_0}g(x)=g(x_0)$,再由已知条件 $f(x_0)<g(x_0)$,可得 $\lim_{x\to x_0}f(x) < \lim_{x\to x_0}g(x)$,即应选 C.

**2.** 答案 D 【解答】取 $f(x)=x+1$,则

$$\int_0^x f(t^2)\mathrm{d}t = \int_0^x (t^2+1)\mathrm{d}t = \frac{1}{3}x^3+x,$$

$$\int_0^x f^2(t)\mathrm{d}t = \int_0^x (t+1)^2\mathrm{d}tx = \frac{1}{3}t^3+t^2+t,$$

$$\int_0^x t[f(t)-f(-t)]\mathrm{d}t = \int_0^x t[(t+1)-(-t+1)]\mathrm{d}t = \int_0^x 2t^2\mathrm{d}t = \frac{2}{3}t^3,$$

$$\int_0^x t[f(t)+f(-t)]\mathrm{d}t = \int_0^x t[(t+1)+(-t+1)]\mathrm{d}t = \frac{1}{2}x^2,$$

因此,应选 D.

**3.** 答案 C 【解答】由于当 $-1\leqslant x\leqslant 0$ 时,$F(x)=\int_{-1}^x f(t)\mathrm{d}t = \int_{-1}^x t^{-\frac{1}{3}}\mathrm{d}t = \frac{3}{2}(x^{\frac{2}{3}}-1)$.

当 $0<x\leqslant 1$ 时,

$$F(x) = \int_{-1}^x f(t)\mathrm{d}t = \int_{-1}^0 f(t)\mathrm{d}t + \int_0^x f(t)\mathrm{d}t = \int_{-1}^0 t^{-\frac{1}{3}}\mathrm{d}t + \int_0^x t\mathrm{d}t = -\frac{3}{2} + \frac{1}{2}x^2,$$

即 $F(x) = \int_{-1}^x f(t)\mathrm{d}t = \begin{cases} -\frac{3}{2}+\frac{1}{2}x^2, & 0\leqslant x<1 \\ \frac{3}{2}x^{\frac{2}{3}}-\frac{3}{2}, & -1\leqslant x<0 \end{cases}$,

因此 $\lim\limits_{x\to 0^-}F(x)=\lim\limits_{x\to 0^-}\left(\dfrac{3}{2}x^{\frac{2}{3}}-\dfrac{3}{2}\right)=-\dfrac{3}{2}$，$\lim\limits_{x\to 0^+}F(x)=\lim\limits_{x\to 0^+}\left(-\dfrac{3}{2}+\dfrac{1}{2}x^2\right)=-\dfrac{3}{2}$，

$$\lim_{x\to 0^-}\dfrac{F(x)-F(0)}{x}=\lim_{x\to 0^-}\dfrac{\dfrac{3}{2}x^{\frac{2}{3}}-\dfrac{3}{2}-\left(-\dfrac{3}{2}\right)}{x}=\infty,$$

从而 $F(x)$ 在点 $x=0$ 处连续但不可导，因此应选 C.

4. **答案** 0　**【解答】方法一**　由于

$$\left|\int_n^{n+p}\dfrac{\sin x}{x}\mathrm{d}x\right|\leqslant\int_n^{n+p}\left|\dfrac{\sin x}{x}\right|\mathrm{d}x\leqslant\int_n^{n+p}\dfrac{1}{x}\mathrm{d}x=\ln\dfrac{n+p}{n}\to 0, n\to\infty,$$

由夹逼准则可得 $\lim\limits_{n\to\infty}\int_n^{n+p}\dfrac{\sin x}{x}\mathrm{d}x=0$.

**方法二**　由于 $\sin x$ 在 $[n,n+p]$ 上连续，而 $\dfrac{1}{x}$ 在 $[n,n+p]$ 上可积且不变号，

由第二积分中值定理：存在 $\xi\in[n,n+p]$，使得

$$\int_n^{n+p}\dfrac{\sin x}{x}\mathrm{d}x=\sin\xi\int_n^{n+p}\dfrac{1}{x}\mathrm{d}x=\sin\xi\cdot\ln\dfrac{n+p}{n},$$

其中 $n<\xi<n+p$，又当 $n\to\infty$ 时，$\ln\dfrac{n+p}{n}\to 0$，而 $|\sin\xi|\leqslant 1$，

所以 $\lim\limits_{n\to\infty}\int_n^{n+p}\dfrac{\sin x}{x}\mathrm{d}x=0$.

5. **答案** 0　**【解答】**由换元积分法可知：

$$\int_0^1(1-x^2)^n\mathrm{d}x\xlongequal{x=\sin t}\int_0^{\frac{\pi}{2}}\cos^{2n+1}t\mathrm{d}t=\dfrac{2n}{2n+1}\times\dfrac{2n-2}{2n-1}\times\cdots\times\dfrac{2}{3},$$

又 $0<\dfrac{2n}{2n+1}\times\dfrac{2n-2}{2n-1}\times\cdots\times\dfrac{2}{3}<\dfrac{1}{\sqrt{n+1}}\to 0, n\to\infty$，

由夹逼准则可得 $\lim\limits_{n\to\infty}\dfrac{2n}{2n+1}\times\dfrac{2n-2}{2n-1}\times\cdots\times\dfrac{2}{3}=0$，即 $\lim\limits_{n\to\infty}\int_0^1(1-x^2)^n\mathrm{d}x=0$.

6. **答案** $\dfrac{1}{2}$　**【解答】**$\lim\limits_{x\to+\infty}\dfrac{\int_1^x\left[t^2\left(\mathrm{e}^{\frac{1}{t}}-1\right)-t\right]\mathrm{d}t}{x^2\ln\left(1+\dfrac{1}{x}\right)}=\lim\limits_{x\to+\infty}\dfrac{\int_1^x\left[t^2\left(\mathrm{e}^{\frac{1}{t}}-1\right)-t\right]\mathrm{d}t}{x}$

$$=\lim_{x\to\infty}\left[x^2\left(\mathrm{e}^{\frac{1}{x}}-1\right)-x\right]$$

$$=\lim_{x\to\infty}\left\{x^2\left[\dfrac{1}{x}+\dfrac{1}{2x^2}+o\left(\dfrac{1}{x^2}\right)\right]-x\right\}=\dfrac{1}{2}.$$

7. **【解答】**(1) 由于 $|\cos x|\geqslant 0$，且 $n\pi\leqslant x<(n+1)\pi$，所以

$$\int_0^{n\pi}|\cos x|\mathrm{d}x\leqslant S(x)<\int_0^{(n+1)\pi}|\cos x|\mathrm{d}x.$$

又 $|\cos x|$ 是以 $\pi$ 为周期的函数，在每个周期上积分值相等，所以

$$\int_0^{n\pi}|\cos x|\mathrm{d}x=n\int_0^{\pi}|\cos x|\mathrm{d}x=2n,\int_0^{(n+1)\pi}|\cos x|\mathrm{d}x=2(n+1),$$

因此当 $n\pi\leqslant x<(n+1)\pi$ 时，有 $2n\leqslant S(x)<2(n+1)$.

(2) **方法一**  由(1)知,当 $n\pi \leqslant x < (n+1)\pi$ 时,有

$$\frac{2n}{(n+1)\pi} \leqslant \frac{S(x)}{x} < \frac{2(n+1)}{n\pi},$$

由夹逼准则容易得到 $\lim\limits_{x\to+\infty}\dfrac{S(x)}{x} = \dfrac{2}{\pi}$.

**方法二**  由于 $|\cos x|$ 是周期为 $\pi$ 的连续函数,根据周期函数的性质,有

$$\lim_{x\to+\infty}\frac{S(x)}{x} = \frac{1}{\pi}\int_0^\pi \cos x \, \mathrm{d}x = \frac{2}{\pi}.$$

8.【解答】由于 $\int_0^x (x-t)f(t)\mathrm{d}t = x\int_0^x f(t)\mathrm{d}t - \int_0^x tf(t)\mathrm{d}t$,

$$\int_0^x f(x-t)\mathrm{d}t = \int_x^0 f(u)\mathrm{d}(-u) = \int_0^x f(u)\mathrm{d}u = \int_0^x f(t)\mathrm{d}t,$$

故

$$\lim_{x\to 0} \frac{\int_0^x (x-t)f(t)\mathrm{d}t}{x\int_0^x f(x-t)\mathrm{d}t} = \lim_{x\to 0} \frac{\int_0^x f(t)\mathrm{d}t - xf(x) + xf(x)}{\int_0^x f(t)\mathrm{d}t + xf(x)}$$

$$= \lim_{x\to 0} \frac{\int_0^x f(t)\mathrm{d}t}{\int_0^x f(t)\mathrm{d}t + xf(x)} = \lim_{x\to 0} \frac{\frac{1}{x}\int_0^x f(t)\mathrm{d}t}{\frac{1}{x}\int_0^x f(t)\mathrm{d}t + f(x)}$$

$$\xlongequal{\text{积分中值定理}} \lim_{\substack{x\to 0 \\ \xi\to 0}} \frac{f(\xi)}{f(\xi)+f(x)} = \frac{f(0)}{f(0)+f(0)} = \frac{1}{2}.$$

9.【解答】令 $u = x^n - t^n$,则 $F(x) = \dfrac{1}{n}\int_0^{x^n} f(u)\mathrm{d}u$,故

$$\lim_{x\to 0}\frac{F(x)}{x^{2n}} = \lim_{x\to 0}\frac{\frac{1}{n}f(x^n)\cdot nx^{n-1}}{2nx^{2n-1}} = \lim_{x\to 0}\frac{1}{2n}\cdot\frac{f(x^n)}{x^n}$$

$$= \lim_{x\to 0}\frac{1}{2n}\cdot\frac{f(x^n)-f(0)}{x^n-0} = \frac{1}{2n}f'(0).$$

10.【解答】由题设可得 $F(x) = \left(\dfrac{2}{x}+\ln x\right)\int_1^x f(t)\mathrm{d}t - \int_1^x\left(\dfrac{2}{t}+\ln t\right)f(t)\mathrm{d}t$,

于是 $F'(x) = \left(-\dfrac{2}{x^2}+\dfrac{1}{x}\right)\int_1^x f(t)\mathrm{d}t + \left(\dfrac{2}{x}+\ln x\right)f(x) - \left(\dfrac{2}{x}+\ln x\right)f(x)$

$$= \left(-\frac{2}{x^2}+\frac{1}{x}\right)\int_1^x f(t)\mathrm{d}t = \frac{x-2}{x^2}\int_1^x f(t)\mathrm{d}t,$$

由于 $f(x) > 0$,因此 $\int_1^x f(t)\mathrm{d}t > 0 (x > 1)$,

故 $F'(x) = \dfrac{x-2}{x^2}\int_1^x f(t)\mathrm{d}t$,因此,当 $1 < x < 2$ 时,$F'(x) < 0$;当 $x > 2$ 时,$F'(x) > 0$,

所以 $x = 2$ 是 $F(x)$ 的唯一极小值点,故而也是 $F(x)$ 的唯一最小值点,其最小值为

$$F(2) = \int_1^2 \left[(1+\ln 2) - \left(\frac{2}{t}+\ln t\right)\right]f(t)\mathrm{d}t.$$

11.【解答】**方法一**  令 $x = \tan t$,则 $\mathrm{d}x = \sec^2 t\,\mathrm{d}t$,于是

$$\int_0^1 \frac{\ln(1+x)}{1+x^2}dx = \int_0^{\frac{\pi}{4}} \ln(1+\tan t)dt = \int_0^{\frac{\pi}{4}} \ln(\sin t + \cos t) - \int_0^{\frac{\pi}{4}} \ln\cos t dt$$

$$= \int_0^{\frac{\pi}{4}} \ln\left[\sqrt{2}\cos\left(\frac{\pi}{4}-t\right)\right]dt - \int_0^{\frac{\pi}{4}} \ln\cos t dt$$

$$= \frac{\pi}{8}\ln\sqrt{2} + \int_0^{\frac{\pi}{4}} \ln\cos\left(\frac{\pi}{4}-t\right)dt - \int_0^{\frac{\pi}{4}} \ln\cos t dt$$

$$\xrightarrow{u=\frac{\pi}{4}-t} \frac{\pi}{4}\ln\sqrt{2} - \int_{\frac{\pi}{4}}^0 \ln\cos u du - \int_0^{\frac{\pi}{4}} \ln\cos t dt$$

$$= \frac{\pi}{8}\ln 2 + \int_0^{\frac{\pi}{4}} \ln\cos u du - \int_0^{\frac{\pi}{4}} \ln\cos t dt = \frac{\pi}{8}\ln 2.$$

**方法二** 令 $x = \dfrac{1-t}{1+t}$，则 $dx = -\dfrac{2}{(1+t)^2}dt$，于是

$$\int_0^1 \frac{\ln(1+x)}{1+x^2}dx = \int_0^1 \frac{\ln 2 - \ln(1+t)}{1+t^2}dx = \ln 2\int_0^1 \frac{dt}{1+t^2}dt - \int_0^1 \frac{\ln(1+t)}{1+t^2}dt$$

$$= \frac{\pi}{4}\ln 2 - \int_0^1 \frac{\ln(1+t)}{1+t^2}dt,$$

所以 $$\int_0^1 \frac{\ln(1+x)}{1+x^2}dx = \frac{\pi}{8}\ln 2.$$

12. **【解答】** 利用分部积分法，有 $I_n = \int_0^1 \ln^n x dx = \lim_{x\to 0^+} x\ln^n x - nI_{n-1} = -nI_{n-1}$，

因此 $I_n = -nI_{n-1} = (-n)\cdot[-(n-1)]I_{n-2} = \cdots = (-1)^n n! I_0$.

又 $I_0 = \int_0^1 \ln^0 x dx = 1$，故 $I_n = \int_0^1 \ln^n x dx = (-1)^n n!$.

13. **【解答】** 令 $t = -x$，$I = -\int_{\frac{\pi}{2}}^{-\frac{\pi}{2}} \dfrac{\cos(-t)}{1+f(-t)}dt = \int_{-\frac{\pi}{2}}^{\frac{\pi}{2}} \dfrac{\cos t}{1+\dfrac{1}{f(t)}}dt = \int_{-\frac{\pi}{2}}^{\frac{\pi}{2}} \dfrac{f(x)\cos x}{1+f(x)}dx$，

于是 $2I = \int_{-\frac{\pi}{2}}^{\frac{\pi}{2}} \cos x dx = 2$，故 $I = 1$.

14. **【证明】** (1) 因为 $\int_{-a}^a f(x)g(x)dx = \int_{-a}^0 f(x)g(x)dx + \int_0^a f(x)g(x)dx$，又

$$\int_{-a}^0 f(x)g(x)dx \xrightarrow{u=-x} -\int_a^0 f(-u)g(-u)du = \int_0^a f(-x)g(x)dx,$$

所以 $\int_{-a}^a f(x)g(x)dx = \int_0^a f(-x)g(x)dx + \int_0^a f(x)g(x)dx$

$$= \int_0^a [f(-x)+f(x)]g(x)dx = A\int_0^a g(x)dx.$$

(2) 令 $f(x) = \arctan e^x$，$g(x) = |\sin x|$，$a = \dfrac{\pi}{2}$，则

$$f(x) + f(-x) = \arctan e^x + \arctan e^{-x} = \frac{\pi}{2},$$

故 $$\int_{-\frac{\pi}{2}}^{\frac{\pi}{2}} |\sin x|\arctan e^x dx = \frac{\pi}{2}\int_0^{\frac{\pi}{2}} |\sin x|dx = \frac{\pi}{2}.$$

15.【解答】因为 $f'(x) = \dfrac{\sin x}{\pi - x}$,所以

$$\int_0^\pi f(x)\mathrm{d}x = xf(x)\Big|_0^\pi - \int_0^\pi xf'(x)\mathrm{d}x = \pi f(\pi) - \int_0^\pi x\dfrac{\sin x}{\pi - x}\mathrm{d}x$$

$$= \pi f(\pi) - \int_0^\pi (x - \pi + \pi)\dfrac{\sin x}{\pi - x}\mathrm{d}x$$

$$= \pi f(\pi) + \int_0^\pi \sin x\mathrm{d}x - \pi\int_0^\pi \dfrac{\sin x}{\pi - x}\mathrm{d}x = 2.$$

16.【解答】(1) $\displaystyle\int_0^{+\infty} \dfrac{\sin x\cos x}{x}\mathrm{d}x = \int_0^{+\infty} \dfrac{\sin 2x}{2x}\mathrm{d}x \xrightarrow{t=2x} \dfrac{1}{2}\int_0^{+\infty} \dfrac{\sin t}{t}\mathrm{d}t = \dfrac{\pi}{4}.$

(2) $\displaystyle\int_0^{+\infty} \dfrac{\sin^2 x}{x^2}\mathrm{d}x = -\int_0^{+\infty} \sin^2 x\,\mathrm{d}\left(\dfrac{1}{x}\right) = -\dfrac{\sin^2 x}{x}\Big|_0^{+\infty} + \int_0^{+\infty} \dfrac{2\sin x\cos x}{x}\mathrm{d}x = \dfrac{\pi}{2}.$

17.【证明】令 $u = \dfrac{1}{t}$,则

$$\int_1^{\frac{1}{x}} \dfrac{\ln t}{1+t}\mathrm{d}t = \int_1^x \dfrac{\ln\frac{1}{u}}{1+\frac{1}{u}}\left(-\dfrac{1}{u^2}\right)\mathrm{d}u = \int_1^x \dfrac{\ln u}{u(1+u)}\mathrm{d}u = \int_1^x \left(\dfrac{1}{u} - \dfrac{1}{1+u}\right)\ln u\,\mathrm{d}u$$

$$= \int_1^x \dfrac{\ln u}{u}\mathrm{d}u - \int_1^x \dfrac{\ln u}{1+u}\mathrm{d}u = \dfrac{1}{2}\ln^2 x - \int_1^x \dfrac{\ln t}{1+t}\mathrm{d}t.$$

18.【证明】作辅助函数 $\varphi(x) = \dfrac{1}{x}\displaystyle\int_0^x f(t)\mathrm{d}t$,由于

$$\varphi'(x) = \dfrac{xf(x) - \int_0^x f(t)\mathrm{d}t}{x^2} = \dfrac{\int_0^x [f(x) - f(t)]\mathrm{d}t}{x^2} < 0,$$

故 $\varphi(x)$ 单调递减,于是 $\dfrac{1}{\alpha}\displaystyle\int_0^\alpha f(t)\mathrm{d}t = \varphi(\alpha) > \varphi(\beta) = \dfrac{1}{\beta}\int_0^\beta f(t)\mathrm{d}t,$

即 $\beta\displaystyle\int_0^\alpha f(x)\mathrm{d}x > \alpha\int_0^\beta f(x)\mathrm{d}x.$

19.【解答】由题设知 $0 \leqslant f^{-1}(t) \leqslant \dfrac{\pi}{4}$,等式 $\displaystyle\int_0^{f(x)} f^{-1}(t)\mathrm{d}t = \int_0^x t\dfrac{\cos t - \sin t}{\sin t + \cos t}\mathrm{d}t$ 两边均令 $x = 0$,

则 $\displaystyle\int_0^{f(0)} f^{-1}(t)\mathrm{d}t = 0$,由 $f(x)$ 的单调性及 $f^{-1}$ 非负性可知 $f(0) = 0.$

等式 $\displaystyle\int_0^{f(x)} f^{-1}(t)\mathrm{d}t = \int_0^x t\dfrac{\cos t - \sin t}{\sin t + \cos t}\mathrm{d}t$ 两边分别对 $x$ 求导,得

$$f^{-1}[f(x)]f'(x) = x\dfrac{\cos x - \sin x}{\sin x + \cos x},$$

即 $x \cdot f'(x) = x\dfrac{\cos x - \sin x}{\sin x + \cos x}$,故 $\begin{cases} f'(x) = \dfrac{\cos x - \sin x}{\sin x + \cos x}, x \in \left(0, \dfrac{\pi}{4}\right] \\ 0 = f(0) = \lim\limits_{x \to 0^+} f(x) \end{cases},$

解得 $f(x) = \ln(\sin x + \cos x).$

20.【证明】由于 $f(x)$ 在区间 $[a,b]$ 上连续,$g(x)$ 在区间 $[a,b]$ 上可积且不变号,不妨设 $M, m$

分别是 $f(x)$ 在区间 $[a,b]$ 上的最大值和最小值，$g(x) \geqslant 0$，$I = \int_a^b g(x) \mathrm{d}x$. 于是
$$mg(x) \leqslant f(x)g(x) \leqslant Mg(x),$$
由定积分的保号性，得 $mI \leqslant \int_a^b f(x)g(x)\mathrm{d}x \leqslant MI$.

若 $I = 0$，则 $\int_a^b f(x)g(x)\mathrm{d}x = 0$，故对任意 $\xi \in [a,b]$，都有
$$\int_a^b f(x)g(x)\mathrm{d}x = f(\xi)\int_a^b g(x)\mathrm{d}x.$$

若 $I \neq 0$，则 $I > 0$，因此得
$$m \leqslant \frac{1}{I}\int_a^b f(x)g(x)\mathrm{d}x \leqslant M.$$

由连续函数在闭区间上的介值性定理知，至少存在一点 $\xi \in [a,b]$，使得
$$f(\xi) = \frac{1}{I}\int_a^b f(x)g(x)\mathrm{d}x,$$

即
$$\int_a^b f(x)g(x)\mathrm{d}x = f(\xi)\int_a^b g(x)\mathrm{d}x.$$

21. 【证明】**方法一** 因为 $f(x)$ 单调递增，所以 $\left(x - \frac{a+b}{2}\right)\left[f(x) - f\left(\frac{a+b}{2}\right)\right] > 0$，则
$$\int_a^b \left(x - \frac{a+b}{2}\right)\left[f(x) - f\left(\frac{a+b}{2}\right)\right]\mathrm{d}x > 0.$$

又 $\int_a^b \left(x - \frac{a+b}{2}\right)f\left(\frac{a+b}{2}\right)\mathrm{d}x \xlongequal{t = \frac{a+b}{2} - x} f\left(\frac{a+b}{2}\right)\int_{\frac{b-a}{2}}^{-\frac{b-a}{2}} t\mathrm{d}t = 0$，

所以 $\int_a^b \left(x - \frac{a+b}{2}\right)f(x)\mathrm{d}x > 0$，即 $\int_a^b xf(x)\mathrm{d}x > \frac{a+b}{2}\int_a^b f(x)\mathrm{d}x$.

**方法二** 令 $F(t) = \int_a^t xf(x)\mathrm{d}x - \frac{a+t}{2}\int_a^t f(x)\mathrm{d}x(a \leqslant t \leqslant b)$，因为 $f(x)$ 在 $[a,b]$ 上单调增加，则当 $t \in (a,b)$ 时，有
$$F'(t) = t \cdot f(t) - \frac{1}{2}\int_a^t f(x)\mathrm{d}x - \frac{a+t}{2}f(t)$$
$$= \frac{t-a}{2}f(t) - \frac{1}{2}\int_a^t f(x)\mathrm{d}x = \frac{1}{2}\int_a^t [f(t) - f(x)]\mathrm{d}x > 0,$$

故 $F(t)$ 在 $(0,1]$ 上单调增加，于是有 $F(b) > F(a) = 0$，即
$$\int_a^b xf(x)\mathrm{d}x > \frac{a+b}{2}\int_a^b f(x)\mathrm{d}x.$$

22. 【解答】(1) 对任意 $x \in [-a,a]$，$f(x)$ 的带拉格朗日余项的一阶麦克劳林公式为
$$f(x) = f(0) + f'(0)x + \frac{f''(\xi)}{2!}x^2 = f'(0)x + \frac{f''(\xi)}{2!}x^2,$$

其中 $\xi$ 介于 $0$ 与 $x$ 之间.

(2) 由上式有
$$\int_{-a}^a f(x)\mathrm{d}x = \int_{-a}^a f'(0)x\mathrm{d}x + \int_{-a}^a \frac{x^2}{2!}f''(\xi)\mathrm{d}x = \frac{1}{2}\int_{-a}^a x^2 f''(\xi)\mathrm{d}x.$$

由于 $f(x)$ 在区间 $[-a,a]$ 上具有二阶连续导数,由闭区间上连续函数的最大值和最小值定理,$f''(x)$ 在区间 $[-a,a]$ 上取到最大值 $M$ 和最小值 $m$. 于是

$$m\int_0^a x^2 dx \leqslant \int_{-a}^a f(x)dx = \frac{1}{2}\int_{-a}^a x^2 f''(\xi)dx \leqslant M\int_0^a x^2 dx,$$

即

$$m \leqslant \frac{3}{a^3}\int_{-a}^a f(x)dx \leqslant M.$$

由闭区间上连续函数的介值定理:存在 $\eta \in [-a,a]$ 使得 $f''(\eta) = \frac{3}{a^3}\int_{-a}^a f(x)dx$,即

$$a^3 f''(\eta) = 3\int_{-a}^a f(x)dx.$$

**23.**【解答】(1) 由题设可知 $(x+1)f'(x) + (x+1)f(x) - \int_0^x f(t)dt = 0$.

上式两端同时对 $x$ 求导数,得 $(x+1)f''(x) = -(x+2)f'(x)$.

令 $u = f'(x)$,则有 $\dfrac{du}{dx} = -\dfrac{x+2}{x+1}u$,解之得 $u = f'(x) = \dfrac{Ce^{-x}}{x+1}$.

又因为 $f(0) = 1$,$f'(0) + f(0) = 0$,知 $f'(0) = -1$,从而 $C = -1$,

故 $f'(x) = -\dfrac{e^{-x}}{x+1}$.

(2) **方法一** 当 $x \geqslant 0$ 时,$f'(x) < 0$,即 $f(x)$ 单调递减,
又 $f(0) = 1$,所以 $f(x) \leqslant f(0) = 1$.

令 $\varphi(x) = f(x) - e^{-x}$,则 $\varphi(0) = 0$,$\varphi'(x) = f'(x) + e^{-x} = \dfrac{x}{x+1}e^{-x}$,

当 $x \geqslant 0$ 时,$\varphi'(x) \geqslant 0$,即函数单调递增,因而 $\varphi(x) \geqslant \varphi(0) = 0$,即 $f(x) \geqslant e^{-x}$.

综上所述,当 $x \geqslant 0$ 时,不等式 $e^{-x} \leqslant f(x) \leqslant 1$ 成立.

**方法二** 由于 $\int_0^x f'(x)dx = f(x) - f(0) = f(x) - 1$,

所以 $f(x) = 1 - \int_0^x \dfrac{e^{-t}}{t+1}dt$,又因为当 $x \geqslant 0$ 时,

$$0 \leqslant \int_0^x \dfrac{e^{-t}}{t+1}dt \leqslant \int_0^x e^{-t}dt = 1 - e^{-x},$$

所以 $e^{-x} \leqslant f(x) \leqslant 1$.

## 第三节 广义积分

**1.** 答案 B 【解答】显然函数 $f(x) = x\ln^2 x$ 在 $(0,1]$ 上连续,因为

$$\lim_{x\to 0^+} x\ln^2 x = \lim_{x\to 0^+} \dfrac{\ln^2 x}{\dfrac{1}{x}} \overset{\frac{0}{0}}{=} \lim_{x\to 0^+} \dfrac{2\ln x}{-\dfrac{1}{x}} \overset{\frac{0}{0}}{=} 2\lim_{x\to 0^+} x = 0,$$

所以 $\int_0^1 x\ln^2 x\, dx$ 为定积分,且

$$\int_0^1 x\ln^2 x\,\mathrm{d}x = \frac{1}{2}\int_0^1 \ln^2 x\,\mathrm{d}x^2 = \frac{1}{2}\left(x^2\ln^2 x\Big|_0^1 - 2\int_0^1 x\ln x\,\mathrm{d}x\right)$$
$$= -\frac{1}{2}\left(x^2\ln x - \frac{1}{2}x^2\right)\Big|_0^1 = \frac{1}{4},$$

因此,应选 B.

2. **答案** D **【解答】** 对于选项 A：

    **方法一** 基于判别法    函数 $f(x) = xe^{-x^2}$ 在 $[0,+\infty)$ 上非负且连续,

由于 $\lim\limits_{x\to+\infty}\dfrac{x^\beta}{e^{\alpha x}} = 0, \forall \alpha > 0$,故 $\lim\limits_{x\to+\infty}\dfrac{f(x)}{\dfrac{1}{x^p}} = \lim\limits_{x\to+\infty}\dfrac{x^{p+1}}{e^{x^2}} = 0, \forall p \in \mathbb{R}$,

取 $p = 2$,而 $\int_1^{+\infty}\dfrac{1}{x^2}\,\mathrm{d}x$ 收敛,故 $\int_1^{+\infty}xe^{-x^2}\,\mathrm{d}x$ 收敛,进而 $\int_0^{+\infty}xe^{-x^2}\,\mathrm{d}x$ 收敛.

    **方法二** 基于定义计算    $\int_0^{+\infty}xe^{-x^2}\,\mathrm{d}x = -\dfrac{1}{2}e^{-x^2}\Big|_0^{+\infty} = \dfrac{1}{2}$,故该积分收敛.

    对于选项 B：函数 $f(x) = x^2\ln^2 x$ 在 $(0,1]$ 上连续,且 $\lim\limits_{x\to 0^+}x^2\ln^2 x = 0$,

故 $\int_0^1 x^2\ln^2 x\,\mathrm{d}x$ 是定积分,故该积分收敛.

    对于选项 C：由于 $\int_e^{+\infty}\dfrac{1}{x(\ln\sqrt{x})^2}\,\mathrm{d}x \xlongequal{u=\sqrt{x}} \int_{\sqrt{e}}^{+\infty}\dfrac{2}{u(\ln u)^2}\,\mathrm{d}u = -\dfrac{2}{\ln u}\Big|_{\sqrt{e}}^{+\infty} = 4$,故该积分

收敛.

    对于选项 D：

    **方法一** 基于判别法    函数 $f(x) = \dfrac{1}{\sqrt{\cos x\sin x}}$ 在 $\left(0,\dfrac{\pi}{2}\right)$ 上非负且连续,又

$$\lim\limits_{x\to 0^+}f(x) = +\infty, \lim\limits_{x\to\left(\frac{\pi}{2}\right)^-}f(x) = +\infty,$$

记 $\int_0^{\frac{\pi}{2}}\dfrac{1}{\sqrt{\cos x\sin x}} = \int_0^{\frac{\pi}{4}}\dfrac{1}{\sqrt{\cos x\sin x}}\,\mathrm{d}x + \int_{\frac{\pi}{4}}^{\frac{\pi}{2}}\dfrac{1}{\sqrt{\cos x\sin x}}\,\mathrm{d}x \triangleq I_1 + I_2$,

由于 $\lim\limits_{x\to 0^+}\dfrac{f(x)}{\dfrac{1}{x}} = \lim\limits_{x\to 0^+}\dfrac{1}{\sqrt{\cos x}}\dfrac{x}{\sin x} = 1$,而 $\int_0^{\frac{\pi}{4}}\dfrac{1}{x}\,\mathrm{d}x$ 发散,故 $I_1$ 发散,

因此 $\int_0^{\frac{\pi}{2}}\dfrac{1}{\sqrt{\cos x\sin x}}\,\mathrm{d}x$ 发散.

    **方法二** 基于定义计算

$$\int_0^{\frac{\pi}{2}}\dfrac{1}{\sqrt{\cos x\sin x}}\,\mathrm{d}x \xlongequal{\sqrt{\cos x}=t} 2\int_0^1 \dfrac{1}{1-t^4}\,\mathrm{d}t = \dfrac{1}{2}\int_0^1\left(\dfrac{1}{1-t} + \dfrac{1}{1+t} + \dfrac{2}{1+t^2}\right)\mathrm{d}t$$
$$= \dfrac{1}{2}\left[\ln\left|\dfrac{1+t}{1-t}\right| + 2\arctan t\right]_0^1 = +\infty,$$

因此,应选 D.

3. **答案** C **【解答】** 对于选项 A：

**方法一** $\int_1^{+\infty} \frac{\mathrm{d}x}{\sqrt{x^2-1}} = \left[\ln\left|x+\sqrt{x^2-1}\right|\right]\Big|_1^{+\infty} = +\infty$，因此 $\int_1^{+\infty} \frac{\mathrm{d}x}{\sqrt{x^2-1}}$ 发散.

**方法二** 函数 $f(x) = \frac{1}{\sqrt{x^2-1}}$ 在 $(1,+\infty)$ 上非负且连续，

记 $\int_1^{+\infty} \frac{\mathrm{d}x}{\sqrt{x^2-1}} = \int_1^2 \frac{\mathrm{d}x}{\sqrt{x^2-1}} + \int_2^{+\infty} \frac{\mathrm{d}x}{\sqrt{x^2-1}} \triangleq I_1 + I_2$，

针对 $I_2$，由于 $f(x) = \frac{1}{\sqrt{x^2-1}} \sim \frac{1}{x}, x \to +\infty$，而 $\int_2^{+\infty} \frac{1}{x}\mathrm{d}x$ 发散，

故 $I_2 = \int_2^{+\infty} \frac{\mathrm{d}x}{\sqrt{x^2-1}}$ 发散，因此 $\int_1^{+\infty} \frac{\mathrm{d}x}{\sqrt{x^2-1}}$ 发散.

对于选项 B：

**方法一** $\int_1^{+\infty} \frac{\mathrm{d}x}{\sqrt{x(x-1)}} = \int_1^{+\infty} \frac{\mathrm{d}x}{\sqrt{\left(x-\frac{1}{2}\right)^2 - \frac{1}{4}}}$

$$= \left[\ln\left|\left(x-\frac{1}{2}\right) + \sqrt{\left(x-\frac{1}{2}\right)^2 - \frac{1}{4}}\right|\right]_1^{+\infty} = +\infty.$$

**方法二** 函数 $f(x) = \frac{1}{\sqrt{x(x-1)}}$ 在 $(1,+\infty)$ 上非负且连续，

记 $\int_1^{+\infty} \frac{\mathrm{d}x}{\sqrt{x(x-1)}} = \int_1^2 \frac{\mathrm{d}x}{\sqrt{x(x-1)}} + \int_2^{+\infty} \frac{\mathrm{d}x}{\sqrt{x(x-1)}} \triangleq I_1 + I_2$，

针对 $I_2$，由于 $f(x) = \frac{1}{\sqrt{x(x-1)}} \sim \frac{1}{x}, x \to +\infty$，而 $\int_2^{+\infty} \frac{1}{x}\mathrm{d}x$ 发散，

故 $I_2 = \int_2^{+\infty} \frac{\mathrm{d}x}{\sqrt{x(x-1)}}$ 发散，因此 $\int_1^{+\infty} \frac{\mathrm{d}x}{\sqrt{x(x-1)}}$ 发散.

对于选项 C

**方法一** $\int_1^{+\infty} \frac{\mathrm{d}x}{x^2\sqrt{x^2-1}} \xlongequal{x=\sec^2 t} \int_0^{\frac{\pi}{2}} \frac{\sec t \tan t}{\sec^2 t \tan t}\mathrm{d}t = \int_0^{\frac{\pi}{2}} \cos t \mathrm{d}t = 1$，

**方法二** 函数 $f(x) = \frac{1}{x^2\sqrt{x^2-1}}$ 在 $(1,+\infty)$ 上非负且连续，

记 $\int_1^{+\infty} \frac{\mathrm{d}x}{x^2\sqrt{x^2-1}} = \int_1^2 \frac{\mathrm{d}x}{x^2\sqrt{x^2-1}} + \int_2^{+\infty} \frac{\mathrm{d}x}{x^2\sqrt{x^2-1}} \triangleq I_1 + I_2$，

针对 $I_1$，由于 $f(x) = \frac{1}{x^2\sqrt{x^2-1}} = \frac{1}{x^2(x+1)^{\frac{1}{2}}} \cdot \frac{1}{(x-1)^{\frac{1}{2}}}, x \in (1,2]$，

则 $\lim\limits_{x \to 1^+} \frac{f(x)}{\frac{1}{(x-1)^{\frac{1}{2}}}} = \lim\limits_{x \to 1^+} \frac{1}{x^2(x+1)^{\frac{1}{2}}} = \frac{1}{\sqrt{2}}$，而 $\int_1^2 \frac{1}{(x-1)^{\frac{1}{2}}}\mathrm{d}x$ 收敛，

故 $I_2 = \int_2^{+\infty} \frac{\mathrm{d}x}{\sqrt{x(x-1)}}$ 收敛.

针对 $I_2$，由于 $f(x) = \frac{1}{x^2\sqrt{x^2-1}} \sim \frac{1}{x^3}, x \to +\infty$，而 $\int_2^{+\infty} \frac{1}{x^3}\mathrm{d}x$ 收敛，

故 $I_2 = \int_2^{+\infty} \dfrac{\mathrm{d}x}{x^2\sqrt{x^2-1}}$ 收敛，因此 $\int_1^{+\infty} \dfrac{\mathrm{d}x}{x^2\sqrt{x^2-1}}$ 收敛.

对于选项 D：

**方法一** $\int_1^{+\infty} \dfrac{\mathrm{d}x}{x(x^2-1)} = \int_1^{+\infty} \left(\dfrac{x}{x^2-1} - \dfrac{1}{x}\right) \mathrm{d}x = \left[\ln\left|\dfrac{\sqrt{x^2-1}}{x}\right|\right]_1^{+\infty} = +\infty$，

**方法二** 函数 $f(x) = \dfrac{1}{x(x^2-1)}$ 在 $(1,+\infty)$ 上非负且连续，

记 $\int_1^{+\infty} \dfrac{\mathrm{d}x}{x(x^2-1)} = \int_1^2 \dfrac{\mathrm{d}x}{x(x^2-1)} + \int_2^{+\infty} \dfrac{\mathrm{d}x}{x(x^2-1)} \triangleq I_1 + I_2$，

针对 $I_2$，由于 $f(x) = \dfrac{1}{x(x^2-1)} = \dfrac{1}{x(x+1)} \cdot \dfrac{1}{x-1}, x \in (1,2)$，且

$$\lim_{x \to 1^+} \dfrac{f(x)}{\dfrac{1}{x-1}} = \lim_{x \to 1^+} \dfrac{1}{x(x+1)} = \dfrac{1}{2},$$

而 $\int_1^2 \dfrac{1}{x-1}\mathrm{d}x$ 发散，故 $I_2 = \int_1^2 \dfrac{\mathrm{d}x}{x(x^2-1)}$ 发散，因此 $\int_1^{+\infty} \dfrac{\mathrm{d}x}{x(x^2-1)}$ 发散.

综上所述，应选 C.

4.【解答】(1) 由于 $\lim\limits_{A \to +\infty} \int_0^A \sin x \mathrm{d}x = \lim\limits_{A \to +\infty} (-\cos x)\Big|_0^A = \lim\limits_{A \to +\infty}(1 - \cos A)$ 不存在，

故 $\int_0^{+\infty} \sin x \mathrm{d}x$ 发散，所以 $\int_{-\infty}^{+\infty} \sin x \mathrm{d}x$ 发散.

(2) 函数 $f(x) = \dfrac{1}{x^2} \cdot \sin \dfrac{1}{x}$ 在 $\left[\dfrac{2}{\pi}, +\infty\right)$ 上非负且连续，又 $0 \leqslant f(x) = \dfrac{1}{x^2} \cdot \sin \dfrac{1}{x} \leqslant \dfrac{1}{x^2}$，

而 $\int_{\frac{2}{\pi}}^{+\infty} \dfrac{1}{x^2}\mathrm{d}x$ 收敛，由比较判别法可知 $\int_{\frac{2}{\pi}}^{+\infty} \dfrac{1}{x^2} \cdot \sin \dfrac{1}{x} \mathrm{d}x$ 收敛.

(也可由 $f(x) = \dfrac{1}{x^2} \cdot \sin \dfrac{1}{x} \sim \dfrac{1}{x^2} \cdot \dfrac{1}{x} \sim \dfrac{1}{x^3}, x \to +\infty$，而 $\int_{\frac{2}{\pi}}^{+\infty} \dfrac{1}{x^3}\mathrm{d}x$ 收敛，得到 $f(x)$ 收敛.)

此时，$\int_{\frac{2}{\pi}}^{+\infty} \dfrac{1}{x^2} \cdot \sin \dfrac{1}{x} \mathrm{d}x = -\int_{\frac{2}{\pi}}^{+\infty} \sin \dfrac{1}{x} \mathrm{d}\left(\dfrac{1}{x}\right) = \cos \dfrac{1}{x}\Big|_{\frac{2}{\pi}}^{+\infty} = 1$.

(3) 函数 $f(x) = \dfrac{\ln x}{x^2}$ 在 $[1, +\infty)$ 上非负且连续，由于 $\lim\limits_{x \to +\infty} \dfrac{\ln x}{x^\alpha} = 0, \forall \alpha > 0$，

故 $\lim\limits_{x \to +\infty} \dfrac{f(x)}{\dfrac{1}{x^{\frac{3}{2}}}} = \lim\limits_{x \to +\infty} \dfrac{\ln x}{x^{\frac{1}{2}}} = 0$，而 $\int_1^{+\infty} \dfrac{1}{x^{\frac{3}{2}}}\mathrm{d}x$ 收敛，故 $\int_1^{+\infty} \dfrac{\ln x}{x^2}\mathrm{d}x$ 收敛. 此时，

$$\int_1^{+\infty} \dfrac{\ln x}{x^2}\mathrm{d}x = \int_1^{+\infty} (-\ln x)\mathrm{d}\left(\dfrac{1}{x}\right) = -\dfrac{\ln x}{x}\Big|_1^{+\infty} + \int_1^{+\infty} \dfrac{1}{x^2}\mathrm{d}x = 0 - \dfrac{1}{x}\Big|_1^{+\infty} = 1.$$

(4) 函数 $f(x) = \dfrac{\arctan x}{x^2}$ 在 $[1, +\infty)$ 上非负且连续，又

$$f(x) = \dfrac{\arctan x}{x^2} \leqslant \dfrac{\pi}{2} \cdot \dfrac{1}{x^2}, \forall x \in [1, +\infty),$$

而 $\int_1^{+\infty} \dfrac{1}{x^2}\mathrm{d}x$ 收敛，故 $\int_1^{+\infty} \dfrac{\arctan x}{x^2}\mathrm{d}x$ 收敛. 此时，

$$\int_1^{+\infty} \frac{\arctan x}{x^2}\mathrm{d}x = -\int_1^{+\infty} \arctan x \,\mathrm{d}\left(\frac{1}{x}\right)$$

$$= -\frac{1}{x}\arctan x \Big|_1^{+\infty} + \int_1^{+\infty} \frac{1}{x(1+x^2)}\mathrm{d}x$$

$$= \frac{\pi}{4} + \int_1^{+\infty}\left(\frac{1}{x}-\frac{x}{1+x^2}\right)\mathrm{d}x = \frac{\pi}{4} + \ln\frac{x}{\sqrt{1+x^2}}\Big|_1^{+\infty}$$

$$= \frac{\pi}{4} + \frac{1}{2}\ln 2.$$

(5) 函数 $f(x) = \dfrac{1}{x\sqrt{1+2x^4+2x^8}}$ 在 $[1,+\infty)$ 上非负且连续,又

$$f(x) = \frac{1}{x\sqrt{1+2x^4+2x^8}} \sim \frac{1}{\sqrt{2}}\times\frac{1}{x\cdot x^4} = \frac{1}{\sqrt{2}}\times\frac{1}{x^5}, x\to+\infty,$$

而 $\int_1^{+\infty}\dfrac{1}{x^5}\mathrm{d}x$ 收敛,故 $\int_1^{+\infty}\dfrac{1}{x\sqrt{1+2x^4+2x^8}}\mathrm{d}x$ 收敛. 此时,

$$\int_1^{+\infty}\frac{1}{x\sqrt{1+2x^4+2x^8}}\mathrm{d}x$$

$$= \int_1^{+\infty}\frac{1}{x^5\sqrt{\frac{1}{x^8}+\frac{2}{x^4}+2}}\mathrm{d}x = -\frac{1}{4}\int_1^{+\infty}\frac{1}{\sqrt{\frac{1}{x^8}+\frac{2}{x^4}+2}}\mathrm{d}\left(\frac{1}{x^4}\right)$$

$$\xrightarrow{t=\frac{1}{x^4}} \frac{1}{4}\int_0^1\frac{1}{\sqrt{t^2+2t+2}}\mathrm{d}t = \frac{1}{4}\int_0^1\frac{1}{\sqrt{(t+1)^2+1}}\mathrm{d}t$$

$$= \frac{1}{4}\left[\ln\left|(t+1)+\sqrt{(t+1)^2+1}\right|\right]_0^1 = \frac{1}{4}\ln\frac{2+\sqrt{5}}{1+\sqrt{2}}.$$

**5.【解答】** $\int_{-\infty}^a t\mathrm{e}^{2t}\mathrm{d}t = \left[\frac{1}{4}(2t-1)\mathrm{e}^{2t}\right]_{-\infty}^a = \frac{1}{4}(2a-1)\mathrm{e}^{2a},$

$$\lim_{x\to\infty}\left(\frac{x+a}{x-a}\right)^x = \mathrm{e}^{\lim_{x\to\infty}x\ln\left[1+\left(\frac{x+a}{x-a}-1\right)\right]} = \mathrm{e}^{\lim_{x\to\infty}x\left(\frac{x+a}{x-a}-1\right)} = \mathrm{e}^{\lim_{x\to\infty}\frac{2ax}{x-a}} = \mathrm{e}^{2a},$$

由题设知 $\mathrm{e}^{2a} = \lim\limits_{x\to\infty}\left(\dfrac{x+a}{x-a}\right)^x = \int_{-\infty}^a t\mathrm{e}^{2t}\mathrm{d}t = \dfrac{1}{4}(2a-1)\mathrm{e}^{2a}$,解得 $a = \dfrac{5}{2}$.

**6.【解答】** 由于函数 $f(x) = \dfrac{x^2\arcsin x}{\sqrt{1-x^2}}$ 在 $[0,1)$ 上非负且连续,又 $\lim\limits_{x\to 1^-}\dfrac{x^2\arcsin x}{\sqrt{1-x^2}} = +\infty$,

所以 $\int_0^1\dfrac{x^2\arcsin x}{\sqrt{1-x^2}}\mathrm{d}x$ 是反常积分.

令 $\arcsin x = t$,则 $x = \sin t, t\in\left[0,\dfrac{\pi}{2}\right)$,

$$\int_0^1\frac{x^2\arcsin x}{\sqrt{1-x^2}}\mathrm{d}x = \int_0^{\frac{\pi}{2}}\frac{t\sin^2 t}{\cos t}\cos t\,\mathrm{d}t = \int_0^{\frac{\pi}{2}}\left(\frac{t}{2}-\frac{t\cos 2t}{2}\right)\mathrm{d}t$$

$$= \frac{t^2}{4}\Big|_0^{\frac{\pi}{2}} - \frac{1}{4}\int_0^{\frac{\pi}{2}}t\,\mathrm{d}(\sin 2t) = \frac{\pi^2}{16} - \frac{t\sin 2t}{4}\Big|_0^{\frac{\pi}{2}} + \frac{1}{4}\int_0^{\frac{\pi}{2}}\sin 2t\,\mathrm{d}t$$

$$= \frac{\pi^2}{16} - \frac{\cos 2t}{8}\Big|_0^{\frac{\pi}{2}} = \frac{\pi^2}{16} + \frac{1}{4}.$$

**7.【解答】** $\displaystyle\int_{\frac{1}{2}}^{1} \frac{\arcsin\sqrt{x}}{\sqrt{x(1-x)}} dx = 2\int_{\frac{1}{2}}^{1} \frac{\arcsin\sqrt{x}}{\sqrt{1-x}} d\sqrt{x} = 2\int_{\frac{1}{2}}^{1} \arcsin\sqrt{x}\, d(\arcsin\sqrt{x})$

$$= (\arcsin\sqrt{x})^2\Big|_{\frac{1}{2}}^{1} = \frac{3\pi^2}{16},$$

**8.【解答】** $\displaystyle\int_{\frac{1}{2}}^{\frac{3}{2}} \frac{1}{\sqrt{|x-x^2|}} dx = \int_{\frac{1}{2}}^{1} \frac{1}{\sqrt{x-x^2}} dx + \int_{1}^{\frac{3}{2}} \frac{1}{\sqrt{x^2-x}} dx$

$$= \int_{\frac{1}{2}}^{1} \frac{1}{\sqrt{\frac{1}{4}-\left(x-\frac{1}{2}\right)^2}} dx + \int_{1}^{\frac{3}{2}} \frac{1}{\sqrt{\left(x-\frac{1}{2}\right)^2-\frac{1}{4}}} dx$$

$$= \arcsin(2x-1)\Big|_{\frac{1}{2}}^{1} + \left[\ln\left(x-\frac{1}{2}\right) + \sqrt{\left(x-\frac{1}{2}\right)^2-\frac{1}{4}}\right]_{1}^{\frac{3}{2}}$$

$$= \frac{\pi}{2} + \ln(2+\sqrt{3}).$$

**9.【解析】** 先讨论这个广义积分的敛散性,注意到被积函数中含有常数 $k$,对 $k$ 的不同取值范围分别进行讨论即可.

**【解答】** 当 $k<1$ 时,$\displaystyle\int_{2}^{+\infty} \frac{1}{x(\ln x)^k} dx = \lim_{t\to+\infty}\int_{2}^{t} \frac{1}{x(\ln x)^k} dx = \lim_{t\to+\infty}\left[\frac{1}{1-k}(\ln x)^{1-k}\right]\Big|_{2}^{t} = \infty.$

当 $k=1$ 时,$\displaystyle\int_{2}^{+\infty} \frac{1}{x(\ln x)^k} dx = \lim_{t\to+\infty}\int_{2}^{t} \frac{1}{x\ln x} dx = \lim_{t\to+\infty} \ln(\ln x)\Big|_{2}^{t} = \infty.$

当 $k>1$ 时,$\displaystyle\int_{2}^{+\infty} \frac{1}{x(\ln x)^k} dx = \lim_{t\to+\infty}\left[\frac{1}{1-k}(\ln x)^{1-k}\right]\Big|_{2}^{t} = \frac{1}{k-1}(\ln 2)^{1-k}.$

综上所述,当 $k\leqslant 1$ 时,$\displaystyle\int_{2}^{+\infty} \frac{1}{x(\ln x)^k} dx$ 发散;当 $k>1$ 时,$\displaystyle\int_{2}^{+\infty} \frac{1}{x(\ln x)^k} dx$ 收敛.

设 $f(k) = \dfrac{1}{k-1}(\ln 2)^{k-1}, k\in(1,+\infty)$,则 $f'(k) = -\dfrac{1}{k-1}\cdot\dfrac{1}{(\ln 2)^{k-1}}\cdot\left(\dfrac{1}{k-1}+\ln\ln 2\right).$

令 $f'(k)=0$,可得 $k = 1-\dfrac{1}{\ln\ln 2}$. 显然当 $1<k<1-\dfrac{1}{\ln\ln 2}$ 时,$f'(k)<0$;当 $k>1-\dfrac{1}{\ln\ln 2}$ 时,$f'(k)>0$,

故 $f(k)$ 在 $k = 1-\dfrac{1}{\ln\ln 2}$ 处取得极小值,同时也是最小值. 即当 $k = 1-\dfrac{1}{\ln\ln 2}$ 时,$\displaystyle\int_{2}^{+\infty} \frac{1}{x(\ln x)^k} dx$ 取得最小值.

**10.【解答】** 由于 $\displaystyle\int_{1}^{+\infty} \left[\frac{2x^2+bx+a}{x(2x+a)} - 1\right] dx = \int_{1}^{+\infty} \frac{(b-a)x+a}{x(2x+a)} dx.$

显然 $\dfrac{(b-a)x+a}{x(2x+a)} \sim \dfrac{b-a}{2}\cdot\dfrac{1}{x}, x\to+\infty$,若 $b-a\neq 0$,则该反常积分发散,

因此,欲使该反常积分收敛,必有 $b=a$.

此时 $\int_1^{+\infty} \left[\frac{2x^2+bx+a}{x(2x+a)}-1\right]dx = \frac{a}{2}\int_1^{+\infty}\frac{1}{x\left(x+\frac{a}{2}\right)}dx$. 同理，$a > -2$. 于是

$$\int_1^{+\infty}\left[\frac{2x^2+bx+a}{x(2x+a)}-1\right]dx = \int_1^{+\infty}\frac{a}{x(2x+a)}dx = \ln\left|\frac{x}{x+\frac{a}{2}}\right|\Big|_1^{+\infty} = -\ln\frac{2}{a+2}.$$

由题设知 $-\ln\frac{2}{a+2}=1$，解得 $a = 2e - 2$，因此 $a = b = 2e - 2$.

## 第四节  定积分的应用

1.【解答】由 $\begin{cases} y^2 = 2x \\ y = -2x+2 \end{cases}$，可得 $\begin{cases} x_1 = \frac{1}{2} \\ y_1 = 1 \end{cases}$，及 $\begin{cases} x_2 = 2 \\ y_2 = -2 \end{cases}$，即抛物线与直线的交点为 $\left(\frac{1}{2},1\right)$ 和 $(2,-2)$. 故所求图形在直线 $y=1$ 和 $y=-2$ 之间，即积分区间为 $[-2,1]$.

在区间 $[-2,1]$ 上，任取一个小区间为 $[y,y+dy]$，对应的窄条面积近似于高为 $\left(1-\frac{1}{2}y\right)-\frac{1}{2}y^2$，底为 $dy$ 的矩形面积，从而得到面积元素 $dA = \left[\left(1-\frac{1}{2}y\right)-\frac{1}{2}y^2\right]dy$，

所求图形面积 $A = \int_{-2}^{1}\left[\left(1-\frac{1}{2}y\right)-\frac{1}{2}y^2\right]dy = \left(y-\frac{1}{4}y^2-\frac{1}{6}y^3\right)\Big|_{-2}^{1} = \frac{9}{4}$.

2.【解答】$A = \int_0^{2\pi a} y(x)dx = \int_0^{2\pi} a(1-\cos t)\cdot a(1-\cos t)dt$

$= a^2\int_0^{2\pi}\left(1-2\cos t + \frac{1+\cos 2t}{2}\right)dt = 3\pi a^2$.

3.【解答】由 $\begin{cases} r = 3\cos\theta \\ r = 1+\cos\theta \end{cases}$，解得两曲线的交点 $\begin{cases} \theta = \frac{\pi}{3} \\ r = \frac{3}{2} \end{cases}$，$\begin{cases} \theta = -\frac{\pi}{3} \\ r = \frac{3}{2} \end{cases}$，

故 $A = 2\left[\int_0^{\frac{\pi}{3}}\frac{1}{2}(1+\cos\theta)^2 d\theta + \int_{\frac{\pi}{3}}^{\frac{\pi}{2}}\frac{1}{2}(3\cos\theta)^2 d\theta\right]$

$= \left[\int_0^{\frac{\pi}{3}}\left(1+2\cos\theta+\frac{1+\cos 2\theta}{2}\right)d\theta + \frac{9}{2}\int_{\frac{\pi}{3}}^{\frac{\pi}{2}}(1+\cos 2\theta)d\theta\right] = \frac{5\pi}{4}$.

4.【解答】曲线 $L$ 在任一点 $(x,y)$ 的切线斜率为 $\frac{dy}{dx} = \frac{-\sin t}{f'(t)}$，过该点 $(x,y)$ 处的切线为

$$Y - \cos t = \frac{-\sin t}{f'(t)}[X - f(t)],$$

令 $Y = 0$ 得 $X = f'(t)\cot t + f(t)$.

由于曲线 $L$ 与 $x$ 轴和 $y$ 轴的交点到切点的距离恒为 $1$. 故有

$$[f'(t)\cot t + f(t) - f(t)]^2 + \cos^2 t = 1,$$

又 $f'(t) > 0 \left(0 < t < \frac{\pi}{2}\right)$. 所以 $f'(t) = \frac{\sin t}{\cot t}$，两边同时取不定积分可得

$$f(t) = \ln|\sec t + \tan t| - \sin t + C,$$

又由于 $f(0) = 0$，所以 $C = 0$. 故函数 $f(t) = \ln|\sec t + \tan t| - \sin t$.

此曲线 $L$ 与 $x$ 轴和 $y$ 轴的所围成无边界的区域的面积为

$$S = \int_0^{\frac{\pi}{2}} \cos t \cdot f'(t) \mathrm{d}t = \frac{\pi}{4}.$$

5.【解答】$V_x = \int_0^{2\pi a} \pi y^2(x) \mathrm{d}x = \pi \int_0^{2\pi} a^2 (1-\cos t)^2 \cdot a(1-\cos t) \mathrm{d}t$

$$= \pi a^3 \int_0^{2\pi} (1 - 3\cos t + 3\cos^2 t - \cos^3 t) \mathrm{d}t = 5\pi^2 a^3,$$

$$V_y = \int_0^{2a} \pi x_2^2(y) \mathrm{d}y - \int_0^{2a} \pi x_1^2(y) \mathrm{d}y$$

$$= \pi \int_{2\pi}^{\pi} a^2 (t - \sin t)^2 \cdot a \sin t \mathrm{d}t - \pi \int_0^{\pi} a^2 (t - \sin t)^2 \cdot a \sin t \mathrm{d}t$$

$$= -\pi a^3 \int_0^{2\pi} (t - \sin t)^2 \sin t \mathrm{d}t = 6\pi^3 a^3.$$

6.【解答】旋转体的体积为

$$V = 2 \times 2\pi \int_1^3 x \sqrt{1 - (x-2)^2} \mathrm{d}x \xrightarrow{x-2=\sin t} 4\pi \int_{-\frac{\pi}{2}}^{\frac{\pi}{2}} (2 + \sin t) \cos^2 t \mathrm{d}t$$

$$= 4\pi \left[ \int_{-\frac{\pi}{2}}^{\frac{\pi}{2}} (1 + \cos 2t) \mathrm{d}t + \int_{-\frac{\pi}{2}}^{\frac{\pi}{2}} \sin t \cos^2 t \mathrm{d}t \right]$$

$$= 4\pi \left( t + \frac{1}{2} \sin 2t \right) \Big|_{-\frac{\pi}{2}}^{\frac{\pi}{2}} = 4\pi^2.$$

7.【解答】(1) 设切点的横坐标为 $x_0$，则曲线 $y = \ln x$ 在点 $(x_0, \ln x_0)$ 处的切线方程是

$$y = \ln x_0 + \frac{1}{x_0}(x - x_0),$$

由该切线过原点知 $\ln x_0 - 1 = 0$，从而 $x_0 = \mathrm{e}$，所以该切线的方程为 $y = \frac{1}{\mathrm{e}} x$.

平面图形 $D$ 的面积 $A = \int_0^1 (\mathrm{e}^y - \mathrm{e}y) \mathrm{d}y = \frac{1}{2}\mathrm{e} - 1$.

(2) 切线 $y = \frac{1}{\mathrm{e}} x$ 与 $x$ 轴及直线 $x = \mathrm{e}$ 所围成的三角形绕直线 $x = \mathrm{e}$ 旋转所得的圆锥体的体积为

$$V_1 = \frac{1}{3}\pi \mathrm{e}^2.$$

曲线 $y = \ln x$ 与 $x$ 轴及直线 $x = \mathrm{e}$ 所围成的图形绕直线 $x = \mathrm{e}$ 旋转所得的旋转体的体积为

$$V_2 = \int_0^1 \pi (\mathrm{e} - \mathrm{e}^y)^2 \mathrm{d}y,$$

因此所求旋转体的体积为 $V = V_1 - V_2 = \frac{1}{3}\pi \mathrm{e}^2 - \int_0^1 \pi (\mathrm{e} - \mathrm{e}^y)^2 \mathrm{d}y = \frac{\pi}{6}(5\mathrm{e}^2 - 12\mathrm{e} + 3).$

8.【解答】如图 3-1 所示，

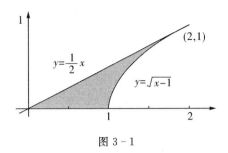

图 3-1

不妨设过原点的切线与曲线 $y = \sqrt{x-1}$ 相切于点 $(x_0, \sqrt{x_0-1})$，由 $y' = \dfrac{1}{2\sqrt{x-1}}$ 且

$y'\big|_{x=x_0} = \dfrac{1}{2\sqrt{x_0-1}}$ 可知切线方程为 $y = \dfrac{1}{2\sqrt{x_0-1}}x$．因为切线过点 $(x_0, \sqrt{x_0-1})$，由

$\sqrt{x_0-1} = \dfrac{1}{2\sqrt{x_0-1}}x_0$ 得 $x_0 = 2$，即切线方程为 $y = \dfrac{1}{2}x$．

由直线段 $y = \dfrac{1}{2}x\ (0 \leqslant x \leqslant 2)$ 绕 $x$ 轴旋转一周的旋转体的表面积为

$$A_1 = \int_0^2 2\pi \cdot \dfrac{1}{2}x \cdot \dfrac{\sqrt{5}}{2}\mathrm{d}x = \sqrt{5}\pi.$$

由曲线 $y = \sqrt{x-1}\ (1 \leqslant x \leqslant 2)$，绕 $x$ 轴旋转一周的旋转体的表面积为

$$A_2 = \int_1^2 2\pi \cdot \sqrt{x-1} \cdot \sqrt{1+\left(\dfrac{1}{2\sqrt{x-1}}\right)^2}\mathrm{d}x = \pi\int_1^2 (4x-3)^{\frac{1}{2}}\mathrm{d}x = \dfrac{\pi}{6}(5\sqrt{5}-1),$$

故所求旋转体的表面积为

$$A = A_1 + A_2 = \dfrac{\pi}{6}(11\sqrt{5}-1).$$

9. 【证明】$y = \sin x$ 的一个周期的弧长 $L_1 = 4\int_0^{\frac{\pi}{2}}\sqrt{1+y'^2}\mathrm{d}x = 4\int_0^{\frac{\pi}{2}}\sqrt{1+\cos^2 x}\mathrm{d}x$，

将椭圆 $2x^2 + y^2 = 2$，即 $x^2 + \dfrac{y^2}{(\sqrt{2})^2} = 1$ 化为参数方程 $\begin{cases} x = \cos t \\ y = \sqrt{2}\sin t \end{cases}\ (0 \leqslant t \leqslant 2\pi)$，

其弧长为

$$L_2 = 4\int_0^{\frac{\pi}{2}}\sqrt{x'^2(t)+y'^2(t)}\mathrm{d}t = 4\int_0^{\frac{\pi}{2}}\sqrt{\sin^2 t + 2\cos^2 t}\mathrm{d}t = 4\int_0^{\frac{\pi}{2}}\sqrt{1+\cos^2 t}\mathrm{d}t,$$

故 $L_1 = L_2$．

10. 【解答】(1) 由对称性得 $A = 4\int_0^a y(x)\mathrm{d}x = 4\int_{\frac{\pi}{2}}^0 a\sin^3 t \cdot 3a\cos^2 t(-\sin t)\mathrm{d}t$

$$= 12a^2\int_0^{\frac{\pi}{2}}\sin^4 t\cos^2 t\mathrm{d}t = \dfrac{3\pi}{8}a^2.$$

(2) $L = 4\int_0^{\frac{\pi}{2}}\sqrt{x'^2(t)+y'^2(t)}\mathrm{d}t$

$$= 4\int_0^{\frac{\pi}{2}}\sqrt{(-3a\cos^2 t\sin t)^2 + (3a\sin^2 t\cos t)^2}\mathrm{d}t$$

$$= 12a \int_0^{\frac{\pi}{2}} \sin t \cos t \, dt = 6a .$$

11. **【解答】** $\dfrac{\mathrm{d}y}{\mathrm{d}x} = \dfrac{\frac{\mathrm{d}y}{\mathrm{d}t}}{\frac{\mathrm{d}x}{\mathrm{d}t}} = \dfrac{\frac{\sin t}{t}}{\frac{\cos t}{t}} = \tan t$. 曲线上具有铅直切线且与原点距离最近的点所对应的参数

为 $t = \dfrac{\pi}{2}$，原点对应的参数 $t = 1$，

故 $S = \displaystyle\int_1^{\frac{\pi}{2}} \sqrt{x'^2(t) + y'^2(t)} \, \mathrm{d}t = \int_1^{\frac{\pi}{2}} \sqrt{\left(\dfrac{\cos t}{t}\right)^2 + \left(\dfrac{\sin t}{t}\right)^2} \, \mathrm{d}t = \ln t \Big|_1^{\frac{\pi}{2}} = \ln \dfrac{\pi}{2}$.

12. **【解答】** 由题设可知，$f(0) = 0, f'(0) = 2; f(3) = 2, f'(3) = -2, f''(3) = 0$.

由分部积分，得

$$\int_0^3 (x^2 + x) f'''(x) \mathrm{d}x = \int_0^3 (x^2 + x) \mathrm{d}f''(x) = \left[(x^2 + x) f''(x)\right]\Big|_0^3 - \int_0^3 (2x+1) f''(x) \mathrm{d}x$$

$$= -\int_0^3 (2x+1) \mathrm{d}f'(x) = -\left[(2x+1) f'(x)\right]\Big|_0^3 + \int_0^3 2f'(x) \mathrm{d}x$$

$$= 16 + 2[f(3) - f(0)] = 20.$$

# 第四章 常微分方程

## 第一节 微分方程的基本概念

### 一、基础篇

**1.【解答】**(1) 隐函数方程两边对 $x$ 求导,得 $2x - y - xy' + 2yy' = 0$ 或 $(x-2y)y' = 2x - y$,故所给出的隐函数是微分方程的解.

(2) 隐函数方程两边对 $x$ 求导,得 $e^{-\frac{y^2}{2}}y' + 1 = 0$,以及 $e^{-\frac{y^2}{2}}y'' - e^{-\frac{y^2}{2}}y(y')^2 = 0$,或 $y'' = y(y')^2$,故所给出的隐函数是微分方程的解.

**2.【解答】** 对函数求导可得 $y' = -2C_2\sin 2x + 2C_1\cos 2x$,
$$y'' = -4C_1\sin 2x - 4C_2\cos 2x = -4(C_1\sin 2x + C_2\cos 2x) = -4y,$$
故曲线族满足的微分方程为 $y'' + 4y = 0$.

## 第二节 可分离变量与齐次方程

### 一、基础篇

**1.【解答】**(1) 分离变量 $\dfrac{\mathrm{d}y}{\sqrt{1-y^2}} = \dfrac{\mathrm{d}x}{\sqrt{1-x^2}}$,两边积分 $\displaystyle\int \dfrac{\mathrm{d}y}{\sqrt{1-y^2}} = \int \dfrac{\mathrm{d}x}{\sqrt{1-x^2}}$,可得 $\arcsin y = \arcsin x + C$,其中 $C$ 为任意常数.

(2) 分离变量 $\dfrac{\sec^2 x \mathrm{d}x}{\tan x} = -\dfrac{\sec^2 y \mathrm{d}y}{\tan y}$,两边积分 $\displaystyle\int \dfrac{\mathrm{d}(\tan x)}{\tan x} = -\int \dfrac{\mathrm{d}(\tan y)}{\tan y}$,可得
$$\ln|\tan x| = -\ln|\tan y| + C \text{ 或 } \ln|\tan x \tan y| = C,\text{其中 } C \text{ 为任意常数}.$$

(3) 原方程可变为 $\dfrac{\mathrm{d}y}{\mathrm{d}x} = xy(y+3)$,分离变量得 $\dfrac{\mathrm{d}y}{y(y+3)} = x\mathrm{d}x$,

两边积分 $\displaystyle\int \dfrac{\mathrm{d}y}{y(y+3)} = \int x\mathrm{d}x$,可得
$$\ln\left|\dfrac{y}{y+3}\right| = \dfrac{3}{2}x^2 + 3C_1 \text{ 或 } \dfrac{y}{y+3} = Ce^{\frac{3}{2}x^2} \text{ 其中 } C = \pm e^{3C_1} \text{ 为任意常数}.$$

(4) 分离变量得 $\dfrac{2^y}{2^y-1}\mathrm{d}y = -\dfrac{2^x}{2^x+1}\mathrm{d}x$,两边积分 $\displaystyle\int \dfrac{2^y}{2^y-1}\mathrm{d}y = -\int \dfrac{2^x}{2^x+1}\mathrm{d}x$,可得
$\ln|2^y-1| = -\ln|2^x+1| + C_1$ 或 $(2^y-1)(2^x+1) = C$,其中 $C = \pm e^{C_1}$ 为任意常数.

**2.【解答】**(1) 分离变量得 $\dfrac{\mathrm{d}y}{y^2-y} = \dfrac{\mathrm{d}x}{x}$,两边积分 $\displaystyle\int \left(\dfrac{1}{y-1} - \dfrac{1}{y}\right)\mathrm{d}y = \int \dfrac{\mathrm{d}x}{x}$,可得

$$\ln\left|\frac{y-1}{y}\right| = \ln|x| + C_1 \text{ 或 } \frac{y-1}{y} = Cx\text{,其中 } C = \pm e^{C_1}\text{,}$$

(事实上,两边取对数可得 $e^{\ln\left|\frac{y-1}{y}\right|} = e^{\ln|x|+C_1}$ 或 $\left|\frac{y-1}{y}\right| = e^{C_1}|x|$,于是 $\frac{y-1}{y} = \pm e^{C_1}x$,即

$\frac{y-1}{y} = Cx$,其中 $C = \pm e^{C_1}$.)

由 $y\big|_{x=1} = \frac{1}{2}$ 得 $C = -1$,故特解为 $y = 1 - xy$.

(2) $y^2 dx = -(x+1)dy$ 分离变量得 $\frac{dy}{y^2} = -\frac{dx}{x+1}$,

上式两边积分可得 $-\frac{1}{y} = -\ln|x+1| + \ln|C|$ 或 $y = \frac{1}{\ln|C(x+1)|}$.

由 $y(0) = 1$,得 $C = e$,故方程满足条件的特解为 $y = \frac{1}{\ln|e(x+1)|}$.

3.【解答】(1) 令 $u = \frac{y}{x}$,则 $\frac{dy}{dx} = u + x\frac{du}{dx}$,于是原方程变为可分离变量的微分方程

$$u + x\frac{du}{dx} = u + \tan u \text{ 或 } \frac{du}{\tan u} = \frac{dx}{x}\text{,}$$

两边积分 $\int \frac{du}{\tan u} = \int \frac{dx}{x}$ 得 $\sin u = Cx$,故原方程通解为 $\sin\frac{y}{x} = Cx$,其中 $C$ 为任意常数.

(2) 方程可变形为 $\frac{dx}{dy} = \frac{\frac{x}{y} - 1}{1 + e^{-\frac{x}{y}}}$,令 $\frac{x}{y} = u$,$\frac{dx}{dy} = u + y\frac{du}{dy}$,则原方程变为

$$u + y\frac{du}{dy} = \frac{u-1}{1+e^{-u}} \text{ 或 } \frac{e^u+1}{u+e^u}du = -\frac{dy}{y}\text{,}$$

解之可得 $\ln(u + e^u) = -\ln y + \ln C$,故原方程通解为 $x + ye^{\frac{x}{y}} = C$,其中 $C$ 为任意常数.

(3) 由原方程可得 $\frac{dy}{dx} = \frac{1}{3}\left[\left(\frac{y}{x}\right)^{-2} + \frac{y}{x}\right]$. 令 $y = ux$,则原方程变为

$$x\frac{du}{dx} + u = \frac{1}{3}(u^{-2} + u) \text{ 或 } x\frac{du}{dx} = \frac{1-2u^3}{3u^2}\text{,}$$

解之可得 $-\frac{1}{2}\ln|1 - 2u^3| = \ln|x| + C_1$,

于是原方程的解为 $x^3 - 2y^3 = Cx$,其中 $C$ 为任意常数.

4.【解答】(1) 原方程化为 $\frac{dy}{dx} = \frac{\frac{y}{x}}{1 - \left(\frac{y}{x}\right)^2}$,令 $u = \frac{y}{x}$,则 $\frac{dy}{dx} = u + x\frac{du}{dx}$,故方程变为

$$u + x\frac{du}{dx} = \frac{u^3}{1-u^2}\text{,}$$

解之可得 $-\frac{1}{2} \cdot u^{-2} - \ln|u| = \ln|x| + C_1$ 或 $e^{-\frac{1}{2}\left(\frac{x}{y}\right)^2} = Cy$,其中 $C = \pm e^{C_1}$.

由 $y\big|_{x=0} = 1$,得 $C = 1$,故特解为 $e^{-\frac{1}{2}\left(\frac{x}{y}\right)^2} = y$.

(2) 令 $u = \dfrac{y}{x}$，则 $y' = u + x\dfrac{\mathrm{d}u}{\mathrm{d}x}$，故原方程变为 $u + x\dfrac{\mathrm{d}u}{\mathrm{d}x} = \dfrac{1}{u} + u$ 或 $x\dfrac{\mathrm{d}u}{\mathrm{d}x} = \dfrac{1}{u}$，

解之可得 $\dfrac{1}{2}u^2 = \ln|x| + C$ 或 $y^2 = 2x^2(\ln|x| + C)$，

由初始条件 $y|_{x=1} = 2$ 可得 $C = 2$. 故原方程特解为 $y^2 = 2x^2(\ln|x| + 2)$.

**5.【解答】** 设待求曲线方程为 $y = y(x)$，则过该曲线上点 $P(x,y)$ 的切线方程为
$$Y - y = y'(X - x),$$

记该切线与 $x$ 轴的交点为 $B$，则 $B$ 的坐标为 $\left(x - \dfrac{y}{y'}, 0\right)$，

记过点 $P(x,y)$ 且平行于 $y$ 轴的直线和 $x$ 轴的交点为 $A$，则 $A$ 的坐标为 $(x,0)$，

故三角形面积为 $\dfrac{1}{2}|AB||AP| = \dfrac{1}{2}\left|\left(x - \dfrac{y}{y'}\right) - x\right||y| = a^2$，即有微分方程 $y^2 = \pm 2a^2 \dfrac{\mathrm{d}y}{\mathrm{d}x}$.

当 $y^2 = 2a^2 \dfrac{\mathrm{d}y}{\mathrm{d}x}$ 时，用分离变量法解得 $y(C - x) = 2a^2$；

当 $y^2 = -2a^2 \dfrac{\mathrm{d}y}{\mathrm{d}x}$ 时，用分离变量法解得 $y(C + x) = 2a^2$.

**6.【解答】** 方程 $\displaystyle\int_1^x \dfrac{f(t)}{f^2(t)+1}\mathrm{d}t = f(x) - 1$ 两边对 $x$ 求导，可得 $\dfrac{f(x)}{f^2(x)+1} = f'(x)$，

方程两边分别令 $x = 1$，可得 $f(1) = 1$. 于是有

$$\begin{cases} \dfrac{f(x)}{f^2(x)+1} = f'(x) \\ f(1) = 1 \end{cases} \text{或} \begin{cases} y' = \dfrac{y}{y^2+1} \\ y(1) = 1 \end{cases}.$$

分离变量积分可得 $\dfrac{1}{2}y^2 + \ln|y| = x + C$. 由 $y(1) = 1$ 得 $C = -\dfrac{1}{2}$，

故 $y = f(x)$ 满足 $y^2 + \ln y^2 = 2x - 1$ 或 $f^2(x) + \ln f^2(x) = 2x - 1$.

## 二、提高篇

**1.【解答】** 原方程可化为 $\dfrac{\mathrm{d}y}{\mathrm{d}x} = -\dfrac{2\left(\dfrac{y}{x}\right)}{\left(\dfrac{y}{x}\right)^2 - 3}$，令 $u = \dfrac{y}{x}$，则 $\dfrac{\mathrm{d}y}{\mathrm{d}x} = u + x\dfrac{\mathrm{d}u}{\mathrm{d}x}$，

则原方程变为 $u + x\dfrac{\mathrm{d}u}{\mathrm{d}x} = -\dfrac{2u}{u^2-3}$ 或 $\dfrac{u^2-3}{u^3-u}\mathrm{d}u = -\dfrac{\mathrm{d}x}{x}$，

解之可得 $\ln|u-1| + \ln|u+1| - \ln|u^3| = \ln|x| + \ln|C|$ 或 $\dfrac{u^2-1}{u^3} = Cx$，

即 $\dfrac{\left(\dfrac{y}{x}\right)^2 - 1}{\left(\dfrac{y}{x}\right)^3} = Cx$，由 $y|_{x=0} = 1$ 可知原问题的解为 $y^3 = y^2 - x^2$.

**2.【解答】** 由导数的定义及题设条件有
$$\dfrac{\mathrm{d}y}{\mathrm{d}x} = \lim_{\Delta x \to 0} \dfrac{\Delta y}{\Delta x} = \lim_{\Delta x \to 0}\left[\dfrac{y}{1+x^2} + \dfrac{o(\Delta x)}{\Delta x}\right] = \dfrac{y}{1+x^2}，\text{即 } y' = \dfrac{y}{1+x^2},$$

通解为 $y = Ce^{\arctan x}$，由 $y(0) = \pi$ 得 $C = \pi$，故特解为 $y = \pi e^{\arctan x}$，$y(1) = \pi e^{\frac{\pi}{4}}$。

**3.【解答】** 在等式 $f(x+y) = \dfrac{f(x) + f(y)}{1 - f(x)f(y)}$ 中，令 $x = y = 0$，得

$$f(0) = \frac{2f(0)}{1 - f^2(0)} \text{ 或 } f(0) \frac{f^2(0) + 1}{1 - f^2(0)} = 0, \text{ 因此 } f(0) = 0,$$

又 $f'(x) = \lim\limits_{\Delta x \to 0} \dfrac{f(x + \Delta x) - f(x)}{\Delta x} = \lim\limits_{\Delta x \to 0} \dfrac{1}{\Delta x} \left[ \dfrac{f(x) + f(\Delta x)}{1 - f(x)f(\Delta x)} - f(x) \right]$

$= \lim\limits_{\Delta x \to 0} \dfrac{f(\Delta x)}{\Delta x} \dfrac{1 + f^2(x)}{1 - f(x)f(\Delta x)} = f'(0)(1 + f^2(x)) = 1 + f^2(x),$

由此可得初值问题 $\begin{cases} f'(x) = 1 + f^2(x) \\ f(0) = 0 \end{cases}$，解之可得 $f(x) = \tan x$。

## 第三节　一阶线性方程与伯努利方程

### 一、基础篇

**1.【解答】**(1) 由公式可得：

$$y = e^{\int \frac{1}{x} dx} \left( \int x^2 e^{-\int \frac{1}{x} dx} dx + C \right) = e^{\ln x} \left( \int x^2 e^{-\ln x} dx + C \right) = x \left( \int x dx + C \right) = x \left( \frac{x^2}{2} + C \right).$$

(2) 原方程可变为 $y' + \dfrac{2x}{x^2 - 1} y = \dfrac{\cos x}{x^2 - 1}$，故

$$y = e^{-\int \frac{2x}{x^2-1} dx} \left[ \int \frac{\cos x}{x^2 - 1} e^{\int \frac{2x}{x^2-1} dx} dx + C \right] = \frac{1}{x^2 - 1} \left( \int \cos x dx + C \right) = \frac{\sin x + C}{x^2 - 1}.$$

(3) 原方程变形为 $y' - \dfrac{n}{x + 1} y = (1 + x)^n \sin x$，故其通解为

$$y = e^{\int \frac{n}{x+1} dx} \left[ \int (x+1)^n \sin x e^{-\int \frac{n}{x+1} dx} dx + C \right] = (x+1)^n (-\cos x + C),$$

其中 $C$ 为任意常数。

**2.【解答】**(1) 原方程可变形为 $\dfrac{dx}{dy} + \dfrac{1}{y \ln y} x = \dfrac{1}{y}$，故

$$x = e^{\int \frac{-dy}{y \ln y}} \left[ \int \frac{1}{y} \cdot e^{\int \frac{1}{y \ln y} dy} dy + C_1 \right] = e^{-\ln \ln y} \left[ \int \frac{1}{y} e^{\ln \ln y} dy + C_1 \right] = \frac{1}{\ln y} \left[ \frac{1}{2} (\ln y)^2 + C_1 \right],$$

即 $2x \ln y = \ln^2 y + C$，其中 $C = 2C_1$。

(2) 原方程可变形为 $\dfrac{dx}{dy} + \dfrac{2}{y} x = \dfrac{2}{y} \ln y$，故

$$x = e^{-\int \frac{2}{y} dy} \left[ \int \frac{2}{y} \ln y \cdot e^{\int \frac{2}{y} dy} dy + C \right] = e^{-2 \ln y} \left[ \int \frac{2}{y} \ln y \cdot e^{2 \ln y} dy + C \right]$$

$$= \frac{1}{y^2} \left[ y^2 \left( \ln y - \frac{1}{2} \right) + C \right],$$

即 $xy^2 = y^2 \left( \ln y - \dfrac{1}{2} \right) + C$。

(3) 原方程可变形为 $\dfrac{\mathrm{d}x}{\mathrm{d}y} + \dfrac{2y}{y^2+1}x = \dfrac{y^4}{y^2+1}$,故

$$x = \mathrm{e}^{-\int \frac{2y}{1+y^2}\mathrm{d}y}\left[\int \dfrac{y^4}{1+y^2}\mathrm{e}^{\int \frac{2y}{1+y^2}\mathrm{d}y}\mathrm{d}y + C\right] = \dfrac{y^5+5C}{5(1+y^2)},\text{其中 }C\text{ 为任意常数}.$$

3.【解答】$y = \mathrm{e}^{-\int \frac{1}{x}\mathrm{d}x}\left[\int \dfrac{\sin x}{x} \cdot \mathrm{e}^{\int \frac{1}{x}\mathrm{d}x}\mathrm{d}x + C\right] = \dfrac{1}{x}(-\cos x + C)$,

由 $y(\pi) = 1$ 可知 $C = \pi - 1$,于是原问题的解为 $y = \dfrac{1}{x}(\pi - \cos x - 1)$.

4.【解答】将 $y = \mathrm{e}^{-x}$ 代入方程 $-x\mathrm{e}^{-x} + p(x)\mathrm{e}^{-x} = x$,得 $p(x) = x(\mathrm{e}^x + 1)$,

故原方程为 $y' + (\mathrm{e}^x + 1)y = 1$,解之可得 $y = C\mathrm{e}^{-(\mathrm{e}^x+x)} + \mathrm{e}^{-x}$,其中 $C$ 为任意常数.

由 $y(\ln 2) = 1$ 得 $C = \mathrm{e}^2$,故特解为 $y = \mathrm{e}^{-\mathrm{e}^x-x+2} + \mathrm{e}^{-x}$.

5.【解答】(1) 原方程可变形为 $y^{-6}\dfrac{\mathrm{d}y}{\mathrm{d}x} + \dfrac{1}{x}y^{-5} = x^2$,令 $z = y^{-5}$,则 $\dfrac{\mathrm{d}z}{\mathrm{d}x} = -5y^{-6}\dfrac{\mathrm{d}y}{\mathrm{d}x}$,

故原方程变为线性微分方程 $\dfrac{\mathrm{d}z}{\mathrm{d}x} - \dfrac{5}{x}z = -5x^2$,于是

$$z = \mathrm{e}^{\int \frac{5}{x}\mathrm{d}x}\left[\int \mathrm{e}^{\int \frac{-5}{x}\mathrm{d}x}(-5x^2)\mathrm{d}x + C\right] = \dfrac{5}{2}x^3 + Cx^5,$$

故原方程的通解为 $y^{-5} = \dfrac{5}{2}x^3 + Cx^5$.

(2) 原方程变形为 $y^{-4}\dfrac{\mathrm{d}y}{\mathrm{d}x} - \tan x \cdot y^{-3} = \cos x$,令 $z = y^{-3}$,则 $\dfrac{\mathrm{d}z}{\mathrm{d}x} = -3y^{-4}\dfrac{\mathrm{d}y}{\mathrm{d}x}$,

故原方程变为线性微分方程 $\dfrac{\mathrm{d}z}{\mathrm{d}x} + 3\tan x \cdot z = -3\cos x$,于是

$$z = \mathrm{e}^{-3\int \tan x \mathrm{d}x}\left(\int -3\cos x \cdot \mathrm{e}^{3\int \tan x \mathrm{d}x}\mathrm{d}x + C\right) = \cos^3 x(-3\tan x + C),$$

故原的通解为 $y^{-3} = \cos^3 x(-3\tan x + C)$.

## 二、提高篇

1.【答案】A 【解答】由已知条件可得 $\begin{cases}(\lambda y_1 + \mu y_2)' + P(x)(\lambda y_1 + \mu y_2) \equiv Q(x) \\ (\lambda y_1 - \mu y_2)' + P(x)(\lambda y_1 - \mu y_2) \equiv 0\end{cases}$,

即 $\begin{cases}\lambda[y_1' + P(x)y_1] + \mu[y_2' + P(x)y_2] \equiv Q(x) \\ \lambda[y_1' + P(x)y_1] - \mu[y_2' + P(x)y_2] \equiv 0\end{cases}$.

由于 $y_1, y_2$ 是一阶线性非齐次微分方程 $y' + P(x)y = Q(x)$ 的两个特解,即

$$y_1' + P(x)y_1 = Q(x),\ y_2' + P(x)y_2 = Q(x).$$

从而 $\begin{cases}(\lambda + \mu)Q(x) \equiv Q(x) \\ (\lambda - \mu)Q(x) \equiv 0\end{cases}$ 或 $\begin{cases}\lambda + \mu = 1 \\ \lambda - \mu = 0\end{cases}$,解之可得 $\lambda = \dfrac{1}{2}, \mu = \dfrac{1}{2}$. 因此,应选 A.

2.【解答】原方程可变形为 $\dfrac{\mathrm{d}x}{\mathrm{d}y} + \left(\dfrac{1}{y^2} - \dfrac{2}{y}\right)x = 1$,故其通解为

$$x = (\mathrm{e}^{-\frac{1}{y}} + C)y^2\mathrm{e}^{\frac{1}{y}},\text{其中 }C\text{ 为任意常数}.$$

3.【解答】原方程可变形为 $\dfrac{dx}{dy} = \dfrac{x+\sqrt{x^2+y^2}}{y}$,即 $\dfrac{dx}{dy} = \left(\dfrac{x}{y}\right) + \sqrt{\left(\dfrac{x}{y}\right)^2 + 1}$.

令 $u = \dfrac{x}{y}$,则 $\dfrac{dx}{dy} = u + y\dfrac{du}{dy}$. 于是原方程变为 $y\dfrac{du}{dy} = \sqrt{u^2+1}$,

分离变量,积分得 $\ln(u+\sqrt{u^2+1}) = \ln y + \ln C$,

整理得原方程的通解 $y = \dfrac{1}{C}\sqrt{1+2Cx}$($C$ 为大于 $0$ 的任意常数).

4.【解答】问题为初值问题 $\begin{cases}\varphi'(x)\cos x + \varphi(x)\sin x = 1 \\ \varphi(0) = 1\end{cases}$,该一阶线性微分方程的通解为

$$\varphi(x) = e^{-\int \tan x \, dx}\left[\int \sec x e^{\int \tan x \, dx} dx + C\right] = \cos x(\tan x + C),$$

由 $\varphi(0) = 1$ 得 $C = 1$,故 $\varphi(x) = \sin x + \cos x$.

5.【解答】令 $a = b = 0$,则 $f(0) = 0$. 由于 $f(x)$ 有连续导数,则

$$f'(a) = \lim_{b \to 0}\dfrac{f(a+b) - f(a)}{b} = \lim_{b \to 0}\left[\dfrac{e^a f(b) + e^{2b} f(a) - f(a)}{b}\right]$$

$$= \lim_{b \to 0}\left[\dfrac{e^a f(b)}{b} + f(a)\dfrac{e^{2b} - 1}{b}\right] = f'(0)e^a + 2f(a).$$

令 $a = x$ 得微分方程 $f'(x) - 2f(x) = e^{x+1}$,解之可得 $f(x) = -e^{x+1} + Ce^{2x}$,

由 $f(0) = 0$ 可知 $C = e$,故 $f(x) = e^{2x+1} - e^{x+1}$.

6.【解答】令 $\int_0^1 tf^2(t)dt = a > 0$,则 $f(x) = 2\int_0^x f(t)dt + a$,

两边求导,得 $f'(x) = 2f(x)$,解得 $f(x) = Ce^{2x}$.

由原式可知 $f(0) = a$,所以 $C = a$,从而 $f(x) = ae^{2x}$.

将 $f(x) = ae^{2x}$ 代入 $\int_0^1 tf^2(t)dt = a$,得 $\int_0^1 ta^2 e^{4t}dt = a$,可解得 $a = \dfrac{16}{3e^4+1}$,

故 $f(x) = \dfrac{16}{3e^4+1}e^{2x}$.

7.【解答】设曲线弧  的方程为 $y = y(x)$. 注意到 $\overset{\frown}{OQ}$ 是一条凸曲线弧,所以由曲线弧 $\overset{\frown}{OP}$ 与直线段 $\overline{OP}$ 围成的图形,如图 4-1 所示,其面积为 $A = \int_0^x y\,dx - \dfrac{1}{2}xy$.

由题设,得 $\int_0^x y\,dx - \dfrac{1}{2}xy = x^2$,

上式两端关于 $x$ 求导数并整理,得 $\dfrac{dy}{dx} - \dfrac{y}{x} + 4 = 0$,

初始条件 $y|_{x=1} = 1$.

解此方程,得通解 $y = Cx - 4x\ln x$. 将 $y|_{x=1} = 1$ 代入,得 $C = 1$,故 $y = x - 4x\ln x$.

综上所述,所求曲线弧的方程为 $y = \begin{cases} x - 4x\ln x, & x > 0 \\ 0, & x = 0 \end{cases}$.

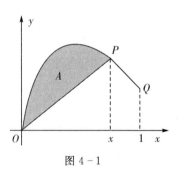

图 4-1

8.【解答】令 $u = 4x + y + 1$,则 $y = u - 4x - 1$,$\dfrac{dy}{dx} = \dfrac{du}{dx} - 4$,

原方程可变形为 $\dfrac{\mathrm{d}u}{\mathrm{d}x} - 4 = u^2$，分离变量后积分 $\displaystyle\int \dfrac{\mathrm{d}u}{u^2+4} = \int \mathrm{d}x$，可得

$$\dfrac{1}{2}\arctan\dfrac{u}{2} = x + C.$$

将 $u = 4x + y + 1$ 代入上式，并整理得所求方程的通解为

$$\dfrac{1}{2}\arctan\dfrac{4x+y+1}{2} = x + C, \text{ 其中 } C \text{ 为任意常数.}$$

9.【解答】令 $\begin{cases} 2x - y + 5 = 2X - Y \\ x + y + 1 = X + Y \end{cases}$，解得 $\begin{cases} X = x + 2 \\ Y = y - 1 \end{cases}$，代入原方程，并可化为 $\dfrac{\mathrm{d}Y}{\mathrm{d}X} = \dfrac{2X-Y}{X+Y}$.

令 $u = \dfrac{Y}{X}$，则 $\dfrac{\mathrm{d}Y}{\mathrm{d}X} = x + x\dfrac{\mathrm{d}u}{\mathrm{d}x}$，代入上面方程，整理并分离变量，得

$$\dfrac{2u+2}{u^2+2u-2}\mathrm{d}u = -\dfrac{2}{X}\mathrm{d}X,$$

两端积分得 $\ln|u^2+2u-2| = \ln C_1 - 2\ln|X|$，即 $X^2(u^2+2u-2) = C (C = \pm C_1)$

或 $Y^2 + 2XY - 2X^2 = C$. 将 $\begin{cases} X = x + 2 \\ Y = y - 1 \end{cases}$ 代入上式得原方程的通解为

$$(y-1)^2 + 2(x+2)(y-1) - 2(x+2)^2 = C, \text{ 其中 } C \text{ 为任意常数.}$$

10.【解答】设在开始 $t$ 分钟后容器内含盐 $x$ 千克，此时容器的溶液为 $100 + 3t - 2t$ 千克，故溶液的浓度为 $\dfrac{x}{100+t}$ 千克/升. 从 $t$ 到 $t + \mathrm{d}t$ 这段时间内，溶液中的含盐量改变了 $\mathrm{d}x(\mathrm{d}x < 0)$，这些盐以浓度 $\dfrac{x}{100+t}$ 排出，即 $\mathrm{d}x = -\dfrac{x}{100+t} \cdot 2\mathrm{d}t$. 分离变量可求得通解为 $x = \dfrac{C}{(100+t)^2}$. 由题意知初始条件为 $x\big|_{t=0} = 10$，解之可得 $x = \dfrac{10^5}{(100+t)^2}$.

于是在开始 1 小时后，容器中所含的盐量为 $x\big|_{t=60} = \dfrac{10^5}{(100+t)^2}\bigg|_{t=60} \approx 3.9$ 千克.

11.【解答】设 $t$ 时刻物体温度为 $x(t)$，比例常数为 $k(k > 0)$，介质温度为 $m$，则

$$\dfrac{\mathrm{d}x}{\mathrm{d}t} = -k(x - m),$$

解 $x(t) = C\mathrm{e}^{-kt} + m$，有 $x(0) = 120, m = 20$，可知 $C = 100$，故 $x(t) = 100\mathrm{e}^{-kt} + 20$.

又 $x\left(\dfrac{1}{2}\right) = 30$，所以 $k = 2\ln 10$，于是 $x(t) = \dfrac{1}{100^{t-1}} + 20$.

当 $x = 21$ 时，$t = 1$，即还需要冷却 30min.

## 第四节 可降阶的高阶方程（数学一、数学二）

### 一、基础篇

1.【解答】(1) 令 $\dfrac{\mathrm{d}y}{\mathrm{d}x} = p$，则 $\dfrac{\mathrm{d}^2 y}{\mathrm{d}x^2} = \dfrac{\mathrm{d}p}{\mathrm{d}x}$，原方程变为线性微分方程 $\dfrac{\mathrm{d}p}{\mathrm{d}x} = p + x$，

于是 $$p = \mathrm{e}^{\int \mathrm{d}x}\left(\int x\mathrm{e}^{\int -\mathrm{d}x}\mathrm{d}x + C_1\right) = \mathrm{e}^x(-x\mathrm{e}^{-x} - \mathrm{e}^{-x} + C_1),$$

故 $y = \int \mathrm{e}^x(-x\mathrm{e}^{-x} - \mathrm{e}^{-x} + C_1)\mathrm{d}x = C_1\mathrm{e}^x - \dfrac{x^2}{2} - x + C_2$,其中 $C_1,C_2$ 为任意常数.

(2)令 $\dfrac{\mathrm{d}y}{\mathrm{d}x} = p$,则 $\dfrac{\mathrm{d}^2 y}{\mathrm{d}x^2} = \dfrac{\mathrm{d}p}{\mathrm{d}x}$,原方程变为 $\dfrac{\mathrm{d}p}{\mathrm{d}x} = \dfrac{2xp}{x^2+1}$,解之可得 $p = C_1(x^2+1)$,

故 $y = \int C_1(x^2+1)\mathrm{d}x$,即 $y = \dfrac{C_1}{3}x^3 + C_1 x + C_2$,其中 $C_1,C_2$ 为任意常数.

(3)令 $\dfrac{\mathrm{d}y}{\mathrm{d}x} = p$,则 $\dfrac{\mathrm{d}^2 y}{\mathrm{d}x^2} = \dfrac{\mathrm{d}p}{\mathrm{d}x} = \dfrac{\mathrm{d}p}{\mathrm{d}y}\dfrac{\mathrm{d}y}{\mathrm{d}x} = p\dfrac{\mathrm{d}p}{\mathrm{d}y}$,原方程变为 $yp\dfrac{\mathrm{d}p}{\mathrm{d}y} - 2p^2 = 0$.

若 $p = 0$,即 $y' = 0$,故 $y = D$,其中 $D$ 为任意常数.

若 $p \neq 0$,分离变量并积分 $\int \dfrac{\mathrm{d}p}{p} = \int 2\dfrac{\mathrm{d}y}{y}$,得 $p = C_1 y^2$,即 $\dfrac{\mathrm{d}y}{\mathrm{d}x} = C_1 y^2$,

进而可得 $-\dfrac{1}{y} = C_1 x + C_2$,其中 $C_1,C_2$ 为任意常数.

2.【解答】(1)令 $\dfrac{\mathrm{d}y}{\mathrm{d}x} = p$,则 $\dfrac{\mathrm{d}^2 y}{\mathrm{d}x^2} = \dfrac{\mathrm{d}p}{\mathrm{d}x} = \dfrac{\mathrm{d}p}{\mathrm{d}y}\dfrac{\mathrm{d}y}{\mathrm{d}x} = p\dfrac{\mathrm{d}p}{\mathrm{d}y}$,原方程变为 $p\dfrac{\mathrm{d}p}{\mathrm{d}y} = p^2$.

由 $y'|_{x=0} = -1$,知 $p \neq 0$,分离变量并积分 $\int \dfrac{\mathrm{d}p}{p} = \int \mathrm{d}y$ 可得 $p = C_1 \mathrm{e}^y$.

又 $y|_{x=0} = 0, y'|_{x=0} = -1$ 得 $C_1 = -1$,即 $\dfrac{\mathrm{d}y}{\mathrm{d}x} = -\mathrm{e}^y$,

分离变量并积分 $\int -\mathrm{e}^{-y}\mathrm{d}y = \int \mathrm{d}x$ 得 $\mathrm{e}^{-y} = x + C_2$,由 $y|_{x=0} = 0$ 得 $C_2 = 1$.

故特解 $\mathrm{e}^{-y} = 1 + x$.

(2)令 $\dfrac{\mathrm{d}y}{\mathrm{d}x} = p$,则 $\dfrac{\mathrm{d}^2 y}{\mathrm{d}x^2} = \dfrac{\mathrm{d}p}{\mathrm{d}x}$,原方程变为 $\dfrac{\mathrm{d}p}{\mathrm{d}x} + 2xp = \mathrm{e}^{-x^2}$,

故 $p = \mathrm{e}^{-\int 2x\mathrm{d}x}\left(\int \mathrm{e}^{-x^2}\mathrm{e}^{\int 2x\mathrm{d}x}\mathrm{d}x + C_1\right) = x\mathrm{e}^{-x^2} + C_1 \mathrm{e}^{-x^2}$.

由 $y|_{x=0} = 0, y'|_{x=0} = 0$ 得 $C_1 = 0$,即 $\dfrac{\mathrm{d}y}{\mathrm{d}x} = x\mathrm{e}^{-x^2}$,

故 $y = \int x\mathrm{e}^{-x^2}\mathrm{d}x = -\dfrac{1}{2}\times \mathrm{e}^{-x^2} + C_2$,由 $y|_{x=0} = 0$ 得 $C_2 = \dfrac{1}{2}$,

故特解为 $y = \dfrac{1}{2}(1 - \mathrm{e}^{-x^2})$.

3.【解答】由题意,原方程可化为求解 $\begin{cases} y'' = x \\ y'|_{x=0} = \dfrac{1}{2}, y|_{x=0} = 1 \end{cases}$,

显然 $y' = \dfrac{1}{2}x^2 + C_1$,由 $y'|_{x=0} = \dfrac{1}{2}$ 可知 $C_1 = \dfrac{1}{2}$,于是 $y' = \dfrac{1}{2}x^2 + \dfrac{1}{2}$,

进而有 $y = \dfrac{1}{6}x^3 + \dfrac{x}{2} + C_2$,由 $y|_{x=0} = 1$ 可知 $C_2 = 1$.

于是 $y = \dfrac{1}{6}x^3 + \dfrac{1}{2}x + 1$.

## 第五节　高阶线性微分方程

### 一、基础篇

1. 【答案】D　【解答】由线性方程的结构，$y_1-y_3$，$y_2-y_3$ 均为对应齐次方程的两个线性无关的解，故对应齐次方程的通解为 $C_1(y_1-y_3)+C_2(y_2-y_3)$，

原方程的通解为 $C_1(y_1-y_3)+C_2(y_2-y_3)+y_1$. 故应选 D.

2. 【解答】显然 $y_1-y_2=x-x^2$ 与 $y_2-y_3=x^2-\mathrm{e}^{3x}$ 是齐次微分方程的解，

且 $\dfrac{y_1-y_2}{y_2-y_3}=\dfrac{x-x^2}{x^2-\mathrm{e}^{3x}}\neq$ 常数，故原方程通解为 $y=C_1(x-x^2)+C_2(x^2-\mathrm{e}^{3x})+x$.

由 $y(0)=0$，$y'(0)=3$ 得 $C_2=0$，$C_1=2$，即特解为 $y=3x-2x^2$.

## 第六节　二阶常系数齐次线性微分方程

### 一、基础篇

1. 【解答】(1) 齐次微分方程的特征方程为 $r^2+r-2=0$，解之可得 $r_1=-2$，$r_2=1$.

故方程的通解为 $y=C_1\mathrm{e}^{-2x}+C_2\mathrm{e}^x$，其中 $C_1$，$C_2$ 为任意常数.

(2) 齐次微分方程的特征方程为 $r^2+6r+13=0$，解之可得 $r=\dfrac{-6\pm\sqrt{-16}}{2}=-3\pm2\mathrm{i}$. 故

方程的通解为 $y=\mathrm{e}^{-3x}(C_1\cos2x+C_2\sin2x)$，其中 $C_1$，$C_2$ 为任意常数.

(3) 齐次微分方程的特征方程为 $r^2+4r+4=0$，解之可得 $r_1=r_2=-2$. 故方程的通解为通解 $y=(C_1+C_2x)\mathrm{e}^{-2x}$，其中 $C_1$，$C_2$ 为任意常数.

2. 【解答】(1) 齐次微分方程的特征方程为 $r^2-4r+3=0$，解之可得 $r_1=1$，$r_2=3$.

故方程的通解为 $y=C_1\mathrm{e}^x+C_2\mathrm{e}^{3x}$，其中 $C_1$，$C_2$ 为任意常数.

由 $\begin{cases}6=y|_{x=0}=C_1+C_2\\10=y'|_{x=0}=C_1+3C_2\end{cases}$，得 $\begin{cases}C_1=4\\C_2=2\end{cases}$，故方程的特解为 $y=4\mathrm{e}^x+2\mathrm{e}^{3x}$.

(2) 齐次微分方程的特征方程为 $r^2+25=0$，解之可得 $r_1=5\mathrm{i}$，$r_2=-5\mathrm{i}$.

故方程的通解为 $y=C_1\cos5x+C_2\sin5x$，其中 $C_1$，$C_2$ 为任意常数.

由 $y(0)=2$，$y'(0)=5$，可知 $C_1=2$，$C_2=1$，

故方程的特解为 $y=2\cos5x+\sin5x$.

(3) 齐次微分方程的特征方程为 $r^2-4r+13=0$，解之可得 $r_{1,2}=\dfrac{4\pm\sqrt{16-52}}{2}=2\pm3\mathrm{i}$.

故方程的通解为 $y=\mathrm{e}^{2x}(C_1\cos3x+C_2\sin3x)$，其中 $C_1$，$C_2$ 为任意常数.

由 $y(0)=2, y'(0)=3$，可知 $C_1=2, C_2=-\dfrac{1}{3}$.

故方程的特解为 $y=\mathrm{e}^{2x}\left(2\cos3x-\dfrac{1}{3}\sin3x\right)$.

**3.** [答案] D 【解答】由微分方程的通解中含有 $\mathrm{e}^x$、$\cos2x$、$\sin2x$ 知齐次线性方程所对应的特征方程有根 $r=1, r=\pm2\mathrm{i}$，所以特征方程为 $(r-1)(r-2\mathrm{i})(r+2\mathrm{i})=0$，即 $r^3-r^2+4r-4=0$. 故已知函数为通解的微分方程是 $y'''-y''+4y'-4y=0$. 因此选 D.

**4.** [答案] C 【解答】由于 $y_1=x\mathrm{e}^x$ 是常系数线性齐次微分方程的一个解，则 $\mathrm{e}^x$ 也是该微分方程的一个解，于是 1 是对应特征方程的二重根. 又因为 $y_2=\mathrm{e}^x\cos x$ 是常系数线性齐次微分方程的一个解，故微分方程对应的特征方程必有特征根 $1+\mathrm{i}$ 和 $1-\mathrm{i}$. 因此特征方程至少有四个特征根，进而对应的微分方程的阶数至少为 4. 故而选 C.

**5.** [答案] $y^{(4)}-2y'''+5y''-8y'+4y=0$，$y=(C_1+C_2x)\mathrm{e}^x+C_3\cos2x+C_4\sin2x$

【解答】由 $y_1$ 与 $y_2$ 可知，它们对应的特征根为二重根 $r_1=r_2=1$，由 $y_3$ 与 $y_4$ 可知，它们对应的特征根为一对共轭复根 $r_{3,4}=\pm2\mathrm{i}$. 故所求微分方程的特征方程为
$$(r-1)^2(r^2+4)=0,$$
即 $r^4-2r^3+5r^2-8r+4=0$，故待求微分方程为 $y^{(4)}-2y'''+5y''-8y'+4y=0$，
其通解为 $y=(C_1+C_2x)\mathrm{e}^x+C_3\cos2x+C_4\sin2x$.

## 第七节　二阶常系数非齐次线性微分方程

### 一、基础篇

**1.** [答案] C 【解答】由非齐次方程的叠加性质可知，方程的特解应为方程
$$y''+3y'+2y=2 \text{ 与 } y''+3y'+2y=-2\mathrm{e}^{-x}$$
的特解之和.

由于方程所对应的齐次方程的特征方程为 $r^2+3r+2=0$，解之可得 $r_1=-1, r_2=-2$.

设 $y_1^*=a$ 为方程 $y''+3y'+2y=2$ 的特解；$y_2^*=bx\mathrm{e}^{-x}$ 为方程 $y''+3y'+2y=-2\mathrm{e}^{-x}$ 的特解形式，

于是原非齐次方程的特解形式为 $y^*=y_1^*+y_2^*=a+bx\mathrm{e}^{-x}$. 故应选 C.

**2.** [答案] A 【解答】原方程可以改写为 $y''+4y=x^2+\dfrac{1}{2}-\dfrac{1}{2}\cos2x$.

由于方程 $y''+4y=0$ 的特征方程 $r^2+4=0$ 的特征根为 $r=\pm2\mathrm{i}$，

所以方程 $y''+4y=x^2+\dfrac{1}{2}$ 的特解形式为 $y_1^*=ax^2+bx+c$，

又方程 $y''+4y=\dfrac{1}{2}\cos2x$ 的特解形式为 $y_2^*=x(A\cos2x+B\sin2x)$，

故原方程的特解形式为 $y^*=y_1^*+y_2^*=ax^2+bx+c+x(A\cos2x+B\sin2x)$.

因此,应选 A.

3. 【答案】A 【解答】由题意可知,$\frac{1}{2}e^{2x}, -\frac{1}{3}e^{x}$ 为二阶常系数齐次微分方程 $y'' + ay' + by = 0$ 的解,

所以 2,1 为特征方程 $r^2 + ar + b = 0$ 的根,

根据一元二次方程根与系数的关系得 $a = -(1+2) = -3, b = 1 \times 2 = 2$,

从而原方程变为 $y'' - 3y' + 2y = ce^x$,再将特解 $y = xe^x$ 代入,得 $c = -1$.

故应选 A.

4. 【答案】$y'' - 4y' + 4y = 4(x-1), y = (C_1 + C_2 x)e^{2x} + x$.

【解答】由于 $y_2 - y_1 = e^{2x}, y_3 - y_1 = xe^{2x}$ 为对应齐次方程的解,且线性无关.因此非齐次通解为 $y_{非通} = y_{齐通} + y_{非特} = (C_1 + C_2 x)e^{2x} + x$. 由 $r_1 = r_2 = 2$ 得 $(r-2)^2 = r^2 - 4r + 4$. 从而原方程对应的齐次方程为 $y'' - 4y' + 4y = 0$. 又 $y_1 = x$ 是非齐次方程的特解,从而非齐次项 $f(x) = y_1'' - 4y_1' + 4y_1 = 4(x-1)$,故所求方程为 $y'' - 4y' + 4y = 4(x-1)$.

5. 【解答】(1) 特征方程为 $r^2 + 3r + 2 = 0$,特征根为 $r_1 = -2, r_2 = -1$,

故对应齐次方程通解为 $y = C_1 e^{-2x} + C_2 e^{-x}$,其中 $C_1, C_2$ 为任意常数.

由于 $\lambda = -1$ 是特征方程的单根,故可设原方程有特解 $y^* = xe^{-x}(Ax + B)$,

代入原方程得 $A = \frac{3}{2}, B = -3$,故原方程的通解为 $y = C_1 e^{-2x} + C_2 e^{-x} + xe^{-x}\left(\frac{3}{2}x - 3\right)$.

(2) 原方程即为 $y'' - y = \frac{1}{2} - \frac{1}{2}\cos 2x$,

原方程对应齐次方程的特征方程为 $r^2 - 1 = 0$,特征根为 $r_1 = 1, r_2 = -1$,

故对应齐次方程通解为 $y = C_1 e^x + C_2 e^{-x}$,其中 $C_1, C_2$ 为任意常数.

显然 $y'' - y = \frac{1}{2}$ 有特解 $y_1^* = -\frac{1}{2}$;对 $y'' - y = -\frac{1}{2}\cos 2x$,$0 \pm 2i$ 不是特征方程的根,

故可设特解 $y_2^* = x^0 e^{0x}(A\cos 2x + B\sin 2x) = A\cos 2x + B\sin 2x$,

代入方程得 $A = \frac{1}{10}, B = 0$,故 $y'' - y = -\frac{1}{2}\cos 2x$ 有特解 $y_2^* = \frac{1}{10}\cos 2x$,

所以原方程有特解 $y^* = \frac{1}{10}\cos 2x - \frac{1}{2}$.

故原方程有通解 $y = C_1 e^x + C_2 e^{-x} + \frac{1}{10}\cos 2x - \frac{1}{2}$,其中 $C_1, C_2$ 为任意常数.

(3) 原方程对应齐次方程的特征方程为 $\lambda^2 - 4 = 0$,特征根为 $\lambda_1 = 2, \lambda_2 = -2$,

设非齐次线性微分方程的特解为 $y^* = Axe^{2x}$,代入方程得 $A = \frac{1}{4}$,

因此原方程的通解为 $y = C_1 e^{-2x} + \left(C_2 + \frac{1}{4}x\right)e^{2x}$,其中 $C_1, C_2$ 为任意常数.

6. 【解答】(1) 原方程对应齐次方程的特征方程为 $r^2 + 4r + 4 = 0$,解之可得 $r_{1,2} = -2$.

齐次方程的通解为 $Y = (C_1 + C_2 x)e^{-2x}$,其中 $C_1, C_2$ 为任意常数.

非齐次项 $f(x) = e^{ax}$,

当 $a \neq -2$ 时,设特解为 $y^* = Ae^{ax}$,代入方程得 $A = \dfrac{1}{(a+2)^2}$,

故特解为 $y^* = \dfrac{1}{(a+2)^2}e^{ax}$.

当 $a = -2$ 时,$a$ 为重特征根,设特解 $y^* = x^2 Ae^{ax}$,代入方程得 $A = \dfrac{1}{2}$,

故特解为 $y^* = \dfrac{1}{2}x^2 e^{-2x}$.

(2)原方程对应齐次方程的特征方程为 $r^2 + 1 = 0$,解之可得 $r_{1,2} = \pm i$,
故齐次方程的通解为 $Y = C_1 \cos x + C_2 \sin x$.

设方程 $y'' + y = x$ 的特解为 $y_1^* = Ax + B$,则 $A = 1, B = 0$,故 $y_1^* = x$.

方程 $y'' + y = \cos x$ 的特解为 $y_1^* = x(C\cos x + D\sin x)$,则 $C = 0, D = \dfrac{1}{2}$,

故 $y_2^* = \dfrac{1}{2}x\sin x$.

7.【解答】原方程即为 $y'' + y = -\sin 2x$,对应齐次方程的特征方程为 $r^2 + 1 = 0$,解之得 $r_1 = i$,$r_2 = -i$,故对应齐次方程的通解为 $y = C_1 \cos x + C_2 \sin x$.

设方程有特解 $y^* = x^0 e^{0x}(A\cos 2x + B\sin 2x) = A\cos 2x + B\sin 2x$,

代入方程得 $A = \dfrac{1}{3}, B = 0$,故 $y^* = \dfrac{1}{3}\sin 2x$ 为原方程的一个特解,

故原方程的通解为 $y = C_1 \cos x + C_2 \sin x + \dfrac{1}{3}\sin 2x$.

由 $y(\pi) = 1, y'(\pi) = 1$ 可知原方程的特解为 $y = -\cos x - \dfrac{1}{3}\sin x + \dfrac{1}{3}\sin 2x$.

8.【解答】由题意有 $\begin{cases} f''(x) = e^x - f(x) \\ f(0) = 1 \\ f'(0) = 1 \end{cases}$,原方程对应齐次方程的特征方程为 $r^2 + 1 = 0$,特征

根为 $r_1 = i, r_2 = -i$.故对应齐次方程的通解为 $y = C_1 \cos x + C_2 \sin x$.

设原方程有特解 $f^*(x) = Ae^x$,可解得 $f^*(x) = \dfrac{1}{2}e^x$,

故原方程的通解为 $f(x) = C_1 \cos x + C_2 \sin x + \dfrac{1}{2}e^x$.

由 $f(0) = 1, f'(0) = 1$ 得 $f(x) = \dfrac{1}{2}\cos x + \dfrac{1}{2}\sin x + \dfrac{1}{2}e^x$.

9.【解答】因为非齐次方程两个解之差必是对应齐次方程的解,由 $y_1 - y_2 = \cos 2x - \sin 2x$ 及解的结构知对应齐次方程的通解为 $\bar{y} = C_1 \cos 2x + C_2 \sin 2x$,故特征根 $r = \pm 2i$.对应的齐次方程为 $y'' + 4y = 0$.再由特解知非齐次项

$$f(x) = \left(-\dfrac{1}{4}x\cos 2x\right)'' + 4\left(-\dfrac{1}{4}x\cos 2x\right) = \sin 2x,$$

所以原方程为 $y'' + 4y = \sin 2x$.

10.【解答】由 $y_1 = xe^x$，得 $r_1 = r_2 = 1$；由 $y_2 = \sin 2x$，得 $r_{3,4} = \pm 2i$，

则待定方程的特征方程为 $(r-1)^2(r^2+4) = r^4 - 2r^3 + 5r^2 - 8r + 4 = 0$，

故所求方程为 $y^{(4)} - 2y''' + 5y'' - 8y' + 4y = 0$，

因此通解为 $y = (C_1 + C_2 x)e^x + C_3 \cos 2x + C_4 \sin 2x$.

## 二、提高篇

1.【解答】原方程可写为 $y'' + 2y' + 2y = e^{-x} + e^{-x}\cos x$.

对应齐次方程的特征方程 $r^2 + 2r + 2 = 0$ 的特征根为 $r_{1,2} = -1 \pm i$，对应齐次方程的通解为
$$Y(x) = e^{-x}(C_1 \cos x + C_2 \sin x).$$

由待定系数法可求得方程 $y'' + 2y' + 2y = e^{-x}$ 的特解为 $y_1^* = e^{-x}$，

故方程 $y'' + 2y' + 2y = e^{-x}\cos x$ 的特解为 $y_2^* = \dfrac{1}{2}xe^{-x}\sin x$，

于是所求方程的通解
$$y = Y(x) + y_1^* + y_2^* = e^{-x}(C_1 \cos x + C_2 \sin x) + e^{-x} + \dfrac{1}{2}xe^{-x}\sin x.$$

2.【解答】因为方程 $y'' - 4y = -x(-1 \leqslant x < 0)$ 的通解为 $y = C_1 e^{2x} + C_2 e^{-2x} + \dfrac{1}{4}x$，

方程 $y'' - 4y = x(0 \leqslant x \leqslant 1)$ 的通解为 $y = C_3 e^{2x} + C_4 e^{-2x} - \dfrac{1}{4}x$，

又
$$\lim_{x \to 0^-} y = \lim_{x \to 0^-}\left(C_1 e^{2x} + C_2 e^{-2x} + \dfrac{1}{4}x\right) = C_1 + C_2,$$

$$\lim_{x \to 0^+} y = \lim_{x \to 0^+}\left(C_3 e^{2x} + C_4 e^{-2x} - \dfrac{1}{4}x\right) = C_3 + C_4,$$

$$\lim_{x \to 0^-} y' = \lim_{x \to 0^-}\left(2C_1 e^{2x} - 2C_2 e^{-2x} + \dfrac{1}{4}\right) = 2C_1 - 2C_2 + \dfrac{1}{4},$$

$$\lim_{x \to 0^+} y' = \lim_{x \to 0^+}\left(2C_3 e^{2x} - 2C_4 e^{-2x} - \dfrac{1}{4}\right) = 2C_3 - 2C_4 - \dfrac{1}{4},$$

所以 $C_1 + C_2 = C_3 + C_4, 2C_1 - 2C_2 + \dfrac{1}{4} = 2C_3 - 2C_4 - \dfrac{1}{4}$，

故 $C_3 = C_1 + \dfrac{1}{8}$，$C_4 = C_2 - \dfrac{1}{8}$.

从而方程的通解为 $y = \begin{cases} C_1 e^{2x} + C_2 e^{-2x} + \dfrac{1}{4}x, & -1 \leqslant x < 0 \\ \left(C_1 + \dfrac{1}{8}\right)e^{2x} + \left(C_2 - \dfrac{1}{8}\right)e^{-2x} - \dfrac{1}{4}x, & 0 \leqslant x < 1 \end{cases}$.

3.【解答】$y'' - 3y' + 2y = 2e^x$ 对应的齐次方程的特征方程为 $\lambda^2 - 3\lambda + 2 = 0$，解之可得 $\lambda_1 = 1$，$\lambda_2 = 2$. 因此对应齐次方程的通解为 $Y = C_1 e^x + C_2 e^{2x}$.

又因为 1 是特征方程的单根，设非齐次方程的特解为 $y^* = Axe^x$，　　　　　　　(4.1)

则
$$y^{*\prime} = Ae^x + Axe^x, \tag{4.2}$$

$$y^{*\prime\prime} = 2Ae^x + Axe^x, \tag{4.3}$$

将式(4.1)(4.2)(4.3)代入原方程得 $A = -2$，

因此，
$$y = C_1 e^x + C_2 e^{2x} - 2x e^x, \qquad (4.4).$$

将 $y(0) = 0, y'(0) = 1$ 代入(4.4)式解得

$$y = -3 e^x + 3 e^{2x} - 2x e^x.$$

**4.**【解答】由题设知 $e^x - x, e^{2x} - x$ 为对应齐次方程的两个线性无关解，

故齐次通解为 $\bar{y} = C_1(e^x - x) + C_2(e^{2x} - x)$，

非齐次通解为 $y = C_1(e^x - x) + C_2(e^{2x} - x) + x$.

由 $y(0) = 1, y'(0) = 3$，可得 $C_1 = -1, C_2 = 2$，

所求特解为 $y = x - e^x + 2 e^{2x} - 2x + x = 2 e^{2x} - e^x$.

**5.**【解答】**方法一** 将 $y = e^{2x} + (1+x) e^x$ 代入方程 $y'' + \alpha y' + \beta y = \gamma e^x$ 可得

$$(4 + 2\alpha + \beta) e^{2x} + (3 + 2\alpha + \beta) e^x + (1 + \alpha + \beta) x e^x \equiv \gamma e^x,$$

于是 $4 + 2\alpha + \beta = 0, 3 + 2\alpha + \beta = \gamma, 1 + \alpha + \beta = 0$，

解之得 $\alpha = -3, \beta = 2, \gamma = -1$，故所求通解为 $y = C_1 e^x + C_2 e^{2x} + x e^x$.

**方法二** 由于方程的解中含有 $e^{2x}, x e^x$，且有非齐次项 $\gamma e^x$，从而 2 和 1 是对应齐次方程的两个特征根，故特征方程为 $(r-2)(r-1) = 0$，即 $r^2 - 3r + 2 = 0$，

从而 $\alpha = -3, \beta = 2$，再将 $y^* = x e^x$ 代入 $y'' + \alpha y' + \beta y = \gamma e^x$ 可得 $\gamma = -1$，

其他见方法一.

**6.**【解答】由题可得 $f(x) = e^{2x} + \int_0^x t f(x-t) dt = e^{2x} + \int_x^0 (x-u) f(u)(-du)$

$$= e^{2x} + x \int_0^x f(u) du - \int_0^x u f(u) du, \qquad (4.5)$$

对(4.5)式两端求导数，得

$$f'(x) = 2 e^{2x} + \int_0^x f(u) du - x f(x) + x f(x) = 2 e^{2x} + \int_0^x f(u) du. \qquad (4.6)$$

对式(4.6)两端再求导并移项整理，得 $f''(x) - f(x) = 4 e^{2x}$，

故通解为 $f(x) = C_1 e^x + C_2 e^{-x} + \dfrac{4}{3} e^{2x}$.

由已知条件 $f(0) = 1, f'(0) = 2$，解得 $f(x) = -\dfrac{1}{2} e^x + \dfrac{1}{6} e^{-x} + \dfrac{4}{3} e^{2x}$.

**7.**【解答】由题设可得 $y(0) = 0, y'(0) = 2$. 方程 $y'' - 2y' + 5y = 0$ 的特征方程为 $r^2 - 2r + 5 = 0$，解之可得 $r_{1,2} = 1 \pm 2i$. 故齐次方程的通解为 $Y = e^x(C_1 \cos 2x + C_2 \sin 2x)$.

设 $y^* = x e^x (A \cos 2x + B \sin 2x)$ 为原方程的特解，将其代入方程 $y'' - 2y' + 5y = e^x \cos 2x$ 及 $y(0) = 0, y'(0) = 2$，可得该曲线的方程为 $y = \left(1 + \dfrac{1}{4} x\right) e^x \sin 2x$.

**8.**【解答】因为 $\dfrac{dx}{dy} = \dfrac{1}{\dfrac{dy}{dx}} = \dfrac{1}{y'}$，于是 $\dfrac{d^2 x}{dy^2} = \dfrac{d}{dy}\left(\dfrac{1}{y'}\right) = \dfrac{d}{dx}\left(\dfrac{1}{y'}\right) \cdot \dfrac{dx}{dy} = \dfrac{-y''}{(y')^2} \cdot \dfrac{1}{y'} = \dfrac{-y''}{(y')^3}$，

代入方程 $\dfrac{d^2 x}{dy^2} + (y + \sin x)\left(\dfrac{dx}{dy}\right)^3 = 0$ 得 $y'' - y = \sin x$. 由待定系数法可求得通解

$$y = C_1 \mathrm{e}^x + C_2 \mathrm{e}^{-x} - \frac{1}{2}\sin x.$$

再根据初始条件 $y(0) = 0, y'(0) = \frac{3}{2}$，解得特解 $y = \mathrm{e}^x - \mathrm{e}^{-x} - \frac{1}{2}\sin x$.

9.【解答】$\dfrac{\mathrm{d}y}{\mathrm{d}x} = \dfrac{\mathrm{d}}{\mathrm{d}x}\left(\dfrac{u}{\cos x}\right) = \dfrac{1}{\cos^2 x}\left(\cos x \cdot \dfrac{\mathrm{d}u}{\mathrm{d}x} + u\sin x\right) = \sec x \cdot \dfrac{\mathrm{d}u}{\mathrm{d}x} + u\sec x \tan x$,

$$\frac{\mathrm{d}^2 y}{\mathrm{d}x^2} = 2\sec x \tan x \cdot \frac{\mathrm{d}u}{\mathrm{d}x} + \sec x \cdot \frac{\mathrm{d}^2 u}{\mathrm{d}x^2} + u\sec x \tan^2 x + u\sec^3 x,$$

代入方程 $y''\cos x - 2y'\sin x + 3y\cos x = \mathrm{e}^x$，得 $\dfrac{\mathrm{d}^2 u}{\mathrm{d}x^2} + 4u = \mathrm{e}^x$，解得

$$u = C_1 \cos 2x + C_2 \sin 2x + \frac{1}{5}\mathrm{e}^x,$$

从而原方程的通解为 $y = C_1 \dfrac{\cos 2x}{\cos x} + C_2 \dfrac{\sin 2x}{\cos x} + \dfrac{1}{5\cos x}\mathrm{e}^x$.

10.【解答】由于 $y_1 = x + 1$，故 $y_1' = 1, y_1'' = 0$，于是 $(x-1)y_1'' - xy_1' + y_1 = -x + x + 1 = 1$，
故 $y_1$ 是微分方程 $(x-1)y'' - xy' + y = 1$ 的解.

又由于 $y_2 = \mathrm{e}^x + 1$，故 $y_2' = \mathrm{e}^x, y_2'' = \mathrm{e}^x$，于是
$$(x-1)y_2'' - xy_2' + y_2 = (x-1)\mathrm{e}^x - x\mathrm{e}^x + \mathrm{e}^x + 1 = 1,$$
故 $y_2$ 是微分方程 $(x-1)y'' - xy' + y = 1$ 的解.

显然 $y_3 = 1$ 也是微分方程 $(x-1)y'' - xy' + y = 1$ 的解.

故 $\overline{y}_1 = y_1 - y_3 = x, \overline{y}_2 = y_2 - y_3 = \mathrm{e}^x$ 是微分方程 $(x-1)y'' - xy' + y = 0$ 的两个线性无关的解，故原方程的通解为 $y = C_1 x + C_2 \mathrm{e}^x + 1$，其中 $C_1, C_2$ 为任意常数.

11.【解答】由周期函数的性质有 $f(x+2\pi) = f(x)$，$f'(x+2\pi) = f'(x)$，则
$$f(x+\pi) + 2f'(x+2\pi) = \sin(x+\pi) \text{ 或 } f(x+\pi) + 2f'(x) = -\sin x,$$
求导得 $f'(x+\pi) + 2f''(x) = -\cos x$. 代入方程 $f(x) + 2f'(x+\pi) = \sin x$ 有
$$4f''(x) - f(x) = -\sin x - 2\cos x,$$
易知齐次方程通解为 $f(x) = C_1 \mathrm{e}^{\frac{x}{2}} + C_2 \mathrm{e}^{-\frac{x}{2}}$.

设非齐次方程特解为 $y^* = A\cos x + B\sin x$，代入方程有
$$4f''(x) - f(x) = -\sin x - 2\cos x，-5A\sin x - 5B\cos x = -\sin x - 2\cos x,$$
比较系数得 $A = \dfrac{1}{5}, B = \dfrac{2}{5}$，非齐次方程特解为 $y^* = \dfrac{1}{5}\sin x + \dfrac{2}{5}\cos x$,

故 $f(x) = C_1 \mathrm{e}^{\frac{x}{2}} + C_2 \mathrm{e}^{-\frac{x}{2}} + \dfrac{1}{5}\sin x + \dfrac{2}{5}\cos x$.

12.【解答】(1) 将 $\dfrac{1}{x}$ 代入方程 $y'' + p(x)y' = f(x)$，得 $\dfrac{2}{x^3} - \dfrac{1}{x^2}p(x) = f(x)$,

将 $x^2$ 代入方程 $y'' + p(x)y' = 0$，得 $2 + p(x) \cdot 2x = 0$,

解之可得 $p(x) = -\dfrac{1}{x}, f(x) = \dfrac{3}{x^3}$.

(2) 由微分方程 $y'' - \dfrac{1}{x}y' = \dfrac{3}{x^3}$ 易知，$y = 1$ 是齐次方程与 $x^2$ 无关的解，

故可得原方程的通解为 $y = C_1 + C_2 x^2 + \dfrac{1}{x}$，其中 $C_1, C_2$ 为任意常数.

13.【解答】设另一个线性无关的特解为 $y = u(x)\mathrm{e}^x$，则
$$y' = [u'(x) + u(x)]\mathrm{e}^x, y'' = [u''(x) + 2u'(x) + u(x)]\mathrm{e}^x,$$
代入方程 $xy'' + (x-2)y' + (2-2x)y = 0$，得 $xu'' + (3x-2)u' = 0$.

设 $u' = p$，则 $u'' = p'$，于是 $xp' + (3x-2)p = 0$，

解之可得 $p = u' = C_1 x^2 \mathrm{e}^{-3x}$，进而 $u = -\dfrac{C_1}{27}(9x^2 + 6x + 2)\mathrm{e}^{-3x} + C_2$.

取 $C_1 = -27, C_2 = 0$，得 $y = u(x)\mathrm{e}^x = (9x^2 + 6x + 2)\mathrm{e}^{-2x}$，

故原方程的通解为 $y = C_1 \mathrm{e}^x + C_2(9x^2 + 6x + 2)\mathrm{e}^{-2x}$.

## 第八节  欧拉方程（仅数学一）

1.【解答】(1) 令 $x = \mathrm{e}^t$，则 $t = \ln x$，由于
$$xy' = Dy, x^3 y''' = D(D-1)(D-2)y, x^2 y'' = D(D-1)y,$$
代入原方程可得 $D(D-1)(D-2)y - D(D-1)y + 2Dy - 2y = \mathrm{e}^{3t}$，

整理可得 $(D^3 - 4D^2 + 5D - 2)y = \mathrm{e}^{3t}$，

特征方程为 $r^3 - 4r^2 + 5r - 2 = 0$，解之可得 $r_1 = r_2 = 1, r_3 = 2$.

设特解为 $y^* = A\mathrm{e}^{3t}$，代入可知 $A = \dfrac{1}{4}$，即 $y^* = \dfrac{1}{4}\mathrm{e}^{3t}$，

于是其通解为 $y = C_1 \mathrm{e}^{2t} + (C_2 + C_3 t)\mathrm{e}^t + \dfrac{1}{4}\mathrm{e}^{3t}$，

故原方程的解为 $y = C_1 x^2 + (C_2 + C_3 \ln x)x + \dfrac{1}{4}x^3$.

(2) 方程两边同乘以 $x^2$，原方程可变为 $x^2 y'' - xy' + y = 2x$.

令 $x = \mathrm{e}^t$，原方程可化为 $[D(D-1) - D + 1]y = 2\mathrm{e}^t$，即 $(D^2 - 2D + 1)y = 2\mathrm{e}^t$.

上述方程对应的齐次方程的特征方程为 $r^2 - 2r + 1 = 0$，解之得 $r_1 = r_2 = 1$.

设 $y^* = At^2 \mathrm{e}^t$ 为上述方程的特解，代入方程可知，$A = 1$，

于是方程的通解为 $y = (C_1 + C_2 t)\mathrm{e}^t + t^2 \mathrm{e}^t$，

原方程的通解为 $y = (C_1 + C_2 \ln x)x + x \ln^2 x$.

# 第五章 多元函数微分学

## 第一节 多元函数的基本概念

### 一、基础篇

1. 答案 $\dfrac{xy}{xy^3+1}$ 【解答】令 $u=xy, v=\dfrac{x}{y}$，则

$$f\left(xy,\dfrac{x}{y}\right)=f(u,v)=\dfrac{uv}{u^2+v}=\dfrac{xy\cdot\dfrac{x}{y}}{(xy)^2+\dfrac{x}{y}}=\dfrac{xy}{xy^3+1}.$$

2. 【解答】(1) 要使函数有意义，只需 $\begin{cases} x+y>0 \\ x-y>0 \end{cases}$，

因此函数的定义域为 $D=\{(x,y)\,|\,x>-y, x>y\}$.

(2) 要使函数有意义，只需 $\begin{cases} 4x-y^2\geqslant 0 \\ 1-x^2-y^2>0 \\ \ln(1-x^2-y^2)\neq 0 \end{cases}$.

因此函数的定义域为 $D=\{(x,y)\,|\,y^2\leqslant 4x, 0<x^2+y^2<1\}$.

3. 【解答】(1) 由已知条件，得

$$g(x)=\lim_{y\to+\infty}f(x,y)=\lim_{y\to+\infty}\left(\dfrac{y}{1+xy}-\dfrac{1-y\sin\dfrac{\pi x}{y}}{\arctan x}\right)$$

$$=\lim_{y\to+\infty}\dfrac{y}{1+xy}-\lim_{y\to+\infty}\dfrac{1-y\sin\dfrac{\pi x}{y}}{\arctan x}=\dfrac{1}{x}-\dfrac{1-\pi x}{\arctan x}.$$

(2) $\lim\limits_{x\to 0^+}g(x)=\lim\limits_{x\to 0^+}\left(\dfrac{1}{x}-\dfrac{1-\pi x}{\arctan x}\right)=\lim\limits_{x\to 0^+}\dfrac{\arctan x-x+\pi x^2}{x\arctan x}$

$$=\lim_{x\to 0^+}\dfrac{\dfrac{1}{1+x^2}-1+2\pi x}{2x}=\lim_{x\to 0^+}\dfrac{\dfrac{-x}{1+x^2}+2\pi}{2}=\pi.$$

4. 【解答】(1) 由于 $\lim\limits_{\substack{x\to 0\\ y\to 0\\ y=x}}\dfrac{xy}{x+y}=\lim\limits_{x\to 0}\dfrac{x^2}{x+x}=0$，$\lim\limits_{\substack{x\to 0\\ y\to 0\\ y\to x^2-x}}\dfrac{xy}{x+y}=\lim\limits_{x\to 0}\dfrac{x(x^2-x)}{x+(x^2-x)}=-1$，

故 $\lim\limits_{\substack{x\to 0\\ y\to 0}}\dfrac{xy}{x+y}$ 不存在.

(2) 由于 $\lim\limits_{\substack{x\to 0\\ y\to 0\\ y=kx}}\dfrac{x-y}{x+y}=\lim\limits_{x\to 0}\dfrac{x-kx}{x+kx}=\dfrac{1-k}{1+k}$，与 $k$ 有关，故 $\lim\limits_{\substack{x\to 0\\ y\to 0}}\dfrac{x-y}{x+y}$ 不存在．

(3) 由于 $\lim\limits_{\substack{x\to 0\\ y\to 0\\ y=x}}\dfrac{x^2y}{x^4+y^2}=\lim\limits_{x\to 0}\dfrac{x^3}{x^4+x^2}=\lim\limits_{x\to 0}\dfrac{x^3}{x^2}=0$，$\lim\limits_{\substack{x\to 0\\ y\to 0\\ y=x^2}}\dfrac{x^2y}{x^4+y^2}=\lim\limits_{x\to 0}\dfrac{x^4}{x^4+x^4}=\dfrac{1}{2}$，

故 $\lim\limits_{\substack{x\to 0\\ y\to 0}}\dfrac{x^2y}{x^4+y^2}$ 不存在．

**5.【解答】**(1) $\lim\limits_{\substack{x\to\infty\\ y\to 5}}\left(1+\dfrac{1}{x}\right)^{\frac{x}{x+y}}=\mathrm{e}^1=\mathrm{e}$．

(2) **方法一** 当 $(x,y)\to(0,0)$ 时，$\sqrt{x^2y^2+1}-1\sim\dfrac{1}{2}x^2y^2\;(x\to 0,y\to 0)$，

于是 $\lim\limits_{\substack{x\to 0\\ y\to 0}}\dfrac{\sqrt{x^2y^2+1}-1}{x^2+y^2}=\dfrac{1}{2}\lim\limits_{\substack{x\to 0\\ y\to 0}}\dfrac{x^2y^2}{x^2+y^2}=\dfrac{1}{2}\lim\limits_{\substack{x\to 0\\ y\to 0}}\left(x^2\cdot\dfrac{y^2}{x^2+y^2}\right)=0$．

**方法二** $\lim\limits_{\substack{x\to 0\\ y\to 0}}\dfrac{\sqrt{x^2y^2+1}-1}{x^2+y^2}=\lim\limits_{\substack{x\to 0\\ y\to 0}}\dfrac{x^2y^2}{(x^2+y^2)(\sqrt{x^2y^2+1}+1)}$

$=\lim\limits_{\substack{x\to 0\\ y\to 0}}\dfrac{x^2}{\sqrt{x^2y^2+1}+1}\cdot\dfrac{y^2}{x^2+y^2}=0$．

(3) $\lim\limits_{\substack{x\to 0\\ y\to 0}}\dfrac{xy\mathrm{e}^x}{4-\sqrt{16+xy}}=-\dfrac{1}{4}\lim\limits_{\substack{x\to 0\\ y\to 0}}\dfrac{xy}{\left(1+\dfrac{xy}{16}\right)^{\frac{1}{2}}-1}$，

当 $(x,y)\to(0,0)$ 时，$\left(1+\dfrac{xy}{16}\right)^{\frac{1}{2}}-1\sim\dfrac{1}{2}\times\dfrac{xy}{16}=\dfrac{xy}{32}$，

故 $\lim\limits_{\substack{x\to 0\\ y\to 0}}\dfrac{xy\mathrm{e}^x}{4-\sqrt{16+xy}}=-\dfrac{1}{4}\lim\limits_{\substack{x\to 0\\ y\to 0}}\dfrac{xy}{\dfrac{xy}{32}}=-8$．

(4) 当 $(x,y)\to(0,0)$ 时，$1-\cos(x^2+y^2)\sim\dfrac{1}{2}(x^2+y^2)^2$，于是

$\lim\limits_{\substack{x\to 0\\ y\to 0}}\dfrac{1-\cos(x^2+y^2)}{(x^2+y^2)x^2y^2}=\lim\limits_{\substack{x\to 0\\ y\to 0}}\dfrac{\dfrac{1}{2}(x^2+y^2)^2}{(x^2+y^2)x^2y^2}=\dfrac{1}{2}\lim\limits_{\substack{x\to 0\\ y\to 0}}\dfrac{x^2+y^2}{x^2y^2}=\dfrac{1}{2}\lim\limits_{\substack{x\to 0\\ y\to 0}}\left(\dfrac{1}{y^2}+\dfrac{1}{x^2}\right)=\infty$．

(5) 由于 $\lim\limits_{\substack{x\to\infty\\ y\to 1}}\dfrac{2y}{x}=0$，$\lim\limits_{\substack{x\to\infty\\ y\to 1}}xy=\infty$，且 $\lim\limits_{\substack{x\to\infty\\ y\to 1}}\dfrac{2y}{x}\cdot xy=\lim\limits_{\substack{x\to\infty\\ y\to 1}}2y^2=2$，

故 $\lim\limits_{\substack{x\to\infty\\ y\to 1}}\left(1+\dfrac{2y}{x}\right)^{xy}=\lim\limits_{\substack{x\to\infty\\ y\to 1}}\left[\left(1+\dfrac{2y}{x}\right)^{\frac{x}{2y}}\right]^{2y^2}=\mathrm{e}^2$．

(6) 当 $(x,y)\to(0,0)$ 时，$\sin(x^2y)\sim x^2y$，故

$$\lim\limits_{\substack{x\to 0\\ y\to 0}}\dfrac{\sin(x^2y)}{x^2+y^2}=\lim\limits_{\substack{x\to 0\\ y\to 0}}\dfrac{x^2y}{x^2+y^2}=\lim\limits_{\substack{x\to 0\\ y\to 0}}\dfrac{x^2}{x^2+y^2}y,$$

又由于 $\left|\dfrac{x^2}{x^2+y^2}\right|\leqslant 1$，$\lim\limits_{\substack{x\to 0\\ y\to 0}}y=0$，所以 $\lim\limits_{\substack{x\to 0\\ y\to 0}}\dfrac{\sin(x^2y)}{x^2+y^2}=0$．

**6.【证明】**由于 $x^2+y^2 \geqslant 2|xy|(-\infty < x,y < +\infty)$,故 $\dfrac{\sqrt{|xy|}}{\sqrt{x^2+y^2}} \leqslant \dfrac{\sqrt{2}}{2}$,$(x,y) \neq (0,0)$,

于是 $0 \leqslant |f(x,y)| = \left|\dfrac{xy}{\sqrt{x^2+y^2}}\right| = \dfrac{\sqrt{|xy|}}{\sqrt{x^2+y^2}}\sqrt{|xy|} \leqslant \dfrac{\sqrt{2}}{2}\sqrt{|xy|}$,而 $\lim\limits_{\substack{x\to 0\\y\to 0}}\sqrt{|xy|} = 0$,

由夹逼准则 $\lim\limits_{\substack{x\to 0\\y\to 0}}|f(x,y)| = \lim\limits_{\substack{x\to 0\\y\to 0}}\dfrac{xy}{\sqrt{x^2+y^2}} = 0$,故 $\lim\limits_{\substack{x\to 0\\y\to 0}}f(x,y) = 0$.

**7.【解答】**因为 $\dfrac{x^3+y^3}{x^2+y^2} = \dfrac{x^2}{x^2+y^2}\cdot x + \dfrac{y^2}{x^2+y^2}\cdot y$,而

$$\left|\dfrac{x^2}{x^2+y^2}\right| \leqslant 1, \left|\dfrac{y^2}{x^2+y^2}\right| \leqslant 1(x^2+y^2 \neq 0), \lim\limits_{\substack{x\to 0\\y\to 0}}x = \lim\limits_{\substack{x\to 0\\y\to 0}}y = 0,$$

故 $\lim\limits_{\substack{x\to 0\\y\to 0}}\dfrac{x^2}{x^2+y^2}\cdot x = 0, \lim\limits_{\substack{x\to 0\\y\to 0}}\dfrac{y^2}{x^2+y^2}\cdot y = 0$,

于是 $\lim\limits_{\substack{x\to 0\\y\to 0}}f(x,y) = \lim\limits_{\substack{x\to 0\\y\to 0}}\dfrac{x^3+y^3}{x^2+y^2} = 0 = f(0,0)$,故 $f(x,y)$ 在点 $(0,0)$ 处连续.

## 二、提高篇

**1.【解答】**(1) 由于 $\lim\limits_{\substack{x\to 0\\y\to 0\\y=kx}}\dfrac{x^2y^2}{x^2y^2+(x-y)^2} = \lim\limits_{x\to 0}\dfrac{x^2\cdot k^2x^2}{x^2\cdot k^2x^2+(1-k)^2x^2} = \begin{cases}1, & k=1\\ 0, & k\neq 1\end{cases}$,则极限是

否存在与 $k$ 的取值有关,

故 $\lim\limits_{\substack{x\to 0\\y\to 0}}\dfrac{x^2y^2}{x^2y^2+(x-y)^2}$ 不存在.

(2) 由于 $|x^2-xy+y^2| \geqslant (x^2+y^2) - |xy| \geqslant \dfrac{1}{2}(x^2+y^2)$,

因此当 $(x,y)\neq (0,0)$ 时,$0 \leqslant \left|\dfrac{x^3+xy^2}{x^2-xy+y^2}\right| \leqslant \dfrac{|x|(x^2+y^2)}{\dfrac{1}{2}(x^2+y^2)} = 2|x|$,而 $\lim\limits_{\substack{x\to 0\\y\to 0}}2|x| = 0$,

由夹逼准则 $\lim\limits_{\substack{x\to 0\\y\to 0}}\left|\dfrac{x^3+xy^2}{x^2-xy+y^2}\right| = 0$,故 $\lim\limits_{\substack{x\to 0\\y\to 0}}\dfrac{x^3+xy^2}{x^2-xy+y^2} = 0$.

(3) 当 $(x,y)\neq (0,0)$ 时,

$$0 \leqslant \left|xy\dfrac{x^2-y^2}{x^2+y^2}\right| = |xy|\left|\dfrac{x^2}{x^2+y^2} - \dfrac{y^2}{x^2+y^2}\right| \leqslant |xy|\left(\left|\dfrac{x^2}{x^2+y^2}\right| + \left|\dfrac{y^2}{x^2+y^2}\right|\right)$$

$$\leqslant |xy|(1+1) = 2|xy|,$$

而 $\lim\limits_{\substack{x\to 0\\y\to 0}}|xy| = 0$,故 $\lim\limits_{(x,y)\to(0,0)}|f(x,y)| = 0$,于是 $\lim\limits_{(x,y)\to(0,0)}f(x,y) = 0$.

## 第二节 偏导数

### 一、基础篇

**1.** 答案 D 【解答】由于 $\lim\limits_{\substack{x\to 0\\y\to 0}}f(x,y)=\lim\limits_{\substack{x\to 0\\y\to 0}}\sqrt{x^2+y^2}=0$，

而 $f(0,0)=-1$，所以 $f(x,y)$ 在点 $(0,0)$ 处不连续．

又因为 $\lim\limits_{\Delta x\to 0}\dfrac{f(0+\Delta x,0)-f(0,0)}{\Delta x}=\lim\limits_{\Delta x\to 0}\dfrac{|\Delta x|+1}{\Delta x}=\infty$，

即 $f(x,y)$ 在点 $(0,0)$ 处关于变量 $x$ 的偏导数不存在，

类似可得 $f(x,y)$ 在点 $(0,0)$ 处关于变量 $y$ 的偏导数也不存在．

**2.**【解答】$f_x(0,0)=\lim\limits_{x\to 0}\dfrac{f(x,0)-f(0,0)}{x}=\lim\limits_{x\to 0}\dfrac{\sqrt{|x\cdot 0|}-0}{x}=0$，

同理 $f_y(0,0)=0$．

**3.**【解答】当 $(x,y)\neq(0,0)$ 时，$f_x(x,y)=\dfrac{2xy(x^4+y^2)-x^2y\times 4x^3}{(x^4+y^2)^2}=\dfrac{2xy(y^2-x^4)}{(x^4+y^2)^2}$，

$$f_y(x,y)=\dfrac{x^2(x^4+y^2)-x^2y\cdot 2y}{(x^4+y^2)^2}=\dfrac{x^2(x^4-y^2)}{(x^4+y^2)^2},$$

当 $(x,y)=(0,0)$ 时，$f_x(0,0)=\lim\limits_{\Delta x\to 0}\dfrac{f(\Delta x,0)-f(0,0)}{\Delta x}=\lim\limits_{\Delta x\to 0}\dfrac{0}{\Delta x}=0$，

$$f_y(0,0)=\lim\limits_{\Delta y\to 0}\dfrac{f(0,\Delta y)-f(0,0)}{\Delta y}=\lim\limits_{\Delta y\to 0}\dfrac{0}{\Delta y}=0,$$

所以

$$f_x(x,y)=\begin{cases}\dfrac{2xy(y^2-x^4)}{(x^4+y^2)^2}, & x^2+y^2\neq 0\\ 0, & x^2+y^2=0\end{cases},$$

$$f_y(x,y)=\begin{cases}\dfrac{x^2(x^4-y^2)}{(x^4+y^2)^2}, & x^2+y^2\neq 0\\ 0, & x^2+y^2=0\end{cases}.$$

**4.**【解答】$\dfrac{\partial z}{\partial x}=\dfrac{1}{\sqrt{1-\dfrac{x^2}{x^2+y^2}}}\cdot\left(\dfrac{x}{\sqrt{x^2+y^2}}\right)'=\dfrac{\sqrt{x^2+y^2}}{|y|}\cdot\dfrac{y^2}{\sqrt{(x^2+y^2)^3}}=\dfrac{|y|}{x^2+y^2}$，

$\dfrac{\partial z}{\partial y}=\dfrac{1}{\sqrt{1-\dfrac{x^2}{x^2+y^2}}}\cdot\left(\dfrac{x}{\sqrt{x^2+y^2}}\right)'=\dfrac{\sqrt{x^2+y^2}}{|y|}\cdot\dfrac{(-xy)}{\sqrt{(x^2+y^2)^3}}$

$=-\dfrac{x}{x^2+y^2}\operatorname{sgn}\dfrac{1}{y}\ (y\neq 0)$，

则 $\left.\dfrac{\partial z}{\partial y}\right|_{\substack{x\to 0\\y\to 0}}$ 不存在．

**5.【解答】** $\dfrac{\partial u}{\partial x} = \dfrac{z}{y}\left(\dfrac{x}{y}\right)^{z-1}, \dfrac{\partial u}{\partial y} = z\left(\dfrac{x}{y}\right)^{z-1}\left(-\dfrac{x}{y^2}\right) = -\dfrac{z \cdot x^z}{y^{z+1}}, \dfrac{\partial u}{\partial z} = \left(\dfrac{x}{y}\right)^z \ln\dfrac{x}{y}$.

**6.【解答】** $u_x = y\mathrm{e}^{xy}\cos yz$,

$u_y = (\cos yz)\mathrm{e}^{xy}x + \mathrm{e}^{xy}(-\sin yz)z = \mathrm{e}^{xy}(x\cos yz - z\sin yz)$,

$u_z = \mathrm{e}^{xy}(-\sin yz)y = -y\mathrm{e}^{xy}\sin yz$.

**7.【解答】**(1) $F_x = 2 \times \dfrac{\sin 2x}{2x} = \dfrac{\sin 2x}{x}, F_y = -\dfrac{\sin 3y}{3y} \times 3 = -\dfrac{\sin 3y}{y}$.

(2) $F_x = \displaystyle\int_y^x \mathrm{e}^{-3t^2}\mathrm{d}t + x \cdot \mathrm{e}^{-3x^2}, F_{xy} = -\mathrm{e}^{-3y^2}$.

**8.【解答】**
$$\dfrac{\partial z}{\partial x} = \mathrm{e}^{x+2y}, \dfrac{\partial z}{\partial y} = 2\mathrm{e}^{x+2y};$$

$$\dfrac{\partial^2 z}{\partial x^2} = \mathrm{e}^{x+2y}, \dfrac{\partial^2 z}{\partial x \partial y} = 2\mathrm{e}^{x+2y}, \dfrac{\partial^2 z}{\partial y \partial x} = 2\mathrm{e}^{x+2y}, \dfrac{\partial^2 z}{\partial y^2} = 4\mathrm{e}^{x+2y};$$

$$\dfrac{\partial^3 z}{\partial y \partial x^2} = \dfrac{\partial}{\partial x}\left(\dfrac{\partial^2 z}{\partial y \partial x}\right) = 2\mathrm{e}^{x+2y}.$$

**9.【解答】**
$$z'_x = \dfrac{\partial z}{\partial x} = -\dfrac{1}{x^2}f(xy) + \dfrac{1}{x}f'(xy)y + yf'(x+y),$$

$$z'_y = \dfrac{\partial z}{\partial y} = \dfrac{1}{x}f'(xy)x + f(x+y) + yf'(x+y).$$

**10.【解答】**因为 $\dfrac{\partial z}{\partial x} = y + F(u) + xF'(u) \cdot \left(-\dfrac{y}{x^2}\right), \dfrac{\partial z}{\partial y} = x + xF'(u) \cdot \dfrac{1}{x}$,

所以 $x\dfrac{\partial z}{\partial x} + y\dfrac{\partial z}{\partial y} = x\left[y + F(u) + xF'(u) \cdot \left(-\dfrac{y}{x^2}\right)\right] + y\left[x + xF'(u) \cdot \dfrac{1}{x}\right]$

$= 2xy + xF(u) = z + xy$,

即 $x\dfrac{\partial z}{\partial x} + y\dfrac{\partial z}{\partial y} = z + xy$ 得证.

**11.【解答】**由于 $\dfrac{\partial z}{\partial x} = 0 + \dfrac{\partial F(x^2-y^2)}{\partial x}, \dfrac{\partial z}{\partial y} = 1 + \dfrac{\partial F(x^2-y^2)}{\partial y}$,

记 $u = x^2 - y^2$,则 $\dfrac{\partial F}{\partial x} = \dfrac{\partial F}{\partial u} \cdot 2x, \dfrac{\partial F}{\partial y} = \dfrac{\partial F}{\partial u} \cdot (-2y)$,

故 $\dfrac{\partial z}{\partial x} = 2x\dfrac{\partial F}{\partial u}, \dfrac{\partial z}{\partial y} = 1 - 2y\dfrac{\partial F}{\partial u}$,

所以 $y\dfrac{\partial z}{\partial x} + x\dfrac{\partial z}{\partial y} = y \cdot \left(2x\dfrac{\mathrm{d}F}{\mathrm{d}u}\right) + x \cdot \left(1 - 2y\dfrac{\mathrm{d}F}{\mathrm{d}u}\right) = 2xy\dfrac{\mathrm{d}F}{\mathrm{d}u} + x - 2xy\dfrac{\mathrm{d}F}{\mathrm{d}u} = x$.

**12.【证明】**由于 $\dfrac{\partial u}{\partial x} = \dfrac{\mathrm{d}u}{\mathrm{d}r} \cdot \dfrac{\partial r}{\partial x} = -\dfrac{1}{r^2} \cdot \dfrac{\partial r}{\partial x} = -\dfrac{1}{r^2} \times \dfrac{1}{2} \times \dfrac{2x}{\sqrt{x^2+y^2+z^2}} = -\dfrac{x}{r^3}$,

$$\dfrac{\partial^2 u}{\partial x^2} = -\dfrac{r^3 - x \times 3r^2 \times \dfrac{x}{r}}{r^6} = -\dfrac{r^2 - 3x^2}{r^5},$$

类似地,有 $\dfrac{\partial^2 u}{\partial y^2} = -\dfrac{r^2 - 3y^2}{r^5}, \dfrac{\partial^2 u}{\partial z^2} = -\dfrac{r^2 - 3z^2}{r^5}$,

因此 $\dfrac{\partial^2 u}{\partial x^2} + \dfrac{\partial^2 u}{\partial y^2} + \dfrac{\partial^2 u}{\partial z^2} = -\dfrac{3}{r^3} + \dfrac{3(x^2+y^2+z^2)}{r^5} = -\dfrac{3}{r^3} + \dfrac{3r^2}{r^5} = 0$,

所以
$$\frac{\partial^2 u}{\partial x^2}+\frac{\partial^2 u}{\partial y^2}+\frac{\partial^2 u}{\partial z^2}=0.$$

## 二、提高篇

**1.** 【答案】 D 【解答】由二元函数 $f(x,y)$ 在点 $(x_0,y_0)$ 的连续性和可偏导性的关系可知:函数 $f(x,y)$ 在点 $(x_0,y_0)$ 处连续是函数 $f(x,y)$ 在该点处存在偏导数的既非充分条件又非必要条件. 如：

函数 $f(x,y)=|x|+|y|$ 在点 $(0,0)$ 处连续,但是偏导数不存在,所以函数在一点处连续不是函数在该点处偏导数存在的充分条件.

函数 $f(x,y)=\begin{cases}\dfrac{xy}{x^2+y^2}, & x^2+y^2\neq 0 \\ 0, & x^2+y^2=0\end{cases}$,满足 $f(x,0)=f(0,y)\equiv 0$,从而在点 $(0,0)$ 处 $f'_x(0,0)=\dfrac{\mathrm{d}f(x,0)}{\mathrm{d}x}\Big|_{x=0}=0$，$f'_y(0,0)=\dfrac{\mathrm{d}f(y,0)}{\mathrm{d}y}\Big|_{y=0}=0$,故函数 $f(x,y)$ 在点 $(0,0)$ 处的两个偏导数都存在,但是当点 $(x,y)$ 沿着直线 $y=kx$ 趋于 $(0,0)$ 时,

$$\lim_{\substack{x\to 0\\y\to 0}}f(x,y)=\lim_{x\to 0}\frac{xy}{x^2+y^2}=\lim_{x\to 0}\frac{kx^2}{(1+k^2)x^2}=\frac{k}{1+k^2},$$

此极限随着 $k$ 的不同而不同,故 $\lim\limits_{\substack{x\to 0\\y\to 0}}f(x,y)$ 不存在,进而函数 $f(x,y)$ 在 $(0,0)$ 处不连续. 所以函数在一点处连续不是函数在该点处偏导数存在的必要条件. 因此应选 D.

**2.** 【答案】 C 【解答】**方法一** 由 $\dfrac{\partial^2 z}{\partial y^2}=2$,得 $\dfrac{\partial z}{\partial y}=\int\dfrac{\partial^2 z}{\partial y^2}\mathrm{d}y=\int 2\mathrm{d}y=2y+\varphi(x)$.

再由题设条件 $f'_y(x,1)=x+1$ 可得 $x+1=2+\varphi(x)$,即 $\varphi(x)=x-1$,进而 $\dfrac{\partial z}{\partial y}=2y+x-1$,于是

$$z=\int\frac{\partial z}{\partial y}\mathrm{d}y=\int(2y+x-1)\mathrm{d}y=y^2+y(x-1)+\psi(x).$$

注意到 $f(x,1)=x+2$,因而 $x+2=1+(x-1)+\psi(x)$,即 $\psi(x)=2$,因此 $z=y^2+y(x-1)+2$. 故应选 C.

**方法二** 验证易知,只有选项 C 中的函数满足题设的三个条件 $\dfrac{\partial^2 z}{\partial y^2}=2$, $f(x,1)=x+2$, $f'_y(x,1)=x+1$. 故应选 C.

**3.** 【答案】 $\dfrac{1}{2}x^2y+\dfrac{1}{2}xy^2+x+y^2$

【解答】由 $\dfrac{\partial^2 z}{\partial x\partial y}=x+y$,有 $\dfrac{\partial z}{\partial x}=\int(x+y)\mathrm{d}y=xy+\dfrac{1}{2}y^2+c_1(x)$,

进一步有

$$f(x,y)=\int\left[xy+\frac{1}{2}y^2+c_1(x)\right]\mathrm{d}x=\frac{1}{2}x^2y+\frac{1}{2}xy^2+\int c_1(x)\mathrm{d}x+c_2(y),$$

由 $f(x,0) = x$ 得 $\int c_1(x)\mathrm{d}x + c_2(0) = x$,两边对 $x$ 求导,得 $c_1(x) = 1$,

于是 $$f(x,y) = \frac{1}{2}x^2 y + \frac{1}{2}xy^2 + x + c_2(y),$$

再由 $f(0,y) = c_2(y) = y^2$,从而得 $f(x,y) = \frac{1}{2}x^2 y + \frac{1}{2}xy^2 + x + y^2$.

4.【解答】根据定义,有
$$f'_x(0,0) = \lim_{\Delta x \to 0} \frac{f(\Delta x,0) - f(0,0)}{\Delta x} = \lim_{\Delta x \to 0} \frac{0-0}{\Delta x} = 0,$$
$$f'_y(0,0) = \lim_{\Delta y \to 0} \frac{f(0,\Delta y) - f(0,0)}{\Delta y} = \lim_{\Delta y \to 0} \frac{0-0}{\Delta y} = 0,$$

由偏导数的计算方法求得,当 $x^2 + y^2 \neq 0$ 时,
$$f'_x(x,y) = y\frac{x^4 + 4x^2 y^2 - y^4}{(x^2 + y^2)^2}, f'_y(x,y) = x\frac{x^4 - 4x^2 y^2 - y^4}{(x^2 + y^2)^2},$$

再根据偏导数的定义,有
$$f''_{xy}(0,0) = \lim_{\Delta y \to 0} \frac{f'_x(0,\Delta y) - f'_x(0,0)}{\Delta y} = \lim_{\Delta y \to 0} \frac{\frac{-\Delta y^5}{\Delta y^4} - 0}{\Delta y} = -1,$$
$$f''_{yx}(0,0) = \lim_{\Delta x \to 0} \frac{f'_x(\Delta x,0) - f'_x(0,0)}{\Delta x} = \lim_{\Delta x \to 0} \frac{\frac{\Delta x^5}{\Delta x^4} - 0}{\Delta x} = 1.$$

## 第三节 全微分

### 一、基础篇

1. **答案** B 【解答】由于函数 $f(x,y)$ 在点 $(x_0,y_0)$ 处的 $f'_x(x_0,y_0)$ 值存在,所以作为一元函数 $f(x,y_0)$ 在 $x = x_0$ 处必连续,从而 $\lim\limits_{x \to x_0} f(x,y_0)$ 存在. 类似地, $\lim\limits_{y \to y_0} f(x_0,y)$ 也存在. 故应选 B.

2. **答案** C 【解答】首先,$\lim\limits_{\substack{x \to 0 \\ y \to 0}} f(x,y) = \lim\limits_{\substack{x \to 0 \\ y \to 0}} \sqrt[3]{x^2 y} = 0 = f(0,0)$,即函数 $f(x,y)$ 在点 $(0,0)$ 处连续.

其次,$f(x,0) = f(0,y) \equiv 0$,从而在点 $(0,0)$ 处,
$$f'_x(0,0) = \frac{\mathrm{d}f(x,0)}{\mathrm{d}x}\bigg|_{x=0} = 0, f'_y(0,0) = \frac{\mathrm{d}f(y,0)}{\mathrm{d}y}\bigg|_{y=0} = 0,$$

故函数 $f(x,y)$ 在点 $(0,0)$ 处的两个偏导数都存在.

最后 $\Delta z - [f'_x(0,0)\Delta x + f'_y(0,0)\Delta y] = \sqrt[3]{(\Delta x)^2 \Delta y}$,取 $\Delta y = \Delta x$,则有
$$\lim_{\Delta x \to 0} \frac{\sqrt[3]{(\Delta x)^2 \Delta y}}{\Delta x} = \lim_{\Delta x \to 0^+} \frac{\Delta x}{\Delta x} = 1,$$

故而 $\lim\limits_{\rho \to 0} \dfrac{\sqrt[3]{(\Delta x)^2 \Delta y}}{\rho} \neq 0$，即 $\Delta z - [f'_x(0,0)\Delta x + f'_y(0,0)\Delta y] = \sqrt[3]{(\Delta x)^2 \Delta y}$ 并不是 $\rho \to 0$ 时比 $\rho$ 高阶无穷小，因此函数 $f(x,y)$ 在点 $(0,0)$ 处不可微.

3. 答案 A 【解答】这是讨论函数 $f(x,y)$ 的连续性、偏导的存在性、可微性与偏导的连续性之间的关系，由于函数 $f(x,y)$ 在点 $(x_0,y_0)$ 处的一阶偏导数连续是函数 $f(x,y)$ 在点 $(x_0,y_0)$ 处可微的充分条件. 而函数 $f(x,y)$ 在点 $(x_0,y_0)$ 处可微是 $f(x,y)$ 在点 $(x_0,y_0)$ 处连续的充分条件. 因此应选 A.

4. 答案 B 【解答】由于 $\lim\limits_{\substack{x \to 0 \\ y \to 0}} \dfrac{f(x,y) - (x^2+y^2)}{\sqrt{x^2+y^2}} = \lim\limits_{\substack{x \to 0 \\ y \to 0}} \left[\dfrac{f(x,y)}{\sqrt{x^2+y^2}} - \sqrt{x^2+y^2}\right] = 1$，

所以 $\lim\limits_{\substack{x \to 0 \\ y \to 0}} \dfrac{f(x,y)}{\sqrt{x^2+y^2}} = 1$. 不妨取 $f(x,y) = \sqrt{x^2+y^2}$，显然 $f(x,y)$ 符合题设条件. 而 $f(x,y)$ 在点 $(0,0)$ 处连续，但是偏导数不存在，因此，应选 B.

5. 答案 C 【解答】由于 $\lim\limits_{\substack{x \to 0 \\ y \to 0}} f(x,y) = \lim\limits_{\substack{x \to 0 \\ y \to 0}} \dfrac{x^2 y}{x^2+y^2} = 0 = f(0,0)$，所以函数 $f(x,y)$ 在 $(0,0)$ 处不连续.

又 $f'_x(0,0) = \lim\limits_{\Delta x \to 0} \dfrac{f(0+\Delta x, 0) - f(0,0)}{\Delta x} = \lim\limits_{\Delta x \to 0} \dfrac{0-0}{\Delta x} = 0$，

$f'_y(0,0) = \lim\limits_{\Delta y \to 0} \dfrac{f(0, 0+\Delta y) - f(0,0)}{\Delta y} = \lim\limits_{\Delta y \to 0} \dfrac{0-0}{\Delta y} = 0$，

所以 $f(x,y)$ 在 $(0,0)$ 处的两个偏导数存在，且 $f_x(0,0) = 0$，$f_y(0,0) = 0$. 但

$$\lim\limits_{\rho \to 0} \dfrac{\Delta z - [f_x(0,0)\Delta x + f_y(0,0)\Delta y]}{\rho}$$

$$= \lim\limits_{\rho \to 0} \dfrac{[f(\Delta x, \Delta y) - f(0,0)] - [f_x(0,0)\Delta x + f_y(0,0)\Delta y]}{\rho}$$

$$= \lim\limits_{\substack{\Delta x \to 0 \\ \Delta y \to 0}} \dfrac{(\Delta x)^2 \Delta y}{[(\Delta x)^2 + (\Delta y)^2]^{\frac{3}{2}}},$$

而当 $\Delta y = \Delta x$ 时，$\lim\limits_{\substack{\Delta x \to 0 \\ \Delta y \to 0}} \dfrac{(\Delta x)^2 \Delta y}{[(\Delta x)^2 + (\Delta y)^2]^{\frac{3}{2}}} = \lim\limits_{\Delta x \to 0} \dfrac{(\Delta x)^2 \Delta y}{[(\Delta x)^2 + (\Delta y)^2]^{\frac{3}{2}}} = \dfrac{1}{2\sqrt{2}} \lim\limits_{\Delta x \to 0} \dfrac{(\Delta x)^3}{|\Delta x|^3}$

不存在，故而函数在 $(0,0)$ 处不可微.

6. 【解答】由于 $\lim\limits_{\substack{x \to 0 \\ y \to 0}} f(x,y) = \lim\limits_{\substack{x \to 0 \\ y \to 0}} (x^2+y^2)\sin\dfrac{1}{x^2+y^2} = 0 = f(0,0)$，

所以 $f(x,y)$ 在点 $(0,0)$ 连续，又

$f_x(0,0) = \lim\limits_{\Delta x \to 0} \dfrac{f(\Delta x, 0) - f(0,0)}{\Delta x} = \lim\limits_{\Delta x \to 0} \dfrac{\Delta x^2 \sin\dfrac{1}{\Delta x^2} - 0}{\Delta x} = \lim\limits_{\Delta x \to 0} \Delta x \sin\dfrac{1}{\Delta x^2} = 0$，

$f_y(0,0) = \lim\limits_{\Delta y \to 0} \dfrac{f(0, \Delta y) - f(0,0)}{\Delta y} = \lim\limits_{\Delta y \to 0} \dfrac{\Delta y^2 \sin\dfrac{1}{\Delta y^2} - 0}{\Delta y} = \lim\limits_{\Delta y \to 0} \Delta y \sin\dfrac{1}{\Delta y^2} = 0$，

又 $f(\Delta x, \Delta y) - f(0,0) = (\Delta x^2 + \Delta y^2)\sin\dfrac{1}{\Delta x^2 + \Delta y^2}$，

所以 $\dfrac{f(\Delta x,\Delta y)-f(0,0)-f_x(0,0)\Delta x-f_y(0,0)\Delta y}{\sqrt{\Delta x^2+\Delta y^2}}=\sqrt{\Delta x^2+\Delta y^2}\sin\dfrac{1}{\Delta x^2+\Delta y^2}$,

$\lim\limits_{\substack{\Delta x\to 0\\ \Delta y\to 0}}\dfrac{f(\Delta x,\Delta y)-f(0,0)-f_x(0,0)\Delta x-f_y(0,0)\Delta y}{\sqrt{\Delta x^2+\Delta y^2}}=\lim\limits_{\substack{\Delta x\to 0\\ \Delta y\to 0}}\sqrt{\Delta x^2+\Delta y^2}\sin\dfrac{1}{\Delta x^2+\Delta y^2}=0$,

所以 $f(x,y)$ 在点 $(0,0)$ 处可微.

7.【解答】由于 $f'_x(0,0)=\lim\limits_{\Delta x\to 0}\dfrac{f(\Delta x,0)-f(0,0)}{\Delta x}=\lim\limits_{\Delta x\to 0}\dfrac{0-0}{\Delta x}=0$,

$f'_y(0,0)=\lim\limits_{\Delta y\to 0}\dfrac{f(0,\Delta y)-f(0,0)}{\Delta y}=\lim\limits_{\Delta y\to 0}\dfrac{0-0}{\Delta y}=0$,

又 $\lim\limits_{\substack{\Delta x\to 0\\ \Delta y\to 0}}\dfrac{f(\Delta x,\Delta y)-f(0,0)-f'_x(0,0)\Delta x-f'_y(0,0)\Delta y}{\sqrt{(\Delta x)^2+(\Delta y)^2}}=\lim\limits_{\substack{\Delta x\to 0\\ \Delta y\to 0}}\dfrac{\Delta x\Delta y}{[(\Delta x)^2+(\Delta y)^2]^{\frac{5}{6}}}$,

因为 $\left|\dfrac{\Delta x\Delta y}{[(\Delta x)^2+(\Delta y)^2]^{\frac{5}{6}}}\right|\leqslant\dfrac{(\Delta x)^2+(\Delta y)^2}{[(\Delta x)^2+(\Delta y)^2]^{\frac{5}{6}}}=[(\Delta x)^2+(\Delta y)^2]^{\frac{1}{6}}\to 0$,

根据夹逼准则, $\lim\limits_{\substack{\Delta x\to 0\\ \Delta y\to 0}}\dfrac{\Delta x\Delta y}{[(\Delta x)^2+(\Delta y)^2]^{\frac{5}{6}}}=0$,

所以函数在原点可微.

8.【解答】$\left.\dfrac{\partial u}{\partial x}\right|_{(1,1,1)}=1,\left.\dfrac{\partial u}{\partial y}\right|_{(1,1,1)}=-1,\left.\dfrac{\partial u}{\partial z}\right|_{(1,1,1)}=0\Rightarrow\left.du\right|_{(1,1,1)}=dx-dy$.

9.【解答】$du=\dfrac{z}{y}\left(\dfrac{x}{y}\right)^{z-1}dx-\dfrac{z}{y}\left(\dfrac{x}{y}\right)^{z}dy+\left(\dfrac{x}{y}\right)^{z}\ln\dfrac{x}{y}dz$.

10.【解答】$\Delta z=[(2.05)^2+3\times 2.05\times 2.96-(2.96)^2]-[2^2+3\times 2\times 3-3^2]=0.6449$.

$dz=z_x(2,3)\times 0.05+z_y(2,3)\times(-0.04)=13\times 0.05+0\times(-0.04)=0.65$.

## 二、提高篇

1.【答案】B 【解答】由于 $f(x,y)$ 在 $(0,0)$ 处连续,故 $\lim\limits_{\substack{x\to 0\\ y\to 0}}f(x,y)$ 存在,

若极限 $\lim\limits_{\substack{x\to 0\\ y\to 0}}\dfrac{f(x,y)}{x^2+y^2}$ 存在,则必有 $f(0,0)=\lim\limits_{\substack{x\to 0\\ y\to 0}}f(x,y)=0$,且

$\lim\limits_{\substack{x\to 0\\ y=0}}\dfrac{f(x,y)}{x^2+y^2}=\lim\limits_{x\to 0}\dfrac{f(x,0)}{x^2}$ 和 $\lim\limits_{\substack{x=0\\ y\to 0}}\dfrac{f(x,y)}{x^2+y^2}=\lim\limits_{y\to 0}\dfrac{f(0,y)}{y^2}$ 存在,

于是 $f'_x(0,0)=\lim\limits_{\Delta x\to 0}\dfrac{f(\Delta x,0)-f(0,0)}{\Delta x}=\lim\limits_{\Delta x\to 0}\dfrac{f(\Delta x,0)}{(\Delta x)^2}\cdot\Delta x=0$,

$f'_y(0,0)=\lim\limits_{\Delta y\to 0}\dfrac{f(0,\Delta y)-f(0,0)}{\Delta y}=\lim\limits_{\Delta y\to 0}\dfrac{f(0,\Delta y)}{(\Delta y)^2}\cdot\Delta y=0$,

由此

$\lim\limits_{\substack{\Delta x\to 0\\ \Delta y\to 0}}\dfrac{\Delta z-[f_x(0,0)\Delta x+f_y(0,0)\Delta y]}{\rho}=\lim\limits_{\substack{\Delta x\to 0\\ \Delta y\to 0}}\dfrac{f(\Delta x,\Delta y)}{\sqrt{(\Delta x)^2+(\Delta y)^2}}=\lim\limits_{\substack{x\to 0\\ y\to 0}}\dfrac{f(x,y)}{x^2+y^2}\sqrt{x^2+y^2}=0$,

因此 $f(x,y)$ 在点 $(0,0)$ 处可微.故应选B.

2.【答案】$3,-2$ 【解答】由已知得 $f'_x=ax^2y^2-2xy^2$,$f'_y=2x^3y+bx^2y+1$,于是

$f''_{xy}=2ax^2y-4xy$,$f''_{yx}=6x^2y+2bxy$,

显然 $f''_{xy}, f''_{yx}$ 均为二元初等函数，则二阶偏导数连续，即 $f''_{xy} = f''_{yx}$，也就是
$$2ax^2y - 4xy = 6x^2y + 2bxy,$$
比较同次幂系数，得 $a = 3, b = -2$.

3. 【证明】(1) 由偏导数的定义，得
$$f_x(0,0) = \lim_{x \to 0} \frac{f(x,0) - f(0,0)}{x - 0} = 0, \; f_y(0,0) = \lim_{y \to 0} \frac{f(0,y) - f(0,0)}{y - 0} = 0.$$

(2) 当 $(x,y) \neq (0,0)$ 时，
$$f_x(x,y) = y\left[\sin \frac{1}{\sqrt{x^2+y^2}} + x\cos \frac{1}{\sqrt{x^2+y^2}} \cdot \frac{-x}{(x^2+y^2)^{\frac{3}{2}}}\right]$$
$$= y\sin \frac{1}{\sqrt{x^2+y^2}} - \frac{x^2y}{(x^2+y^2)^{\frac{3}{2}}} \cos \frac{1}{\sqrt{x^2+y^2}},$$
$$f_y(x,y) = x\sin \frac{1}{\sqrt{x^2+y^2}} - \frac{xy^2}{(x^2+y^2)^{\frac{3}{2}}} \cos \frac{1}{\sqrt{x^2+y^2}},$$

当动点 $(x,y)$ 沿直线 $y = x$ 趋于 $(0,0)$ 时，
$$\lim_{\substack{x \to 0^+ \\ y = x}} f_x(x,y) = \lim_{x \to 0^+} \left(x\sin \frac{1}{\sqrt{2}x} - \frac{1}{2\sqrt{2}} \cos \frac{1}{\sqrt{2}x}\right)$$

不存在，故 $f_x(x,y)$ 在点 $(0,0)$ 处不连续. 同理，$f_y(x,y)$ 在点 $(0,0)$ 处也不连续.

(3) 函数在点 $(0,0)$ 处的全增量
$$\Delta z = f(\Delta x, \Delta y) - f(0,0) = \Delta x \Delta y \sin \frac{1}{\sqrt{\Delta x^2 + \Delta y^2}},$$

由于 $\left|\dfrac{\Delta z - [f_x(0,0)\Delta x + f_y(0,0)\Delta y]}{\rho}\right| = \left|\dfrac{\Delta x \Delta y}{\sqrt{(\Delta x)^2 + (\Delta y)^2}} \sin \dfrac{1}{\sqrt{(\Delta x)^2 + (\Delta y)^2}}\right| \leqslant |\Delta x|$,

所以 $\lim\limits_{\rho \to 0} \dfrac{\Delta z - [f_x(0,0)\Delta x + f_y(0,0)\Delta y]}{\rho} = 0$，

故 $\Delta z = f_x(0,0)\Delta x + f_y(0,0)\Delta y + o(\rho)$，即函数 $f(x,y)$ 在点 $(0,0)$ 处可微.

## 第四节　多元复合函数及隐函数的求导

### 一、基础篇

1. 【答案】D 【解答】令 $u = x + y, v = \dfrac{y}{x}$，则 $x = \dfrac{u}{1+v}, y = \dfrac{uv}{1+v}$，代入 $f\left(x+y, \dfrac{y}{x}\right) = x^2 - y^2$，有
$$f(u,v) = \left(\frac{u}{1+v}\right)^2 - \left(\frac{uv}{1+v}\right)^2 = \frac{u^2(1-v)}{1+v},$$

故

$$\frac{\partial f}{\partial u} = \frac{2u(1-v)}{1+v}, \frac{\partial f}{\partial v} = -\frac{2u^2}{(1+v)^2},$$

因而 $\dfrac{\partial f}{\partial u}\bigg|_{\substack{u=1\\v=1}} = 0$, $\dfrac{\partial f}{\partial v}\bigg|_{\substack{u=1\\v=1}} = -\dfrac{1}{2}$. 故应选 D.

2. **答案** B 【解答】因为 $\dfrac{\partial z}{\partial x} = f'_1 \cdot (xy)'_x + f'_2 \cdot [\ln x + g(xy)]'_x = yf'_1 + \left(\dfrac{1}{x} + yg'\right)f'_2$,

$$\frac{\partial z}{\partial y} = f'_1 \cdot (xy)'_y + f'_2 \cdot [\ln x + g(xy)]'_y = xf'_1 + xg'f'_2,$$

所以 $x\dfrac{\partial z}{\partial x} - y\dfrac{\partial z}{\partial y} = x\left[yf'_1 + \left(\dfrac{1}{x} + yg'\right)f'_2\right] - y[xf'_1 + xg'f'_2] = f'_2$.

因此,应选 B.

3. 【解答】$\dfrac{\partial z}{\partial x} = \dfrac{\partial z}{\partial u} \cdot \dfrac{\partial u}{\partial x} + \dfrac{\partial z}{\partial v} \cdot \dfrac{\partial v}{\partial x} = e^u \sin v \cdot y + e^u \cos v \times 1 = e^u(y\sin v + \cos v)$,

$$\frac{\partial z}{\partial y} = \frac{\partial z}{\partial u} \cdot \frac{\partial u}{\partial y} + \frac{\partial z}{\partial v} \cdot \frac{\partial v}{\partial y} = e^u \sin v \cdot x + e^u \cos v \times 1 = e^u(x\sin v + \cos v).$$

4. 【解答】 $\dfrac{\partial z}{\partial x} = \dfrac{\partial z}{\partial u} \cdot \dfrac{\partial u}{\partial x} + \dfrac{\partial z}{\partial v} \cdot \dfrac{\partial v}{\partial x} = 2u \cdot \ln v \cdot \dfrac{1}{y} + \dfrac{u^2}{v} \times 3$

$$= \frac{2x}{y^2} \cdot \ln(3x-2y) + \frac{3x^2}{(3x-2y)y^2},$$

$$\frac{\partial z}{\partial y} = \frac{\partial z}{\partial u} \cdot \frac{\partial u}{\partial y} + \frac{\partial z}{\partial v} \cdot \frac{\partial v}{\partial y} = 2u \cdot \ln v \cdot \left(-\frac{x}{y^2}\right) + \frac{u^2}{v} \times (-2)$$

$$= -\frac{2x^2}{y^3}\ln(3x-2y) - \frac{2x^2}{(3x-2y)y^2}.$$

5. 【解答】$\dfrac{\partial z}{\partial x} = y\left\{f\left(\dfrac{x}{y}, \dfrac{y}{x}\right) + x\left[f\left(\dfrac{x}{y}, \dfrac{y}{x}\right)\right]'_x\right\} = y\left\{f\left(\dfrac{x}{y}, \dfrac{y}{x}\right) + x\left[f'_1 \dfrac{1}{y} + f'_2\left(-\dfrac{y}{x^2}\right)\right]\right\}$

$$= yf\left(\frac{x}{y}, \frac{y}{x}\right) + xf'_1 - \frac{y^2}{x}f'_2.$$

6. 【解答】记 $u = x^2 - y^2$, $v = e^{xy}$, 则

$$\frac{\partial z}{\partial x} = \frac{\partial z}{\partial u}\frac{\partial u}{\partial x} + \frac{\partial z}{\partial v}\frac{\partial v}{\partial x} = f'_1 \times 2x + f'_2 \times ye^{xy} = 2xf'_1 + ye^{xy}f'_2,$$

$$\frac{\partial z}{\partial y} = \frac{\partial z}{\partial u}\frac{\partial u}{\partial y} + \frac{\partial z}{\partial v}\frac{\partial v}{\partial y} = f'_1 \times (-2y) + f'_2 \times xe^{xy} = -2yf'_1 + xe^{xy}f'_2,$$

其中 $f'_1 = \dfrac{\partial z}{\partial u} = \dfrac{\partial f(u,v)}{\partial u}$, $f'_2 = \dfrac{\partial z}{\partial v} = \dfrac{\partial f(u,v)}{\partial v}$.

7. 【解答】
$$\frac{\partial u}{\partial x} = f_1 \times 1 + f_2 \cdot y + f_3 \cdot yz,$$

$$\frac{\partial u}{\partial y} = f_1 \times 0 + f_2 \cdot x + f_3 \cdot xz,$$

$$\frac{\partial u}{\partial z} = f_1 \times 0 + f_2 \times 0 + f_3 \cdot xy.$$

8. 【解答】$\dfrac{\partial w}{\partial x} = f'_1 + yzf'_2$,

$$\frac{\partial^2 w}{\partial x \partial z} = f''_{11} + xyf''_{12} + yf'_2 + yz(f''_{21} + f''_{22}xy)$$
$$= f''_{11} + xy^2zf''_{22} + (xy + yz)f''_{21} + yf'_2.$$

**9.【解答】**由已知条件得 $\dfrac{\partial z}{\partial x} = yf'_1 + \dfrac{1}{y}f'_2 + g' \cdot \dfrac{-y}{x^2} = yf'_1 + \dfrac{1}{y}f'_2 - \dfrac{y}{x^2}g'$,

$$\frac{\partial^2 z}{\partial x \partial y} = f'_1 + xyf''_{11} - \frac{x}{y}f''_{12} - \frac{1}{y^2}f'_2 + \frac{x}{y}f''_{21} - \frac{x}{y^3}f''_{22} - \frac{1}{x^2}g' - \frac{y}{x^3}g''$$
$$= f'_1 + xyf''_{11} - \frac{1}{y^2}f'_2 - \frac{x}{y^3}f''_{22} - \frac{1}{x^2}g' - \frac{y}{x^3}g''.$$

**10.【解答】方法一** 令 $u = x^2 - y^2$,$v = \mathrm{e}^{xy}$,则函数可看成 $z = f(u,v)$ 和 $u = x^2 - y^2$,$v = \mathrm{e}^{xy}$ 的复合,由复合函数的求导法则,得

$$\frac{\partial z}{\partial x} = \frac{\partial z}{\partial u}\frac{\partial u}{\partial x} + \frac{\partial z}{\partial v}\frac{\partial v}{\partial x} = f'_1 \times 2x + f'_2 \cdot \mathrm{e}^{xy} \cdot y = 2xf'_1 + y\mathrm{e}^{xy}f'_2,$$

$$\frac{\partial z}{\partial y} = \frac{\partial z}{\partial u}\frac{\partial u}{\partial y} + \frac{\partial z}{\partial v}\frac{\partial v}{\partial y} = f'_1 \times (-2y) + f'_2 \cdot \mathrm{e}^{xy} \cdot x = -2yf'_1 + x\mathrm{e}^{xy}f'_2,$$

$$\frac{\partial^2 z}{\partial x \partial y} = 2x[-2yf''_{11} + x\mathrm{e}^{xy}f''_{12}] + \mathrm{e}^{xy}f'_2 + yx\mathrm{e}^{xy}f'_2 + y\mathrm{e}^{xy}[-2yf''_{21} + x\mathrm{e}^{xy}f''_{22}]$$
$$= -4xyf''_{11} + 2(x^2 - y^2)\mathrm{e}^{xy}f''_{12} + xy\mathrm{e}^{2xy}f''_{22} + \mathrm{e}^{xy}(1 + xy)f'_2.$$

**方法二** 不设中间变量 $u$ 和 $v$,直接求导得

$$\frac{\partial z}{\partial x} = f'_1 \cdot (x^2 - y^2)'_x + f'_2 \cdot (\mathrm{e}^{xy})'_x = 2xf'_1 + y\mathrm{e}^{xy}f'_2,$$

$$\frac{\partial z}{\partial y} = f'_1 \cdot (x^2 - y^2)'_y + f'_2 \cdot (\mathrm{e}^{xy})'_y = -2yf'_1 + x\mathrm{e}^{xy}f'_2,$$

$$\frac{\partial^2 z}{\partial x \partial y} = 2x[f''_{11} \times (-2y) + f''_{12} \cdot x\mathrm{e}^{xy}] + [\mathrm{e}^{xy} + xy\mathrm{e}^{xy}]f'_2 + y\mathrm{e}^{xy}[f''_{21} \times (-2y) + f''_{22} \cdot x\mathrm{e}^{xy}]$$
$$= -4xyf''_{11} + 2(x^2 - y^2)\mathrm{e}^{xy}f''_{12} + xy\mathrm{e}^{2xy}f''_{22} + \mathrm{e}^{xy}(1 + xy)f'_2.$$

**11.【证明】**令 $u = x + y$,则 $z = x\varphi(u) + y\psi(u)$,于是有

$$\frac{\partial z}{\partial x} = \varphi(u) + [x\varphi'(u) + y\psi'(u)] \times 1 = \varphi(u) + x\varphi'(u) + y\psi'(u),$$

$$\frac{\partial z}{\partial y} = [x\varphi'(u) + y\psi'(u)] \times 1 + \psi(u) = x\varphi'(u) + y\psi'(u) + \psi(u),$$

$$\frac{\partial^2 z}{\partial x^2} = \varphi'(u) + \varphi'(u) + x\varphi''(u) + y\psi''(u) = 2\varphi'(u) + x\varphi''(u) + y\psi''(u),$$

$$\frac{\partial^2 z}{\partial x \partial y} = \varphi'(u) + x\varphi''(u) + \psi'(u) + y\psi''(u),$$

$$\frac{\partial^2 z}{\partial y^2} = x\varphi''(u) \times 1 + \psi'(u) + y\psi''(u) \times 1 + \psi'(u) \times 1 = x\varphi''(u) + 2\psi'(u) + y\psi''(u),$$

所以 $\dfrac{\partial^2 z}{\partial x^2} - 2\dfrac{\partial^2 z}{\partial x \partial y} + \dfrac{\partial^2 z}{\partial y^2}$

$$= [2\varphi'(u) + x\varphi''(u) + y\psi''(u)] - 2[\varphi'(u) + x\varphi''(u) + \psi'(u) + y\psi''(u)] +$$
$$[x\varphi''(u) + 2\psi'(u) + y\psi''(u)]$$
$$= 0,$$

即 $\dfrac{\partial^2 z}{\partial x^2} - 2\dfrac{\partial^2 z}{\partial x \partial y} + \dfrac{\partial^2 z}{\partial y^2} = 0$.

**12.【解答】** 令 $u = e^x \sin y$，则

$$\dfrac{\partial z}{\partial x} = f'(u)e^x \sin y, \quad \dfrac{\partial^2 z}{\partial x^2} = f''(u)e^{2x}\sin^2 y + f'(u)e^x \sin y,$$

$$\dfrac{\partial z}{\partial y} = f'(u)e^x \cos y, \quad \dfrac{\partial^2 z}{\partial y^2} = f''(u)e^{2x}\cos^2 y - f'(u)e^x \sin y,$$

将 $\dfrac{\partial^2 z}{\partial x^2}, \dfrac{\partial^2 z}{\partial y^2}$ 代入方程 $\dfrac{\partial^2 z}{\partial x^2} + \dfrac{\partial^2 z}{\partial y^2} = z e^{2x}$ 得 $f''(u) = f(u)$，即 $f''(u) - f(u) = 0$，

解之得 $f(u) = C_1 e^u + C_2 e^{-u}$.

**13.【解答】** 记 $F(x, y, z) = 2\sin(x + 2y - 3z) - x - 2y + 3z$，则

$$F_x = 2\cos(x + 2y - 3z) - 1, \quad F_y = 2\cos(x + 2y - 3z) \cdot 2 - 2 = 2F_x,$$

$$F_z = 2\cos(x + 2y - 3z) \cdot (-3) + 3 = -3F_x,$$

所以 $\dfrac{\partial z}{\partial x} + \dfrac{\partial z}{\partial y} = -\dfrac{F_x}{F_z} - \dfrac{F_y}{F_z} = \dfrac{1}{3} + \dfrac{2}{3} = 1$.

**14.【解答】** 设 $F(x, y, z) = x + y + z + xyz - 3$，则

$$F'_x = 1 + yz, \quad F'_y = 1 + xz, \quad F'_z = 1 + xy,$$

$$\dfrac{\partial z}{\partial x} = -\dfrac{F'_x}{F'_z} = -\dfrac{1 + yz}{1 + xy}, \quad \dfrac{\partial z}{\partial y} = -\dfrac{F'_y}{F'_z} = -\dfrac{1 + xz}{1 + xy}.$$

**15.【解答】** 设 $F(x, y, z) = f\left(\dfrac{z}{x}, \dfrac{y}{z}\right) = f(u, v)$，其中 $u = \dfrac{z}{x}, v = \dfrac{y}{z}$，则

$$F_x = f_1 \cdot \left(-\dfrac{z}{x^2}\right), \quad F_y = f_2 \cdot \dfrac{1}{z}, \quad F_z = f_1 \cdot \dfrac{1}{x} + f_2 \cdot \left(-\dfrac{y}{z^2}\right),$$

$$\dfrac{\partial z}{\partial x} = -\dfrac{F_x}{F_z} = \dfrac{z^3 f_1}{xz^2 f_1 - x^2 yf_2}, \quad \dfrac{\partial z}{\partial y} = -\dfrac{F_y}{F_z} = -\dfrac{xz f_2}{z^2 f_1 - xy f_2}.$$

**16.【解答】** 对方程 $z^3 - 3xyz = a^3$ 两端求微分，得 $3z^2 dz - 3(yz\, dx + xz\, dy + xy\, dz) = 0$，即

$$dz = \dfrac{yz}{z^2 - xy}dx + \dfrac{xz}{z^2 - xy}dy,$$

于是 $\quad \dfrac{\partial z}{\partial x} = \dfrac{yz}{z^2 - xy}, \quad \dfrac{\partial z}{\partial y} = \dfrac{xz}{z^2 - xy},$

$$\dfrac{\partial^2 z}{\partial x \partial y} = \dfrac{\left(z + y\dfrac{\partial z}{\partial y}\right)(z^2 - xy) - yz\left(2z\dfrac{\partial z}{\partial y} - x\right)}{(z^2 - xy)^2}$$

$$= \dfrac{\left(z + y\dfrac{xz}{z^2 - xy}\right)(z^2 - xy) - yz\left(2z\dfrac{xz}{z^2 - xy} - x\right)}{(z^2 - xy)^2}$$

$$= \dfrac{[z(z^2 - xy) + yxz](z^2 - xy) - yz[2zxz - x(z^2 - xy)]}{(z^2 - xy)^3} = \dfrac{z^5 - 2xyz^3 - x^2 y^2 z}{(z^2 - xy)^3}.$$

**17.【解答】** 对等式 $z + \ln z - \displaystyle\int_y^x e^{-t^2} dt = 0$ 两端求微分，得 $\left(1 + \dfrac{1}{z}\right) dz - e^{-x^2} dx + e^{-y^2} dy = 0$，即

$$dz = \dfrac{z e^{-x^2}}{1 + z} dx - \dfrac{z e^{-y^2}}{1 + z} dy,$$

从而 $\dfrac{\partial z}{\partial x} = \dfrac{z\mathrm{e}^{-x^2}}{1+z}$，$\dfrac{\partial z}{\partial y} = -\dfrac{z\mathrm{e}^{-y^2}}{1+z}$. 于是

$$\dfrac{\partial^2 z}{\partial x \partial y} = \mathrm{e}^{-x^2} \dfrac{(1+z)\dfrac{\partial z}{\partial y} - z\dfrac{\partial z}{\partial y}}{(1+z)^2} = \mathrm{e}^{-x^2} \dfrac{-\dfrac{z\mathrm{e}^{-y^2}}{1+z}}{(1+z)^2} = -\dfrac{z\mathrm{e}^{-x^2-y^2}}{(1+z)^3}.$$

**18.【解答】**对 $\begin{cases} x = -u^2 + v + z \\ y = u + vz \end{cases}$ 求全微分，得

$$\begin{cases} \mathrm{d}x = -2u\mathrm{d}u + \mathrm{d}v + \mathrm{d}z \\ \mathrm{d}y = \mathrm{d}u + z\mathrm{d}v + v\mathrm{d}z \end{cases}, 即 \begin{cases} 2u\mathrm{d}u - \mathrm{d}v = -\mathrm{d}x + \mathrm{d}z \\ \mathrm{d}u + z\mathrm{d}v = \mathrm{d}y - v\mathrm{d}z \end{cases},$$

解得 $\mathrm{d}u = \dfrac{-z\mathrm{d}x + (z-v)\mathrm{d}z + \mathrm{d}y}{2uz + 1}$，$\mathrm{d}v = \dfrac{2u\mathrm{d}y + \mathrm{d}x - (1+2uv)\mathrm{d}z}{2uz+1}$，

$$\dfrac{\partial u}{\partial x} = -\dfrac{z}{2uz+1}, \dfrac{\partial v}{\partial x} = \dfrac{1}{2uz+1}, \dfrac{\partial u}{\partial z} = \dfrac{z-v}{2uz+1}.$$

**19.【解答】**由 $\begin{cases} \dfrac{\mathrm{d}z}{\mathrm{d}x} = 2x + 2y\dfrac{\mathrm{d}y}{\mathrm{d}x} \\ 2x + 4y\dfrac{\mathrm{d}y}{\mathrm{d}x} + 6z\dfrac{\mathrm{d}z}{\mathrm{d}x} = 0 \end{cases}$，解得 $\begin{cases} \dfrac{\mathrm{d}y}{\mathrm{d}x} = -\dfrac{x(1+6z)}{2y(1+3z)} \\ \dfrac{\mathrm{d}z}{\mathrm{d}x} = \dfrac{x}{1+3z} \end{cases}$，

所以 $\dfrac{\mathrm{d}^2 z}{\mathrm{d}x^2} = \dfrac{\mathrm{d}}{\mathrm{d}x}\left(\dfrac{x}{1+3z}\right) = \dfrac{(1+3z) - 3x\dfrac{\mathrm{d}z}{\mathrm{d}x}}{(1+3z)^2} = \dfrac{(1+3z)^2 - 3x^2}{(1+3z^2)^3}.$

**20.【解答】**由题可得 $\begin{cases} \mathrm{e}^{xy}(y+xy') - (y+xy') = 0 \\ \mathrm{e}^x = \dfrac{\sin(x-z)}{x-z}(1-z') \end{cases}$，解得 $y' = -\dfrac{y}{x}$，$z' = 1 - \dfrac{\mathrm{e}^x(x-z)}{\sin(x-z)}$，

故有 $\dfrac{\mathrm{d}u}{\mathrm{d}x} = f_1' - \dfrac{y}{x}f_2' + \left[1 - \dfrac{\mathrm{e}^x(x-z)}{\sin(x-z)}\right]f_3'.$

**21.【解答】**由方程对 $x$ 求偏导可得 $\begin{cases} 2x - \dfrac{\partial u}{\partial x}v - u\dfrac{\partial v}{\partial x} = 0 \\ y - 2u\dfrac{\partial u}{\partial x} + 2v\dfrac{\partial v}{\partial x} = 0 \end{cases}$，解得 $\dfrac{\partial u}{\partial x} = \dfrac{4xv + yu}{2(u^2+v^2)}$，$\dfrac{\partial v}{\partial x} = \dfrac{4xu - yv}{2(u^2+v^2)}$.

同理，两个方程对 $y$ 求偏导，可得 $\dfrac{\partial u}{\partial y} = \dfrac{4yv + xu}{2(u^2+v^2)}$，$\dfrac{\partial v}{\partial y} = \dfrac{4yu - xv}{2(u^2+v^2)}.$

**22.【证明】方法一** 等式 $y = f[x, t(x,y)]$ 两端同时对 $x$ 求导数得 $\dfrac{\mathrm{d}y}{\mathrm{d}x} = \dfrac{\partial f}{\partial x} + \dfrac{\partial f}{\partial t}\left(\dfrac{\partial t}{\partial x} + \dfrac{\partial t}{\partial y}\dfrac{\mathrm{d}y}{\mathrm{d}x}\right)$，

而 $t = t(x,y)$ 由方程 $F(x,y,t) = 0$ 所确定，由隐函数的求导法则 $\dfrac{\partial t}{\partial x} = -\dfrac{F_x'}{F_z'}$，$\dfrac{\partial t}{\partial y} = -\dfrac{F_y'}{F_z'}$，

于是 $\dfrac{\mathrm{d}y}{\mathrm{d}x} = \dfrac{\partial f}{\partial x} + \dfrac{\partial f}{\partial t}\left(-\dfrac{F_x'}{F_z'} - \dfrac{F_y'}{F_z'} \cdot \dfrac{\mathrm{d}y}{\mathrm{d}x}\right)$，即 $\dfrac{\mathrm{d}y}{\mathrm{d}x} = \dfrac{\dfrac{\partial f}{\partial x}\dfrac{\partial F}{\partial t} - \dfrac{\partial f}{\partial t}\dfrac{\partial F}{\partial x}}{\dfrac{\partial f}{\partial t}\dfrac{\partial F}{\partial y} + \dfrac{\partial F}{\partial t}}.$

**方法二** 由方程组 $\begin{cases} y = f(x,t) \\ F(x,y,t) = 0 \end{cases}$ 两端对 $x$ 求导，得 $\begin{cases} \dfrac{\mathrm{d}y}{\mathrm{d}x} = \dfrac{\partial f}{\partial x} + \dfrac{\partial f}{\partial t}\dfrac{\mathrm{d}t}{\mathrm{d}x} \\ \dfrac{\partial F}{\partial x} + \dfrac{\partial F}{\partial y}\dfrac{\mathrm{d}y}{\mathrm{d}x} + \dfrac{\partial F}{\partial t}\dfrac{\mathrm{d}t}{\mathrm{d}x} = 0 \end{cases}$，

消去 $\dfrac{\mathrm{d}t}{\mathrm{d}x}$，即得 $\dfrac{\mathrm{d}y}{\mathrm{d}x} = \dfrac{\dfrac{\partial f}{\partial x}\dfrac{\partial F}{\partial t} - \dfrac{\partial f}{\partial t}\dfrac{\partial F}{\partial x}}{\dfrac{\partial f}{\partial t}\dfrac{\partial F}{\partial y} + \dfrac{\partial F}{\partial t}}$.

**方法三** 对方程组 $\begin{cases} y = f(x,t) \\ F(x,y,t) = 0 \end{cases}$ 的每个方程两端求全微分，得

$$\mathrm{d}y = \dfrac{\partial f}{\partial x}\mathrm{d}x + \dfrac{\partial f}{\partial t}\mathrm{d}t, \dfrac{\partial F}{\partial x}\mathrm{d}x + \dfrac{\partial F}{\partial y}\mathrm{d}y + \dfrac{\partial F}{\partial t}\mathrm{d}t = 0,$$

消去 $\mathrm{d}t$ 可得 $\dfrac{\mathrm{d}y}{\mathrm{d}x} = \dfrac{\dfrac{\partial f}{\partial x}\dfrac{\partial F}{\partial t} - \dfrac{\partial f}{\partial t}\dfrac{\partial F}{\partial x}}{\dfrac{\partial f}{\partial t}\dfrac{\partial F}{\partial y} + \dfrac{\partial F}{\partial t}}$.

23.【解答】令 $F(x,y,z) = z^x - y^z$，则 $F'_x = z^x \ln z$，$F'_y = -zy^{z-1}$，$F'_z = xz^{x-1} - y^z \ln y$，

$$\dfrac{\partial z}{\partial x} = -\dfrac{z^x \ln z}{xz^{x-1} - y^z \ln y}, \dfrac{\partial z}{\partial y} = -\dfrac{-zy^{z-1}}{xz^{x-1} - y^z \ln y},$$

所以 $\mathrm{d}z = \dfrac{z^x \ln z}{y^z \ln y - xz^{x-1}}\mathrm{d}x + \dfrac{zy^{z-1}}{xz^{x-1} - y^z \ln y}\mathrm{d}y$.

24.【解答】将 $x=0$，$y=0$ 代入 $\mathrm{e}^{x+2y+3z} + xyz = 1$，得 $z=0$. 对 $\mathrm{e}^{x+2y+3z} + xyz = 1$ 求微分，得

$$\mathrm{d}(\mathrm{e}^{x+2y+3z} + xyz) = \mathrm{e}^{x+2y+3z}\mathrm{d}(x+2y+3z) + \mathrm{d}(xyz)$$
$$= \mathrm{e}^{x+2y+3z}(\mathrm{d}x + 2\mathrm{d}y + 3\mathrm{d}z) + yz\,\mathrm{d}x + xz\,\mathrm{d}y + xy\,\mathrm{d}z$$
$$= 0,$$

将 $x=0$，$y=0$，$z=0$ 代入上式，得 $\mathrm{d}x + 2\mathrm{d}y + 3\mathrm{d}z = 0$，所以 $\mathrm{d}z\,|_{(0,0)} = -\dfrac{1}{3}\mathrm{d}x - \dfrac{2}{3}\mathrm{d}y$.

25.【解答】**方法一** 由已知条件并注意到 $z = z(x,y)$，所以 $\dfrac{\partial u}{\partial x} = \dfrac{\partial f}{\partial x} + \dfrac{\partial f}{\partial z} \cdot \dfrac{\partial z}{\partial x}$.

方程 $x\mathrm{e}^x - y\mathrm{e}^y = z\mathrm{e}^z$ 两端同时对 $x$ 求偏导数，得 $\mathrm{e}^x + x\mathrm{e}^x = \mathrm{e}^z\dfrac{\partial z}{\partial x} + z\mathrm{e}^z\dfrac{\partial z}{\partial x}$，

由此可得 $\dfrac{\partial z}{\partial x} = \dfrac{\mathrm{e}^x + x\mathrm{e}^x}{\mathrm{e}^z + z\mathrm{e}^z} = \dfrac{1+x}{1+z}\mathrm{e}^{x-z}$，于是 $\dfrac{\partial u}{\partial x} = \dfrac{\partial f}{\partial x} + \dfrac{\partial f}{\partial z} \cdot \dfrac{1+x}{1+z}\mathrm{e}^{x-z}$.

同理，可得 $\dfrac{\partial u}{\partial y} = \dfrac{\partial f}{\partial y} - \dfrac{\partial f}{\partial z} \cdot \dfrac{1+y}{1+z}\mathrm{e}^{y-z}$，

因此 $\mathrm{d}u = \left(\dfrac{\partial f}{\partial x} + \dfrac{\partial f}{\partial z} \cdot \dfrac{1+x}{1+z}\mathrm{e}^{x-z}\right)\mathrm{d}x + \left(\dfrac{\partial f}{\partial y} - \dfrac{\partial f}{\partial z} \cdot \dfrac{1+y}{1+z}\mathrm{e}^{y-z}\right)\mathrm{d}y$.

**方法二** 由 $u = f(x,y,z)$ 可得 $\mathrm{d}u = \dfrac{\partial f}{\partial x}\mathrm{d}x + \dfrac{\partial f}{\partial y}\mathrm{d}y + \dfrac{\partial f}{\partial z}\mathrm{d}z$，

等式 $x\mathrm{e}^x - y\mathrm{e}^y = z\mathrm{e}^z$ 两端求微分得

$$(\mathrm{e}^x + x\mathrm{e}^x)\mathrm{d}x - (\mathrm{e}^y + y\mathrm{e}^y)\mathrm{d}y = (\mathrm{e}^z + z\mathrm{e}^z)\mathrm{d}z,$$

解得 $\mathrm{d}z = \dfrac{1+x}{1+z}\mathrm{e}^{x-z}\mathrm{d}x - \dfrac{1+y}{1+z}\mathrm{e}^{y-z}\mathrm{d}y$，

将 $\mathrm{d}z = \dfrac{1+x}{1+z}\mathrm{e}^{x-z}\mathrm{d}x - \dfrac{1+y}{1+z}\mathrm{e}^{y-z}\mathrm{d}y$ 代入 $\mathrm{d}u = \dfrac{\partial f}{\partial x}\mathrm{d}x + \dfrac{\partial f}{\partial y}\mathrm{d}y + \dfrac{\partial f}{\partial z}\mathrm{d}z$，得

$$du = \left(\frac{\partial f}{\partial x} + \frac{\partial f}{\partial z} \cdot \frac{1+x}{1+z} e^{x-z}\right) dx + \left(\frac{\partial f}{\partial y} - \frac{\partial f}{\partial z} \cdot \frac{1+y}{1+z} e^{y-z}\right) dy.$$

## 二、提高篇

**1.** 答案 B 【解答】因为 $\dfrac{\partial u}{\partial x} = \varphi'(x+y) + \varphi'(x-y) + \psi(x+y) - \psi(x-y)$,

$$\frac{\partial u}{\partial y} = \varphi'(x+y) - \varphi'(x-y) + \psi(x+y) + \psi(x-y),$$

$$\frac{\partial^2 u}{\partial x^2} = \varphi''(x+y) + \varphi''(x-y) + \psi'(x+y) - \psi'(x-y),$$

$$\frac{\partial^2 u}{\partial x \partial y} = \varphi''(x+y) - \varphi''(x-y) + \psi'(x+y) + \psi'(x-y),$$

$$\frac{\partial^2 u}{\partial y^2} = \varphi''(x+y) + \varphi''(x-y) + \psi'(x+y) - \psi'(x-y),$$

所以 $\dfrac{\partial^2 u}{\partial x^2} = \dfrac{\partial^2 u}{\partial y^2}.$

**2.** 答案 B 【解答】等式 $u(x,2x) = x$ 两边对 $x$ 求导,得 $u_1'(x,2x) + 2u_2'(x,2x) = 1$,两端再对 $x$ 求导,得

$$u_{11}''(x,2x) + 2u_{12}''(x,2x) + 2u_{21}''(x,2x) + 4u_{22}''(x,2x) = 0.$$

等式 $u_x'(x,2x) = x^2$ 两边对 $x$ 求导,得

$$u_{11}''(x,2x) + 2u_{12}''(x,2x) = 2x.$$

又由已知条件可得 $u_{11}''(x,2x) = u_{22}''(x,2x)$,$u_{12}''(x,2x) = u_{21}''(x,2x)$,

从而 $u_{11}''(x,2x) = -\dfrac{4x}{3}$,即 $u_{xx}''(x,2x) = -\dfrac{4x}{3}$. 故而应选 B.

**3.** 答案 C 【解答】令 $u = tx, v = ty, w = tz$,由于 $f(x,y,z)$ 是 $k$ 次齐次函数,则由 $f(tx,ty,tz) = t^k f(x,y,z)$ 得 $f(u,v,w) = t^k f(x,y,z)$,上式两端对 $t$ 求导,得

$$\frac{\partial f}{\partial u} \cdot \frac{\partial u}{\partial t} + \frac{\partial f}{\partial v} \cdot \frac{\partial v}{\partial t} + \frac{\partial f}{\partial w} \cdot \frac{\partial w}{\partial t} = kt^{k-1} f(x,y,z),$$

即 $x\dfrac{\partial f}{\partial u} + y\dfrac{\partial f}{\partial v} + z\dfrac{\partial f}{\partial w} = kt^{k-1} f(x,y,z),$

令 $t = 1$,得 $x\dfrac{\partial f}{\partial x} + y\dfrac{\partial f}{\partial y} + z\dfrac{\partial f}{\partial z} = kf(x,y,z)$,故应选 C.

**4.** 【解答】令 $u = xy$,$v = yg(x)$,则 $z = f(u,v)$,于是有

$$\frac{\partial z}{\partial x} = \frac{\partial z}{\partial u} \cdot \frac{\partial u}{\partial x} + \frac{\partial z}{\partial v} \cdot \frac{\partial v}{\partial x} = yf_1' + yg'(x)f_2' = y[f_1' + g'(x)f_2'],$$

$$\frac{\partial^2 z}{\partial x \partial y} = [f_1' + g'(x)f_2'] + y\{xf_{11}'' + g(x)f_{12}'' + g'(x)[xf_{21}'' + g(x)f_{22}'']\}.$$

由于 $g(x)$ 可导且在 $x = 1$ 处取得极值 $g(1) = 1$,所以 $g(1) = 1$,$g'(1) = 0$,且 $u = 1$,$v = 1$,

于是 $\left.\dfrac{\partial^2 z}{\partial x \partial y}\right|_{(1,1)} = f_1'(1,1) + f_{11}''(1,1) + f_{12}''(1,1).$

5.【解答】设 $u = e^x \cos y$，则 $z = f(u) = f(e^x \cos y)$，于是

$$\frac{\partial z}{\partial x} = f'(u) e^x \cos y, \frac{\partial^2 z}{\partial x^2} = f''(u) e^{2x} \cos^2 y + f'(u) e^x \cos y;$$

$$\frac{\partial z}{\partial y} = -f'(u) e^x \sin y, \frac{\partial^2 z}{\partial y^2} = f''(u) e^{2x} \sin^2 y - f'(u) e^x \cos y;$$

$$\frac{\partial^2 z}{\partial x^2} + \frac{\partial^2 z}{\partial y^2} = f''(u) e^{2x} = f''(e^x \cos y) e^{2x},$$

由条件 $\frac{\partial^2 z}{\partial x^2} + \frac{\partial^2 z}{\partial y^2} = (4z + e^x \cos y) e^{2x}$，可知 $f''(u) = 4f(u) + u$，

这是一个二阶常系数线性非齐次方程. 对应齐次方程的通解为 $f(u) = C_1 e^{2u} + C_2 e^{-2u}$，其中 $C_1, C_2$ 为任意常数.

对应的非齐次方程特解为 $y^* = -\frac{1}{4} u$.

故非齐次方程的通解为 $f(u) = C_1 e^{2u} + C_2 e^{-2u} - \frac{1}{4} u$.

将初始条件 $f(0) = 0, f'(0) = 0$ 代入，可得 $C_1 = \frac{1}{16}, C_2 = -\frac{1}{16}$.

所以 $f(u) = \frac{1}{16} e^{2u} - \frac{1}{16} e^{-2u}$.

6.【解答】(1) 令 $u = \sqrt{x^2 + y^2}$，则 $z = f(u)$，且

$$\frac{\partial u}{\partial x} = \frac{x}{\sqrt{x^2 + y^2}} = \frac{x}{u}, \frac{\partial u}{\partial y} = \frac{y}{\sqrt{x^2 + y^2}} = \frac{y}{u},$$

于是有 $\frac{\partial z}{\partial x} = \frac{dz}{du} \cdot \frac{\partial u}{\partial x} = f'(u) \cdot \frac{x}{u}, \frac{\partial z}{\partial y} = \frac{dz}{du} \cdot \frac{\partial u}{\partial y} = f'(u) \cdot \frac{y}{u}$，

$$\frac{\partial^2 z}{\partial x^2} = f''(u) \cdot \frac{\partial u}{\partial x} \cdot \frac{x}{u} + f'(u) \frac{u - x \frac{\partial u}{\partial x}}{u^2} = f''(u) \cdot \left(\frac{x}{u}\right)^2 + f'(u) \frac{u - x \frac{x}{u}}{u^2}$$

$$= f''(u) \cdot \frac{x^2}{u^2} + f'(u) \frac{y^2}{u^3},$$

同理可得 $\frac{\partial^2 z}{\partial y^2} = f''(u) \frac{y^2}{u^2} + f'(u) \frac{x^2}{u^3}$，

从而 $\frac{\partial^2 z}{\partial x^2} + \frac{\partial^2 z}{\partial y^2} = \left[ f''(u) \cdot \frac{x^2}{u^2} + f'(u) \frac{y^2}{u^3} \right] + \left[ f''(u) \frac{y^2}{u^2} + f'(u) \frac{x^2}{u^3} \right]$

$$= f''(u) \cdot \frac{x^2 + y^2}{u^2} + f'(u) \frac{y^2 + x^2}{u^3} = f''(u) + f'(u) \cdot \frac{1}{u},$$

因此 $f''(u) + f'(u) \frac{1}{u} = 0$.

(2) 由方程 $f''(u) + \frac{f'(u)}{u} = 0$ 得 $uf''(u) + f'(u) = 0$，即 $[uf'(u)]' = 0$，

两边积分得 $uf'(u) = C_1$，将 $f'(1) = 1$，代入得 $C_1 = 1$，所以 $f'(u) = \frac{1}{u}$，

积分得 $f(u) = \ln|u| + C_2$，将 $f(1) = 0$ 代入得 $C_2 = 0$，因此有 $f(u) = \ln|u|$.

7.【解答】由于函数 $f(x, y)$ 满足 $\frac{\partial f}{\partial y} = 2(y + 1)$，

所以 $f(x,y) = y^2 + 2y + C(x)$，其中 $C(x)$ 为待定的连续函数.

又因为 $f(y,y) = (y+1)^2 - (2-y)\ln y$，从而可知 $C(y) = 1 - (2-y)\ln y$，得到
$$f(x,y) = y^2 + 2y + C(x) = y^2 + 2y + 1 - (2-x)\ln x.$$

令 $f(x,y) = 0$，可得 $(y+1)^2 = (2-x)\ln x$. 且当 $y = -1$ 时，$x_1 = 1, x_2 = 2$.

由曲线 $f(x,y) = 0$ 所围成的图形绕直线 $y = -1$ 旋转所成的旋转体的体积为
$$V = \pi \int_1^2 (y+1)^2 \mathrm{d}x = \pi \int_1^2 (2-x)\ln x \mathrm{d}x = \left(2\ln 2 - \frac{5}{4}\right)\pi.$$

**8.【解答】方法一** 由复合函数的求导法则，知 $\dfrac{\mathrm{d}z}{\mathrm{d}x} = \dfrac{\partial z}{\partial x} \cdot \dfrac{\mathrm{d}x}{\mathrm{d}x} + \dfrac{\partial z}{\partial y} \cdot \dfrac{\partial y}{\partial x} = \dfrac{\partial z}{\partial x} + \dfrac{\partial z}{\partial y}\left(g_1' + g_2'\dfrac{\mathrm{d}z}{\mathrm{d}x}\right)$，

即 $\dfrac{\mathrm{d}z}{\mathrm{d}x} = \dfrac{\dfrac{\partial z}{\partial x} + g_1' \cdot \dfrac{\partial z}{\partial y}}{1 - g_2' \cdot \dfrac{\partial z}{\partial y}}.$

再令 $F(x,y,z) = f(x-z, xy)$，由隐函数的求导法则可知
$$\frac{\partial z}{\partial x} = -\frac{F_x'}{F_z'} = -\frac{f_1' + yf_2'}{-f_1'} = \frac{f_1' + yf_2'}{f_1'}, \quad \frac{\partial z}{\partial y} = -\frac{F_y'}{F_z'} = -\frac{xf_2'}{-f_1'} = \frac{xf_2'}{f_1'},$$

于是 $\dfrac{\mathrm{d}z}{\mathrm{d}x} = \dfrac{\dfrac{f_1' + yf_2'}{f_1'} + g_1' \cdot \dfrac{xf_2'}{f_1'}}{1 - g_2' \cdot \dfrac{xf_2'}{f_1'}} = \dfrac{f_1' + yf_2' + xg_1'f_2'}{f_1' - xg_2'f_2'}.$

**方法二** 等式 $y = g(x,z)$ 和 $f(x-z, xy) = 0$ 两端同时对 $x$ 求导数，得
$$\begin{cases} \dfrac{\mathrm{d}y}{\mathrm{d}x} = g_1' + g_2' \cdot \dfrac{\mathrm{d}z}{\mathrm{d}x} \\ f_1' \cdot \left(1 - \dfrac{\mathrm{d}z}{\mathrm{d}x}\right) + f_2' \cdot \left(y + x \cdot \dfrac{\mathrm{d}y}{\mathrm{d}x}\right) = 0 \end{cases} \text{或} \begin{cases} \dfrac{\mathrm{d}y}{\mathrm{d}x} - g_2' \cdot \dfrac{\mathrm{d}z}{\mathrm{d}x} = g_1' \\ x \cdot f_2' \cdot \dfrac{\mathrm{d}y}{\mathrm{d}x} - f_1' \cdot \dfrac{\mathrm{d}z}{\mathrm{d}x} = -f_1' - y \cdot f_2' \end{cases},$$

消去 $\dfrac{\mathrm{d}y}{\mathrm{d}x}$，解得 $\dfrac{\mathrm{d}z}{\mathrm{d}x} = \dfrac{f_1' + yf_2' + xg_1'f_2'}{f_1' - xg_2'f_2'}.$

**方法三** 利用一阶全微分形式不变性，对 $\begin{cases} y = g(x,z) \\ f(x-z, xy) = 0 \end{cases}$，的每个方程的两端求微分得
$$\begin{cases} \mathrm{d}y = g_1' \cdot \mathrm{d}x + g_2' \cdot \mathrm{d}z \\ f_1' \cdot (\mathrm{d}x - \mathrm{d}z) + f_2' \cdot (y \cdot \mathrm{d}x + x \cdot \mathrm{d}y) = 0 \end{cases},$$

即 $\begin{cases} \mathrm{d}y - g_2' \cdot \mathrm{d}z = g_1' \cdot \mathrm{d}x \\ xf_2'\mathrm{d}y - f_1'\mathrm{d}z = (-yf_2' - f_1') \cdot \mathrm{d}x \end{cases}$，解出 $\mathrm{d}z = \dfrac{f_1' + y \cdot f_2' + x \cdot f_2' \cdot g_1'}{f_1' - x \cdot f_2' \cdot g_2'}\mathrm{d}x.$

故 $\dfrac{\mathrm{d}z}{\mathrm{d}x} = \dfrac{f_1' + yf_2' + xg_1'f_2'}{f_1' - xg_2'f_2'}.$

**9.【解答】** 由已知条件
$$\frac{\partial z}{\partial x} = f\left(\frac{y}{x}\right) + xf'\left(\frac{y}{x}\right)\left(-\frac{y}{x^2}\right) + yf'\left(\frac{y}{x}\right)\left(-\frac{y}{x^2}\right), \quad \frac{\partial z}{\partial y} = xf'\left(\frac{y}{x}\right)\left(\frac{1}{x}\right) + f\left(\frac{y}{x}\right) + yf'\left(\frac{y}{x}\right)\left(\frac{1}{x}\right),$$

代入 $\dfrac{\partial z}{\partial x} + \dfrac{\partial z}{\partial y} = \dfrac{y}{x} - \left(\dfrac{y}{x}\right)^3$，得 $f'(u) + \dfrac{2}{1-u^2}f(u) = u$，解之得

$$f(u) = e^{-\int \frac{2}{1-u^2}du}\left[\int u e^{\int \frac{2}{1-u^2}du}du + C\right] = \frac{u-1}{u+1}\left(\frac{1}{2}u^2 + 2u + 2\ln|u-1| + C\right).$$

再将 $f(2) = 1$ 代入上式,得 $C = -3$. 从而得 $f(u) = \frac{u-1}{u+1}\left(\frac{1}{2}u^2 + 2u + 2\ln|u-1| - 3\right)$,

因此 $z = (y-x)\left[\frac{y^2}{2x^2} + \frac{2y}{x} + 2\ln\left(\frac{y}{x} - 1\right) - 3\right].$

10.【解答】根据已知条件,可得

$$\frac{\partial z}{\partial x} = \frac{\partial z}{\partial u} \cdot \frac{\partial u}{\partial x} + \frac{\partial z}{\partial v} \cdot \frac{\partial v}{\partial x} = \frac{\partial z}{\partial u} + \frac{\partial z}{\partial v}, \quad \frac{\partial z}{\partial y} = \frac{\partial z}{\partial u} \cdot \frac{\partial u}{\partial y} + \frac{\partial z}{\partial v} \cdot \frac{\partial v}{\partial y} = -2\frac{\partial z}{\partial u} + a\frac{\partial z}{\partial v},$$

$$\frac{\partial^2 z}{\partial x^2} = \frac{\partial}{\partial x}\left(\frac{\partial z}{\partial x}\right) = \frac{\partial}{\partial x}\left(\frac{\partial z}{\partial u} + \frac{\partial z}{\partial v}\right) = \frac{\partial^2 z}{\partial u^2} + 2\frac{\partial^2 z}{\partial u \partial v} + \frac{\partial^2 z}{\partial v^2},$$

$$\frac{\partial^2 z}{\partial x \partial y} = \frac{\partial}{\partial y}\left(\frac{\partial z}{\partial x}\right) = \frac{\partial}{\partial y}\left(\frac{\partial z}{\partial u} + \frac{\partial z}{\partial v}\right) = -2\frac{\partial^2 z}{\partial u^2} + (a-2)\frac{\partial^2 z}{\partial u \partial v} + a\frac{\partial^2 z}{\partial v^2},$$

$$\frac{\partial^2 z}{\partial y^2} = 4\frac{\partial^2 z}{\partial u^2} - 4a\frac{\partial^2 z}{\partial u \partial v} + a^2\frac{\partial^2 z}{\partial v^2},$$

将以上结果代入 $6\frac{\partial^2 z}{\partial x^2} + \frac{\partial^2 z}{\partial x \partial y} - \frac{\partial^2 z}{\partial y^2} = 0$ 并化简,得

$$(10+5a)\frac{\partial^2 z}{\partial u \partial v} + (6+a-a^2)\frac{\partial^2 z}{\partial v^2} = 0,$$

由题意知 $a$ 应满足 $10+5a \neq 0$,那么 $(6+a-a^2) = 0$,

解得 $a_1 = 3, a_2 = -2$(舍)(当 $a = -2$ 时,$10+5a = 0$),故 $a = 3$.

## 第五节 多元函数的极值与最值

### 一、基础篇

1.[答案] B 【解答】因为可微函数 $f(x,y)$ 在点 $(x_0, y_0)$ 处取得极值,故有 $f'_x(x_0, y_0) = 0$, $f'_y(x_0, y_0) = 0$.

又 $f'_y(x_0, y_0) = \frac{d}{dy}f(x_0, y)\big|_{y=y_0}$,故应选 B.

2.[答案] D 【解答】方法一 由于 $\lim\limits_{\substack{x \to 0 \\ y \to 0}} \frac{f(x,y)}{\sin(x^2+y^2)} = -1$,由极限的保号性知,存在点 $(0,0)$ 的某个去心邻域,在该去心邻域内 $\frac{f(x,y)}{\sin(x^2+y^2)} < 0$,又因为在该去心邻域内 $\sin(x^2+y^2) > 0$,所以 $f(x,y) < 0$.

由 $\lim\limits_{\substack{x \to 0 \\ y \to 0}} \frac{f(x,y)}{\sin(x^2+y^2)} = -1$ 及 $z = f(x,y)$ 在点 $(0,0)$ 处的连续性,可知 $f(0,0) = 0$.

由极值的定义,$f(x,y)$ 在点 $(0,0)$ 处取得极大值. 故应选 D.

方法二 取 $f(x,y) = -(x^2+y^2)$,显然满足题设条件,且 $f(x,y)$ 在点 $(0,0)$ 处取得极

大值,故应选 D.

3. ⟨答案⟩ D 【解答】作拉格朗日函数 $F(x,y,\lambda)=f(x,y)+\lambda\varphi(x,y)$,并设条件极值点 $(x_0,y_0)$ 对应的 $\lambda=\lambda_0$,

则有 $\begin{cases} L'_x(x_0,y_0,\lambda_0)=f'_x(x_0,y_0)+\lambda_0\varphi'_x(x_0,y_0)=0 \\ L'_y(x_0,y_0,\lambda_0)=f'_y(x_0,y_0)+\lambda_0\varphi'_y(x_0,y_0)=0 \\ L'_\lambda(x_0,y_0,\lambda_0)=\varphi(x_0,y_0)=0 \end{cases}$.

由于 $\varphi'_y(x,y)\neq 0$,于是 $f'_x(x_0,y_0)=\dfrac{f'_y(x_0,y_0)}{\varphi'_y(x_0,y_0)}\varphi'_x(x_0,y_0)$.因此若 $f'_x(x_0,y_0)\neq 0$,则 $f'_y(x_0,y_0)\neq 0$.因此应选 D.

4. ⟨答案⟩ $4,4,-64$ 【解答】首先在区域 $D$ 内求驻点,令 $\begin{cases} f'_x=xy(8-3x-2y)=0 \\ f'_y=x^2(4-x-2y)=0 \end{cases}$,

在 $D$ 内仅有唯一的驻点 $(2,1)$,又在点 $(2,1)$ 处有,

$$A=f''_{xx}(2,1)=(8y-6xy-2y^2)|_{(2,1)}=-6,$$
$$B=f''_{xy}(2,1)=(8x-3x^2-4xy)|_{(2,1)}=-4,$$
$$C=f''_{yy}(2,1)=-2x^2|_{(2,1)}=-8,$$

所以 $B^2-AC=-32<0$,因而点 $(2,1)$ 是极大值点,且极大值为 $f(2,1)=4$.

在 $D$ 的边界 $x=0(0\leqslant x\leqslant 6)$ 和 $y=0(0\leqslant x\leqslant 6)$ 上,$f(x,y)=0$.

在 $D$ 的边界 $x+y=6(0<x<6)$ 上,把 $y=6-x$ 代入 $f(x,y)$ 可得

$$z=2x^2(x-6)(0<x<6).$$

又 $z'=6x(x-4)$,则当 $0<x<4$ 时,$z'<0$;当 $4<x<6$ 时,$z'>0$,

所以点 $(4,2)$ 是这段边界上 $z$ 的最小值点,最小值为 $f(4,2)=-64$,

综合以上讨论可知,$f(x,y)$ 在 $D$ 的边界上的最大值是 $0$,最小值是 $f(4,2)=-64$.

比较 $D$ 内驻点的函数值 $f(2,1)=4$ 和 $f(x,y)$ 在 $D$ 的边界上的最大值和最小值可得 $f(x,y)$ 在 $D$ 上的最大值和最小值分别是

$$\max_D f(x,y)=f(2,1)=4,\min_D f(x,y)=f(4,2)=-64.$$

5.【解答】将方程两边分别对 $x,y$ 求偏导,得

$$\begin{cases} 2x+2z\cdot z_x-2-4z_x=0 \\ 2y+2z\cdot z_y+2-4z_y=0 \end{cases}, \tag{5.1}$$

解得 $\begin{cases} z_x=\dfrac{1-x}{z-2} \\ z_y=\dfrac{-1-y}{z-2} \end{cases} (z\neq 2).$

令 $z_x=0,z_y=0$ 得 $x=1,y=-1$,得到驻点 $(1,-1)$,

将方程组 (5.1) 再分别对 $x,y$ 求偏导数,得

$$A=z_{xx}\Big|_P=\dfrac{1}{2-z},B=z_{xy}\Big|_P=0,C=z_{yy}\Big|_P=\dfrac{1}{2-z},$$

则 $\Delta=AC-B^2=\dfrac{1}{(2-z)^2}>0(z\neq 2)$,将 $(1,-1)$ 代入原方程得 $z_1=-2,z_2=6$.

当 $z_1 = -2$ 时，$A = z_{xx}\big|_{(1,-1,-2)} = \dfrac{1}{2-z}\bigg|_{z=-2} = \dfrac{1}{4} > 0$，则 $z = f(1,-1) = -2$ 为极小值.

当 $z_2 = 6$ 时，$A = -\dfrac{1}{4} < 0$，则 $z = f(1,-1) = 6$ 为极大值.

6.【解答】由方程组 $\begin{cases} \dfrac{\partial z}{\partial x} = 2x - y - 2 = 0 \\ \dfrac{\partial z}{\partial y} = -x + 2y + 1 = 0 \end{cases}$，可求得驻点为 $(1,0)$.

因为 $A = \dfrac{\partial^2 z}{\partial x^2}\bigg|_{(1,0)} = 2$，$B = \dfrac{\partial^2 z}{\partial x \partial y}\bigg|_{(1,0)} = -1$，$\dfrac{\partial^2 z}{\partial y^2}\bigg|_{(1,0)} = 2$，

则 $AC - B^2 = 3 > 0$，且 $A = 2 > 0$，

所以 $z = x^2 - xy + y^2 - 2x + y$ 在点 $(1,0)$ 处取得极小值，极小值为 $z(1,0) = -1$.

7.【解答】由已知条件得 $\begin{cases} f'_x(x,y) = 2x(2 + y^2) \\ f'_y(x,y) = 2x^2 y + \ln y + 1 \end{cases}$，

令 $f'_x(x,y) = 0$，$f'_y(x,y) = 0$，则可解得唯一驻点 $\left(0, \dfrac{1}{\mathrm{e}}\right)$.

又因为 $f_{xx} = 2(2 + y^2)$，$f_{xy} = 4xy$，$f_{yy} = 2x^2 + \dfrac{1}{y}$，

所以 $A = f_{xx}\left(0, \dfrac{1}{\mathrm{e}}\right) = 2\left(2 + \dfrac{1}{\mathrm{e}^2}\right)$，$B = f_{xy}\left(0, \dfrac{1}{\mathrm{e}}\right) = 0$，$C = f_{yy}\left(0, \dfrac{1}{\mathrm{e}}\right) = \mathrm{e}$.

进而 $B^2 - AC = -2\left(2 + \dfrac{1}{\mathrm{e}^2}\right)\mathrm{e} < 0$，且 $A > 0$，从而 $f\left(0, \dfrac{1}{\mathrm{e}}\right) = -\dfrac{1}{\mathrm{e}}$ 为 $f(x,y)$ 的极小值.

8.【解答】由方程组 $\begin{cases} f_x(x,y) = \mathrm{e} - x = 0 \\ f_y(x,y) = -y = 0 \end{cases}$，可求得驻点为 $(\mathrm{e}, 0)$. 又

$A = f_{xx}(\mathrm{e}, 0) = -1$，$B = f_{xy}(\mathrm{e}, 0) = 0$，$C = f_{yy}(\mathrm{e}, 0) = -1$，

那么 $AC - B^2 = 1 > 0$，且 $A = -1 < 0$，

所以函数 $f(x,y) = x\mathrm{e} - \dfrac{x^2 + y^2}{2}$ 在 $(\mathrm{e}, 0)$ 点取得极大值，极大值为 $f(\mathrm{e}, 0) = \dfrac{1}{2}\mathrm{e}^2$.

9.【解答】等式 $f''_{xy}(x,y) = 2(y+1)\mathrm{e}^x$ 两边对 $y$ 积分，得

$$f'_x(x,y) = 2\left(\dfrac{1}{2}y^2 + y\right)\mathrm{e}^x + \varphi(x) = (y^2 + 2y)\mathrm{e}^x + \varphi(x)，$$

再由已知条件 $f'_x(x,0) = (x+1)\mathrm{e}^x$，可得 $f'_x(x,0) = \varphi(x) = (x+1)\mathrm{e}^x$，即 $\varphi(x) = \mathrm{e}^x(x+1)$，

从而 $f'_x(x,y) = \varphi(x) = (x+1)\mathrm{e}^x$. 因此可求得 $f'_x(x,y) = (y^2 + 2y)\mathrm{e}^x + \mathrm{e}^x(1+x)$，

上式两边关于 $x$ 积分，得

$$f(x,y) = (y^2 + 2y)\mathrm{e}^x + \int \mathrm{e}^x (1+x)\mathrm{d}x = (y^2 + 2y)\mathrm{e}^x + \int (1+x)\mathrm{d}\mathrm{e}^x$$

$$= (y^2 + 2y)\mathrm{e}^x + (1+x)\mathrm{e}^x - \int \mathrm{e}^x \mathrm{d}x = (y^2 + 2y)\mathrm{e}^x + (1+x)\mathrm{e}^x - \mathrm{e}^x + C$$

$$= (y^2 + 2y)\mathrm{e}^x + x\mathrm{e}^x + C.$$

由 $f(0,y) = y^2 + 2y + C = y^2 + 2y$，求得 $C = 0$，所以 $f(x,y) = (y^2 + 2y)\mathrm{e}^x + x\mathrm{e}^x$.

令 $\begin{cases} f'_x = (y^2+2y)e^x + e^x + xe^x = 0 \\ f'_y = (2y+2)e^x = 0 \end{cases}$,求得 $x=0, y=-1$. 又

$f''_{xx} = (y^2+2y)e^x + 2e^x + xe^x, f''_{xy} = 2(y+1)e^x, f''_{yy} = 2e^x$,

当 $x=0, y=-1$ 时,$A = f''_{xx}(0,-1) = 1, B = f''_{xy}(0,-1) = 0, C = f''_{yy}(0,-1) = 2$,则有 $AC - B^2 > 0$,因此 $f(0,-1) = -1$ 为极小值.

10.【解答】设抛物线 $y = x^2$ 上任一点 $P(x,y)$ 到直线 $x - y - 2 = 0$ 的距离为 $d$,则

$$d = \frac{|x-y-2|}{\sqrt{2}}.$$

设 $F(x,y,\lambda) = (x-y-2)^2 + \lambda(y-x^2)$,令 $\begin{cases} F_x(x,y,\lambda) = 2(x-y-2) - 2\lambda x = 0 \\ F_y(x,y,\lambda) = -2(x-y-2) + \lambda = 0 \\ F_\lambda(x,y,\lambda) = y - x^2 = 0 \end{cases}$,

解之得 $x = \frac{1}{2}, y = \frac{1}{4}$,那么点 $P\left(\frac{1}{2}, \frac{1}{4}\right)$ 到直线 $x - y - 2 = 0$ 的距离 $d$ 为最小,且 $d = \frac{7\sqrt{2}}{8}$.

11.【解答】令 $F(x,y,z) = x^3 y^2 z + \lambda(x+y+z-12)$,则 $\begin{cases} F'_x = 3x^2 y^2 z + \lambda = 0 \\ F'_y = 2x^3 yz + \lambda = 0 \\ F'_z = x^3 y^2 + \lambda = 0 \\ x+y+z = 12 \end{cases}$,解得唯一驻点 $(6,4,2)$,故最大值为 $u_{\max} = 6^3 \times 4^2 \times 2 = 6912$. 综上可得,当 $x=6, y=4, z=2$ 时,$u$ 取最大值.

12.【解答】首先建立目标函数. 将矩形的一个顶点置于坐标原点,两边分别置于 $x$ 轴和 $y$ 轴上,在 $x$ 轴和 $y$ 轴上的边长分别为 $x, y$,则矩形绕 $x$ 轴旋转所得圆柱体的体积为 $V = \pi x y^2$,其中 $x + y = p (0 < x < p, 0 < y < p)$.

此问题相当于求 $V = \pi x y^2$ 在 $x + y = p$ 下的条件极值.

作拉格朗日函数 $L(x,y,\lambda) = \pi x y^2 - \lambda(x+y-p)$,令

$$\begin{cases} L_x = \pi y^2 - \lambda = 0 \\ L_y = 2\pi xy - \lambda = 0 \\ L_\lambda = x + y - p = 0 \end{cases},$$

当 $0 < x < p, 0 < y < p$ 时,解得 $x = \frac{1}{3}p, y = \frac{2}{3}p$,所以 $V$ 在 $x = \frac{1}{3}p, y = \frac{2}{3}p$ 处取得极大值,因为它是唯一驻点,又为内点,故为最大值点,即 $x = \frac{p}{3}, y = \frac{2}{3}p$ 时体积最大,最大体积为 $\frac{4\pi p^3}{27}$.

13.【解答】方法一　由 $\mathrm{d}z = 2x\mathrm{d}x - 2y\mathrm{d}y$ 得 $z = f(x,y) = x^2 - y^2 + C$.

由 $f(1,1) = 2$,解得 $C = 2$,则 $z = f(x,y) = x^2 - y^2 + 2$.

由 $\begin{cases} \dfrac{\partial f}{\partial x} = 2x = 0 \\ \dfrac{\partial f}{\partial y} = -2y = 0 \end{cases}$,解得驻点 $(0,0)$.

由 $x^2 + \dfrac{y^2}{4} = 1, z = x^2 - (4 - 4x^2) + 2$ 可得 $z = 5x^2 - 2(-1 \leqslant x \leqslant 1)$,

其最大值为 $z|_{x=\pm 1} = 3$,最小值为 $z|_{x=0} = -2$,

再与 $f(0,0) = 2$ 比较,可知 $f(x,y)$ 在椭圆区域 $D$ 上的最大值为 3,最小值为 $-2$.

**方法二** 同方法一,解得驻点 $(0,0)$,

再用拉格朗日乘数法求此函数在椭圆 $x^2 + \dfrac{y^2}{4} = 1$ 上的极值.

14.【解答】(1)由已知条件,得 $C'_x(x,y) = 20 + \dfrac{x}{2}$,$C'_y(x,y) = 6 + y$,

所以 $C(x,y) = \displaystyle\int C'_x(x,y)\mathrm{d}x = 20x + \dfrac{x^2}{4} + D(y)$,

则 $C'_y(x,y) = D'(y) = 6 + y$,

从而 $D(y) = \displaystyle\int D'(y)\mathrm{d}y = 6y + \dfrac{y^2}{2} + C$,

因此 $C(x,y) = 20x + \dfrac{x^2}{4} + 6y + \dfrac{y^2}{2} + C$,

又 $C(0,0) = 10000$,所以 $C = 10000$,故 $C(x,y) = 20x + \dfrac{x^2}{4} + 6y + \dfrac{y^2}{2} + 10000$.

(2)由于 $x + y = 50$,将 $y = 50 - x$ 代入 $C(x,y) = 20x + \dfrac{x^2}{4} + 6y + \dfrac{y^2}{2} + 10000$,得

$$C(x) = \dfrac{3x^2}{4} - 36x + 11550, C'(x) = \left(\dfrac{3x^2}{4} - 36x + 11550\right)' = \dfrac{3}{2}x - 36.$$

令 $C'(x) = 0$,得 $x = 24, y = 26$. 这时总成本最小,为 $C(24,26) = 11118$ 万元.

(3)当总产量为 50 件且总成本最小时,甲产品的边际成本为

$$C'_x(x,y)\Big|_{(24,26)} = 20 + \dfrac{x}{2}\Big|_{(24,26)} = 32.$$

经济意义:当总产量为 50 件,其中甲产品的产量为 24 件时,每增加一件甲产品,则甲产品的成本增加 32 万元.

## 二、提高篇

1. **答案** B 【解答】$\dfrac{\mathrm{d}y}{\mathrm{d}x} = -\dfrac{F'_x}{F'_y}$,$\dfrac{\mathrm{d}^2 y}{\mathrm{d}x^2} = -\dfrac{\left(F''_{xx} + F''_{xy}\dfrac{\mathrm{d}y}{\mathrm{d}x}\right)F'_y - \left(F''_{xy} + F''_{yy}\dfrac{\mathrm{d}y}{\mathrm{d}x}\right)F'_x}{(F'_y)^2}$.

由 $F'_x(x_0, y_0) = 0$,知

$$\dfrac{\mathrm{d}y}{\mathrm{d}x}\Big|_{(x_0,y_0)} = 0, \dfrac{\mathrm{d}^2 y}{\mathrm{d}x^2}\Big|_{x=x_0} = -\dfrac{F''_{xx}(x_0,y_0)F'_y(x_0,y_0) - F''_{xy}(x_0,y_0)F'_x(x_0,y_0)}{[F'_y(x_0,y_0)]^2},$$

由 $F'_y(x_0, y_0) > 0$ 知,当 $F''_{xx}(x_0, y_0) < 0$ 时,$\dfrac{\mathrm{d}^2 y}{\mathrm{d}x^2}\Big|_{x=x_0} > 0$,

从而 $y = y(x)$ 在 $x = x_0$ 处取得极小值.

2. **答案** B 【解答】由已知条件 $\dfrac{\partial^2 f}{\partial x^2} + \dfrac{\partial^2 f}{\partial y^2} = 0$ 得 $AC = -\left(\dfrac{\partial^2 f}{\partial x^2}\right)^2 \leqslant 0$,所以

$$AC - B^2 = -\left(\frac{\partial^2 f}{\partial x}\right)^2 - \left(\frac{\partial^2 f}{\partial x \partial y}\right)^2 < 0,$$

则 $f(x,y)$ 在 $D$ 内的点都不是极值点,但是 $f(x,y)$ 在有界闭区域 $D$ 上连续,则 $f(x,y)$ 必能在 $D$ 上取得最大值和最小值,即 $f(x,y)$ 只能在 $D$ 的边界上取最大值与最小值.

3. **答案** A **【解答】方法一** 取 $f(x,y) = xy + (x^2 + y^2)^2$,已验证 $f(x,y)$ 满足题设条件,且 $f(0,0) = 0$. 于是

$$f(x,y) - f(0,0) = xy + (x^2 + y^2)^2.$$

因为 $\lim\limits_{\substack{x \to 0 \\ y \to 0}} \dfrac{xy}{(x^2 + y^2)^2} = 0$,所以 $f(x,y) - f(0,0) = xy + o(xy)$,

又在点 $(0,0)$ 的某个邻域内 $xy$ 可正可负,则由极值的定义可知,函数 $f(x,y)$ 在点 $(0,0)$ 处不取极值,故应选 A.

**方法二** 由 $\lim\limits_{\substack{x \to 0 \\ y \to 0}} \dfrac{f(x,y) - xy}{(x^2 + y^2)^2} = 1$ 可得 $\lim\limits_{\substack{x \to 0 \\ y \to 0}}[f(x,y) - xy] = 0$,所以 $f(x,y)$ 在点 $(0,0)$ 处连续,故 $f(0,0) = 0$.

由已知条件得 $f(x,y) - xy = (x^2 + y^2)^2 + \alpha \cdot (x^2 + y^2)^2$, $\lim\limits_{\substack{x \to 0 \\ y \to 0}} \alpha = 0$,

即 $f(x,y) = xy + (x^2 + y^2)^2 + \alpha \cdot (x^2 + y^2)^2$.

由此可见,当 $y = x$ 且 $|x|$ 充分小时,$f(x,y) - f(0,0) \approx x^2 + 4x^4 > 0$;而当 $y = -x$ 且 $|x|$ 充分小时,$f(x,y) - f(0,0) \approx -x^2 + 4x^4 < 0$. 故点 $(0,0)$ 不是 $f(x,y)$ 的极值点.

4. **【解答】** 由题可得,$\dfrac{\partial z}{\partial x} = 4x^3 - 2x - 2y, \dfrac{\partial z}{\partial y} = 4y^3 - 2x - 2y$.

令 $\dfrac{\partial z}{\partial x} = \dfrac{\partial z}{\partial y} = 0$,则 $x + y = 2x^3 = 2y^3$,可解得三个驻点:$\begin{cases} x = 0 \\ y = 0 \end{cases}, \begin{cases} x = 1 \\ y = 1 \end{cases}, \begin{cases} x = -1 \\ y = -1 \end{cases}$,且

$$\dfrac{\partial^2 z}{\partial x^2} = 12x^2 - 2, \dfrac{\partial^2 z}{\partial x \partial y} = -2, \dfrac{\partial^2 z}{\partial y^2} = 12y^2 - 2.$$

在 $(1,1)$ 点,$A = \dfrac{\partial^2 z}{\partial x^2}\Big|_{(1,1)} = 10, B = \dfrac{\partial^2 z}{\partial x \partial y}\Big|_{(1,1)} = -2, C = \dfrac{\partial^2 z}{\partial y^2}\Big|_{(1,1)} = 10$,则

$\Delta = AC - B^2 = 96 > 0$ 且 $A = 10 > 0$,故其是极小值点,极小值为 $-2$.

在 $(-1,-1)$ 点,$A = \dfrac{\partial^2 z}{\partial x^2}\Big|_{(-1,-1)} = 10, B = \dfrac{\partial^2 z}{\partial x \partial y}\Big|_{(-1,-1)} = -2, C = \dfrac{\partial^2 z}{\partial y^2}\Big|_{(-1,-1)} = 10$,则

$\Delta = AC - B^2 = 96 > 0$ 且 $A = 10 > 0$,故其为极小值点,极小值为 $-2$.

在 $(0,0)$ 点,$A = \dfrac{\partial^2 z}{\partial x^2}\Big|_{(0,0)} = -2, B = \dfrac{\partial^2 z}{\partial x \partial y}\Big|_{(0,0)} = -2, C = \dfrac{\partial^2 z}{\partial y^2}\Big|_{(0,0)} = -2$,则

$\Delta = AC - B^2 = 0$,故不能判定极值点的情况.

取 $x = \varepsilon, y = -\varepsilon, \varepsilon$ 是充分小的正数,则 $z = 2\varepsilon^4 > 0$,

取 $x = y = \varepsilon$,有 $z = 2\varepsilon^4 - 4\varepsilon^2 < 0$,则 $(0,0)$ 不是极值点.

5. **【解答】** 将 $x^2 - 6xy + 10y^2 - 2yz - z^2 + 18 = 0$ 的每一项均对 $x$ 求导,将 $z$ 看作 $x, y$ 的函数,

得
$$2x - 6y - 2y\frac{\partial z}{\partial x} - 2z\frac{\partial z}{\partial x} = 0, \tag{5.2}$$

将 $x^2 - 6xy + 10y^2 - 2yz - z^2 + 18 = 0$ 的每一项均对 $y$ 求导，$z$ 看作 $x,y$ 的函数，得
$$-6x + 20y - 2z - 2y\frac{\partial z}{\partial y} - 2z\frac{\partial z}{\partial y} = 0. \tag{5.3}$$

令 $\begin{cases} \dfrac{\partial z}{\partial x} = 0 \\ \dfrac{\partial z}{\partial y} = 0 \end{cases}$，则 $\begin{cases} x - 3y = 0 \\ -3x + 10y - z = 0 \end{cases}$，解得 $\begin{cases} x = 3y \\ z = y \end{cases}$.

将 $x = 3y, z = y$ 代入 $x^2 - 6xy + 10y^2 - 2yz - z^2 + 18 = 0$，解得
$$\begin{cases} x = 9 \\ y = 3 \\ z = 3 \end{cases} \text{ 或 } \begin{cases} x = -9 \\ y = -3 \\ z = -3 \end{cases}.$$

将 (5.2) 式的每一项再对 $x$ 求导，将 $z$ 和 $\dfrac{\partial z}{\partial x}$ 看作 $x,y$ 的函数，得
$$2 - 2y\frac{\partial^2 z}{\partial x^2} - 2\left(\frac{\partial z}{\partial x}\right)^2 - 2z\frac{\partial^2 z}{\partial x^2} = 0,$$

将 (5.2) 式的每一项再对 $y$ 求导，将 $z$ 和 $\dfrac{\partial z}{\partial x}$ 看作 $x,y$ 的函数，得
$$-6 - 2\frac{\partial z}{\partial x} - 2y\frac{\partial^2 z}{\partial x \partial y} - 2\frac{\partial z}{\partial y} \cdot \frac{\partial z}{\partial x} - 2z\frac{\partial^2 z}{\partial x \partial y} = 0,$$

将 (5.3) 式的每一项再对 $y$ 求导，将 $z$ 和 $\dfrac{\partial z}{\partial y}$ 看作 $x,y$ 的函数，得
$$20 - 2\frac{\partial z}{\partial y} - 2\frac{\partial z}{\partial y} - 2y\frac{\partial^2 z}{\partial y^2} - 2\left(\frac{\partial z}{\partial y}\right)^2 - 2z\frac{\partial^2 z}{\partial y^2} = 0,$$

所以 $A = \left.\dfrac{\partial^2 z}{\partial x^2}\right|_{(9,3,3)} = \dfrac{1}{6}, B = \left.\dfrac{\partial^2 z}{\partial x \partial y}\right|_{(9,3,3)} = -\dfrac{1}{2}, C = \left.\dfrac{\partial^2 z}{\partial y^2}\right|_{(9,3,3)} = \dfrac{5}{3}$,

故 $AC - B^2 = \dfrac{1}{36} > 0, A = \dfrac{1}{6} > 0$，所以极小值为 $z(9,3) = 3$.

类似地，由
$$A = \left.\frac{\partial^2 z}{\partial x^2}\right|_{(-9,-3,-3)} = -\frac{1}{6}, B = \left.\frac{\partial^2 z}{\partial x \partial y}\right|_{(-9,-3,-3)} = \frac{1}{2}, C = \left.\frac{\partial^2 z}{\partial y^2}\right|_{(-9,-3,-3)} = -\frac{5}{3},$$

可知 $AC - B^2 = \dfrac{1}{36} > 0, A = -\dfrac{1}{6} < 0$，极大值为 $z(-9,-3) = -3$.

6. **【解答】**(1) 当 $(x,y) \to (0,0)$ 时，$e^{x^2+y^2} - 1 \sim x^2 + y^2$，由已知得 $\lim\limits_{\substack{x\to 0 \\ y\to 0}} \dfrac{f(x,y) - 1}{x^2 + y^2} = 2$，进而 $\lim\limits_{\substack{x\to 0 \\ y\to 0}} [f(x,y) - 1] = 0$，再由 $f(x,y)$ 在点 $(0,0)$ 处连续得 $f(0,0) = \lim\limits_{\substack{x\to 0 \\ y\to 0}} f(x,y) = 1$. 由极限与无穷小的关系可知 $\dfrac{f(x,y) - f(0,0)}{x^2 + y^2} = 2 + o(\rho^2)$，其中 $\rho = \sqrt{x^2 + y^2}$. 从而
$$f(x,y) - f(0,0) = 2(x^2 + y^2) + o(\rho).$$

由函数可微的定义知,$f(x,y)$ 在 $(0,0)$ 处可微,且有 $\mathrm{d}f(x,y)|_{(0,0)} = 2(x^2+y^2)|_{(0,0)} = 0$,

从而 $\dfrac{\partial f(x,y)}{\partial x}\Big|_{(0,0)} = \dfrac{\partial f(x,y)}{\partial y}\Big|_{(0,0)} = 0$.

(2) 由 (1) 知 $f(0,0) = 1$,则由已知条件可知

$$\lim_{\substack{x\to 0 \\ y\to 0}} \frac{f(x,y) - f(0,0)}{x^2+y^2} = 2 > 0,$$

又由极限的保号性知存在正数 $\delta$,当 $0 < x^2 + y^2 < \delta^2$ 时,

$$\frac{f(x,y) - f(0,0)}{x^2+y^2} > 0,$$

即 $f(x,y) - f(0,0) > 0$. 因此,$f(x,y)$ 在点 $(0,0)$ 处取极小值.

7.【解答】令第 1 段的长度为 $x$,第 2 段的长度为 $y$,则第 3 段的长度为 $a-x-y$,3 段长度之积为

$$z = f(x,y) = xy(a-x-y) = axy - x^2y - xy^2.$$

令 $\begin{cases} f'_x(x,y) = ay - 2xy - y^2 = 0 \\ f'_y(x,y) = ax - x^2 - 2xy = 0 \end{cases}$,解得四个驻点 $(0,0), (0,a), (a,0), \left(\dfrac{a}{3}, \dfrac{a}{3}\right)$.

又 $f''_{xx}(x,y) = -2y$,$f''_{xy}(x,y) = a - 2x - 2y$,$f''_{yy}(x,y) = -2x$,

在点 $(0,0)$ 处,$A = f''_{xx}(0,0) = 0, B = f''_{xy}(0,0) = a, C = f''_{yy}(0,0) = 0, AC - B^2 = -a^2 < 0$,所以函数在点 $(0,0)$ 处取不到极值.

在点 $(0,a)$ 处,$A = f''_{xx}(0,a) = -2a, B = f''_{xy}(0,a) = -a, C = f''_{yy}(0,a) = 0, AC - B^2 = -a^2 < 0$,所以函数在点 $(0,a)$ 处取不到极值.

在点 $(a,0)$ 处,$A = f''_{xx}(a,0) = 0, B = f''_{xy}(a,0) = -a, C = f''_{yy}(a,0) = -2a, AC - B^2 = -a^2 < 0$,所以函数在点 $(a,0)$ 处取不到极值.

在点 $\left(\dfrac{a}{3}, \dfrac{a}{3}\right)$ 处,$A = f''_{xx}\left(\dfrac{a}{3}, \dfrac{a}{3}\right) = -\dfrac{2a}{3}$,$B = f''_{xy}\left(\dfrac{a}{3}, \dfrac{a}{3}\right) = -\dfrac{a}{3}$,

$C = f''_{yy}\left(\dfrac{a}{3}, \dfrac{a}{3}\right) = -\dfrac{2a}{3}$,$AC - B^2 = \dfrac{a^2}{3} > 0$,

故函数在点 $\left(\dfrac{a}{3}, \dfrac{a}{3}\right)$ 处取得极大值,其极大值为 $f\left(\dfrac{a}{3}, \dfrac{a}{3}\right) = \dfrac{a^3}{27}$,

这说明将细杆三等分时,3 段长度之积最大.

8.【解答】设长方体的 3 条棱长分别为 $x, y, z$,由题意可知,

$$x + y + z = 50, xy + yz + zx = 750, V = xyz,$$

作拉格朗日函数 $F(x,y,z,\lambda,u) = xyz + \lambda(x+y+z-50) + u(xy+yz+zx-750)$.

令 $\begin{cases} F_x(x,y,z,\lambda,u) = yz + \lambda + u(y+z) = 0 \\ F_y(x,y,z,\lambda,u) = xz + \lambda + u(x+z) = 0 \\ F_z(x,y,z,\lambda,u) = xy + \lambda + u(x+y) = 0 \\ F_\lambda(x,y,z,\lambda,u) = x+y+z-50 = 0 \\ F_u(x,y,z,\lambda,u) = xy+yz+zx-750 = 0 \end{cases}$,则 $\begin{cases} (y-x)(z+u) = 0 \\ (z-y)(x+u) = 0 \\ xy + \lambda + u(x+y) = 0 \\ x+y+z-50 = 0 \\ xy+yz+zx-750 = 0 \end{cases}$,

当 $y = x$ 时,

$$\begin{cases}(z-y)(x+u)=0\\x^2+\lambda+2ux=0\\2x+z-50=0\\x^2+2zx-750=0\end{cases}\Rightarrow\begin{cases}(z-y)(x+u)=0\\x^2+\lambda+2ux=0\\z=50-2x\\3x^2-100x+750=0\end{cases}\Rightarrow\begin{cases}(z-y)(x+u)=0\\x^2+\lambda+2ux=0\\z=50-2x\\x=\dfrac{100\pm10\sqrt{10}}{6}=\dfrac{50\pm5\sqrt{10}}{3}\end{cases},$$

所以当 $\begin{cases}x=y=\dfrac{50+5\sqrt{10}}{3}\\z=\dfrac{50-10\sqrt{10}}{3}\end{cases}$ 时,$V$ 取最小值,

$$V_{\text{最小}}=\left(\dfrac{50+5\sqrt{10}}{3}\right)^2\times\dfrac{50-10\sqrt{10}}{3}=\dfrac{250}{27}(10+\sqrt{10})^2(5-\sqrt{10})$$

$$=\dfrac{250}{27}(350-10\sqrt{10}).$$

当 $\begin{cases}x=y=\dfrac{50-5\sqrt{10}}{3}\\z=\dfrac{50+10\sqrt{10}}{3}\end{cases}$ 时,$V$ 取最大值,

$$V_{\text{最大}}=\left(\dfrac{50-5\sqrt{10}}{3}\right)^2\times\dfrac{50+10\sqrt{10}}{3}=\dfrac{250}{27}(10-\sqrt{10})^2(5+\sqrt{10})$$

$$=\dfrac{250}{27}(350+10\sqrt{10}).$$

# 第六章 二重积分

## 一、基础篇

**1.** 答案 B 【解答】对于 $I_3$ 与 $I_1$，由于被积函数均非负，而
$$\{(x,y) \mid |x|+|y| \leqslant 1\} \subset \{(x,y) \mid x^2+y^2 \leqslant 1\},因此 I_3 < I_1.$$
对于 $I_3$ 与 $I_2$，因为积分区域相同，而 $x^2+y^2 \geqslant 2|xy|$，所以 $I_2 < I_3$。
综上所述，$I_2 < I_3 < I_1$，故而选 B。

**2.** 答案 B 【解答】由于积分区域 $D$ 关于 $x$ 轴、$y$ 轴对称，而 $x^3+3xy^2$、$3x^2y+y^3$ 分别关于 $x$，$y$ 是奇函数，因此
$$I_1 = \iint_D (x+y)^3 dx dy = \iint_D (x^3+3x^2y+3xy^2+y^3) dx dy = 0.$$
又当 $x^2+y^2 \leqslant 1$ 时，$\cos x^2 > 0$，$\sin y^2 > 0$，即 $\cos x^2 \sin y^2 > 0$，同时 $e^{-(x^2+y^2)} - 1 < 0$。
因此
$$I_2 = \iint_D \cos x^2 \sin y^2 dx dy > 0, \quad I_3 = \iint_D [e^{-(x^2+y^2)} - 1] dx dy < 0.$$
综上所述，$I_3 < I_1 < I_2$，故而选 B。

**3.** 答案 A 【解答】二次积分 $\int_0^2 dx \int_0^{x^2} f(x,y) dy$ 所对应二重积分的积分区域为
$$D = \{(x,y) \mid 0 \leqslant x \leqslant 2, 0 \leqslant y \leqslant x^2\},$$
也可以转化为
$$D = \{(x,y) \mid 0 \leqslant y \leqslant 4, \sqrt{y} \leqslant x \leqslant 2\}.$$
于是交换积分次序后的积分表达式为 $\int_0^4 dy \int_{\sqrt{y}}^2 f(x,y) dx$，故应选 A。

**4.** 答案 D 【解答】积分区域 $D$ 如图 6-1 所示，易知其极坐标方程为 $r = 2\sin\theta$，故
$$\iint_D f(xy) dx dy = \int_0^\pi d\theta \int_0^{2\sin\theta} f(r^2 \sin\theta \cos\theta) r dr,$$
因此，应选 D。

**5.** 答案 D 【解答】由累次积分 $\int_0^{\frac{\pi}{2}} d\theta \int_0^{\cos\theta} f(\rho\cos\theta, \rho\sin\theta) \rho d\rho$ 可知，积分区域为
$$D = \left\{(\rho,\theta) \mid 0 \leqslant \rho \leqslant \cos\theta, 0 \leqslant \theta \leqslant \frac{\pi}{2}\right\}.$$

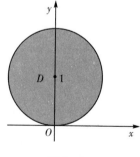

图 6-1

由 $\rho=\cos\theta$ 为圆心在 $x$ 轴上、直径为 1 的圆,可知积分区域 $D$ 如图 6-2 所示. 该圆的直角坐标方程为
$$\left(x-\frac{1}{2}\right)^2+y^2=\frac{1}{4},$$
故用直角坐标表示区域 $D$ 为
$$D=\{(x,y)\mid 0\leqslant y\leqslant\sqrt{x-x^2},0\leqslant x\leqslant 1\}\text{ 或}$$
$$D=\left\{(x,y)\left|\frac{1}{2}-\sqrt{\frac{1}{4}-y^2}\leqslant x\leqslant\frac{1}{2}+\sqrt{\frac{1}{4}-y^2},0\leqslant y\leqslant\frac{1}{2}\right.\right\},$$

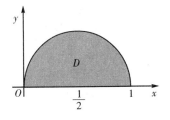

图 6-2

可见 A,B,C 均不正确,故应选 D.

6. **答案** B 【解答】由极坐标系下二重积分的计算可知
$$I_k=\iint\limits_{D_k}(y-x)\mathrm{d}x\mathrm{d}y=\int_{\frac{\pi}{2}(k-1)}^{\frac{\pi}{2}k}\mathrm{d}\theta\int_0^1(\sin\theta-\cos\theta)r^2\mathrm{d}r=\frac{1}{3}\int_{\frac{k-1}{2}\pi}^{\frac{k}{2}\pi}(\sin\theta-\cos\theta)\mathrm{d}\theta$$
$$=-\frac{1}{3}(\sin\theta+\cos\theta)\Big|_{\frac{k-1}{2}\pi}^{\frac{k}{2}\pi},$$

所以 $I_1=I_3=0,I_2=\frac{2}{3}\pi,I_4=-\frac{2}{3}\pi$,故应选 B.

7. **答案** B 【解答】由图 6-3 可得,在极坐标系下计算该二重积分的积分区域为
$$D=\left\{(\rho,\theta)\left|\frac{\pi}{4}\leqslant\theta\leqslant\frac{\pi}{3},\frac{1}{\sqrt{2\sin 2\theta}}\leqslant\rho\leqslant\frac{1}{\sqrt{\sin 2\theta}}\right.\right\},$$
所以 $\displaystyle\iint\limits_D f(x,y)\mathrm{d}x\mathrm{d}y=\int_{\frac{\pi}{4}}^{\frac{\pi}{3}}\mathrm{d}\theta\int_{\frac{1}{\sqrt{2\sin 2\theta}}}^{\frac{1}{\sqrt{\sin 2\theta}}}f(\rho\cos\theta,\rho\sin\theta)\rho\mathrm{d}\rho,$
故应选 B.

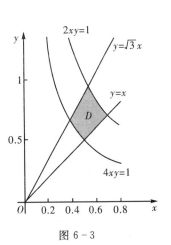

图 6-3

8. **答案** C 【解答】因为积分区域 $D$ 关于 $y$ 轴对称,被积函数关于 $|x|$ 为偶函数,所以
$$\iint\limits_D|x|\mathrm{d}x\mathrm{d}y=2\iint\limits_{D_1}x\mathrm{d}x\mathrm{d}y,$$

因此,应选 C.

9. **答案** C 【解答】令 $\displaystyle\iint\limits_D f(u,v)\mathrm{d}u\mathrm{d}v=a$,由题设条件可知 $f(x,y)=xy+a$,于是
$$\iint\limits_D(xy+a)\mathrm{d}x\mathrm{d}y=a,$$
又 $\displaystyle\iint\limits_D(xy+a)\mathrm{d}x\mathrm{d}y=\int_0^1\mathrm{d}x\int_0^{x^2}xy\mathrm{d}y+a\int_0^1\mathrm{d}x\int_0^{x^2}\mathrm{d}y=\frac{1}{12}+\frac{1}{3}a,$
所以 $\frac{1}{12}+\frac{1}{3}a=a$,即 $a=\frac{1}{8}$. 因此 $f(x,y)=xy+\frac{1}{8}$. 故应选 C.

10. **答案** B 【解答】交换累次积分的积分次序,得
$$F(t)=\int_1^t\mathrm{d}y\int_y^t f(x)\mathrm{d}x=\int_1^t\mathrm{d}x\int_1^x f(x)\mathrm{d}y=\int_1^t(x-1)f(x)\mathrm{d}x,$$

于是 $F'(t) = (t-1)f(t)$. 从而 $F'(2) = f(2)$. 故应选 B.

11. 答案 $2\pi$ 【解答】由中值定理可得 $\iint\limits_{D_r} f(x,y)dxdy = f(\xi,\eta)\pi r^2$，其中 $(\xi,\eta) \in D_r$，于是

$$\lim_{r \to 0} \frac{\iint\limits_{D_r} f(x,y)dxdy}{r^2} = \lim_{r \to 0} \pi f(\xi,\eta) = \pi f(0,0) = 2\pi.$$

12. 答案 $\dfrac{2\pi}{3}$ 【解答】先对 $x$ 积分计算量较大，故先交换积分次序.

$$I = \int_0^2 dx \int_0^x \sqrt{x^2 - y^2} \, dy = \int_0^2 \frac{\pi}{4} x^2 \, dx = \frac{\pi}{4} \times \frac{8}{3} = \frac{2\pi}{3}.$$

13. 【解答】$\iint\limits_D \sin x \cos y \, dx \, dy = \int_0^{\frac{\pi}{2}} dx \int_0^x \sin x \cos y \, dy$

$$= \int_0^{\frac{\pi}{2}} \sin x \sin y \Big|_0^x dx = \int_0^{\frac{\pi}{2}} \sin^2 x \, dx = \frac{\pi}{4}.$$

14. 【解答】直线 $y = 3x$ 与 $x + y = 8$ 的交点为 $(2,6)$，$y = 3x$ 与 $x + y = 8$ 的交点为 $(6,2)$. 于是

$$\iint\limits_D x^2 dx dy = \int_0^2 dx \int_{\frac{x}{3}}^{3x} x^2 dy + \int_2^6 dx \int_{\frac{x}{3}}^{8-x} x^2 dy$$

$$= \int_0^2 x^2 \left(3x - \frac{1}{3}x\right) dx + \int_2^6 x^2 \left(8 - x - \frac{1}{3}x\right) dx = \frac{416}{3}.$$

15. 【解答】$\iint\limits_D y \, dx \, dy = \int_{-1}^1 dx \int_0^{\sqrt{1-x^2}} y \, dy = \int_{-1}^1 \frac{1}{2} y^2 \Big|_0^{\sqrt{1-x^2}} dx = \frac{1}{2} \int_{-1}^1 (1 - x^2) dx = \frac{2}{3}.$

16. 【解答】$\iint\limits_D xy \cos(xy^2) dx dy = \int_0^{\frac{\pi}{2}} dx \int_0^2 xy \cos(xy^2) dy = \frac{1}{2} \int_0^{\frac{\pi}{2}} \left[\sin(xy^2)\right] \Big|_0^2 dx$

$$= \frac{1}{2} \int_0^{\frac{\pi}{2}} \sin 4x \, dx = 0.$$

17. 【解答】$\iint\limits_D \dfrac{x^2}{y^2} dx dy = \int_{\frac{1}{2}}^1 dy \int_{\frac{1}{y}}^2 \dfrac{x^2}{y^2} dx + \int_1^2 dy \int_1^2 \dfrac{x^2}{y^2} dx$

$$= \int_{\frac{1}{2}}^1 \frac{1}{3}\left(\frac{8}{y^2} - \frac{1}{y^5}\right) dy + \int_1^2 \frac{1}{3}\left(\frac{8}{y^2} - y\right) dy$$

$$= \frac{1}{3}\left(\frac{1}{4y^4} - \frac{8}{y}\right)\Big|_{\frac{1}{2}}^1 + \frac{1}{3}\left(-\frac{8}{y} - \frac{y^2}{2}\right)\Big|_1^2 = \frac{17}{12} + \frac{5}{6} = \frac{9}{4}.$$

18. 【解答】$\iint\limits_D (\sqrt{x^2 + y^2} - xy) dx dy = \int_0^{2\pi} d\theta \int_0^1 (r - r^2 \cos\theta \sin\theta) r \, dr$

$$= \int_0^{2\pi} \left(\frac{1}{3} r^3 - \frac{1}{4} r^4 \cos\theta \sin\theta\right)\Big|_0^1 d\theta = \int_0^{2\pi} \left(\frac{1}{3} - \frac{1}{4} \cos\theta \sin\theta\right) d\theta$$

$$= \left(\frac{1}{3}\theta - \frac{1}{8} \sin^2\theta\right)\Big|_0^{2\pi} = \frac{2\pi}{3}.$$

19. 【解答】$\iint\limits_D (1 - x^2 - y^2) dx dy = \int_0^{\frac{\pi}{4}} d\theta \int_0^1 (1 - r^2) r \, dr = \int_0^{\frac{\pi}{4}} \left(\frac{1}{2} r^2 - \frac{1}{4} r^4\right)\Big|_0^1 d\theta$

$$= \frac{1}{4}\int_0^{\frac{\pi}{4}} d\theta = \frac{\pi}{16}.$$

**20.**【解答】$\iint\limits_D y d\sigma = \int_0^{\frac{\pi}{2}} d\theta \int_{2\cos\theta}^2 r^2 \sin\theta dr = \frac{8}{3}\int_0^{\frac{\pi}{2}} \sin\theta(1-\cos^3\theta)d\theta = 2.$

**21.**【解答】如图 6-4 所示，$D$ 可表示为：$0 \leqslant \theta \leqslant 2\pi, \pi \leqslant r \leqslant 2\pi$. 于是

$$I = \iint\limits_D \sin\sqrt{x^2+y^2}\,dxdy = \int_0^{2\pi} d\theta \int_\pi^{2\pi} \rho\sin\rho d\rho$$

$$= 2\pi(-\rho\cos\rho + \sin\rho)\Big|_\pi^{2\pi} = -6\pi^2.$$

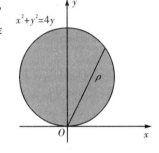

图 6-4

**22.**【解答】$\iint\limits_D \ln(1+x^2+y^2)dxdy = \iint\limits_D r\ln(1+r^2)drd\theta$

$$= \int_0^{2\pi} d\theta \int_0^1 r\ln(1+r^2)dr$$

$$= \pi \int_0^1 \ln(1+r^2)d(1+r^2)$$

$$= \pi\left[(1+r^2)\ln(1+r^2)\Big|_0^1 - \int_0^1 \frac{1+r^2}{1+r^2}2rdr\right] = \pi(2\ln2-1).$$

**23.**【解答】 如图 6-5 所示，积分区域 $D = \{(x,y) \mid x^2+y^2 \leqslant 4y\}$，在极坐标系下可表示为 $D = \{(\rho,\theta) \mid \rho \leqslant 4\sin\theta, 0 \leqslant \theta \leqslant \pi\}$. 于是

$$\iint\limits_D x^2 y dxdy = \int_0^\pi d\theta \int_0^{4\sin\theta} \rho^4 \cos^2\theta\sin\theta d\rho$$

$$= \frac{4^5}{5}\int_0^\pi \cos^2\theta \sin^6\theta d\theta$$

$$= \frac{4^5}{5}\times 2\int_0^{\frac{\pi}{2}} \left(\sin^6\theta - \sin^8\theta\right)d\theta$$

$$= \frac{4^5}{5}\times 2\left[\int_0^{\frac{\pi}{2}} \sin^6\theta d\theta - \int_0^{\frac{\pi}{2}} \sin^8\theta d\theta\right]$$

$$= \frac{4^5}{5}\times 2 \times \left(\frac{5}{6}\times\frac{3}{4}\times\frac{1}{2}\times\frac{\pi}{2} - \frac{7}{8}\times\frac{5}{6}\times\frac{3}{4}\times\frac{1}{2}\times\frac{\pi}{2}\right) = 8\pi.$$

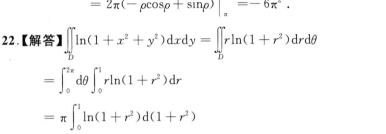

图 6-5

**24.**【解答】因为 $\iint\limits_D x dxdy = \int_{\frac{\pi}{4}}^{\frac{\pi}{2}} d\theta \int_0^{2\cos\theta} r^2\cos\theta dr = \frac{8}{3}\int_{\frac{\pi}{4}}^{\frac{\pi}{2}}\cos^4\theta d\theta$,

$$\int_{\frac{\pi}{4}}^{\frac{\pi}{2}} \cos^4\theta d\theta = \frac{1}{4}\int_{\frac{\pi}{4}}^{\frac{\pi}{2}}(1+\cos2\theta)^2 d\theta = \frac{1}{8}\int_{\frac{\pi}{2}}^\pi (1+\cos t)^2 dt$$

$$= \frac{1}{8}\int_{\frac{\pi}{2}}^\pi\left(1+2\cos t + \frac{1+\cos2t}{2}\right)dt = \frac{1}{8}\left(\frac{3}{4}\pi - 2\right) = \frac{1}{32}(3\pi-8),$$

所以 $\iint\limits_D x dxdy = \frac{1}{12}(3\pi-8).$

**25.**【解答】$\iint\limits_D \sqrt{x^2+y^2}\,e^{-(x^2+y^2)}dxdy = \int_{\frac{\pi}{6}}^{\frac{\pi}{3}} d\theta \int_0^{+\infty} \rho^2 e^{-\rho^2}d\rho = -\frac{\pi}{12}\int_0^{+\infty}\rho de^{-\rho^2}$

$$= -\frac{\pi}{12}\left(\rho e^{-\rho^2}\Big|_0^{+\infty} - \int_0^{+\infty} e^{-\rho^2}d\rho\right) = \frac{\pi}{12}\int_0^{+\infty} e^{-\rho^2}d\rho$$

$$= \frac{\pi}{12} \times \frac{\sqrt{\pi}}{2} = \frac{\pi\sqrt{\pi}}{24}.$$

26.【解答】 因为积分区域和被积函数关于直线 $y = x$ 对称，所以

$$\iint\limits_{D} \frac{x\sin(\pi\sqrt{x^2+y^2})}{x+y}\mathrm{d}x\mathrm{d}y = \iint\limits_{D} \frac{y\sin(\pi\sqrt{x^2+y^2})}{x+y}\mathrm{d}x\mathrm{d}y,$$

因此 
$$\iint\limits_{D} \frac{x\sin(\pi\sqrt{x^2+y^2})}{x+y}\mathrm{d}x\mathrm{d}y = \frac{1}{2}\iint\limits_{D} \frac{(x+y)\sin(\pi\sqrt{x^2+y^2})}{x+y}\mathrm{d}x\mathrm{d}y$$

$$= \frac{1}{2}\iint\limits_{D} \sin(\pi\sqrt{x^2+y^2})\mathrm{d}x\mathrm{d}y$$

$$= \frac{1}{2}\int_0^{\frac{\pi}{2}}\mathrm{d}\theta\int_1^2 \rho\sin\pi\rho\mathrm{d}\rho = -\frac{3}{4}.$$

27.【解答】$\int_a^b\mathrm{d}x\int_a^x f(y)\mathrm{d}y = \int_a^b\mathrm{d}y\int_y^b f(y)\mathrm{d}x = \int_a^b f(y)x\Big|_y^b\mathrm{d}y = \int_a^b f(y)(b-y)\mathrm{d}y$

$$= \int_a^b f(x)(b-x)\mathrm{d}x.$$

28.【解答】由于被积函数带有绝对值符号，可根据 $y - x^2$ 的正负号将积分区域分隔成两部分，如图 6-6 所示.

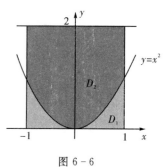

图 6-6

$$\iint\limits_{D}\sqrt{|y-x^2|}\mathrm{d}x\mathrm{d}y = \iint\limits_{D_1}\sqrt{x^2-y}\mathrm{d}x\mathrm{d}y + \iint\limits_{D_2}\sqrt{y-x^2}\mathrm{d}x\mathrm{d}y$$

$$= \int_{-1}^1\mathrm{d}x\int_0^{x^2}\sqrt{x^2-y}\mathrm{d}y + \int_{-1}^1\mathrm{d}x\int_{x^2}^2\sqrt{y-x^2}\mathrm{d}y$$

$$= \frac{2}{3}\int_{-1}^1 x^3\mathrm{d}x + \frac{2}{3}\int_{-1}^1 (2-x^2)^{\frac{3}{2}}\mathrm{d}x$$

$$= \frac{4}{3}\int_0^1 x^3\mathrm{d}x + \frac{16}{3}\int_0^{\frac{\pi}{4}}\cos^4 t\mathrm{d}t = \frac{1}{3} + \left(\frac{\pi}{2} + \frac{4}{3}\right)$$

$$= \frac{\pi}{2} + \frac{5}{3}.$$

## 二、提高篇

1. **答案** D 【解答】积分区域如图 6-7 所示.

若积分区域换成直角坐标则有

$$\int_{-1}^0\mathrm{d}x\int_0^{\sqrt{1-x^2}}f(x,y)\mathrm{d}y + \int_0^1\mathrm{d}x\int_0^{1-x}f(x,y)\mathrm{d}y,$$

所以 A, B 两个选择项都不正确；若积分区域换成极坐标，则有

$$\int_0^{\frac{\pi}{2}}\mathrm{d}\theta\int_0^{\frac{1}{\cos\theta+\sin\theta}}f(r\cos\theta,r\sin\theta)r\mathrm{d}r + \int_{\frac{\pi}{2}}^{\pi}\mathrm{d}\theta\int_0^1 f(r\cos\theta,r\sin\theta)r\mathrm{d}r.$$

因此，应选 D.

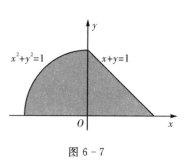

图 6-7

2. 答案 B 【解答】设二次积分 $\int_0^{\frac{\pi}{2}} d\theta \int_{\frac{1}{\cos\theta+\sin\theta}}^1 f(r\cos\theta, r\sin\theta) dr$ 在直角坐标系下对应于二重积分 $\iint\limits_D g(x,y) dxdy$，由于在极坐标系下，$dxdy = \rho d\rho d\theta$ 以及 $r = \sqrt{x^2+y^2}$，从而可得 $g(x,y) = \dfrac{f(x,y)}{\sqrt{x^2+y^2}}$. 而二重积分的积分区域 $D$ 在极坐标系 $(\rho, \theta)$ 下可表示为 $D = \left\{ (\rho, \theta) \,\middle|\, 0 \leqslant \theta \leqslant \dfrac{\pi}{2}, \dfrac{1}{\cos\theta+\sin\theta} \leqslant \rho \leqslant 1 \right\}$. 又

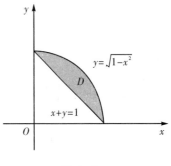

图 6-8

$\theta = 0$ 对应于 $x$ 轴的正半轴，$\theta = \dfrac{\pi}{2}$ 对应于 $y$ 轴的正半轴，$\rho = \dfrac{1}{\cos\theta+\sin\theta}$ 对应于直线 $x+y=1$，$\rho = 1$ 对应于圆 $x^2+y^2=1$，由此可知在直角坐标系下积分区域 $D = \left\{ (x,y) \,\middle|\, 0 \leqslant x \leqslant 1, 1-x \leqslant y \leqslant \sqrt{1-x^2} \right\}$，如图 6-8 所示. 从而

$$\int_0^{\frac{\pi}{2}} d\theta \int_{\frac{1}{\cos\theta+\sin\theta}}^1 f(r\cos\theta, r\sin\theta) dr = \int_0^1 dx \int_{1-x}^{\sqrt{1-x^2}} \dfrac{f(x,y)}{\sqrt{x^2+y^2}} dy.$$

因此，应选 B.

3. 答案 A 【解答】区域 $D_2$ 与区域 $D_4$ 关于 $x$ 轴对称，被积函数是关于 $y$ 的奇函数，所以 $I_2 = I_4 = 0$.

区域 $D_1$ 与区域 $D_3$ 关于 $y$ 轴对称，被积函数是关于 $x$ 的偶函数. 当 $(x,y) \in D_1$ 时，$y\cos x \geqslant 0$；当 $(x,y) \in D_3$ 时，$y\cos x \leqslant 0$. 因此

$$I_1 = \iint\limits_{D_1} y\cos x \, dxdy > 0, \quad I_3 = \iint\limits_{D_3} y\cos x \, dxdy < 0,$$

即 $\max\limits_{k=1,2,3,4} \{I_k\} = I_1$，故应选 A.

4. 答案 D 【解答】方法一 积分区域关于 $y = x$ 对称，则

$$\iint\limits_D \dfrac{a\sqrt{f(x)} + b\sqrt{f(y)}}{\sqrt{f(x)} + \sqrt{f(y)}} dxdy = \iint\limits_D \dfrac{a\sqrt{f(y)} + b\sqrt{f(x)}}{\sqrt{f(x)} + \sqrt{f(y)}} dxdy,$$

因此

$$\iint\limits_D \dfrac{a\sqrt{f(x)} + b\sqrt{f(y)}}{\sqrt{f(x)} + \sqrt{f(y)}} dxdy = \dfrac{1}{2}\left[\iint\limits_D \dfrac{a\sqrt{f(y)} + b\sqrt{f(x)}}{\sqrt{f(x)} + \sqrt{f(y)}} dxdy + \iint\limits_D \dfrac{a\sqrt{f(x)} + b\sqrt{f(y)}}{\sqrt{f(x)} + \sqrt{f(y)}} dxdy\right]$$

$$= \dfrac{1}{2}\iint\limits_D (a+b) dxdy = \dfrac{a+b}{2}\pi.$$

方法二 取 $f(x) = 1$，显然符合题设条件，则

$$\iint\limits_D \dfrac{a\sqrt{f(x)} + b\sqrt{f(y)}}{\sqrt{f(x)} + \sqrt{f(y)}} dxdy = \dfrac{1}{2}\iint\limits_D (a+b) dxdy = \dfrac{a+b}{2}\pi.$$

5. 答案 A 【解答】如图 6-9 所示，积分区域 $D$ 落在直线 $x+y=0$ 和 $x+y=4$ 之间所形成的带型区域内，所以当 $(x,y) \in D$ 时，$0 \leqslant x+y \leqslant 4$，即 $0 \leqslant \dfrac{x+y}{4} \leqslant 1$，则有

$$\frac{x+y}{4} \leqslant \sqrt{\frac{x+y}{4}} \leqslant \sqrt[3]{\frac{x+y}{4}},$$

当且仅当在点 $(0,0)$ 和点 $(2,2)$ 处等号成立,因此

$$\iint_D \frac{x+y}{4} dxdy < \iint_D \sqrt{\frac{x+y}{4}} dxdy < \iint_D \sqrt[3]{\frac{x+y}{4}} dxdy,$$

故应选 A.

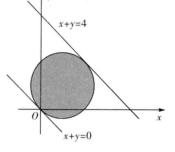

图 6 - 9

6. 【答案】B 【解答】由于

$$\iint_{x^2+y^2 \leqslant t^2} f(\sqrt{x^2+y^2}) dxdy = \int_0^{2\pi} d\theta \int_0^t f(\rho)\rho d\rho = 2\pi \int_0^t f(\rho)\rho d\rho,$$

故

$$\lim_{t \to 0^+} \frac{1}{\pi t^3} \iint_{x^2+y^2 \leqslant t^2} f(\sqrt{x^2+y^2}) dxdy = \lim_{t \to 0^+} \frac{2\pi \int_0^t f(\rho)\rho d\rho}{\pi t^3} \overset{\frac{0}{0}}{=} \lim_{t \to 0^+} \frac{2tf(t)}{3t^2}$$

$$= \frac{2}{3} \lim_{t \to 0^+} \frac{f(t) - f(0)}{t - 0} = \frac{2}{3} f'(0).$$

因此,应选 A.

7. 【答案】C 【解答】由于积分区域关于直线 $x+y=0$ 对称,被积函数 $|x+y|$ 关于 $x+y$ 是偶函数,所以

$$\iint_D |x+y| dxdy = 2 \iint_{\substack{-1 \leqslant x \leqslant 1 \\ -x \leqslant y \leqslant 1}} (x+y) dxdy = 2 \int_{-1}^{1} dx \int_{-x}^{1} (x+y) dy$$

$$= 2 \int_{-1}^{1} \left( x + \frac{1}{2} + \frac{1}{2} x^2 \right) dx = \frac{8}{3}.$$

因此,应选 C.

8. 【解答】如图 6 - 10 所示,设 $D_1 = \{(x,y) \mid |x| \leqslant 1, |y| \leqslant 1\}$, $D_2 = \{(x,y) \mid x^2+y^2 \leqslant x\}$,则

$$\iint_D |xy| dxdy = \iint_{D_1} |xy| dxdy - \iint_{D_2} |xy| dxdy.$$

又 $D_1$ 关于 $x$ 轴,$y$ 轴都对称,且被积函数 $|xy|$ 关于 $x$ 和 $y$ 都是偶函数,从而 $|xy|$ 在 $D_1$ 上的重积分等于它在积分区域 $D_3 = \{(x,y) \mid 0 \leqslant x \leqslant 1, 0 \leqslant x \leqslant 1\}$ 上积分的 4 倍,即

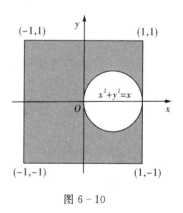

图 6 - 10

$$\iint_{D_1} |xy| dxdy = 4 \iint_{D_3} |xy| dxdy = 4 \iint_{D_3} xy dxdy$$
$$= 4 \int_0^1 x dx \int_0^1 y dy = 1.$$

又 $D_2$ 关于 $x$ 轴对称,被积函数 $|xy|$ 关于 $y$ 是偶函数,从而 $|xy|$ 在 $D_2$ 上的重积分等于它在积分区域 $D_4 = \{(x,y) \mid x^2+y^2 \leqslant x, y \geqslant 0, x \geqslant 0\}$ 上积分的 2 倍,即

$$\iint_{D_2} |xy| dxdy = 2 \iint_{D_4} |xy| dxdy = 2 \iint_{D_4} xy dxdy = 2 \int_0^{\frac{\pi}{2}} d\theta \int_0^{\cos\theta} \rho^3 \sin\theta \cos\theta d\rho$$

$$= \frac{1}{2}\int_0^{\frac{\pi}{2}} \sin\theta \cos^5\theta \mathrm{d}\theta = \frac{1}{12}.$$

因此 $\iint\limits_{D} |xy| \mathrm{d}x\mathrm{d}y = \iint\limits_{D_1} |xy| \mathrm{d}x\mathrm{d}y - \iint\limits_{D_2} |xy| \mathrm{d}x\mathrm{d}y = 1 - \frac{1}{12} = \frac{11}{12}.$

9.【解答】$\iint\limits_{D} y\mathrm{e}^{-4x}\mathrm{d}x\mathrm{d}y = \int_0^{+\infty} \mathrm{d}y \int_{\ln(1+y)}^{y} y\mathrm{e}^{-4x}\mathrm{d}x = \frac{1}{4}\int_0^{+\infty} y\left[\frac{1}{(1+y)^4} - \mathrm{e}^{-4y}\right]\mathrm{d}y$

$$= \frac{1}{4}\int_0^{+\infty}\left[\frac{1}{(1+y)^3} - \frac{1}{(1+y)^4} - y\mathrm{e}^{-4y}\right]\mathrm{d}y$$

$$= \frac{1}{4}\left[-\frac{1}{2(1+y)^2} + \frac{1}{3(1+y)^3} + \frac{1}{4}(y\mathrm{e}^{-4y} + \frac{1}{4}\mathrm{e}^{-4y})\right]_0^{+\infty} = \frac{5}{192}.$$

10. 答案 $\dfrac{2}{3}$ 【解答】由已知

$$I = \iint\limits_{D}(1-|x|-|y|)\mathrm{d}x\mathrm{d}y - \iint\limits_{D}x(1-|x|-|y|)\mathrm{d}x\mathrm{d}y -$$
$$\iint\limits_{D}y(1-|x|-|y|)\mathrm{d}x\mathrm{d}y + \iint\limits_{D}xy(1-|x|-|y|)\mathrm{d}x\mathrm{d}y.$$

由于积分区域关于 $x$ 轴、$y$ 轴均对称,且后三项积分被积函数均为关于变量 $x$ 或变量 $y$ 的奇函数,其相应的积分值为 0,第一项积分的被积函数关于变量 $x$ 和 $y$ 均为偶函数,故

$$I = 4\iint\limits_{D_1}(1-x-y)\mathrm{d}x\mathrm{d}y,$$

其中 $D_1 = \{(x,y) \mid x \geqslant 0, y \geqslant 0, x+y \leqslant 1\}$,表示底部是边长为 $\sqrt{2}$ 的正方形、高是 1 的正锥体,因此其值为 $\frac{1}{3} \times 1 \times (\sqrt{2})^2 = \frac{2}{3}$,即 $I = \frac{2}{3}$.

11. 答案 0 【解答】做辅助曲线 $y = -x^3$,如图 6-11 所示,积分区域 $D$ 被分割成 $D_1$、$D_2$、$D_3$、$D_4$ 四个部分,且 $D_1$ 与 $D_2$ 关于 $y$ 轴对称,$D_3$ 与 $D_4$ 关于 $x$ 轴对称. 又被积函数 $xyf(x^2+y^2)$ 关于变量 $x$,$y$ 均为奇函数,所以

$$\iint\limits_{D_1}xyf(x^2+y^2)\mathrm{d}x\mathrm{d}y + \iint\limits_{D_2}xyf(x^2+y^2)\mathrm{d}x\mathrm{d}y = 0,$$
$$\iint\limits_{D_3}xyf(x^2+y^2)\mathrm{d}x\mathrm{d}y + \iint\limits_{D_4}xyf(x^2+y^2)\mathrm{d}x\mathrm{d}y = 0,$$

即 $\iint\limits_{D}xyf(x^2+y^2)\mathrm{d}x\mathrm{d}y$

$$= \iint\limits_{D_1+D_2}xyf(x^2+y^2)\mathrm{d}x\mathrm{d}y + \iint\limits_{D_3+D_4}xyf(x^2+y^2)\mathrm{d}x\mathrm{d}y = 0.$$

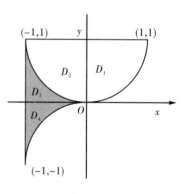

图 6-11

12.【解答】$I = \iint\limits_{D}\mathrm{e}^{-(x^2+y^2-\pi)}\sin(x^2+y^2)\mathrm{d}x\mathrm{d}y = \mathrm{e}^{\pi}\iint\limits_{D}\mathrm{e}^{-(x^2+y^2)}\sin(x^2+y^2)\mathrm{d}x\mathrm{d}y$

$$= \mathrm{e}^{\pi}\int_0^{2\pi}\mathrm{d}\theta\int_0^{\sqrt{\pi}}r\mathrm{e}^{-r^2}\sin r^2\mathrm{d}r = \pi\mathrm{e}^{\pi}\int_0^{\sqrt{\pi}}\mathrm{e}^{-r^2}\sin r^2\mathrm{d}r^2$$

$$=-\frac{\pi\mathrm{e}^{\pi}}{2}\mathrm{e}^{-r^2}\cos r^2\Big|_0^{\sqrt{\pi}}=\frac{\pi}{2}(\mathrm{e}^{\pi}+1).$$

13. **【解答】** 如图 6-12 所示,由积分区域及被积函数可知,应将 $D$ 分为 $D_1,D_2,D_3$ 三部分. 在 $D_1$ 上,$f(x,y)=0$,于是 $\iint\limits_{D_1}f(x,y)\mathrm{d}x\mathrm{d}y=0$,因而

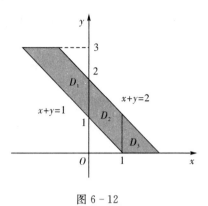

图 6-12

$$I = \iint\limits_{D_1} 0\mathrm{d}x\mathrm{d}y + \iint\limits_{D_2}\mathrm{e}^{-(x+y)}\mathrm{d}x\mathrm{d}y + \iint\limits_{D_3}\mathrm{e}^{-(x+y)}\mathrm{d}x\mathrm{d}y$$
$$=\iint\limits_{D_2}\mathrm{e}^{-(x+y)}\mathrm{d}x\mathrm{d}y + \iint\limits_{D_3}\mathrm{e}^{-(x+y)}\mathrm{d}x\mathrm{d}y$$
$$=\int_0^1\mathrm{d}x\int_{1-x}^{2-x}\mathrm{e}^{-(x+y)}\mathrm{d}y + \int_1^2\mathrm{d}x\int_0^{2-x}\mathrm{e}^{-(x+y)}\mathrm{d}y$$
$$=2\mathrm{e}^{-1}-3\mathrm{e}^{-2}.$$

14. **【解答】** 令 $x^2+y^2-2=0$,即曲线 $x^2+y^2=2$ 将区域 $D$ 分为 $D_1$ 和 $D_2$,其中 $D_1=\{(x,y)\mid x^2+y^2\leqslant 2\}$,$D_2=\{(x,y)\mid 2\leqslant x^2+y^2\leqslant 3\}$,如图 6-13 所示,则

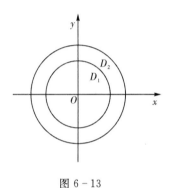

图 6-13

$$I = \iint\limits_D \mid x^2+y^2-2\mid \mathrm{d}x\mathrm{d}y$$
$$=\iint\limits_{D_1}\mid x^2+y^2-2\mid\mathrm{d}x\mathrm{d}y + \iint\limits_{D_2}\mid x^2+y^2-2\mid\mathrm{d}x\mathrm{d}y$$
$$=\iint\limits_{D_1}(2-x^2-y^2)\mathrm{d}x\mathrm{d}y + \iint\limits_{D_2}(x^2+y^2-2)\mathrm{d}x\mathrm{d}y$$
$$=\iint\limits_{D_1}(2-\rho^2)\rho\mathrm{d}\rho\mathrm{d}\theta + \iint\limits_{D_2}(\rho^2-2)\rho\mathrm{d}\rho\mathrm{d}\theta$$
$$=\int_0^{2\pi}\mathrm{d}\theta\int_0^{\sqrt{2}}(2-\rho^2)\rho\mathrm{d}\rho + \int_0^{2\pi}\mathrm{d}\theta\int_{\sqrt{2}}^{\sqrt{3}}(\rho^2-2)\rho\mathrm{d}\rho=\frac{5\pi}{2}.$$

15. **【解答】** 积分区域如图 6-14 所示. 设 $\iint\limits_D f(u,v)\mathrm{d}u\mathrm{d}v=A$,在已知等式两边求区域 $D$ 上的二重积分,则

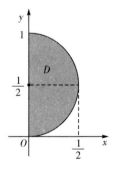

图 6-14

$$\iint\limits_D f(x,y)\mathrm{d}x\mathrm{d}y = \iint\limits_D\sqrt{1-x^2-y^2}\mathrm{d}x\mathrm{d}y - \frac{8A}{\pi}\iint\limits_D\mathrm{d}x\mathrm{d}y,$$

从而 $\quad A = \iint\limits_D\sqrt{1-x^2-y^2}\mathrm{d}x\mathrm{d}y - A,$

所以 $2A = \iint\limits_D\sqrt{1-x^2-y^2}\mathrm{d}x\mathrm{d}y = \int_0^{\frac{\pi}{2}}\mathrm{d}\theta\int_0^{\sin\theta}\sqrt{1-\rho^2}\cdot\rho\mathrm{d}\rho$
$$=\frac{1}{3}\int_0^{\frac{\pi}{2}}(1-\cos^3\theta)\mathrm{d}\theta = \frac{1}{3}\left(\frac{\pi}{2}-\frac{2}{3}\right),$$

故 $A=\dfrac{1}{6}\left(\dfrac{\pi}{2}-\dfrac{2}{3}\right)$,于是 $f(x,y)=\sqrt{1-x^2-y^2}-\dfrac{4}{3\pi}\left(\dfrac{\pi}{2}-\dfrac{2}{3}\right).$

**16.【解答】** 积分区域 $D$ 由圆周 $\left(x-\dfrac{1}{2}\right)^2+\left(y-\dfrac{1}{2}\right)^2=\dfrac{1}{2}$ 围成,如图 6-15 所示.

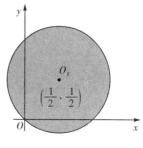

图 6-15

**方法一** 圆 $x^2+y^2=x+y$ 的极坐标方程为 $\rho=\cos\theta+\sin\theta$. 则

$$I=\int_{-\frac{\pi}{4}}^{\frac{3\pi}{4}}\mathrm{d}\theta\int_0^{\cos\theta+\sin\theta}(\cos\theta+\sin\theta)\rho^2\mathrm{d}\rho=\frac{1}{3}\int_{-\frac{\pi}{4}}^{\frac{3\pi}{4}}(\cos\theta+\sin\theta)^4\mathrm{d}\theta$$

$$\xrightarrow{t=\theta+\frac{\pi}{4}}\frac{4}{3}\int_0^{\pi}\sin^4 t\,\mathrm{d}t=\frac{8}{3}\times\frac{3}{4}\times\frac{1}{2}\times\frac{\pi}{2}=\frac{\pi}{2}.$$

**方法二** 令 $u=x-\dfrac{1}{2},v=y-\dfrac{1}{2}$,则 $x=u+\dfrac{1}{2},y=v+\dfrac{1}{2}$.

由雅可比式有 $J=\dfrac{\partial(x,y)}{\partial(u,v)}=\begin{vmatrix}1&0\\0&1\end{vmatrix}=1$,于是

$$I=\iint_{D'}(u+v+1)\mathrm{d}u\mathrm{d}v=\iint_{D'}u\,\mathrm{d}u\mathrm{d}v+\iint_{D'}v\,\mathrm{d}u\mathrm{d}v+\iint_{D'}\mathrm{d}u\mathrm{d}v,$$

其中 $D':u^2+v^2\leqslant\dfrac{1}{2}$. 因为 $D'$ 关于 $u$ 轴、$v$ 轴均对称,而被积函数 $u$ 关于 $u$ 为奇函数,被积函数 $v$ 关于 $v$ 为奇函数,所以 $\iint_{D'}u\,\mathrm{d}u\mathrm{d}v=0$,$\iint_{D'}v\,\mathrm{d}u\mathrm{d}v=0$. 于是

$$I=\iint_{D'}\mathrm{d}u\mathrm{d}v=\left(\sqrt{\dfrac{1}{2}}\right)^2\pi=\dfrac{\pi}{2}.$$

**方法三** 令 $x=\dfrac{1}{2}+\rho\cos\theta,y=\dfrac{1}{2}+\rho\sin\theta$,则

$$J=\dfrac{\partial(x,y)}{\partial(\rho,\theta)}=\begin{vmatrix}\cos\theta&-\rho\sin\theta\\\sin\theta&\rho\cos\theta\end{vmatrix}=\rho,\quad D':\begin{cases}0\leqslant\theta\leqslant 2\pi\\0\leqslant\rho\leqslant\dfrac{1}{\sqrt{2}}\end{cases},$$

于是 $I=\iint_{D'}(\rho\cos\theta+\rho\sin\theta+1)\rho\,\mathrm{d}\rho\mathrm{d}\theta=\int_0^{2\pi}\mathrm{d}\theta\int_0^{\frac{1}{\sqrt{2}}}(\rho^2\cos\theta+\rho^2\sin\theta+\rho)\mathrm{d}\rho$

$$=\int_0^{2\pi}\left[\dfrac{1}{3}\rho^3\cos\theta+\dfrac{1}{3}\rho^3\sin\theta+\dfrac{1}{2}\rho^2\right]_0^{\frac{1}{\sqrt{2}}}\mathrm{d}\theta=\dfrac{\pi}{2}.$$

**17.【解答】** 如图 6-16 所示,用直线 $y=x$ 将积分区域分割成 $D_1$ 和 $D_2$ 两部分,被积函数中含有 $x^2+y^2$,因此,采用极坐标进行计算. $D_1$ 和 $D_2$ 在极坐标系下可表示为

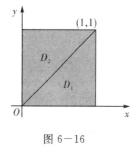

图 6-16

$$D_1=\left\{(\rho,\theta)\,\Big|\,0\leqslant\theta\leqslant\dfrac{\pi}{4},0\leqslant\rho\leqslant\dfrac{1}{\cos\theta}\right\},$$

$$D_2=\left\{(\rho,\theta)\,\Big|\,\dfrac{\pi}{4}\leqslant\theta\leqslant\dfrac{\pi}{2},0\leqslant\rho\leqslant\dfrac{1}{\sin\theta}\right\}.$$

于是

$$\iint_D\dfrac{1}{(1+x^2+y^2)^{\frac{3}{2}}}\mathrm{d}x\mathrm{d}y=\iint_{D_1}\dfrac{1}{(1+x^2+y^2)^{\frac{3}{2}}}\mathrm{d}x\mathrm{d}y+\iint_{D_2}\dfrac{1}{(1+x^2+y^2)^{\frac{3}{2}}}\mathrm{d}x\mathrm{d}y$$

$$= \int_0^{\frac{\pi}{4}} d\theta \int_0^{\frac{1}{\cos\theta}} \frac{\rho}{(1+\rho^2)^{\frac{3}{2}}} d\rho + \int_{\frac{\pi}{4}}^{\frac{\pi}{2}} d\theta \int_0^{\frac{1}{\sin\theta}} \frac{\rho}{(1+\rho^2)^{\frac{3}{2}}} d\rho$$

$$= -\int_0^{\frac{\pi}{4}} \frac{1}{\sqrt{1+\rho^2}} \Big|_0^{\frac{1}{\cos\theta}} d\theta - \int_{\frac{\pi}{4}}^{\frac{\pi}{2}} \frac{1}{\sqrt{1+\rho^2}} \Big|_0^{\frac{1}{\sin\theta}} d\theta$$

$$= \int_0^{\frac{\pi}{4}} \left(1 - \frac{\cos\theta}{\sqrt{1+\cos^2\theta}}\right) d\theta + \int_{\frac{\pi}{4}}^{\frac{\pi}{2}} \left(1 - \frac{\sin\theta}{\sqrt{1+\sin^2\theta}}\right) d\theta$$

$$= \frac{\pi}{2} - \int_0^{\frac{\pi}{4}} \frac{1}{\sqrt{2-\sin^2\theta}} d\sin\theta + \int_{\frac{\pi}{4}}^{\frac{\pi}{2}} \frac{1}{\sqrt{2-\cos^2\theta}} d\cos\theta$$

$$= \frac{\pi}{2} - \arcsin\frac{\sin\theta}{\sqrt{2}} \Big|_0^{\frac{\pi}{4}} + \arcsin\frac{\cos\theta}{\sqrt{2}} \Big|_{\frac{\pi}{4}}^{\frac{\pi}{2}}$$

$$= \frac{\pi}{2} - \frac{\pi}{6} - \frac{\pi}{6} = \frac{\pi}{6}.$$

**18.**【解答】由二重积分 $\iint_D xyf''_{xy}(x,y)dxdy$ 转化为累次积分,可得

$$\iint_D xyf''_{xy}(x,y)dxdy = \int_0^1 dy \int_0^1 xyf''_{xy}(x,y)dx.$$

首先,考虑 $\int_0^1 xyf''_{xy}(x,y)dx$,此时将变量 $y$ 看作常数,故有

$$\int_0^1 xyf''_{xy}(x,y)dx = y\int_0^1 xdf'_y(x,y) = xyf'_y(x,y)\Big|_0^1 - \int_0^1 yf'_y(x,y)dx$$

$$= yf'_y(1,y) - \int_0^1 yf'_y(x,y)dx.$$

由 $f(1,y) = f(x,1) = 0$ 易知 $f'_y(1,y) = f'_x(x,1) = 0$. 故

$$\int_0^1 xyf''_{xy}(x,y)dx = -\int_0^1 yf'_y(x,y)dx,$$

$$\iint_D xyf''_{xy}(x,y)dxdy = \int_0^1 dy \int_0^1 xyf''_{xy}(x,y)dx = -\int_0^1 dy \int_0^1 yf'_y(x,y)dx,$$

对该积分交换积分次序,可得

$$-\int_0^1 dy \int_0^1 yf'_y(x,y)dx = -\int_0^1 dx \int_0^1 yf'_y(x,y)dy.$$

其次,考虑积分 $\int_0^1 yf'_y(x,y)dy$,此时将变量 $x$ 看作常数,故有

$$\int_0^1 yf'_y(x,y)dy = \int_0^1 ydf(x,y) = yf(x,y)\Big|_0^1 - \int_0^1 f(x,y)dy = -\int_0^1 f(x,y)dy,$$

因此

$$\iint_D xyf''_{xy}(x,y)dxdy = -\int_0^1 dx \int_0^1 yf'_y(x,y)dy = \int_0^1 dx \int_0^1 f(x,y)dy = \iint_D f(x,y)dxdy = a.$$

**19.**【解答】积分区域 $D$ 如图 6-17 所示. $D$ 分别关于 $x$ 轴和 $y$ 轴对称,设 $D_1$ 是 $D$ 在第一象限中的部分,即 $D_1 = D \cap \{(x,y) \mid x \geqslant 0, y \geqslant 0\}$. 被积函数 $f(x,y)$ 关于 $x$,$y$ 均为偶函数,从而按二重积分的简化计算法则可得

$$\iint\limits_{D} f(x,y)\mathrm{d}\sigma = 4\iint\limits_{D_1} f(x,y)\mathrm{d}\sigma.$$

设 $D_{11} = \{(x,y) \mid x+y \leqslant 1, x \geqslant 0, y \geqslant 0\}$，$D_{12} = \{(x,y) \mid 1 \leqslant x+y \leqslant 2, x \geqslant 0, y \geqslant 0\}$，则 $D_1 = D_{11} + D_{12}$. 于是

$$\iint\limits_{D} f(x,y)\mathrm{d}\sigma = 4\iint\limits_{D_1} f(x,y)\mathrm{d}\sigma$$

$$= 4\iint\limits_{D_{11}} f(x,y)\mathrm{d}\sigma + 4\iint\limits_{D_{12}} f(x,y)\mathrm{d}\sigma$$

$$= 4\iint\limits_{D_{11}} x^2 \mathrm{d}\sigma + 4\iint\limits_{D_{12}} f(x,y)\mathrm{d}\sigma.$$

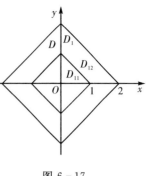

图 6-17

由于 $D_{11} = \{(x,y) \mid 0 \leqslant x \leqslant 1, 0 \leqslant y \leqslant 1-x\}$，故

$$\iint\limits_{D_{11}} x^2 \mathrm{d}\sigma = \int_0^1 x^2 \mathrm{d}x \int_0^{1-x} \mathrm{d}y = \int_0^1 x^2(1-x)\mathrm{d}x = \frac{1}{3} - \frac{1}{4} = \frac{1}{12}.$$

为计算 $D_{12}$ 上的二重积分，可引入极坐标 $(\rho, \theta)$ 满足 $x = \rho\cos\theta, y = \rho\sin\theta$. 在极坐标系 $(\rho, \theta)$ 中 $x+y=1$ 的方程是 $\rho = \dfrac{1}{\cos\theta + \sin\theta}$，而 $x+y=2$ 的方程是 $\rho = \dfrac{2}{\cos\theta + \sin\theta}$，因而

$$D_{12} = \left\{ (\rho,\theta) \mid 0 \leqslant \theta \leqslant \frac{\pi}{2}, \frac{1}{\cos\theta + \sin\theta} \leqslant \rho \leqslant \frac{2}{\cos\theta + \sin\theta} \right\},$$

故

$$\iint\limits_{D_{12}} \frac{\mathrm{d}\sigma}{\sqrt{x^2+y^2}} = \int_0^{\frac{\pi}{2}} \mathrm{d}\theta \int_{\frac{1}{\cos\theta+\sin\theta}}^{\frac{2}{\cos\theta+\sin\theta}} \frac{\rho}{\rho}\mathrm{d}\rho = \int_0^{\frac{\pi}{2}} \frac{1}{\cos\theta+\sin\theta}\mathrm{d}\theta = \frac{1}{\sqrt{2}} \int_0^{\frac{\pi}{2}} \frac{1}{\cos\left(\theta-\frac{\pi}{4}\right)}\mathrm{d}\theta$$

$$= \frac{1}{\sqrt{2}} \left[ \ln\left| \sec\left(\theta-\frac{\pi}{4}\right) + \tan\left(\theta-\frac{\pi}{4}\right) \right| \right]_0^{\frac{\pi}{2}}$$

$$= \frac{1}{\sqrt{2}} \ln \frac{\sqrt{2}+1}{\sqrt{2}-1} = \sqrt{2}\ln(\sqrt{2}+1),$$

综上所述，$\displaystyle\iint\limits_{D} f(x,y)\mathrm{d}\sigma = 4 \times \frac{1}{12} + 4\sqrt{2}\ln(\sqrt{2}+1) = \frac{1}{3} + 4\sqrt{2}\ln(\sqrt{2}+1).$

# 第七章　无穷级数

## 第一节　常数项级数的概念和性质

### 一、基础篇

1.【解答】(1)因为 $S_n = \sum_{k=1}^{n}(\sqrt{k+1}-\sqrt{k}) = \sqrt{n+1}-1$，

所以 $\lim\limits_{n\to\infty} S_n = \lim\limits_{n\to\infty}(\sqrt{n+1}-1) = +\infty$，故级数发散.

(2)由于 $\sum\limits_{n=1}^{\infty}\dfrac{1}{n+3} = \sum\limits_{n=4}^{\infty}\dfrac{1}{n}$，因此级数 $\sum\limits_{n=1}^{\infty}\dfrac{1}{n+3}$ 是由调和级数去掉前面三项后得到的，而在一个级数中增加或删去有限项不改变级数的敛散性，所以原级数发散.

(3)因为 $S_n = \sum\limits_{k=1}^{n}\ln\dfrac{n}{n+1} = \sum\limits_{k=1}^{n}[\ln n - \ln(n+1)] = \ln 1 - \ln(n+1) = -\ln(n+1)$，所以 $\lim\limits_{n\to\infty} S_n = \lim\limits_{n\to\infty}[-\ln(n+1)] = -\infty$，故级数发散.

(4)由于 $S_n = \begin{cases} -2, & n=2k-1 \\ 0, & n=2k \end{cases}, k=1,2,3,\cdots$，则 $\lim\limits_{n\to\infty} S_n$ 不存在，故级数发散.

(5)级数通项为 $u_n = \dfrac{n+1}{n}$，由于 $\lim\limits_{n\to\infty}\dfrac{n+1}{n} = 1 \neq 0$，不满足级数收敛的必要条件，故原级数发散.

(6)级数通项为 $u_n = \dfrac{(-1)^n n}{2n+1}$，而 $\lim\limits_{n\to\infty} u_n \neq 0$，故级数发散.

2.【解答】(1)因为

$$S_n = \sum_{k=1}^{n}\left(\dfrac{1}{2^k}+\dfrac{1}{3^k}\right) = \sum_{k=1}^{n}\dfrac{1}{2^k}+\sum_{k=1}^{n}\dfrac{1}{3^k} = 1 - \dfrac{1}{2^n} + \dfrac{1}{2}\left(1-\dfrac{1}{3^n}\right) = \dfrac{3}{2} - \dfrac{1}{2^n} - \dfrac{1}{2}\times\dfrac{1}{3^n},$$

所以该级数的和为 $S = \lim\limits_{n\to\infty} S_n = \lim\limits_{n\to\infty}\left(\dfrac{3}{2}-\dfrac{1}{2^n}-\dfrac{1}{2}\times\dfrac{1}{3^n}\right) = \dfrac{3}{2}$，

即 $\sum\limits_{k=1}^{\infty}\left(\dfrac{1}{2^n}+\dfrac{1}{3^n}\right) = \dfrac{3}{2}.$

(2)由于 $\dfrac{1}{n(n+1)(n+2)} = \dfrac{1}{2}\left[\dfrac{1}{n(n+1)}-\dfrac{1}{(n+1)(n+2)}\right]$，则

$$S_n = \sum_{k=1}^{n}\dfrac{1}{k(k+1)(k+2)} = \sum_{k=1}^{n}\dfrac{1}{2}\left[\dfrac{1}{k(k+1)}-\dfrac{1}{(k+1)(k+2)}\right]$$

$$= \dfrac{1}{2}\left[\dfrac{1}{2}-\dfrac{1}{(n+1)(n+2)}\right],$$

所以该级数的和为

$$S = \lim_{n\to\infty} S_n = \lim_{n\to\infty} \frac{1}{2}\left[\frac{1}{2} - \frac{1}{(n+1)(n+2)}\right] = \frac{1}{4},$$

即
$$\sum_{n=1}^{\infty} \frac{1}{n(n+1)(n+2)} = \frac{1}{4}.$$

(3)级数的通项为 $u_n = n\sin\frac{\pi}{2n}$,由于 $\lim\limits_{n\to\infty} n\sin\frac{\pi}{2n} = \lim\limits_{n\to\infty}\left(\frac{\sin\frac{\pi}{2n}}{\frac{\pi}{2n}} \times \frac{\pi}{2}\right) = \frac{\pi}{2} \neq 0$,不满足级数收敛的必要条件,所以原级数发散.

(4)由于 $S_n = \sum\limits_{k=0}^{n-1} \cos\frac{k\pi}{2} = \begin{cases} 1, & n=4k \text{ 或 } n=4k+1 \\ 0, & n=4k+2 \text{ 或 } n=4k+3 \end{cases}$, $k=0,1,2,3,\cdots$,

因此 $\lim\limits_{n\to\infty} S_n$ 不存在,原级数发散.

## 第二节 求常数项级数的审敛法

### 一、基础篇

**1.** **[答案]** C  **【解答】**对于 A 项:$\sum\limits_{n=1}^{\infty}(-1)^{n-1}a_n = \sum\limits_{n=1}^{\infty}\frac{1}{\sqrt{n}}$,故级数发散;

对于 B 项:$\sum\limits_{n=1}^{\infty} a_n^2 = \sum\limits_{n=1}^{\infty}\frac{1}{n}$,故级数发散;

对于 C 项:$\sum\limits_{n=1}^{\infty} a_n = \sum\limits_{n=1}^{\infty}(-1)^{n-1}\frac{1}{\sqrt{n}}$ 为交错级数,故级数 $\sum\limits_{n=1}^{\infty}(-1)^{n-1}\frac{1}{\sqrt{n}}$ 收敛,收敛级数具有结合律,故 C 正确;

对于 D 项:级数 $\sum\limits_{n=1}^{\infty} a_n a_{n+1} = \sum\limits_{n=1}^{\infty}\frac{-1}{\sqrt{n(n+1)}}$ 发散.

**2.** **[答案]** D  **【解答】**当 $a_n = \frac{1}{n}$ 时,级数 $\sum\limits_{n=1}^{\infty} a_n = \sum\limits_{n=1}^{\infty}(-1)^{n-1}\frac{1}{n}$ 收敛,故选项 A 错;

当 $a_n = (-1)^n$ 时,级数 $\sum\limits_{n=1}^{\infty}(-1)^n a_n = \sum\limits_{n=1}^{\infty}(-1)^{n-1}$ 发散,而 $\lim\limits_{n\to\infty}(a_1+a_2+\cdots+a_n) \neq \infty$,故选项 B 错;

当 $a_n = n$ 时,级数 $\sum\limits_{n=1}^{\infty} a_n = \sum\limits_{n=1}^{\infty} n$ 发散,而 $\lim a_n = \infty$,故选项 C 错;对于正项级数,若发散则级数趋于无穷.故应选 D.

**3.** **[答案]** C  **【解答】**因为 $\left|\frac{\sin na}{n^2}\right| \leq \frac{1}{n^2}$,所以 $\sum\limits_{n=1}^{\infty}\frac{\sin na}{n^2}$ 绝对收敛,而级数 $\sum\limits_{n=1}^{\infty}\frac{1}{\sqrt{n}}$ 发散,故应选 C.

**4.** **【解答】**(1) $\lim\limits_{n\to\infty}\frac{a_{n+1}}{a_n} = \lim\limits_{n\to\infty}\frac{\frac{2^{n+1}(n+1)!}{(n+1)^{n+1}}}{\frac{2^n n!}{n^n}} = \lim\limits_{n\to\infty} 2\left(\frac{n}{n+1}\right)^n = \frac{2}{e} < 1$,由比值判别法可得,级数

$\sum\limits_{n=1}^{\infty} \dfrac{2^n n!}{n^n}$ 收敛.

(2) 因为 $\rho = \lim\limits_{n\to\infty} \sqrt[n]{u_n} = \lim\limits_{n\to\infty} \left(\dfrac{2n+1}{3n-2}\right)^2 \left(\dfrac{2n+1}{3n-2}\right)^{\frac{1}{n}} = \dfrac{4}{9}$，所以 $\rho < 1$，由根值审敛法知 $\sum\limits_{n=1}^{\infty} \left(\dfrac{2n+1}{3n-2}\right)^{2n+1}$ 收敛.

(3) 当 $n \to \infty$ 时，$\sin\dfrac{\pi}{3^n} \sim \dfrac{\pi}{3^n}$，$2^n \sin\dfrac{\pi}{3^n} \sim \left(\dfrac{2}{3}\right)^n \pi$，由级数 $\sum\limits_{n=1}^{\infty} \left(\dfrac{2}{3}\right)^n \pi$ 收敛，可知级数 $\sum\limits_{n=1}^{\infty} 2^n \sin\dfrac{\pi}{3^n}$ 收敛.

(4) 由 $\ln(n+1) < n$ 知 $\dfrac{1}{\ln(n+1)} > \dfrac{1}{n}$，级数 $\sum\limits_{n=1}^{\infty} \dfrac{1}{n}$ 发散，则级数 $\sum\limits_{n=1}^{\infty} \dfrac{1}{\ln(n+1)}$ 发散.

(5) $\lim\limits_{n\to\infty} \dfrac{a_{n+1}}{a_n} = \lim\limits_{n\to\infty} \dfrac{\frac{(2n+1)!!}{3^{n+1}(n+1)!}}{\frac{(2n-1)!!}{3^n n!}} = \lim\limits_{n\to\infty} \dfrac{2n+1}{3(n+1)} = \dfrac{2}{3} < 1$，由比值判别法可得级数 $\sum\limits_{n=1}^{\infty} \dfrac{(2n-1)!!}{3^n \cdot n!}$ 收敛.

(6) $\lim\limits_{n\to\infty} \dfrac{\frac{2n+1}{n^{\frac{5}{2}}+n^2+1}}{\frac{1}{n^{\frac{3}{2}}}} = \lim\limits_{n\to\infty} \dfrac{2n^{\frac{5}{2}}+n^{\frac{3}{2}}}{n^{\frac{5}{2}}+n^2+1} = 2$，而 $\sum\limits_{n=1}^{\infty} \dfrac{1}{n^{\frac{3}{2}}}$ 收敛，由比较判别法的极限形式得 $\sum\limits_{n=1}^{\infty} \dfrac{2n+1}{n^{\frac{5}{2}}+n^2+1}$ 收敛.

(7) 因为 $\lim\limits_{n\to\infty} \dfrac{\frac{1}{\sqrt{n(n^2+5)}}}{\frac{1}{n^{\frac{3}{2}}}} = \lim\limits_{n\to\infty} \dfrac{n^{\frac{3}{2}}}{\sqrt{n(n^2+5)}} = \lim\limits_{n\to\infty} \dfrac{1}{\sqrt{1+\frac{5}{n^2}}} = 1$，又 $p-$级数 $\sum\limits_{n=1}^{\infty} \dfrac{1}{n^{\frac{3}{2}}}$ 收敛，由比较判别法的极限形式知 $\sum\limits_{n=1}^{\infty} \dfrac{1}{\sqrt{n(n^2+5)}}$ 收敛.

(8) 若 $a = 1$，通项 $u_n = \dfrac{1}{1+a^n} = \dfrac{1}{2}$，显然级数 $\sum\limits_{n=1}^{\infty} \dfrac{1}{1+a^n}$ 发散.

若 $0 < a < 1$，则 $\lim\limits_{n\to\infty} u_n = \lim\limits_{n\to\infty} \dfrac{1}{1+a^n} = 1$，不满足级数收敛的必要条件，级数 $\sum\limits_{n=1}^{\infty} \dfrac{1}{1+a^n}$ 发散.

若 $a > 1$，则 $0 < \dfrac{1}{1+a^n} < \dfrac{1}{a^n} = \left(\dfrac{1}{a}\right)^n$，而级数 $\sum\limits_{n=1}^{\infty} \left(\dfrac{1}{a}\right)^n$ 收敛，由比较判别法知 $\sum\limits_{n=1}^{\infty} \dfrac{1}{1+a^n}$ 收敛.

(9) 因为 $\lim\limits_{n\to\infty} \dfrac{\frac{n+1}{2n^4-1}}{\frac{1}{n^3}} = \lim\limits_{n\to\infty} \dfrac{n^3(n+1)}{2n^4-1} = \lim\limits_{n\to\infty} \dfrac{1+\frac{1}{n}}{2-\frac{1}{n^4}} = \dfrac{1}{2}$，而 $p-$级数 $\sum\limits_{n=1}^{\infty} \dfrac{1}{n^3}$ 收敛，由比较判

别法的极限形式知 $\sum_{n=1}^{\infty} \frac{n+1}{2n^4-1}$ 收敛.

(10)通项 $u_n = \frac{3^n}{n \times 2^n}$,则 $\lim_{n \to \infty} \frac{u_{n+1}}{u_n} = \lim_{n \to \infty} \frac{\frac{3^{n+1}}{(n+1)2^{n+1}}}{\frac{3^n}{n \times 2^n}} = \lim_{n \to \infty} \frac{3n}{2(n+1)} = \frac{3}{2} > 1$,所以由比值

判别法知,级数发散.

(11)通项 $u_n = \frac{3 \times 5 \times 7 \times \cdots \times (2n+1)}{4 \times 7 \times 10 \times \cdots \times (3n+1)}$,

则 $\lim_{n \to \infty} \frac{u_{n+1}}{u_n} = \lim_{n \to \infty} \frac{\frac{3 \times 5 \times 7 \times \cdots \times [2(n+1)+1]}{4 \times 7 \times 10 \times \cdots \times [3(n+1)+1]}}{\frac{3 \times 5 \times 7 \times \cdots \times (2n+1)}{4 \times 7 \times 10 \times \cdots \times (3n+1)}} = \lim_{n \to \infty} \frac{2(n+1)+1}{3(n+1)+1} = \frac{2}{3} < 1$,所以由比

值判别法知,级数收敛.

(12)通项 $u_n = \frac{(n!)^2}{2^{n^2}}$,则 $\lim_{n \to \infty} \frac{u_{n+1}}{u_n} = \lim_{n \to \infty} \frac{\frac{[(n+1)!]^2}{2^{(n+1)^2}}}{\frac{(n!)^2}{2^{n^2}}} = \lim_{n \to \infty} \frac{(n+1)^2}{2^{2n+1}} = 0 < 1$,所以由比值

判别法知,级数收敛.

(13)因为 $\sin \frac{1}{n^2} < \frac{1}{n^2}$,而 $\sum_{n=1}^{\infty} \frac{1}{n^2}$ 收敛,由比较审敛法知 $\sum_{n=1}^{\infty} \sin \frac{1}{n^2}$ 收敛.

(14)对于级数 $\sum_{n=1}^{\infty} \frac{n}{2^n}$,因为 $\lim_{n \to \infty} \frac{u_{n+1}}{u_n} = \lim_{n \to \infty} \frac{\frac{n+1}{2^{n+1}}}{\frac{n}{2^n}} = \lim_{n \to \infty} \frac{n+1}{2n} = \frac{1}{2} < 1$,由比值判别法知级

数 $\sum_{n=1}^{\infty} \frac{n}{2^n}$ 收敛. 由于 $0 \leqslant \frac{n \cos^2 \frac{n\pi}{3}}{2^n} \leqslant \frac{n}{2^n}$,而级数 $\sum_{n=1}^{\infty} \frac{n}{2^n}$ 收敛,由比较判别法知,级数

$\sum_{n=1}^{\infty} \frac{n \cos^2 \frac{n\pi}{3}}{2^n}$ 收敛.

(15)因为 $\ln(1+n) < n$,所以 $\frac{1}{n} - \ln \frac{n+1}{n} = \frac{1}{n} - \ln(1 + \frac{1}{n}) > 0$,

又 $-\ln \frac{n+1}{n} = \ln \frac{n}{n+1} = \ln(1 - \frac{1}{n+1}) < -\frac{1}{n+1}$,

则 $\frac{1}{n} - \ln \frac{n+1}{n} < \frac{1}{n} - \frac{1}{n+1} = \frac{1}{n(n+1)} < \frac{1}{n^2}$.

由比较审敛法知,级数 $\sum_{n=1}^{\infty} \left( \frac{1}{n} - \ln \frac{n+1}{n} \right)$ 收敛.

(16)因为 $\frac{1}{n^2 - \ln n} \sim \frac{1}{n^2}$,又 $\sum_{n=1}^{\infty} \frac{1}{n^2}$ 收敛,所以原级数收敛.

(17) 因为 $1! + 2! + \cdots + n! < (n-1)(n-1)! + n!$
$= (2n-1)(n-1)!$

$$= 2n! - (n-1)! < 2n!,$$

所以 $u_n < \dfrac{2n!}{(2n)!} = \dfrac{2}{(n+1)\times(n+2)\times\cdots\times(2n-1)2n} < \dfrac{1}{2^{n-1}},$

由比较审敛法知,原级数收敛.

(18) 比值法: $\lim\limits_{n\to\infty}\dfrac{u_{n+1}}{u_n} = \lim\limits_{n\to\infty}\dfrac{x}{1+x^{n+1}},$

当 $0 < x < 1$ 时, $\lim\limits_{n\to\infty}\dfrac{u_{n+1}}{u_n} = x < 1,$ 级数收敛;

当 $x = 1$ 时, $\lim\limits_{n\to\infty}\dfrac{u_{n+1}}{u_n} = \dfrac{1}{2} < 1,$ 级数收敛;

当 $x > 1$ 时, $\lim\limits_{n\to\infty}\dfrac{u_{n+1}}{u_n} = 0 < 1,$ 级数收敛.

5.【解答】(1) $n \to \infty$ 时, $1-\cos\dfrac{1}{n} \sim \dfrac{1}{2}\times\dfrac{1}{n^2} = \dfrac{1}{2n^2},$ 由级数 $\sum\limits_{n=1}^{\infty}\dfrac{1}{2n^2}$ 收敛,可得级数 $\sum\limits_{n=1}^{\infty}\left(1-\cos\dfrac{1}{n}\right)$ 收敛,因此 $\sum\limits_{n=1}^{\infty}(-1)^n\left(1-\cos\dfrac{1}{n}\right)$ 绝对收敛.

(2) 由 $\rho = \lim\limits_{n\to\infty}\left|\dfrac{u_{n+1}}{u_n}\right| = \dfrac{1}{3},$ 知级数 $\sum\limits_{n=1}^{\infty}(-1)^{n-1}\dfrac{n^2}{3^n}$ 绝对收敛,

易知 $\sum\limits_{n=1}^{\infty}(-1)^{n-1}\dfrac{1}{\sqrt{n}}$ 条件收敛,故 $\sum\limits_{n=1}^{\infty}(-1)^{n-1}\left(\dfrac{n^2}{3^n}+\dfrac{1}{\sqrt{n}}\right)$ 条件收敛.

(3) $\left|\dfrac{n^2\cos n}{3^n}\right| \leqslant \dfrac{n^2}{3^n} = u_n,$ 由 $\rho = \lim\limits_{n\to\infty}\dfrac{u_{n+1}}{u_n} = \dfrac{1}{3},$ 知级数 $\sum\limits_{n=1}^{\infty}\dfrac{n^2}{3^n}$ 收敛,

故 $\sum\limits_{n=1}^{\infty}\dfrac{n^2\cos n}{3^n}$ 绝对收敛.

(4) 记 $u_n = \dfrac{1}{\sqrt{n-\ln n}},$ 因为 $u_n \geqslant \dfrac{1}{\sqrt{n}},$ 又 $\sum\limits_{n=1}^{\infty}\dfrac{1}{\sqrt{n}}$ 发散,所以 $\sum\limits_{n=1}^{\infty}u_n$ 发散,

令 $f(x) = x - \ln x, f'(x) = 1 - \dfrac{1}{x},$ 当 $x > 1$ 时, $f'(x) > 0,$ 故 $f(x)$ 在区间 $(1,+\infty)$ 内单调增加,由此可知 $u_n > u_{n+1}$. 又 $\lim\limits_{n\to\infty}u_n = 0,$ 故 $\sum\limits_{n=1}^{\infty}(-1)^{n-1}\dfrac{1}{\sqrt{n-\ln n}}$ 收敛,但不是绝对收敛,即为条件收敛.

6.【证明】因为数列 $\{a_n\}$ 单调增加有上界,所以极限存在. 设 $\lim\limits_{n\to\infty}a_n = a,$ 由于

$$0 < u_n = 1 - \dfrac{a_n}{a_{n+1}} = \dfrac{a_{n+1}-a_n}{a_{n+1}} < \dfrac{a_{n+1}-a_n}{a_1},$$

而级数 $\sum\limits_{n=2}^{\infty}(a_{n+1}-a_n) = \lim\limits_{n\to\infty}(a_{n+1}-a_1) = a - a_1$ 存在,由比较审敛法知,原级数收敛.

## 二、提高篇

1. 答案 A 【解答】方法一 由于 $0 \leqslant (u_n+v_n)^2 = u_n^2 + v_n^2 + 2u_nv_n \leqslant 2(u_n^2+v_n^2),$ 若 $\sum\limits_{n=1}^{\infty}u_n^2$ 和

$\sum\limits_{n=1}^{\infty} v_n^2$ 都收敛,则由级数的比较审敛法可知 $\sum\limits_{n=1}^{\infty}(u_n+v_n)^2$ 收敛. 故应选 A.

**方法二** 取 $u_n=\dfrac{1}{\sqrt{n}}$,$v_n=\dfrac{1}{n}$,则根据 $p$-级数的收敛性可知 $\sum\limits_{n=1}^{\infty}|u_n v_n|=\sum\limits_{n=1}^{\infty}\dfrac{1}{n^{\frac{3}{2}}}$,但是调和级数 $\sum\limits_{n=1}^{\infty}u_n^2=\sum\limits_{n=1}^{\infty}\dfrac{1}{n}$ 发散,故排除 B.

取 $u_n=\dfrac{1}{2n}$,显然 $\sum\limits_{n=1}^{\infty}u_n=\sum\limits_{n=1}^{\infty}\dfrac{1}{2n}$ 发散,但是 $u_n=\dfrac{1}{2n}<\dfrac{1}{n}$,故排除 C.

取 $u_n=\dfrac{1}{n^2}$,$v_n=-1$,那么 $\sum\limits_{n=1}^{\infty}u_n=\sum\limits_{n=1}^{\infty}\dfrac{1}{n^2}$ 收敛,且 $u_n=\dfrac{1}{n^2}>-1=v_n$,但是 $\sum\limits_{n=1}^{\infty}v_n$ 不收敛,因为 $\lim\limits_{n\to\infty}v_n=-1\neq 0$. 故排除 D.

综上可知,应选 A.

**2. 答案** D 【解答】**方法一** 由 $0\leqslant u_n\leqslant\dfrac{1}{n}$ 可知 $0\leqslant u_n^2\leqslant\dfrac{1}{n^2}$. 由 $\sum\limits_{n=1}^{\infty}\dfrac{1}{n^2}$ 收敛及正项级数的比较判别法知,级数 $\sum\limits_{n=1}^{\infty}u_n^2$ 收敛. 从而 $\sum\limits_{n=1}^{\infty}(-1)^n u_n^2$ 绝对收敛. 故应选 D.

**方法二** 取 $u_n=\dfrac{1}{n+1}$,$u_n$ 满足题设条件,但 $\sum\limits_{n=1}^{\infty}\dfrac{1}{n+1}$ 发散,故 A 不正确.

取 $u_n=\dfrac{1+(-1)^{n-1}}{2^{n+1}}+\dfrac{1+(-1)^n}{4n}$,可以验证 $u_n$ 满足题设条件,但

$$\sum_{n=1}^{\infty}(-1)^n u_n=\sum_{n=1}^{\infty}(-1)^n\left[\dfrac{1+(-1)^{n-1}}{2^{n+1}}+\dfrac{1+(-1)^n}{4n}\right]=\sum_{n=1}^{\infty}\left[\dfrac{(-1)^n-1}{2^{n+1}}+\dfrac{(-1)^n+1}{4n}\right]$$

$$=-\sum_{n=1}^{\infty}\dfrac{1}{2^{2n-1}}+\dfrac{1}{4}\sum_{n=1}^{\infty}\dfrac{1}{n}.$$

而级数 $\sum\limits_{n=1}^{\infty}\dfrac{1}{2^{2n-1}}$ 收敛,$\sum\limits_{n=1}^{\infty}\dfrac{1}{n}$ 发散,从而级数 $\sum\limits_{n=1}^{\infty}(-1)^n u_n$ 发散. 因此,排除 B.

取 $u_n=\dfrac{1}{n^2}$,$u_n$ 满足题设条件,但 $\sum\limits_{n=1}^{\infty}\sqrt{u_n}=\sum\limits_{n=1}^{\infty}\dfrac{1}{n}$ 发散,故 C 不正确.

因此,应选 D.

**3. 答案** B 【解答】**方法一** 由 $\lim\limits_{n\to\infty}nu_n=\lambda$,得 $\lim\limits_{n\to\infty}\dfrac{u_n}{\frac{1}{n}}=\lambda$. 因为 $\sum\limits_{n=1}^{\infty}u_n$ 为正项级数,$\lambda\neq 0$,级数 $\sum\limits_{n=1}^{\infty}\dfrac{1}{n}$ 发散,故由比较法的极限形式知,级数 $\sum\limits_{n=1}^{\infty}u_n$ 发散,故应选 B.

**方法二** 取 $u_n=\dfrac{1}{n\ln n}$,则 $\lim\limits_{n\to\infty}nu_n=0$,但 $\sum\limits_{n=1}^{\infty}u_n=\sum\limits_{n=1}^{\infty}\dfrac{1}{n\ln n}$ 发散,由此可以排除 A,D.

取 $u_n=\dfrac{1}{n\sqrt{n}}$,显然级数 $\sum\limits_{n=1}^{\infty}u_n=\sum\limits_{n=1}^{\infty}\dfrac{1}{n\sqrt{n}}$ 收敛($p>1$ 的 $p$-级数),但 $\lim\limits_{n\to\infty}n^2 u_n=+\infty$,故排除 C.

故应选 B.

4. 【答案】D 【解答】方法一 由于 $\lim\limits_{n\to\infty} n^p u_n$ 存在,不妨设 $\lim\limits_{n\to\infty} n^p u_n = c$,即 $\lim\limits_{n\to\infty} \dfrac{u_n}{\frac{1}{n^p}} = c$. 而当 $p > 1$ 时,级数 $\sum\limits_{n=1}^{\infty} \dfrac{1}{n^p}$ 收敛. 于是有正项级数的比较审敛法可知级数 $\sum\limits_{n=1}^{\infty} u_n$ 收敛. 因此,应选 D.

方法二 令 $u_n = 1 + \dfrac{1}{n}$,则 $\{u_n\}$ 为正项数列,且 $u_n > u_{n+1}$. 由于 $\sum\limits_{n=1}^{\infty}(-1)^{n-1} u_n$ 通项不存在,故级数发散,所以排除 A.

令 $u_n = \dfrac{1}{n + (-1)^n}$,则 $\sum\limits_{n=2}^{\infty}(-1)^{n-1} u_n$ 收敛,但是不满足 $u_n > u_{n+1}$. 因此排除 B.

令 $u_n = \dfrac{1 + (-1)^n}{n^p}$,当 $p > 1$ 时,级数 $\sum\limits_{n=1}^{\infty} u_n$ 收敛. 但是 $\lim\limits_{n\to\infty} n^p u_n = \lim\limits_{n\to\infty}[1 + (-1)^n]$ 不存在. 故而排除 C.

因此,应选 D.

5. 【答案】D 【解答】方法一 若级数 $\sum\limits_{n=1}^{\infty} u_n$ 收敛,则根据收敛级数的性质可知 $\sum\limits_{n=1}^{\infty} u_{n+1}$ 收敛,进而级数 $\sum\limits_{n=1}^{\infty} \dfrac{u_n + u_{n+1}}{2} = \dfrac{1}{2} \sum\limits_{n=1}^{\infty} u_n + \dfrac{1}{2} \sum\limits_{n=1}^{\infty} u_{n+1}$ 收敛,因此,应选 D.

方法二 令 $u_n = (-1)^n \cdot \dfrac{1}{\sqrt{n}}$,由莱布尼兹定理可知级数 $\sum\limits_{n=1}^{\infty} u_n$ 收敛. 但是级数 $\sum\limits_{n=1}^{\infty} |u_n| = \sum\limits_{n=1}^{\infty} \dfrac{1}{\sqrt{n}}$,$\sum\limits_{n=1}^{\infty}(-1)^n u_n = \sum\limits_{n=1}^{\infty} \dfrac{1}{n}$,$\sum\limits_{n=1}^{\infty} u_n \cdot u_{n+1} = -\sum\limits_{n=1}^{\infty} \dfrac{1}{\sqrt{n(n+1)}}$ 均发散,因此,排除 A、B、C. 故应选 D.

6. 【答案】D 【解答】方法一 由收敛级数的性质可知:若 $\sum\limits_{n=1}^{\infty} u_n$ 收敛,则 $\sum\limits_{n=1}^{\infty} u_{n+1}$ 收敛. 进而 $\sum\limits_{n=1}^{\infty}(u_n + u_{n+1}) = \sum\limits_{n=1}^{\infty} u_n + \sum\limits_{n=1}^{\infty} u_{n+1}$ 收敛,因此,应选 D.

方法二 令 $u_n = \dfrac{(-1)^n}{\ln n}$,则由莱布尼兹定理知 $\sum\limits_{n=1}^{\infty} u_n$ 收敛. 但是 $\sum\limits_{n=1}^{\infty}(-1)^n \cdot \dfrac{u_n}{n} = \sum\limits_{n=1}^{\infty} \dfrac{1}{n \ln n}$ 发散. 故排除 A.

令 $u_n = \dfrac{(-1)^n}{\sqrt{n}}$,则由莱布尼兹定理知 $\sum\limits_{n=1}^{\infty} u_n$ 收敛,但是 $\sum\limits_{n=1}^{\infty} u_n^2 = \sum\limits_{n=1}^{\infty} \dfrac{1}{n}$ 发散. 故排除 B.

令 $u_n = \dfrac{(-1)^{n-1}}{n}$,则由莱布尼兹定理可判定 $\sum\limits_{n=1}^{\infty} u_n$ 收敛. 由于

$$u_{2n-1} - u_{2n} = \dfrac{1}{2n-1} + \dfrac{1}{2n} \geq \dfrac{4n-1}{2n(2n-1)} > \dfrac{4n-2}{2n(2n-1)} = \dfrac{1}{n},$$

又由于调和级数 $\sum\limits_{n=1}^{\infty} \dfrac{1}{n}$ 发散,由正项级数的比较审敛法可知级数 $\sum\limits_{n=1}^{\infty}(u_{2n-1} - u_{2n})$ 发散,故排除 C.

综上所述,应选 D.

7. 答案 B 【解答】方法一 根据收敛级数的性质可知：若 $\sum\limits_{n=1}^{\infty}(-1)^{n-1}u_n$ 收敛，则 $\sum\limits_{n=1}^{\infty}(u_{2n-1}-u_{2n})$ 收敛. 若 $\sum\limits_{n=1}^{\infty}u_{2n-1}$ 收敛，则由 $u_{2n}=u_{2n-1}-(u_{2n-1}-u_{2n})$ 及收敛级数的性质可知，级数

$$\sum_{n=1}^{\infty}u_{2n}=\sum_{n=1}^{\infty}u_{2n-1}-\sum_{n=1}^{\infty}(u_{2n-1}-u_{2n})$$

收敛. 从而级数 $\sum\limits_{n=1}^{\infty}u_{2n-1}+\sum\limits_{n=1}^{\infty}u_{2n}$ 收敛，即 $\sum\limits_{n=1}^{\infty}u_n$ 收敛，进而 $\sum\limits_{n=1}^{\infty}(-1)^{n-1}u_n$ 绝对收敛，与题设条件矛盾，这表明 $\sum\limits_{n=1}^{\infty}u_{2n-1}$ 发散，进而 $\sum\limits_{n=1}^{\infty}u_{2n}$ 发散. 因此应选 B.

方法二 取 $u_n=\dfrac{1}{n}$，则 $u_n$ 满足题设条件，又 $\sum\limits_{n=1}^{\infty}u_{2n-1}=\sum\limits_{n=1}^{\infty}\dfrac{1}{2n-1}$，$\sum\limits_{n=1}^{\infty}u_{2n}=\sum\limits_{n=1}^{\infty}\dfrac{1}{2n}$ 均发散. 因此，应选 B.

8. 答案 C 【解答】方法一 取 $u_n=n$，显然 $u_n$ 满足题设条件. 又级数 $\sum\limits_{n=1}^{\infty}(-1)^{n+1}\left(\dfrac{1}{u_n}+\dfrac{1}{u_{n+1}}\right)=\sum\limits_{n=1}^{\infty}(-1)^{n+1}\dfrac{2n+1}{n(n+1)}$ 条件收敛，因此应选 C.

方法二 由题中极限条件可得 $\lim\limits_{n\to\infty}\dfrac{n}{u_n}=\lim\limits_{n\to\infty}\dfrac{\frac{1}{u_n}}{\frac{1}{n}}=1$，即 $\lim\limits_{n\to\infty}\dfrac{1}{u_n}=0$，且 $\dfrac{1}{u_n}\sim\dfrac{1}{n}(n\to\infty)$.

因为级数 $\sum\limits_{n=1}^{\infty}(-1)^{n+1}\dfrac{1}{n}$ 条件收敛，所以级数 $\sum\limits_{n=1}^{\infty}(-1)^{n+1}\dfrac{1}{u_n}$ 与 $\sum\limits_{n=1}^{\infty}(-1)^{n+1}\dfrac{1}{u_{n+1}}$ 均条件收敛，从而 $\sum\limits_{n=1}^{\infty}(-1)^{n+1}\left(\dfrac{1}{u_n}+\dfrac{1}{u_{n+1}}\right)$ 条件收敛，故应选 C.

事实上，由 $\sum\limits_{n=1}^{\infty}(-1)^{n+1}\dfrac{1}{u_n}$ 与 $\sum\limits_{n=1}^{\infty}(-1)^{n+1}\dfrac{1}{u_{n+1}}$ 均条件收敛，可知 $\sum\limits_{n=1}^{\infty}(-1)^{n+1}\left(\dfrac{1}{u_n}+\dfrac{1}{u_{n+1}}\right)$ 收敛，而由 $\lim\limits_{n\to\infty}\dfrac{\left|(-1)^{n+1}\left(\dfrac{1}{u_n}+\dfrac{1}{u_{n+1}}\right)\right|}{\dfrac{1}{n}}=\lim\limits_{n\to\infty}\left(\dfrac{n}{u_n}+\dfrac{n}{u_{n+1}}\right)=2$，由 $\sum\limits_{n=1}^{\infty}\dfrac{1}{n}$ 发散可知 $\sum\limits_{n=1}^{\infty}\left|(-1)^{n+1}\left(\dfrac{1}{u_n}+\dfrac{1}{u_{n+1}}\right)\right|$ 发散，从而级数 $\sum\limits_{n=1}^{\infty}(-1)^{n+1}\left(\dfrac{1}{u_n}+\dfrac{1}{u_{n+1}}\right)$ 条件收敛.

方法三 因为 $s_n=\sum\limits_{k=1}^{n}(-1)^{k+1}\left(\dfrac{1}{u_k}+\dfrac{1}{u_{k+1}}\right)=\dfrac{1}{u_1}+(-1)^{n+1}\dfrac{1}{u_{n+1}}$，

又由方法二知 $\lim\limits_{n\to\infty}\dfrac{1}{u_{n+1}}=0$，故 $\lim\limits_{n\to\infty}S_n=\dfrac{1}{u_1}$，即级数 $\sum\limits_{k=1}^{\infty}(-1)^{n+1}\left(\dfrac{1}{u_n}+\dfrac{1}{u_{n+1}}\right)$ 收敛，证明其条件收敛的方法同方法一.

9. 答案 B 【解答】若 $\sum\limits_{n=1}^{\infty}u_n$ 绝对收敛，即 $\sum\limits_{n=1}^{\infty}|u_n|$ 收敛，由级数绝对收敛的性质知 $\sum\limits_{n=1}^{\infty}u_n$ 收敛，又 $p_n=\dfrac{u_n+|u_n|}{2}$，$q_n=\dfrac{u_n-|u_n|}{2}$，再由收敛级数的运算性质知，$\sum\limits_{n=1}^{\infty}p_n$ 与 $\sum\limits_{n=1}^{\infty}q_n$ 都收敛，

故应选 B.

10. 【答案】A 【解答】方法一  取 $u_n = \dfrac{1}{n^2}$，显然满足题设条件，而此时

$$(-1)^n \left(n\tan\dfrac{\lambda}{n}\right) u_{2n} = (-1)^n \left(n\tan\dfrac{\lambda}{n}\right) \cdot \dfrac{1}{4n^2} \sim (-1)^n \dfrac{\lambda}{4n^2} (n\to\infty),$$

显然级数 $\sum\limits_{n=1}^{\infty} (-1)^n \dfrac{\lambda}{4n^2}$ 绝对收敛，故原级数绝对收敛，故应选 A.

方法二  因为 $\lim\limits_{n\to\infty} \dfrac{\left|(-1)^n \left(n\tan\dfrac{\lambda}{n}\right) u_{2n}\right|}{u_{2n}} = \lim\limits_{n\to\infty}\left(n\tan\dfrac{\lambda}{n}\right) = \lambda > 0$，

而由正项级数 $\sum\limits_{n=1}^{\infty} u_n$ 收敛可知 $\sum\limits_{n=1}^{\infty} u_{2n}$ 收敛，再由级数的比较审敛法知原级数 $\sum\limits_{n=1}^{\infty} (-1)^n \left(n\tan\dfrac{\lambda}{n}\right) u_{2n}$ 绝对收敛.

方法三  因为 $\tan\dfrac{\lambda}{n} = \dfrac{\lambda}{n} + \dfrac{\lambda^3}{3n^3} + o\left(\dfrac{1}{n^3}\right), n\to\infty$，

故 $(-1)^n \left(n\tan\dfrac{\lambda}{n}\right) u_{2n} = (-1)^n \left[\lambda u_{2n} + \dfrac{\lambda^3}{3n^2} u_{2n} + o\left(\dfrac{1}{n^2}\right)\right],$

而上式右端以每一项为通项的级数均为绝对收敛，所以原级数必绝对收敛.

11. 【答案】$a > e, 0 < a \leqslant e$ 【解答】由于 $a^{\ln\frac{1}{n}} = a^{-\ln n} = e^{-\ln n \cdot \ln a} = (e^{-\ln n})^{\ln a} = \dfrac{1}{n^{\ln a}}$，根据 $p$-级数的收敛性可知，当 $\ln a > 1$，即 $a > e$ 时，级数 $\sum\limits_{n=1}^{\infty} a^{\ln\frac{1}{n}}$ 收敛；当 $\ln a \leqslant 1$ 时，即 $0 < a \leqslant e$ 时，级数 $\sum\limits_{n=1}^{\infty} a^{\ln\frac{1}{n}}$ 发散.

12. 【答案】10 【解答】由已知条件

$$\sum_{n=1}^{\infty} (-1)^{n-1} u_n = u_1 - u_2 + u_3 - u_4 + \cdots + u_{2n-1} - u_{2n} + \cdots$$
$$= (u_1 - u_2) + (u_3 - u_4) + \cdots + (u_{2n-1} - u_{2n}) + \cdots$$
$$= \sum_{n=1}^{\infty} (u_{2n-1} - u_{2n}) = 2.$$

又因为 $\sum\limits_{n=1}^{\infty} u_n = \sum\limits_{n=1}^{\infty} (u_{2n-1} + u_{2n}) = 6$，所以 $\sum\limits_{n=1}^{\infty} (u_{2n-1} - u_{2n}) + \sum\limits_{n=1}^{\infty} (u_{2n-1} + u_{2n}) = 8$，即

$\sum\limits_{n=1}^{\infty} 2u_{2n-1} = 8$，因此

$$\sum_{n=1}^{\infty} v_n = \sum_{n=1}^{\infty} (3u_{2n-1} - u_{2n}) = \sum_{n=1}^{\infty} [2u_{2n-1} + (u_{2n-1} - u_{2n})]$$
$$= \sum_{n=1}^{\infty} 2u_{2n-1} + \sum_{n=1}^{\infty} (u_{2n-1} - u_{2n}) = 8 + 2 = 10.$$

13. 【解答】(1) 由于

$$u_n = \frac{1}{\sqrt{n-1}} - \frac{1}{\sqrt{n}} - \frac{1}{n} = \frac{\sqrt{n}+1}{n-1} - \frac{\sqrt{n}+1}{n} = \frac{1}{n\sqrt{n}} \cdot \frac{1+\frac{1}{\sqrt{n}}}{1-\frac{1}{n}} \sim \frac{1}{n\sqrt{n}} (n \to \infty),$$

取用于比较的级数的通项 $v_n = \frac{1}{n\sqrt{n}}$, 则 $\lim\limits_{n\to\infty} \frac{u_n}{v_n} = \lim\limits_{n\to\infty} \frac{1+\frac{1}{\sqrt{n}}}{1-\frac{1}{n}} = 1$. 又由 $p$ — 级数的收敛性知 $\sum\limits_{n=1}^{\infty} \frac{1}{n\sqrt{n}} \left(p = \frac{3}{2} > 1\right)$ 收敛,再根据极限形式的比较审敛法得,级数 $\sum\limits_{n=2}^{\infty} \left(\frac{1}{\sqrt{n-1}} - \frac{1}{\sqrt{n}} - \frac{1}{n}\right)$ 收敛.

(2) 由于 $u_n = (\sqrt{n+1} - \sqrt{n})^p \ln\left(1 + \frac{1}{n}\right) = \frac{1}{(\sqrt{n+1} + \sqrt{n})^p} \ln\left(1 + \frac{1}{n}\right) \sim \frac{1}{2^p n^{\frac{p}{2}+1}} (n \to \infty),$

而级数 $\sum\limits_{n=1}^{\infty} \frac{1}{2^p n^{\frac{p}{2}+1}}$ 收敛,从而 $\sum\limits_{n=1}^{\infty} (\sqrt{n+1} - \sqrt{n})^p \ln\left(1 + \frac{1}{n}\right)$ 收敛.

(3) 由泰勒公式,得 $\sin\frac{1}{n} = \frac{1}{n} - \frac{1}{3!n^3} + o\left(\frac{1}{n^3}\right)$, 于是

$$\frac{1}{n} - \sin\frac{1}{n} = \frac{1}{3!n^3} + o\left(\frac{1}{n^3}\right) \sim \frac{1}{6n^3} (n \to \infty),$$

或 $\lim\limits_{n\to\infty} \frac{\frac{1}{n} - \sin\frac{1}{n}}{\frac{1}{n^3}} = \frac{1}{6}$. 又由于 $\sum\limits_{n=1}^{\infty} \frac{1}{n^3}$ 收敛,故 $\sum\limits_{n=1}^{\infty} \left(\frac{1}{n} - \sin\frac{1}{n}\right)$ 收敛.

(4) 因为

$$u_n = \left(1 - \frac{\ln n}{n}\right)^n = e^{n\ln\left(1-\frac{\ln n}{n}\right)} = e^{n\left[-\frac{\ln n}{n} - \frac{1}{2}\frac{\ln^2 n}{n^2} + o\left(\frac{\ln n}{n}\right)\right]} = e^{-\ln n - \frac{1}{2}\frac{\ln^2 n}{n} + o\left(\frac{\ln n}{n}\right)} = \frac{1}{n}e^{\alpha} \sim \frac{1}{n}(n \to \infty),$$

其中 $\lim\limits_{n\to\infty} \alpha = 0$. 而调和级数 $\sum\limits_{n=1}^{\infty} \frac{1}{n}$ 发散,由比较审敛法可知 $\sum\limits_{n=1}^{\infty} \left(1 - \frac{\ln n}{n}\right)^n$ 发散.

(5) 因为 $u_n = n^{\frac{1}{n^2+1}} - 1 = e^{\frac{1}{n^2+1}\ln n} - 1 \sim \frac{\ln n}{n^2+1} (n \to \infty),$

$$\lim\limits_{n\to\infty} \frac{\frac{\ln n}{n^2}}{\frac{1}{n\sqrt{n}}} = \lim\limits_{n\to\infty} \frac{\ln n}{\sqrt{n}} = 0,$$

又 $\sum\limits_{n=1}^{\infty} \frac{1}{n\sqrt{n}}$ 收敛,所以 $\sum\limits_{n=1}^{\infty} \frac{\ln n}{n^2}$ 收敛,进而 $\sum\limits_{n=1}^{\infty} \frac{\ln n}{n^2+1}$ 收敛,故而 $\sum\limits_{n=1}^{\infty} (n^{\frac{1}{n^2+1}} - 1)$ 收敛.

14. **【解答】** 根据已知条件 $\{a_n\}$ 单调递减且有下界,由单调有界原理知 $\lim\limits_{n\to\infty} a_n$ 存在,不妨设 $\lim\limits_{n\to\infty} a_n = a$. 若 $a = 0$,则根据交错级数的莱布尼兹定理可知 $\sum\limits_{n=1}^{\infty} (-1)^n a_n$ 收敛,这与假设矛盾,因此 $a > 0$.

因为 $\dfrac{1}{a_n+1} \leqslant \dfrac{1}{a+1} \leqslant 1$,所以 $\left(\dfrac{1}{a_n+1}\right)^n \leqslant \left(\dfrac{1}{a+1}\right)^n$,又因为等比级数 $\sum\limits_{n=1}^{\infty}\left(\dfrac{1}{a+1}\right)^n$

收敛,根据比较审敛法知级数 $\sum\limits_{n=1}^{\infty}\left(\dfrac{1}{a_n+1}\right)^n$ 收敛.

15.【解答】(1) 由于
$$\sin(\pi\sqrt{n^2+a^2}) = \sin(\pi\sqrt{n^2+a^2}-n\pi+n\pi)$$
$$= (-1)^n \sin(\pi\sqrt{n^2+a^2}-n\pi)$$
$$= (-1)^n \cdot \sin\dfrac{a^2\pi}{\sqrt{n^2+a^2}+n},$$

当 $n$ 充分大时,$0 < \dfrac{a^2\pi}{\sqrt{n^2+a^2}+n} < \dfrac{\pi}{2}$,$\sin x$ 在 $\left[0,\dfrac{\pi}{2}\right]$ 上单调递增,于是 $\dfrac{a^2\pi}{\sqrt{n^2+a^2}+n}$ 随

$n$ 单调递减,即 $\left\{\sin\dfrac{a^2\pi}{\sqrt{n^2+a^2}+n}\right\}$ 单调递减,且 $\lim\limits_{n\to\infty}\sin\dfrac{a^2\pi}{\sqrt{n^2+a^2}+n} = 0$. 根据交错级数

的莱布尼兹定理,级数 $\sum\limits_{n=1}^{\infty}(-1)^n\cdot\sin\dfrac{a^2\pi}{\sqrt{n^2+a^2}+n}$ 收敛,即 $\sum\limits_{n=1}^{\infty}\sin(\pi\sqrt{n^2+a^2})$ 收敛.

又因为 $|\sin(\pi\sqrt{n^2+a^2})| = \sin\dfrac{a^2\pi}{\sqrt{n^2+a^2}+n} \sim \dfrac{a^2\pi}{\sqrt{n^2+a^2}+n} \sim \dfrac{a^2\pi}{2n}(n\to\infty)$,

而由调和级数 $\sum\limits_{n=1}^{\infty}\dfrac{1}{n}$ 发散可知 $\sum\limits_{n=1}^{\infty}\dfrac{a^2\pi}{2n}$ 发散,进而 $\sum\limits_{n=1}^{\infty}|\sin(\pi\sqrt{n^2+a^2})|$ 发散,因此,级数

$\sum\limits_{n=1}^{\infty}\sin(\pi\sqrt{n^2+a^2})$ 条件收敛.

(2) 虽然本题是一个交错级数,且 $\lim\limits_{n\to\infty}u_n = \lim\limits_{n\to\infty}\dfrac{1}{\sqrt{n}+(-1)^n} = 0$,但是 $\{u_n\}$ 不是一个单调递

减数列. 故而不能直接使用交错级数的莱布尼兹定理. 由于

$$\dfrac{(-1)^n}{\sqrt{n}+(-1)^n} = \dfrac{(-1)^n[\sqrt{n}-(-1)^n]}{n-1} = (-1)^n\dfrac{\sqrt{n}}{n-1} - \dfrac{1}{n-1},$$

而 $\sum\limits_{n=1}^{\infty}(-1)^n\dfrac{\sqrt{n}}{n-1}$ 收敛,$\sum\limits_{n=2}^{\infty}\dfrac{1}{n-1}$ 发散,由级数收敛的性质知 $\sum\limits_{n=2}^{\infty}\dfrac{(-1)^n}{\sqrt{n}+(-1)^n}$ 发散.

16.【解答】因为 $s_{2n} = \left(\dfrac{1}{\sqrt{3}}-\dfrac{1}{\sqrt{2}}\right) + \left(\dfrac{1}{\sqrt{5}}-\dfrac{1}{\sqrt{4}}\right) + \cdots + \left(\dfrac{1}{\sqrt{2n+1}}-\dfrac{1}{\sqrt{2n}}\right)$ 是单调减少数列,且

$s_{2n} = -\dfrac{1}{\sqrt{2}} + \left(\dfrac{1}{\sqrt{3}}-\dfrac{1}{\sqrt{4}}\right) + \cdots + \left(\dfrac{1}{\sqrt{2n-1}}-\dfrac{1}{\sqrt{2n}}\right) + \dfrac{1}{\sqrt{2n+1}} > -\dfrac{1}{\sqrt{2}}$,

即 $s_{2n}$ 有下界,根据单调有界原理可知数列 $\{s_{2n}\}$ 的极限存在,不妨设 $\lim\limits_{n\to\infty}s_{2n} = s$.

又 $\lim\limits_{n\to\infty}u_{2n+1} = 0$,从而 $\lim\limits_{n\to\infty}s_{2n+1} = \lim\limits_{n\to\infty}(s_{2n}+u_{2n+1}) = s$. 故 $\lim\limits_{n\to\infty}s_n = s$,即级数

$\sum\limits_{n=2}^{\infty}\dfrac{(-1)^n}{\sqrt{n}+(-1)^n}$ 收敛.

17.【解答】当 $\alpha = 1$ 时,级数 $1 - \dfrac{1}{2^\alpha} + \dfrac{1}{3} - \dfrac{1}{4^\alpha} + \cdots + \dfrac{1}{2n-1} - \dfrac{1}{(2n)^\alpha} + \cdots$ 满足交错级数的莱布

尼兹定理的条件,从而级数收敛.

当 $\alpha > 1$ 时,对于加括号后的级数

$$\left(1-\frac{1}{2^\alpha}\right)+\left(\frac{1}{3}-\frac{1}{4^\alpha}\right)+\cdots+\left[\frac{1}{2n-1}-\frac{1}{(2n)^\alpha}\right]+\cdots,$$

由 $\lim\limits_{n\to\infty}\dfrac{u_n}{v_n}=\lim\limits_{n\to\infty}\dfrac{\dfrac{1}{2n-1}-\dfrac{1}{(2n)^\alpha}}{\dfrac{1}{2n}}=1$,级数 $\sum\limits_{n=1}^{\infty}\dfrac{1}{2n}$ 发散,可知原级数加括号后的级数发散,故原级数发散.

当 $\alpha < 1$ 时,对于加括号后的级数

$$\left(1-\frac{1}{2^\alpha}\right)+\left(\frac{1}{3}-\frac{1}{4^\alpha}\right)+\cdots+\left[\frac{1}{2n-1}-\frac{1}{(2n)^\alpha}\right]+\cdots,$$

由 $\lim\limits_{n\to\infty}\dfrac{u_n}{v_n}=\lim\limits_{n\to\infty}\dfrac{\dfrac{1}{2n-1}-\dfrac{1}{(2n)^\alpha}}{\dfrac{1}{(2n)^\alpha}}=-1$,级数 $\sum\limits_{n=1}^{\infty}\dfrac{1}{(2n)^\alpha}$ 发散,可知原级数加括号后的级数发散,故原级数发散.

**18.**【解答】**方法一** 当 $a=b$ 时,原级数为 $\sum\limits_{n=1}^{\infty}\dfrac{(-1)^n a}{n}$,由莱布尼兹定理得该级数收敛.

当 $a\neq b$ 时,原级数加括号后的级数为

$$\left(a-\frac{b}{2}\right)+\left(\frac{a}{3}-\frac{b}{4}\right)+\cdots+\left(\frac{a}{2n-1}-\frac{b}{2n}\right)+\cdots,$$

又 $\lim\limits_{n\to\infty}\dfrac{\dfrac{a}{2n-1}-\dfrac{b}{2n}}{\dfrac{a-b}{2n}}=\lim\limits_{n\to\infty}\dfrac{2n(a-b)+b}{(2n-1)(a-b)}=1$,级数 $\sum\limits_{n=1}^{\infty}\dfrac{1}{n}$ 发散,从而加括号后的级数发散,进而原级数发散.

**方法二** 当 $a=b$ 时,因为 $\sum\limits_{n=1}^{\infty}\dfrac{(-1)^n a}{n}$ 满足交错级数的莱布尼兹定理的条件,故收敛.

当 $a\neq b$ 时,由于

$$\frac{a}{2n-1}-\frac{b}{2n}=\frac{a-b}{2n-1}+\frac{b}{(2n-1)\times 2n},$$

而级数 $\sum\limits_{n=1}^{\infty}\dfrac{a-b}{2n-1}$ 发散,$\sum\limits_{n=1}^{\infty}\dfrac{b}{(2n-1)\times 2n}$ 收敛,故由收敛级数的性质可知 $\sum\limits_{n=1}^{\infty}\dfrac{a-b}{2n-1}+\sum\limits_{n=1}^{\infty}\dfrac{b}{(2n-1)\times 2n}$ 发散,即原级数发散.

**19.**【解答】由于

$$\sqrt[n]{a}-\sqrt{1+\frac{1}{n}}=\mathrm{e}^{\frac{1}{n}\ln a}-\left(1+\frac{1}{n}\right)^{\frac{1}{2}}$$

$$=\left[1+\frac{1}{n}\ln a+\frac{1}{2}\times\frac{1}{n^2}\ln^2 a+o\left(\frac{1}{n^2}\right)\right]-\left[1+\frac{1}{2}\times\frac{1}{n}-\frac{1}{2}\times\frac{1}{2}\times\frac{1}{2}\times\frac{1}{n^2}+o\left(\frac{1}{n^2}\right)\right]$$

$$=\frac{1}{n}\left(\ln a-\frac{1}{2}\right)+\frac{1}{n^2}\left(\frac{1}{2}\times\ln^2 a+\frac{1}{8}\right)+o\left(\frac{1}{n^2}\right),$$

于是,当 $\ln a - \frac{1}{2} = 0$,即 $a = \sqrt{e}$ 时,$\sqrt[n]{a} - \sqrt{1 + \frac{1}{n}} \sim \frac{1}{n^2}\left(\frac{1}{2} \times \ln^2 a + \frac{1}{8}\right)(n \to \infty)$. 而级数 $\sum_{n=1}^{\infty} \frac{1}{n^2}$ 收敛,由比较审敛法可知 $\sum_{n=1}^{\infty}\left(\sqrt[n]{a} - \sqrt{1 + \frac{1}{n}}\right)$ 收敛;当 $\ln a - \frac{1}{2} \neq 0$,即 $a \neq \sqrt{e}$ 时,

$$\sqrt[n]{a} - \sqrt{1 + \frac{1}{n}} \sim \frac{1}{n}\left(\ln a - \frac{1}{2}\right)(n \to \infty).$$ 而级数 $\sum_{n=1}^{\infty} \frac{1}{n}$ 发散,由比较审敛法可知 $\sum_{n=1}^{\infty}\left(\sqrt[n]{a} - \sqrt{1 + \frac{1}{n}}\right)$ 发散.

20.【证明】(1) 因为 $a_{n+1} = \frac{1}{2}\left(a_n + \frac{1}{a_n}\right) \geqslant \frac{1}{2} \times 2\sqrt{a_n \cdot \frac{1}{a_n}} = 1$,

于是得 $\{a_n\}$ 有下界且为 1. 又

$$\frac{a_{n+1}}{a_n} = \frac{1}{2}\left(1 + \frac{1}{a_n^2}\right) \leqslant \frac{1}{2}(1 + 1) = 1,$$

即 $\{a_n\}$ 单调递减,则由有界原理知 $\lim_{n \to \infty} a_n$ 存在,不妨设 $\lim_{n \to \infty} a_n = a$,等式两端同时取 $n \to \infty$ 的极限,得 $a = \frac{1}{2}\left(a + \frac{1}{a}\right)$,解之得 $a = 1$ 或 $a = -1$(舍去).

(2) 由于 $a_n \geqslant 1$,且 $\{a_n\}$ 单调递减,故而

$$0 \leqslant \frac{a_n}{a_{n+1}} - 1 = \frac{a_n - a_{n+1}}{a_{n+1}} \leqslant a_n - a_{n+1},$$

又 $\lim_{n \to \infty} \sum_{k=1}^{n}(a_k - a_{k+1}) = \lim_{n \to \infty}(a_1 - a_{n+1}) = 2 - 1 = 1$,因此 $\sum_{k=1}^{\infty}(a_n - a_{n+1})$ 收敛,由正项级数的比较审敛法得 $\sum_{n=1}^{\infty}\left(\frac{a_n}{a_{n+1}} - 1\right)$ 收敛.

21.【解答】(1) 因为

$$\frac{1}{n}(a_n + a_{n+2}) = \frac{1}{n}\left(\int_0^{\frac{\pi}{4}} \tan^n x \, dx + \int_0^{\frac{\pi}{4}} \tan^{n+2} x \, dx\right) = \frac{1}{n}\int_0^{\frac{\pi}{4}} \tan^n x \sec^2 x \, dx$$

$$= \frac{1}{n(n+1)} \tan^{n+1} x \bigg|_0^{\frac{\pi}{4}} = \frac{1}{n(n+1)} = \frac{1}{n} - \frac{1}{n+1},$$

所以 $\sum_{n=1}^{\infty} \frac{1}{n}(a_n + a_{n+2})$ 的部分和数列 $s_n = 1 - \frac{1}{n+1}$,$\lim_{n \to \infty} s_n = \lim_{n \to \infty}\left(1 - \frac{1}{n+1}\right) = 1$,

因此 $\sum_{n=1}^{\infty} \frac{1}{n}(a_n + a_{n+2}) = 1$.

(2) 令 $t = \tan x$,则

$$a_n = \int_0^{\frac{\pi}{4}} \tan^n x \, dx = \int_0^1 \frac{t^n}{1 + t^2} dt \leqslant \int_0^1 t^n \, dt = \frac{1}{n+1},$$

所以 $\frac{a_n}{n^\lambda} \leqslant \frac{1}{n^\lambda(n+1)} < \frac{1}{n^{1+\lambda}}$,故对任意常数 $\lambda > 0$,由于 $1 + \lambda > 1$,有级数 $\sum_{n=1}^{\infty} \frac{a_n}{n^\lambda}$ 收敛.

22.【证明】由已知条件知 $\int_0^1 \varphi(u) \, du = \int_1^2 \varphi(u) \, du = \cdots = \int_{n-1}^n \varphi(u) \, du = 0$,

令 $F(x) = \int_0^x \varphi(t) \, dt$,则 $F(x)$ 为周期为 1 的周期函数,且 $F'(nx) = \varphi(nx)$,$F(0) = F(n) = $

0，因此

$$a_n = \int_0^1 f(x) F'(nx) \mathrm{d}x = \frac{1}{n} \int_0^1 f(x) \mathrm{d}F(nx) = \frac{1}{n} f(x) F(nx) \Big|_0^1 - \frac{1}{n} \int_0^1 f'(x) F(nx) \mathrm{d}x$$

$$= \frac{1}{n} f(1) F(1) - \frac{1}{n} f(0) F(0) - \frac{1}{n} \int_0^1 f'(x) F(nx) \mathrm{d}x = -\frac{1}{n} \int_0^1 f'(x) F(nx) \mathrm{d}x.$$

因为 $F(x)$ 是连续的周期函数，所以 $F(x)$ 有界，即存在 $M_1 > 0$，使得对任意的 $x \in (-\infty, +\infty)$，有 $|F(x)| \leqslant M_1$，即 $|F(nx)| \leqslant M_1$，又因为 $f'(x)$ 在 $[0,1]$ 上连续，所以存在 $M_2 > 0$，使得对任意的 $x \in (0,1)$，有 $|f'(x)| \leqslant M_2$，进而

$$|a_n| = \left| -\frac{1}{n} \int_0^1 f'(x) F(nx) \mathrm{d}x \right| \leqslant \frac{1}{n} \int_0^1 |f'(x)| |F(nx)| \mathrm{d}x \leqslant \frac{1}{n} M_1 M_2,$$

于是 $a_n^2 \leqslant \frac{1}{n^2} M_1^2 M_2^2$，由正项级数比较法知 $\sum_{n=1}^{\infty} a_n^2$ 收敛.

23.【证明】（1）由 $\cos a_n - a_n = \cos b_n$ 及 $0 < a_n < \frac{\pi}{2}$，$0 < b_n < \frac{\pi}{2}$ 可得 $0 < a_n = \cos a_n - \cos b_n < \frac{\pi}{2}$，所以 $0 < a_n < b_n < \frac{\pi}{2}$. 由于级数 $\sum_{n=1}^{\infty} b_n$ 收敛，因此级数 $\sum_{n=1}^{\infty} a_n$ 也收敛，由收敛的必要条件可得 $\lim_{n \to \infty} a_n = 0$.

（2）由于 $0 < a_n < \frac{\pi}{2}$，$0 < b_n < \frac{\pi}{2}$，因此 $\sin \frac{a_n + b_n}{2} \leqslant \frac{a_n + b_n}{2}$，$\sin \frac{b_n - a_n}{2} \leqslant \frac{b_n - a_n}{2}$. 进而

$$\frac{a_n}{b_n} = \frac{\cos a_n - \cos b_n}{b_n} = \frac{2 \sin \frac{a_n + b_n}{2} \sin \frac{b_n - a_n}{2}}{b_n} \leqslant \frac{2 \times \frac{a_n + b_n}{2} \times \frac{b_n - a_n}{2}}{b_n} = \frac{b_n^2 - a_n^2}{2b_n} < \frac{b_n^2}{2b_n} = \frac{b_n}{2},$$

由于级数 $\sum_{n=1}^{\infty} b_n$ 收敛，故由正项级数的比较审敛法可知级数 $\sum_{n=1}^{\infty} \frac{a_n}{b_n}$ 收敛.

## 第三节　幂级数

### 一、基础篇

1. **答案** $[0,6)$　【解答】$\sum_{n=0}^{\infty} a_n (x-3)^n$ 是收敛中心在 $x_0 = 3$ 处的幂级数，且在 $x = 0$ 处收敛，在 $x = 6$ 处发散，所以其收敛半径 $R = 3$，收敛域为 $[0,6)$.

2. **答案** $(1,5]$　【解答】$\sum_{n=0}^{\infty} a_n (x+2)^n$ 是收敛中心在 $x_0 = -2$ 处的幂级数，且在 $x = 0$ 处收敛，在 $x = -4$ 处发散，所以其收敛半径为 $R = 2$，收敛域为 $(-4,0]$，即 $\sum_{n=0}^{\infty} a_n (x+2)^n$ 只在 $-2 < x+2 \leqslant 2$ 范围内收敛，从而幂级数 $\sum_{n=0}^{\infty} a_n (x-3)^n$ 也只在 $-2 < x-3 \leqslant 2$ 范围内收敛，所以 $\sum_{n=0}^{\infty} a_n (x-3)^n$ 的收敛域为 $(1,5]$.

3. 【解答】(1) 因为 $\rho = \lim\limits_{n \to \infty} \left| \dfrac{a_{n+1}}{a_n} \right| = \lim\limits_{n \to \infty} \dfrac{n+1}{n} = 1$，故收敛半径 $R = \dfrac{1}{\rho} = 1$. 当 $x = \pm 1$ 时，原级数显然发散. 因此，原级数的收敛域为 $(-1, 1)$.

(2) 因为 $\rho = \lim\limits_{n \to \infty} \left| \dfrac{a_{n+1}}{a_n} \right| = \lim\limits_{n \to \infty} \dfrac{\frac{(n+1)!}{(n+1)^{n+1}}}{\frac{n!}{n^n}} = \lim\limits_{n \to \infty} \dfrac{n^n}{(n+1)^n} = \lim\limits_{n \to \infty} \dfrac{1}{\left(1 + \frac{1}{n}\right)^n} = \dfrac{1}{e}$，故收敛半径 $R = \dfrac{1}{\rho} = e$. 当 $x = e$ 时，原级数为 $\sum\limits_{n=1}^{\infty} \dfrac{n!}{n^n} e^n$，由于 $\dfrac{u_n}{u_{n+1}} = \dfrac{1}{e} \left(1 + \dfrac{1}{n}\right)^n < \dfrac{1}{e} \times e = 1$，即 $u_n \geqslant u_1 = e$，级数不满足级数收敛的必要条件，因此原级数发散；当 $x = -e$ 时，原级数为 $\sum\limits_{n=1}^{\infty} (-1)^n \dfrac{n!}{n^n} e^n$，同样不满足级数收敛的必要条件，原级数发散. 因此，原级数的收敛域为 $(-e, e)$.

(3) 因为 $\rho = \lim\limits_{n \to \infty} \left| \dfrac{a_{n+1}}{a_n} \right| = \lim\limits_{n \to \infty} \dfrac{\frac{1}{2^{n+1} \cdot (n+1)^2}}{\frac{1}{2^n \times n^2}} = \lim\limits_{n \to \infty} \dfrac{n^2}{2(n+1)^2} = \dfrac{1}{2}$，故收敛半径 $R = \dfrac{1}{\rho} = 2$. 当 $x = 2$ 时，原级数为 $\sum\limits_{n=1}^{\infty} \dfrac{1}{n^2}$，此时原级数收敛；当 $x = -2$ 时，原级数为 $\sum\limits_{n=1}^{\infty} \dfrac{(-1)^n}{n^2}$，此时原级数收敛. 因此，原级数的收敛域为 $[-2, 2]$.

(4) 令 $u_n = (-1)^n \dfrac{x^{2n+1}}{2n+1}$，则

$$\lim\limits_{n \to \infty} \left| \dfrac{u_{n+1}}{u_n} \right| = \lim\limits_{n \to \infty} \left| \dfrac{(-1)^{n+1} \frac{x^{2n+3}}{2n+3}}{(-1)^n \frac{x^{2n+1}}{2n+1}} \right| = x^2,$$

于是，当 $x^2 < 1$，即 $|x| < 1$ 时，原级数绝对收敛；当 $x^2 > 1$，即 $|x| > 1$ 时，原级数发散；故原级数的收敛半径为 $R = 1$. 当 $x = 1$ 时，原级数为 $\sum\limits_{n=1}^{\infty} \dfrac{(-1)^n}{2n+1}$，此时原级数收敛；当 $x = -1$ 时，原级数为 $\sum\limits_{n=1}^{\infty} \dfrac{(-1)^{n+1}}{2n+1}$，此时原级数收敛. 因此，原级数的收敛域为 $[-1, 1]$.

(5) 因为 $\rho = \lim\limits_{n \to \infty} \left| \dfrac{a_{n+1}}{a_n} \right| = \lim\limits_{n \to \infty} \dfrac{\frac{1}{2^{n+1} \cdot (n+1)}}{\frac{1}{2^n \cdot n}} = \lim\limits_{n \to \infty} \dfrac{n}{2(n+1)} = \dfrac{1}{2}$，故收敛半径 $R = \dfrac{1}{\rho} = 2$. 当 $x = 0$ 时，原级数为 $\sum\limits_{n=1}^{\infty} \dfrac{1}{n}$，此时原级数发散；当 $x = -4$ 时，原级数为 $\sum\limits_{n=1}^{\infty} \dfrac{(-1)^n}{n}$，此时原级数收敛. 因此，原级数的收敛域为 $[-4, 0)$.

(6) 因为 $\rho = \lim\limits_{n \to \infty} \left| \dfrac{a_{n+1}}{a_n} \right| = \lim\limits_{n \to \infty} \dfrac{\frac{2^{n+1}}{n+1}}{\frac{2^n}{n}} = \lim\limits_{n \to \infty} \dfrac{2n}{n+1} = 2$，故收敛半径 $R = \dfrac{1}{\rho} = \dfrac{1}{2}$. 当 $x = \dfrac{3}{2}$ 时，原级数为 $\sum\limits_{n=1}^{\infty} \dfrac{1}{n}$，此时原级数发散；当 $x = \dfrac{1}{2}$ 时，原级数为 $\sum\limits_{n=1}^{\infty} \dfrac{(-1)^n}{n}$，此时原级数收敛.

因此，原级数的收敛域为 $\left[\dfrac{1}{2}, \dfrac{3}{2}\right)$.

(7) $\lim\limits_{n\to\infty}\left|\dfrac{a_{n+1}}{a_n}\right| = \lim\limits_{n\to\infty}\dfrac{\frac{\ln(n+2)}{n+1}}{\frac{\ln(n+1)}{n}} = 1$，故收敛半径为 $R=1$.

当 $x+1=1$，即 $x=0$ 时，级数可转化为 $\sum\limits_{n=1}^{\infty}(-1)^{n-1}\dfrac{\ln(n+1)}{n}$，此时级数收敛.

当 $x+1=-1$，即 $x=-2$ 时，级数可转化为 $\sum\limits_{n=1}^{\infty}-\dfrac{\ln(n+1)}{n}$，此时级数发散，

故级数的收敛域为 $(-2, 0]$.

(8) $\lim\limits_{n\to\infty}\left|\dfrac{a_{n+1}}{a_n}\right| = \lim\limits_{n\to\infty}\left|\dfrac{\frac{n+1}{2^{n+1}+(-3)^{n+1}}x^{2n+1}}{\frac{n}{2^n+(-3)^n}x^{2n-1}}\right| = \dfrac{1}{3}x^2$，当 $\dfrac{1}{3}x^2<1$，即 $|x|<\sqrt{3}$ 时级数收敛，

故收敛半径 $R=\sqrt{3}$；当 $x=\pm\sqrt{3}$ 时，级数转化为 $\pm\dfrac{1}{\sqrt{3}}\sum\limits_{n=1}^{\infty}\dfrac{n3^n}{2^n+(-3)^n}$，此时级数都发散，因此收敛域为 $(-\sqrt{3}, \sqrt{3})$.

(9) 由于该幂级数为缺项幂级数，则直接用比值判别法求解.

设 $u_n(x) = \dfrac{(-1)^{n-1}x^{2n+1}}{n(2n-1)}$，$n=1,2\cdots$，则

$$\lim\limits_{n\to\infty}\left|\dfrac{u_{n+1}(x)}{u_n(x)}\right| = \lim\limits_{n\to\infty}\dfrac{|x|^{2n+3}}{(n+1)(2n+1)}\cdot\dfrac{n(2n-1)}{|x|^{2n-1}} = x^2,$$

当 $x^2<1$，即 $|x|<1$ 时，原级数绝对收敛；当 $x^2>1$，即 $|x|>1$ 时，原级数发散，所以原级数的收敛半径为 1，收敛区间是 $(-1,1)$.

当 $x=1$ 时，因为 $\dfrac{1}{n(2n-1)} < \dfrac{1}{n^2}$，所以 $\sum\limits_{n=1}^{\infty}\dfrac{(-1)^{n-1}}{n(2n-1)}$ 绝对收敛，

同理，当 $x=-1$ 时，$\sum\limits_{n=1}^{\infty}\dfrac{(-1)^n}{n(2n-1)}$ 绝对收敛，因此，该级数的收敛域为 $[-1,1]$.

4.【解答】(1) $\lim\limits_{n\to\infty}\left|\dfrac{u_{n+1}(x)}{u_n(x)}\right| = \lim\limits_{n\to\infty}\left|\dfrac{\frac{x^{2n+2}}{2n+1}}{\frac{x^{2n}}{2n-1}}\right| = x^2$，当 $x^2<1$，即 $-1<x<1$ 时，级数收敛. 故收敛

半径为 $R=1$. 当 $x=\pm 1$ 时，级数转化为 $\sum\limits_{n=1}^{\infty}\dfrac{(-1)^{n-1}}{2n-1}$，此时级数收敛，收敛域为 $[-1,1]$.

设 $s(x) = \sum\limits_{n=1}^{\infty}\dfrac{(-1)^{n-1}}{2n-1}x^{2n}$ 为其和函数，令 $s_1(x) = \sum\limits_{n=1}^{\infty}\dfrac{(-1)^{n-1}}{2n-1}x^{2n-1}$，$s(x) = xs_1(x)$，

则 $s_1'(x) = \sum\limits_{n=1}^{\infty}(-1)^{n-1}x^{2n-2} = \dfrac{1}{1+x^2}$，$-1<x<1$，

$$s_1(x) = \int_0^x s_1'(x)\mathrm{d}t = \int_0^x \dfrac{1}{1+x^2}\mathrm{d}t = \arctan x, \quad -1\leqslant x\leqslant 1,$$

则 $s(x) = x\arctan x$,故 $\sum_{n=1}^{\infty} \frac{(-1)^{n-1}}{2n-1} x^{2n} = x\arctan x$, $-1 \leqslant x \leqslant 1$.

(2)级数 $\lim_{n\to\infty}\left|\frac{a_{n+1}}{a_n}\right| = \lim_{n\to\infty}\frac{\frac{(n+1)^2+1}{n+1}}{\frac{n^2+1}{n}} = 1$ 发散,所以级数的收敛域为 $(-1,1)$,设和函数

$s(x) = \sum_{n=1}^{\infty} \frac{n^2+1}{n} x^n$.

令 $s(x) = \sum_{n=1}^{\infty} \frac{n^2+1}{n} x^n = \sum_{n=1}^{\infty} nx^n + \sum_{n=1}^{\infty} \frac{1}{n} x^n = s_1(x) + s_2(x)$,因为

$s_1(x) = \sum_{n=1}^{\infty} nx^n = x\sum_{n=1}^{\infty} nx^{n-1} = x\left(\sum_{n=1}^{\infty} x^n\right)' = x\left(\frac{x}{1-x}\right)' = \frac{x}{(1-x)^2}$, $x\in(-1,1)$,

$s_2(x) = \sum_{n=1}^{\infty} \frac{1}{n} x^n, s_2'(x) = \sum_{n=1}^{\infty} x^{n-1} = \frac{1}{1-x}, s_2(x) = \int_0^x \frac{1}{1-t} dt = -\ln(1-x)$, $x\in[-1,1)$,

所以 $s(x) = s_1(x) + s_2(x) = \frac{x}{(1-x)^2} - \ln(1-x)$, $x\in(-1,1)$.

5.【解答】易知 $S(0) = 0$,故只需求 $0 < |x| < 1$ 时和函数 $S(x)$ 的表达式,

$S(x) = \sum_{n=1}^{\infty} \left(\frac{1}{2n+1} - 1\right) x^{2n} = \sum_{n=1}^{\infty} \frac{x^{2n}}{2n+1} - \sum_{n=1}^{\infty} x^{2n}$

$= \frac{1}{x} \sum_{n=1}^{\infty} \frac{x^{2n+1}}{2n+1} - x^2 \sum_{n=0}^{\infty} x^{2n} = \frac{1}{x} S_1(x) - \frac{x^2}{1-x^2}$,

其中 $S_1(x) = \sum_{n=1}^{\infty} \frac{x^{2n+1}}{2n+1}$, $x\in(-1,1)$.

逐项求导,得 $S_1'(x) = \sum_{n=1}^{\infty} x^{2n} = \frac{x^2}{1-x^2}$, $x\in(-1,1)$.

将上式两端的 $x$ 改写为 $t$,并分别从 0 到 $x\in(-1,1)$ 求定积分,可得

$S_1(x) - S_1(0) = \int_0^x \frac{t^2}{1-t^2} dt = -x + \frac{1}{2}\ln\frac{1+x}{1-x}$, $x\in(-1,1)$.

又因为 $S_1(0) = 0$,所以 $S_1(x) = -x + \frac{1}{2}\ln\frac{1+x}{1-x}$, $x\in(-1,1)$,

综上可得, $S(x) = \begin{cases} 0, & x = 0 \\ \frac{1}{2x}\ln\frac{1+x}{1-x} - \frac{1}{1-x^2}, & 0 < |x| < 1 \end{cases}$.

6.【解答】(1) $\sum_{n=1}^{\infty} \frac{n}{(n+1)!} = \sum_{n=1}^{\infty} \frac{n+1-1}{(n+1)!} = \sum_{n=1}^{\infty} \frac{1}{n!} - \sum_{n=1}^{\infty} \frac{1}{(n+1)!}$. 由 $\sum_{n=0}^{\infty} \frac{x^n}{n!} = e^x$ 知 $\sum_{n=1}^{\infty} \frac{x^n}{n!} = e^x - 1$,于是 $\sum_{n=1}^{\infty} \frac{1}{n!} = e - 1$, $\sum_{n=1}^{\infty} \frac{x^{n+1}}{(n+1)!} = \sum_{n=2}^{\infty} \frac{x^n}{n!} = e^x - 1 - x$,于是令 $x = 1$,则 $\sum_{n=1}^{\infty} \frac{1}{(n+1)!} = \sum_{n=2}^{\infty} \frac{1}{n!} = e - 2$,故有 $\sum_{n=1}^{\infty} \frac{n}{(n+1)!} = e - 1 - (e-2) = 1$.

(2)由第4题的(1)可知, $\sum_{n=1}^{\infty} \frac{(-1)^{n-1}}{2n-1} x^{2n} = x\arctan x$, $-1 \leqslant x \leqslant 1$.

当 $x=1$ 时，$\sum_{n=1}^{\infty} \dfrac{(-1)^{n-1}}{2n-1} = \dfrac{\pi}{4}$.

7.【解答】分解级数，有

$$A = \sum_{n=0}^{\infty}(-1)^n \dfrac{1}{2^n}(n^2-n+1) = \sum_{n=0}^{\infty}(-1)^n \dfrac{1}{2^n}n(n-1) + \sum_{n=0}^{\infty}\left(-\dfrac{1}{2}\right)^n.$$

级数 $\sum_{n=0}^{\infty}\left(-\dfrac{1}{2}\right)^n$ 是几何级数，其和已知，则

$$\sum_{n=0}^{\infty}\left(-\dfrac{1}{2}\right)^n = \dfrac{1}{1-\left(-\dfrac{1}{2}\right)} = \dfrac{2}{3}.$$

求级数 $\sum_{n=0}^{\infty}(-1)^n \dfrac{1}{2^n}n(n-1)$ 的和时，可先转化为幂级数再求解，由于

$$S(x) = \sum_{n=0}^{\infty}(-1)^n n(n-1) x^{n-2} = \left[\sum_{n=0}^{\infty}(-1)^n x^n\right]'' = \left(\dfrac{1}{1+x}\right)'' = \dfrac{2}{(1+x)^3},$$

故

$$\sum_{n=0}^{\infty}(-1)^n \dfrac{1}{2^n}n(n-1) = \dfrac{1}{2^2}S\left(\dfrac{1}{2}\right) = \dfrac{1}{4} \times \dfrac{2}{\left(1+\dfrac{1}{2}\right)^3} = \dfrac{4}{27},$$

因此，原级数的和 $A = \dfrac{4}{27} + \dfrac{2}{3} = \dfrac{22}{27}$.

## 二、提高篇

1. **答案** A 【解答】**方法一** 设极限 $\lim\limits_{n\to\infty}\left|\dfrac{a_n}{a_{n+1}}\right|$ 与 $\lim\limits_{n\to\infty}\left|\dfrac{b_n}{b_{n+1}}\right|$ 都存在，则由题设条件可知幂级数 $\sum_{n=1}^{\infty}a_n x^n$ 与 $\sum_{n=1}^{\infty}b_n x^n$ 的收敛半径分别为

$$R_a = \lim_{n\to\infty}\left|\dfrac{a_n}{a_{n+1}}\right| = \dfrac{\sqrt{5}}{3}, \quad R_b = \lim_{n\to\infty}\left|\dfrac{b_n}{b_{n+1}}\right| = \dfrac{1}{3},$$

于是幂级数 $\sum_{n=1}^{\infty}\dfrac{a_n^2}{b_n^2}x^n$ 的收敛半径为

$$R = \lim_{n\to\infty}\left|\dfrac{\dfrac{a_n^2}{b_n^2}}{\dfrac{a_{n+1}^2}{b_{n+1}^2}}\right| = \dfrac{R_a^2}{R_b^2} = \dfrac{\left(\dfrac{\sqrt{5}}{3}\right)^2}{\left(\dfrac{1}{3}\right)^2} = 5.$$

故应选 A.

**方法二** 令 $a_n = \left(\dfrac{3}{\sqrt{5}}\right)^n$，$b_n = 3^n$，则幂级数 $\sum_{n=1}^{\infty}a_n x^n$ 与 $\sum_{n=1}^{\infty}b_n x^n$ 的收敛半径分别为 $\dfrac{\sqrt{5}}{3}$ 和 $\dfrac{1}{3}$，又

$$\lim_{n\to\infty}\left|\dfrac{\dfrac{a_{n+1}^2}{b_{n+1}^2}}{\dfrac{a_n^2}{b_n^2}}\right| = \lim_{n\to\infty}\left(\dfrac{a_{n+1}}{a_n}\right)^2 \left(\dfrac{b_n}{b_{n+1}}\right)^2 = \lim_{n\to\infty}\left[\dfrac{3^{2(n+1)}}{5^{n+1}} \cdot \dfrac{5^n}{3^{2n}}\right] \cdot \dfrac{3^{2n}}{3^{2(n+1)}} = \dfrac{1}{5},$$

所以,幂级数 $\sum\limits_{n=1}^{\infty}\dfrac{a_n^2}{b_n^2}x^n$ 的收敛半径 $R=5$. 因此应选 A.

2. 【答案】$0<a<1$ 【解答】因为 $\lim\limits_{n\to\infty}\sqrt[n]{a^{n^2}}=\lim\limits_{n\to\infty}a^n=\begin{cases}0, & 0<a<1 \\ 1, & a=1 \\ +\infty, & a>1\end{cases}$,

则收敛半径 $R=\begin{cases}+\infty, & 0<a<1 \\ 1, & a=1 \\ 0, & a>1\end{cases}$,

因此,若要幂级数 $\sum\limits_{n=1}^{\infty}a^{n^2}x^n(a>0)$ 的收敛域为 $(-\infty,+\infty)$,只要满足 $0<a<1$ 即可.

3. 【解答】记 $a_n=\dfrac{1}{a^n+b^n}$,当 $a\geqslant b$ 时,

$$\lim_{n\to\infty}\left|\dfrac{a_{n+1}}{a_n}\right|=\lim_{n\to\infty}\dfrac{a^n+b^n}{a^{n+1}+b^{n+1}}=\lim_{n\to\infty}\dfrac{1+\left(\dfrac{b}{a}\right)^n}{a\left[1+\left(\dfrac{b}{a}\right)^{n+1}\right]}=\dfrac{1}{a},$$

故所给级数的收敛半径为 $R=a$,收敛区间为 $(-a,a)$.

当 $a<b$ 时,

$$\lim_{n\to\infty}\left|\dfrac{a_{n+1}}{a_n}\right|=\lim_{n\to\infty}\dfrac{a^n+b^n}{a^{n+1}+b^{n+1}}=\lim_{n\to\infty}\dfrac{\left(\dfrac{a}{b}\right)^n+1}{b\left[\left(\dfrac{a}{b}\right)^{n+1}+1\right]}=\dfrac{1}{b},$$

故所给级数的收敛半径为 $R=b$,收敛区间为 $(-b,b)$.

记 $c=\max\{a,b\}$,则所给级数的收敛半径为 $R=c$,收敛区间为 $(-c,c)$.

4. 【解答】由 $\lim\limits_{n\to\infty}\left|\dfrac{a_{n+1}}{a_n}\right|=1$,得收敛半径 $R=1$. 当 $x=\pm 1$ 时,级数的一般项不趋于零,因而是发散的,所以收敛域为 $(-1,1)$.

令和函数 $s(x)=\sum\limits_{n=0}^{\infty}(n+1)(n+3)x^n$,则

$$s(x)=\sum_{n=0}^{\infty}(n^2+4n+3)x^n=\sum_{n=0}^{\infty}(n+2)(n+1)x^n+\sum_{n=0}^{\infty}(n+1)x^n$$

$$=\left(\sum_{n=0}^{\infty}x^{n+2}\right)''+\left(\sum_{n=0}^{\infty}x^{n+0}\right)'=\left(\dfrac{x^2}{1-x}\right)''+\left(\dfrac{x}{1-x}\right)'=\dfrac{3-x}{(1-x)^3}.$$

5. 【解答】因为 $\rho=\lim\limits_{n\to\infty}\left|\dfrac{a_{n+1}}{a_n}\right|=\lim\limits_{n\to\infty}\dfrac{n^2+2n+2}{2(n+1)(n^2+1)}=0$,

所以幂级数在 $(-\infty,+\infty)$ 上收敛. 又幂级数的通项含有 $\dfrac{1}{n!}$,因此,可以使用公式 $\mathrm{e}^x=\sum\limits_{n=0}^{+\infty}\dfrac{1}{n!}x^n$.

令其和函数为 $s(x)$,则

$$s(x)=\sum_{n=0}^{\infty}\dfrac{n^2+1}{2^n n!}x^n=\sum_{n=0}^{\infty}\dfrac{n(n-1)+n+1}{n!}\left(\dfrac{x}{2}\right)^n$$

$$= \sum_{n=2}^{\infty} \frac{1}{(n-2)!}\left(\frac{x}{2}\right)^n + \sum_{n=1}^{\infty} \frac{1}{(n-1)!}\left(\frac{x}{2}\right)^n + \sum_{n=0}^{\infty} \frac{1}{n!}\left(\frac{x}{2}\right)^n$$

$$= \left(\frac{x}{2}\right)^2 \sum_{n=0}^{\infty} \frac{1}{n!}\left(\frac{x}{2}\right)^n + \frac{x}{2} \cdot \sum_{n=0}^{\infty} \frac{1}{n!}\left(\frac{x}{2}\right)^n + \sum_{n=0}^{\infty} \frac{1}{n!}\left(\frac{x}{2}\right)^n$$

$$= \left(\frac{x^2}{4} + \frac{x}{2} + 1\right) \sum_{n=0}^{\infty} \frac{1}{n!}\left(\frac{x}{2}\right)^n = \left(\frac{x^2}{4} + \frac{x}{2} + 1\right) e^{\frac{x}{2}}, -\infty < x < +\infty.$$

**6.【解答】** 令 $u_n(x) = \frac{4n^2 + 4n + 3}{2n+1} x^{2n}$,则

$$\lim_{n \to \infty} \left| \frac{u_{n+1}(x)}{u_n(x)} \right| = \lim_{n \to \infty} \left| \frac{4(n+1)^2 + 4(n+1) + 3}{2(n+1) + 1} \cdot \frac{2n+1}{4n^2 + 4n + 3} \cdot \frac{x^{2(n+1)}}{x^{2n}} \right| = |x|^2,$$

因此当 $x^2 < 1$,即 $-1 < x < 1$ 时,幂级数 $\sum_{n=0}^{\infty} \frac{4n^2 + 4n + 3}{2n+1} x^{2n}$ 收敛;当 $x^2 > 1$,即 $x > 1$ 或 $x < -1$ 时,幂级数 $\sum_{n=0}^{\infty} \frac{4n^2 + 4n + 3}{2n+1} x^{2n}$ 发散,于是幂级数 $\sum_{n=0}^{\infty} \frac{4n^2 + 4n + 3}{2n+1} x^{2n}$ 的收敛半径 $R = 1$.

当 $x = \pm 1$ 时,由于 $\lim_{n \to \infty} u_n = \lim_{n \to \infty} \frac{4n^2 + 4n + 3}{2n+1} = \infty$,故级数 $\sum \frac{4n^2 + 4n + 3}{2n+1}$ 发散,所以幂级数 $\sum_{n=0}^{\infty} \frac{4n^2 + 4n + 3}{2n+1} x^{2n}$ 的收敛域为 $(-1, 1)$.

设 $s(x) = \sum_{n=0}^{\infty} \frac{4n^2 + 4n + 3}{2n+1} x^{2n} = \sum_{n=0}^{\infty} (2n+1) x^{2n} + \sum_{n=0}^{\infty} \frac{2}{2n+1} x^{2n} \ (-1 < x < 1)$,

令 $s_1(x) = \sum_{n=0}^{\infty} (2n+1) x^{2n}$,$s_2(x) = \sum_{n=0}^{\infty} \frac{2}{2n+1} x^{2n}$,则 $s(x) = s_1(x) + s_2(x)$. 而

$$s_1(x) = \sum_{n=0}^{\infty} (2n+1) x^{2n} = \left( \sum_{n=0}^{\infty} x^{2n+1} \right)' = \left( \frac{x}{1-x^2} \right)' = \frac{1+x^2}{(1-x^2)^2},$$

$$[x s_2(x)]' = \left( \sum_{n=0}^{\infty} \frac{2}{2n+1} x^{2n+1} \right)' = 2 \sum_{n=0}^{\infty} x^{2n} = \frac{2}{1-x^2},$$

于是 $\qquad x s_2(x) = \int_0^x \frac{2}{1-x^2} dx = \ln \frac{1+x}{1-x}$,

当 $x = 0$ 时,$s_2(x) = 2$,故 $s_2(x) = \begin{cases} \frac{1}{x} \ln \frac{1+x}{1-x}, & x \neq 0 \\ 2, & x = 0 \end{cases}$,

因此,幂级数 $\sum_{n=0}^{\infty} \frac{4n^2 + 4n + 3}{2n+1} x^{2n}$ 的和函数 $s(x) = \begin{cases} \frac{1+x^2}{(1-x^2)^2} + \frac{1}{x} \ln \frac{1+x}{1-x}, & x \neq 0 \\ 3, & x = 0 \end{cases}$.

**7.【解答】** 注意到 $\lim_{n \to \infty} \left( \frac{3}{2 \times 1} + \frac{5}{2^2 \times 2!} + \frac{7}{2^3 \times 3!} + \cdots + \frac{2n+1}{2^n \times n!} \right) = \sum_{n=1}^{\infty} \frac{2n+1}{2^n \times n!}$,

为此令 $s(x) = \sum_{n=1}^{\infty} \frac{2n+1}{n!} x^{2n}$,则

$$s(x) = \sum_{n=1}^{\infty} \frac{1}{n!} (x^{2n+1})' = \left( \sum_{n=1}^{\infty} \frac{1}{n!} x^{2n+1} \right)' = \left[ x \sum_{n=1}^{\infty} \frac{1}{n!} (x^2)^n \right]' = \left[ x \sum_{n=0}^{\infty} \frac{1}{n!} (x^2)^n - x \right]'$$

$$= (xe^{x^2} - x)' = 2x^2 e^{x^2} + e^{x^2} - 1,$$

因此 $\lim\limits_{n\to\infty}\left(\dfrac{3}{2\times 1} + \dfrac{5}{2^2 \times 2!} + \dfrac{7}{2^3 \times 3!} + \cdots + \dfrac{2n+1}{2^n \times n!}\right)$

$$= \sum_{n=1}^{\infty} \dfrac{2n+1}{2^n \times n!} = s\left(\dfrac{1}{\sqrt{2}}\right) = 2\sqrt{e} - 1.$$

## 第四节 函数展开成幂级数

### 一、基础篇

1.【解答】(1) $\cos^2\dfrac{x}{2} = \dfrac{1+\cos x}{2} = \dfrac{1}{2} + \dfrac{1}{2}\sum_{n=0}^{\infty}(-1)^n \dfrac{x^{2n}}{(2n)!}, x\in(-\infty,+\infty).$

(2) $\dfrac{1}{2}(e^x - e^{-x}) = \dfrac{1}{2}\left[\sum_{n=0}^{\infty}\dfrac{x^n}{n!} - \sum_{n=0}^{\infty}\dfrac{(-x)^n}{n!}\right] = \dfrac{1}{2}\sum_{n=0}^{\infty}\dfrac{1-(-1)^n}{n!}x^n$

$$= \sum_{k=0}^{\infty}\dfrac{x^{2k+1}}{(2k+1)!}, x\in(-\infty,+\infty).$$

(3) $3^x = e^{x\ln 3} = \sum_{n=0}^{\infty}\dfrac{(x\ln 3)^n}{n!} = \sum_{n=0}^{\infty}\dfrac{(\ln 3)^n}{n!}x^n, x\in(-\infty,+\infty).$

(4) $\dfrac{x^2}{1+x^2} = 1 - \dfrac{1}{1+x^2} = 1 + \sum_{n=0}^{\infty}(-1)^{n+1}x^{2n} = \sum_{n=1}^{\infty}(-1)^{n+1}x^{2n}, x\in(-1,1).$

(5) $\ln(1+x-2x^2) = \ln[(2x+1)(1-x)] = \ln(2x+1) + \ln(1-x)$

$$= \sum_{n=1}^{\infty}(-1)^{n-1}\dfrac{1}{n}(2x)^n + \sum_{n=1}^{\infty}(-1)^{n-1}\dfrac{1}{n}(-x)^n$$

$$= \sum_{n=1}^{\infty}(-1)^{n-1}\dfrac{2^n}{n}x^n - \sum_{n=1}^{\infty}\dfrac{1}{n}x^n$$

$$= \sum_{n=1}^{\infty}\dfrac{(-1)^{n-1}2^n - 1}{n}x^n, x\in\left(-\dfrac{1}{2},\dfrac{1}{2}\right].$$

(6) $\dfrac{1}{(x-1)(x-2)} = \dfrac{1}{1-x} - \dfrac{1}{2-x} = \sum_{n=0}^{\infty}x^n - \dfrac{1}{2}\sum_{n=0}^{\infty}\left(\dfrac{x}{2}\right)^n$

$$= \sum_{n=0}^{\infty}x^n - \dfrac{1}{2}\sum_{n=0}^{\infty}\dfrac{x^n}{2^n} = \sum_{n=0}^{\infty}\left(1 - \dfrac{1}{2^{n+1}}\right)x^n, x\in(-1,1).$$

(7) $\int_0^x \dfrac{\sin t}{t}dt = \int_0^x\left[\sum_{n=0}^{\infty}(-1)^n\dfrac{t^{2n}}{(2n+1)!}\right]dt = \sum_{n=0}^{\infty}\dfrac{(-1)^n}{(2n+1)!}\int_0^x t^{2n}dt$

$$= \sum_{n=0}^{\infty}\dfrac{(-1)^n}{(2n+1)\cdot(2n+1)!}x^{2n+1}, x\in(-\infty,+\infty).$$

(8) $\int_0^x e^{t^2}dt = \int_0^x\left(\sum_{n=0}^{\infty}\dfrac{t^{2n}}{n!}\right)dt = \sum_{n=0}^{\infty}\dfrac{1}{n!}\int_0^x t^{2n}dt = \sum_{n=0}^{\infty}\dfrac{x^{2n+1}}{(2n+1)\cdot n!}, x\in(-\infty,+\infty).$

(9) $\dfrac{x}{2+x-x^2} = \dfrac{x}{3}\left(\dfrac{1}{1+x} + \dfrac{1}{2-x}\right)$,其中 $\dfrac{1}{1+x} = \sum_{n=0}^{\infty}(-1)^n x^n, -1<x<1.$

$$\frac{1}{2-x} = \frac{1}{2} \times \frac{1}{1-\frac{x}{2}} = \frac{1}{2} \sum_{n=0}^{\infty} \left(\frac{x}{2}\right)^n = \sum_{n=0}^{\infty} \frac{x^n}{2^{n+1}}, -1 < \frac{x}{2} < 1, \text{即} -2 < x < 2,$$

于是 $\dfrac{x}{2+x-x^2} = \dfrac{x}{3} \left[ \sum\limits_{n=0}^{\infty} (-1)^n x^n + \sum\limits_{n=0}^{\infty} \dfrac{x^n}{2^{n+1}} \right] = \dfrac{1}{3} \sum\limits_{n=0}^{\infty} \left[ (-1)^n + \dfrac{1}{2^{n+1}} \right] x^{n+1}, -1 < x < 1.$

(10) 因为 $\dfrac{1}{(1+x)^2} = \left(\dfrac{-1}{1+x}\right)', \dfrac{-1}{1+x} = \sum\limits_{n=0}^{\infty} (-1)^{n+1} x^n (-1 < x < 1),$

所以 $\dfrac{1}{(1+x)^2} = \left[ \sum\limits_{n=0}^{\infty} (-1)^{n+1} x^n \right]' = \sum\limits_{n=0}^{\infty} (-1)^{n+1} (x^n)' = \sum\limits_{n=1}^{\infty} (-1)^{n+1} n x^{n-1}$

$$= \sum_{n=0}^{\infty} (-1)^n (n+1) x^n (-1 < x < 1).$$

**2.【解答】**(1) $\dfrac{1}{3-x} = \dfrac{1}{2} \times \dfrac{1}{1-\dfrac{x-1}{2}} = \dfrac{1}{2} \sum\limits_{n=0}^{\infty} \left(\dfrac{x-1}{2}\right)^n = \sum\limits_{n=0}^{\infty} \dfrac{(x-1)^n}{2^{n+1}}, x \in (-1, 3).$

(2) $\cos x = \cos\left(x - \dfrac{\pi}{3} + \dfrac{\pi}{3}\right) = \dfrac{1}{2} \cos\left(x - \dfrac{\pi}{3}\right) - \dfrac{\sqrt{3}}{2} \sin\left(x - \dfrac{\pi}{3}\right)$

$$= \frac{1}{2} \sum_{n=0}^{\infty} (-1)^n \frac{\left(x-\frac{\pi}{3}\right)^{2n}}{(2n)!} - \frac{\sqrt{3}}{2} \sum_{n=0}^{\infty} (-1)^n \frac{\left(x-\frac{\pi}{3}\right)^{2n+1}}{(2n+1)!}, x \in (-\infty, \infty).$$

(3) $e^x = e \cdot e^{x-1} = e \sum\limits_{n=0}^{\infty} \dfrac{(x-1)^n}{n!}, x \in (-\infty, \infty).$

(4) 因为 $\dfrac{1}{(1+x)^2} = -\left(\dfrac{1}{1+x}\right)' = -\left[\sum\limits_{n=0}^{\infty} (-1)^n x^n\right]'$

$$= \sum_{n=1}^{\infty} (-1)^{n+1} n x^{n-1}, x \in (-1, 1),$$

所以 $\dfrac{1}{x^2} = \dfrac{1}{(x-3+3)^2} = \dfrac{1}{3^2} \times \dfrac{1}{\left(1+\dfrac{x-3}{3}\right)^2} = \dfrac{1}{3^2} \sum\limits_{n=1}^{\infty} (-1)^{n+1} n \left(\dfrac{x-3}{3}\right)^{n-1}$

$$= \sum_{n=1}^{\infty} \frac{(-1)^{n+1} n}{3^{n+1}} (x-3)^{n-1}, x \in (0, 6).$$

## 二、提高篇

**1.【解答】** 记级数的和函数为 $s(x)$,则

$$s(x) = \sum_{n=1}^{\infty} \frac{(-1)^{n-1}}{(2n-1)! 2^{2n-2}} x^{2n-1} = 2 \sum_{n=1}^{\infty} \frac{(-1)^{n-1}}{(2n-1)!} \left(\frac{x}{2}\right)^{2n-1} = 2 \sin \frac{x}{2},$$

$$s(x) = 2\sin \frac{1+(x-1)}{2} = 2 \left( \sin \frac{1}{2} \cos \frac{x-1}{2} + \cos \frac{1}{2} \sin \frac{x-1}{2} \right)$$

$$= 2\sin \frac{1}{2} \sum_{n=0}^{\infty} (-1)^n \frac{1}{(2n)!} \left(\frac{x-1}{2}\right)^{2n} + 2\cos \frac{1}{2} \sum_{n=1}^{\infty} (-1)^n \frac{1}{(2n-1)!} \left(\frac{x-1}{2}\right)^{2n-1},$$

$x \in (-\infty, +\infty).$

2.【解答】$f'(x) = \arctan x + \dfrac{x}{1+x^2} - \dfrac{1}{\sqrt{1+x^2}} \cdot \dfrac{2x}{2\sqrt{1+x^2}} = \arctan x \ (-1 < x < 1)$,

$$f''(x) = \dfrac{1}{1+x^2} = 1 - x^2 + x^4 - x^6 + \cdots + (-1)^n x^{2n} + \cdots = \sum_{n=0}^{\infty}(-1)^n x^{2n},$$

$$f'(x) = \int_0^x f''(x)\mathrm{d}x = \int_0^x \left[\sum_{n=0}^{\infty}(-1)^n x^{2n}\right]\mathrm{d}x = \sum_{n=0}^{\infty}(-1)^n \dfrac{x^{2n+1}}{2n+1},$$

$$f(x) = \int_0^x f'(x)\mathrm{d}x = \int_0^x \left[\sum_{n=0}^{\infty}(-1)^n \dfrac{x^{2n+1}}{2n+1}\right]\mathrm{d}x$$

$$= \sum_{n=0}^{\infty}(-1)^n \dfrac{x^{2n+2}}{(2n+1)(2n+2)} \ (-1 \leqslant x \leqslant 1).$$

上述展开式在 $x = \pm 1$ 时也成立,这是由于右端的幂级数在 $x = \pm 1$ 处收敛,而 $f(x)$ 在 $x = \pm 1$ 处有定义且连续.

# 第八章 仅数学一考查内容

## 第一节 傅里叶级数

### 一、基础篇

**1.** 答案 C 【解答】由条件可知，$\sum_{n=1}^{\infty} b_n \sin n\pi x$ 为 $f(x) = \left| x - \frac{1}{2} \right|$ 的正弦级数，所以应先把函数进行奇延拓.

由收敛定理可知 $s(x) = \sum_{n=1}^{\infty} b_n \sin n\pi x$ 也是周期为 2 的奇函数，其和函数在一个周期内的表达式为

$$s(x) = \begin{cases} \left| x - \dfrac{1}{2} \right|, & 0 \leqslant x < 1 \\ -\left| x + \dfrac{1}{2} \right|, & -1 < x < 0 \end{cases},$$

故 $s\left(-\dfrac{9}{4}\right) = s\left(-\dfrac{1}{4}\right) = -s\left(\dfrac{1}{4}\right) = -f\left(\dfrac{1}{4}\right) = -\dfrac{1}{4}$，故应选 C.

**2.** 答案 C 【解答】因为 $f(x)$ 是定义在 $[0,1]$ 内的分段连续函数，$x = \dfrac{1}{2}$ 为其间断点，而 $s(x)$ 是 $f(x)$ 作偶延拓后得到的余弦级数（偶函数），且周期为 2，由狄里克莱收敛定理有

$$s\left(-\dfrac{5}{2}\right) = s\left(-\dfrac{1}{2} - 2\right) = s\left(-\dfrac{1}{2}\right) = s\left(\dfrac{1}{2}\right) = \dfrac{1}{2}\left[f\left(\dfrac{1}{2} - 0\right) + f\left(\dfrac{1}{2} + 0\right)\right]$$
$$= \dfrac{1}{2} \times \left(\dfrac{1}{2} + 1\right) = \dfrac{3}{4},$$

故应选 C.

**3.** 答案 $\dfrac{3}{2}$ 【解答】根据傅里叶级数的收敛定理知 $f(x)$ 的傅里叶级数在 $x = 1$ 处收敛于 $\dfrac{f(1^-) + f(1^+)}{2} = \dfrac{3}{2}$.

**4.** 答案 1 【解答】$a_2 = \dfrac{2}{\pi} \int_0^{\pi} f(x) \cos 2x \, dx = \dfrac{2}{\pi} \int_0^{\pi} x^2 \cos 2x \, dx$
$= \dfrac{1}{\pi}\left( x^2 \sin 2x + x \cos 2x - \dfrac{1}{2} \sin 2x \right) \Big|_0^{\pi} = 1.$

**5.** 【解答】因为 $f(x)$ 为偶函数，所以 $b_n = 0 \, (n = 1, 2, 3 \cdots)$.

$$a_n = \dfrac{2}{l} \int_0^l f(x) \cos \dfrac{n\pi}{l} x \, dx \xlongequal{l=1} 2\int_0^1 (2+x) \cos n\pi x \, dx$$

$$= 4\int_0^1 \cos n\pi x \mathrm{d}x + \frac{2}{n\pi}\int_0^1 x \mathrm{d}\sin n\pi x = -\frac{2}{n\pi}\int_0^1 \sin n\pi x \mathrm{d}x = \frac{2}{n^2\pi^2}\cos n\pi x \bigg|_0^1$$

$$= \frac{2}{n^2\pi^2}[(-1)^n - 1] = \begin{cases} \dfrac{-4}{(2k-1)^2\pi^2}, & n = 2k-1 \\ 0, & n = 2k \end{cases} \quad (n = 1,2,\cdots),$$

$$a_0 = 2\int_0^1 (2+x)\mathrm{d}x = 5.$$

由于 $f(x)$ 在 $[-1,1]$ 分段单调、连续且 $f(-1) = f(1)$，于是由傅里叶展开式，有

$$f(x) = 2 + |x| = \frac{5}{2} - \sum_{n=1}^{\infty} \frac{4}{\pi^2} \frac{1}{(2n-1)^2} \cos(2n-1)\pi x, x \in [-1,1].$$

上式中令 $x = 0$ 得 $2 = \frac{5}{2} - \frac{4}{\pi^2}\sum_{n=1}^{\infty}\frac{1}{(2n-1)^2}$，即 $\sum_{n=1}^{\infty}\frac{1}{(2n-1)^2} = \frac{\pi^2}{8}$.

由 $\sum_{n=1}^{\infty}\frac{1}{n^2} = \sum_{n=1}^{\infty}\left[\frac{1}{(2n-1)^2} + \frac{1}{(2n)^2}\right] = \sum_{n=1}^{\infty}\frac{1}{(2n-1)^2} + \frac{1}{4}\sum_{n=1}^{\infty}\frac{1}{n^2}$，可知 $\frac{3}{4}\sum_{n=1}^{\infty}\frac{1}{n^2} = \frac{\pi^2}{8}$，

故 $\sum_{n=1}^{\infty}\frac{1}{n^2} = \frac{\pi^2}{6}$.

6.【解答】将 $f(x)$ 作偶延拓后再作周期为 4 的周期延拓，于是得 $f(x)$ 的傅里叶系数：$b_n = 0(n = 1,2,3\cdots)$，

$$a_n = \frac{2}{l}\int_0^l f(x)\cos\frac{n\pi x}{l}\mathrm{d}x \xrightarrow{l=2} \int_0^2 (x-1)\cos\frac{n\pi}{2}x\mathrm{d}x$$

$$= \frac{2}{n\pi}\int_0^2 (x-1)\mathrm{d}\sin\frac{n\pi}{2}x = -\frac{2}{n\pi}\int_0^2 \sin\frac{n\pi}{2}x\mathrm{d}x$$

$$= \frac{4}{n^2\pi^2}\cos\frac{n\pi}{2}x\bigg|_0^2 = \frac{4}{n^2\pi^2}[(-1)^n - 1]$$

$$= \begin{cases} \dfrac{-8}{(2k-1)^2\pi^2}, & n = 2k-1 \\ 0, & n = 2k \end{cases}, k = 1,2,3,\cdots,$$

$$a_0 = \frac{2}{2}\int_0^2 f(x)\mathrm{d}x = \int_0^2 (x-1)\mathrm{d}x = \frac{1}{2}(x-1)^2\bigg|_0^2 = 0.$$

由于延拓后的 $f(x)$ 在 $[-2,2]$ 上分段单调、连续且 $f(-1) = f(1)$，于是 $f(x)$ 有展开式

$$f(x) = -\frac{8}{\pi^2}\sum_{n=1}^{\infty}\frac{1}{(2n-1)^2}\cos\frac{(2n-1)\pi}{2}x, x \in [0,2].$$

7.【解答】显然 $x = 0, \pm 1, \pm 2, \cdots$ 为其跳跃间断点，且 $f(x)$ 满足收敛定理，所以 $f(x)$ 的傅里叶级数的和函数满足

$$s(x) = f(x), x \neq 0, \pm 1, \pm 2, \cdots,$$

$$s(-1) = \frac{f(-1^+) + f(-1^-)}{2} = \frac{1}{2},$$

$$s(0) = \frac{f(0^+) + f(0^-)}{2} = 1,$$

$$s(1) = \frac{f(1^+) + f(1^-)}{2} = \frac{3}{2},$$

于是所求和函数 $s(x) = \begin{cases} \dfrac{1}{2}, & x = -1 \\ 2, & -1 < x < 0 \\ 1, & x = 0 \\ x^3, & 0 < x < 1 \\ \dfrac{3}{2}, & x = 1 \end{cases}$,

$$s(4) = s(2 \times 2 + 0) = s(0) = 1,$$

$$s\left(-\frac{3}{2}\right) = s\left(-2 + \frac{1}{2}\right) = s\left(\frac{1}{2}\right) = \left(\frac{1}{2}\right)^3 = \frac{1}{8}.$$

## 二、提高篇

**1.【解答】**(1) $a_0 = \dfrac{1}{\pi} \displaystyle\int_{-\pi}^{\pi} f(x) \mathrm{d}x = \dfrac{1}{\pi} \int_0^{2\pi} f(x) \mathrm{d}x = \dfrac{1}{\pi} \int_0^{2\pi} x^2 \mathrm{d}x = \dfrac{8\pi^2}{3}$,

$$a_n = \frac{1}{\pi} \int_0^{2\pi} x^2 \cos nx \, \mathrm{d}x = \frac{4}{n^2},$$

$$b_n = \frac{1}{\pi} \int_0^{2\pi} x^2 \sin nx \, \mathrm{d}x = -\frac{4\pi}{n}, n = 1, 2, \cdots,$$

故 $x^2 = \dfrac{4\pi^2}{3} + 4\displaystyle\sum_{n=1}^{\infty} \left(\dfrac{1}{n^2} \cos nx - \pi \dfrac{1}{n} \sin nx\right), x \in (0, 2\pi)$,

由收敛定理,当 $x = 0, 2\pi$ 时,级数收敛于 $\dfrac{f(0+0)+f(2\pi-0)}{2} = 2\pi^2$,

又 $x = \pi$ 是连续点,所以 $\pi^2 = \dfrac{4\pi^2}{3} + 4\displaystyle\sum_{n=1}^{\infty} \dfrac{1}{n^2} \cos n\pi$,即 $\displaystyle\sum_{n=1}^{\infty} \dfrac{(-1)^{n-1}}{n^2} = \dfrac{\pi^2}{12}$.

(2) 当 $x = 0$ 时,有 $\dfrac{4\pi^2}{3} + 4\displaystyle\sum_{n=1}^{\infty} \dfrac{1}{n^2} = 2\pi^2$,即 $\displaystyle\sum_{n=1}^{\infty} \dfrac{1}{n^2} = \dfrac{\pi^2}{6}$.

(3) 积分 $\displaystyle\int_0^1 \dfrac{\ln(1+x)}{x} \mathrm{d}x$ 是广义积分,$x = 0$ 是瑕点,由广义积分的定义有

$$\int_0^1 \frac{\ln(1+x)}{x} \mathrm{d}x = \lim_{\varepsilon \to 0^+} \int_\varepsilon^1 \frac{1}{x} \sum_{n=1}^{\infty} (-1)^{n-1} \frac{x^n}{n} \mathrm{d}x = \lim_{\varepsilon \to 0^+} \sum_{n=1}^{\infty} (-1)^{n-1} \frac{x^n}{n^2} \bigg|_\varepsilon^1$$

$$= \sum_{n=1}^{\infty} (-1)^{n-1} \frac{1}{n^2} = \frac{\pi^2}{12}.$$

**2.【解答】**对 $f(x)$ 先偶延拓到 $[-\pi, \pi]$,再周期延拓到整个实轴,得到连续函数 $F(x)$,

则 $F(x)$ 的傅里叶系数为 $b_n = 0 (n = 1, 2, \cdots)$,

$$a_0 = \frac{2}{\pi} \int_0^\pi F(x) \mathrm{d}x = \frac{2}{\pi} \int_0^\pi (1 - x^2) \mathrm{d}x = 2\left(1 - \frac{\pi^2}{3}\right),$$

$$a_n = \frac{2}{\pi} \int_0^\pi F(x) \cos nx \, \mathrm{d}x = \frac{2}{\pi} \int_0^\pi (1 - x^2) \cos nx \, \mathrm{d}x = -\frac{2}{\pi} \int_0^\pi x^2 \cos nx \, \mathrm{d}x$$

$$=-\frac{2}{\pi}\left(\frac{x^2\sin nx}{n}+\frac{2x\cos nx}{n^2}-\frac{2\sin nx}{n^3}\right)\Big|_0^\pi=(-1)^{n+1}\frac{4}{n^2}, n=1,2,\cdots,$$

故 $F(x)=\dfrac{a_0}{2}+\sum\limits_{n=1}^{\infty}a_n\cos nx=1-\dfrac{\pi^2}{3}+\sum\limits_{n=1}^{\infty}(-1)^{n+1}\dfrac{4}{n^2}\cos nx, x\in(-\infty,+\infty)$,

所以 $f(x)=1-x^2=1-\dfrac{\pi^2}{3}+4\sum\limits_{n=1}^{\infty}\dfrac{(-1)^{n+1}}{n^2}\cos nx, x\in[-\pi,\pi]$.

在上式中,令 $x=0$,有 $1=1-\dfrac{\pi^2}{3}+4\sum\limits_{n=1}^{\infty}\dfrac{(-1)^{n+1}}{n^2}$,即得 $\sum\limits_{n=1}^{\infty}\dfrac{(-1)^{n+1}}{n^2}=\dfrac{\pi^2}{12}$.

## 第二节　向量及其运算

1. 【答案】D　【解答】由 $a\cdot b=a\cdot c$ 可知 $a\cdot b-a\cdot c=0$,即 $a\cdot(b-c)=0$,故 $a\perp(b-c)$,因此应选 D.

2. 【答案】A　【解答】因为 $a+b+c=\mathbf{0}$,所以 $(a+b+c)\cdot(a+b+c)=0$.
又因为 $(a+b+c)\cdot(a+b+c)=a\cdot a+b\cdot b+c\cdot c+2(a\cdot b+b\cdot c+c\cdot a)$
$$=3+2(a\cdot b+b\cdot c+c\cdot a),$$
所以 $a\cdot b+b\cdot c+c\cdot a=-\dfrac{3}{2}$. 故而选 A.

3. 【答案】D　【解答】由于 $|a+b|^2=(a+b)\cdot(a+b)=|a|^2+|b|^2+2a\cdot b$,
根据已知条件,可得 $|a+b|^2=1+2+2|a||b|\cos(\widehat{a,b})=3+2\times1\times\sqrt{2}\times\dfrac{\sqrt{2}}{2}=5$,
从而 $|a+b|=\sqrt{5}$,因此,应选 D.

4. 【答案】5　【解答】$a\cdot b=1\times1+2\times0+4\times1=5$.

5. 【答案】24　【解答】$|(a+b)\times(a-b)|=|a\times a+b\times a-a\times b-b\times b|$
$$=2|a\times b|=2|a||b|\sin(\widehat{a,b})=24.$$

6. 【答案】22　【解答】由 $|a+b|^2=|a|^2+|b|^2+2a\cdot b$,$|a-b|^2=|a|^2+|b|^2-2a\cdot b$,
得 $|a+b|^2+|a-b|^2=2(|a|^2+|b|^2)$,
因此 $|a-b|^2=2(|a|^2+|b|^2)-|a+b|^2=2\times(13^2+19^2)-24^2=484$,
即 $|a-b|=22$.

7. 【答案】3　【解答】由已知条件及两个向量的向量积的概念可得 $a\perp b,b\perp c,c\perp a$,于是
$$|a|=|b\times c|=|b||c|\sin(\widehat{b,c})=|b||c|,$$
$$|b|=|c\times a|=|c||a|\sin(\widehat{c,a})=|c||a|,$$
$$|c|=|a\times b|=|a||b|\sin(\widehat{a,b})=|a||b|.$$
因为到 $a,b,c$ 均为非零向量,所以 $|a|=|b|=|c|=1$,故 $|a|+|b|+|c|=3$.

8. 【解答】因为 $|a|=1,|b|=4,|c|=5$,且 $a+b+c=\mathbf{0}$,

所以 $a$ 与 $b$ 同向,且 $a+b$ 与 $c$ 反向,因此 $a\times b=0, b\times c=0, c\times a=0$,
所以 $a\times b+b\times c+c\times a=0$.

9.【解答】由 $|a\cdot b|=|a|\cdot|b|\cos\theta=3$ 及 $|a\times b|=|a|\cdot|b|\sin\theta=4$,可得 $(|a|\cdot|b|)^2=25$,
所以 $|a|\cdot|b|=5$.

10.【解答】$(a\times b)\cdot c=\begin{vmatrix} 2 & -3 & 2 \\ -1 & 1 & 2 \\ 1 & 0 & 3 \end{vmatrix}=-11$.

11.【解答】设向量 $a$ 与 $b$ 的夹角为 $\theta$,则 $\cos\theta=\dfrac{a\cdot b}{|a|\cdot|b|}=\dfrac{2}{\sqrt{6}}$,则向量 $a$ 在 $b$ 上的投影为 $|a|\cos\theta=\sqrt{2}$.

12.【解答】本题是 "$\dfrac{0}{0}$" 型未定式.

$$\lim_{x\to 0}\frac{|a+xb|-|a|}{x}=\lim_{x\to 0}\frac{(|a+xb|-|a|)(|a+xb|+|a|)}{x(|a+xb|+|a|)}$$

$$=\lim_{x\to 0}\frac{|a+xb|^2-|a|^2}{x(|a+xb|+|a|)}=\lim_{x\to 0}\frac{(a+xb)\cdot(a+xb)-a\cdot a}{x(|a+xb|+|a|)}$$

$$=\lim_{x\to 0}\frac{2a\cdot b+xb\cdot b}{|a+xb|+|a|}=\frac{2a\cdot b}{2|a|}=|b|\cos(\widehat{a,b})=\cos\frac{\pi}{4}=\frac{\sqrt{2}}{2}.$$

## 第三节 空间解析几何

1. 答案 A 【解答】因为方程组 $\begin{cases} x+2y-z+1=0 \\ x+y-2z+1=0 \\ 4x+5y-7z+4=0 \end{cases}$ 的系数矩阵的秩和增广矩阵的秩均等于 2,所以三个平面通过同一条直线. 因此,应选 A.

2. 答案 C 【解答】因为直线 $L_1$ 的方向向量为 $s_1=(1,-2,1)$,

直线 $L_2$ 的方向向量为 $s_2=\begin{vmatrix} i & j & k \\ 1 & -1 & 0 \\ 0 & 2 & 1 \end{vmatrix}=-i-j+2k=(-1,-1,2)$,

所以直线 $L_1$ 与 $L_2$ 的夹角 $\theta$ 的余弦值 $\cos\theta=\dfrac{s_1\cdot s_2}{|s_1||s_2|}=\dfrac{3}{\sqrt{6}\times\sqrt{6}}=\dfrac{1}{2}$,从而 $\theta=\dfrac{\pi}{3}$,故应选 C.

3. 答案 C 【解答】直线 $L$ 的方向向量为 $s=\begin{vmatrix} i & j & k \\ 1 & 3 & 2 \\ 2 & -1 & -10 \end{vmatrix}=-28i+14j-7k=-7(4,-2,1)$.

平面 $\pi$ 的法向量为 $n=(4,-2,1)$,显然 $s$ 与 $n$ 平行,因此直线 $L$ 与平面 $\pi$ 垂直,故 C 入选.

4. 答案 A 【解答】直线 $L_1$ 的方向向量为 $s_1=(1,2,1)$,直线 $L_2$ 的方向向量为 $s_2=(3,1,1)$,而 $L_1$ 上的点 $P_1(0,5,2)$ 与 $L_2$ 上的点 $P_2(2,4,2)$ 确定的向量 $\overrightarrow{P_1P_2}=(2,-1,0)$,且

$$[s_1 s_2 \overrightarrow{P_1P_2}] = \begin{vmatrix} 1 & 2 & 1 \\ 3 & 1 & 1 \\ 2 & -1 & 0 \end{vmatrix} = 0, s_1 \times s_2 = \left( \begin{vmatrix} 2 & 1 \\ 1 & 1 \end{vmatrix}, \begin{vmatrix} 1 & 1 \\ 1 & 3 \end{vmatrix}, \begin{vmatrix} 1 & 2 \\ 3 & 1 \end{vmatrix} \right) = (1,2,-5),$$

那么 $s_1$ 与 $s_2$ 不平行. 再由混合积的几何意义知向量 $s_1$、$s_2$、$\overrightarrow{P_1P_2}$ 共面,从而直线 $L_1$ 与 $L_2$ 相交. 因此,应选 A.

5. **答案** A 【解答】不妨设点 $M_i(i = 1,2,3)$ 的坐标为 $(a_i, b_i, c_i)$. 由题设知,前一条直线过点 $M_3$ 且平行于 $M_1M_2$,后一条直线过点 $M_1$,且平行于 $M_2M_3$. 又因为矩阵 $\begin{bmatrix} a_1 & b_1 & c_1 \\ a_2 & b_2 & c_2 \\ a_3 & b_3 & c_3 \end{bmatrix}$ 是满秩的,所以 $M_1, M_2, M_3$ 三点不共线,故两直线相交. 故应选 A.

6. **答案** C 【解答】由已知条件可知,直线 $L$ 的方向向量为 $s = (2,1,1)$,平面 $\pi$ 的法向量为 $n = (1, -1, 2)$,于是直线 $L$ 与平面 $\pi$ 的夹角的正弦值 $\sin\varphi = \dfrac{|s \cdot n|}{|s||n|} = \dfrac{1}{2}$,故 $\varphi = \dfrac{\pi}{6}$,应选 C.

7. **答案** C 【解答】由 $\dfrac{x^2}{16} + \dfrac{y^2}{4} - \dfrac{z^2}{5} = 1$ 和 $x - 2z + 3 = 0$ 消去参数 $z$ 得 $x^2 + 20y^2 - 24x - 116 = 0$,则所求投影曲线方程为 $\begin{cases} x^2 + 20y^2 - 24x - 116 = 0 \\ z = 0 \end{cases}$,因此应选 C.

8. **答案** $z^2 + y^2 = 4x$

9. **答案** $x^2 + y^2 + z^2 = 4$

10. **答案** $y^2 = 1 - 2x$ 【解答】由方程 $z^2 = x^2 + y^2$ 和 $x + z = 1$ 消去参数 $z$,得母线平行于 $z$ 轴的柱面方程为
$$(1-x)^2 = x^2 + y^2, \text{ 即 } y^2 = 1 - 2x.$$

11. **答案** $x^2 + y^2 - 13z^2 - 4x - 6y - 18z + 3 = 0$ 【解答】设 $M_0$ 是 $L$ 上的一点,当 $L$ 绕 $L_1$ 旋转时,$M_0$ 旋转到 $M(x,y,z)$,此时 $M_0(x_0, y_0, z_0)$ 与 $M(x,y,z)$ 分别到直线 $L$ 的距离相等,于是 $\begin{cases} z = z_0 \\ (x-2)^2 + (y-3)^2 = (x_0 - 2)^2 + (y_0 - 3)^2 \end{cases}$.

又因为 $\dfrac{x_0 - 3}{2} = \dfrac{y_0 - 1}{3} = z_0 + 1$,即 $\begin{cases} x_0 = 2z_0 + 5 \\ y_0 = 3z_0 + 4 \end{cases}$,由此式得
$$\begin{cases} (x_0 - 2)^2 = (2z_0 + 3)^2 \\ (y_0 - 3)^2 = (3z_0 + 1)^2 \end{cases},$$
故 $(x-2)^2 + (y-3)^2 = (2z+3)^2 + (3z+1)^2$,即 $x^2 + y^2 - 13z^2 - 4x - 6y - 18z + 3 = 0$.

12. 【解答】设动点 $P$ 的坐标为 $(x, y, z)$,由题意得
$$\sqrt{(x+4)^2 + y^2 + z^2} = 2\sqrt{(x-2)^2 + y^2 + z^2},$$
化简得 $x^2 + y^2 + z^2 - 8x = 0$.

13. 【解答】将 $z = 1 - x$ 代入 $x^2 + y^2 + z^2 = 4$,得 $x^2 + y^2 + (1-x)^2 = 4$,

因此,投影方程为 $\begin{cases} z = 0 \\ 2x^2 - 2x + y^2 = 3 \end{cases}$.

14.【解答】螺旋线在 $xOy$ 面上的投影为 $\begin{cases} x = 2\cos\theta \\ y = 2\sin\theta \\ z = 0 \end{cases}$,直角坐标方程为 $\begin{cases} x^2 + y^2 = 4 \\ z = 0 \end{cases}$.

螺旋线在 $yOz$ 面上的投影为 $\begin{cases} y = 2\sin\theta \\ z = 3\theta \\ x = 0 \end{cases}$,直角坐标方程为 $\begin{cases} y = 2\sin\dfrac{z}{3} \\ x = 0 \end{cases}$.

螺旋线在 $zOx$ 面上的投影为 $\begin{cases} x = 2\cos\theta \\ z = 3\theta \\ y = 0 \end{cases}$,直角坐标方程为 $\begin{cases} x = 2\cos\dfrac{z}{3} \\ y = 0 \end{cases}$.

15.【解答】由平面的三点式方程可知,所求的平面方程为

$\begin{vmatrix} x - x_1 & y + 1 & z - 1 \\ x_2 - x_1 & y_2 - y_1 & z_2 - z_1 \\ x_3 - x_1 & y_3 - y_1 & z_3 - z_1 \end{vmatrix} = \begin{vmatrix} x - 1 & y + 1 & z - 1 \\ 3 - 1 & 1 + 1 & -3 - 1 \\ 0 - 1 & 1 + 1 & 2 - 1 \end{vmatrix} = 0$,即 $5x + y + 3z - 7 = 0$.

16.【解答】已知两直线的方向向量分别为 $\boldsymbol{v}_1 = (1,1,0), \boldsymbol{v}_2 = (1,-1,0)$,
设待求平面的法向量为 $\boldsymbol{a} = (A,B,C)$,
由 $\boldsymbol{a} \perp \boldsymbol{v}_1$,有 $A + B + 0 = 0$;由 $\boldsymbol{a} \perp \boldsymbol{v}_2$,有 $A - B - 0 = 0$,联立得 $A = 0, B = 0, C \neq 0$.
又因为平面经过点 $P(1,-2,0)$,代入平面一般方程得 $0 \times 1 + 0 \times (-2) + C \times 0 + D = 0$,所以 $D = 0$.
故所求平面方程为 $Cz = 0$,即 $z = 0$,也就是 $xOy$ 平面.

17.【解答】设通过点 $A(0,0,0)$ 的平面方程为 $A(x - 0) + B(y - 0) + C(z - 0) = 0$,
即 $\qquad\qquad\qquad Ax + By + Cz = 0$. \hfill (8.1)

又直线 $\dfrac{x - 3}{2} = \dfrac{y + 4}{1} = \dfrac{z - 4}{1}$ 在平面上,则直线的方向向量 $\boldsymbol{v}$ 与平面法向量 $\boldsymbol{n}$ 垂直,

所以 $\qquad\qquad\qquad 2A + B + C = 0$. \hfill (8.2)

又直线上的点 $(3,-4,4)$ 也在该平面上,则 $3A - 4B + 4C = 0$. \hfill (8.3)

由式(8.1),(8.2),(8.3)可知,将 $A, B, C$ 作为未知数,有非零解的充要条件为

$\begin{vmatrix} x & y & z \\ 2 & 1 & 1 \\ 3 & -4 & 4 \end{vmatrix} = 0$,

即 $8x - 5y - 11z = 0$,这就是所求的平面方程.

18.【解答】与两平面平行的直线与这两个平面的交线平行,则直线的方向向量垂直于这两个平面的

法向量所确定的平面,即直线的方向向量为 $\boldsymbol{v} = \boldsymbol{n}_1 \times \boldsymbol{n}_2 = \begin{vmatrix} \boldsymbol{i} & \boldsymbol{j} & \boldsymbol{k} \\ 1 & 0 & -4 \\ 3 & -1 & 1 \end{vmatrix} = -4\boldsymbol{i} - 13\boldsymbol{j} - \boldsymbol{k}$,

将已知点代入直线的标准方程得 $\dfrac{x+3}{4} = \dfrac{y-2}{13} = \dfrac{z-5}{1}$.

19.【解答】点 $P_0(x_0, y_0, z_0)$ 到平面 $Ax + By + Cz + D = 0$ 的距离公式是

$$d = \dfrac{|Ax_0 + By_0 + Cz_0 + D|}{\sqrt{A^2 + B^2 + C^2}},$$ 因此点 $(1, 2, 1)$ 到平面 $x + 2y + 2z - 10 = 0$ 的距离为

$$d = \dfrac{|1 \times 1 + 2 \times 2 + 2 \times 1 - 10|}{\sqrt{1^2 + 2^2 + 2^2}} = 1.$$

20.【解答】直线的方向向量为 $\boldsymbol{s} = \boldsymbol{n}_1 \times \boldsymbol{n}_2 = \begin{vmatrix} \boldsymbol{i} & \boldsymbol{j} & \boldsymbol{k} \\ 1 & -1 & 1 \\ 2 & 1 & 1 \end{vmatrix} = -2\boldsymbol{i} + \boldsymbol{j} + 3\boldsymbol{k}$, 取 $x_0 = 1$, 代入直

线方程可得 $y_0 = 1, z_0 = 2$, 所以直线的对称式方程为 $\dfrac{x-1}{-2} = \dfrac{y-1}{1} = \dfrac{z-2}{3}$.

令 $\dfrac{x-1}{-2} = \dfrac{y-1}{1} = \dfrac{z-2}{3} = t$, 所给直线的参数方程为 $\begin{cases} x = 1 - 2t \\ y = 1 + t \\ z = 2 + 3t \end{cases}$.

21.【解答】直线的方向向量可作为所求平面的法向量, 即

$$\boldsymbol{n} = \boldsymbol{n}_1 \times \boldsymbol{n}_2 = \begin{vmatrix} \boldsymbol{i} & \boldsymbol{j} & \boldsymbol{k} \\ 1 & -2 & 4 \\ 3 & 5 & -2 \end{vmatrix} = (-16, 14, 11),$$

所求平面的方程为 $-16(x-2) + 14(y-0) + 11(z-3) = 0$, 即 $16x - 14y - 11z + 1 = 0$.

22.【解答】设所给直线 $L$ 的平面束方程为 $2x - 3y + z + \lambda(3x - y - z - 8) = 0$, 即

$$(2 + 3\lambda)x - (3 + \lambda)y + (1 - \lambda)z - 8\lambda = 0,$$ 其中 $\lambda$ 为待定常数,

要使该平面与已知平面 $\Pi$ 垂直, 则有 $2(2 + 3\lambda) + (3 + \lambda) + (1 - \lambda) = 0$, 解得 $\lambda = -\dfrac{4}{3}$,

将 $\lambda = -\dfrac{4}{3}$ 代入 $(2 + 3\lambda)x - (3 + \lambda)y + (1 - \lambda)z - 8\lambda = 0$, 可得 $6x + 5y - 7z = 32$,

因此直线 $L$ 在平面 $\Pi$ 上的投影直线方程为 $\begin{cases} 6x + 5y - 7z = 32 \\ 2x - y + z = 1 \end{cases}$.

23.【解答】直线 $L$ 的方向向量 $\boldsymbol{n} = \begin{vmatrix} \boldsymbol{i} & \boldsymbol{j} & \boldsymbol{k} \\ 2 & 1 & 0 \\ 1 & 0 & 1 \end{vmatrix} = \boldsymbol{i} - 2\boldsymbol{j} - \boldsymbol{k}$, 要使直线 $L$ 与平面 $\Pi$ 平行, 只要 $\boldsymbol{n} \cdot \boldsymbol{s} =$

$0$, 其中 $\boldsymbol{s} = (1, \lambda, -1)$ 且为平面 $\Pi$ 的法向量, 即 $1 - 2\lambda + 1 = 0$, 解得 $\lambda = 1$.

令 $x_0 = 1$, 代入直线 $L$ 的方程可得 $y_0 = -1, z_0 = 1$, 直线 $L$ 与平面 $\Pi$ 之间的距离

$$d = \dfrac{|1 - 1 - 1 - 1|}{\sqrt{1^2 + 1^2 + (-1)^2}} = \dfrac{2\sqrt{3}}{3}.$$

24.【解答】令 $F(x, y, z) = x^2 + 2y^2 + 3z^2 - 36$, 则法向量

$$\boldsymbol{n} = (2x, 4y, 6z), \ \boldsymbol{n}|_{(1,2,3)} = (2, 8, 18),$$

切平面方程: $2(x - 1) + 8(y - 2) + 18(z - 3) = 0$, 即 $x + 4y + 9z - 36 = 0$,

法线方程：$\dfrac{x-1}{1} = \dfrac{y-2}{4} = \dfrac{z-3}{9}$.

25.【解答】在点 $(1,1,1)$ 处两平面的法向量分别为 $\boldsymbol{n}_1 = (2x-3, 2y, 2z)\big|_{(1,1,1)} = (-1, 2, 2)$，$\boldsymbol{n}_2 = (2, -3, 5)$，故切线的方向向量为 $\boldsymbol{l} = \boldsymbol{n}_1 \times \boldsymbol{n}_2 = (16, 9, -1)$，

切线方程：$\dfrac{x-1}{16} = \dfrac{y-1}{9} = \dfrac{z-1}{-1}$，

法平面：$16(x-1) + 9(y-1) - (z-1) = 0$，即 $16x + 9y - z - 24 = 0$.

26.【解答】与 $l$ 同方向的单位向量为 $\boldsymbol{e}_l = (\cos\alpha, \sin\alpha)$，则

$$\left.\dfrac{\partial f}{\partial l}\right|_{(1,1)} = f_x(1,1)\cos\alpha + f_y(1,1)\sin\alpha$$

$$= (2x - y)\big|_{(1,1)}\cos\alpha + (2y - x)\big|_{(1,1)}\sin\alpha$$

$$= \cos\alpha + \sin\alpha = \sqrt{2}\sin\left(\alpha + \dfrac{\pi}{4}\right),$$

故当 $\alpha = \dfrac{\pi}{4}$ 时，方向导数取到最大值 $\sqrt{2}$；当 $\alpha = \dfrac{5\pi}{4}$ 时，方向导数取最小值 $-\sqrt{2}$；

当 $\alpha = \dfrac{3\pi}{4}, \dfrac{7\pi}{4}$ 时，方向导数为 $0$.

27.【解答】$\boldsymbol{n} = (4x, 6y, 2z)\big|_P = 2(2, 3, 1)$，$\cos\alpha = \dfrac{2}{\sqrt{14}}$，$\cos\beta = \dfrac{3}{\sqrt{14}}$，$\cos\gamma = \dfrac{1}{\sqrt{14}}$，

$$\left.\dfrac{\partial u}{\partial x}\right|_P = \dfrac{6x}{z\sqrt{6x^2 + 8y^2}}\bigg|_P = \dfrac{6}{\sqrt{14}}, \quad \left.\dfrac{\partial u}{\partial y}\right|_P = \dfrac{8}{\sqrt{14}}, \quad \left.\dfrac{\partial u}{\partial z}\right|_P = -\sqrt{14},$$

则 $\left.\dfrac{\partial u}{\partial x}\right|_P = \dfrac{1}{14} \times (6 \times 2 + 8 \times 3 - 14 \times 1) = \dfrac{11}{7}$.

28.【解答】过点 $P(-1, 0, 4)$ 且与平面 $3x - 4y + z - 10 = 0$ 平行的平面方程是 $3(x+1) - 4(y-0) + (z-4) = 0$，即 $3x - 4y + z - 1 = 0$，此平面与直线 $\dfrac{x+1}{1} = \dfrac{y-3}{1} = \dfrac{z}{2}$ 的交点为 $(15, 19, 32)$，所求的直线过点 $P(-1, 0, 4)$ 和 $(15, 19, 32)$，因此所求直线方程为

$$\dfrac{x+1}{16} = \dfrac{y}{19} = \dfrac{z-4}{28}.$$

29.【解答】不妨设过 $z$ 轴的平面方程为 $y + ax = 0$，由题设条件可得

$$\dfrac{2a+1}{\sqrt{2^2 + 1^2 + (\sqrt{5})^2}\sqrt{1+a^2}} = \cos\dfrac{\pi}{3},$$

即 $(3a-1)(a-3) = 0$，解得 $a = \dfrac{1}{3}$，

因此过 $z$ 轴且与平面 $2x + y - \sqrt{5}z - 7 = 0$ 的夹角为 $\dfrac{\pi}{3}$ 的平面方程是 $y + \dfrac{1}{3}x = 0$ 或 $3y + x = 0$.

30.【解答】**方法一** 直线 $L$ 的方向向量 $\boldsymbol{s} = (2, -3, 2)$，平面 $\pi$ 的法向量 $\boldsymbol{n}_1 = (3, 2, -1)$，则所求平面的法向量为

$$\boldsymbol{n} = \boldsymbol{s} \times \boldsymbol{n}_1 = (2, -3, 2) \times (3, 2, -1) = (-1, 8, 13),$$

因此所求平面方程为 $-(x-1) + 8(y+2) + 13(z-2) = 0$，即 $x - 8y - 13z + 9 = 0$.

**方法二** 过直线 $L: \dfrac{x-1}{2} = \dfrac{y+2}{-3} = \dfrac{z-2}{2}$ 的平面束方程为

$$\left(\dfrac{x-1}{2} - \dfrac{z-2}{2}\right) + \lambda\left(\dfrac{y+2}{-3} - \dfrac{z-2}{2}\right) = 0,$$

即 $3x - 2\lambda y - 3(1+\lambda)z + 3 + 2\lambda = 0$.

由于该平面与平面 $\pi: 3x + 2y - z - 5 = 0$ 垂直，则 $9 - 4\lambda + 2(1+\lambda) = 0$，解得 $\lambda = 12$，因此所求平面方程为 $x - 8y - 13z + 9 = 0$.

31.【解答】**方法一** 设所求直线的对称式方程为 $\dfrac{x-2}{l} = \dfrac{y-1}{m} = \dfrac{z-3}{n}$，

则其参数方程为 $\begin{cases} x = lt_1 + 2 \\ y = mt_1 + 1 \\ z = nt_1 + 3 \end{cases}$，

而所给直线的参数方程为 $\begin{cases} x = 3t_2 - 1 \\ y = 2t_2 + 1 \\ z = -t_2 \end{cases}$.

一方面，两直线互相垂直，故其方向向量的数量积为 0，即 $3l + 2m - n = 0$.

另一方面，两直线相交，在交点处对应的坐标相等，故有 $\begin{cases} lt_1 + 2 = 3t_2 - 1 \\ mt_1 + 1 = 2t_2 + 1 \\ nt_1 + 3 = -t_2 \end{cases}$，

解之可得 $l = -\dfrac{12}{7t_1}, m = \dfrac{6}{7t_1}, n = -\dfrac{24}{7t_1}, t_2 = \dfrac{3}{7}$. 于是，所求直线的方程为

$$\dfrac{x-2}{2} = \dfrac{y-1}{-1} = \dfrac{z-3}{4}.$$

**方法二** 过点 $P(2,1,3)$ 作垂直于已知直线 $L$ 的平面，则该平面的法向量就是 $L$ 的方向向量，故此平面方程为 $3(x-2) + 2(y-1) - (z-3) = 0$. \hfill (8.4)

再求该平面与 $L$ 的交点，将 $L$ 的参数方程 $\begin{cases} x = -1 + 3t \\ y = 1 + 2t \\ z = -t \end{cases}$，代入平面方程 (8.4) 得 $t = \dfrac{3}{7}$，从而得交点为 $\left(\dfrac{2}{7}, \dfrac{13}{7}, -\dfrac{3}{7}\right)$. 以 $P(2,1,3)$ 为始点、$\left(\dfrac{2}{7}, \dfrac{13}{7}, -\dfrac{3}{7}\right)$ 为终点的向量 $\left(\dfrac{2}{7} - 2, \dfrac{13}{7} - 1, -\dfrac{3}{7} - 3\right)$ 是所求直线的方向向量，

故所求直线的对称式方程为 $\dfrac{x-2}{-\dfrac{12}{7}} = \dfrac{y-1}{\dfrac{6}{7}} = \dfrac{z-3}{-\dfrac{24}{7}}$，即 $\dfrac{x-2}{2} = \dfrac{y-1}{-1} = \dfrac{z-3}{4}$.

**方法三** 设所求直线的方向向量为 $\boldsymbol{s} = (l, m, n)$，以 $P(2,1,3)$ 为始点、直线 $L$ 上的 $Q(-1,1,0)$ 为终点的向量为 $\boldsymbol{PQ} = (-3, 0, -3)$. 由于三向量 $\boldsymbol{PQ}, \boldsymbol{s}, (3, 2, -1)$ 共面，故

$$\begin{vmatrix} l & m & n \\ -3 & 0 & -3 \\ 3 & 2 & -1 \end{vmatrix} = 0.$$

又由于所求直线与 $L$ 互相垂直,故其方向向量的数量积为 $0$,即 $3l + 2m - n = 0$,于是可求得 $l = \frac{1}{2}n, m = -\frac{1}{4}n$. 因此,所求直线的方程为 $\frac{x-2}{2} = \frac{y-1}{-1} = \frac{z-3}{4}$.

**32.【解答】方法一** 所求直线 $L$ 既在过 $P$ 点与直线 $L_1$ 的平面上,又在过 $P$ 点与直线 $L_2$ 的平面上,在直线 $L_1$ 上任取点 $P_1(0, 5, -3)$,则 $\overrightarrow{PP_1} = (3, 0, -12)$,而直线 $L_1$ 的方向向量 $\boldsymbol{s_1} = (3, -1, 0) \times (2, 0, -1) = (1, 3, 2)$,故过 $P$ 点和 $L_1$ 直线的平面方程为 $\pi_1$:

$$\begin{vmatrix} x+3 & y-5 & z-9 \\ 3 & 0 & -12 \\ 1 & 3 & 2 \end{vmatrix} = 0,$$ 即 $4x - 2y + z + 13 = 0$.

在直线 $L_2$ 上任取点 $P_2(0, -7, 10)$,则 $\overrightarrow{PP_2} = (3, -12, 1)$,而直线 $L_2$ 的方向向量 $\boldsymbol{s_2} = (5, 0, -1) \times (4, -1, 0) = (1, 4, 5)$,故过 $P$ 点和 $L_2$ 直线的平面方程为 $\pi_2$:

$$\begin{vmatrix} x+3 & y-5 & z-9 \\ 3 & -12 & 1 \\ 1 & 4 & 5 \end{vmatrix} = 0,$$ 即 $32x + 7y - 12z + 169 = 0$,

则过点 $P(-3, 5, 9)$ 且与直线 $L_1$ 和 $L_2$ 相交的直线 $L$ 为 $\begin{cases} 4x - 2y + z + 13 = 0 \\ 32x + 7y - 12z + 169 = 0 \end{cases}$.

**方法二** 先利用平面束方程求过 $L_1$ 与 $P$ 的平面 $\pi_1$.

过 $L_1$ 的平面束方程为 $(3x - y + 5) + \lambda(2x - z - 3) = 0$,将 $P(-3, 5, 9)$ 代入平方束方程得 $\lambda = -\frac{1}{2}$,所以 $\pi_1$ 的方程为 $4x - 2y + z + 13 = 0$;

再求 $L_2$ 与 $\pi_1$ 的交点 $P_3$,由 $\begin{cases} 4x - y - 7 = 0 \\ 5x - z + 10 = 0 \\ 4x - 2y + z + 13 = 0 \end{cases}$,解得 $x = -37, y = -155, z = -175$,

即 $P_3(-37, -155, -175)$,过点 $P_3$ 的直线即为所求直线 $L$ 的方程 $\frac{x+3}{17} = \frac{y-5}{80} = \frac{z-9}{92}$.

**33.【解答】**(1) 将已知直线写成对称式,即 $L_1: \frac{x+1}{3} = \frac{y+3}{2} = \frac{z}{1}, L_2: \frac{x}{1} = \frac{y+5}{2} = \frac{z-2}{7}$,

$L_1$ 和 $L_2$ 的方向向量分别为 $\boldsymbol{s_1} = (3, 2, 1), \boldsymbol{s_2} = (1, 2, 7)$.

因为公垂线同时垂直于 $L_1$ 与 $L_2$,则它的方向向量为 $\boldsymbol{s_1} \times \boldsymbol{s_2} = \begin{vmatrix} \boldsymbol{i} & \boldsymbol{j} & \boldsymbol{k} \\ 3 & 2 & 1 \\ 1 & 2 & 7 \end{vmatrix} = (12, -20, 4)$.

设 $(x, y, z)$ 为公垂线与 $L_1$ 所确定的平面上的任意一点,则向量 $(x+1, y+3, z), \boldsymbol{s_1} \times \boldsymbol{s_2}, \boldsymbol{s_1}$ 共面,故有 $\begin{vmatrix} x+1 & y+3 & z-2 \\ 12 & -20 & 4 \\ 3 & 2 & 1 \end{vmatrix} = 0$,即 $x - 3z + 1 = 0$.

同理,向量 $(x,y+5,z-2)$, $\boldsymbol{s}_1 \times \boldsymbol{s}_2$, $\boldsymbol{s}_2$ 也共面,故 $\begin{vmatrix} x & y+5 & z-2 \\ 12 & -20 & 4 \\ 1 & 2 & 7 \end{vmatrix} = 0$,即 $37x + 20y - 11z + 122 = 0$,

故所求公垂线的方程为 $\begin{cases} x - 3z + 1 = 0 \\ 37x + 20y - 11z + 122 = 0 \end{cases}$.

(2) 过 $L_1$ 作平行于 $L_2$ 的平面 $\pi$,所求距离即为 $L_2$ 上的点 $M_2(0,-5,2)$ 到 $\pi$ 的距离.

平面 $\pi$ 的法向量 $\boldsymbol{n} = \boldsymbol{s}_1 \times \boldsymbol{s}_2 = (12,-20,4)$,于是平面 $\pi$ 的方程为
$$12(x+1) - 20(y+3) + 4z = 0, \text{即 } 3x - 5y + z - 12 = 0.$$

点 $M_2(0,-5,2)$ 到 $\pi$ 的距离 $d = \dfrac{|25+2-12|}{\sqrt{9+25+1}} = \dfrac{3\sqrt{35}}{7}$.

34.【解答】(1) 求通过直线 $L$ 且垂直于平面 $\pi$ 的平面 $\pi^*$ 的方程有三种方法.

**方法一 点法式** 直线 $L$ 的方向向量 $\boldsymbol{s} = (1,1,-1)$,平面 $\pi$ 的法向量 $\boldsymbol{n} = (1,-1,2)$,设平面 $\pi^*$ 的法向量为 $\boldsymbol{n}^*$,则 $\boldsymbol{n}^* \perp \boldsymbol{s}$ 且 $\boldsymbol{n}^* \perp \boldsymbol{n}$,于是 $\boldsymbol{n}^* = \boldsymbol{s} \times \boldsymbol{n} = \begin{vmatrix} \boldsymbol{i} & \boldsymbol{j} & \boldsymbol{k} \\ 1 & 1 & -1 \\ 1 & -1 & 2 \end{vmatrix} = \boldsymbol{i} - 3\boldsymbol{j} - 2\boldsymbol{k}$.

又平面 $\pi^*$ 通过直线 $L$,可知直线 $L$ 上的点 $P(1,0,1)$ 在平面 $\pi^*$ 上,于是 $\pi^*$ 的方程为
$$1 \times (x-1) - 3 \times (y-0) - 2 \times (z-1) = 0, \text{即 } x - 3y - 2z + 1 = 0.$$

**方法二 一般式** 设 $\pi^*$ 的方程为 $A(x-1) + By + C(z-1) = 0$,则由条件知
$$A - B + 2C = 0, A + B - C = 0,$$
于是 $\pi^*$ 的方程为 $x - 3y - 2z + 1 = 0$.

**方法三 平面束** 由于 $L$ 的方程可写为 $\begin{cases} x - y - 1 = 0 \\ y + z - 1 = 0 \end{cases}$,

所以过 $L$ 的平面方程可设为 $(x - y - 1) + \lambda(y + z - 1) = 0$,即
$$x + (\lambda - 1)y + \lambda z - (1 + \lambda) = 0.$$

由该方程与 $\pi^*$ 垂直可得 $1 - (\lambda - 1) + 2 \times \lambda = 0$,解得 $\lambda = -2$,则 $\pi^*$ 的方程为 $x - 3y - 2z + 1 = 0$,

故所求投影直线的方程为 $\begin{cases} x - 3y - 2z + 1 = 0 \\ x - y + 2z - 1 = 0 \end{cases}$.

(2) 将 $L_0$ 写成参数方程 $\begin{cases} x = 2y \\ z = -\dfrac{1}{2}(y-1) \end{cases}$.

设 $L_0$ 绕 $y$ 轴旋转一周所成的曲面为 $S$,由点 $P(x_0,y_0,z_0) \in S$,可得
$$x_0^2 + z_0^2 = (2y_0)^2 + \left[-\dfrac{1}{2}(y_0-1)\right]^2 = \dfrac{17}{4}y_0^2 - \dfrac{1}{2}y_0 + \dfrac{1}{4},$$

即 $L_0$ 绕 $y$ 轴旋转一周所成的曲面方程为 $x^2 + z^2 = \dfrac{17}{4}y^2 - \dfrac{1}{2}y + \dfrac{1}{4}$.

## 第四节 多元函数微分学在几何上的应用

**1.** 答案 $\dfrac{x-1}{1}=\dfrac{y-1}{-3}=\dfrac{z-2}{-4}$ 　【解答】由方程组 $\begin{cases} x-y+z=0 \\ z=x^2+y^2 \end{cases}$ 中各式两边分别对 $x$ 求导

数,得 $\begin{cases} 1-\dfrac{\mathrm{d}y}{\mathrm{d}x}+\dfrac{\mathrm{d}z}{\mathrm{d}x}=0 \\ \dfrac{\mathrm{d}z}{\mathrm{d}x}=2x+2y\dfrac{\mathrm{d}y}{\mathrm{d}x} \end{cases}$,解得

$$\left.\dfrac{\mathrm{d}y}{\mathrm{d}x}\right|_{(1,1,2)}=\left.\dfrac{2x+1}{1-2y}\right|_{(1,1,2)}=-3,\left.\dfrac{\mathrm{d}z}{\mathrm{d}x}\right|_{(1,1,2)}=\left.\dfrac{\mathrm{d}y}{\mathrm{d}x}\right|_{(1,1,2)}-1=-4,$$

则切向量 $T=(1,-3,-4)$,故切线方程为 $\dfrac{x-1}{1}=\dfrac{y-1}{-3}=\dfrac{z-2}{-4}$.

**2.** 答案 $\left(0,\sqrt{\dfrac{2}{5}},\sqrt{\dfrac{3}{5}}\right)$ 　【解答】由已知可得曲线 $\begin{cases} 3x^2+2y^2=12 \\ z=0 \end{cases}$ 绕 $y$ 轴旋转一周得到的旋

转面的方程为 $3(x^2+z^2)+2y^2=12$.

令 $F(x,y,z)=3(x^2+z^2)+2y^2-12$,则旋转曲面 $3(x^2+z^2)+2y^2=12$ 在点 $(0,\sqrt{3},\sqrt{2})$

处的法向量为 $\mathbf{n}=(\pm F'_x,\pm F'_y,\pm F'_z)=(\pm 6x,\pm 4y,\pm 6z)=(0,\pm 4\sqrt{3},\pm 6\sqrt{2})$.

故指向外侧的单位法向量 $\mathbf{e}_n=\dfrac{\mathbf{n}}{|\mathbf{n}|}=\left(0,\sqrt{\dfrac{2}{5}},\sqrt{\dfrac{3}{5}}\right)$.

**3.** 答案 $\dfrac{\sqrt{3}}{3}$ 　【解答】因为 $\dfrac{\partial u}{\partial x}=\dfrac{x}{3},\dfrac{\partial u}{\partial y}=\dfrac{y}{6},\dfrac{\partial u}{\partial z}=\dfrac{z}{9}$,于是所求方向导数为 $\left.\dfrac{\partial u}{\partial \mathbf{n}}\right|_{(1,2,3)}=\dfrac{1}{3}\times\dfrac{1}{\sqrt{3}}+$

$\dfrac{1}{3}\times\dfrac{1}{\sqrt{3}}+\dfrac{1}{3}\times\dfrac{1}{\sqrt{3}}=\dfrac{\sqrt{3}}{3}$.

**4.** 答案 $(1,1,1)$ 　【解答】令 $u=xy+\dfrac{z}{y}$,则 $u_x|_{(2,1,1)}=y|_{(2,1,1)}=1,u_y|_{(2,1,1)}=$

$\left.\left(x-\dfrac{z}{y^2}\right)\right|_{(2,1,1)}=1,u_z|_{(2,1,1)}=\left.\dfrac{1}{y}\right|_{(2,1,1)}=1$,所以 $\left.\mathrm{grad}\left(xy+\dfrac{z}{y}\right)\right|_{(2,1,1)}=(1,1,1)$.

**5.** 答案 $\left(\dfrac{2}{9},\dfrac{4}{9},-\dfrac{4}{9}\right)$ 　【解答】由于 $\left.\dfrac{\partial u}{\partial x}\right|_{(1,2,-2)}=\left.\dfrac{2x}{x^2+y^2+z^2}\right|_{(1,2,-2)}=\dfrac{2}{9}$,

$\left.\dfrac{\partial u}{\partial y}\right|_{(1,2,-2)}=\left.\dfrac{2y}{x^2+y^2+z^2}\right|_{(1,2,-2)}=\dfrac{4}{9},\left.\dfrac{\partial u}{\partial z}\right|_{(1,2,-2)}=\left.\dfrac{2z}{x^2+y^2+z^2}\right|_{(1,2,-2)}=-\dfrac{4}{9}$,

因此 $\mathrm{grad}\,u|_M=\left(\dfrac{2}{9},\dfrac{4}{9},-\dfrac{4}{9}\right)$.

**6.** 答案 $\dfrac{1}{2}$ 　【解答】由已知条件知 $\mathbf{l}=\dfrac{\overrightarrow{AB}}{|\overrightarrow{AB}|}=\dfrac{1}{3}(2,-2,1)=\left(\dfrac{2}{3},-\dfrac{2}{3},\dfrac{1}{3}\right)$,

$\left.\mathrm{grad}\,u\right|_A=\left.\dfrac{1}{x+\sqrt{y^2+z^2}}\left(1,\dfrac{y}{\sqrt{y^2+z^2}},\dfrac{z}{\sqrt{y^2+z^2}}\right)\right|_A=\left(\dfrac{1}{2},0,\dfrac{1}{2}\right)$,

从而方向导数 $\left.\dfrac{\partial u}{\partial \mathbf{l}}\right|_A=\mathbf{l}\cdot\mathrm{grad}\,u\Big|_A=\left(\dfrac{2}{3},-\dfrac{2}{3},\dfrac{1}{3}\right)\cdot\left(\dfrac{1}{2},0,\dfrac{1}{2}\right)$

$$= \frac{2}{3} \times \frac{1}{2} + \left(-\frac{2}{3}\right) \times 0 + \frac{1}{3} \times \frac{1}{2} = \frac{1}{2}.$$

7. 【答案】$\left(-\frac{1}{\sqrt{2}}, -\frac{1}{\sqrt{2}}, 0\right)$ 【解答】由于 $\left.\frac{\partial f}{\partial x}\right|_{(-1,1,3)} = \left.\frac{1}{y+z}\right|_{(-1,1,3)} = \frac{1}{4}$, $\left.\frac{\partial f}{\partial y}\right|_{(-1,1,3)} =$

$\left.\frac{z-x}{(y+z)^2}\right|_{(-1,1,3)} = \frac{1}{4}, \left.\frac{\partial f}{\partial z}\right|_{(-1,1,3)} = \left.-\frac{x+y}{(y+z)^2}\right|_{(-1,1,3)} = 0,$

而函数 $f(x,y,z)$ 在点 $(-1,1,3)$ 处函数值减少最快的方向即为负梯度方向,故而函数值减少最快的方向上的单位向量为 $-\frac{\operatorname{grad} f(-1,1,3)}{|\operatorname{grad} f(-1,1,3)|} = \left(-\frac{1}{\sqrt{2}}, -\frac{1}{\sqrt{2}}, 0\right).$

8. 【证明】由定义 $\left.\frac{\partial z}{\partial l}\right|_{(0,0)} = \lim_{t \to 0^+} \frac{f(t\cos\alpha, t\cos\beta) - f(0,0)}{t} = \lim_{t \to 0^+} \frac{\sqrt{t^2}}{t} = 1,$

由此可见,$z = \sqrt{x^2 + y^2}$ 在 $(0,0)$ 处沿任意方向的方向导数都存在,

但是 $\lim_{\Delta x \to 0} \frac{f(\Delta x, 0) - f(0,0)}{\Delta x} = \lim_{\Delta x \to 0} \frac{\sqrt{\Delta x^2} - 0}{\Delta x} = \lim_{\Delta x \to 0} \frac{|\Delta x|}{\Delta x}$ 不存在,

即 $f(x,y)$ 在 $(0,0)$ 处对 $x$ 的偏导数不存在. 同理,$f(x,y)$ 在 $(0,0)$ 处对 $y$ 的偏导数也不存在.

9. 【解答】由于 $A(x,y)$ 是函数 $u(x,y)$ 的梯度,所以 $\frac{\partial u}{\partial x} = 2xy(x^4+y^2)^\lambda, \frac{\partial u}{\partial y} = -x^2(x^4+y^2)^\lambda,$

进而 $\frac{\partial^2 u}{\partial x \partial y} = \frac{\partial}{\partial y}\left(\frac{\partial u}{\partial x}\right) = 2x(x^4+y^2)^\lambda + 4\lambda xy^2(x^4+y^2)^{\lambda-1},$

$\frac{\partial^2 u}{\partial y \partial x} = \frac{\partial}{\partial x}\left(\frac{\partial u}{\partial y}\right) = -2x(x^4+y^2)^\lambda - 4\lambda x^5(x^4+y^2)^{\lambda-1}.$

显然 $\frac{\partial^2 u}{\partial x \partial y}, \frac{\partial^2 u}{\partial y \partial x}$ 在右半平面内皆为二元初等函数,从而 $\frac{\partial^2 u}{\partial x \partial y}, \frac{\partial^2 u}{\partial y \partial x}$ 在右半平面内连续,故而 $\frac{\partial^2 u}{\partial x \partial y} \equiv \frac{\partial^2 u}{\partial y \partial x}$,即

$2x(x^4+y^2)^\lambda + 4\lambda xy^2(x^4+y^2)^{\lambda-1} \equiv -2x(x^4+y^2)^\lambda - 4\lambda x^5(x^4+y^2)^{\lambda-1},$

或 $4x(x^4+y^2)^\lambda(\lambda+1) \equiv 0$,因此 $\lambda = -1$.

由 $\frac{\partial u}{\partial x} = 2xy(x^4+y^2)^\lambda = \frac{2xy}{x^4+y^2}$,得 $u(x,y) = \int \frac{\partial u}{\partial x} dx = \int \frac{2xy}{x^4+y^2} dx = \arctan \frac{x^2}{y} + \varphi(y)$,

从而 $\frac{\partial u}{\partial y} = \frac{1}{1+\left(\frac{x^2}{y}\right)^2} \cdot \left(-\frac{x^2}{y^2}\right) + \varphi'(y) = -\frac{x^2}{x^4+y^2} + \varphi'(y)$,结合 $\frac{\partial u}{\partial y} = -\frac{x^2}{x^4+y^2}$ 得 $\varphi'(y) = 0$,则 $\varphi(y) = C$.

于是 $u(x,y) = \arctan \frac{x^2}{y} + C.$

10. 【解答】过直线的平面系方程为 $(1+\lambda)x + (2-\lambda)y + (1-2\lambda)z + (-1+3\lambda) = 0$,

此平面的法向量为 $\boldsymbol{n} = (1+\lambda, 2-\lambda, 1-2\lambda).$

由 $\begin{cases} x^2 + y^2 = \frac{1}{2}z^2 \\ x + y + 2z = 4 \end{cases}$ 两边对 $x$ 求导数,得 $\begin{cases} 2x + 2y\dfrac{dy}{dx} = z\dfrac{dz}{dx} \\ 1 + \dfrac{dy}{dx} + 2\dfrac{dz}{dx} = 0 \end{cases}.$

曲线在点 $(1,-1,2)$ 的切向量 $\boldsymbol{T} = \left(1, \dfrac{\mathrm{d}y}{\mathrm{d}x}\bigg|_{(1,-1,2)}, \dfrac{\mathrm{d}z}{\mathrm{d}x}\bigg|_{(1,-1,2)}\right) = (1,3,-2)$.

由题设 $\boldsymbol{n} \perp \boldsymbol{T}$,即 $\boldsymbol{n} \cdot \boldsymbol{T} = 0$,解得 $\lambda = -\dfrac{5}{2}$,故所求平面方程为 $3x - 9y - 12z + 17 = 0$.

11.【解答】显然 $\lim\limits_{\substack{x\to 0\\ y\to 0}} f(x,y) = f(0,0) = 0$,即函数 $f(x,y)$ 在点 $(0,0)$ 处连续.

又
$$\dfrac{\partial f}{\partial x}\bigg|_{(0,0)} = \lim_{x\to 0}\dfrac{f(x,0)-f(0,0)}{x} = \lim_{x\to 0}\dfrac{x}{x} = 1,$$
$$\dfrac{\partial f}{\partial y}\bigg|_{(0,0)} = \lim_{y\to 0}\dfrac{f(0,y)-f(0,0)}{y} = \lim_{y\to 0}\dfrac{y}{y} = 1,$$

从而函数 $f(x,y)$ 在点 $(0,0)$ 处的一阶偏导数存在.

由于 $\lim\limits_{t\to 0^+}\dfrac{f(t\cos\theta, t\sin\theta)-f(0,0)}{t} = \lim\limits_{t\to 0^+}\dfrac{\sqrt{t}}{t} = \infty$,其中 $\boldsymbol{l} = (\cos\theta, \sin\theta)$,且 $\sin\theta\cos\theta \neq 0$,这说明 $f(x,y)$ 在点 $(0,0)$ 处沿任何一个方向 $\boldsymbol{l}$(除坐标轴方向外)的方向导数不存在.

12.【解答】在椭球面 $2x^2 + 2y^2 + z^2 = 1$ 上任取一点 $(x,y,z)$,则函数 $u = x^2 + y^2 + z^2$ 在该点处沿方向 $\boldsymbol{l}$ 的方向导数为 $\dfrac{\partial u}{\partial l} = \mathrm{grad}\, u\big|_{(x,y,z)} \cdot \boldsymbol{e}_l = (2x, 2y, 2z) \cdot \left(\dfrac{1}{\sqrt{2}}, -\dfrac{1}{\sqrt{2}}, 0\right) = \sqrt{2}(x-y)$.

为确定椭球面上的点 $(x,y,z)$ 使 $\dfrac{\partial u}{\partial l}$ 最大,考虑拉格朗日函数 $F(x,y,z,\lambda) = x - y + \lambda(2x^2 + 2y^2 + z^2 - 1)$.

令 $\begin{cases} F'_x(x,y,z,\lambda) = 1 + 4x\lambda = 0 \\ F'_y(x,y,z,\lambda) = -1 + 4y\lambda = 0 \\ F'_z(x,y,z,\lambda) = 2z\lambda = 0 \\ F'_\lambda(x,y,z,\lambda) = 2x^2 + 2y^2 + z^2 - 1 = 0 \end{cases}$,

解之得 $x_1 = \dfrac{1}{2}, y_1 = -\dfrac{1}{2}, z_1 = 0$;$x_2 = -\dfrac{1}{2}, y_2 = \dfrac{1}{2}, z_2 = 0$,

从而 $\dfrac{\partial u}{\partial l}\bigg|_{(\frac{1}{2}, -\frac{1}{2}, 0)} = \sqrt{2}(x-y)\big|_{(\frac{1}{2}, -\frac{1}{2}, 0)} = \sqrt{2}$,$\dfrac{\partial u}{\partial l}\bigg|_{(-\frac{1}{2}, \frac{1}{2}, 0)} = \sqrt{2}(x-y)\big|_{(-\frac{1}{2}, \frac{1}{2}, 0)} = -\sqrt{2}$,

故点 $\left(\dfrac{1}{2}, -\dfrac{1}{2}, 0\right)$ 沿方向 $\boldsymbol{l}$ 的方向导数最大.

13.【解答】因为 $f(x,y)$ 沿着梯度的方向导数最大,且最大值为梯度的模.
$$f'_x(x,y) = 1 + y,\quad f'_y(x,y) = 1 + x,$$

故 $\mathrm{grad}\, f(x,y) = (1+y, 1+x)$,$|\mathrm{grad}\, f(x,y)| = \sqrt{(1+y)^2 + (1+x)^2}$,

本题转化为求函数 $g(x,y) = \sqrt{(1+y)^2 + (1+x)^2}$ 在约束条件 $C: x^2 + y^2 + xy = 3$ 下的最大值.

构造拉格朗日函数 $F(x,y,\lambda) = (1+y)^2 + (1+x)^2 + \lambda(x^2 + y^2 + xy - 3)$,

令 $\begin{cases} F'_x = 2(1+x) + \lambda(2x+y) = 0 \\ F'_y = 2(1+y) + \lambda(2y+x) = 0 \\ F'_\lambda = x^2 + y^2 + xy - 3 = 0 \end{cases}$,得到 $M_1(1,1), M_2(-1,-1), M_3(2,-1), M_4(-1,2)$.

此时 $d(M_1) = 8, d(M_2) = 0, d(M_3) = 9, d(M_4) = 9$，所以最大值为 $\sqrt{9} = 3$.

14.【解答】由于点 $(x,y,z)$ 距离 $xOy$ 面的距离为 $|z|$，故构造拉格朗日函数

$$L(x,y,z,\lambda,\mu) = |z|^2 + \lambda(x^2+y^2-2z^2) + \mu(x+y+3z-5),$$

令 $\begin{cases} L_x = 2\lambda x + \mu = 0 \\ L_y = 2\lambda y + \mu = 0 \\ L_z = 2z - 4\lambda z + 3\mu = 0 \\ L_\lambda = x^2 + y^2 - 2z^2 = 0 \\ L_\mu = x + y + 3z - 5 = 0 \end{cases}$，解得 $x = -5, y = -5, z = 5$ 或 $x = 1, y = 1, z = 1$.

根据几何意义，曲线 $C$ 上距 $xOy$ 面最远和最近的点分别为 $(-5,-5,5)$ 和 $(1,1,1)$.

15.【解答】曲线 $\begin{cases} z = x^2 + y^2 \\ x + y + z = 1 \end{cases}$ 上任一点 $P(x,y,z)$ 到坐标原点的距离为 $d$，则原点到该椭圆的最长与最短距离就是 $d = \sqrt{x^2+y^2+z^2}$ 在约束条件 $z = x^2+y^2, x+y+z = 1$ 下的最大值与最小值.

作拉格朗日函数 $F(x,y,z,\lambda,u) = (x^2+y^2+z^2) + \lambda(x^2+y^2-z) + u(x+y+z-1)$，

令 $\begin{cases} F_x(x,y,z,\lambda,u) = 2x + 2\lambda x + u = 0 \\ F_y(x,y,z,\lambda,u) = 2y + 2\lambda y + u = 0 \\ F_z(x,y,z,\lambda,u) = 2z - \lambda + u = 0 \\ F_\lambda(x,y,z,\lambda,u) = x^2 + y^2 - z = 0 \\ F_u(x,y,z,\lambda,u) = x + y + z - 1 = 0 \end{cases}$，故 $\begin{cases} (1+\lambda)(x-y) = 0 \\ 2y + 2\lambda y + u = 0 \\ 2z - \lambda + u = 0 \\ x^2 + y^2 - z = 0 \\ x + y + z - 1 = 0 \end{cases}$，

当 $\lambda = -1$ 时，$u = 0, z = -\dfrac{1}{2}, x^2+y^2 = -\dfrac{1}{2}, x+y+z-1 = 0$ 矛盾，

所以 $\lambda \neq -1$，即 $x = y$，代入得 $\begin{cases} 2x^2 = z \\ 2x = 1-z \end{cases}$，解之得 $x = y = \dfrac{-1 \pm \sqrt{3}}{2}, z = 2 \mp \sqrt{3}$，即

$$d = \sqrt{x^2+y^2+z^2} = \sqrt{z+z^2} = \sqrt{2 \mp \sqrt{3} + (2 \mp \sqrt{3})^2} = \sqrt{9 \mp 5\sqrt{3}},$$

因此，原点到抛物面 $z = x^2 + y^2$ 被平面 $x+y+z = 1$ 截成一椭圆的最长距离与最短距离分别为 $\sqrt{9+5\sqrt{3}}$ 和 $\sqrt{9-5\sqrt{3}}$.

## 第五节　三重积分及其应用

### 一、基础篇

1.【答案】C 【解答】由于选项 C 中的被积函数 $f(x,y,z)$ 对于变量 $x,y$ 都是偶函数，而积分区域 $\Omega$ 既关于 $yOz$ 坐标面对称，也关于 $xOz$ 坐标面对称，所以 $\iiint\limits_{\Omega_1} z dv = 4\iiint\limits_{\Omega_2} z dv$. 故应选 C.

对于选项 A 和 D，由于其被积函数是奇函数，而 $\Omega_1$ 关于 $yOz$ 坐标面对称，从而它们在 $\Omega_1$

上的三重积分均为零,即 $\iiint\limits_{\Omega_1} x\mathrm{d}v = 0, \iiint\limits_{\Omega_1} xyz\mathrm{d}v = 0.$

2. **答案** B 【解答】锥面 $z = \sqrt{3(x^2+y^2)}$ 与球面 $x^2+y^2+z^2 = 1$ 的交线为 $\begin{cases} x^2+y^2 = \dfrac{1}{4} \\ z = \dfrac{\sqrt{3}}{2} \end{cases}$,

则积分区域 $\Omega$ 在球坐标系下可表示为 $\Omega = \{(\theta,\varphi,r) \mid 0 \leqslant \theta \leqslant 2\pi, 0 \leqslant \varphi \leqslant \dfrac{\pi}{6}, 0 \leqslant r \leqslant 1\}$,

所以 $\iiint\limits_{\Omega} z^2 \mathrm{d}V = \int_0^{2\pi} \mathrm{d}\theta \int_0^{\frac{\pi}{6}} \sin\varphi \cos^2\varphi \mathrm{d}\varphi \int_0^1 r^4 \mathrm{d}r.$ 因此,应选 B.

3. **答案** D 【解答】由于 $I(R) = \iiint\limits_{x^2+y^2+z^2 \leqslant R^2} f(x,y,z)\mathrm{d}V = f(\xi,\eta,\zeta) \iiint\limits_{x^2+y^2+z^2 \leqslant R^2} \mathrm{d}V = \dfrac{4}{3}\pi R^3 f(\xi,$

$\eta,\zeta)$,其中 $\xi^2 + \eta^2 + \zeta^2 \leqslant R^2$,

于是 $\lim\limits_{R \to 0} \dfrac{I(R)}{R^3} = \lim\limits_{R \to 0} \dfrac{\frac{4}{3}\pi R^3 f(\xi,\eta,\zeta)}{R^3} = \lim\limits_{R \to 0} \dfrac{4}{3}\pi f(\xi,\eta,\zeta) = \dfrac{4}{3}\pi f(0,0,0)$,

当 $f(0,0,0) \neq 0$ 时,$I(R)$ 是 $R$ 的三阶无穷小;当 $f(0,0,0) = 0$,$I(R)$ 是比 $R^3$ 的高阶无穷小. 因此,应选 D.

4. **答案** B 【解答】由于积分区域 $\Omega$ 关于 $x$,$y$ 轮换对称,关于 $x$,$z$(或 $y$,$z$)不具有轮换对称,所以

$$\iiint\limits_{\Omega} \mathrm{e}^x \mathrm{d}V = \iiint\limits_{\Omega} \mathrm{e}^y \mathrm{d}V, \iiint\limits_{\Omega} \mathrm{e}^x \mathrm{d}V \neq \iiint\limits_{\Omega} \mathrm{e}^z \mathrm{d}V,$$

于是 $\iiint\limits_{\Omega} (\mathrm{e}^x + \mathrm{e}^y + \mathrm{e}^z)\mathrm{d}V = \iiint\limits_{\Omega} (2\mathrm{e}^x + \mathrm{e}^z)\mathrm{d}V.$ 故应选 B.

5. **答案** B 【解答】因为 $\Omega$ 在 $xOy$ 面上的投影为 $x^2+y^2 \leqslant 4$,故 $\Omega = \{(r,\theta,z) \mid 0 \leqslant \theta \leqslant 2\pi,$

$0 \leqslant r \leqslant 2, 0 \leqslant z \leqslant 2\}$,所以 $\iiint\limits_{\Omega} (x^2+y^2)\mathrm{d}V = \int_0^{2\pi} \mathrm{d}\theta \int_0^2 \mathrm{d}r \int_r^2 r^3 \mathrm{d}z.$ 故应选 B.

6. 【解答】$\iiint\limits_{\Omega} x\mathrm{d}x\mathrm{d}y\mathrm{d}z = \int_0^1 \mathrm{d}x \int_0^{1-x} \mathrm{d}y \int_0^{1-x-y} x\mathrm{d}z = \int_0^1 \mathrm{d}x \int_0^{1-x} x(1-x-y)\mathrm{d}y$

$$= \int_0^1 x \left[ -\dfrac{1}{2}(1-x-y)^2 \Big|_0^{1-x} \right] \mathrm{d}x = \dfrac{1}{2} \int_0^1 x(1-x)^2 \mathrm{d}x = \dfrac{1}{24},$$

同理,$\iiint\limits_{\Omega} y\mathrm{d}x\mathrm{d}y\mathrm{d}z = \iiint\limits_{\Omega} z\mathrm{d}x\mathrm{d}y\mathrm{d}z = \dfrac{1}{24}$,故原式 $= \dfrac{1}{8}.$

7. 【解答】(1) $I = \iint\limits_D \mathrm{d}x\mathrm{d}y \int_0^{xy} f(x,y,z)\mathrm{d}z = \int_0^1 \mathrm{d}x \int_0^{1-x} \mathrm{d}y \int_0^{xy} f(x,y,z)\mathrm{d}z.$

(2) $\Omega$ 是曲顶柱体,上顶为 $z = x^2 + y^2 + 1$,下顶为 $z = 0$,

$$I = \iint\limits_{D_{xy}} \mathrm{d}x\mathrm{d}y \int_0^{x^2+y^2+1} f(x,y,z)\mathrm{d}z = \int_0^4 \mathrm{d}x \int_0^{4-x} \mathrm{d}y \int_0^{x^2+y^2+1} f(x,y,z)\mathrm{d}z.$$

(3) $\Omega: \begin{cases} -1 \leqslant x \leqslant 1 \\ -\sqrt{1-x^2} \leqslant y \leqslant \sqrt{1-x^2} \\ x^2 + 2y^2 \leqslant z \leqslant 2-x^2 \end{cases}$,故 $I = \int_{-1}^1 \mathrm{d}x \int_{-\sqrt{1-x^2}}^{\sqrt{1-x^2}} \mathrm{d}y \int_{x^2+2y^2}^{2-x^2} f(x,y,z)\mathrm{d}z.$

8.【解答】$\iiint\limits_{\Omega} z\mathrm{d}v = \iint\limits_{D_{xy}}\left(\int_{\sqrt{x^2+y^2}}^{1} z\mathrm{d}z\right)\mathrm{d}\sigma = \iint\limits_{D_{xy}} \frac{z^2}{2}\bigg|_{\sqrt{x^2+y^2}}^{1} \mathrm{d}\sigma = \frac{1}{2}\iint\limits_{D_{xy}}[1-(x^2+y^2)]\mathrm{d}\sigma$

$= \frac{1}{2}\int_0^{2\pi}\mathrm{d}\theta\int_0^1(1-r^2)r\mathrm{d}r = \frac{\pi}{4}$,

或 $\iiint\limits_{\Omega} z\mathrm{d}v = \int_0^1 \mathrm{d}z\iint\limits_{D_z} z\mathrm{d}\sigma = \int_0^1 z\mathrm{d}z\iint\limits_{D_z}\mathrm{d}\sigma = \int_0^1 z(\pi z^2)\mathrm{d}z = \pi\int_0^1 z^3\mathrm{d}z = \pi \cdot \frac{z^4}{4}\bigg|_0^1 = \frac{\pi}{4}$.

9.【解答】如图 8-1 所示,积分区域 $\Omega$ 在柱坐标系下可表示为 $\Omega = \{(\rho,\theta,z)\mid$

$0\leqslant\theta\leqslant\frac{\pi}{2}, 0\leqslant\rho\leqslant 2\cos\theta, 0\leqslant z\leqslant a\}$,于是

$I = \iiint\limits_{\Omega} z\sqrt{x^2+y^2}\mathrm{d}x\mathrm{d}y\mathrm{d}z = \int_0^{\frac{\pi}{2}}\mathrm{d}\theta\int_0^{2\cos\theta}\rho^2\mathrm{d}\rho\int_0^a z\mathrm{d}z$

$= \frac{a^2}{2}\int_0^{\frac{\pi}{2}}\mathrm{d}\theta\int_0^{2\cos\theta}\rho^2\mathrm{d}\rho = \frac{a^2}{2}\cdot\frac{8}{3}\int_0^{\frac{\pi}{2}}\cos^3\theta\mathrm{d}\theta = \frac{8}{9}a^2$.

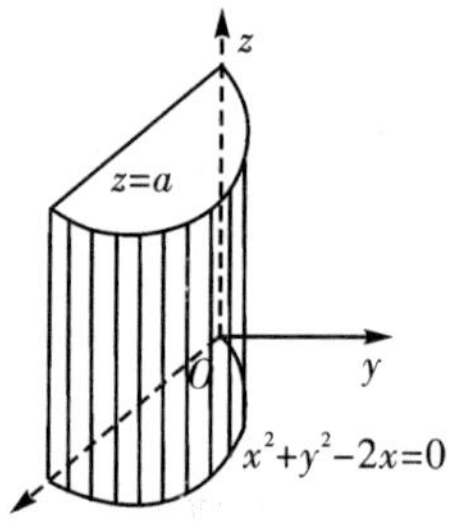

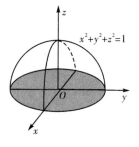

图 8-1

10.【解答】$\iiint\limits_{\Omega}(x^2+y^2+z^2)\mathrm{d}x\mathrm{d}y\mathrm{d}z = \int_0^{2\pi}\mathrm{d}\theta\int_0^{\frac{\pi}{4}}\sin\varphi\mathrm{d}\varphi\int_0^R r^4\mathrm{d}r$

$= \frac{1}{5}\pi R^5(2-\sqrt{2})$.

11.【解答】$I = \iiint\limits_{\Omega}(x^2+y^2)\mathrm{d}v = \int_0^{2\pi}\mathrm{d}\theta\int_0^{\frac{\pi}{2}}\mathrm{d}\varphi\int_a^b r^2\sin^2\varphi\cdot r^2\sin\varphi\mathrm{d}r$

$= 2\pi\cdot\int_0^{\frac{\pi}{2}}\sin^3\varphi\mathrm{d}\varphi\cdot\int_a^b r^4\mathrm{d}r = -\frac{2}{5}\pi(b^5-a^5)\cdot\int_0^{\frac{\pi}{2}}(1-\cos^2\varphi)\mathrm{d}\cos\varphi = \frac{4}{15}\pi(b^5-a^5)$.

12.【解答】作球坐标变换:$x = r\sin\varphi\cos\theta, y = r\sin\varphi\sin\theta, z = r\cos\varphi$,则

$\iiint\limits_{\Omega} f(\sqrt{x^2+y^2+z^2})\mathrm{d}x\mathrm{d}y\mathrm{d}z = \int_0^{2\pi}\mathrm{d}\theta\int_0^{\pi}\sin\varphi\mathrm{d}\varphi\int_0^t r^2 f(r)\mathrm{d}r = 4\pi\int_0^t r^2 f(r)\mathrm{d}r$,

所以 $\lim\limits_{t\to 0^+}\frac{1}{t^4}\iiint\limits_{\Omega} f(\sqrt{x^2+y^2+z^2})\mathrm{d}V = \lim\limits_{t\to 0^+}\frac{4\pi\int_0^t r^2 f(r)\mathrm{d}r}{t^4} = \lim\limits_{t\to 0^+}\frac{4\pi t^2 f(t)}{4t^3} = \pi\lim\limits_{t\to 0^+}\frac{f(t)}{t}$

$= \pi\lim\limits_{t\to 0^+}\frac{f(t)-f(0)}{t-0} = \pi f'(0)$.

13.【解答】方法一  利用柱面坐标计算  如图 8-2 所示,将 $\Omega$ 投影到 $xOy$ 平面内,得圆域 $D: 0\leqslant\theta\leqslant 2\pi, 0\leqslant\rho\leqslant 1$,在 $D$ 内任取一点,作平行于 $z$ 轴的直线交 $\Omega$ 于上下两个曲面 $0\leqslant z\leqslant\sqrt{1-\rho^2}$,于是 $\Omega$ 可表示为 $\Omega = \{(\rho,\theta,z)\mid 0\leqslant\theta\leqslant 2\pi, 0\leqslant\rho\leqslant 1, 0\leqslant z\leqslant\sqrt{1-\rho^2}\}$,

故  $I = \int_0^{2\pi}\mathrm{d}\theta\int_0^1\rho\mathrm{d}\rho\int_0^{\sqrt{1-\rho^2}} z\mathrm{d}z = 2\pi\int_0^1\rho\left(\frac{1}{2}z^2\right)\bigg|_0^{\sqrt{1-\rho^2}}\mathrm{d}\rho$

$= 2\pi\int_0^1\frac{1}{2}\rho(1-\rho^2)\mathrm{d}\rho = \pi\left(\frac{\rho^2}{2}-\frac{\rho^4}{4}\right)\bigg|_0^1 = \frac{\pi}{4}$.

图 8-2

方法二  利用球面坐标计算  将 $\Omega$ 投影到 $xOy$ 平面内,得圆域,故 $0\leqslant\theta\leqslant 2\pi$,在 $[0,2\pi]$ 内任取一角,作过 $z$ 轴的半平面,交 $\Omega$ 于四分之一圆,故 $\varphi$ 的取值范围是 $\left[0,\frac{\pi}{2}\right]$,再在 $\bigg[0,$

$\frac{\pi}{2}]$ 内任取一角,作从原点出发的射线,可得 $0 \leqslant r \leqslant 1$,于是区域 $\Omega$ 可表示为 $\Omega = \{(\theta, \varphi, r) \mid 0 \leqslant \theta \leqslant 2\pi, 0 \leqslant \varphi \leqslant \frac{\pi}{2}, 0 \leqslant r \leqslant 1\}$,故

$$I = \iiint_\Omega z \mathrm{d}x\mathrm{d}y\mathrm{d}z = \int_0^{2\pi} \mathrm{d}\theta \int_0^{\frac{\pi}{2}} \cos\varphi\sin\varphi \mathrm{d}\varphi \int_0^1 r^3 \mathrm{d}r$$

$$= 2\pi \left(\frac{1}{2}\sin^2\varphi\right)\bigg|_0^{\frac{\pi}{2}} \left(\frac{1}{4}r^4\right)\bigg|_0^1 = 2\pi \times \frac{1}{2} \times \frac{1}{4} = \frac{\pi}{4}.$$

**方法三** 由于平行于 $xOy$ 坐标面的平面截空间区域 $\Omega$ 所成的平面区域 $D_z$ 是一个半径为 $z$ 的圆盘,于是

$$I = \iiint_\Omega z \mathrm{d}x\mathrm{d}y\mathrm{d}z = \int_0^1 z\mathrm{d}z \iint_{D_z} \mathrm{d}x\mathrm{d}y = \pi \int_0^1 z(1-z^2)\mathrm{d}z = \pi\left(\frac{1}{2} - \frac{1}{4}\right) = \frac{\pi}{4}.$$

14.【**解答**】如图 8-3 所示,过 $D$ 内任一点作平行于 $z$ 轴的直线,该直线通过抛物面 $z = x^2 + y^2$ 穿入 $\Omega$ 内,然后通过球面 $z = \sqrt{2-x^2-y^2}$ 穿出 $\Omega$,得 $x^2 + y^2 \leqslant z \leqslant \sqrt{2-x^2-y^2}$,$\Omega$ 在 $xOy$ 平面上的投影区域 $D$ 的极坐标表示为 $\begin{cases} 0 \leqslant r \leqslant 1 \\ 0 \leqslant \theta \leqslant 2\pi \end{cases}$,于是在柱面坐标下 $\Omega$ 可表示为 $\Omega = \{(\rho, \theta, z) \mid 0 \leqslant \rho \leqslant 1, 0 \leqslant \theta \leqslant 2\pi, \rho^2 \leqslant z \leqslant \sqrt{2-\rho^2}\}$,

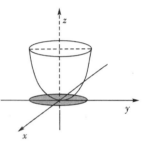

图 8-3

于是 $I = \iiint_\Omega x^2 z r \mathrm{d}\theta\mathrm{d}r\mathrm{d}z = \int_0^{2\pi}\mathrm{d}\theta \int_0^1 \mathrm{d}\rho \int_{\rho^2}^{\sqrt{2-\rho^2}} z\rho^3 \cos^2\theta \mathrm{d}z$

$$= \int_0^{2\pi} \cos^2\theta \mathrm{d}\theta \int_0^1 \frac{1}{2}\rho^3[(2-\rho^2) - \rho^4]\mathrm{d}\rho = \frac{5}{48}\int_0^{2\pi} \cos^2\theta \mathrm{d}\theta = \frac{5\pi}{48}.$$

15.【**解答**】由积分限可知,$\Omega$ 的上方边界为半球面 $z = \sqrt{4-x^2-y^2}$,下方边界为平面 $z = 0$,$\Omega$ 在 $xOy$ 平面上的投影区域由圆周 $x^2 + y^2 = 4$ 围成,即 $\Omega$ 为一半球体(如图 8-4 所示):

$\Omega = \{(x,y,z) \mid -2 \leqslant x \leqslant 2, -\sqrt{4-x^2} \leqslant y \leqslant \sqrt{4-x^2}, 0 \leqslant z \leqslant \sqrt{4-x^2-y^2}\}$,

于是 $I = \int_{-2}^2 \mathrm{d}x \int_{-\sqrt{4-x^2}}^{\sqrt{4-x^2}} \mathrm{d}y \int_0^{\sqrt{4-x^2-y^2}} z^2\sqrt{x^2+y^2+z^2}\mathrm{d}z$

$$= \iiint_\Omega z^2 \sqrt{x^2+y^2+z^2} \mathrm{d}x\mathrm{d}y\mathrm{d}z.$$

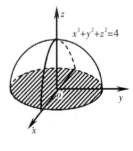

图 8-4

由于积分区域为半球体,被积函数为 $z^2\sqrt{x^2+y^2+z^2}$,因此用球面坐标计算较简单. 为此将 $\Omega$ 表示为 $\Omega = \left\{(r, \varphi, \theta) \mid 0 \leqslant r \leqslant 2, 0 \leqslant \varphi \leqslant \frac{\pi}{2}, 0 \leqslant \theta \leqslant 2\pi\right\}$. 于是

$$I = \iiint_\Omega (r\cos\varphi)^2 \cdot r \cdot r^2 \sin\varphi \mathrm{d}r\mathrm{d}\varphi\mathrm{d}\theta = \int_0^{2\pi}\mathrm{d}\theta \int_0^{\frac{\pi}{2}} \mathrm{d}\varphi \int_0^2 r^5 \cos^2\varphi\sin\varphi\mathrm{d}r$$

$$= \int_0^{2\pi} d\theta \int_0^{\frac{\pi}{2}} \frac{32}{3}\cos^2\varphi \sin\varphi d\varphi = \frac{32}{3}\int_0^{2\pi}\left(-\frac{1}{3}\cos^3\varphi\right)\Big|_0^{\frac{\pi}{2}} d\theta = \frac{32}{9}\int_0^{2\pi} d\theta = \frac{64}{9}\pi.$$

16.【解答】$\Omega$ 关于 $yOz$ 平面对称，$y^4\sin x$ 关于 $x$ 是奇函数，则 $\iiint\limits_{\Omega} y^4\sin x dv = 0$，

$$I = \iiint\limits_{\Omega}(y^4\sin x + z)dv = \iiint\limits_{\Omega} z dv = \int_0^{2R} z dz \iint\limits_{D_z} dxdy = \int_0^{2R} z\sigma(z)dz$$

$$= \int_0^{2R} \pi(2Rz^2 - z^3)dz = \pi\left(\frac{2}{3}Rz^3 - \frac{z^4}{4}\right)\Big|_0^{2R} = \frac{4}{3}\pi R^4.$$

17.【解答】由对称性可知：$\iiint\limits_{\Omega} x dv = 0, \iiint\limits_{\Omega} y dv = 0, \iiint\limits_{\Omega} z^2 dv = 2\iiint\limits_{\Omega_1} z^2 dv$，$\Omega_1$ 是位于 $xOy$ 面上方的部分

$$\iiint\limits_{\Omega_1} z^2 dv = \int_0^H dz \iint\limits_{D_z} z^2 dxdy = \int_0^H z^2 \cdot \pi(1+z^2)dz = \frac{\pi H^3}{3}\left(1 + \frac{3H^2}{5}\right).$$

18.【解答】由 $\begin{cases} x^2 + y^2 + z^2 = 4 \\ x^2 + y^2 = 3z \end{cases}$，得 $z = 1, x^2 + y^2 = 3$，投影到 $xOy$ 面，则

$$I = \int_0^{2\pi} d\theta \int_0^{\sqrt{3}} rdr \int_{\frac{r^2}{3}}^{\sqrt{4-r^2}} zdz = \frac{13}{4}\pi.$$

19.【解答】$\Omega = \left\{(\theta,\varphi,r) \mid 0 \leqslant r \leqslant \sqrt{2}a, 0 \leqslant \varphi \leqslant \frac{\pi}{4}, 0 \leqslant \theta \leqslant 2\pi\right\}$，

$$V = \int_0^{2\pi} d\theta \int_0^{\frac{\pi}{4}} d\varphi \int_0^{\sqrt{2}a} r^2\sin\varphi dr = 2\pi \int_0^{\frac{\pi}{4}}\sin\varphi \cdot \frac{(\sqrt{2}a)^3}{3}d\varphi = \frac{4}{3}\pi(\sqrt{2}-1)a^3.$$

20.【解答】$A = \iint\limits_{D}\sqrt{1+z_x^2+z_y^2}dxdy = \iint\limits_{D}\sqrt{1+x^2+y^2}dxdy = \int_0^{2\pi} d\theta \int_0^R \sqrt{1+\rho^2}\rho d\rho$

$$= \frac{2}{3}\pi\left[(1+R^2)^{\frac{3}{2}} - 1\right].$$

21.【解答】由 $z = \sqrt{x^2+y^2}$ 可知 $z_x = \frac{x}{\sqrt{x^2+y^2}}, z_y = \frac{y}{\sqrt{x^2+y^2}}$，

于是 $S = \iint\limits_{D}\sqrt{1+z_x^2+z_y^2}dxdy = \iint\limits_{D}\sqrt{2}dxdy = \sqrt{2}\pi.$

22.【解答】设椭球为 $\frac{x^2}{a^2} + \frac{y^2}{b^2} + \frac{z^2}{c^2} \leqslant 1, z \geqslant 0$，由对称性可知

$$\bar{x} = 0, \bar{y} = 0, \bar{z} = \frac{\iiint\limits_{V} z dV}{\iiint\limits_{V} dV} = \frac{\iiint\limits_{V} z dxdydz}{\frac{2}{3}\pi abc},$$

而 $\iiint\limits_{V} z dxdydz = \frac{\pi}{4}abc^2$，故 $\bar{z} = \frac{\frac{\pi}{4}abc^2}{\frac{2}{3}\pi abc} = \frac{3c}{8}$. 即求得上半椭球体的重心坐标为 $\left(0, 0, \frac{3c}{8}\right)$.

23.【解答】根据坐标计算公式可得

$$\bar{z} = \frac{\iiint\limits_{\Omega} z\mathrm{d}x\mathrm{d}y\mathrm{d}z}{\iiint\limits_{\Omega} \mathrm{d}x\mathrm{d}y\mathrm{d}z} = \frac{\int_0^{2\pi}\mathrm{d}\theta\int_0^1 r\mathrm{d}r\int_{r^2}^1 z\mathrm{d}z}{\int_0^{2\pi}\mathrm{d}\theta\int_0^1 r\mathrm{d}r\int_{r^2}^1 \mathrm{d}z} = \frac{\int_0^{2\pi}\mathrm{d}\theta\int_0^1 r\mathrm{d}r \cdot \left(\frac{z^2}{2}\bigg|_{r^2}^1\right)}{\int_0^{2\pi}\mathrm{d}\theta\int_0^1 (1-r^2)r\mathrm{d}r}$$

$$= \frac{\int_0^{2\pi}\mathrm{d}\theta\int_0^1 r\left(\frac{1}{2}-\frac{r^4}{2}\right)\mathrm{d}r}{\frac{\pi}{2}} = \frac{\int_0^{2\pi}\mathrm{d}\theta\left(\frac{r^2}{4}-\frac{r^6}{12}\right)\bigg|_0^1}{\frac{\pi}{2}} = \frac{\int_0^{2\pi}\frac{1}{6}\mathrm{d}\theta}{\frac{\pi}{2}} = \frac{\frac{1}{6}\times 2\pi}{\frac{\pi}{2}} = \frac{2}{3}.$$

**24.**【解答】设圆盘 $D:x^2+y^2 \leqslant R^2$，密度为 $\rho$，$D$ 中任意一点与 $y$ 轴的距离为 $|x|$，则

$$J = \iint\limits_{D}\rho x^2 \mathrm{d}\sigma = \rho\int_0^{2\pi}\mathrm{d}\theta\int_0^R (r\cos\theta)^2 \cdot r\mathrm{d}r$$

$$= \rho\int_0^{2\pi}\cos^2\theta\mathrm{d}\theta \cdot \int_0^R r^3\mathrm{d}r \cdot r\mathrm{d}r = \frac{\rho\pi R^4}{4} = \frac{1}{4}mR^2.$$

**25.**【解答】由对称性知引力 $\vec{F}=(0,0,F_z)$，则 $\mathrm{d}F_z = -G\frac{\mu\mathrm{d}\sigma}{r^2}\cdot\frac{a}{r} = -Ga\mu\frac{\mathrm{d}\sigma}{(x^2+y^2+a^2)^{\frac{3}{2}}}$，

故 $F_z = -Ga\mu\iint\limits_{D}\frac{\mathrm{d}\sigma}{(x^2+y^2+a^2)^{\frac{3}{2}}} = -Ga\mu\int_0^{2\pi}\mathrm{d}\theta\int_0^R\frac{\rho\mathrm{d}\rho}{(\rho^2+a^2)^{\frac{3}{2}}}$

$$= 2\pi Ga\mu\left(\frac{1}{\sqrt{R^2+a^2}}-\frac{1}{a}\right).$$

## 二、提高篇

**1.** 答案 $\frac{4\pi}{3}$ 【解答】设 $\Omega_0$ 为 $x^2+y^2+z^2\leqslant 1$，由于积分区域关于坐标面对称，且被积函数关于 $x,y,z$ 具有轮换对称性，则 $\iiint\limits_{\Omega}x^2\mathrm{d}v = \iiint\limits_{\Omega}y^2\mathrm{d}v = \iiint\limits_{\Omega}z^2\mathrm{d}v$，于是

$$\iiint\limits_{\Omega}(2x^2+3y^2+5z^2)\mathrm{d}v = \frac{1}{2}\iiint\limits_{\Omega_0}(2x^2+3y^2+5z^2)\mathrm{d}v = \frac{1}{2}\times(2+3+5)\times\frac{1}{3}\iiint\limits_{\Omega_0}(x^2+y^2+z^2)\mathrm{d}v$$

$$= \frac{5}{3}\int_0^{2\pi}\mathrm{d}\theta\int_0^{\pi}\sin\varphi\mathrm{d}\varphi\int_0^1 r^4\mathrm{d}r = \frac{4\pi}{3}.$$

**2.**【解答】如图 8-5 所示，空间区域 $\Omega:\frac{x^2}{a^2}+\frac{y^2}{b^2}+\frac{z^2}{c^2}\leqslant 1$，在 $[-c,c]$ 上任取一点 $z$，过点 $(0,0,z)$ 作垂直于 $z$ 轴的平面，截区域 $\Omega$ 于一个截面 $D_z$，$D_z = \left\{(x,y,z)\,\bigg|\,\frac{x^2}{a^2}+\frac{y^2}{b^2}\leqslant 1-\frac{z^2}{c^2}, z=z\right\}$，

于是 $\iiint\limits_{\Omega}\frac{z^2}{c^2}\mathrm{d}x\mathrm{d}y\mathrm{d}z = \int_{-c}^c\frac{z^2}{c^2}\mathrm{d}z\iint\limits_{D_z}\mathrm{d}x\mathrm{d}y = \int_{-c}^c\frac{z^2}{c^2}\cdot\pi ab\left(1-\frac{z^2}{c^2}\right)\mathrm{d}z$

$$= \frac{4}{15}\pi abc.$$

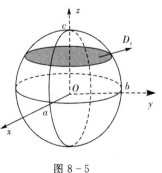

图 8-5

类似地，$\iiint\limits_{\Omega}\frac{x^2}{a^2}\mathrm{d}x\mathrm{d}y\mathrm{d}z = \iiint\limits_{\Omega}\frac{y^2}{b^2}\mathrm{d}x\mathrm{d}y\mathrm{d}z = \frac{4}{15}\pi abc$，

所以 $\iiint\limits_{\Omega}\left(\dfrac{x^2}{a^2}+\dfrac{y^2}{b^2}+\dfrac{z^2}{c^2}\right)\mathrm{d}x\mathrm{d}y\mathrm{d}z=\dfrac{4}{5}\pi abc$.

**3.【解答】**由已知 $I=\iiint\limits_{\Omega}(x+2y+3z)^2\mathrm{d}x\mathrm{d}y\mathrm{d}z$

$$=\iiint\limits_{\Omega}(x^2+4y^2+9z^2+4xy+12yz+6xz)\mathrm{d}x\mathrm{d}y\mathrm{d}z,$$

由于积分区域关于 $xOz$ 坐标面对称,且 $4xy+12yz$ 关于 $y$ 是奇函数,所以 $\iiint\limits_{\Omega}(4xy+12yz)\mathrm{d}x\mathrm{d}y\mathrm{d}z=0$. 类似地,$\iiint\limits_{\Omega}6xz\mathrm{d}x\mathrm{d}y\mathrm{d}z=0$.

又积分区域 $\Omega$ 关于变量 $x$ 和 $y$ 对称,从而 $\iiint\limits_{\Omega}x^2\mathrm{d}x\mathrm{d}y\mathrm{d}z=\iiint\limits_{\Omega}y^2\mathrm{d}x\mathrm{d}y\mathrm{d}z$. 因此,所求积分为

$$I=\iiint\limits_{\Omega}(x^2+4y^2+9z^2)\mathrm{d}x\mathrm{d}y\mathrm{d}z=\dfrac{1}{2}\iiint\limits_{x^2+y^2+z^2\leqslant 1}(x^2+4y^2+9z^2)\mathrm{d}x\mathrm{d}y\mathrm{d}z$$

$$=\dfrac{7}{3}\iiint\limits_{x^2+y^2+z^2\leqslant 1}(x^2+y^2+z^2)\mathrm{d}x\mathrm{d}y\mathrm{d}z=\dfrac{7}{3}\int_0^{2\pi}\mathrm{d}\theta\int_0^{\frac{\pi}{2}}\mathrm{d}\varphi\int_0^1\rho^2\cdot\rho^2\sin\varphi\mathrm{d}\rho=\dfrac{14}{15}\pi.$$

**4.【解答】方法一 "先一后二"法** 将 $\Omega$ 向 $xOy$ 面投影,得到由直线 $y=1$,$y=x$ 及 $x=0$ 围成的三角形区域 $D$,如图 8-6 所示,宜采用直角坐标求解. 过 $D$ 内任一点作平行于 $z$ 轴的直线,该直线通过平面 $z=0$ 穿入 $\Omega$ 内,然后通过柱面 $y^2+z^2=1$ 穿出 $\Omega$,得 $0\leqslant z\leqslant\sqrt{1-y^2}$,故 $\Omega$ 可表示为 $\Omega=\{(x,y,z)\mid 0\leqslant z\leqslant\sqrt{1-y^2},0\leqslant x\leqslant y,0\leqslant y\leqslant 1\}$. 于是

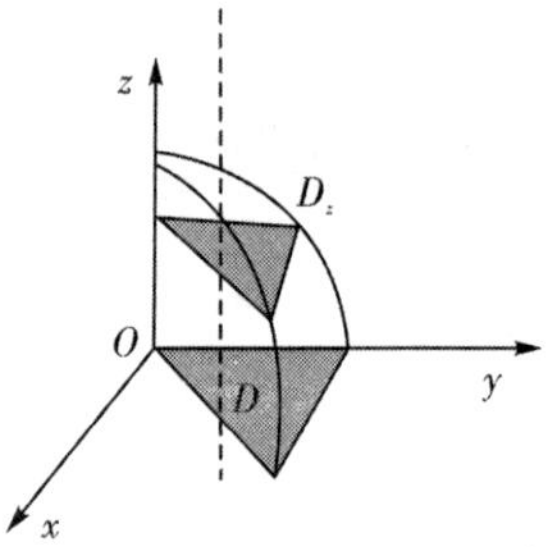

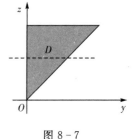

图 8-6

$$I=\iiint\limits_{\Omega}z\mathrm{d}v=\int_0^1\mathrm{d}y\int_0^y\mathrm{d}x\int_0^{\sqrt{1-y^2}}z\mathrm{d}z=\int_0^1\mathrm{d}y\int_0^y\dfrac{1}{2}(1-y^2)\mathrm{d}x$$

$$=\dfrac{1}{2}\int_0^1(y-y^3)\mathrm{d}y=\dfrac{1}{2}\left(\dfrac{1}{2}y^2-\dfrac{1}{4}y^4\right)\Big|_0^1=\dfrac{1}{8}.$$

**方法二 "先二后一"法** 先求关于某两个变量的二重积分,再求关于另一个变量的定积分. 注意到被积函数与 $x$,$y$ 无关,在积分区域 $\Omega$ 中作平行于 $xOy$ 面的平面与 $\Omega$ 相交得一个等腰直角三角形. 对于 $0\leqslant z\leqslant 1$,所截得三角域为 $D_z$(如图 8-7 所示),两直角边长都为 $\sqrt{1-z^2}$,于是

图 8-7

$$I=\iiint\limits_{\Omega}z\mathrm{d}v=\int_0^1z\mathrm{d}z\iint\limits_{D_z}\mathrm{d}x\mathrm{d}y=\int_0^1\dfrac{1}{2}(1-z^2)z\mathrm{d}z$$

$$=\dfrac{1}{2}\int_0^1(z-z^3)\mathrm{d}z=\dfrac{1}{2}\left(\dfrac{1}{2}z^2-\dfrac{1}{4}z^4\right)\Big|_0^1=\dfrac{1}{8}.$$

**5.【解答】**令 $z-\sqrt{x^2+y^2}=0$,则曲面 $z=\sqrt{x^2+y^2}$ 将 $\Omega$ 分为 $\Omega_1$ 和 $\Omega_2$ 两个区域,即

$$\Omega_1=\{(x,y,z)\mid z^2\geqslant x^2+y^2,0\leqslant z\leqslant 1\},$$

$\Omega_2 = \{(x,y,z) \mid z^2 \leqslant x^2+y^2, 0 \leqslant z \leqslant 1, x^2+y^2 \leqslant 2\}$.

在柱面坐标下，$\Omega_1$ 可表示为 $\Omega_1 = \{(\rho,\theta,z) \mid \rho \leqslant z \leqslant 1, 0 \leqslant \rho \leqslant 1, 0 \leqslant \theta \leqslant 2\pi\}$，$\Omega_2$ 由 $\Omega_{21}$ 和 $\Omega_{22}$ 两部分构成（如图 8-8 所示），其中

$\Omega_{21} = \{(\rho,\theta,z) \mid 0 \leqslant z \leqslant \rho, 0 \leqslant \rho \leqslant 1, 0 \leqslant \theta \leqslant 2\pi\}$，

$\Omega_{22} = \{(\rho,\theta,z) \mid 0 \leqslant z \leqslant 1, 1 \leqslant \rho \leqslant \sqrt{2}, 0 \leqslant \theta \leqslant 2\pi\}$，

于是 $I = \iiint\limits_{\Omega_1}(z-\sqrt{x^2+y^2})\mathrm{d}x\mathrm{d}y\mathrm{d}z + \iiint\limits_{\Omega_2}(\sqrt{x^2+y^2}-z)\mathrm{d}x\mathrm{d}y\mathrm{d}z$

$= \int_0^{2\pi}\mathrm{d}\theta\int_0^1\rho\mathrm{d}\rho\int_\rho^1(z-\rho)\mathrm{d}z + \int_0^{2\pi}\mathrm{d}\theta\int_0^1\rho\mathrm{d}\rho\int_0^\rho(\rho-z)\mathrm{d}z +$

$\int_0^{2\pi}\mathrm{d}\theta\int_1^{\sqrt{2}}\rho\mathrm{d}\rho\int_0^1(\rho-z)\mathrm{d}z$

$= \frac{1}{6}(8\sqrt{2}-5)\pi$.

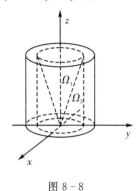

图 8-8

**6.**【解答】(1)因为 $F(t) = \dfrac{\iiint\limits_{\Omega(t)} f(x^2+y^2+z^2)\mathrm{d}v}{\iint\limits_{D(t)} f(x^2+y^2)\mathrm{d}\sigma} = \dfrac{\int_0^{2\pi}\mathrm{d}\theta\int_0^\pi\mathrm{d}\varphi\int_0^t f(r^2)r^2\sin\varphi\mathrm{d}r}{\int_0^{2\pi}\mathrm{d}\theta\int_0^t f(r^2)r\mathrm{d}r}$

$= \dfrac{2\pi(-\cos\varphi)\Big|_0^\pi \cdot \int_0^t f(r^2)r^2\mathrm{d}r}{2\pi\int_0^t f(r^2)r\mathrm{d}r} = \dfrac{2\int_0^t f(r^2)r^2\mathrm{d}r}{\int_0^t f(r^2)r\mathrm{d}r}$，

所以 $F'(t) = \dfrac{2tf(t^2)\int_0^t f(r^2)r(t-r)\mathrm{d}r}{\left[\int_0^t f(r^2)r\mathrm{d}r\right]^2}$，

由于函数 $f(x)$ 连续且恒大于零，因此在 $(0,+\infty)$ 内 $2tf(t^2) > 0$，$\int_0^t f(r^2)r(t-r)\mathrm{d}r > 0$，分母 $\left[\int_0^t f(r^2)r\mathrm{d}r\right]^2 > 0$，所以在 $(0,+\infty)$ 内 $F'(t) > 0$，即 $F(t)$ 在 $(0,+\infty)$ 内单调增加.

(2)因为 $G(t) = \dfrac{\iint\limits_{D(t)} f(x^2+y^2)\mathrm{d}\sigma}{\int_{-t}^t f(x^2)\mathrm{d}x} = \dfrac{2\pi\int_0^t f(r^2)r\mathrm{d}r}{2\int_0^t f(r^2)\mathrm{d}r} = \dfrac{\pi\int_0^t f(r^2)r\mathrm{d}r}{\int_0^t f(r^2)\mathrm{d}r}$.

若要证明 $t > 0$ 时，$F(t) > \dfrac{2}{\pi}G(t)$，只需证明 $t > 0$ 时，$\dfrac{2\int_0^t f(r^2)r^2\mathrm{d}r}{\int_0^t f(r^2)r\mathrm{d}r} > \dfrac{2}{\pi} \cdot \dfrac{\pi\int_0^t f(r^2)r\mathrm{d}r}{\int_0^t f(r^2)\mathrm{d}r}$ 存在，

即 $\int_0^t f(r^2)r^2\mathrm{d}r\int_0^t f(r^2)\mathrm{d}r - \left[\int_0^t f(r^2)r\mathrm{d}r\right]^2 > 0$.

事实上，令 $g(t) = \int_0^t f(r^2)r^2\mathrm{d}r\int_0^t f(r^2)\mathrm{d}r - \left[\int_0^t f(r^2)r\mathrm{d}r\right]^2$，则

$g'(t) = f(t^2)\int_0^t f(r^2)(t-r)^2\mathrm{d}r > 0$，

故 $g(t)$ 在 $(0,+\infty)$ 内单调增加.

因为 $g(t)$ 在 $t=0$ 处连续,所以当 $t>0$ 时,有 $g(t)>g(0)$,而 $g(0)=0$,故当 $t>0$ 时,$g(t)>0$. 因此,当 $t>0$ 时,$F(t)>\dfrac{2}{\pi}G(t)$ 成立.

7.【解答】令 $D_1: x^2+y^2 \leqslant ax$,则 $z=\sqrt{a^2-x^2-y^2}$,

$$z_x = \dfrac{-x}{\sqrt{a^2-x^2-y^2}}, \quad z_y = \dfrac{-y}{\sqrt{a^2-x^2-y^2}},$$

$$A = 2\iint_{D_1}\sqrt{1+z_x^2+z_y^2}\,dxdy = 2\iint_{D_1}\dfrac{a}{\sqrt{a^2-x^2-y^2}}\,dxdy$$

$$= 2a\int_0^{\frac{\pi}{2}}d\theta\int_0^{a\cos\theta}\dfrac{1}{\sqrt{a^2-\rho^2}}\cdot\rho\,d\rho = a^2(\pi-2).$$

8.【解答】**方法一 用二重积分** 所求立体是以曲面 $z=1-x$ 为顶,以平面区域 $D:\begin{cases}-\sqrt{2x+4}\leqslant y\leqslant\sqrt{2x+4}\\ -2\leqslant x\leqslant 1\end{cases}$ 为底的曲顶柱体(如图 8-9 所示),故

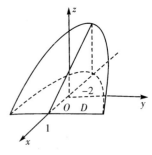

图 8-9

$$V = \iint_D(1-x)\,dxdy = \int_{-2}^1 dx\int_{-\sqrt{2x+4}}^{\sqrt{2x+4}}(1-x)\,dy$$

$$= \int_{-2}^1(1-x)(\sqrt{2x+4}+\sqrt{2x+4})\,dx$$

$$= \dfrac{24}{5}\sqrt{6}.$$

**方法二 用三重积分** 所求立体 $\Omega$ 是由曲面 $y^2=2x+4$,$x+z=1$,$z=0$ 所围成. $\Omega$ 可表示为 $\Omega=\{(x,y,z)\mid 0\leqslant z\leqslant 1-x,-\sqrt{2x+4}\leqslant y\leqslant\sqrt{2x+4},-2\leqslant x\leqslant 1\}$,于是

$$V = \iiint_\Omega dv = \int_{-2}^1 dx\int_{-\sqrt{2x+4}}^{\sqrt{2x+4}}dy\int_0^{1-x}dz = \int_{-2}^1 dx\int_{-\sqrt{2x+4}}^{\sqrt{2x+4}}(1-x)\,dy$$

$$= \int_{-2}^1(1-x)(\sqrt{2x+4}+\sqrt{2x+4})\,dx = \dfrac{24}{5}\sqrt{6}.$$

9.【解答】将 $\Omega$ 投影到 $xOz$ 面上,则

$$原式 = \iint_{D_{xz}}\sqrt{1-x^2}\,dxdz\int_{-\sqrt{1-x^2-z^2}}^{\sqrt{1-x^2-z^2}}y\,dy$$

$$= \int_{-1}^1 dx\int_{-\sqrt{1-x^2}}^{\sqrt{1-x^2}}\sqrt{1-x^2}\,\dfrac{x^2+z^2}{2}\,dz = \int_{-1}^1\sqrt{1-x^2}\left(x^2 z+\dfrac{z^3}{3}\right)\Big|_0^{\sqrt{1-x^2}}dx$$

$$= \int_{-1}^1\dfrac{1}{3}(1+x^2-2x^4)\,dx = \dfrac{28}{45}.$$

10.【解答】由于 $\Omega$ 在 $xOy$ 面上的投影为圆环域,故 $0\leqslant\theta\leqslant 2\pi$. 任取 $\theta\in[0,2\pi]$,$\varphi$ 由 0 变到 $\dfrac{\pi}{4}$. $x^2+y^2+z^2=1$ 和 $x^2+y^2+z^2=4$ 的球面坐标方程分别为 $r=1$ 和 $r=2$. 从原点过区域 $\Omega$ 作任意射线,该射线通过球面 $r=1$ 穿入 $\Omega$ 内,然后通过球面 $r=2$ 穿出 $\Omega$ 外,于是在

球面坐标下 $\Omega$ 可表示为 $\Omega = \{(r,\varphi,\theta) \mid 1 \leqslant r \leqslant 2, 0 \leqslant \varphi \leqslant \dfrac{\pi}{4}, 0 \leqslant \theta \leqslant 2\pi\}$，则

$$\iiint\limits_{\Omega} 2z \mathrm{d}v = \iiint\limits_{\Omega} 2r\cos\varphi \cdot r^2 \sin\varphi \mathrm{d}r\mathrm{d}\varphi\mathrm{d}\theta = \int_0^{2\pi}\mathrm{d}\theta \int_0^{\frac{\pi}{4}}\mathrm{d}\varphi \int_1^2 2r^3 \cos\varphi\sin\varphi \mathrm{d}r$$

$$= \dfrac{15}{2}\int_0^{2\pi}\mathrm{d}\theta \int_0^{\frac{\pi}{4}} \cos\varphi\sin\varphi\mathrm{d}\varphi = \dfrac{15}{2}\int_0^{2\pi}\left(-\dfrac{1}{2}\cos^2\varphi\right)\bigg|_0^{\frac{\pi}{4}} \mathrm{d}\theta = \dfrac{15\pi}{4}.$$

11.【解答】曲线 $y^2 = 2z, x = 0$ 绕 $z$ 轴旋转一周而成的曲面为：$x^2 + y^2 = 2z$，

由 $D_1 : x^2 + y^2 = 16, D_2 : x^2 + y^2 = 4$，得 $\Omega_1 : \begin{cases} 0 \leqslant \theta \leqslant 2\pi \\ 0 \leqslant r \leqslant 4 \\ \dfrac{r^2}{2} \leqslant z \leqslant 8 \end{cases}$，$\Omega_2 : \begin{cases} 0 \leqslant \theta \leqslant 2\pi \\ 0 \leqslant r \leqslant 2 \\ \dfrac{r^2}{2} \leqslant z \leqslant 2 \end{cases}$，

$I_1 = \iint\limits_{D_1} r\mathrm{d}r\mathrm{d}\theta \int_{\frac{r^2}{2}}^8 f\mathrm{d}z = \int_0^{2\pi}\mathrm{d}\theta \int_0^4 \mathrm{d}r \int_{\frac{r^2}{2}}^8 r \cdot r^2 \mathrm{d}z = \dfrac{4^5}{3}\pi$，

$I_2 = \iint\limits_{D_2} r\mathrm{d}r\mathrm{d}\theta \int_{\frac{r^2}{2}}^2 f\mathrm{d}z = \int_0^{2\pi}\mathrm{d}\theta \int_0^2 \mathrm{d}r \int_{\frac{r^2}{2}}^2 r \cdot r^2 \mathrm{d}z = \dfrac{2^5}{6}\pi$，

$I = \dfrac{4^5}{3}\pi - \dfrac{2^5}{6}\pi = 336\pi$.

12.【解答】如图 8-10 所示，曲面在 $xOy$ 面上的投影 $D$ 是由直线 $x = 0, x = 2y, y = 1$ 围成的闭区域. 由 $y^2 + z^2 = 4$，求得 $\dfrac{\partial z}{\partial x} = 0, \dfrac{\partial z}{\partial y} = \dfrac{-y}{\sqrt{4-y^2}}$，于是

$$A = \iint\limits_{D}\sqrt{1 + \left(\dfrac{\partial z}{\partial x}\right)^2 + \left(\dfrac{\partial z}{\partial y}\right)^2}\mathrm{d}x\mathrm{d}y = \iint\limits_{D} \dfrac{2}{\sqrt{4-y^2}}\mathrm{d}x\mathrm{d}y$$

$$= \int_0^1 \mathrm{d}y \int_0^{2y} \dfrac{2}{\sqrt{4-y^2}}\mathrm{d}x = \int_0^1 \dfrac{4y}{\sqrt{4-y^2}}\mathrm{d}y$$

$$= -4\sqrt{4-y^2}\bigg|_0^1 = 8 - 4\sqrt{3}.$$

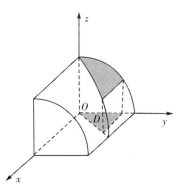

图 8-10

13.【解答】如图 8-11 所示，设均匀薄片的重心坐标为 $(\bar{x},\bar{y})$，由对称性，$\bar{x} = 0$. 设薄片的面密度为 $\rho$，则质量 $M$ 为

$$M = \iint\limits_{D} \rho \mathrm{d}x\mathrm{d}y = \rho\iint\limits_{D} \mathrm{d}x\mathrm{d}y = \rho\pi,$$

$$M_x = \iint\limits_{D} y\rho \mathrm{d}x\mathrm{d}y = \rho \int_0^\pi \mathrm{d}\theta \int_{2\sin\theta}^2 r^2 \sin\theta \mathrm{d}r$$

$$= \rho \int_0^\pi \dfrac{1}{3} \times (8\sin\theta - 8\sin^4\theta)\mathrm{d}\theta$$

$$= \dfrac{8\rho}{3}\left(\int_0^\pi \sin\theta\mathrm{d}\theta - \int_0^\pi \sin^4\theta\mathrm{d}\theta\right) = \dfrac{8\rho}{3}\left(2 - \dfrac{3\pi}{8}\right) = \dfrac{16\rho}{3} - \rho\pi,$$

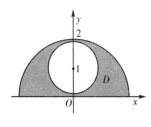

图 8-11

于是 $\bar{y} = \dfrac{M_x}{M} = \dfrac{\iint\limits_D x\rho \mathrm{d}x\mathrm{d}y}{\iint\limits_D \rho \mathrm{d}x\mathrm{d}y} = \dfrac{16}{3\pi} - 1$.

14.【解答】取坐标系如图 8-12 所示. 长方体的各棱长分别为 $a, b, c$, 则对长为 $c$ 的一条棱的转动惯量为

$$I_c = \iiint\limits_\Omega \rho(x^2 + y^2)\mathrm{d}v = \rho\int_0^a \mathrm{d}x \int_0^b \mathrm{d}y \int_0^c (x^2 + y^2)\mathrm{d}z$$

$$= \rho c \int_0^a \mathrm{d}x \int_0^b (x^2 + y^2)\mathrm{d}y = \rho c \int_0^a \left(x^2 b + \dfrac{1}{3}b^3\right)\mathrm{d}x$$

$$= \rho c \left(\dfrac{1}{3}a^3 b + \dfrac{1}{3}ab^3\right) = \dfrac{1}{3}\rho abc(a^2 + b^2)$$

$$= \dfrac{1}{3}m(a^2 + b^2),$$

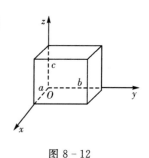

图 8-12

其中 $m$ 为长方体的质量.

## 第六节　第一类曲线积分

1.【解答】$\oint_c \mathrm{e}^{\sqrt{x^2+y^2}} \mathrm{d}S = \int_0^a \mathrm{e}^{\sqrt{x^2}}\mathrm{d}x + \int_0^{\frac{\pi}{4}} \mathrm{e}^a a \mathrm{d}t + \int_{\frac{a}{\sqrt{2}}}^0 \mathrm{e}^{\sqrt{2}x}\sqrt{2}\mathrm{d}x$

$$= \mathrm{e}^a - 1 + \dfrac{\pi}{4}a\mathrm{e}^a + (\mathrm{e}^a - 1) = 2\mathrm{e}^a + \dfrac{\pi a \mathrm{e}^a}{4} - 2.$$

2.【解答】$I = 2\int_0^a \sqrt{ax}\sqrt{1+y'^2}\mathrm{d}x = 2\int_0^a \sqrt{ax}\dfrac{\dfrac{a}{2}}{\sqrt{ax - x^2}}\mathrm{d}x$

$$= a\sqrt{a}\int_0^a \dfrac{\mathrm{d}x}{\sqrt{a - x}} = 2a\sqrt{a}\sqrt{a - x}\Big|_a^0 = 2a^2.$$

3.【解答】$I = 4\int_0^{\frac{\pi}{2}} a^3 \sin t \cos t \mathrm{d}t = 4 \times \dfrac{a^3}{2} = 2a^3.$

4.【解答】$I = \int_0^2 \dfrac{\sqrt{3}\mathrm{e}^t \mathrm{d}t}{2\mathrm{e}^{2t}} = \dfrac{\sqrt{3}}{2}\int_0^2 \mathrm{e}^{-t}\mathrm{d}t = \dfrac{\sqrt{3}}{2}(1 - \mathrm{e}^{-2}).$

5.【解答】$\int_L x \mathrm{d}S = \int_0^{\sqrt{2}} x\sqrt{1 + 4x^2}\mathrm{d}x = \dfrac{1}{8}\int_0^{\sqrt{2}} \sqrt{1 + 4x^2}\mathrm{d}(1 + 4x^2) = \dfrac{13}{6}.$

6.【解答】$\oint_L (2xy + 3x^2 + 4y^2)\mathrm{d}S = 0 + \oint_L 12 \times \dfrac{1}{12}(3x^2 + 4y^2)\mathrm{d}S = 12\oint_L \left(\dfrac{x^2}{4} + \dfrac{y^2}{3}\right)\mathrm{d}S = 12a.$

7.【解答】用极坐标表示 $L: r^2 = a^2 \cos 2\theta$, $r'_\theta = -\dfrac{a^2 \sin 2\theta}{r}$, $\mathrm{d}S = \sqrt{r^2 + r'^2_\theta}\mathrm{d}\theta = \dfrac{a^2}{r}\mathrm{d}\theta$,

$$I = 4\int_0^{\frac{\pi}{4}} r|\sin\theta|\dfrac{a^2}{r}\mathrm{d}\theta = 4a^2 \int_0^{\frac{\pi}{4}} \sin\theta \mathrm{d}\theta = (4 - 2\sqrt{2})a^2.$$

8.【解答】由 $\Gamma: \begin{cases} x^2 + y^2 + z^2 = a^2 \\ x + y + z = 0 \end{cases}$ $(a > 0)$ 中消掉 $y$, 可得 $\dfrac{3x^2}{2} + 2\left(z + \dfrac{x}{2}\right)^2 = a^2$,

令 $x = \sqrt{\dfrac{2}{3}} a\cos t, z + \dfrac{x}{2} = \dfrac{a}{\sqrt{2}} \sin t$,则 $\Gamma: \begin{cases} x = \sqrt{\dfrac{2}{3}} a\cos t \\ y = -\dfrac{a}{\sqrt{2}} \left(\sin t + \dfrac{1}{\sqrt{3}} \cos t\right) \\ z = \dfrac{a}{\sqrt{2}} \left(\sin t - \dfrac{1}{\sqrt{3}} \cos t\right) \end{cases}$ $(0 \leqslant t \leqslant 2\pi)$,

于是 $\mathrm{d}s = \sqrt{x'^2 + y'^2 + z'^2}\,\mathrm{d}t = a\,\mathrm{d}t$,故 $I = \int_0^{2\pi} \dfrac{2}{3} a^2 \cos^2 t \cdot a\,\mathrm{d}t = \dfrac{2\pi a^3}{3}$.

## 第七节　第二类曲线积分

### 一、基础篇

1. **答案** C　【解答】在格林公式中 $P(x,y) = -y, Q(x,y) = x$,则区域 $D$ 的面积 $\iint\limits_D \mathrm{d}x\mathrm{d}y = \dfrac{1}{2} \oint_L x\mathrm{d}y - y\mathrm{d}x$,因此应选 C.

2. **答案** B　【解答】由曲线积分与路径无关,得 $\dfrac{\partial}{\partial x}[-f(x)\cos y] = \dfrac{\partial}{\partial y}[(f(x) - \mathrm{e}^x)\sin y]$,即 $f'(x) + f(x) = \mathrm{e}^x$,解得 $f(x) = \mathrm{e}^{-x}\left(\dfrac{1}{2}\mathrm{e}^{2x} + C\right)$. 由 $f(0) = 0$,得 $C = -\dfrac{1}{2}$. 因此 $f(x) = \dfrac{1}{2}(\mathrm{e}^x - \mathrm{e}^{-x})$,故应选 B.

3. **答案** 0　【解答】方法一　$\int_L xy\mathrm{d}x + x^2\mathrm{d}y = \int_{AC} xy\mathrm{d}x + x^2\mathrm{d}y + \int_{CB} xy\mathrm{d}x + x^2\mathrm{d}y$

$= \int_{-1}^0 x(1+x)\mathrm{d}x + x^2\mathrm{d}x + \int_0^1 x(1-x)\mathrm{d}x + x^2(-\mathrm{d}x)$

$= \int_{-1}^0 (2x^2 + x)\mathrm{d}x + \int_0^1 (x - 2x^2)\mathrm{d}x = \left(\dfrac{2x^3}{3} + \dfrac{x^2}{2}\right)\Big|_{-1}^0 + \left(\dfrac{x^2}{2} - \dfrac{2x^3}{3}\right)\Big|_0^1$

$= -\left(-\dfrac{2}{3} + \dfrac{1}{2}\right) + \left(\dfrac{1}{2} - \dfrac{2}{3}\right) = 0$.

方法二　因为区域 $D$ 关于 $y$ 轴对称,由格林公式可得

$\int_L xy\mathrm{d}x + x^2\mathrm{d}y = \oint_{\widehat{ACBA}} xy\mathrm{d}x + x^2\mathrm{d}y + \int_{\widehat{AB}} xy\mathrm{d}x + x^2\mathrm{d}y$

$= \iint\limits_D (2x - x)\mathrm{d}x\mathrm{d}y + 0 = 0$.

4. 【解答】(1) 取 $x$ 为参数. $L: y = x^2, x$ 从 0 变到 1,则

$\int_L xy\mathrm{d}x + (y-x)\mathrm{d}y = \int_0^1 x \cdot x^2 \mathrm{d}x + (x^2 - x) \cdot 2x\mathrm{d}x = \dfrac{1}{12}$.

(2) 取 $y$ 为参数. $L: x = y^2, y$ 从 0 变到 1,则

$$\int_L xy\,dx + (y-x)\,dy = \int_0^1 y^2 \cdot y \cdot 2y\,dy + (y-y^2)\,dy = \frac{17}{30}.$$

(3)取圆心角 $\theta$ 为参数. $L: x = 1+\cos\theta, y = \sin\theta$,参数 $\theta$ 从 $\pi$ 变到 $\frac{\pi}{2}$,则

$$\int_L xy\,dx + (y-x)\,dy = -\int_\pi^{\frac{\pi}{2}}(1+\cos\theta)\sin^2\theta\,d\theta + \int_\pi^{\frac{\pi}{2}}[\sin\theta - (1+\cos\theta)]\cos\theta\,d\theta$$

$$= \frac{\pi}{2} - \frac{5}{6}.$$

(4)在 $OB$ 上,$y=0$,$x$ 从 0 变到 1;在 $BA$ 上,$x=1$,$y$ 从 0 变到 1,所以

$$\int_L xy\,dx + (y-x)\,dy = \int_{OB} xy\,dx + (y-x)\,dy + \int_{BA} xy\,dx + (y-x)\,dy$$

$$= 0 + \int_0^1 (y-1)\,dy = \left(\frac{y^2}{2} - y\right)\Big|_0^1 = -\frac{1}{2}.$$

5.【解答】选取 $x$ 为积分变量,则

$$\int_L \sin 2x\,dx + 2(x^2-1)y\,dy = \int_0^\pi [\sin 2x + 2(x^2-1)\sin x\cos x]\,dx = \int_0^\pi x^2 \sin 2x\,dx$$

$$= -\frac{1}{2}\int_0^\pi x^2\,d\cos 2x = -\frac{1}{2}\left[x^2\cos 2x\Big|_0^\pi - 2\int_0^\pi x\cos 2x\,dx\right] = -\frac{1}{2}\pi^2.$$

6.【解答】$\int_L y\,dx - x^2\,dy = \int_{\widehat{AB}} y\,dx - x^2\,dy + \int_{\overline{BC}} y\,dx - x^2\,dy$,

而 $$\int_{\widehat{AB}} y\,dx - x^2\,dy = \int_{-1}^1 (x^2 - x^2 \times 2x)\,dx = \frac{2}{3},$$

$$\int_{\overline{BC}} y\,dx - x^2\,dy = \int_1^0 [(2-x) - x^2 \times (-1)]\,dx = -\frac{11}{6},$$

故 $$\int_L y\,dx - x^2\,dy = -\frac{7}{6}.$$

7.【解答】设 $Q(x,y) = x^2 - 4x$,$P(x,y) = 2xy - 2y$,由于 $\frac{\partial Q}{\partial x} - \frac{\partial P}{\partial y} = (2x-4) - (2x-2) = -2$,

$$\oint_L (2xy - 2y)\,dx + (x^2 - 4x)\,dy = \iint_D (-2)\,dx\,dy = -2 \times 9\pi = -18\pi.$$

8.【解答】添加辅助线段 $BA$,$OA$,$A$ 点坐标为 $(1,0)$,

$$\text{原式} = \oint_{L+BA+AO} - \int_{BA} - \int_{AO} = -\iint_D m\,dx\,dy + \int_0^1 (e^{-1} + m)\,dy + \int_1^0 0\,dy = -\frac{\pi}{4}m + e^{-1} + m.$$

9.【解答】(1) $I_1 = \int_L (x^2 + y^2)\,dS = \int_L R^2\,dS = R^2 \times 2\pi R = 2\pi R^3.$

(2) $I_2 = \int_L (x^2 + y^2)\,dx = R^2 \int_L dx = R^2 \int_0^{2\pi} d(R\cos\theta) = -R^3 \sin\theta\Big|_0^{2\pi} = 0.$

(3) $I_3 = \int_0^{2\pi} d\theta \int_0^R r^2 \cdot r\,dr = \frac{\pi}{2}R^4.$

10.【解答】设 $P(x,y) = 2xy - y^4 + 3$,$Q(x,y) = x^2 - 4xy^3$,由 $\frac{\partial P}{\partial y} = 2x - 4y^3 = \frac{\partial Q}{\partial x}$,可知积

分与路径无关,取点 $A(1,0)$,$B(2,0)$,$C(2,1)$,

取折线路径 $AB$, $BC$, 则原式 $=\int_1^2 3\mathrm{d}x + \int_0^1 (4-8y^3)\mathrm{d}y = 5$.

11.【解答】设 $P(x,y) = 2xy^3 - y^2\cos x$, $Q(x,y) = 1 - 2y\sin x + 3x^2y^2$, 则 $\dfrac{\partial P}{\partial y} = 6xy^2 - 2y\cos x = \dfrac{\partial Q}{\partial x}$. 取折线 $OA$, $AB$, 则 $A\left(\dfrac{\pi}{2}, 0\right)$, $B\left(\dfrac{\pi}{2}, 1\right)$,

$$原式 = \int_0^{\frac{\pi}{2}} 0\mathrm{d}x + \int_0^1 \left(1 - 2y + 3 \times \dfrac{\pi^2}{4}y^2\right)\mathrm{d}y = \dfrac{\pi^2}{4}.$$

12.【解答】记积分曲线所围成的区域为 $D$, 则由格林公式可得

$$\oint_L (3\mathrm{e}^{x^2} + 2y)\mathrm{d}x - (x - 4\sin y^2)\mathrm{d}y = \iint_D \left[\dfrac{\partial}{\partial x}(-x + 4\sin y^2) - \dfrac{\partial}{\partial y}(3\mathrm{e}^{x^2} + 2y)\right]\mathrm{d}x\mathrm{d}y$$

$$= -3\iint_D \mathrm{d}x\mathrm{d}y = -3\pi ab.$$

13.【解答】如图 8-13 所示, 补充路径 $\overline{OA}$, 得一闭合路径 $ABOA$, 其围成的区域记为 $D$, 则 $\int_L = \int_{L+\overline{OA}} - \int_{\overline{OA}}$, 由格林公式可得

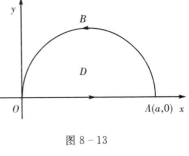

图 8-13

$$\int_{L+\overline{OA}} (\mathrm{e}^x \sin y - y)\mathrm{d}x + (\mathrm{e}^x \cos y - 1)\mathrm{d}y$$

$$= \iint_D \left[\dfrac{\partial}{\partial x}(\mathrm{e}^x \cos y - 1) - \dfrac{\partial}{\partial y}(\mathrm{e}^x \sin y - y)\right]\mathrm{d}x\mathrm{d}y$$

$$= \iint_D [\mathrm{e}^x \cos y - (\mathrm{e}^x \cos y - 1)]\mathrm{d}x\mathrm{d}y = \iint_D \mathrm{d}x\mathrm{d}y = \dfrac{\pi a^2}{8}.$$

在 $\overline{OA}$ 上, $y = 0$, $\mathrm{d}y = 0$, 故 $\int_{\overline{OA}} (\mathrm{e}^x \sin y - y)\mathrm{d}x + (\mathrm{e}^x \cos y - 1)\mathrm{d}y = 0$,

从而 $\int_L (\mathrm{e}^x \sin y - y)\mathrm{d}x + (\mathrm{e}^x \cos y - 1)\mathrm{d}y = \dfrac{\pi a^2}{8} - 0 = \dfrac{\pi a^2}{8}$.

14.【解答】设 $P(x,y) = 1 + y\mathrm{e}^x$, $Q(x,y) = x + \mathrm{e}^x$, 则 $\dfrac{\partial Q}{\partial x} - \dfrac{\partial P}{\partial y} = (1 + \mathrm{e}^x) - \mathrm{e}^x = 1$. 由格林公式可得

$$\int_{L^+} (1 + y\mathrm{e}^x)\mathrm{d}x + (x + \mathrm{e}^x)\mathrm{d}y = \oint_{\widehat{ACBOA}} (1 + y\mathrm{e}^x)\mathrm{d}x + (x + \mathrm{e}^x)\mathrm{d}y - \int_{\widehat{BOA}} (1 + y\mathrm{e}^x)\mathrm{d}x + (x + \mathrm{e}^x)\mathrm{d}y$$

$$= \iint_D \mathrm{d}x\mathrm{d}y - \int_{-a}^a (1 + 0 \times \mathrm{e}^x)\mathrm{d}x$$

$$= \dfrac{1}{2}\pi ab - 2a,$$

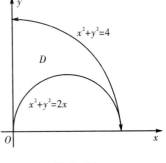

其中 $D$ 是由曲线弧 $\widehat{ACBOA}$ 围成的区域.

15.【解答】由于 $\dfrac{\partial(x^3 + x - 2y)}{\partial x} - \dfrac{\partial(3x^2 y)}{\partial y} = 1$, 补充曲线 $L_1$ 沿 $y$ 轴由点 $(0,2)$ 到点 $(0,0)$, 且 $D$ 表示曲线 $L$ 和 $L_1$ 围成的区域(如图 8-14 所示). 由格林公式可得

图 8-14

$$J = \int_L 3x^2 y\,dx + (x^3+x-2y)\,dy$$
$$= \int_{L+L_1} 3x^2 y\,dx + (x^3+x-2y)\,dy - \int_{L_1} 3x^2 y\,dx + (x^3+x-2y)\,dy$$
$$= \iint_D (3x^2+1-3x^2)\,d\sigma - \int_{L_1}(-2y)\,dy = \iint_D 1\,d\sigma + \int_{L_1} 2y\,dy$$
$$= \frac{1}{4}\times\pi\times 2^2 - \frac{1}{2}\times\pi\times 1^2 - \int_0^2 2y\,dy = \frac{\pi}{2} - y^2\Big|_0^2 = \frac{\pi}{2} - 4.$$

**16.【解答】**在曲线 $L: x^2+y^2=a^2$ 上,
$$\oint_L \frac{(x+y)\,dx+(y-x)\,dy}{x^2+y^2} = \frac{1}{a^2}\oint_L (x+y)\,dx+(y-x)\,dy$$
$$= \frac{1}{a^2}\iint_{x^2+y^2\le a^2}\left[\frac{\partial(y-x)}{\partial x}-\frac{\partial(x+y)}{\partial y}\right]dx\,dy = \frac{1}{a^2}\iint_{x^2+y^2\le a^2}-2\,dx\,dy = -2\pi.$$

**17.【解答】**由全微分方程的充要条件得 $\varphi(x)$ 满足 $\dfrac{\partial[y^2+xy+y\varphi(x)]}{\partial y} = \dfrac{\partial[\varphi(x)+2xy]}{\partial x}$,即 $\varphi'(x)$

$-\varphi(x) = x$,解得 $\varphi(x) = e^x\left(\int xe^{-x}dx + C\right) = -x-1+Ce^x$. 再由 $\varphi(0)=1$ 可得 $C=2$,

从而 $\varphi(x) = -x-1+2e^x$,

于是所给全微分方程为 $(y^2-y+2ye^x)dx + (2xy-x-1+2e^x)dy = 0$.

又 $(y^2-y+2ye^x)dx + (2xy-x-1+2e^x)dy$
$= y^2 dx + 2xy\,dy - (y\,dx+x\,dy) + 2(ye^x dx + e^x dy) - dy$
$= d(xy^2 - xy + 2ye^x - y),$

所以所求通解为 $xy^2 - xy + 2ye^x - y = C.$

**18.【解答】**利用坐标的曲线积分计算面积的公式
$$A = \frac{1}{2}\oint_L x\,dy - y\,dx$$
$$= \frac{1}{2}\int_0^{2\pi}[a\cos^3 t \times 3a\sin^2 t\cos t - a\sin^3 t \times 3a\cos^2 t(-\sin t)]dt$$
$$= \frac{3a^2}{2}\int_0^{2\pi}\sin^2 t\cos^2 t\,dt = \frac{3}{8}\pi a^2.$$

**19.【解答】**记路径为 $L$,则 $\boldsymbol{r}=x\boldsymbol{i}+y\boldsymbol{j}$,则 $\boldsymbol{F} = -\dfrac{x}{(x^2+y^2)^{\frac{3}{2}}}\boldsymbol{i} - \dfrac{y}{(x^2+y^2)^{\frac{3}{2}}}\boldsymbol{j}$,

故引力做的功为 $W = \int_L -\dfrac{x}{(x^2+y^2)^{\frac{3}{2}}}dx - \dfrac{y}{(x^2+y^2)^{\frac{3}{2}}}dy.$

选 $\theta$ 为参数,因为 $r = 2\sin\theta$,所以 $x = r\cos\theta = 2\sin\theta\cos\theta, y = r\sin\theta = 2\sin^2\theta$,

于是 $W = \int_{\frac{\pi}{2}}^{\frac{\pi}{4}} -\dfrac{2\sin\theta\cos\theta(2\cos^2\theta-2\sin^2\theta) + 2\sin^2\theta\times 4\sin\theta\cos\theta}{(2\sin\theta)^3}d\theta$

$= \int_{\frac{\pi}{2}}^{\frac{\pi}{4}} -\dfrac{\cos\theta}{2\sin^2\theta}d\theta = -\int_{\frac{\pi}{2}}^{\frac{\pi}{4}}\dfrac{d\sin\theta}{2\sin^2\theta} = \dfrac{1}{2\sin\theta}\Big|_{\frac{\pi}{2}}^{\frac{\pi}{4}} = \dfrac{1}{2}(\sqrt{2}-1).$

**20.【解答】**由于 $\dfrac{\partial P}{\partial y} = \dfrac{y^2-4x^2}{(4x^2+y^2)^2} = \dfrac{\partial Q}{\partial x}, (x,y)\ne(0,0)$,则有

当 $R < 1$ 时,由格林公式得 $\oint_L \dfrac{x\mathrm{d}y - y\mathrm{d}x}{4x^2 + y^2} = 0$.

当 $R > 1$ 时,作曲线 $C: \begin{cases} x = r\cos\theta \\ y = 2r\sin\theta \end{cases}, r > 0$ 且足够小,$C$ 取逆时针方向,则

原式 $= \oint_{L-C} \dfrac{x\mathrm{d}y - y\mathrm{d}x}{x^2 + y^2} + \oint_C \dfrac{x\mathrm{d}y - y\mathrm{d}x}{x^2 + y^2} = 0 + \int_0^{2\pi} \dfrac{r\cos\theta \cdot 2r\cos\theta - 2r\sin\theta(-r\sin\theta)}{4r^2}\mathrm{d}\theta$

$= \int_0^{2\pi} \dfrac{1}{2}\mathrm{d}\theta = \pi.$

21.【解答】设 $P = x^4 + 4xy^a$,$Q = 6x^{a-1}y^2 - 5y^4$,$\dfrac{\partial P}{\partial y} = 4axy^{a-1}$,$\dfrac{\partial Q}{\partial x} = 6(a-1)x^{a-2}y^2$,

由题设可得 $a = 3$,则有

$\int_{(0,0)}^{(1,2)} (x^4 + 4xy^3)\mathrm{d}x + (6x^2y^2 - 5y^4)\mathrm{d}y = \int_0^1 x^4\mathrm{d}x + \int_0^2 (6y^2 - 5y^4)\mathrm{d}y$

$= \dfrac{1}{5} + (2y^3 - y^5)\Big|_0^2 = -\dfrac{79}{5}.$

22.【解答】由 $\dfrac{\partial P}{\partial y} = e^y = \dfrac{\partial Q}{\partial x}$ 可知 $(e^y + x)\mathrm{d}x + (xe^y - 2y)\mathrm{d}y$ 是某个函数的全微分,且

$u(x,y) = \int_{(0,0)}^{(x,y)} (e^y + x)\mathrm{d}x + (xe^y - 2y\mathrm{d}y)$

$= \int_0^x (e^0 + x)\mathrm{d}x + \int_0^y (xe^y - 2y)\mathrm{d}y$

$= \dfrac{x^2}{2} + xe^y - y^2.$

## 二、提高篇

1.【答案】A 【解答】设 $P(x,y) = Q(x,y) = f(x+y)$,由 $f(x)$ 具有一阶连续导数可知 $P(x,y)$,$Q(x,y)$ 具有一阶连续偏导数.

又 $\dfrac{\partial P(x,y)}{\partial y} = \dfrac{\partial Q(x,y)}{\partial x} = f'(x+y)$,所以曲线积分与路径无关.

方法一 $\int_{(0,0)}^{(1,2)} f(x+y)\mathrm{d}x + f(x+y)\mathrm{d}y = \int_0^1 f(x)\mathrm{d}x + \int_0^2 f(1+y)\mathrm{d}y$

$= \int_0^1 f(x)\mathrm{d}x + \int_1^3 f(x)\mathrm{d}x = \int_0^3 f(x)\mathrm{d}x.$

方法二 $\int_{(0,0)}^{(1,2)} f(x+y)\mathrm{d}x + f(x+y)\mathrm{d}y = \int_{(0,0)}^{(1,2)} f(x+y)(\mathrm{d}x + \mathrm{d}y)$

$= \int_{(0,0)}^{(1,2)} f(x+y)\mathrm{d}(x+y)$

$= \int_0^3 f(u)\mathrm{d}u = \int_0^3 f(x)\mathrm{d}x.$

因此,应选 A.

2.【答案】D 【解答】由格林公式得 $I_i = \oint_{L_i} \left(y + \dfrac{y^3}{6}\right)\mathrm{d}x + \left(2x - \dfrac{x^3}{3}\right)\mathrm{d}y$

$$= \iint_{D_i} \left[ (2-x^2) - \left(1+\frac{y^2}{2}\right) \right] dxdy = \iint_{D_i} \left(1 - x^2 - \frac{y^2}{2}\right) dxdy,$$

其中 $D_i$ 是由 $L_i$ 的正向围成的积分区域.

当 $(x,y) \in D_4$ 时,$1 - x^2 - \frac{y^2}{2} \geqslant 0$;当 $(x,y) \notin D_4$ 时,$1 - x^2 - \frac{y^2}{2} < 0$. 而 $D_1 \subset D_4 \subset D_2$,由重积分的性质得 $I_4 > I_1$,$I_4 > I_2$.

又 $I_3 = \iint_{D_3} \left(1 - x^2 - \frac{y^2}{2}\right) dxdy = \iint_{D_3 - D_4 \cap D_3} \left(1 - x^2 - \frac{y^2}{2}\right) dxdy + \iint_{D_4 \cap D_3} \left(1 - x^2 - \frac{y^2}{2}\right) dxdy,$

$$< \iint_{D_4 \cap D_3} \left(1 - x^2 - \frac{y^2}{2}\right) dxdy,$$

$$I_4 = \iint_{D_4} \left(1 - x^2 - \frac{y^2}{2}\right) dxdy = \iint_{D_4 - D_4 \cap D_3} \left(1 - x^2 - \frac{y^2}{2}\right) dxdy + \iint_{D_4 \cap D_3} \left(1 - x^2 - \frac{y^2}{2}\right) dxdy$$

$$> \iint_{D_4 \cap D_3} \left(1 - x^2 - \frac{y^2}{2}\right) dxdy,$$

即 $I_4 > I_3$. 因此,$\max\{I_1, I_2, I_3, I_4\} = I_4$,故应选 D.

3.【解答】补充线段 $L_1 : \overrightarrow{BA}$,则 $I = \int_{L+L_1} P dx + Q dy = -\iint_D \left(\frac{\partial Q}{\partial x} - \frac{\partial P}{\partial y}\right) dxdy$

$$= -\iint_D 4 dxdy = -\frac{4}{2}\pi R^2 = -2\pi R^2.$$

4.【解答】由已知条件可得空间曲线的参数方程为 $\begin{cases} x = \cos\theta \\ y = \sqrt{2}\sin\theta \\ z = \cos\theta \end{cases}$,$\theta : \frac{\pi}{2} \to -\frac{\pi}{2}$,于是

$$I = \int_L (y+z) dx + (z^2 - x^2 + y) dy + (x^2 + y^2) dz$$

$$= \int_{\frac{\pi}{2}}^{-\frac{\pi}{2}} [-(\sqrt{2}\sin\theta + \cos\theta)\sin\theta + 2\sin\theta\cos\theta - (1+\sin^2\theta)\sin\theta] d\theta$$

$$= \int_{\frac{\pi}{2}}^{-\frac{\pi}{2}} [-\sqrt{2}\sin^2\theta + \sin\theta\cos\theta - (1+\sin^2\theta)\sin\theta] d\theta$$

$$= 2\sqrt{2} \int_0^{\frac{\pi}{2}} \sin^2\theta d\theta = \frac{\sqrt{2}}{2}\pi.$$

5.【解答】引入 $l : (x-1)^2 + y^2 = a^2$,$0 < a < 1$ 正向,则 $l : \begin{cases} x = 1 + a\cos t \\ y = a\sin t \end{cases}$,$0 \leqslant t \leqslant 2\pi$,

$$\int_{L+l} P dx + Q dy = \iint_{D_1} (Q'_x - P'_y) dxdy = 0,$$

即 $I = \int_l P dx + Q dy = \int_0^{2\pi} \frac{a\sin t \cdot (-a\sin t) - a\cos t \cdot a\cos t}{a^2} dt = \int_0^{2\pi} -1 dt = -2\pi.$

6.【解答】由于 $\frac{\partial P}{\partial x} = e^y = \frac{\partial Q}{\partial y}$,故积分与路径无关,选择的新路径 $L_1$ 为由 $A(-1,1)$ 到 $D(-1,2)$ 再到 $C(0,2)$ 的折线段(如图 8-15 所示).则

$$I = \int_{L_1} e^y dx - (\cos y - xe^y) dy$$
$$= \int_{\overline{AD}+\overline{DC}} e^y dx - (\cos y - xe^y) dy$$
$$= \int_1^2 (-\cos y - e^y) dy + \int_{-1}^0 e^2 dx$$
$$= (-\sin y - e^y)\Big|_1^2 + e^2 x\Big|_{-1}^0$$
$$= \sin 1 - \sin 2 + e.$$

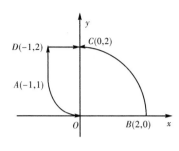

图 8-15

**7.【解答】** 积分路径如图 8-16 所示. 令 $P = \dfrac{x-y}{x^2+y^2}$,

$Q = \dfrac{x+y}{x^2+y^2}$, 则 $\dfrac{\partial Q}{\partial x} = \dfrac{-x^2+y^2-2xy}{(x^2+y^2)^2}$,

$\dfrac{\partial P}{\partial y} = \dfrac{-x^2+y^2-2xy}{(x^2+y^2)^2}$,

即 $\dfrac{\partial Q}{\partial x} = \dfrac{\partial P}{\partial y}(x^2+y^2 \neq 0)$,故积分与路径无关.

作新路径 $L_1$, $L_1$ 为从 $(-1,0)$ 到 $(1,0)$ 的一个上半单位圆,即 $x = \cos\theta, y = \sin\theta, \theta$ 从 $\pi$ 变到 $0$. 于是

$$I = \int_{L_1} \frac{(x-y)dx + (x+y)dy}{x+y}$$

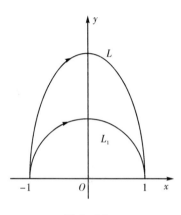

图 8-16

$$= \int_\pi^0 [(\cos\theta - \sin\theta)(-\sin\theta) + (\cos\theta + \sin\theta)\cos\theta] d\theta$$
$$= \int_\pi^0 d\theta = -\pi.$$

**8.【证明】** 由于 $\iint\limits_D \left(\dfrac{\partial^2 f}{\partial x^2} + \dfrac{\partial^2 f}{\partial y^2}\right) dx dy = \iint\limits_D \left[\dfrac{\partial}{\partial x}\left(\dfrac{\partial f}{\partial x}\right) + \dfrac{\partial}{\partial y}\left(\dfrac{\partial f}{\partial y}\right)\right] dx dy$

$$= \iint\limits_D \left[\dfrac{\partial}{\partial x}\left(\dfrac{\partial f}{\partial x}\right) - \dfrac{\partial}{\partial y}\left(-\dfrac{\partial f}{\partial y}\right)\right] dx dy.$$

令 $P = -\dfrac{\partial f}{\partial y}, Q = \dfrac{\partial f}{\partial x}$,取曲线 $L$ 的方向为区域 $D$ 的边界的正向,则由格林公式,有

$$\iint\limits_D \left(\dfrac{\partial^2 f}{\partial x^2} + \dfrac{\partial^2 f}{\partial y^2}\right) dx dy = \oint_L -\dfrac{\partial f}{\partial y} dx + \dfrac{\partial f}{\partial x} dy.$$

设 $L$ 上点 $M(x,y)$ 处的切向量 $\boldsymbol{t}$ 与 $x$ 轴及 $y$ 轴正向的夹角分别为 $\alpha$ 和 $\beta$,法线方向 $\boldsymbol{n}$ 与 $x$ 轴及 $y$ 轴正向的夹角分别为 $\theta$ 和 $\varphi$ (如图 8-17 所示),则

$$dx = \cos\alpha dS = -\cos\varphi dS, dy = \cos\varphi dS, dy = \cos\beta dS = \cos\theta dS,$$

所以 $\oint_L -\dfrac{\partial f}{\partial y} dx + \dfrac{\partial f}{\partial x} dy = \oint_L \left(\dfrac{\partial f}{\partial x}\cos\beta - \dfrac{\partial f}{\partial y}\cos\alpha\right) dx$

$$= \oint_L \left(\dfrac{\partial f}{\partial x}\cos\theta + \dfrac{\partial f}{\partial y}\cos\varphi\right) dS = \oint_L \dfrac{\partial f}{\partial \boldsymbol{n}} dS,$$

即 $\iint\limits_D \left(\dfrac{\partial^2 f}{\partial x^2} + \dfrac{\partial^2 f}{\partial y^2}\right) dx dy = \oint_L \dfrac{\partial f}{\partial \boldsymbol{n}} dS.$

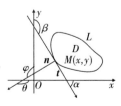

图 8-16

**9.【证明】**(1) 因为 $\dfrac{\partial}{\partial y}\left\{\dfrac{1}{y}[1+y^2 f(xy)]\right\} = f(xy) - \dfrac{1}{y^2} + xyf'(xy) = \dfrac{\partial}{\partial x}\left\{\dfrac{x}{y^2}[y^2 f(xy) - 1]\right\}$

在上半平面内处处成立,故在上半平面内曲线积分与路径无关.

(2) **方法一** 由于积分与路径无关,故可取路径 $L$ 为由点 $(a,b)$ 到点 $(c,b)$ 再到点 $(c,d)$ 的折线段,故 $I = \displaystyle\int_a^c \dfrac{1}{b}[1+b^2 f(bx)]\mathrm{d}x + \int_b^d \dfrac{c}{y^2}[y^2 f(cy) - 1]\mathrm{d}y$

$= \dfrac{c-a}{b} + b\displaystyle\int_a^c f(bx)\mathrm{d}x + c\int_b^d f(cy)\mathrm{d}y + \dfrac{c}{d} - \dfrac{c}{b}.$

令 $t = bx$,则 $b\displaystyle\int_a^c f(bx)\mathrm{d}x = \int_{ab}^{bc} f(t)\mathrm{d}t.$ 同理,$c\displaystyle\int_b^d f(cy)\mathrm{d}y = \int_{bc}^{cd} f(t)\mathrm{d}t,$

于是 $I = \dfrac{c}{d} - \dfrac{a}{b} + \displaystyle\int_{ab}^{bc} f(t)\mathrm{d}t + \int_{bc}^{cd} f(t)\mathrm{d}t = \dfrac{c}{d} - \dfrac{a}{b} + \int_{ab}^{cd} f(t)\mathrm{d}t,$ 由 $ab = cd$ 得 $\displaystyle\int_{ab}^{cd} f(t)\mathrm{d}t = 0,$

故 $I = \dfrac{c}{d} - \dfrac{a}{b}.$

**方法二** 取积分路径 $L$ 为上半平面内由点 $(a,b)$ 到点 $(c,b)$ 的双曲线 $xy = ab = cd$,则

$I = \displaystyle\int_L \left[\dfrac{1}{y} + yf(xy)\right]\mathrm{d}x + \left[xf(xy) - \dfrac{x}{y^2}\right]\mathrm{d}y$

$= \displaystyle\int_a^c \left[\dfrac{x}{ab} + \dfrac{ab}{x}f(ab)\right]\mathrm{d}x + \left[xf(ab) - \dfrac{x^3}{a^2 b^2}\right]\left(-\dfrac{ab}{x^2}\right)\mathrm{d}x$

$= 2\displaystyle\int_a^c \dfrac{x}{ab}\mathrm{d}x = \dfrac{c}{d} - \dfrac{a}{b}.$

**方法三** $I = \displaystyle\int_L yf(xy)\mathrm{d}x + xf(xy)\mathrm{d}y + \int_L \dfrac{1}{y}\mathrm{d}x - \dfrac{x}{y^2}\mathrm{d}y,$ 设 $F(x)$ 为 $f(x)$ 的一个原函数,则

$\displaystyle\int_L yf(xy)\mathrm{d}x + xf(xy)\mathrm{d}y = \int_L f(xy)(y\mathrm{d}x + x\mathrm{d}y)$

$= \displaystyle\int_L f(xy)\mathrm{d}(xy) = F(xy)\Big|_{(a,b)}^{(c,y)} = F(cd) - F(ab),$

当 $ab = cd$ 时,$\displaystyle\int_L yf(xy)\mathrm{d}x + xf(xy)\mathrm{d}y = 0.$

又 $\displaystyle\int_L \dfrac{1}{y}\mathrm{d}x - \dfrac{x}{y^2}\mathrm{d}y = \int_L \dfrac{y\mathrm{d}x - x\mathrm{d}y}{y^2} = \int_L \mathrm{d}\left(\dfrac{x}{y}\right) = \dfrac{x}{y}\Big|_{(a,b)}^{(c,y)} = \dfrac{c}{d} - \dfrac{a}{b},$ 所以 $I = \dfrac{c}{d} - \dfrac{a}{b}.$

**10.【证明】方法一**

(1) 因为 $\displaystyle\oint_L x\mathrm{e}^{\sin y}\mathrm{d}y - y\mathrm{e}^{-\sin x}\mathrm{d}x$

$= \displaystyle\int_0^\pi 0\mathrm{d}x + \int_0^\pi \pi\mathrm{e}^{\sin y}\mathrm{d}y + \int_\pi^0 -\pi\mathrm{e}^{-\sin x}\mathrm{d}x + \int_\pi^0 0\mathrm{d}y$

$= \displaystyle\int_0^\pi \pi\mathrm{e}^{\sin y}\mathrm{d}y + \int_0^\pi \pi\mathrm{e}^{-\sin x}\mathrm{d}x = \pi\int_0^\pi (\mathrm{e}^{\sin x} + \mathrm{e}^{-\sin x})\mathrm{d}x,$

$\displaystyle\oint_L x\mathrm{e}^{-\sin y}\mathrm{d}y - y\mathrm{e}^{\sin x}\mathrm{d}x = \int_0^\pi 0\mathrm{d}x + \int_0^\pi \pi\mathrm{e}^{-\sin y}\mathrm{d}y + \int_\pi^0 -\pi\mathrm{e}^{\sin x}\mathrm{d}x + \int_\pi^0 0\mathrm{d}y$

$= \displaystyle\int_0^\pi \pi\mathrm{e}^{-\sin y}\mathrm{d}y - \int_\pi^0 \pi\mathrm{e}^{\sin x}\mathrm{d}x = \pi\int_0^\pi (\mathrm{e}^{\sin x} + \mathrm{e}^{-\sin x})\mathrm{d}x,$

所以 $\oint_L x\mathrm{e}^{\sin y}\mathrm{d}y - y\mathrm{e}^{-\sin x}\mathrm{d}x = \oint_L x\mathrm{e}^{\sin x}\mathrm{d}y - y\mathrm{e}^{\sin x}\mathrm{d}x$.

(2) 由于 $\mathrm{e}^{\sin x} + \mathrm{e}^{-\sin x} \geqslant 2$，故由(1)得 $\oint_L x\mathrm{e}^{\sin y}\mathrm{d}y - y\mathrm{e}^{-\sin x}\mathrm{d}x = \pi\int_0^\pi (\mathrm{e}^{\sin x} + \mathrm{e}^{-\sin x})\mathrm{d}x \geqslant 2\pi^2$.

**方法二** （1）根据格林公式，得

$$\oint_L x\mathrm{e}^{\sin y}\mathrm{d}y - y\mathrm{e}^{\sin x}\mathrm{d}x = \iint_D (\mathrm{e}^{\sin y} + \mathrm{e}^{\sin x})\mathrm{d}x\mathrm{d}y,$$

$$\oint_L x\mathrm{e}^{-\sin y}\mathrm{d}y - y\mathrm{e}^{\sin x}\mathrm{d}x = \iint_D (\mathrm{e}^{-\sin y} + \mathrm{e}^{\sin x})\mathrm{d}x\mathrm{d}y.$$

因为 $D$ 具有轮换对称性，所以 $\iint_D (\mathrm{e}^{\sin y} + \mathrm{e}^{\sin x})\mathrm{d}x\mathrm{d}y = \iint_D (\mathrm{e}^{-\sin y} + \mathrm{e}^{\sin x})\mathrm{d}x\mathrm{d}y$，

故 $\oint_L x\mathrm{e}^{\sin y}\mathrm{d}y - y\mathrm{e}^{-\sin x}\mathrm{d}x = \oint_L x\mathrm{e}^{-\sin y}\mathrm{d}y - y\mathrm{e}^{\sin x}\mathrm{d}x$.

(2) 由(1)知 $\oint_L x\mathrm{e}^{\sin y}\mathrm{d}y - y\mathrm{e}^{-\sin x}\mathrm{d}x = \iint_D (\mathrm{e}^{\sin y} + \mathrm{e}^{-\sin x})\mathrm{d}x\mathrm{d}y$

$$= \iint_D \mathrm{e}^{\sin y}\mathrm{d}x\mathrm{d}y + \iint_D \mathrm{e}^{-\sin x}\mathrm{d}x\mathrm{d}y = \iint_D \mathrm{e}^{\sin x}\mathrm{d}x\mathrm{d}y + \iint_D \mathrm{e}^{-\sin x}\mathrm{d}x\mathrm{d}y (\text{利用轮换对称性})$$

$$= \iint_D (\mathrm{e}^{\sin x} + \mathrm{e}^{-\sin x})\mathrm{d}x\mathrm{d}y \geqslant \iint_D 2\mathrm{d}x\mathrm{d}y = 2\pi^2.$$

11.【证明】不妨设 $L$ 取正向，$L$ 所围区域记为 $D_0$，$D_0 \subset D$，由格林公式有

$$\oint_L yf(x,y)\mathrm{d}x - xf(x,y)\mathrm{d}y = \iint_{D_0} \left\{\frac{\partial}{\partial x}[-xf(x,y)] - \frac{\partial}{\partial y}[yf(x,y)]\right\}\mathrm{d}\sigma$$

$$= -\iint_{D_0} [xf'_x(x,y) + yf'_y(x,y) + 2f(x,y)]\mathrm{d}\sigma.$$

由方程 $f(tx, ty) = t^{-2}f(x,y)$ 两边对 $t$ 求导得 $xf'_1(tx, ty) + yf'_2(tx, ty) = -2t^{-3}f(x,y)$，

令 $t = 1$，得 $xf'_1(x,y) + yf'_2(x,y) = -2f(x,y)$，$(x,y) \in D$，

故 $\iint_{D_0} [xf'_x(x,y) + yf'_y(x,y) + 2f(x,y)]\mathrm{d}\sigma = 0$，即 $\oint_L yf(x,y)\mathrm{d}x - xf(x,y)\mathrm{d}y = 0$.

## 第八节 第一类曲面积分

### 一、基础篇

1. 答案 C 【解答】由于 $S: z = \sqrt{a^2 - x^2 - y^2}$，$\mathrm{d}S = \sqrt{1 + z_x^2 + z_y^2}\mathrm{d}x\mathrm{d}y = \frac{a}{\sqrt{a^2 - x^2 - y^2}}\mathrm{d}x\mathrm{d}y$

$$= \frac{a}{z}\mathrm{d}x\mathrm{d}y,$$

则 $\iint_S x\mathrm{d}S = a\iint_{D_{xy}} \frac{x}{\sqrt{a^2 - x^2 - y^2}}\mathrm{d}x\mathrm{d}y = 0$；$\iint_{S_1} x\mathrm{d}S = a\iint_{G_{xy}} \frac{x}{\sqrt{a^2 - x^2 - y^2}}\mathrm{d}x\mathrm{d}y > 0$；

$$\iint\limits_{S} y \mathrm{d}S = a\iint\limits_{D_{xy}} \frac{y}{\sqrt{a^2-x^2-y^2}}\mathrm{d}x\mathrm{d}y = 0; \iint\limits_{S_1} y \mathrm{d}S = a\iint\limits_{G_{xy}} \frac{y}{\sqrt{a^2-x^2-y^2}}\mathrm{d}x\mathrm{d}y > 0;$$

$$\iint\limits_{S} z \mathrm{d}S = a\iint\limits_{D_{xy}} \mathrm{d}x\mathrm{d}y = \pi a^3, \iint\limits_{S_1} z \mathrm{d}S = a\iint\limits_{G_{xy}} \mathrm{d}x\mathrm{d}y = \frac{\pi}{4}a^3;$$

$$\iint\limits_{S} xyz \mathrm{d}S = a\iint\limits_{D_{xy}} xy\mathrm{d}x\mathrm{d}y = 0, \iint\limits_{S_1} xyz \mathrm{d}S = a\iint\limits_{G_{xy}} xy\mathrm{d}x\mathrm{d}y > 0,$$

因此,应选 C.

2. 【答案】$4\sqrt{61}$  【解答】$I = 4\iint\limits_{S}\left(\frac{x}{2}+\frac{y}{3}+\frac{z}{4}\right)\mathrm{d}S = 4\iint\limits_{S}1\mathrm{d}S = 4\iint\limits_{D_{xy}}\sqrt{1+z_x'^2+z_y'^2}\mathrm{d}x\mathrm{d}y$

$$= 4\iint\limits_{D_{xy}}\frac{\sqrt{61}}{3}\mathrm{d}x\mathrm{d}y = 4\sqrt{61},$$

其中 $D_{xy}$ 为 $xOy$ 平面上由 $x$ 轴,$y$ 轴和直线 $\frac{x}{2}+\frac{y}{3}=1$ 所围成的平面区域.

3. 【答案】$\frac{\sqrt{3}}{12}$  【解答】事实上,$\Sigma$ 在 $xOy$ 平面上的投影为 $D_{xy} = \{(x,y) \mid x+y \leqslant 1, x \geqslant 0, y \geqslant 0\}$,且由 $z = 1-x-y, z_x = -1, z_y = -1$ 可知

$$\mathrm{d}S = \sqrt{1+z_x'^2+z_y'^2}\mathrm{d}x\mathrm{d}y = \sqrt{1+(-1)^2+(-1)^2}\mathrm{d}x\mathrm{d}y,$$

于是 $\iint\limits_{\Sigma} y^2 \mathrm{d}S = \iint\limits_{D_{xy}} y^2\sqrt{1+(-1)^2+(-1)^2}\mathrm{d}x\mathrm{d}y = \sqrt{3}\int_0^1 y^2\mathrm{d}y\int_0^{1-y}\mathrm{d}x = \sqrt{3}\int_0^1 (y^2-y^3)\mathrm{d}y = \frac{\sqrt{3}}{12}.$

4. 【答案】$\frac{149}{30}\pi$  【解答】由已知条件 $\mathrm{d}S = \sqrt{1+z_x'^2+z_y'^2}\mathrm{d}x\mathrm{d}y = \sqrt{1+4x^2+4y^2}\mathrm{d}x\mathrm{d}y,$

于是 $\iint\limits_{\Sigma} f(x,y,z)\mathrm{d}S = \iint\limits_{D_{xy}} (x^2+y^2)\sqrt{1+4x^2+4y^2}\mathrm{d}x\mathrm{d}y = \int_0^{2\pi}\mathrm{d}\theta\int_0^{\sqrt{2}} r^2\sqrt{1+4r^2}\,r\mathrm{d}r$

$$= 2\pi\int_0^{\sqrt{2}} r^3\sqrt{1+4r^2}\,\mathrm{d}r = \frac{149}{30}\pi.$$

5. 【解答】积分曲面 $z = 5-y$,投影域:$D_{xy} = \{(x,y) \mid x^2+y^2 \leqslant 25\}$,

$$\mathrm{d}S = \sqrt{1+z_x'^2+z_y'^2}\mathrm{d}x\mathrm{d}y = \sqrt{1+0+(-1)^2}\mathrm{d}x\mathrm{d}y = \sqrt{2}\mathrm{d}x\mathrm{d}y,$$

$$\iint\limits_{\Sigma}(x+y+z)\mathrm{d}S = \sqrt{2}\iint\limits_{D_{xy}}(x+y+5-y)\mathrm{d}x\mathrm{d}y = \sqrt{2}\iint\limits_{D_{xy}}(5+x)\mathrm{d}x\mathrm{d}y$$

$$= \sqrt{2}\int_0^{2\pi}\mathrm{d}\theta\int_0^5 (5+r\cos\theta)r\mathrm{d}r = 125\sqrt{2}\pi.$$

6. 【解答】由于 $\iint\limits_{\Sigma}(x+y-2z)^2\mathrm{d}S = \iint\limits_{\Sigma}(x^2+y^2+4z^2+2xy-4xz-4yz)\mathrm{d}S,$

又积分曲面关于 $xOy$ 对称,$-4xz-4yz$ 关于变量 $z$ 是奇函数,所以 $\iint\limits_{\Sigma}(-4xz-4yz)\mathrm{d}S = 0.$

类似地,$\iint\limits_{\Sigma} 2xy\mathrm{d}S = 0.$ 因此

$$\iint\limits_{\Sigma}(x+y-2z)^2\mathrm{d}S = \iint\limits_{\Sigma}(x^2+y^2+4z^2)\mathrm{d}S = 2\iint\limits_{\Sigma}(x^2+y^2+z^2)\mathrm{d}S = 8\iint\limits_{\Sigma}\mathrm{d}S = 108\pi.$$

7.【解答】由对称性可知 $\iint_\Sigma |xyz| \mathrm{d}S = 4\iint_{\Sigma_1} |xyz| \mathrm{d}S$（$\Sigma_1$ 为第一象限内部分曲面），且

$$\mathrm{d}S = \sqrt{1+z_x'^2+z_y'^2}\mathrm{d}x\mathrm{d}y = \sqrt{1+(2x)^2+(2y)^2}\mathrm{d}x\mathrm{d}y,$$

$$D_{xy}' = \{(x,y) \mid x^2+y^2 \leqslant 1, x \geqslant 0, y \geqslant 0\},$$

$$\text{原式} = \iint_\Sigma |xyz| \mathrm{d}S = 4\iint_{\Sigma_1} xyz\mathrm{d}S = 4\iint_{D_{xy}'} xy(x^2+y^2)\sqrt{1+(2x)^2+(2y)^2}\mathrm{d}x\mathrm{d}y$$

$$= 4\int_0^{\frac{\pi}{2}}\mathrm{d}t\int_0^1 r^2\cos t\sin t \cdot r^2\sqrt{1+4r^2}\,r\mathrm{d}r = 2\int_0^{\frac{\pi}{2}}\sin 2t\mathrm{d}t\int_0^1 r^5\sqrt{1+4r^2}\,\mathrm{d}r$$

$$= \frac{1}{4}\int_1^5 \sqrt{u}\left(\frac{u-1}{4}\right)^2\mathrm{d}u = \frac{125\sqrt{5}-1}{420}.$$

8.【解答】记 $\Sigma = \Sigma_1 + \Sigma_2 + \Sigma_3$，

其中，$\Sigma_1: x^2+y^2=9, 0\leqslant z\leqslant 3$；$\Sigma_2: z=0(x^2+y^2\leqslant 9)$；$\Sigma_3: z=3(x^2+y^2\leqslant 9)$，则

$$\iint_{\Sigma_1}(x^2+y^2)\mathrm{d}S = 9\iint_{\Sigma_1}\mathrm{d}S = 162\pi,$$

$$\iint_{\Sigma_2}(x^2+y^2)\mathrm{d}S = \iint_{D_{xy}}(x^2+y^2)\mathrm{d}x\mathrm{d}y = \int_0^{2\pi}\mathrm{d}\theta\int_0^3 r^3\mathrm{d}r = \frac{81\pi}{2},$$

$$\iint_{\Sigma_3}(x^2+y^2)\mathrm{d}S = \frac{81\pi}{2},$$

于是 $I = \iint_{\Sigma_1}(x^2+y^2)\mathrm{d}S + \iint_{\Sigma_2}(x^2+y^2)\mathrm{d}S + \iint_{\Sigma_3}(x^2+y^2)\mathrm{d}S = 162\pi + \frac{81\pi}{2} + \frac{81\pi}{2} = 243\pi.$

## 二、提高篇

1.【答案】$\frac{4}{3}\sqrt{3}$　【解答】由于空间曲面 $\Sigma$ 关于 $yOz$ 面对称，被积函数 $x$ 关于 $x$ 是奇函数，从而 $\iint_\Sigma x\mathrm{d}S = 0.$

由变量的轮换对称性及曲面 $\Sigma$ 的对称性，得 $\iint_\Sigma |x|\mathrm{d}S = \iint_\Sigma |y|\mathrm{d}S = \iint_\Sigma |z|\mathrm{d}S$，从而

$$\iint_\Sigma (x+|y|)\mathrm{d}S = \iint_\Sigma |y|\mathrm{d}S = \frac{1}{3}\iint_\Sigma (|x|+|y|+|z|)\mathrm{d}S = \frac{1}{3}\iint_\Sigma \mathrm{d}S = \frac{8}{3}\iint_{\Sigma_1}\mathrm{d}S$$

$$= \frac{8}{3}\times\frac{1}{2}\times\sqrt{2}\times\sqrt{2}\times\frac{\sqrt{3}}{2} = \frac{4}{3}\sqrt{3},$$

其中 $\Sigma_1$ 表示 $\Sigma$ 在第一象限内部分.

2.【解答】$\Sigma_\text{前}: x=\sqrt{R^2-y^2}$，$\Sigma_\text{后}: x=-\sqrt{R^2-y^2}$，$\mathrm{d}S = \sqrt{1+x_y^2+x_z^2}\mathrm{d}y\mathrm{d}z = \frac{R}{\sqrt{R^2-y^2}}\mathrm{d}y\mathrm{d}z$，

$$\iint_\Sigma \frac{1}{x^2+y^2+z^2}\mathrm{d}S = \iint_{\Sigma_\text{前}} + \iint_{\Sigma_\text{后}} = 2\iint_{D_{yz}}\frac{1}{R^2+z^2}\cdot\frac{R}{\sqrt{R^2-y^2}}\mathrm{d}y\mathrm{d}z$$

$$= 2\int_{-R}^R \mathrm{d}y\int_0^H \frac{1}{R^2+z^2}\cdot\frac{R}{\sqrt{R^2-y^2}}\mathrm{d}z = 2\pi\arctan\frac{H}{R}.$$

3.【解答】由对称性可知 $\oiint_{\Sigma} x^2 \mathrm{d}S = \oiint_{\Sigma} y^2 \mathrm{d}S = \oiint_{\Sigma} z^2 \mathrm{d}S$,

$$I = \frac{2}{3}\oiint_{\Sigma}(x^2+y^2+z^2)\mathrm{d}S = \frac{4}{3}\oiint_{\Sigma}(x+y+z)\mathrm{d}S,$$

$$= \frac{4}{3}\oiint_{\Sigma} 3\mathrm{d}S = 4\times 1\times 4\pi(\sqrt{3})^2 = 48\pi.$$

4.【解答】$I = \iint\limits_{\Sigma} xy\mathrm{d}S + \iint\limits_{\Sigma} yz\mathrm{d}S + \iint\limits_{\Sigma} xz\mathrm{d}S = 0+0+\iint\limits_{D} x\sqrt{x^2+y^2}\times\sqrt{2}\,\mathrm{d}x\mathrm{d}y$

$$= \sqrt{2}\int_{-\frac{\pi}{2}}^{\frac{\pi}{2}}\mathrm{d}\varphi\int_0^{2a\cos\varphi}\rho^3\cos\varphi\,\mathrm{d}\rho = \frac{64\sqrt{2}\,a^4}{15}.$$

5.【解答】由题意知,上半截面方程为 $z = k\sqrt{x^2+y^2}$,于是

$$\frac{\partial z}{\partial x} = \frac{kx}{\sqrt{x^2+y^2}},\, \frac{\partial z}{\partial x} = \frac{ky}{\sqrt{x^2+y^2}},$$

$$\mathrm{d}S = \sqrt{1+\frac{k^2 x^2}{x^2+y^2}+\frac{k^2 y^2}{x^2+y^2}}\,\mathrm{d}x\mathrm{d}y = \sqrt{1+k^2}\,\mathrm{d}x\mathrm{d}y,$$

将 $\Sigma$ 投影在 $xOy$ 面上, 得 $xOy$ 面上的圆域 $x^2+y^2 \leqslant 2ax$, 故 $D_{xy} = \{(x,y) \mid x^2+y^2 \leqslant 2ax\}$, 用极坐标表示为 $D_{xy} = \{(\theta,r) \mid -\frac{\pi}{2} \leqslant \theta \leqslant \frac{\pi}{2}, 0 \leqslant r \leqslant 2a\cos\theta\}$, 故

$$A = \iint\limits_{\Sigma}(y^2 z^2 + z^2 x^2 + x^2 y^2)\mathrm{d}S = \iint\limits_{D_{xy}}[k^2(x^2+y^2)^2 + x^2 y^2]\sqrt{1+k^2}\,\mathrm{d}x\mathrm{d}y$$

$$= \sqrt{1+k^2}\int_{-\frac{\pi}{2}}^{\frac{\pi}{2}}\mathrm{d}\theta\int_0^{2a\cos\theta}(k^2\rho^4 + \rho^4\cos^2\theta\sin^2\theta)\rho\,\mathrm{d}\rho$$

$$= \sqrt{1+k^2}\int_{-\frac{\pi}{2}}^{\frac{\pi}{2}}(k^2+\cos^2\theta\sin^2\theta)\frac{\rho^6}{6}\Big|_0^{2a\cos\theta}\mathrm{d}\theta$$

$$= \frac{64}{3}a^6\sqrt{1+k^2}\int_0^{\frac{\pi}{2}}(k^2\cos^6\theta + \cos^8\theta - \cos^{10}\theta)\mathrm{d}\theta$$

$$= \frac{\pi a^6}{24}(80k^2-2)\sqrt{1+k^2}.$$

6.【解答】令 $F(x,y,z) = x^2+y^2+z^2-yz-1$, 则动点 $P(x,y,z)$ 处的法向量为

$$\boldsymbol{n} = (F_x, F_y, F_z) = (2x, 2y-z, 2z-y),$$

由切平面与 $xOy$ 面垂直可知 $\boldsymbol{n}\cdot\boldsymbol{k} = 0$, 得切平面方程为 $2z-y = 0$, 故所求曲线方程为

$$\begin{cases} x^2+y^2+z^2-yz = 1 \\ 2z-y = 0 \end{cases}.$$

由 $2z-y = 0$ 与 $x^2+y^2+z^2-yz = 1$ 消去 $z$ 得 $\Sigma$ 在 $xOy$ 面上的投影区域为 $D = \{(x,y) \mid x^2+\frac{3y^2}{4} \leqslant 1\}$, 由于 $\Sigma$ 是椭球面 $S$ 位于曲线 $C$ 上方的部分, 因此 $2z-y > 0$, $\Sigma: z = \frac{1}{2}y + \sqrt{1-x^2-\frac{3}{4}y^2}$.

由 $\frac{\partial z}{\partial x} = -\frac{2z}{2x-y}, \frac{\partial z}{\partial y} = -\frac{z-2y}{2z-y}$, 得

206

$$\sqrt{1+\left(\frac{\partial z}{\partial x}\right)^2+\left(\frac{\partial z}{\partial y}\right)^2}=\frac{\sqrt{5z^2+5y^2+4x^2-8yz}}{2z-y}=\frac{\sqrt{4+y^2+z^2-4yz}}{2z-y},$$

故 $I=\iint\limits_{\Sigma}\frac{(x+\sqrt{3})\mid y-2z\mid}{\sqrt{4+y^2+z^2-4yz}}\mathrm{d}S=\iint\limits_{\Sigma}\frac{(x+\sqrt{3})(2z-y)}{\sqrt{4+y^2+z^2-4yz}}\mathrm{d}S$

$$=\iint\limits_{D}(x+\sqrt{3})\mathrm{d}x\mathrm{d}y=\iint\limits_{D}x\mathrm{d}x\mathrm{d}y+\sqrt{3}\iint\limits_{D}\mathrm{d}x\mathrm{d}y=2\pi.$$

7. 【解答】设 $F(x,y,z)=\frac{x^2}{a^2}+\frac{y^2}{b^2}+\frac{z^2}{c^2}-1$,则 $F_x=\frac{2x}{a^2}, F_y=\frac{2y}{b^2}, F_z=\frac{2z}{c^2}$.

于是过椭球面上任一点 $P(x,y,z)$ 处的切平面方程为 $\frac{2x}{a^2}(X-x)+\frac{2y}{b^2}(Y-y)+\frac{2z}{c^2}(Z-z)=0$,

化简得 $\frac{xX}{a^2}+\frac{yY}{b^2}+\frac{zZ}{c^2}=1$,则由原点到该切平面的距离 $h(x,y,z)$ 为

$$h(x,y,z)=\frac{\left|0\times\frac{x}{a^2}+0\times\frac{y}{b^2}+0\times\frac{z}{c^2}-1\right|}{\sqrt{\frac{x^2}{a^4}+\frac{y^2}{b^4}+\frac{z^2}{c^4}}}=\frac{1}{\sqrt{\frac{x^2}{a^4}+\frac{y^2}{b^4}+\frac{z^2}{c^4}}}.$$

分别记上半椭球面和下半椭球面为 $\Sigma_1$ 和 $\Sigma_2$,它们在 $xOy$ 面上的投影区域都是 $D_{xy}$,$\Sigma_1$ 的方程为 $z=\sqrt{c^2\left(1-\frac{x^2}{a^2}-\frac{y^2}{b^2}\right)}$,

因为 $z_x=\frac{-\frac{c^2x}{a^2}}{\sqrt{c^2\left(1-\frac{x^2}{a^2}-\frac{y^2}{b^2}\right)}}, z_y=\frac{-\frac{c^2y}{b^2}}{\sqrt{c^2\left(1-\frac{x^2}{a^2}-\frac{y^2}{b^2}\right)}}$,

所以 $\sqrt{1+z_x^2+z_y^2}=\frac{c\sqrt{\frac{x^2}{a^4}+\frac{y^2}{b^4}+\frac{z^2}{c^4}}}{\sqrt{\left(1-\frac{x^2}{a^2}-\frac{y^2}{b^2}\right)}}$,

于是 $I=\iint\limits_{\Sigma_1}h(x,y,z)\mathrm{d}S+\iint\limits_{\Sigma_2}h(x,y,z)\mathrm{d}S=2\iint\limits_{D_{xy}}h(x,y,z)\sqrt{1+z_x^2+z_y^2}\mathrm{d}x\mathrm{d}y$

$$=2\iint\limits_{D_{xy}}\frac{c}{\sqrt{1-\frac{x^2}{a^2}-\frac{y^2}{b^2}}}\mathrm{d}x\mathrm{d}y,$$

用广义极坐标 $\begin{cases}x=\rho a\cos\theta\\y=\rho b\sin\theta\end{cases}$,则

$$I=2\iint\limits_{D_{xy}}\frac{c}{\sqrt{1-\frac{x^2}{a^2}-\frac{y^2}{b^2}}}\mathrm{d}x\mathrm{d}y=2c\iint\limits_{D_{xy}}\frac{ab\rho}{\sqrt{1-\rho^2}}\mathrm{d}\rho\mathrm{d}\theta=2abc\int_0^{2\pi}\mathrm{d}\theta\int_0^1\frac{\rho\mathrm{d}\rho}{\sqrt{1-\rho^2}}$$

$$=4\pi abc(-\sqrt{1-\rho^2})\Big|_0^1=4\pi abc.$$

## 第九节 第二类曲面积分

### 一、基础篇

1. **答案** C  【解答】因为空间曲面 $\Sigma$ 关于坐标面 $yOz$ 对称，被积函数关于 $x$ 是奇函数，所以 $\iint\limits_{\Sigma} x\,\mathrm{d}y\mathrm{d}z \ne 0$，因此，应选 C.

2. **答案** B  【解答】由题意可知 $\Sigma$ 的方程为 $z = -\sqrt{R^2 - x^2 - y^2}$，且它在 $xOy$ 面上的投影 $D_{xy} = \{(x,y) \mid x^2 + y^2 \leqslant R^2\}$，于是

$$\iint\limits_{\Sigma} x^2 y^2 z\,\mathrm{d}x\mathrm{d}y = -\iint\limits_{D_{xy}} x^2 y^2 (-\sqrt{R^2 - x^2 - y^2})\,\mathrm{d}x\mathrm{d}y$$

$$= \int_0^{2\pi} \mathrm{d}\theta \int_0^R r^2 \cos^2\theta \cdot r^2 \sin^2\theta \cdot \sqrt{R^2 - r^2} \cdot r\,\mathrm{d}r$$

$$= \frac{1}{4} \int_0^{2\pi} \sin^2 2\theta\,\mathrm{d}\theta \int_0^R \sqrt{R^2 - r^2}\, r^5\,\mathrm{d}r = \frac{2}{105}\pi R^7.$$

因此，应选 B.

3. **答案** B  【解答】因为 $\Sigma$ 关于 $zOx$ 面对称，被积函数 $x^2 + y^2$ 关于 $y$ 是偶函数，所以

$$Q = \iint\limits_{\Sigma_{\mathrm{F}}} \boldsymbol{A} \cdot \mathrm{d}\boldsymbol{S} = \iint\limits_{\Sigma_{\mathrm{F}}} (x^2 + y^2)\,\mathrm{d}y\mathrm{d}z + (z-1)\,\mathrm{d}x\mathrm{d}y$$

$$= \iint\limits_{\Sigma_{\mathrm{F}}} (x^2 + y^2)\,\mathrm{d}y\mathrm{d}z + \iint\limits_{\Sigma_{\mathrm{F}}} (z-1)\,\mathrm{d}x\mathrm{d}y$$

$$= 0 - \iint\limits_{D_{xy}} (\sqrt{x^2 + y^2} - 1)\,\mathrm{d}x\mathrm{d}y = -\int_0^{2\pi} \mathrm{d}\theta \int_0^1 (r-1)r\,\mathrm{d}r = \frac{\pi}{3}.$$

故而，应选 B.

4. **答案** $-\dfrac{\pi}{4}$  【解答】补充平面 $\Sigma_1: z = 1\,(x^2 + y^2 \leqslant 1)$，构成封闭曲面，并取外侧，则由高斯公式有

$$I = \iiint\limits_{\Omega} (3y^2 + 1)\,\mathrm{d}x\mathrm{d}y\mathrm{d}z - \iint\limits_{\Sigma_{1\,\text{上侧}}} y^3\,\mathrm{d}z\mathrm{d}x + (y+z)\,\mathrm{d}x\mathrm{d}y$$

$$= \int_0^{2\pi} \mathrm{d}\theta \int_0^1 \mathrm{d}r \int_{r^2}^1 (3r^2 \sin^2\theta + 1) r\,\mathrm{d}z - \int_0^{2\pi} \mathrm{d}\theta \int_0^1 (r\sin\theta + 1) r\,\mathrm{d}r$$

$$= \frac{3\pi}{4} - \pi = -\frac{\pi}{4}.$$

5. 【解答】方法一  先求 $\iint\limits_{\Sigma} z\,\mathrm{d}x\mathrm{d}y$.

由于 $\Sigma: z = \dfrac{1}{4}(x^2 + y^2)$ 在 $xOy$ 面上的投影为 $D_{xy}: x^2 + y^2 \leqslant 8$，则

$$\iint_\Sigma z\,dxdy = -\iint_{D_{xy}} \frac{1}{4}(x^2+y^2)\,dxdy = -\frac{1}{4}\int_0^{2\pi}d\theta\int_0^{2\sqrt{2}} r^3\,dr = -8\pi.$$

再求 $\iint_\Sigma (x+z^2)\,dydz$,

其中 $\Sigma: x = \pm\sqrt{4z-y^2}$,把 $\Sigma$ 分成 $\Sigma_1: x = \sqrt{4z-y^2}$ 前侧和 $\Sigma_2: x = -\sqrt{4z-y^2}$ 后侧两部

分,$D_{yz}: \begin{cases} |y| \leqslant 2\sqrt{2} \\ \dfrac{y^2}{4} \leqslant z \leqslant 2 \end{cases}$,

$$\iint_\Sigma (x+z^2)\,dydz = \iint_{\Sigma_1}(x+z^2)\,dydz + \iint_{\Sigma_2}(x+z^2)\,dydz$$

$$= \iint_{D_{yz}}(\sqrt{4z-y^2}+z^2)\,dydz - \iint_{D_{yz}}(-\sqrt{4z-y^2}+z^2)\,dydz = 2\iint_{D_{yz}}\sqrt{4z-y^2}\,dydz$$

$$= 2\int_{-2\sqrt{2}}^{2\sqrt{2}}dy\int_{\frac{y^2}{4}}^2\sqrt{4z-y^2}\,dz = \frac{1}{3}\int_{-2\sqrt{2}}^{2\sqrt{2}}(8-y^2)^{\frac{3}{2}}dy = \frac{2}{3}\int_0^{2\sqrt{2}}(8-y^2)^{\frac{3}{2}}dy$$

$$\xrightarrow{y=2\sqrt{2}\sin\theta} \frac{2}{3}\int_0^{\frac{\pi}{2}}(8\cos^2\theta)^{\frac{3}{2}}\cdot 2\sqrt{2}\cos\theta\,d\theta = \frac{128}{3}\int_0^{\frac{\pi}{2}}\cos^4\theta\,d\theta = 8\pi,$$

原式 $= 8\pi - (-8\pi) = 16\pi.$

**方法二** 取 $\Sigma_1: z = 2(x^2+y^2 \leqslant 8)$ 上侧,$D_{xy} = x^2+y^2 \leqslant 8$,则

$$\iint_\Sigma (x+z^2)\,dydz - z\,dxdy = \oiint_{\Sigma+\Sigma_1}(x+z^2)\,dydz - z\,dxdy - \iint_{\Sigma_1}(x+z^2)\,dydz - z\,dxdy$$

$$= \iiint_\Omega (1-1)\,dxdydz + \iint_{D_{xy}} 2\,dxdy$$

$$= 2\iint_{D_{xy}}dxdy = 16\pi.$$

**6.【解答】** $I = \iint_\Sigma z^2\cos\gamma\,dS = \iint_\Sigma z^2\,dxdy = \iint_{D_{xy}}(1-x^2-y^2)\,dxdy = \int_0^{2\pi}d\theta\int_0^1(1-r^2)r\,dr = \dfrac{\pi}{2}.$

**7.【解答】** $\Sigma: z = 6-3x-2y$,则 $z_x = -3, z_y = -2$,

$$I = \iint_{D_{xy}}[x(-z_x)+xy(-z_y)+x(6-3x-2y)]\,dxdy$$

$$= \iint_{D_{xy}}[3x+2xy+x(6-3x-2y)]\,dxdy$$

$$= \iint_{D_{xy}}(9x-3x^2)\,dxdy = \int_0^2(9x-3x^2)\,dx\int_0^{3-\frac{3x}{2}}dy$$

$$= \int_0^2\left(27x-9x^2-\frac{27x^2}{2}+\frac{9x^3}{2}\right)dx = 12.$$

**8.【解答】** 由于 $\dfrac{\partial P}{\partial x}+\dfrac{\partial Q}{\partial y}+\dfrac{\partial R}{\partial z} = 2(x+y+z)$,由高斯公式可得

$$\oiint_\Sigma x^2\,dydz + y^2\,dxdz + z^2\,dxdy = 2\iiint_\Omega (x+y+z)\,dv$$

$$= 2\int_0^a dx \int_0^b dy \int_0^c (x+y+z) dz = \int_0^a dx \int_0^b (2cx + 2cy + c^2) dy$$

$$= \int_0^a (2cbx + cb^2 + bc^2) dx = a^2bc + ab^2c + abc^2 = abc(a+b+c).$$

9.【解答】$I = \iiint\limits_{\Omega} (2xyz^2 - 2xyz^2 + 1 + 2xyz) dv = \iiint\limits_{\Omega} dv + 0 = \int_0^{2\pi} d\varphi \int_0^a \rho d\rho \int_0^{a^2-\rho^2} dz$

$$= 2\pi \int_0^a \rho(a^2 - \rho^2) d\rho = \frac{\pi a^4}{2}.$$

10.【解答】$I = \iiint\limits_{\Omega} (z^2 + x^2 + y^2) dv = \int_0^{2\pi} d\varphi \int_0^{\frac{\pi}{2}} d\theta \int_0^a r^4 \sin\theta dr = \frac{2}{5}\pi a^5.$

11.【解答】$I = \oiint\limits_{\Sigma} (2x+3z) dydz - (xz+y) dzdx + (y^2+2z) dxdy = \iiint\limits_{\Omega} 3 dv = 108\pi.$

12.【解答】**方法一** 如图 8-18 所示，记右半球面在 $xOz$ 坐标面上的投影区域为 $D_{xz}$，即 $D_{xz}: x^2 + z^2 \leqslant R^2$，则

$$I = \iint\limits_{\Sigma} (x+1)^2 dxdz = \iint\limits_{D_{xz}} (x+1)^2 dxdz$$

$$= \int_0^{2\pi} d\theta \int_0^R (\rho\sin\theta + 1)^2 \rho d\rho$$

$$= \int_0^{2\pi} d\theta \int_0^R (\rho^3 \sin^2\theta + 2\rho^2 \sin\theta + \rho) d\rho$$

$$= \int_0^{2\pi} \left(\frac{R^4}{4}\sin^2\theta + \frac{2}{3}R^3 \sin\theta + \frac{1}{2}R^2\right) d\theta = \pi R^2 \left(1 + \frac{R^2}{4}\right).$$

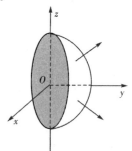

图 8-18

**方法二** 设 $\Sigma_1$ 表示曲面 $\begin{cases} x^2 + z^2 \leqslant R^2 \\ y = 0 \end{cases}$ 的左侧，则由高斯公式得

$$I = \iint\limits_{\Sigma} (x+1)^2 dxdz = \oiint\limits_{\Sigma + \Sigma_1} (x+1)^2 dxdz + \iint\limits_{\Sigma_{1\text{右}}} (x+1)^2 dxdz$$

$$= \iiint\limits_{\Omega} 0 dxdydz + \iint\limits_{\Sigma_{1\text{右}}} (x+1)^2 dxdz = \iint\limits_{D_{xz}} (x+1)^2 dxdz = \iint\limits_{D_{xz}} (x^2 + 2x + 1) dxdz$$

$$= \frac{1}{2}\iint\limits_{D_{xz}} (x^2 + z^2) dxdz + \iint\limits_{D_{xz}} dxdz = \frac{1}{2}\int_0^{2\pi} d\theta \int_0^R \rho^3 d\rho + \pi R^2 = \pi R^2 \left(1 + \frac{R^2}{4}\right).$$

13.【解答】**方法一** 化为对面积的曲面积分 由 $\Sigma$ 的方程 $z = 1 - x - y$，得 $\frac{\partial z}{\partial x} = -1, \frac{\partial z}{\partial y} = -1$，

于是 $dS = \sqrt{3} dxdy$. $\Sigma$ 为上侧，因此 $\cos\alpha = \frac{-z_x}{\sqrt{1 + z_x^2 + z_y^2}} = \frac{1}{\sqrt{3}}, \cos\beta = \frac{1}{\sqrt{3}}, \cos\gamma = \frac{1}{\sqrt{3}}$，

$$I = \frac{1}{\sqrt{3}}\iint\limits_{\Sigma} (z^2 + x^2 + y^2) dS = \iint\limits_{D_{xy}} [(1-x-y)^2 + x^2 + y^2] dxdy = \frac{1}{4}.$$

**方法二** 容易验证，对任意的 $(x,y,z) \in \Sigma$，有 $(y,z,x) \in \Sigma, (z,x,y) \in \Sigma$，故 $\Sigma$ 关于 $x,y,z$ 具有轮换对称性．记 $\Sigma$ 在 $xOy$ 面上的投影区域为 $D_{xy}$，即 $D_{xy} = \{(x,y) \mid 0 \leqslant y \leqslant 1 - x, 0 \leqslant x \leqslant 1\}$，则

$$I = 3\iint\limits_{\Sigma} z^2 \mathrm{d}x\mathrm{d}y = 3\iint\limits_{D_{xy}} (1-x-y)^2 \mathrm{d}x\mathrm{d}y = 3\int_0^1 \mathrm{d}x \int_0^{1-x} (1-x-y)^2 \mathrm{d}y = \int_0^1 (1-x)^3 \mathrm{d}x = \frac{1}{4}.$$

**14.【解答】**由于 $P(x,y,z) = zx, Q(x,y,z) = xy, R(x,y,z) = yz$ 在由 $\Sigma$ 围成的空间区域 $\Omega$ 上有一阶连续偏导数,$\dfrac{\partial P}{\partial x} = z, \dfrac{\partial Q}{\partial y} = x, \dfrac{\partial R}{\partial z} = y$。又闭曲面 $\Sigma$ 取外侧表面,故由高斯公式得

$$I = \oiint\limits_{\Sigma} yz\mathrm{d}x\mathrm{d}y + zx\mathrm{d}y\mathrm{d}z + xy\mathrm{d}z\mathrm{d}x$$

$$= \iiint\limits_{\Omega} (x+y+z)\mathrm{d}x\mathrm{d}y\mathrm{d}z = \iiint\limits_{\Omega} (r\cos\theta + r\sin\theta + z) r\mathrm{d}r\mathrm{d}\theta\mathrm{d}z$$

$$= \int_0^{\frac{\pi}{2}} \mathrm{d}\theta \int_0^R r\mathrm{d}r \int_0^H (r\cos\theta + r\sin\theta + z)\mathrm{d}z = \frac{2}{3}HR^3 + \frac{\pi}{8}H^2R^2.$$

**15.【解答】**设 $\Sigma_1$ 为平面 $z=0$ 被球面 $x^2+y^2+z^2=R^2$ 所截部分的下侧,$\Sigma$ 与 $\Sigma_1$ 围成的区域为 $\Omega$(如图 8-19 所示),由高斯公式,得

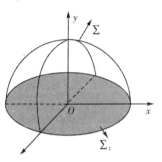

图 8-19

$$\iint\limits_{\Sigma} xy^2 \mathrm{d}y\mathrm{d}z + y(z^2+xz)\mathrm{d}z\mathrm{d}x + (zx^2+1)\mathrm{d}x\mathrm{d}y$$

$$= \oiint\limits_{\Sigma+\Sigma_1} xy^2 \mathrm{d}y\mathrm{d}z + y(z^2+xz)\mathrm{d}z\mathrm{d}x + (zx^2+1)\mathrm{d}x\mathrm{d}y -$$

$$\iint\limits_{\Sigma_1} xy^2 \mathrm{d}y\mathrm{d}z + y(z^2+xz)\mathrm{d}z\mathrm{d}x + (zx^2+1)\mathrm{d}x\mathrm{d}y$$

$$= \iiint\limits_{\Omega} (y^2+z^2+xz+x^2)\mathrm{d}x\mathrm{d}y\mathrm{d}z + \iint\limits_{x^2+y^2 \leqslant R^2} \mathrm{d}x\mathrm{d}y$$

$$= \iiint\limits_{\Omega} (y^2+z^2+x^2)\mathrm{d}x\mathrm{d}y\mathrm{d}z + \iint\limits_{x^2+y^2 \leqslant R^2} \mathrm{d}x\mathrm{d}y$$

$$= \int_0^{2\pi} \mathrm{d}\theta \int_0^{\frac{\pi}{2}} \mathrm{d}\varphi \int_0^R r^2 \cdot r^2 \sin\varphi \mathrm{d}r + \iint\limits_{x^2+y^2 \leqslant R^2} \mathrm{d}x\mathrm{d}y$$

$$= \pi R^2 \left( \frac{2}{5} R^3 + 1 \right).$$

**16.【解答】方法一** 利用基本方法把曲面积分化为二重积分。如图 8-20 所示,因为 $\Sigma = \Sigma_{前} + \Sigma_{后}$,

$\Sigma_{前}: x = \sqrt{z^2-y^2}, \Sigma_{后}: x = -\sqrt{z^2-y^2}$,

所以 $I_1 = \iint\limits_{\Sigma} (y-z)\mathrm{d}y\mathrm{d}z = \iint\limits_{\Sigma_{前}} (y-z)\mathrm{d}y\mathrm{d}z + \iint\limits_{\Sigma_{后}} (y-z)\mathrm{d}y\mathrm{d}z$

$$= \iint\limits_{D_{yz}} (y-z)\mathrm{d}y\mathrm{d}z - \iint\limits_{D_{yz}} (y-z)\mathrm{d}y\mathrm{d}z = 0;$$

类似地 $I_2 = \iint\limits_{\Sigma} (z-x)\mathrm{d}z\mathrm{d}x$

$$= \iint\limits_{\Sigma_{右}} (z-x)\mathrm{d}z\mathrm{d}x - \iint\limits_{\Sigma_{左}} (z-x)\mathrm{d}z\mathrm{d}x$$

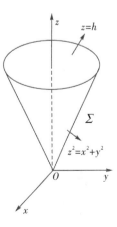

图 8-20

$$= \iint\limits_{D_{zx}} (z-x)\mathrm{d}z\mathrm{d}x - \iint\limits_{D_{zx}} (z-x)\mathrm{d}z\mathrm{d}x = 0,$$

$$I_3 = \iint\limits_{\Sigma} (x-y)\mathrm{d}x\mathrm{d}y = -\iint\limits_{D_{xy}} (x-y)\mathrm{d}x\mathrm{d}y$$

$$= -\int_0^{2\pi} \mathrm{d}\theta \int_0^h (\rho\cos\theta - \rho\sin\theta)\rho\mathrm{d}\rho = -\frac{h^3}{3}\int_0^{2\pi} (\cos\theta - \sin\theta)\mathrm{d}\theta = 0,$$

所以 $I = I_1 + I_2 + I_3 = 0$.

**方法二** 将对坐标的曲面积分化为对面积的曲面积分. 由 $z = \sqrt{x^2+y^2}$, 得

$$z_x = \frac{x}{\sqrt{x^2+y^2}}, z_y = \frac{y}{\sqrt{x^2+y^2}},$$

于是 $\mathrm{d}S = \sqrt{1+z_x^2+z_y^2}\,\mathrm{d}x\mathrm{d}y = \sqrt{2}\,\mathrm{d}x\mathrm{d}y$.

由于 $\Sigma$ 为锥面下侧,法向量为 $(z_x, z_y, -1)$,故方向余弦为

$$\cos\alpha = \frac{z_x}{\sqrt{1+z_x^2+z_y^2}} = \frac{x}{\sqrt{2}\sqrt{x^2+y^2}},$$

$$\cos\beta = \frac{z_y}{\sqrt{1+z_x^2+z_y^2}} = \frac{y}{\sqrt{2}\sqrt{x^2+y^2}},$$

$$\cos\gamma = \frac{-1}{\sqrt{1+z_x^2+z_y^2}} = -\frac{1}{\sqrt{2}},$$

则 $I = \iint\limits_{\Sigma} (y-z)\mathrm{d}y\mathrm{d}z + (z-x)\mathrm{d}z\mathrm{d}x + (x-y)\mathrm{d}x\mathrm{d}y$

$$= \iint\limits_{\Sigma} [(y-z)\cos\alpha + (z-x)\cos\beta + (x-y)\cos\gamma]\mathrm{d}S$$

$$= \iint\limits_{D_{xy}} \left[\frac{(y-\sqrt{x^2+y^2})x}{\sqrt{2}\sqrt{x^2+y^2}} + \frac{(\sqrt{x^2+y^2}-x)y}{\sqrt{2}\sqrt{x^2+y^2}} - \frac{x-y}{\sqrt{2}}\right] \times \sqrt{2}\,\mathrm{d}x\mathrm{d}y$$

$$= 2\iint\limits_{D_{xy}} (y-x)\mathrm{d}x\mathrm{d}y = 0.$$

**方法三** 添加辅助面,利用高斯公式. 设 $\Sigma_1$ 为平面 $z=h$ 被锥面 $z^2=x^2+y^2$ 所围部分的上侧,则

$$I = \iint\limits_{\Sigma} (y-z)\mathrm{d}y\mathrm{d}z + (z-x)\mathrm{d}z\mathrm{d}x + (x-y)\mathrm{d}x\mathrm{d}y$$

$$= \oiint\limits_{\Sigma+\Sigma_1} (y-z)\mathrm{d}y\mathrm{d}z + (z-x)\mathrm{d}z\mathrm{d}x + (x-y)\mathrm{d}x\mathrm{d}y -$$

$$\iint\limits_{\Sigma_1} (y-z)\mathrm{d}y\mathrm{d}z + (z-x)\mathrm{d}z\mathrm{d}x + (x-y)\mathrm{d}x\mathrm{d}y$$

$$= \iiint\limits_{\Omega} (0+0+0)\mathrm{d}x\mathrm{d}y\mathrm{d}z - \iint\limits_{D_{xy}} (x-y)\mathrm{d}x\mathrm{d}y = 0.$$

17. **【解答】** 设 $P(x,y,z) = \dfrac{x}{(x^2+y^2+z^2)^{\frac{3}{2}}}, Q(x,y,z) = \dfrac{y}{(x^2+y^2+z^2)^{\frac{3}{2}}}, R(x,y,z) =$

$\dfrac{z}{(x^2+y^2+z^2)^{\frac{3}{2}}}$,则

$$\dfrac{\partial P}{\partial x}=\dfrac{(x^2+y^2+z^2)^{\frac{3}{2}}-x\times\dfrac{3}{2}\times 2x\times(x^2+y^2+z^2)^{\frac{1}{2}}}{(x^2+y^2+z^2)^3}$$

$$=\dfrac{y^2+z^2-3x^2}{(x^2+y^2+z^2)^{\frac{5}{2}}},$$

$$\dfrac{\partial Q}{\partial y}=\dfrac{z^2+x^2-3y^2}{(x^2+y^2+z^2)^{\frac{5}{2}}},\dfrac{\partial R}{\partial z}=\dfrac{x^2+y^2-3z^2}{(x^2+y^2+z^2)^{\frac{5}{2}}},$$

于是 $\dfrac{\partial P}{\partial x}+\dfrac{\partial Q}{\partial y}+\dfrac{\partial R}{\partial y}=0,(x,y,z)\neq(0,0,0)$.

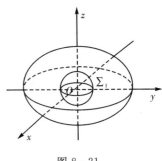

图 8-21

如图 8-21 所示，作含在曲面 $\Sigma$ 内的球面 $\Sigma_1:x^2+y^2+z^2=r^2(r<1)$，且指向内侧，因此，由高斯公式可得

$$I=\oiint_{\Sigma+\Sigma_1}\dfrac{x\mathrm{d}y\mathrm{d}z+y\mathrm{d}z\mathrm{d}x+z\mathrm{d}x\mathrm{d}y}{(x^2+y^2+z^2)^{\frac{3}{2}}}-\oiint_{\Sigma_1}\dfrac{x\mathrm{d}y\mathrm{d}z+y\mathrm{d}z\mathrm{d}x+z\mathrm{d}x\mathrm{d}y}{(x^2+y^2+z^2)^{\frac{3}{2}}}$$

$$=\iiint_{\Omega}\left(\dfrac{\partial P}{\partial x}+\dfrac{\partial Q}{\partial y}+\dfrac{\partial R}{\partial z}\right)\mathrm{d}x\mathrm{d}y\mathrm{d}z-\dfrac{1}{r^3}\oiint_{\Sigma_1}x\mathrm{d}y\mathrm{d}z+y\mathrm{d}z\mathrm{d}x+z\mathrm{d}x\mathrm{d}y$$

$$=\iiint_{\Omega}0\mathrm{d}x\mathrm{d}y\mathrm{d}z+\dfrac{1}{r^3}\iiint_{x^2+y^2+z^2\leqslant r^2}(1+1+1)\mathrm{d}x\mathrm{d}y\mathrm{d}z=\dfrac{1}{r^3}\times 3\times\dfrac{4}{3}\pi r^3=4\pi.$$

18.【解答】如图 8-22 所示，将 $\Sigma$ 向 $xOy$ 面上投影，得投影区域
$D=\{(x,y)\mid 0\leqslant y\leqslant 4,0\leqslant x\leqslant 1\}$，由 $z=\sqrt{4-x^2}$，得

$$\dfrac{\partial z}{\partial x}=\dfrac{-x}{\sqrt{4-x^2}},\dfrac{\partial z}{\partial y}=0,$$

$$\mathrm{d}S=\sqrt{1+\left(\dfrac{\partial z}{\partial x}\right)^2+\left(\dfrac{\partial z}{\partial y}\right)^2}\mathrm{d}x\mathrm{d}y=\dfrac{2}{\sqrt{4-x^2}}\mathrm{d}x\mathrm{d}y,$$

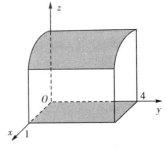

图 8-22

故所求质量为 $M=\iint_{\Sigma}\rho(x,y,z)\mathrm{d}S=\iint_{D}\dfrac{2x}{\sqrt{4-x^2}}\mathrm{d}x\mathrm{d}y$

$$=\int_0^4\mathrm{d}y\int_0^1\dfrac{2x}{\sqrt{4-x^2}}\mathrm{d}x=16-8\sqrt{3}.$$

## 二、提高篇

1. 答案 B 【解答】空间曲面 $\Sigma$ 关于 $x=0,y=0,z=0$ 分别对称，而 $x$，$xy$ 分别关于 $x$ 为奇函数，从而 $\iint_{\Sigma}x\mathrm{d}S=\iint_{\Sigma}xy\mathrm{d}S=0$. 又 $x^2$ 关于 $x$ 为偶函数，则 $\iint_{\Sigma}x^2\mathrm{d}y\mathrm{d}z=0$. 因此，应选 B.

2.【解答】对于积分 $\iint_{\Sigma}y^{\frac{1}{3}}x^6\mathrm{d}y\mathrm{d}z$，因为积分曲面 $\Sigma$ 关于 $yOz$ 坐标面对称，被积函数 $y^{\frac{1}{3}}x^6$ 在关于 $yOz$ 面的对称点上的值相等，且在对称点处，积分曲面在 $yOz$ 面的投影相差一个负号，于是 $\iint_{\Sigma}y^{\frac{1}{3}}x^6\mathrm{d}y\mathrm{d}z=0$.

对于积分 $\iint\limits_{\Sigma} x^{\frac{1}{3}} y^5 \mathrm{d}z\mathrm{d}x$，记 $\Sigma_1$ 为 $\Sigma$ 在 $xOz$ 面的右半部分、方向为右侧，$\Sigma_2$ 为 $\Sigma$ 在 $xOz$ 平面的左半部分、方向为左侧，则

$$\iint\limits_{\Sigma} x^{\frac{1}{3}} y^5 \mathrm{d}z\mathrm{d}x = \iint\limits_{\Sigma_1} x^{\frac{1}{3}} y^5 \mathrm{d}z\mathrm{d}x + \iint\limits_{\Sigma_2} x^{\frac{1}{3}} y^5 \mathrm{d}z\mathrm{d}x = \iint\limits_{D_{zx}} x^{\frac{1}{3}} (\sqrt{z-x^2})^5 \mathrm{d}z\mathrm{d}x - \iint\limits_{D_{zx}} x^{\frac{1}{3}} (-\sqrt{z-x^2})^5 \mathrm{d}z\mathrm{d}x$$

$$= 2\iint\limits_{D_{zx}} x^{\frac{1}{3}} (\sqrt{z-x^2})^5 \mathrm{d}z\mathrm{d}x,$$

由于上述二重积分的积分区域 $D_{zx}$ 关于 $z$ 轴对称，被积函数关于 $x$ 为奇函数，从而 $\iint\limits_{\Sigma} x^{\frac{1}{3}} y^5 \mathrm{d}z\mathrm{d}x = 2\iint\limits_{D_{zx}} x^{\frac{1}{3}} (\sqrt{z-x^2})^5 \mathrm{d}z\mathrm{d}x = 0$，

于是 $I = 0 + 0 + \iint\limits_{\Sigma} z^2 \mathrm{d}x\mathrm{d}y = -\iint\limits_{D_{xy}} (x^2+y^2)^2 \mathrm{d}x\mathrm{d}y = -\int_0^{2\pi} \mathrm{d}\theta \int_0^1 r^5 \mathrm{d}r = -\dfrac{\pi}{3}$。

**3.【解答】方法一　高斯公式**　由于 $\Sigma$ 不是封闭曲面，故不能直接利用高斯公式。如图 8-23 所示，设 $\Sigma_1$ 为 $z=0(x^2+y^2 \leqslant a^2)$ 的下侧，用 $\Omega$ 表示 $\Sigma$ 和 $\Sigma_1$ 围成的半球体区域，则 $\Sigma$ 和 $\Sigma_1$ 构成 $\Omega$ 边界内侧，但被积函数在点 $(0,0,0)$ 不存在，仍不能用高斯公式。注意到曲面 $\Sigma$ 上有 $x^2+y^2+z^2=a^2$，所以 $I = \dfrac{1}{a}\iint\limits_{\Sigma} ax\mathrm{d}y\mathrm{d}z + (a+z)^2 \mathrm{d}x\mathrm{d}y$。

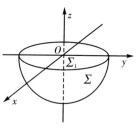

图 8-23

在由 $\Sigma$ 和 $\Sigma_1$ 围成的区域内运用高斯公式，得

$$\dfrac{1}{a}\oiint\limits_{\Sigma+\Sigma_1} ax\mathrm{d}y\mathrm{d}z + (a+z)^2 \mathrm{d}x\mathrm{d}y = -\dfrac{1}{a}\iiint\limits_{\Omega} (3a+2z)\mathrm{d}x\mathrm{d}y\mathrm{d}z$$

$$= -\dfrac{1}{a}\int_0^{2\pi} \mathrm{d}\theta \int_{\frac{\pi}{2}}^{\pi} \mathrm{d}\varphi \int_0^a (3a+2r\cos\varphi) \cdot r^2 \sin\varphi \mathrm{d}r$$

$$= -\left(2\pi a^3 - \dfrac{1}{2}\pi a^3\right) = -\dfrac{3}{2}\pi a^3.$$

由于 $\Sigma_1$ 为下侧，故 $\dfrac{1}{a}\iint\limits_{\Sigma_1} ax\mathrm{d}y\mathrm{d}z + (a+z)^2 \mathrm{d}x\mathrm{d}y = -\dfrac{1}{a}\iint\limits_{D_{xy}} a^2 \mathrm{d}x\mathrm{d}y = -\pi a^3$，

其中 $D_{xy}$ 是 $\Sigma_1$ 在 $xOy$ 面上的投影区域，

于是 $I = \dfrac{1}{a}\oiint\limits_{\Sigma+\Sigma_1} ax\mathrm{d}y\mathrm{d}z + (a+z)^2 \mathrm{d}x\mathrm{d}y - \dfrac{1}{a}\iint\limits_{\Sigma_1} ax\mathrm{d}y\mathrm{d}z + (a+z)^2 \mathrm{d}x\mathrm{d}y$

$$= -\dfrac{3}{2}\pi a^3 - (-\pi a^3) = -\dfrac{1}{2}\pi a^3.$$

**方法二　直接化为二重积分计算**　令 $I_1 = \dfrac{1}{a}\iint\limits_{\Sigma} ax\mathrm{d}y\mathrm{d}z, I_2 = \dfrac{1}{a}\iint\limits_{\Sigma} (a+z)^2 \mathrm{d}x\mathrm{d}y$，由于 $\Sigma$ 是球面上侧，在 $xOy$ 面上的投影区域为 $D_{xy}: x^2+y^2 \leqslant a^2$，所以

$$I_2 = \dfrac{1}{a}\iint\limits_{\Sigma} (a+z)^2 \mathrm{d}x\mathrm{d}y = \dfrac{1}{a}\iint\limits_{D_{xy}} (a-\sqrt{a^2-x^2-y^2})^2 \mathrm{d}x\mathrm{d}y$$

$$= \dfrac{1}{a}\int_0^{2\pi} \mathrm{d}\theta \int_0^a (a-\sqrt{a^2-\rho^2})^2 \cdot \rho \mathrm{d}\rho = \dfrac{2\pi}{a} \int_0^a (2a^2 - 2a\sqrt{a^2-\rho^2} - \rho^2)\rho \mathrm{d}\rho$$

$$= \frac{2\pi}{a}\left[a^2\rho^2 + \frac{2}{3}a(a^2-\rho^2)^{\frac{3}{2}} - \frac{1}{4}\rho^4\right]\bigg|_0^a = \frac{1}{6}\pi a^3.$$

为计算 $I_1$ 需要将 $\Sigma$ 分为 $\Sigma_1: x = \sqrt{a^2-y^2-z^2}$ 和 $\Sigma_2: x = -\sqrt{a^2-y^2-z^2}$ 前后两部分,$\Sigma_1$ 为后侧,$\Sigma_2$ 为前侧,它们在 $yOz$ 平面上的投影区域均为 $D_{yz}: y^2+z^2 \leqslant a^2, z \leqslant 0$,所以

$$I_1 = \frac{1}{a}\iint_\Sigma ax\,\mathrm{d}y\mathrm{d}z = -\frac{1}{a}\iint_{D_{yz}} a\sqrt{a^2-y^2-z^2}\,\mathrm{d}y\mathrm{d}z + \frac{1}{a}\iint_{D_{yz}} a(-\sqrt{a^2-y^2-z^2})\,\mathrm{d}y\mathrm{d}z$$

$$= -2\iint_{D_{yz}}\sqrt{a^2-y^2-z^2}\,\mathrm{d}y\mathrm{d}z = -2\int_0^\pi \mathrm{d}\theta \int_0^a \sqrt{a^2-\rho^2}\cdot\rho\,\mathrm{d}\rho = -\frac{2}{3}\pi a^3,$$

于是 $I = \frac{1}{a}\iint_\Sigma ax\,\mathrm{d}y\mathrm{d}z + (a+z)^2\,\mathrm{d}x\mathrm{d}y = I_1 + I_2 = -\frac{1}{2}\pi a^3.$

4.【解答】如图 8-24 所示,补充曲面 $\Sigma_1: x^2 + \frac{y^2}{4} \leqslant 1, z = 0$,取下侧,则 $\Sigma + \Sigma_1$ 围成一封闭曲面,方向指向外侧. 设 $\Omega$ 是由 $\Sigma_1$ 与 $\Sigma$ 所围成的空间区域,于是

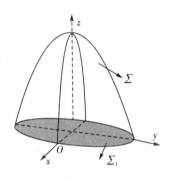

图 8-24

$$I = \iint_\Sigma xz\,\mathrm{d}y\mathrm{d}z + 2zy\,\mathrm{d}z\mathrm{d}x + 3xy\,\mathrm{d}x\mathrm{d}y$$

$$= \oiint_{\Sigma+\Sigma_1} xz\,\mathrm{d}y\mathrm{d}z + 2zy\,\mathrm{d}z\mathrm{d}x + 3xy\,\mathrm{d}x\mathrm{d}y - \iint_{\Sigma_1} xz\,\mathrm{d}y\mathrm{d}z + 2zy\,\mathrm{d}z\mathrm{d}x + 3xy\,\mathrm{d}x\mathrm{d}y$$

$$= \iiint_\Omega (z+2z)\,\mathrm{d}x\mathrm{d}y\mathrm{d}z + \iint_{x^2+\frac{y^2}{4}\leqslant 1} 3xy\,\mathrm{d}x\mathrm{d}y$$

$$= \int_0^1 3z\,\mathrm{d}z\iint_{D_z}\mathrm{d}x\mathrm{d}y + 0 = \int_0^1 3z \times 2\pi(1-z)\,\mathrm{d}z$$

$$= \pi(3z^2 - 2z^3)\bigg|_0^1 = \pi.$$

5.【解答】以 $L$ 为边界任作两个光滑曲面 $\Sigma_1$ 和 $\Sigma_2$,它们的法向量指向同一侧,于是

$$\iint_{\Sigma_1}(1-x^2)\varphi(x)\,\mathrm{d}y\mathrm{d}z + 4xy\varphi(x)\,\mathrm{d}z\mathrm{d}x + 4xz\,\mathrm{d}x\mathrm{d}y$$

$$= \iint_{\Sigma_2}(1-x^2)\varphi(x)\,\mathrm{d}y\mathrm{d}z + 4xy\varphi(x)\,\mathrm{d}z\mathrm{d}x + 4xz\,\mathrm{d}x\mathrm{d}y.$$

记 $\Sigma^*$ 为 $\Sigma_1$ 与 $\Sigma_2$ 所围成的闭曲面,取外侧,所围立体为 $\Omega$,

由于曲面积分 $\iint_\Sigma(1-x^2)\varphi(x)\,\mathrm{d}y\mathrm{d}z + 4xy\varphi(x)\,\mathrm{d}z\mathrm{d}x + 4xz\,\mathrm{d}x\mathrm{d}y$ 与曲面 $\Sigma$ 的形状无关,

所以 $\frac{\partial P}{\partial x} + \frac{\partial Q}{\partial y} + \frac{\partial R}{\partial z} = 0$. 于是有 $-2x\varphi(x) + (1-x^2)\varphi'(x) + 4x\varphi(x) + 4x = 0$,

即 $(1-x^2)\varphi'(x) + 2x\varphi(x) + 4x = 0$. 解非齐次线性方程得 $\varphi(x) = -cx^2 + c - 2$.

6.【解答】如图 8-25 所示,求锥面 $\Sigma$ 对直线 $L$ 的转动惯量,必须先求得 $\Sigma$ 上任一点 $M(x,y,z)$ 到直线 $L$ 的距离的平方 $h^2$. 用点到直线的距离公式有 $h = \frac{|\overrightarrow{M_0M} \times \mathbf{s}|}{|\mathbf{s}|}$,取直线 $L$ 上的点 $M_0(0,$

$0,0)$，则 $\overrightarrow{M_0 M} = (x,y,z)$．直线 $L$ 的方向向量为 $\boldsymbol{s} = (1,1,1)$，则 $h = \dfrac{|(x,y,z) \times (1,1,1)|}{\sqrt{3}}$，$h^2 = \dfrac{2}{3}(x^2 + y^2 + z^2 - xy - xz - yz)$，

于是 $I_L = \iint\limits_{\Sigma} h^2 \mathrm{d}S = \iint\limits_{\Sigma} \dfrac{2}{3}(x^2 + y^2 + z^2 - xy - xz - yz)\mathrm{d}S$．

锥面 $z = \sqrt{x^2 + y^2}$ $(0 \leqslant z \leqslant 2)$ 在 $xOy$ 坐标面上的投影为圆域 $D_{xy}$：$x^2 + y^2 \leqslant 4$，且

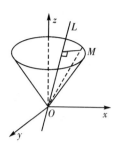

图 8 - 25

$z_x = \dfrac{x}{\sqrt{x^2 + y^2}}$，$z_y = \dfrac{y}{\sqrt{x^2 + y^2}}$，$\mathrm{d}S = \sqrt{1 + z_x^2 + z_y^2}\,\mathrm{d}x\mathrm{d}y = \sqrt{2}\,\mathrm{d}x\mathrm{d}y$，

则 $I_L = \iint\limits_{\Sigma} \dfrac{2}{3}(x^2 + y^2 + z^2 - xy - xz - yz)\mathrm{d}S$

$= \iint\limits_{D_{xy}} \dfrac{2}{3}\left[x^2 + y^2 + (x^2 + y^2) - xy - x\sqrt{x^2+y^2} - y\sqrt{x^2+y^2}\right] \times \sqrt{2}\,\mathrm{d}x\mathrm{d}y$．

由对称性知 $\iint\limits_{D_{xy}} (xy + x\sqrt{x^2+y^2} + y\sqrt{x^2+y^2})\mathrm{d}x\mathrm{d}y = 0$，

于是 $I_L = \dfrac{4\sqrt{2}}{3}\iint\limits_{D_{xy}}(x^2 + y^2)\mathrm{d}x\mathrm{d}y = \dfrac{4\sqrt{2}}{3}\int_0^{2\pi}\mathrm{d}\theta\int_0^2 \rho^2 \cdot \rho\,\mathrm{d}\rho = \dfrac{32\sqrt{2}}{3}\pi$．

7．【解答】方法一　如图 8 - 26 所示，积分区域 $\Sigma$ 由六个平面 $\Sigma_1$，$\Sigma_2$，$\cdots$，$\Sigma_6$ 组成，其中 $\Sigma_1$ 和 $\Sigma_2$ 在 $xOy$ 平面及 $zOx$ 平面上的投影区域面积为 $0$，$\Sigma_3$ 和 $\Sigma_4$ 在 $xOy$ 面及 $yOz$ 面上投影面积为 $0$，$\Sigma_5$ 和 $\Sigma_6$ 在 $yOz$ 面及 $zOx$ 面上投影区域面积为 $0$，故

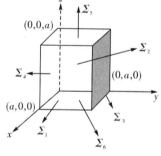

图 8 - 26

$\iint\limits_{\Sigma} P(x,y,z)\mathrm{d}y\mathrm{d}z = \iint\limits_{\Sigma} y(x - z)\mathrm{d}y\mathrm{d}z$

$= \iint\limits_{\Sigma_1} y(x-z)\mathrm{d}y\mathrm{d}z + \iint\limits_{\Sigma_2} y(x-z)\mathrm{d}y\mathrm{d}z$

$= \int_0^a \mathrm{d}z \int_0^a y(a-z)\mathrm{d}y - \int_0^a \mathrm{d}z \int_0^a y(0-z)\mathrm{d}y$

$= \dfrac{a^4}{4} + \dfrac{a^4}{4} = \dfrac{a^4}{2}$，

$\iint\limits_{\Sigma} Q(x,y,z)\mathrm{d}x\mathrm{d}z = \iint\limits_{\Sigma} x^2 \mathrm{d}x\mathrm{d}z = \iint\limits_{\Sigma_3} x^2 \mathrm{d}x\mathrm{d}z + \iint\limits_{\Sigma_4} x^2 \mathrm{d}x\mathrm{d}z$

$= \int_0^a \mathrm{d}z \int_0^a x^2 \mathrm{d}x - \int_0^a \mathrm{d}z \int_0^a x^2 \mathrm{d}x = 0$，

$\iint\limits_{\Sigma} R(x,y,z)\mathrm{d}x\mathrm{d}y = \iint\limits_{\Sigma}(y^2 + xz)\mathrm{d}x\mathrm{d}y = \iint\limits_{\Sigma_5}(y^2 + xz)\mathrm{d}x\mathrm{d}y + \iint\limits_{\Sigma_6}(y^2 + xz)\mathrm{d}x\mathrm{d}y$

$= \int_0^a \mathrm{d}y \int_0^a (y^2 + ax)\mathrm{d}x - \int_0^a \mathrm{d}y \int_0^a (y^2 + 0 \times x)\mathrm{d}x = \left(\dfrac{a^4}{3} + \dfrac{a^4}{2}\right) - \dfrac{a^4}{3} = \dfrac{a^4}{2}$，

于是 $I = \dfrac{a^4}{2} + 0 + \dfrac{a^4}{2} = a^4$．

**方法二** 由高斯公式,得

$$\iint\limits_{\Sigma} y(x-z)\mathrm{d}y\mathrm{d}z + x^2 \mathrm{d}z\mathrm{d}x + (y^2+xz)\mathrm{d}x\mathrm{d}y = \iiint\limits_{\Omega}(y+0+x)\mathrm{d}v$$

$$= \int_0^a \mathrm{d}x \int_0^a \mathrm{d}y \int_0^a (y+x)\mathrm{d}z = a\int_0^a \mathrm{d}x \int_0^a (y+x)\mathrm{d}y = a\int_0^a \left(\frac{1}{2}a^2 + ax\right)\mathrm{d}x = a^4.$$

**8.【解答】** 由已知条件可得 $\mathrm{rot}\boldsymbol{F} = \begin{vmatrix} \boldsymbol{i} & \boldsymbol{j} & \boldsymbol{k} \\ \dfrac{\partial}{\partial x} & \dfrac{\partial}{\partial y} & \dfrac{\partial}{\partial z} \\ x-z & x^3+yz & -3xy^2 \end{vmatrix}$

$$= (-6xy - y)\boldsymbol{i} + (3y^2 - 1)\boldsymbol{j} + 3x^2 \boldsymbol{k},$$

$$\mathrm{div}(\mathrm{rot}\boldsymbol{F}) = \frac{\partial(-6xy-y)}{\partial x} + \frac{\partial(3y^2-1)}{\partial y} + \frac{\partial(3x^2)}{\partial z} = 0.$$

设 $\Sigma_1$ 为平面 $z=0$ 上的圆域 $x^2+y^2 \leqslant 4$ 的下侧,由高斯公式,有

$$\iint\limits_{\Sigma+\Sigma_1} \mathrm{rot}\boldsymbol{F} \cdot \boldsymbol{n}\mathrm{d}S = \iiint\limits_{\Omega} \mathrm{div}(\mathrm{rot}\boldsymbol{F})\mathrm{d}v = 0,$$

在 $\Sigma_1$ 上 $\boldsymbol{n} = (0,0,-1)$,故 $\mathrm{rot}\boldsymbol{F} \cdot \boldsymbol{n} = -3x^2$,于是

$$\iint\limits_{\Sigma} \mathrm{rot}\boldsymbol{F} \cdot \boldsymbol{n}\mathrm{d}S = \iint\limits_{\Sigma+\Sigma_1} \mathrm{rot}\boldsymbol{F} \cdot \boldsymbol{n}\mathrm{d}S - \iint\limits_{\Sigma_1} \mathrm{rot}\boldsymbol{F} \cdot \boldsymbol{n}\mathrm{d}S = -\iint\limits_{\Sigma_1} \mathrm{rot}\boldsymbol{F} \cdot \boldsymbol{n}\mathrm{d}S$$

$$= \iint\limits_{\Sigma_1} 3x^2 \mathrm{d}S = 3\int_0^{2\pi} \cos^2\theta\mathrm{d}\theta \int_0^2 r^3 \mathrm{d}r = 12\pi.$$

**9.【解答】** 记曲面所围立体为 $\Omega$,如图 8-27 所示,所求流量为

$$\Phi = \oiint\limits_{\Sigma} \boldsymbol{v} \cdot \boldsymbol{n}\mathrm{d}S = \oiint\limits_{\Sigma} xz^2 \mathrm{d}y\mathrm{d}z + yx^2 \mathrm{d}z\mathrm{d}x + zy^2 \mathrm{d}x\mathrm{d}y$$

$$= \iiint\limits_{\Omega}(z^2+x^2+y^2)\mathrm{d}x\mathrm{d}y\mathrm{d}z = \int_0^{2\pi} \mathrm{d}\theta \int_0^{\frac{\pi}{2}} \mathrm{d}\varphi \int_0^{2\cos\varphi} r^2 \cdot r^2 \sin\varphi \mathrm{d}r$$

$$= 2\pi \int_0^{\frac{\pi}{2}} \sin\varphi \times \frac{1}{5}(2\cos\varphi)^5 \mathrm{d}\varphi = \frac{32\pi}{15},$$

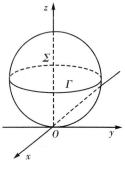

图 8-27

所求环流量为 $I = \oint_L xz^2 \mathrm{d}x + yx^2 \mathrm{d}y + zy^2 \mathrm{d}z.$

用斯托克斯公式计算,取 $\Sigma_1$ 为平面 $z=1$ 的上侧被 $\Gamma$ 所围成的部分,$\Sigma_1$ 在 $xOy$ 面上的投影区域为 $D_{xy}$,则

$$I = \iint\limits_{\Sigma_1} \begin{vmatrix} \mathrm{d}y\mathrm{d}z & \mathrm{d}z\mathrm{d}x & \mathrm{d}x\mathrm{d}y \\ \dfrac{\partial}{\partial x} & \dfrac{\partial}{\partial y} & \dfrac{\partial}{\partial z} \\ xz^2 & yx^2 & zy^2 \end{vmatrix} = 2\iint\limits_{\Sigma_1} yz\mathrm{d}y\mathrm{d}z + zx\mathrm{d}z\mathrm{d}x + xy\mathrm{d}x\mathrm{d}y = 2\iint\limits_{D_{xy}} xy\mathrm{d}x\mathrm{d}y = 0.$$

## 第十节 斯托克斯公式

**1.** 答案 $\pi$  【解答】方法一  曲线 $L$ 的参数方程为 $\begin{cases} x = \cos t \\ y = \sin t \\ z = \cos t + \sin t \end{cases}$，其中 $t$ 从 $0$ 到 $2\pi$. 因此

$$\oint_L xz\mathrm{d}x + x\mathrm{d}y + \frac{y^2}{2}\mathrm{d}z = \int_0^{2\pi} [\cos t(\cos t + \sin t)(-\sin t) + \cos t\cos t + \frac{\sin^2 t}{2}(\cos t - \sin t)]\mathrm{d}t$$

$$= \int_0^{2\pi} [-\sin t \cos^2 t - \frac{\sin^2 t\cos t}{2} + \cos^2 t - \frac{\sin^3 t}{2}]\mathrm{d}t = \pi.$$

方法二  设 $\Sigma: \begin{cases} z = x + y \\ x^2 + y^2 \leqslant 1 \end{cases}$. 取上侧，则 $D_{xy} = \{(x, y) \mid x^2 + y^2 \leqslant 1\}$. 由斯托克斯公式可知

$$\oint_L xz\mathrm{d}x + x\mathrm{d}y + \frac{y^2}{2}\mathrm{d}z = \iint_\Sigma y\mathrm{d}y\mathrm{d}z + x\mathrm{d}z\mathrm{d}x + \mathrm{d}x\mathrm{d}y = 0 + 0 + \iint_\Sigma \mathrm{d}x\mathrm{d}y = \iint_{D_{xy}} \mathrm{d}x\mathrm{d}y = \pi.$$

**2.**【解答】方法一  由斯托克斯公式，得

$$I = \oint_\Gamma xy\mathrm{d}x + y^2\mathrm{d}y + z\mathrm{d}z = \iint_\Sigma \begin{vmatrix} \mathrm{d}y\mathrm{d}z & \mathrm{d}z\mathrm{d}x & \mathrm{d}x\mathrm{d}y \\ \frac{\partial}{\partial x} & \frac{\partial}{\partial y} & \frac{\partial}{\partial z} \\ xy & y^2 & z \end{vmatrix} = -\iint_\Sigma x\mathrm{d}x\mathrm{d}y = -\iint_{D_{xy}} x\mathrm{d}x\mathrm{d}y = 0.$$

方法二  按曲线积分计算  $\Gamma$ 的方程为 $\begin{cases} x = \cos t \\ y = \sin t \\ z = 1 \end{cases}$，$(0 \leqslant t \leqslant 2\pi)$,

故 $I = \int_0^{2\pi} [-\cos t\sin^2 t + \sin^2 t\cos t + 0]\mathrm{d}t = 0.$

**3.**【解答】方法一  直接计算  设 $\Gamma$ 由 $L_1, L_2, L_3, L_4$ 组成（如图 8-28 所示），则 $\oint_\Gamma = \int_{L_1} + \int_{L_2} + \int_{L_3} + \int_{L_4}$.

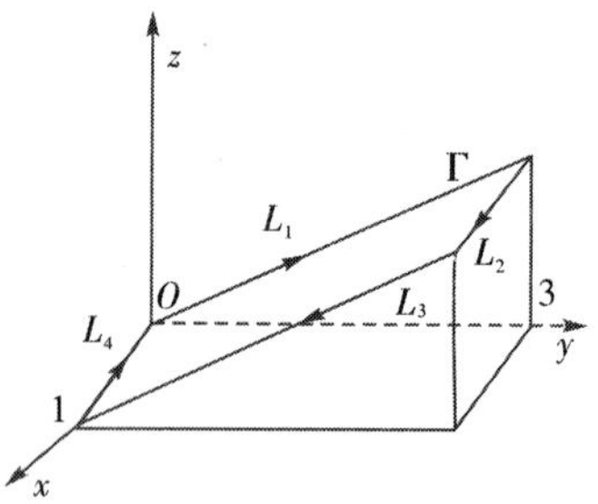

在 $L_1$ 上，$z = y, x = 0$,

则 $\int_{L_1} x^2\mathrm{d}x + 4xy^3\mathrm{d}y + y^2 x\mathrm{d}z = 0.$

在 $L_2$ 上，$z = y, y = 3$，取 $x$ 为参数，则 $x$ 由 $0$ 变到 $1$，于是

$$\int_{L_2} x^2\mathrm{d}x + 4xy^3\mathrm{d}y + y^2 x\mathrm{d}z = \int_0^1 x^2\mathrm{d}x = \frac{1}{3}.$$

图 8-28

在 $L_3$ 上，$z = y, x = 1$，取 $y$ 为参数，则 $y$ 由 $3$ 变到 $0$. 于是

$$\int_{L_3} x^2\mathrm{d}x + 4xy^3\mathrm{d}y + y^2 x\mathrm{d}z = \int_3^0 (4y^3 + y^2)\mathrm{d}y = -90.$$

在 $L_4$ 上，$z = 0, y = 0$，取 $x$ 为参数，则 $x$ 由 $1$ 变到 $0$，于是

$$\int_{L_4} x^2 \mathrm{d}x + 4xy^3 \mathrm{d}y + y^2 x \mathrm{d}z = \int_1^0 x^2 \mathrm{d}x = -\frac{1}{3},$$

于是 $I = \oint_\Gamma x^2 \mathrm{d}x + 4xy^3 \mathrm{d}y + y^2 x \mathrm{d}z = -90$.

**方法二 用斯托克斯公式** 取 $\Sigma$ 为平面 $z = y$ 上被 $\Gamma$ 所围成的矩形部分的下侧, 由斯托克斯公式, 有

$$I = \oint_\Gamma x^2 \mathrm{d}x + 4xy^3 \mathrm{d}y + y^2 x \mathrm{d}z = \iint_\Sigma (2xy - 0) \mathrm{d}y\mathrm{d}z + (0 - y^2) \mathrm{d}z\mathrm{d}x + (4y^3 - 0) \mathrm{d}x\mathrm{d}y$$

$$= \iint_\Sigma 2xy \mathrm{d}y\mathrm{d}z - y^2 \mathrm{d}z\mathrm{d}x + 4y^3 \mathrm{d}x\mathrm{d}y.$$

由 $\Sigma$ 的方程 $z = y$, 得 $\dfrac{\partial z}{\partial x} = 0, \dfrac{\partial z}{\partial y} = 1$, 又 $\Sigma$ 为下侧, 所以 $\cos\alpha = 0, \cos\beta = \dfrac{1}{\sqrt{2}}, \cos\gamma = -\dfrac{1}{\sqrt{2}}$. $\Sigma$ 在 $xOy$ 面上的投影区域为 $D_{xy}: 0 \leqslant x \leqslant 1, 0 \leqslant y \leqslant 3$, 于是

$$I = \iint_\Sigma 2xy \mathrm{d}y\mathrm{d}z - y^2 \mathrm{d}z\mathrm{d}x + 4y^3 \mathrm{d}x\mathrm{d}y = \iint_\Sigma \left[ 2xy \times 0 + (-y^2) \times \frac{1}{\sqrt{2}} + 4y^3 \times \left(-\frac{1}{\sqrt{2}}\right) \right] \mathrm{d}S$$

$$= \iint_\Sigma \left(-\frac{1}{\sqrt{2}}\right)(y^2 + 4y^3) \mathrm{d}S = \iint_{D_{xy}} \left(-\frac{1}{\sqrt{2}}\right)(y^2 + 4y^3) \times \sqrt{2} \mathrm{d}x\mathrm{d}y$$

$$= \int_0^3 \mathrm{d}y \int_0^1 (-y^2 - 4y^3) \mathrm{d}x = -90.$$

**4.【解答】**设 $\Sigma$ 为平面 $y = z$ 上被 $\Gamma$ 所围成的椭圆域, 且取下侧, 则其法线方向余弦为

$$\cos\alpha = 0, \cos\beta = \frac{1}{\sqrt{2}}, \cos\gamma = -\frac{1}{\sqrt{2}},$$

$$I = \iint_\Sigma \begin{vmatrix} \cos\alpha & \cos\beta & \cos\gamma \\ \dfrac{\partial}{\partial x} & \dfrac{\partial}{\partial y} & \dfrac{\partial}{\partial z} \\ y^2 & xy & xz \end{vmatrix} \mathrm{d}S = \frac{1}{\sqrt{2}} \iint_\Sigma (y - z) \mathrm{d}S = 0.$$

**5.【解答】**由题设可知 $\boldsymbol{n}^0 = \dfrac{1}{\sqrt{3}}(1, 1, 1)$, 于是

$$\oint_\Gamma y \mathrm{d}x + z \mathrm{d}y + x \mathrm{d}z = \frac{1}{\sqrt{3}} \iint_\Sigma \begin{vmatrix} 1 & 1 & 1 \\ \dfrac{\partial}{\partial x} & \dfrac{\partial}{\partial y} & \dfrac{\partial}{\partial z} \\ y & z & x \end{vmatrix} \mathrm{d}S = -\frac{3}{\sqrt{3}} \iint_\Sigma \mathrm{d}S = -\sqrt{3}\pi a^2.$$

**6.【解答】**由题设可知 $\boldsymbol{n}^0 = \left( \dfrac{b}{\sqrt{a^2+b^2}}, 0, \dfrac{a}{\sqrt{a^2+b^2}} \right)$, 于是

$$I = \iint_\Sigma \begin{vmatrix} \dfrac{b}{\sqrt{a^2+b^2}} & 0 & \dfrac{a}{\sqrt{a^2+b^2}} \\ \dfrac{\partial}{\partial x} & \dfrac{\partial}{\partial y} & \dfrac{\partial}{\partial z} \\ y-z & z-x & x-y \end{vmatrix} \mathrm{d}S$$

$$= \frac{-2}{\sqrt{a^2+b^2}} \iint\limits_{\Sigma} (a+b) \mathrm{d}S = \frac{-2(a+b)}{\sqrt{a^2+b^2}} \iint\limits_{D_{xy}:x^2+y^2 \leqslant a^2} \frac{\sqrt{a^2+b^2}}{a} \mathrm{d}x\mathrm{d}y = -2\pi a(a+b).$$

**7.【解答】** 由题设可知 $\boldsymbol{n}^0 = \left(\dfrac{x}{a}, \dfrac{y}{a}, \dfrac{z}{a}\right)$，于是

$$I = \iint\limits_{\Sigma} \begin{vmatrix} \dfrac{x}{a} & \dfrac{y}{a} & \dfrac{z}{a} \\ \dfrac{\partial}{\partial x} & \dfrac{\partial}{\partial y} & \dfrac{\partial}{\partial z} \\ y^2 & z^2 & x^2 \end{vmatrix} \mathrm{d}S = -\frac{2}{a} \iint\limits_{\Sigma} [xy + (x+y)\sqrt{a^2-x^2-y^2}] \frac{a\mathrm{d}x\mathrm{d}y}{\sqrt{a^2-x^2-y^2}}$$

$$= -2 \iint\limits_{D_{xy}:x^2+y^2 \leqslant ax} x \mathrm{d}x\mathrm{d}y = -\frac{\pi a^3}{4}.$$

**8.【解答】** $\mathrm{rot}\boldsymbol{A} = \begin{vmatrix} \boldsymbol{i} & \boldsymbol{j} & \boldsymbol{k} \\ \dfrac{\partial}{\partial x} & \dfrac{\partial}{\partial y} & \dfrac{\partial}{\partial z} \\ 2y & 3x & z^2 \end{vmatrix}$，$\boldsymbol{n} = (\cos\alpha, \cos\beta, \cos\gamma)$，

故 $I = \oiint\limits_{\Sigma} \cos\gamma \mathrm{d}S = 2 \iint\limits_{D_{xy}} \mathrm{d}x\mathrm{d}y = 8\pi$.

**9.【解答】** $\mathrm{div}\boldsymbol{A} = \dfrac{\partial P}{\partial x} + \dfrac{\partial Q}{\partial y} + \dfrac{\partial R}{\partial z} = y\mathrm{e}^{xy} - x\sin(xy) - 2xz\sin(xz^2)$.

**10.【解答】** $\mathrm{grad}r = \left(\dfrac{x}{r}, \dfrac{y}{r}, \dfrac{z}{r}\right)$，$\dfrac{\partial}{\partial x}\left(\dfrac{x}{r}\right) = \dfrac{r - x \cdot \dfrac{x}{r}}{r^2} = \dfrac{r^2 - x^2}{r^3}$，

$$\frac{\partial}{\partial x}\left(\frac{y}{r}\right) = \frac{r^2 - y^2}{r^3}, \quad \frac{\partial}{\partial x}\left(\frac{z}{r}\right) = \frac{r^2 - z^2}{r^3},$$

则 $\mathrm{div}(\mathrm{grad}r) = \dfrac{2}{r}$，$\mathrm{rot}(\mathrm{grad}r) = \begin{vmatrix} \boldsymbol{i} & \boldsymbol{j} & \boldsymbol{k} \\ \dfrac{\partial}{\partial x} & \dfrac{\partial}{\partial y} & \dfrac{\partial}{\partial z} \\ \dfrac{x}{r} & \dfrac{y}{r} & \dfrac{z}{r} \end{vmatrix} = (0, 0, 0)$.